MINISTÈRE DE L'AGRICULTURE

OFFICE DE RENSEIGNEMENTS AGRICOLES

SERVICE DES ÉTUDES TECHNIQUES

NOTICE

SUR

LE COMMERCE DES PRODUITS AGRICOLES

TOME PREMIER

PRODUCTION VÉGÉTALE

PARIS

IMPRIMERIE NATIONALE

MDCCCCVI

NOTICE

SUR

LE COMMERCE DES PRODUITS AGRICOLES

———

TOME PREMIER

PRODUCTION VÉGÉTALE

MINISTÈRE DE L'AGRICULTURE

OFFICE DE RENSEIGNEMENTS AGRICOLES

SERVICE DES ÉTUDES TECHNIQUES

NOTICE

SUR

LE COMMERCE DES PRODUITS AGRICOLES

TOME PREMIER

PRODUCTION VÉGÉTALE

PARIS

IMPRIMERIE NATIONALE

MDCCCCVI

RAPPORT AU MINISTRE.

Monsieur le Ministre,

J'ai l'honneur de vous présenter une étude sur la production et le commerce des produits agricoles, telle qu'elle résulte de l'enquête entreprise à ce sujet par le Service des études techniques de l'Office des renseignements agricoles du Ministère de l'agriculture.

Depuis un demi-siècle, des circonstances économiques de nature très diverse ont provoqué des changements profonds dans la production agricole. Dans nombre de régions, sous l'influence du développement si considérable de la production et de la concurrence commerciale de plus en plus vive qui en a été la conséquence, les agriculteurs ont dû modifier l'importance, voire même la nature de leurs cultures. Sur certains points, ils sont entrés dans la voie de la spécialisation en s'efforçant de cultiver principalement ceux des produits que leurs concurrents d'autres contrées, moins privilégiées à ce point de vue, ne pouvaient obtenir dans des conditions aussi avantageuses que celles où ils se trouvaient; l'extension très considérable prise depuis quelques années par les cultures maraîchère, fruitière et florale en est un exemple remarquable.

Il était donc particulièrement intéressant de mettre en évidence les résultats de cette évolution économique de notre agriculture, en dressant un tableau, aussi exact que possible, de la situation agricole actuelle au double point de vue de la production et de la consommation. Il est permis d'espérer que la publication des renseignements recueillis fournira aux agriculteurs français d'utiles indications pour améliorer ou modifier leurs méthodes d'exploitation, pour mieux connaître les débouchés existant sur les différents points du territoire et, par suite, pouvoir trouver, pour leurs produits, un écoulement plus facile et plus fructueux.

Pour l'exécution de cette tâche, le Service des études techniques de l'Office de renseignements agricoles s'est adressé aux professeurs départementaux d'agriculture qui furent invités à dresser une monographie agricole de leur département respectif, en se plaçant surtout au point de vue commercial. Cette méthode d'enquête a été choisie dans la pensée de faire ressortir, par le rapprochement de ces diverses études, l'importance comparative des différents centres de production, des industries agricoles de transformation, des marchés d'approvisionnement et des centres de consommation. En outre, les professeurs durent consacrer, dans leur monographie, une place toute spéciale aux produits des cultures fruitières et maraîchères qui, depuis quelques années, jouent un rôle prépondérant dans l'agriculture de certaines régions et sur lesquelles les statistiques agricoles annuelles n'avaient fourni jusqu'à présent que des renseignements trop peu détaillés.

Le dépouillement et la coordination des nombreux et très précieux renseignements recueillis ayant fait ressortir tout l'intérêt que présenterait, comme complément au texte des monographies, la publication de cartes indiquant pour certaines régions la répartition des centres des diverses productions et leur importance, et cela plus particulièrement pour les cultures fruitières et maraîchères, les professeurs d'agriculture ont été ultérieurement invités à recueillir dans ce but les informations nécessaires.

Bien que ces fonctionnaires aient adressé des cartes explicatives, pour la plupart fort intéressantes, il n'a malheureusement pas été possible de les publier toutes en annexe aux monographies départementales, et cela en raison de la modicité des crédits affectés à cette publication. Le présent travail ne comprend, en conséquence, qu'une carte générale représentative des cultures fruitières et maraîchères en France et, à titre d'exemple, deux cartes départementales de ces mêmes cultures. Toutefois, pour donner, dans la mesure du possible, les indications que les cartes départementales auraient fournies, il a été établi, à la suite des monographies, une nomenclature des principales communes se livrant soit aux cultures fruitières ou maraîchères, soit à d'autres cultures spéciales, telles que la production des graines de semence, des plantes médicinales, les cultures florales, etc...

J'ajouterai, enfin, que M. le Ministre de la guerre a bien voulu, pour le tirage des cartes incluses dans ce volume, accorder le précieux concours du personnel si compétent du Service géographique de l'armée.

La présente notice ne représente, d'ailleurs, qu'une partie de la tâche entreprise par le Service des études techniques de l'Office de renseignements agricoles, qui complétera utilement ce premier travail par la publication d'un second volume ayant trait à la production et au commerce des denrées agricoles de nature animale.

En vous présentant aujourd'hui la première partie de cette enquête, consacrée exclusivement aux produits agricoles de nature végétale, je crois, Monsieur le Ministre, devoir vous signaler le zèle et le dévouement apportés dans l'établissement de cette enquête par le personnel et les collaborateurs de tous ordres de l'Office de renseignements agricoles.

J'ose espérer, Monsieur le Ministre, que les agriculteurs trouveront, dans ce document, nombre de renseignements utiles dont ils pourront tirer profit, et qu'ils verront surtout, dans cette publication du Ministère de l'agriculture, une nouvelle preuve de la sollicitude constante du Gouvernement de la République à leur égard.

Veuillez agréer, Monsieur le Ministre, l'hommage de mon respectueux dévouement.

Le Directeur de l'agriculture,

L. VASSILLIÈRE.

NOTICE

SUR

LE COMMERCE DES PRODUITS AGRICOLES.

TOME PREMIER.
PRODUCTION VÉGÉTALE.

AIN.

Le département de l'Ain est surtout agricole. Il renferme peu de mines à exploiter (mines d'asphalte à Pyrimont, près Seyssel). L'industrie n'y est pas très développée; on peut citer les usines pour le travail de la soie, de Saint-Rambert et de Tenay, Jujurieux, etc.; celles pour le travail du celluloïd et de la corne, à Oyonnax, etc., ainsi que celles de fabrication du ciment à Culoz, Virieu-le-Grand, etc.

La partie montagneuse, le Bugey, possède un certain nombre de chutes d'eau pouvant fournir l'énergie électrique. L'installation la plus importante de ce genre est celle de Bellegarde-sur-Valserine (perte du Rhône).

DIVISIONS GÉNÉRALES ET RÉGIONS AGRICOLES.

Une partie de la région des plaines est constituée par la Bresse (arrondissement de Bourg) qui va des contreforts des monts du Jura jusqu'à la Saône. Le département de l'Ain ne renferme du reste qu'une partie du plateau bressan, qui se continue en Saône-et-Loire sur Louhans et Chalon-sur-Saône (Bresse louhanaise, Bresse chalonnaise). Son altitude varie de 200 à 250 mètres. Il est recouvert d'une couche de terre assez variable comme valeur, mais suffisamment épaisse; tantôt de nature silico-argileuse, comme la terre à pisé, tantôt trop siliceuse, tantôt renfermant çà et là quelques affleurements de marne (terrains, *mares*). Ces dernières sont, en général, les plus fertiles. La propriété y est plutôt petite ou moyenne et les cultures assez variées. L'élevage et l'engraissement de la volaille y constituent une source importante de revenu.

La seconde partie de la région des plaines est constituée par la Dombe ou les Dombes, au sud du département entre Lyon et la Bresse; c'est l'arrondissement de Trévoux. L'altitude de ce plateau est un peu plus élevée que celle de la Bresse, de 40 à 50 mètres en moyenne. Le sol y est plus ingrat, plus variable comme épaisseur et à sous-sol imperméable. Comme celui de la Bresse, il est pauvre en calcaire, en acide phosphorique et en potasse. C'est, par excellence, la région des étangs, desséchés en partie aujourd'hui et réduits, de 19,000 à 20,000 hectares autrefois, à 9,500 environ. C'est la région de la grande propriété, des cultures de céréales (avoine, blé, etc.) et de l'élevage du cheval de remonte, très estimé.

La partie montagneuse, ou Bugey, comprend surtout les arrondissements de Belley, Nantua et Gex. Altitude moyenne de 300 à 500 mètres dans le Bas-Bugey, de 700 à

PRODUITS AGRICOLES. — I.

1

800 mètres pour le haut-plateau, et allant de 1,000 à 1,600 mètres pour la partie montagneuse la plus élevée (Colombier, Credo, mont Jura). Les montagnes sont généralement de formation jurassique, donc calcaires. Le sol y est absolument différent de celui de la Bresse et de la Dombe; il est assez fertile, mais variable de nature et d'épaisseur. Les cultures y sont variées; celle de la vigne est relativement importante, et, sur les hauteurs, existent de magnifiques forêts. On y élève un nombreux bétail qui fournit le lait nécessaire à une production fromagère importante (gruyère) dans plus de 200 fruitières et fromageries.

L'arrondissement de Gex se trouve à peu près dans les mêmes conditions. Il fait, géographiquement parlant, partie du bassin du lac Léman, et il est placé, comme situation douanière, sous le régime des zones franches, comme en Savoie. Le débouché de Genève est pour lui d'une certaine importance.

Voici, du reste, pour résumer la situation agricole de l'ensemble du département, les chiffres empruntés à la statistique de 1903 :

	SURFACE CULTIVÉE.	PRODUCTION	
		TOTALE.	MOYENNE par hectare.
	hectares.	quintaux.	quintaux.
Blé	92,704	1,115,377	12.0
Méteil	1,850	22,216	12.0
Seigle	5,620	61,519	11.0
Orge	3,120	34,327	11.0
Avoine	18,310	181,770	10.0
Sarrasin	16,190	118,327	7.0
Maïs	14,915	195,685	13.0
Pommes de terre	16,885	1,302,015	77.0
Betteraves fourragères	5,271	1,083,040	205.0
Trèfle	14,487	699,870	48.0
Luzerne	3,185	205,825	64.0
Sainfoin	8,421	323,960	38.0
Graminées et mélanges	1,234	47,510	38.0
Fourrages verts annuels	865	1,445,030	167.0
Prairies naturelles	101,301	3,258,770	32.0
Herbages	11,638	247,880	2.10
Pacages	46,056	344,180	7.0
Tabac	59	1,105	18.6
Colza	1,472	9,046	7.0

CENTRES DE PRODUCTION ET RÉPARTITION DES CULTURES.

Les cultures sont très variées dans l'Ain, et surtout dans la Bresse. Les céréales y occupent une certaine étendue, principalement le blé en Dombes et en Bresse, dans les arrondissements de Bourg (34,477 hectares) et de Trévoux (36,753 hectares), ainsi que les autres céréales d'hiver. Cependant le *méteil* ou *blondée*, autrefois assez cultivé dans les sols légers du bord de la Saône, tend à diminuer d'importance. L'*avoine*, qui joue un rôle important dans les ensemencements de terre soumise alternativement au régime des étangs et de la culture (mise en eau ou *évolage*, 1 à 2 ans et culture [*assec*] 1 an), est cultivée à peu près également dans les arrondissements de Trévoux (5,470 hectares), Bourg (4,430 hectares) et Belley (5,370 hectares); ce dernier pays fournit une avoine estimée.

Le *sarrasin* ou *blé noir*, trés cultivé en Bresse et en Dombes, vient en culture intercalaire après le blé ou le seigle. C'est surtout un produit destiné à la nourriture de la
volaille : arrondissement de Bourg (10,210 hectares) et de Trévoux (4,640 hectares).

Le *maïs*, cultivé dans le même but, est localisé dans l'arrondissement de Bourg
(11,700 hectares), et encore les Bressans en achètent-ils en Italie. C'est, en général, le
maïs jaune d'Auxonne qui est cultivé en Bresse.

Les *pommes de terre* comprennent des variétés diverses, mais les plus répandues
sont l'Early rose et la Richter Imperator; elles sont très atteintes par la maladie
depuis deux ans, et se conservent difficilement. C'est une culture importante dans
les arrondissements de Bourg (6,280 hectares), de Trévoux (4,740 hectares) et de
Belley (3,050 hectares).

La *betterave fourragère* est surtout cultivée dans les arrondissements de Bourg
(2,437 hectares) et de Trévoux (2,380 hectares).

La betterave à sucre, d'importation relativement récente, n'occupe que 40 hectares,
et est localisée dans le canton de Pont-de-Veyle près Mâcon. Ses produits se vendent
à la sucrerie de Chalon-sur-Saône.

Les *fourrages verts annuels* sont surtout cultivés dans les arrondissements de Bourg
(3,567 hectares) et de Trévoux (3,961 hectares).

Les *prairies naturelles* sont répandues partout dans le département, et dans chaque
arrondissement, proportionnellement à peu près à la surface cultivée. Ce sont encore
les arrondissements de Bourg (38,989 hectares) et de Trévoux (23,632 hectares) qui
en possèdent le plus; après viennent Belley (23,632 hectares), Nantua (15,236 hectares) et Gex (7,866 hectares).

Les *cultures industrielles* n'ont qu'une importance relative. Nous avons signalé la
betterave à sucre, relativement récente, il est vrai, qui n'occupe que 40 hectares;
quelque peu de pommes de terre pour la féculerie de Tournus (Saône-et-Loire).

Le *tabac* est cultivé exclusivement dans l'arrondissement de Belley (60 hectares).
Cette culture pourrait être étendue à d'autres arrondissements et conviendrait aux excellents terrains des bords de la Saône.

Le *colza*, qui n'a jamais eu l'importance de la culture de cette plante dans le Nord,
n'occupe que 1,432 hectares et ne tend pas à s'étendre, au contraire, ainsi que la culture de la *navette* et celle de l'*œillette*.

Le *chanvre*, autrefois très cultivé dans l'Ain, a perdu de son importance (arrondissement de Bourg, 346 hectares, et de Trévoux, 116 hectares). Cette culture n'est plus
guère favorisée que par la prime spéciale qui lui est allouée. Elle se fait surtout dans
le canton de Pont-de-Vaux, au nord du département.

A signaler une culture un peu en décroissance, celle de l'*iris de Florence*, pour la
parfumerie, à Anglefort et Corbonod, près de Seyssel, sur 30 à 40 hectares. Les
prix ont baissé des deux tiers par suite de la concurrence italienne et de celle du
Midi.

La *vigne* occupe une superficie d'un peu plus de 17,000 hectares (environ 17,752).
Elle est localisée dans la partie accidentée du département (le Bas-Bugey, le Revermont et le pays de Gex), au bord du plateau de la Dombe (la Côtière), et aux bords
de la Saône. Quant aux vignes de Bresse, elles produisent un petit vin de consommation courante, le plus souvent débité sur place (cultures en vignes palissées sur
fil de fer et en lignes espacées dites *demi-hautins*, avec cultures intercalaires).

Il y a actuellement 16,660 hectares de vigne en production et 1,089 récemment plantées. C'est l'arrondissement de Belley qui renferme la plus grande surface cultivée en vignes (7,944 hectares); Bourg (3,771); Trévoux (2,481); Nantua (1,904) et Gex (564), comme vignes en production.

Au bord de la Saône, on cultive à peu près exclusivement le gamay du Beaujolais et le gamay dit de *Mogneneins* (Ain), qui donne un petit vin franc de goût, agréable à boire tout de suite, sans dureté ni âpreté, et rappelant les petits vins du Mâconnais; mais ce vin ne serait pas d'une longue conservation.

Dans la partie dénommée *Revermont*, touchant le Jura (de Coligny à Pont-d'Ain), les vignes comportent du gamay (insuffisamment), un peu de saunoir du Jura, mais un peu trop de *gueuche* du Jura, connu sous le nom de *gros plant*, plant de Treffort, etc., donnant, à cause de sa maturité tardive, un vin dur à boire; le *grand Chetnan*, qui n'est autre que le *mondeuse* de Savoie, plant tardif également; enfin, le *pulsart* du Jura, connu ici sous le nom bizarre de *mèche, methie, mescle*, etc. (ce plant paraît être l'*olivette* cultivé en Alsace). Il donne un vin peu coloré, mais alcoolique, et se prête mieux à la production d'un vin blanc mousseux (Gravelle, commune de Saint-Martin-du-Mont).

Dans le Bugey et la plus grande partie du vignoble de l'Ain, domine le *Mondeuse*, originaire de la Savoie (mondeuse, mondouse, persagne, plant de Meximieux, etc.). C'est un plant tardif, mûrissant rarement dans les vignobles plus ou moins bien exposés, mais aux expositions chaudes il donne de bons vins, colorés, quoique peu alcooliques, riches en tanin, et qui, au bout de quelques années, rappellent les bons vins courants du Bordelais. (Vignobles de Culoz, Machuraz (Artemare), Virieu-le-Grand [clos de Manicle], Belmont.) Ce vin se conserve bien. Quant au vin ordinaire que donne ce plant lorsqu'il mûrit insuffisamment, il n'est buvable que la deuxième année, par suite de son âpreté, ou alors on le mélange avec le vin du *Montmélian*, cultivé en hautins ou demi-hautins près de Belley. Son vin est plus plat, mais se fait plus tôt que celui de la mondeuse; par contre, il ne se conserve guère. Enfin, comme raisin blanc de Bugey produisant le meilleur vin, on cite la *roussette*, qui donne un vin parfumé et fin, légèrement mousseux ou pétillant, à Seyssel et Montagnieu, plus alcoolique et sec à Virieu-le-Grand et Manicle. Les anciens vignerons, dans les bonnes années, mélangeaient à la mondeuse un quart ou un cinquième de vin de roussette, pour augmenter la vinosité du vin rouge de mondeuse.

La région allant d'Ambérieu à Lyon et longeant le Rhône et la rivière d'Ain (la Côtière) cultive, outre la mondeuse, le gamay et le montmélian. Les vins sont de bonne qualité courante et buvables tout de suite; leur goût fruité et frais et le voisinage de Lyon leur assurent un débit certain. Ils ont cependant, depuis quelques années, un concurrent sérieux dans les vins du Beaujolais.

La culture de la vigne est devenue onéreuse dans l'Ain, par suite du prix croissant et de la rareté de la main-d'œuvre, des traitements et soins nombreux qu'exige la vigne actuellement. Il est difficile de trouver comme autrefois des vignerons consentant à travailler à moitié fruit, comme dans le Beaujolais. Seuls les vignerons travaillant pour eux-mêmes s'en tirent avec bénéfice, et c'est insensiblement que la vigne passe entre leurs mains définitivement. Quelques-uns même, depuis le greffage, ouvriers autrefois, ont acquis dans de bonnes conditions le terrain, greffé et planté, et finalement créé un vignoble qui leur assure parfois une petite aisance.

Les vignobles de grande production dans l'Ain sont assez nombreux. On peut citer dans le Bas-Bugey : Ambérieu, Vaux, Lagnieu, et dans la même région, Cerdon et Jujurieux au bord de la Saône, Montmerle-sur-Saône; dans le Haut-Bugey : Seyssel, Culoz, Virieu-le-Grand, etc.

Les *arbres fruitiers* sont répandus un peu partout, mais surtout dans le pays de Gex. Les pommes sont tantôt vendues directement, tantôt transformées en un petit cidre très ordinaire et consommé sur place.

BOIS ET FORÊTS.

Le département de l'Ain est riche en forêts, quoique n'occupant pas le premier rang à cet égard comme étendue. Dans toute la partie haute des arrondissements de Nantua et de Belley (Haut-Bugey) existent de belles forêts de sapin et d'épicéa ; pour Belley, les forêts de Valromey (de Culoz à Ruffieu), d'Hauteville, de Cormaranche, etc. ; pour Nantua, les forêts de Montréal, Meyriat, Martignat, Échallon et dans toute la partie élevée du pays de Gex. A une altitude moins élevée, on rencontre de belles plantations de hêtre.

En Bresse et en Dombes, les bois n'ont pas l'importance de ceux de la montagne, mais les plantations forestières y sont cependant assez répandues, quelques-unes même assez importantes (la forêt de Seillon près Bourg). Le plus souvent, le bois est exploité en taillis (révolutions de 15 à 20 ans). Les essences cultivées sont le chêne et le hêtre, et le charme pour le chauffage. Dans les sols arides et peu profonds, on trouve abondamment le bouleau, le bois par excellence pour la fabrication des sabots, industrie très prospère et toute spéciale à Bourg. Enfin, un peu partout, mais surtout dans le Bugey, existent encore de beaux noyers qui, malheureusement, tendent à disparaître, et quelques châtaigniers.

La surface occupée par les plantations forestières dans l'Ain est d'environ le 20 p. 100 de la surface totale, soit 115,000 hectares, dont environ 85,000 à 90,000 en taillis.

COMMERCE DES PRODUITS VÉGÉTAUX.

Le blé se vend sur place dans les grandes minoteries établies à Bourg, Pont-d'Ain, Bellegarde-sur-Valserine, Nurieux, Germagnat, Vonnas, Trévoux, etc., et montées avec les derniers perfectionnements de la mouture à cylindres. Le produit est d'environ 15 à 20 millions de francs de farines.

Les transactions se font encore dans les halles, mais de moins en moins, et plutôt sur échantillons. Enfin quelques essais d'adjudications de blé faites directement au cultivateur par l'Intendance militaire ont été exécutés avec un certain succès à diverses reprises, soit en temps ordinaire, soit pour des essais de mobilisation. Les autres céréales, méteil, seigle, orge, sont plutôt consommées sur place. Les avoines de Bresse, des Dombes et celles du Bugey spécialement, sont très appréciées et trouvent un débouché rémunérateur dans le pays et surtout à Lyon.

Pommes de terre. — Depuis deux ans, la production est plutôt insuffisante, par suite de la maladie et des semences contaminées. Les tubercules se conservent mal. La plus grande partie est consommée sur place ou vendue à Lyon, Bourg, Mâcon, etc. Une partie est vendue à la féculerie de Tournus (Saône-et-Loire).

Betteraves à sucre. — Les betteraves à sucre sont peu répandues (40 hectares) et vendues à la sucrerie de Chalon-sur-Saône. Elles sont conduites à la gare par le cultivateur. Le jus est pesé et le payement se fait au degré de sucre.

Les produits du *colza*, de la *navette* et le *chanvre* sont à peu près tous employés sur place; seul le *tabac*, cultivé sur 60 hectares, est naturellement entièrement acheté par l'État.

Vin. — Une grande partie du vin produit dans l'Ain est consommée sur place. C'est le cas du vin du Revermont qui est consommé en Bresse. Les Bressans viennent de 20 à 25 kilomètres, font remplir leurs tonneaux, payent comptant et s'en retournent le même jour. Le prix de vente est assez avantageux, car l'achat se fait par deux ou quatre tonneaux à la fois au plus, et à un prix plus élevé, de 20 à 25 francs l'hectolitre en temps ordinaire, et de 30 à 35 francs pour le vin de 1903.

Certains pays industriels consomment les vins du Bas-Bugey; Oyonnax (usines de celluloïd) consomme le vin de Cerdon et de Poncin et Jujurieux. Les manufactures de soie (fabrique de schappe) de Saint-Rambert et de Tenay consomment les vins d'Ambérieu et de Lagnieu, de Belley, etc.

Les vins du Haut-Bugey se vendaient autrefois, en partie du moins, à Genève. Il y eut un arrêt dans les transactions à l'époque de la rupture du traité de commerce avec la Suisse. Il se vend encore de ces vins en Suisse, mais surtout à Lyon, ainsi que ceux de la Côtière.

Bois. — Les belles forêts de sapin du Haut-Bugey alimentent les nombreuses scieries de la montagne pour le débit du sapin en planches et en madriers, pièces de charpente, etc. Le hêtre de belle qualité est débité en pièces courbes pour la fabrication des chaises à Artemare; le reste sert comme bois de chauffage. Dans quelques localités de l'arrondissement de Nantua, on faisait autrefois de la boissellerie de sapin, des cuves, bennes à vendange, baquets, seaux, échelles, etc. Ces articles étaient apportés sur les marchés de Bourg et de Nantua, mais cette industrie toute locale ne paraît pas devoir s'accroître davantage.

Le bouleau est débité en billes pour la fabrication des sabots, industrie localisée à Bourg.

Le noyer va plutôt en diminuant. Son bois paraît très recherché à l'étranger. On peut évaluer la valeur totale de la production des bois de 1,300,000 francs à 1 million 500,000 francs.

AISNE.

Au point de vue de la production agricole, le département de l'Aisne peut se diviser en trois grandes zones :

1° La région du Nord, comprenant l'arrondissement de Vervins et une très faible partie des arrondissements limitrophes de Laon et Saint-Quentin.

Toute son étendue repose sur les couches argileuses du terrain jurassique; la terre y est forte, difficile à cultiver et particulièrement propre à la production des foins naturels et aux pâturages.

Depuis vingt ans environ, les prés ont remplacé dans cette région les cultures de céréales et des plantes industrielles. Aussi l'exploitation du bétail sous ses différents modes, élevage, production laitière et engraissement, y a-t-elle pris une très grande importance.

2° La région centrale, comprenant les arrondissements de Laon et de Saint-Quentin presque en entier, celui de Soissons et le nord de celui de Château-Thierry,

Le sol de cette région repose au nord sur les diverses couches du crétacé et au sud sur l'éocène inférieur; mais partout la roche fondamentale est couverte d'un diluvium plus ou moins ancien, dont la composition et la profondeur ont donné naissance à des sols de fertilité différente. A Marle, il forme des sols encore très argileux; à Laon, des sols plus ou moins sableux, et sur les plateaux du Soissonnais, des terres franches d'une très grande fertilité en même temps que d'un travail assez facile.

3° La vallée de la Marne, dans l'arrondissement de Château-Thierry.

Le sol y est calcaire. L'exposition favorable des coteaux qui bordent la rivière a permis à la culture de la vigne d'y prendre, dès les temps reculés, une très grande importance. L'invasion phylloxérique n'a pas découragé les vignerons, qui reconstituent avec activité.

Enfin on pourrait encore distinguer une autre zone de moindre importance située sur les plateaux qui forment la ligne de séparation des eaux de l'Aisne et de la Marne, à la limite des arrondissements de Soissons et de Château-Thierry.

Dans cette région, le froid rigoureux, le sol moins profond ne permettent plus les cultures intensives du Soissonnais. De grandes étendues sont abandonnées au parcours des moutons. Aussi les troupeaux y sont-ils nombreux. C'est toujours le mérinos sélectionné du Soissonnais qui domine. Exceptionnellement, on trouve des troupeaux anglais ou croisés dishley-mérinos, charmois, plus rarement le south-down.

La propriété dans le département n'est pas trop morcelée, surtout dans la région centrale où se pratique la culture intensive des betteraves à sucre et des céréales.

Le cultivateur n'est pas réfractaire au progrès, il cherche à s'instruire; sans esprit de routine, il est toujours disposé à perfectionner ses méthodes quand il voit la possibilité d'y trouver des avantages.

Il n'est donc pas étonnant, dans un département aussi étendu, puisque sa superficie dépasse 736,000 hectares, et où règne une grande activité, d'observer des transactions nombreuses et importantes, tant pour l'achat des matières premières nécessaires à la production que pour la vente des denrées récoltées.

Voici des indications sommaires sur la vente des différents produits.

CÉRÉALES.

Blé. — Le blé est cultivé sur 140,000 hectares. La récolte moyenne annuelle est de 2,500,000 quintaux. Sur cette quantité, la consommation et la semence absorbent environ 925,000 quintaux. Il reste donc 1,575,000 quintaux exportés du département à l'état de blé ou transformé en farine.

La vente se fait toute l'année ; elle est faible les mois qui précèdent la moisson ; elle est surtout active de juillet à novembre inclus. Elle ne commence qu'en août, si l'année est tardive.

La vente se fait sur échantillons aux *agences aux grains.* On donne ce nom à des réunions de cultivateurs et de négociants qui se tiennent dans les principales villes du département à endroit et à jour fixes, soit en plein air, soit dans une salle spéciale. Anciennement, ces agences avaient des courtiers qui vendaient à la commission; aujourd'hui, les affaires se traitent directement de vendeur à acheteur.

Les agences principales se tiennent :

A Laon................	le mercredi.	A Guise...............	le lundi.
A la Fère.............	le samedi.	A Chauny.............	le vendredi.
A Saint-Quentin.........	le samedi.	A Château-Thierry........	le vendredi.
A Soissons............	le samedi.	A Fère-en-Tardenois.......	le mercredi.
A Marle..............	le mardi.		

Seigle. — Le seigle est cultivé sur 20,000 hectares. La récolte moyenne annuelle est de 350,000 quintaux. La consommation et la semence absorbent environ 220,000 quintaux. Il reste, dans ces conditions, 130,000 quintaux disponibles pour l'exportation. Une grande partie est dirigée sur le Nord et la Belgique pour la distillerie.

La vente se fait, comme pour le blé, aux agences aux grains. La région qui produit le plus de seigle est la partie Est de l'arrondissement de Laon, limitrophe à la Marne. Une grande partie des seigles récoltés dans cette région est vendue à l'agence de Reims.

Avoine. — L'avoine est cultivée environ sur 98,000 hectares et produit 1,600,000 quintaux. La semence et la consommation absorbent 1,400,000 quintaux. Il reste 200,000 quintaux disponibles pour l'exportation. La vente se fait aux agences et se poursuit pendant toute l'année. C'est en janvier, février, mars et avril qu'elle est surtout active, à cause des battages.

Orge. — La culture de l'orge, qui n'occupe que 6,000 hectares, ne produit pas assez de grains pour les besoins de la consommation locale, la brasserie en faisant une grande consommation dans le département. La différence entre les exportations et les importations dans le département se balance par 25,000 à 30,000 quintaux qui viennent faire l'appoint nécessaire. Ces orges et escourgeons sont tirés du Nord et de la Champagne.

CULTURES INDUSTRIELLES.

Sucre. — La betterave à sucre est cultivée sur 50,000 à 60,000 hectares. La production moyenne en sucre est de 2 millions de quintaux. On conserve pour la consommation 65,000 quintaux et il reste disponible pour l'exportation plus de 1,900,000 quintaux. En réalité, les transactions portent sur une quantité supérieure, car la plus grande partie du sucre consommé a été sortie du département à l'état de sucre brut, pour y revenir ensuite à l'état de raffiné.

Les sucres destinés à l'exportation sont pour la plupart sortis par Dunkerque et dirigés sur l'Angleterre ou sur l'Amérique.

La plus grande partie des sucres est vendue à Paris, à la Bourse du commerce. Il s'en vend un peu en fabrique à des courtiers de passage et très peu aux agences aux grains, sur échantillons.

Alcool (100°). — Le département de l'Aisne est un grand producteur d'alcool. La quantité distillée en 1902 a été de 314,560 hectolitres et la consommation n'en a absorbé pendant la même période que 48,000 hectolitres seulement.

La presque totalité de cet alcool est produite par la distillation des mélasses des sucreries. La distillation directe de la betterave en fournit peu et celle des grains encore moins. Les établissements industriels les plus importants sont à Tergnier, Saint-Quentin et à Soissons; presque toute la production est vendue à la Bourse de commerce de Paris.

Chicorée. — La baisse du sucre et, par suite, de la betterave avait donné à quelques cultivateurs l'idée de cultiver de la chicorée à café. Depuis cinq à six ans, on cultive de 200 à 300 hectares de cette plante; mais le prix de cette racine ayant aussi baissé, la culture a plutôt tendance à se limiter.

Le produit moyen par hectare est d'environ 20 à 25 tonnes de racines et les prix offerts par les industriels varient de 28 à 32 francs la tonne brute sur wagon.

Le département ne possédant pas de sécheries de cossettes, ces chicorées sont dirigées dans le Nord et, pour la plus grande partie, à Cambrai.

Lin. — Pour la même cause, on a repris, quelque peu, la culture du lin. La statistique de 1902 indique 342 hectares.

Souvent, la récolte de cette plante est vendue sur pied à la surface ou, encore, elle est arrachée et séchée par le cultivateur et vendue à l'état de tiges brutes non battues.

Le produit brut varie de 800 à 1,200 francs de l'hectare.

Tout est acheté par des industriels ou des négociants du Nord.

Plantes oléagineuses. — On cultive peu de colza, de navette, d'œillette. Les produits de ces cultures ne peuvent faire l'objet d'importantes transactions.

Houblon. — Le houblon est cultivé sur 50 hectares environ, surtout dans les cantons de Wassigny et Bohain. La production moyenne des cônes est de 13 à 14 quintaux par hectare. Elle est achetée pour la plus grande partie par des négociants de Busigny. Alost est le marché régulateur de la région.

Osier. — La culture de l'osier occupe dans le département 600 hectares environ. Elle est surtout pratiquée dans les vallées de l'Oise et du Thon, son affluent, dans les arrondissements de Saint-Quentin (284 hectares) et de Vervins (212 hectares).

Les centres principaux sont Ribemont et Origny-en-Thiérache. L'osier est aussi cultivé à Haramont, commune du canton de Villers-Cotterets, située au milieu de la forêt.

Enfin, à Armentières, près d'Oulchy-le-Château, il existe d'importantes plantations, mais qui ont surtout le caractère de cultures expérimentales.

CULTURES MARAÎCHÈRES DIVERSES.

Pommes de terre. — Cette plante n'est pas très cultivée dans le département. Elle y occupe 12,000 à 15,000 hectares seulement.

La région du Nord est importatrice et la région de Château-Thierry exportatrice de ce tubercule.

Dans l'arrondissement de Château-Thierry, on cultive principalement les variétés hâtives pour l'alimentation humaine, qui trouvent un facile débouché sur les marchés de Paris, mais plus particulièrement sur ceux de Reims, Épernay et Châlons.

En année moyenne, les exportations l'emportent sur les importations de 20,000 à 25,000 quintaux.

Haricots. — Le département, dans son ensemble, est importateur de légumes secs, notamment de haricots.

Mais il est à noter qu'une région, comprenant les cantons de Vailly et Braisne dans l'arrondissement de Soissons, produit en abondance une variété de haricots dits *de Soissons*, qui possède une juste réputation. On y produit aussi un haricot moins recherché, mais qui peut être comparé au premier, appelé *Salandre* (haricot blanc suisse). Ce dernier se vend souvent en cosses vertes ; le Soissons se vend exclusivement en grains secs. Dans la même région, on cultive également un gros haricot à peau épaisse, plus spécialement destiné à la préparation des purées, appelé *haricot à bouquet* (haricot d'Espagne).

Toutes ces espèces font l'objet d'un négoce important. Il existe à Vailly et à Braisne des négociants qui se livrent à ce commerce spécial et font l'exportation.

Légumes. — Il existe dans le département plusieurs centres de production maraîchère, mais Laon est le plus important.

La production des légumes est abondante dans les villages des environs de Laon qui se trouvent en terrains tourbeux et marécageux.

Les principaux légumes produits sont : les artichauts et les choux de toutes sortes. On y cultive aussi les carottes, les salades, les navets, etc.

Le marché de Laon est loin de suffire à la consommation de cette production, dont plus des trois quarts est expédié sur d'autres centres, notamment sur Reims.

Les asperges sont également très cultivées sur les terrains siliceux des environs de Laon. Depuis quelques années, la vente en devient plus difficile et la culture en est réduite.

Néanmoins, on peut estimer à plus de 200,000 francs la valeur des asperges annuellement exportées à Paris et surtout vers le Nord et la Belgique.

PLANTES MÉDICINALES.

Plantes médicinales. — Dans un certain nombre de communes, on se livre à la culture ou à la récolte des plantes médicinales.

Le centre principal de cette industrie comprend les environs de Coucy-le-Château, notamment les communes de Leuilly-sous-Coucy, Auffique et Nogent. Mais on la trouve également à Clamecy (canton de Vailly), à Chassemy, à Cys et à Saint-Mard (canton de Braisne) et à Fontenoy (canton de Vic-sur-Aisne).

Les prix de vente des diverses plantes varient de o fr. 50 à o fr. 70 le kilogramme.

La récolte des fleurs de bourrache seule s'élève à 5,000 kilogrammes. Le kilogramme de ces fleurs est vendu de 2 fr. 50 à 2 fr. 70. Toutes ces marchandises sont dirigées sur Paris et utilisées pour la pharmacie, l'herboristerie et la distillation. L'expédition de toutes ces plantes et fleurs est faite franco. Ces marchandises sont payables à 30 ou 90 jours.

Leuilly-sous-Coucy est le principal centre qui s'occupe de ce commerce spécial.

Voici la nomenclature des plantes cultivées ou récoltées dans les bois, les champs ou les prairies :

1° *Plantes médicinales cultivées.* — Absinthe, armoise, ache odorante, bourrache (plantes et fleurs), belladone, bluet (fleurs), bouillon blanc, cataire, chardon bénit, fève des marais, galéga, giroflée, hysope, mélisse, pimprenelle, marrube blanc, sauge, saponaire, thym, verge d'or. La récolte totale de ces différentes plantes est de 40,000 kilogrammes environ sur 20 hectares.

2° *Plantes récoltées dans les bois.* — Anémone sylvie, belladone, benoîte, bouillon blanc, bugle, bec de grue, calament, centaurée, douce-amère, digitale, fougère mâle, genêt, gremil, lierre terrestre, millepertuis, muguet, pulmonaire, pervenche, perce-mousse, ronce, scolopendre, sauge des bois, origan, véronique, valériane.

La récolte totale de ces plantes est de 20,000 kilogrammes environ chaque année.

3° *Plantes récoltées dans les champs.* — Armoise, bourse à Pasteur, bardane, buglose, brione, gaillet jaune, gaillet blanc, euphraise, fumeterre, mauve, mélilot, morelle, mercuriale, plantin, prêle des champs, seneçon, serpollet, tussilage, tanaisie, turquette. La récolte annuelle est environ de 20,000 kilogrammes.

4° *Plantes récoltées dans les prairies.* — Comonde, croisette, jacée des prés, pâquerette, prêle des prés, primevère, reine des prés, salicaire, scorsonère.

La récolte de ces plantes est annuellement de 5,000 kilogrammes.

PAILLES ET FOURRAGES.

Pailles. — On exporte du département plus de 300,000 quintaux de paille, dont la plus grande partie est pressée. La paille non pressée est dirigée sur Paris; la paille pressée est presque exclusivement destinée à l'Angleterre.

Une société ayant son siège à Soissons achète les pailles brutes et se charge de les presser et de leur faire subir toutes les autres manutentions.

Fourrages. — On exporte environ 100,000 quintaux de fourrages artificiels et 50,000 quintaux de foin naturel. La Société des pailles et fourrages de Soissons s'occupe également de ce commerce, qui a moins d'importance que celui des pailles.

Ces foins et fourrages sont, pour la plus grande partie, expédiés sur Paris.

La vente des pailles et fourrages se fait à des courtiers qui passent dans les fermes ou qui se rendent aux agences aux grains pour se mettre en rapport avec les cultivateurs.

BOISSONS ET FRUITS.

Vins. — Le département de l'Aisne, qui ne possède que 2,000 hectares de vignes, est importateur de vin, même quand la récolte est très abondante. La production peut varier de quelques hectolitres seulement par hectare; de 40 hectolitres au maximum, elle est, en moyenne, de 25 hectolitres. Une partie de la récolte est consommée sur place, mais dans la vallée de la Marne, la plus grande partie de ce vin est exportée soit sur la Champagne, soit sur Paris.

C'est à l'époque des vendanges que le commerce recherche ces vins, soit en achetant la vendange sur pied, soit en achetant le moût bourru sortant du pressoir, ou après qu'il a subi une première fermentation et un soutirage.

Cidre. — Comme celle du vin, la production du cidre est très variable; elle peut atteindre jusqu'à 300,000 hectolitres. Parfois, le département récolte le cidre nécessaire à sa consommation intérieure, mais, le plus souvent, il est importateur, en raison de la grande quantité de cidre consommé par les ouvriers agricoles pendant les gros travaux des champs.

Il existe deux courants spéciaux dans le commerce du cidre ou des pommes qui servent à le fabriquer.

La culture achète peu de cidre ou de pommes à la Thiérache, à cause de ses qualités supérieures et de ses prix plus élevés. Les cultivateurs font venir leurs pommes de Normandie et fabriquent eux-mêmes un cidre à meilleur marché.

La Thiérache, qui comprend principalement l'arrondissement de Vervins, produit d'excellent cidre. Aussi, de nombreux courtiers, la plupart allemands, vont-ils acheter dans ce pays des pommes à cidre pour l'exportation en Allemagne. Ils achètent également des pommes à couteau, notamment la double bonne ente, grosse pomme irrégulière, rouge, ayant de l'apparence, et de qualité médiocre ou moyenne.

A Boué, existe une fabrique de pâte de pommes, dont les produits se vendent dans la plupart des villes du nord de la France.

Les cidres fabriqués en Thiérache se vendent sur Laon, Saint-Quentin, Paris, Lille et la région du Nord. Les cidres inférieurs sont vendus à la culture ou dans les estaminets du Nord et de la Belgique.

La production du cidre est aussi importante dans les environs de la forêt de Saint-Gobain et plus spécialement dans les cantons de Anizy, Coucy-le-Château et Chauny.

Fruits. — Il existe dans le département plusieurs régions fruitières qui se livrent à l'exportation. La principale se trouve dans l'arrondissement de Château-Thierry et comprend un certain nombre de communes du canton de Condé-en-Brie, au centre du vignoble de la vallée.

Les fruits qui donnent lieu à des transactions importantes sont surtout les cerises, les prunes et les cassis.

Les cerises cultivées (queue courte, genre griotte de Montmorency) sont dites *cerises de Sauvigny ;* très recherchées par les distillateurs et les confiseurs, ces cerises atteignent souvent des prix très élevés, jusqu'à 80 francs à 120 francs les 100 kilogrammes sur l'arbre.

La prune Reine-Claude est récoltée quand elle est encore verte. Elle est destinée à l'exportation en Angleterre et vendue de 20 à 22 francs les 100 kilogrammes.

En année moyenne, on produit dans ce centre :

Cerises..	400,000 à 450,000 kilogr.
Prunes..	350,000 400,000

Ces fruits reçoivent les destinations suivantes :

Angleterre..	6/10ᵉˢ
Paris..	3/10
Expédiés vers l'Est, Châlons-sur-Marne, Reims, Lunéville et consommés sur place..	1/10

Les cassis de Brasles, près de Château-Thierry, sont très recherchés.

Les communes avoisinant la forêt de Saint-Gobain, celles des cantons d'Anizy, Coucy et Chauny se livrent également à l'exportation des fruits, plus particulièrement des prunes et des pommes et poires à couteau.

La plupart de ces fruits sont dirigés sur Paris. Ils sont ramassés par des commissionnaires locaux.

BOIS.

Parmi les productions du sol, se trouvent encore les bois d'œuvre et de chauffage extraits des grandes forêts du département.

Les principales forêts sont celles de Villers-Cotterets, de Saint-Gobain et de Nouvion-en-Thiérache.

D'autres, de moindre importance, sont celles de Samoussy et de Saint-Michel.

ALLIER.

Dans la plus grande partie de ce département, l'agriculture repose sur les divers modes d'exploitation des animaux domestiques. Les cultures sont conduites en vue de l'élevage et de l'engraissement. Aussi les produits agricoles livrés au commerce sont-ils peu nombreux. Ce sont le froment, l'avoine, les vins rouges et blancs, et, dans un très petit rayon autour de Moulins et de Vichy, pour l'approvisionnement des deux usines de conserves qui existent dans ces deux villes, les légumes de saison, principalement les petits pois et les asperges.

Dans les environs de Vichy, les fruits donnent lieu à un commerce local de quelque importance, pour l'alimentation et l'approvisionnement des hôtels. Les cantons de Cusset et d'Escurolles expédient aussi sur l'Allemagne dans les années d'abondance.

Ce n'est qu'exceptionnellement, lorsque les prix des porcs gras sont très faibles, que les pommes de terre donnent lieu à des transactions. La plupart des agriculteurs préfèrent ordinairement employer la totalité de leur récolte pour engraisser des porcs. Cependant, dans les environs de Gannat, on cultive pour semence une certaine surface en July Paulsen (Belle de juillet) et Bratanne; la récolte est expédiée surtout sur le Midi.

CÉRÉALES.

Froment. — Le froment constitue aujourd'hui, à côté des cultures fourragères, la base des assolements suivis dans le département de l'Allier. La surface qu'il occupe dépasse celle prise par l'ensemble de toutes les autres céréales. Sa production excède donc de beaucoup les besoins de la consommation locale, et les importantes minoteries de Bourbon-l'Archambault, de Saint-Pourçain-sur-Sioule, Vichy, Jaligny et Gannat s'approvisionnent presque exclusivement dans le pays. Le surplus de la production est expédié un peu sur Paris, mais principalement sur Lyon.

Les ventes se font sur échantillons aux foires et marchés de tous les centres un peu importants, du mois d'octobre en janvier.

Avoine. — Cette culture est la plus importante après celle du froment.

Les ventes se font de la même manière, aux mêmes courtiers généralement, et les exportations ont lieu surtout sur Lyon et le Midi.

VINS.

Les vins constituent une des productions importantes de l'Allier. Bien que la vigne soit cultivée un peu partout dans le département, quelquefois sur quelques ares seulement, il existe cependant plusieurs centres de production qu'il convient de signaler plus particulièrement.

Ce sont, dans la vallée du Cher : Montluçon, Domérat, Huriel, Chazemais, qui produisent des vins rouges et blancs ordinaires;

Dans la vallée de la Sioule : Ebreuil, Gannat, Étroussat, Chantelle, Deneuille, Fourille, Chareil-Cintrat, Saint-Pourçain, Branssat, qui produisent des vins blancs assez réputés, mais qui ont le défaut de graisser parfois et des vins rouges ordinaires;

Dans la vallée de l'Allier : Creuzier-le-Vieux et Creuzier-le-Neuf, dont les vins blancs ont une certaine distinction; Saint-Germain-des-Fossés, Contigny, Monetay-sur-Allier, Châtel-de-Neuvre, Bresnay, Besson, Chemilly et le Veurdre;

Enfin, dans la vallée de la Loire : Avrilly, Luneau, Saint-Léger-des-Bruyères, le Pin, Molinet, Diou, dont les vins rouges de gamay ne manquent pas de finesse.

Tous ces vins alimentent principalement la consommation locale, mais les vins blancs de la vallée de la Sioule sont expédiés en assez grande quantité, sous le nom de vins de Saint-Pourçain, dans les départements voisins et un peu sur Paris.

BASSES-ALPES.

Il n'y a pas à proprement parler de grandes cultures dans le département des Basses-Alpes; la propriété y est partout très morcelée et les exploitations peu importantes. Les domaines qui dépassent 20 hectares de terre arable sont la grande exception. La plupart des propriétés reste au-dessous de 10 hectares; aussi, dans la plus grande partie du département, il n'y a qu'un faible commerce d'exportation sur les produits des grandes cultures (céréales, tubercules, etc.).

D'un autre côté, la difficulté des communications dans toute la partie nord-est et extrême sud-est du département fait que les transactions y sont peu actives. Dans certaines vallées des arrondissements de Barcelonnette et de Castellane, la production fourragère est assez importante; il y a là d'excellents foins de prairies naturelles (vallées du Verdon, de l'Ubaye) qui ne peuvent trouver leurs débouchés.

Dans l'arrondissement de Barcelonnette, la vallée de l'Ubaye (le Lauzet et Barcelonnette jusqu'à Jausiers) et ce qu'on appelle la vallée d'Allos sont les seules parties agricoles de l'arrondissement. Les régions de Saint-Paul, Larche, Meyronnes, le Laverq et Fours sont des régions pastorales. Le commerce des denrées agricoles est très peu actif dans cet arrondissement. Seule, la vente des moutons et de la laine y ont une certaine importance. Barcelonnette est le marché le plus important de la région pour les moutons. Dans cette vallée, on produit aussi quelques poires et pommes.

Dans l'arrondissement de Castellane, il n'y a guère que les pommes de terre qui fassent l'objet d'un commerce agricole. L'ensemble de l'arrondissement est très pauvre, cependant il y a quelques points assez fertiles, notamment la haute vallée du Verdon, de Saint-André à Colmars, où l'industrie laitière paraît vouloir s'implanter; la région de Thorame, où l'on cultive avec succès les céréales et les fourrages. La partie qui environne immédiatement Castellane est fort pauvre. On y cultive cependant une quantité assez importante de pommes de terre qui sont écoulées sur le département du Var et des Alpes-Maritimes (Draguignan et Grasse). Castellane est un marché important pour les moutons; dans le canton d'Annot, situé dans cet arrondissement, on trouve des bois de châtaigniers donnant un produit assez important.

Dans l'arrondissement de Digne, la partie Nord est encore la montagne; le canton de Barrème est aussi de la partie montagneuse. Le seul commerce est celui des moutons; toutes les autres transactions sont exclusivement locales. Il faut en excepter cependant le canton de Seyne où on pratique l'industrie mulassière. Il y a dans le pays de Seyne (vallée de la Blanche) près de 2,000 juments poulinières et quatre ou cinq *ateliers* où une douzaine de baudets font la monte chaque année. Les produits mulassiers font l'objet d'un commerce très important dans cette vallée et s'écoulent dans le Midi de la France, dans la partie sud du département, où les mulets sont employés aux travaux agricoles, en Espagne et dans le Poitou.

La partie Sud, qui comprend la vallée de la Bléone, la vallée de l'Asse, toute la rive gauche de la vallée de la Durance, le plateau de Valensole et la rive droite du Bas-Verdon, est une des parties les plus riches du département. La production des fruits surtout, de truffes et quelque peu de pommes de terre donne lieu à d'importantes transactions. Le plateau de Valensole produit du blé et des amandes.

Dans l'arrondissement de Forcalquier, il y a deux parties agricoles bien distinctes : 1° la partie septentrionale limitée par la montagne de Lure qui est accidentée, assez froide, et dont l'unique industrie rurale est l'élevage du mouton et celui du porc; 2° la région de Forcalquier et la rive droite de la Durance, qui est, avec la partie sud de l'arrondissement de Digne, la plus belle région agricole du département. Dans cette partie, la culture des fruits, des vignes, des primeurs prend chaque année plus d'importance.

Enfin l'arrondissement de Sisteron, dont une grande partie est montagneuse, peu favorisée au point de vue du climat et de la fertilité du sol et où les transactions agricoles sont très peu importantes. Il y a cependant quelques plateaux comme Turriers, Mison, Salignac et quelques fonds de vallées, celles du Jabron, du Vançon et de Sasse, qui sont assez cultivés, où les fruits (culture du poirier très spéciale au canton de la Motte), et du chêne truffier qui se développe dans celui de Noyers, donnent lieu à des transactions. La vallée de la Durance, qui se resserre de plus en plus à partir de son confluent avec la Bléone, est la partie la plus riche de l'arrondissement. On y fait des céréales, des pommes de terre et du fourrage dont on exporte une partie.

Le commerce des bestiaux, — bœufs de travail qui viennent surtout de la montagne, qui sont l'objet de transactions locales, et porcs venant des environs de Mison, — est assez important.

Telles sont les considérations générales sur le commerce des produits agricoles du département. Voici maintenant d'une façon plus spéciale l'importance du commerce des principales denrées et les centres commerciaux pour chacune d'elles dans les Basses-Alpes :

CÉRÉALES.

La production moyenne annuelle est environ de 450,000 quintaux; c'est à peu près la consommation locale dans le département. Aussi les transactions se font avec les minotiers de la région; il y a cependant quelques grains exportés dans le Var (Vinon), à Marseille, mais on importe aussi des farines de l'extérieur. Il y a à peu près compensation (les farines provenant des blés de la région sont très blanches et assez demandées pour mélanges à Marseille). Les principaux marchés de grains sont Sisteron, Forcalquier, Oraison, Riez, Valensole et Manosque.

GRAINES FOURRAGÈRES.

Les graines fourragères font l'objet d'un commerce assez important, surtout le sainfoin. On en exporte environ 5,000 à 6,000 quintaux métriques par an (10,000 à 12,000 sacs de 50 kilogrammes) qui proviennent surtout des environs de Sisteron, Forcalquier, Digne et Riez. Les principaux négociants se trouvent dans ces villes.

Pour le trèfle et la luzerne, presque tous les cultivateurs font leurs graines, mais on exporte beaucoup moins : 2,500 quintaux environ (400 à 500 balles de 50 kilogrammes).

Le trèfle est surtout produit par la région de Forcalquier (Banon, Lardiers, Revest-du-Bion), Thorame et Annot dans l'arrondissement de Castellane. Pour la luzerne, la grande production se fait dans la vallée de la Durance, surtout aux environs de Peyruis.

POMMES DE TERRE.

Le commerce des pommes de terre prend chaque année de l'extension dans les Basses-Alpes. La production moyenne est d'environ 800,000 quintaux par an.

On en exporte environ 600,000 à 650,000 quintaux. Les régions qui en expédient le plus sont celles de Manosque, Corbières et Sainte-Tulle, et ce sont les principaux marchés de pommes de terre; Reillanne également; puis le plan des Mées, Oraison, toute la vallée d'Asse et la région de Sisteron; cette ville est un centre assez important pour le commerce des pommes de terre.

Ce commerce est surtout actif en septembre et octobre. Les principales gares d'expédition sont : la Brillanne-Oraison, Volx, Manosque, Sainte-Tulle, Corbières et Sisteron. Les expéditions se font sur Marseille, Avignon, Draguignan et Lyon. Les principales qualités cultivées sont : l'Institut de Beauvais, l'Early rose, un peu de saucisses rouges, magnum bonum et Richter imperator. On expédie aussi beaucoup par voie de terre, de la région de Reillanne, sur les marchés de Vaucluse; de la région de Riez, Valensole, sur Aix et Marseille, et des environs de Sisteron, sur les Hautes-Alpes.

Les principaux négociants en pommes de terre sont à Manosque, Oraison, Sisteron. On importe environ 90,000 kilogrammes de pommes de terre de semence dans le département, principalement de Pertuis et de Valence.

FOURRAGES.

Le commerce des fourrages acquiert dans les Basses-Alpes, à mesure que les voies de communication sont mieux accessibles, une importance plus grande.

On expédie environ 10,000 à 15,000 quintaux de foin pressé en balles, surtout du foin de luzerne de la vallée de la Durance. Les principales gares d'expédition sont La Brillanne-Oraison et Manosque. De Seyne, on expédie un peu de foin de prairie pressé, par la gare de Prunières. Enfin, de la région de Digne, on expédie environ chaque année de 25 à 30 wagons, de 3,000 kilogrammes chacun, de foin de prairie sec et pressé (gare de Digne).

Les principaux négociants se trouvent à Oraison, Manosque et Seyne. Depuis quelques années, on expédie un peu aussi de Saint-André (chemins de fer du Sud).

PRODUCTION FRUITIÈRE.

Le commerce des fruits est très important dans ce département. Les cultures fruitières sont très pratiquées dans les vallées de la région Sud des Basses-Alpes, le climat leur étant particulièrement favorable et les fruits récoltés étant d'excellente qualité.

Amandes. — La région des amandiers se trouve surtout sur le plateau sec de Valensole, sur les coteaux de la vallée de la Durance, dans la région de Forcalquier, aux environs de Digne et de Sisteron, disséminée un peu partout. La production totale est d'environ 1,500 quintaux pour les amandes fines et de 5,000 à 6,000 quintaux pour les amandes dures. Les principaux marchés pour les amandes sont Valensole, Riez, Manosque, les Mées, Digne et Sisteron. A Castellane, il se tient un marché également aux amandes pour la production locale.

L'amandier semble diminuer beaucoup dans le département; on ne le trouve que dans la partie Sud au-dessous d'une ligne qui serait tirée de Vaumeilh (dans l'arrondissement de Sisteron) à Castellane. La multiplication des canaux d'arrosage a fait périr une grande quantité de vieux amandiers, et il y a peu de plantations nouvelles.

Les principaux négociants en amandes sont à Digne, Valensole, Oraison, Manosque, Forcalquier et Sisteron. On fait surtout le commerce des amandes sèches; les amandes vertes ne font l'objet que de petites transactions locales.

Pêches. — Le pêcher est cultivé sur une assez grande échelle dans le département, dans la vallée de la Durance, depuis son confluent avec la Bléone jusqu'à Corbières, dans la vallée de la Bléone et dans la vallée de l'Asse. Les principaux centres de production sont : les Mées, Malijai, Oraison; puis, sur la rive droite de la Durance, Peyruis, Villeneuve, Volx, Manosque. On expédie chaque année des quantités considérables de pêches de première et de deuxième saison. Dans les bonnes années, il passe par la petite gare de La Brillanne plus d'un million de kilogrammes de pêches fraîches dans la saison, provenant de la région d'Oraison et de Val-d'Asse.

Les principaux marchés aux pêches sont : Les Mées, Oraison (très importants), Manosque et Forcalquier. Les expéditions se font surtout sur Marseille. Beaucoup de négociants de Malijai, des Mées, d'Oraison, Manosque font l'expédition à des commissionnaires de Marseille. On vend encore très peu sur Paris. Quelques producteurs des Mées, Manosque et Oraison expédient directement aux consommateurs, mais cette méthode est encore loin d'être générale. La grosse quantité de pêches de première et de deuxième saison produites dans cette région est consommée à Marseille.

Dans la vallée de l'Asse, on cultive une pêche spéciale dite «pêche de Brunet», que l'on trouve à Brunet, Estoublon, Bras-d'Asse, Saint-Julien-d'Asse, le Val-d'Asse, le Bar, et aussi quelque peu à Oraison, les Mées, mais elles n'ont pas la même valeur dans cette dernière localité. Ces pêches, dites *les Duran*, se récoltent fin septembre et octobre et sont, pour la plus grande partie, vendues aux confiseries des Mées et Apt, pour en faire des pêches de conserves. La récolte moyenne entre Brunet, Bras-d'Asse et Saint-Julien (principaux centres) peut être de 100,000 kilogrammes par an. Leur centre de vente est Oraison.

Abricots. — La culture de l'abricotier prend d'année en année de l'extension dans les Basses-Alpes; elle est relativement récente. Il n'y a que quelques années que l'on plante l'abricotier pour la confiserie. Cette culture ne s'écarte guère de la basse vallée de la Durance: territoires de Peyruis, Villeneuve, Volx; puis, sur la rive gauche, les Mées et Oraison. On produit quelques abricots aux environs de Valensole et aux environs de Forcalquier, mais la production est surtout concentrée dans la région de Peyruis, les Mées, Oraison. La variété cultivée est le Poman rosé, que l'on vend pour la confiserie aux Mées et surtout à Apt.

Prunes. — La culture du prunier n'est pas en prospérité dans les Basses-Alpes; la production des pruneaux fleuris de Digne, Barrême, Mezel, qui était très importante et constituait une grande partie de la richesse agricole du pays, diminue chaque année. Les procédés de fabrication n'ont pas été perfectionnés; quelques spéculateurs ont livré au commerce des pruneaux mal conservés et la concurrence n'a pas tardé à rendre la vente du pruneau de Digne presque impossible pour les cultivateurs qui le fabriquent eux-mêmes. Cependant, dans toute la vallée de la Bléone, depuis Malijai jusqu'à la Javie et, principalement, aux environs de Mallemoisson, Aiglun, Digne et dans toute la partie de la vallée d'Asse, de Saint-Julien à Senez, et aussi à Saint-Jeannet, Mezel, Saint-Jurson, Norante, Barrême et Senez, il y a encore beaucoup de pruniers; ainsi qu'aux environs immédiats de Castellane. Chaque cultivateur fait chaque année, au mois de septembre, une certaine quantité de pruneaux vendus à des négociants de la région. Les deux variétés de prunes que l'on cultive sont la Reine-Claude et la Perdigonne; avec la première, on fait les pruneaux pelés et séchés dits « pistoles »; avec la seconde, on fait le petit pruneau fleuri, dit « pruneau de Digne », très sucré, très parfumé, exquis quand il est bien préparé par une saison propice. La production totale des pruneaux est d'environ 8,000 à 10,000 quintaux en moyenne. Les principaux négociants sont à Digne, Mezel, Barrême et Castellane.

Cerises. — On produit surtout des cerises dans la région des Mées, d'Oraison, de Volx, de Manosque et de Sainte-Tulle. Il y a aussi un assez grand nombre de cerisiers aux environs de Sisteron et Volonne. Ce sont surtout des bigarreaux Napoléon qui sont cultivés pour la vente à la confiserie et les cerises Anglaise hâtive, Reine-Hortense, Royale, dont on expédie une certaine quantité à Marseille et dans le Nord. Les principaux marchés sont : Forcalquier, d'où on expédie sur Lille et Cambrai; Sainte-Tulle, sur Marseille et Paris; les Mées, pour la confiserie; Oraison et Manosque. La vente se fait surtout par commissionnaires travaillant pour le compte de maisons de Marseille et Paris.

Pommes et poires à couteau. — Le département des Basses-Alpes produit une grande quantité de pommes et poires; sur presque tout le territoire du département, on trouve des pommes à couteau et des poiriers, mais les principales vallées où l'on cultive le pommier sont la vallée de la Bléone, et surtout la petite vallée secondaire des Duyes, dont le centre principal est Thoard. Autrefois, la production des pommes de Thoard faisait la richesse du pays; elle a beaucoup diminué, mais il y a encore une production importante, et l'on expédie pendant tout l'hiver, de décembre jusqu'en avril et mai, presque chaque jour, par la gare de Mallemoisson, de nombreuses corbeilles de pommes sur Marseille, Nice et même Paris. Ces pommes, dites « Jean-Gaillard », venant de Saint-Estève, Thoard, Barras, Mallemoisson, Aiglun, sont très recherchées et très appréciées pour leur finesse et leur conservation. Aux environs de la Javie, il y a aussi une grande production de pommes Jean-Gaillard, Calville blanche et rouge et rainette. Dans l'arrondissement de Sisteron, la vallée de Sasse produit également beaucoup de pommes, notamment Nibles, Châteaufort, Valernes, Clamensane, Vaumeilh, Saint-Geniès et les environs de Sisteron.

Dans la vallée de Barcelonnette, on récolte également d'excellentes pommes dont on expédie une partie par Prunières sur Marseille. Les principaux centres commerciaux pour les pommes se trouvent à Sisteron, Volonne, la Javie, Digne et Mezel.

Les poires sont surtout cultivées dans la vallée de Sasse, aux environs de la Motte-du-Caire jusqu'au Caire et Faucon, au nord, et, au sud-est, jusqu'à Clamensane; il y a de grandes plantations de poiriers: c'est la culture spéciale du pays, celle qui produit la plus grande resssource. De la Motte, on expédie de grandes quantités de poires (royales, virgouleuses, cremesine, etc.) sur Marseille, Nice, etc. Cependant les poiriers de cette vallée semblent péricliter, faute de soins; il faut dire aussi que la vente de ces fruits est moins rémunératrice qu'autrefois. Les vallées du Jabron, des environs de Sisteron, Peipin, Valonne, les environs de la Javie produisent aussi beaucoup de poires (cremesine, royal martin sec, belle adrienne); dans la vallée d'Asse, on récolte aussi en abondance la poire, dont une variété est expédiée à Apt pour la fabrication des confitures et des poires confites. Dans l'arrondissement de Forcalquier, principalement dans les cantons de Reillane, Banon, Saint-Étienne, et aux environs de Forcalquier, on produit aussi pour l'exportation des pommes et des poires. Les principaux négociants en poires sont à la Motte, Sisteron (poires de table et de confiserie), la Javie, Mezel et Forcalquier. Depuis deux ans, il existe aux Mées une fabrique de fruits confits qui achète ses fruits aux environs des Mées, Oraison, Forcalquier, Sisteron, etc., et qui emploie déjà dix ouvriers et cinquante ouvrières; tous les fruits, cerises, abricots, fraises, poires, prunes, figues, melons, pêches, pastèques, y sont travaillés. La plupart des expéditions sont faites en Angleterre et en Amérique.

PRODUCTION VINICOLE.

Le département des Basses-Alpes est très peu important comme viticulture et comme production vinicole. Il n'y a que 6,000 hectares environ de vignes, et la récolte d'une année moyenne est à peine de 45,000 à 50,000 hectolitres, ce qui est loin d'être suffisant pour la consommation locale. On ne produit pas de vins fins ou d'une façon insignifiante; presque toutes les anciennes vignes en coteaux, aux environs des Mées, de Chabrières, de Digne, de Manosque, etc., qui produisaient un vin ayant une certaine réputation, ont été détruites par le phylloxéra, et on ne replante plus guère que dans le fond des vallées, où le travail est moins pénible. On trouve la vigne un peu partout dans les Basses-Alpes jusque dans la haute vallée de la Durance, Claret, Venterol, la Bréole à plus de 1,000 mètres d'altitude en bonne exposition. Il n'est guère de cultivateur dans toute cette région qui n'ait sa petite vigne lui rapportant du vin pour sa consommation et même parfois pour vendre aux environs. Le vin récolté est d'assez bonne qualité, contenant 8 à 9 p. 100 d'alcool, ayant un peu de bouquet et très agréable à boire. La vigne se trouve aussi jusqu'au Lauzet, dans la vallée de l'Ubaye. Ce sont les seuls points de l'arrondissement de Barcelonnette où l'on trouve la vigne. Dans l'arrondissement de Castellane, les cantons d'Annot, d'Entrevaux et de Castellane ont seuls de la vigne et encore en très faible quantité. On n'en trouve pas dans la montagne des cantons de la Motte, de Turriers, au nord de Sisteron, de la Javie et de Seyne-les-Alpes au nord de Digne. Les régions du département où la vigne est véritablement cultivée sont la vallée de la Durance, depuis Sisteron jusqu'à Manosque, puis la vallée de l'Asse, la vallée de la Bléone, surtout vers son confluent avec la Durance, et les environs de Riez. Il n'y a que six a huit vignobles assez importants de plus de 20 hectares à Peipin, Saint-Julien-d'Asse (la Chapelle), Roumoules, les Mées, Manosque, où il y a quelques belles propriétés; Malijai, la plaine d'Oraison et le canton de Reillanne.

Il n'y a aucune exportation de vins des Basses-Alpes, ce département étant loin de produire même ce qui est nécessaire à sa consommation ; il n'y a que des transactions locales. Tout au plus cinq ou six propriétaires des Mées, Saint-Julien, Peipin, Reillanne et Manosque peuvent exporter quelques milliers d'hectolitres, mais le département est surtout importateur. Le raisin de table n'est produit qu'en très petite quantité, aux environs des petites villes, Digne, Sisteron, mais surtout aux Mées, Oraison, Manosque et Forcalquier. On peut évaluer à 600 kilogrammes la production annuelle, et cela ne fait l'objet que d'un très petit commerce local.

OLIVIERS.

On trouve l'olivier seulement dans la partie sud des Basses-Alpes. Sa culture est limitée par une ligne idéale partant de Reillanne, passant par Forcalquier, Sisteron, puis redescendant la vallée de la Durance, remontant celle de la Bléone jusqu'à Digne, et tirant droit sur Moustiers. On en trouve encore quelques-uns aux environs d'Entrevaux, à l'exposition du sud et de l'est.

Comme l'amandier, l'olivier tend à disparaître devant les canaux d'arrosage ; aux environs des Mées, de Manosque, de Peyruis, ces dernières années, on en a beaucoup abattu sur les coteaux arrosables et bien exposés pour les remplacer par des cultures fourragères (luzernes) ou par des cultures maraîchères et de primeurs. Les endroits où il y a le plus d'oliviers sont : les Mées, Peyruis, Villeneuve, Volx, Manosque, Riez et Moustiers. L'huile produite dans ces diverses localités est d'excellente qualité et possède une assez grande réputation ; celle de Manosque, notamment, est très douce, très fine et fruitée à point ; celle de Riez également et celle de Moustiers. On vient beaucoup du Var acheter les olives ou les huiles de Moustiers et Riez, qui sont réputées comme très fines et donnant un excellent goût à celles auxquelles on les mélange.

Le commerce des huiles dans les Basses-Alpes est plutôt local ; on expédie cependant de petites quantités à des clients attitrés de Manosque, Peyruis, les Mées et Riez. Il y a environ quarante moulins à huile dans les Basses-Alpes, presque tous d'ancien système. A Manosque, cependant, il y a des huileries modernes. Digne et Manosque sont les centres du commerce de l'huile, et pour les olives, les Mées, Manosque, Riez et Moustiers. C'est aux marchés et foires d'automne et d'hiver de ces localités que les habitants du pays et même quelques négociants du Var et des Bouches-du-Rhône viennent faire leurs provisions d'olives[1].

CHÂTAIGNIERS.

On trouve le châtaignier, dans les Basses-Alpes, sur deux points seulement dans l'arrondissement de Forcalquier, à Revest-des-Brousses, Revest-du-Bion, Vachères et Banon ; la production y est presque nulle. Dans l'arrondissement de Castellane, canton d'Annot, sur un îlot de terrain granitique (les grès d'Annot), aux environs d'Annot, du Fugeret et de Braux ; ce sont des châtaignes ordinaires ; on en récolte en moyenne chaque année 2,000 quintaux.

---

[1] Un travail spécial et complet a été fourni sur la culture de l'olivier, la fabrication et le commerce des huiles dans les Basses-Alpes, par la chaire départementale d'agriculture en 1903.

C'est la commune de Braux, près d'Annot, qui exporte le plus de châtaignes. On récolte d'ailleurs dans cette commune une châtaigne, dite la Rabonne, sans cloisons, qui est vendue sous le nom de marron de la Garde et qui est assez appréciée. Les négociants qui s'occupent de cette denrée sont à la Garde-Freinet, à Braux et à Annot ; les plus importantes transactions se font à la foire de Digne en novembre.

PRODUCTION SÉRICICOLE.

On trouve le mûrier dans toute la partie sud du département, et on élève le ver à soie dans la plus grande partie des arrondissements de Digne et de Sisteron et dans celui de Forcalquier. Les cantons de Turriers, la Javie, Seyne et Barrême n'ont pas d'éducateurs. Il y a dans les Basses-Alpes 3,500 éducateurs, qui mettent chacun une moyenne de 25 grammes de graines à l'éclosion par an. C'est dans la vallée du Jabron, dans la vallée de la Durance et surtout à son confluent avec la Bléone, dans la vallée du Bas-Verdon, que se font les éducations. Les principaux centres sont : les Mées, Malijai, l'Escale, Oraison, Manosque (très important), Gréoux, Valensole, Sisteron et la vallée du Jabron. L'industrie du grainage est très importante dans les Basses-Alpes ; la graine s'y conserve bien, les conditions de climat lui sont favorables et de nombreuses maisons d'autres départements et même de l'étranger (Italie, Grèce, Turquie) viennent faire grainer dans les Basses-Alpes. On compte 45,600 kilogrammes de cocons frais soumis au grainage ; il y a vingt-trois maisons qui font grainer, en comptant les étrangers.

Les points où se trouvent les maisons de grainage sont : Mallemoisson, Dauphin, Gréoux, Peyruis, Oraison, les Mées, Sisteron, Valensole et Digne.

Les débouchés sont tous les départements séricicoles français, l'Algérie, la Tunisie, puis l'Espagne, l'Italie, la Suisse, l'Autriche, la Serbie, la Bulgarie, le Monténégro, la Grèce, la Turquie d'Europe et d'Asie, la Russie, le Caucase, le Turkestan russe et la Perse.

Pour les cocons, le commerce se fait surtout à Mane, Manosque, les Mées et Oraison. L'industrie du grainage paraît cependant péricliter à cause des droits de douane étrangers.

Les éducateurs de vers à soie diminuent aussi chaque année ou ne font qu'une très petite quantité de graine, le prix du kilogramme de cocons frais étant à peine rémunérateur. On replante aussi très peu de mûriers et, en général, ceux qui disparaissent ne sont pas remplacés.

Cependant il y a encore, surtout dans la vallée de la Durance, une quantité bien supérieure à ce qui est nécessaire pour l'éducation des vers, et il se vend une assez grande quantité de feuilles, principalement dans le haut de la vallée de la Durance ; on vient des Hautes-Alpes chercher des feuilles de mûrier, surtout aux environs de Malijai, les Mées, Oraison, Volx et Manosque.

Ce commerce ne se fait guère que sur la ligne du chemin de fer de Marseille-Grenoble.

TRUFFES.

La production truffière est assez importante dans les Basses-Alpes, où elle fait l'objet d'un commerce qui peut se chiffrer par près de 2 millions de francs par an. On trouve les truffes un peu partout dans la région sud-ouest du département, mais c'est surtout dans la partie sud-est du plateau de Valensole qu'elle a de l'importance. Là, on a établi de nombreuses truffières artificielles et l'on plante encore chaque année des alignements de chênes. La truffe qu'on y récolte est noire, de très bonne qualité, très parfumée et a la même valeur que celle du Périgord. Les terrains rouges (argile ocreuse) des environs de Montagnac, de Riez, de Puimoisson produisent une truffe plus parfumée et très recherchée.

Les principaux centres de production sont : Montagnac, Allemagne, Quinson, Roumoules, Riez, Puimoisson, Valensole, par ordre d'importance, et en général tout ce plateau. On en trouve aussi aux environs de Manosque, principalement dans la région de Pierrevert, puis un peu dans tout l'arrondissement de Forcalquier, surtout aux environs de Forcalquier, de Saint-Étienne, d'Ongles, au pied de la montagne de Lure.

La vallée du Jabron, depuis quelques années, en produit aussi une certaine quantité, notamment aux Ornesques, Curel, Noyers, etc. Le marché principal pour les truffes est Montagnac, où chaque jour, de novembre à mars, se traitent des affaires importantes et où viennent apporter leurs produits des producteurs du Var, de la vallée du Verdou, puis Riez, Puimoisson et surtout Manosque. A Sisteron, il se traite aussi quelques affaires sur les truffes de la vallée du Jabron en hiver.

Chaque jour, dans la saison, les truffes sont ramassées le matin par les rabassiers et apportées au marché de Montagnac qui a lieu vers 10 ou 11 heures. L'après-midi, les négociants préparent leurs expéditions qui sont transportées à Riez, le soir, par un service spécial de voitures et de là réexpédiées par les services de voitures publiques sur Aix et Marseille et aussi quelque peu sur Valensole et Digne et sur Manosque, où il y a un marché spécial aux truffes un jour par semaine. Une grande quantité de ces champignons sont achetés pour le marché de Carpentras qui est un gros centre pour ce genre de commerce et revendues ensuite sous le nom de truffes du Périgord. La moyenne du prix des truffes à Montagnac et Manosque est de 15 à 20 francs le kilogramme les truffes de terre rouge, de 10 à 12 francs les truffes de terre noire et de 5 à 8 francs les truffes recettes (petites).

Il y a, à Montagnac, Puimoisson et Manosque, quelques maisons qui font les conserves de truffes par le procédé Appert. Ce sont, en général, des hôtels qui font leur provision et vendent à des clients attitrés du pays et quelque peu à Marseille, Nice, Grenoble et Paris.

CULTURE MARAÎCHÈRE.

Depuis quelques années, dans la vallée de la Durance, dans les endroits les mieux exposés et les plus riches, tend à se développer la culture des primeurs et la culture maraîchère. Aux environs de Manosque notamment, et principalement entre Volx et Manosque, puis à Villeneuve, sur les coteaux qui bordent la Durance et sur les terrasses formées d'alluvions, on a établi des cultures potagères de primeurs, asperges, artichauts, petits pois, etc. Quelques maraîchers ont même essayé le forçage; dès maintenant, Manosque est un petit centre de ce commerce pour les produits maraîchers. Cette industrie s'étendra vite jusqu'à Sainte-Tulle et Corbières. Aux environs des Mées et Oraison, on cultive beaucoup les jeunes plants, notamment les tomates, aubergines, poivrons, choux, betteraves, etc., dont il se fait un commerce assez considérable sur les marchés des environs. A Oraison, on fait beaucoup de tomates et d'aubergines pour la vente à Digne et dans les Hautes-Alpes.

Dans la région de la Haute-Durance, à Sisteron, à Thèze, on cultive aussi beaucoup de jeunes plants de légumes et de betteraves fourragères que l'on vend en grande partie dans les Hautes-Alpes, ainsi que des plants d'oignons, de choux, poireaux, etc.

LAVANDE.

On trouve en abondance la lavande dans les montagnes des Basses-Alpes, dans l'arrondissement de Forcalquier, le massif montagneux de l'arrondissement de Digne et jusqu'à Barcelonnette. La floraison s'échelonne depuis les premiers jours de juillet dans la partie Sud jusqu'au 15 et 20 août dans le Nord. Une quantité importante de cette lavande est distillée, d'un façon assez primitive d'ailleurs, dans des alambics ordinaires que l'on transporte sur place à la saison, et l'essence est vendue aux distillateurs-parfumeurs de Grasse, à Nice et même quelquefois à Paris. Sans doute, il serait nécessaire de faire la distillation avec un appareil spécial pour distiller les fleurs et rectifier l'essence. Le rendement serait plus grand et la quantité encore supérieure, mais, malgré cela, l'essence qui provient des fleurs de montagne est extrêmement fine, surtout dans la partie haute et avec les lavandes vraies à floraison tardive. Les principaux centres de distillation sont : dans l'arrondissement de Forcalquier, la montagne de Lure, Cruis, Mallefougasse, Saint-Étienne, Banon et Forcalquier, sur le flanc opposé de Lure, dans la vallée du Jabron, Châteauneuf, Valbelle et Sisteron ; dans l'arrondissement de Digne, la région de Barrême, Clumanc, Lambruisse, Tartonne, puis Castellane et Senez. Les petits distillateurs expédient directement aux négociants et parfumeurs. Les principaux marchés sont Castellane, Barrême, Digne, Sisteron, Saint-Étienne et Forcalquier. On distille environ chaque année 150,000 kilogrammes de lavande (tiges et fleurs, lavande fauchée) dont on retire 11,000 à 12,000 kilogrammes d'essence. Une usine pour l'extraction des parfums des plantes des Alpes, par des procédés rationnels, vient de se construire à Barrême. On fera l'extraction des essences de lavande, et peut-être de thym, de romarin, hysope, plantes abondantes dans la région. A l'heure actuelle, sauf la lavande, on s'occupe fort peu de parfums de plantes des Alpes dans le département.

HAUTES-ALPES.

Dans les Hautes-Alpes, le climat est très irrégulier et varie d'une région à l'autre. Il est influencé par la proximité des forêts, des montagnes, des glaciers et par l'orientation des vallées. La répartition des cultures fruitières est très inégale dans le département; il y en a peu dans les vallées du Queyras, de la Clarée, de la Guisanne, de Vallouise, du Champsaur, du Valgaudemar et dans le Devoluy; il y en a beaucoup dans les vallées de la Durance et du Buëch.

Le climat n'est pas assez chaud pour l'olivier, néanmoins on trouve quelques spécimens de cet arbre, non greffé.

Quant au châtaignier, il est peu répandu; cela tient au sol, qui est généralement trop calcaire et ne lui convient pas.

Par contre, il y a beaucoup de poiriers, de pommiers, de noyers, de pruniers, d'amandiers; un assez grand nombre de cerisiers, peu de pêchers, très peu d'abricotiers et quelques cognassiers.

PRODUCTION FRUITIÈRE.

Poiriers et pommiers. — Ces arbres sont répartis un peu dans tout le département jusqu'à l'altitude de 1,400 mètres. Ils sont particulièrement nombreux à Laragne, à Ribiers, à Veynes, à Trescloux, à la Saulce, à Tallard, à Gap, à Embrun, à Ventavon, à Serres, à Remollon, à Orpierre, à Aspes-sur-Buëch et à Châteauroux.

Comme variétés de poiriers, on cultive actuellement surtout la cremesine, le martin sec, la verte longue ou poire de curé. Anciennement, les préférences se portaient sur la royale et la virgouleuse. Il existe même de très gros arbres de ces deux variétés; mais il y a tendance à les abandonner parce qu'elles souffrent de la tavelure.

Dans les pommiers, les variétés les plus répandues sont : la reinette du Canada, le calville rouge, le calville blanc, la pomme aigre ou pointue, le court pendu, le jean-gaillard et la pomme d'adam.

Prunier. — Très cultivé dans les cantons de Rosans, de Laragne, d'Orpierre, de Serres et à la Saulce. Les variétés préférées sont la reine-claude et le perdrigon violet. Dans le haut du département, on trouve des pruniers de semis dont le fruit n'a pas autant de valeur. A Briançon, on cultive une variété, le *Prunus Brigandiaca,* dont on retire de l'amande du fruit une huile douce comestible.

Une partie des prunes, spécialement la reine-claude, est vendue à l'état frais comme fruit de dessert ou pour la confiserie.

On fait aussi beaucoup de pruneaux, de pistoles, de brignoles et de prunes partagées.

Pour faire de beaux pruneaux, on emploie le perdrigon violet. Si on utilise la reine-claude, les pruneaux sont meilleurs, mais il faut les préparer avant la maturité complète des fruits, sinon ils risquent de se fendre.

Les pistoles sont fabriquées avec les plus belles prunes de la variété perdrigon violet.

Les brignoles sont des pistoles dont la fabrication a été moins soignée.

On estime que la préparation de 3 kilogrammes de pistoles demande une journée de femme et l'on compte qu'il faut 6 kilogrammes de prunes fraîches pour obtenir 1 kilogramme de pistoles; le prix de ces dernières est de 0 fr. 80 le kilogramme, tandis que les brignoles ne valent que 0 fr. 60 le kilogramme.

Orpierre et Trescloux sont les centres de production de la pistole.

Ces prunes sèches servent à la confiserie, à la pâtisserie et comme fruits de dessert; elles sont expédiées en Suisse, en Allemagne, en Belgique et en Hollande. L'Amérique, qui s'approvisionnait chez nous, commence à nous faire concurrence.

Les prunes partagées ou écartées sont préparées avec les prunes de qualité inférieure et de diverses variétés, qui ne peuvent être vendues à l'état frais ou servir à la fabrication des pistoles et des pruneaux. Les prunes sont partagées, sans détacher les deux parties, dénoyautées et mises à sécher sur des claies; au bout de sept à neuf jours elles sont sèches; 6 kilogrammes de prunes fraîches donnent 1 kilogramme de prunes partagées. Leur prix est en moyenne de 0 fr. 30 le kilogramme.

Le centre de production est la Saulce. Ces prunes sont consommées en grande partie dans le pays sous forme de tourte, de pogne, de compote.

Les noyaux de prunes sont ramassés et vendus de 18 à 20 francs les 100 kilogrammes.

Amandier. — Plus spécialement localisé dans les cantons de Ribiers, de Laragne, d'Orpierre et de Serres; beaucoup d'agriculteurs possèdent de petites pépinières d'amandiers, ce qui leur permet de faire des plantations sans trop de frais.

On cultive l'amande dure dite *matheronne;* il y a aussi un peu d'amande *princesse* à Ribiers et au Monêtier-Allemont.

La variété à flots ou trochets qui est bien plus productive que la variété ordinaire et donne une bonne amande commence à se répandre.

Lorsque la récolte est mauvaise en Provence, on vend dans le département des amandes vertes pour la confiserie ou comme fruit de dessert.

L'amande est vendue en coque ou cassée; dans le premier cas, son prix est de 2 fr. 75 à 3 francs le double-décalitre d'un poids de 10 kilogrammes; dans le second cas, son prix est en moyenne de 1 fr. 60 le kilogramme.

Noyer. — Très répandu dans le département; on le trouve jusqu'à 1,200 mètres d'altitude.

Il y en a peu de greffés; en général, ce sont des arbres de semis à végétation hâtive et à petits fruits. Dans la région sud, la greffe du noyer se répand; on l'applique sur de gros arbres et quelques propriétaires plantent des noyers tout greffés.

En dehors de la greffe en flûte et en sifflet, on emploie avec succès la greffe en fente ordinaire.

Le bois de noyer étant très recherché pour la fabrication des crosses de fusil et des meubles, presque tous les vieux arbres ont été arrachés; comme, d'autre part, il s'en plante peu, le nombre des noyers a considérablement diminué.

Les noix récoltées servent à faire de l'huile pour les besoins du ménage. On en vend un peu comme fruit de dessert, notamment dans la vallée de l'Oule.

Depuis quelques années, on demande des cerneaux (amande de la noix) qui se vendent 150 et 160 francs les 100 kilogrammes. C'est un prix rémunérateur, et ce commerce tend à prendre de l'extension,

Cerisier. — Cultivé jusqu'à 1,400 mètres d'altitude. Il est très disséminé et on trouve peu de plantations importantes.

Les gros cerisiers non greffés produisant une petite cerise sont nombreux. Il y a également quelques guigniers hâtifs, des bigarreautiers et des griottiers.

Parmi les communes qui produisent des cerises, on peut citer : Tallard, Vitrolles, la Saulce, Laragne, le Monêtier-Allemont et Remollon. Les fruits sont apportés sur les marchés locaux et consommés sur place.

Pêcher. — Ne présente pas une grande importance; on le trouve dans la région de la vigne et plus spécialement à Remollon, à la Saulce, au Monêtier-Allemont, à Tallard, à Vitrolles, etc.

Cognassier. — N'est pas l'objet d'une culture spéciale; malgré cela, on en trouve encore beaucoup. Le fruit se vend pour faire de la confiture, de la marmelade; son prix varie de 20 à 25 francs les 100 kilogrammes.

COMMERCE DES FRUITS.

Dans le département, on consomme une partie des fruits, mais les plus beaux sont réservés pour l'exportation.

PRODUCTION FRUITIÈ

Récolte et vente de

CANTONS.	POIRES.		POMMES.		NOIX.		PRUNES FRAÎCHES.	
	RÉCOLTE.	VENTE.	RÉCOLTE.	VENTE.	RÉCOLTE.	VENTE.	RÉCOLTE.	VENT
	q. m.	q. m.	q. m.	q. m.	q. m.	q. m.	q. m.	q.
Aspres-sur-Buëch,...........	596	510	1,059	915	178	32	21	
Barcelonnette..............	510	438	320	250	65	1	65	
Bâtie-Neuve...............	344	310	381	330	114	5	34	
Gap....................	785	605	1,480	1,135	476	65	109	
Laragne.................	3,570	3,370	1,880	1,655	226	"	2,595	1,7
Orpierre.................	2,159	2,007	1,238	1,077	216	10	2,445	5
Ribiers.................	1,629	1,352	1,615	1,288	217	20	345	2
Rosans.................	730	595	855	704	615	307	4,400	4
Saint-Bonnet.............	132	7	582	193	4	"	20	
Saint-Étienne-en-Devoluy......	"	"	"	"	"	"	"	
Saint-Firmin.............	71	10	123	15	55	"	41	
Serres.................	1,007	835	1,087	750	382	75	725	3
Tallard.................	2,110	1,848	1,100	875	290	"	893	1
Veynes.................	1,485	1,285	980	870	95	13	51	
Chorges.................	803	607	790	583	632	"	80	
Embrun.................	1,270	1,130	1,180	925	458	51	122	
Guillestre...............	534	479	586	465	303	"	47	
Orcières.................	"	"	8	5	"	"	"	
Savines.................	125	80	334	182	102	30	20	
Aiguilles................	"	"	3	"	1	"	2	
Argentière (L'.)............	224	165	211	154	225	4	37	
Briançon................	50	30	100	60	1	"	"	
Grave (La)...............	"	"	"	"	"	"	"	
Monêtier-les-Bains (Le).......	4	"	20	"	"	"	5	
Totaux pour le département.	18,138	15,660	15,932	12,431	4,655	603	12,057	3,7

MARAICHÈRE DES HAUTES-ALPES.

année moyenne, par canton.

PRUNES SÈCHES.		AMANDES.		CERISES.		PÊCHES.		COINGS.	CULTURE MARAICHÈRE.
PRODUCTION.	VENTE.	RÉCOLTE.	VENTE.	RÉCOLTE.	VENTE.	RÉCOLTE.	VENTE.	VENTE.	VENTE.
q. m.	q. m.	q. m.	q. m.	q. m.	q. m.	q. m.	q. m.	q. m.	francs.
//	//	218	218	10	1	3	//	//	1,000
12	8	150	150	49	40	52	50	5	//
2	1	17	16	34	6	33	5	//	//
7	4	86	76	73	40	24	13	25	11,000
164 *oles et brignoles.*	159	1,545	1,545	133	83	72	55	65	3,000
362	362	675	675	46	//	10	//	10	250
26 *Pruneaux.*	25	1,878	1,878	40	2	29	23	110	1,500
752	752	413	393	78	5	21	//	//	200
//	//	//	//	18	//	//	//	//	500
//	//	//	//	//	//	//	//	//	//
//	//	//	//	26	//	//	//	//	100
76 *Brignoles runes partagées.*	76	667	667	82	12	35	11	10	2,000
117	117	375	375	180	135	255	216	18	43,000
3	3	250	250	17	10	20	//	//	2,000
//	//	88	69	63	30	145	110	//	1,300
//	//	1	//	95	44	26	20	//	3,650
//	//	6	3	47	26	17	10	//	//
//	//	//	//	//	//	//	//	//	//
1	1	5	1	10	2	15	3	//	300
//	//	//	//	1	//	//	//	//	//
//	//	//	//	52	15	8	5	//	100
//	//	//	//	//	//	//	//	//	2,000
//	//	//	//	//	//	//	//	//	//
//	//	//	//	3	//	//	//	//	100
522	1,508	6,374	6,316	1,047	451	775	521	243	72,000

Les principaux centres d'exportation sont : Laragne, Serres, Ribiers, Trescloux, Orpierre, Rosans, Veynes, la Saulce, Tallard, Gap, Embrun et Châteauroux.

L'exportation se fait surtout dans les villes voisines des Hautes-Alpes, à Marseille, à Toulon, à Nice, à Aix, à Avignon, ainsi qu'à Lyon et Paris.

Les pistoles et brignoles sont exportées à l'étranger.

Les cerneaux (noix cassées) et les coings sont exportés en Amérique.

PRODUCTION MARAÎCHÈRE.

Dans toutes les communes, on produit des légumes pour la consommation locale, mais en quantité insuffisante pour les besoins du département; il en vient beaucoup du dehors.

La vente est peu importante; on peut toutefois signaler la Saulce, Lettret, Romette, qui vendent des légumes et des plants potagers : choux, betteraves, etc., pour une valeur assez importante.

ALPES-MARITIMES.

Le département des Alpes-Maritimes, en raison de sa situation et de sa configuration, présente, sur un espace relativement restreint, presque toutes les productions agricoles de France. Sur le littoral, on trouve même des cultures africaines.

Par suite de cette diversité, les productions, en général, sont peu importantes. Souvent même, elles ne suffisent pas aux besoins locaux. Ainsi les céréales et le vin, pour ne citer que les principales, accusent annuellement un déficit sensible sur les besoins de la consommation.

Par contre, une industrie récente, celle des fleurs coupées, donne lieu à un commerce d'exportation considérable.

CÉRÉALES.

Cette culture est disséminée dans toute la région et ne présente aucun centre spécial. La production du froment varie entre 120,000 et 150,000 quintaux; celle des autres céréales réunies atteint à peine le dixième de ce chiffre.

Les importations de blé se font par le port de Nice. Une société commerciale possède des moulins bien outillés et centralise la plus grande partie de ce commerce.

Les minoteries de Marseille envoient à Cannes et à Nice des quantités de farines de plus en plus importantes.

CULTURE MARAÎCHÈRE.

Les haricots, les pois, les fèves et les lentilles jouent un grand rôle dans l'alimentation des habitants des campagnes. Ces légumes ne donnent lieu à quelques transactions que dans les localités suivantes :

Haricots secs. — Drap, 150 quintaux; Contes, 350 quintaux; Sospel, 400 quintaux.

Fèves. — Nice, 500 quintaux; Escarène, 450 quintaux; Cagnes, 320 quintaux;

Lentilles. — Beuil, 300 quintaux; Valdeblor, 250 quintaux; Roure, 150 quintaux.

Les haricots et les petits pois *frais* sont l'objet, depuis quelques années, d'un commerce important.

Ces légumes verts sont expédiés en partie sur Paris, Bruxelles et Londres par des commissionnaires qui les achètent sur place ou sur le marché de Nice.

Les prix varient avec les saisons. Comme primeurs, les haricots et les petits pois se payent 4 francs et 1 fr. 50 le kilogramme. En pleine récolte, les cours descendent à 0 fr. 50 et 0 fr. 25.

Il n'existe pas encore d'industrie de conserves de légumes dans la région.

CENTRES DE PRODUCTION.	HARICOTS.	PETITS POIS.
	kilogrammes.	kilogrammes.
Nice...	500,000	800,000
Cagnes.......................................	200,000	350,000
Saint-Laurent-du-Var..........................	100,000	150,000
Antibes.......................................	150,000	200,000
Cannes..	75,000	80,000
Vence...	50,000	75,000
La Trinité-Victor.............................	50,000	70,000
Drap..	25,000	30,000
Peille..	50,000	80,000
Peillon.......................................	40,000	60,000
Contes..	35,000	60,000
Escarène......................................	25,000	40,000
Saint-Paul....................................	"	50,000
La Colle......................................	"	60,000
TOTAUX...................	1,300,000	2,105,000

Pommes de terre. — Récolte insuffisante pour les besoins locaux. Cannes, Nice et Menton en reçoivent annuellement de 50,000 à 70,000 quintaux.

TABAC.

Cultivé sur une étendue de 30 à 40 hectares, il donne des rendements moyens de 2,000 kilogrammes. L'administration paye de 0 fr. 85 à 1 franc le kilogramme. Le contingent accordé aux Alpes-Maritimes est de 45 hectares.

Six communes se livrent à la culture du tabac; les centres les plus importants sont Cagnes (11 hectares) et Villeneuve-Loubet (19 hectares).

CULTURES FOURRAGÈRES.

Légumineuses. — Ces plantes se trouvent dans tout le département, mais plus spécialement dans le nord de l'arrondissement de Grasse et dans la partie supérieure de la vallée du Var. Elles sont consommées sur place.

Prairies naturelles. — Les prairies naturelles sont situées dans le fond des vallées et sur le flanc des montagnes, où l'eau et la fraîcheur entretiennent suffisamment d'humidité. Le foin produit est généralement d'excellente qualité. Il est très recherché par les nourrisseurs et les cochers du littoral. Les quantités livrées au commerce sont relativement peu importantes; elles peuvent être évaluées comme suit :

Sospel	10,000 quintaux.
Moulinet	6,000
Breil	5,000
Saint-Martin-Vésubie	8,000
Roquebillère	2,000
Valdeblore	5,000
Entraunes	7,000
Saint-Martin-d'Entraunes	4,000
TOTAL	47,000

Les achats se font sur place. La livraison a lieu en balles de 50 à 80 kilogrammes.

Les villes du littoral, Nice, Cannes, Antilles et Menton importent annuellement plus de 500,000 quintaux de foins provenant en presque totalité de la vallée du Rhône. Ce commerce est entre les mains de spécialistes.

VIGNES.

Le vignoble des Alpes-Maritimes jouit d'une réputation méritée. Les bons crus y sont nombreux. Des progrès sensibles ont été réalisés ces temps derniers dans les procédés de fabrication et de conservation du vin.

A Menton, dans le haut Var et dans les vallées de la Tinée, de la Bévéra et de la Roya, le vieux vignoble existe encore. Ailleurs, on a procédé à la reconstitution.

Les vins peuvent se classer comme suit :

1° *Crus de première qualité.* — *Menton* : Vins rouges bouquetés, fins et généreux. Très recherchés par la colonie étrangère. Production annuelle : 2,000 hectolitres. — *Bellet* (communes de Nice et de Colomars) : Vins rouges bouquetés, corsés, généreux, prenant du moelleux et de la finesse en vieillissant. Conservation très longue. Recherché par la clientèle niçoise et étrangère. Production annuelle : 5,000 hectolitres. — *La Gaude* : Vins rouges ayant les mêmes caractères que ceux de Bellet. Ces deux vignobles ne sont séparés que par le Var. Le terrain est le même, poudingues du pliocène. Production annuelle : 1,800 hectolitres.

Ces vins de première qualité sont vendus dès la première année à raison de 75 à 100 francs l'hectolitre. Ils sont consommés sur le littoral et rarement expédiés au dehors.

2° *Crus de seconde qualité* — *Villars-du-Var, Touët-de-Beuil et Massoins* : Vins rouges fins, généreux et moelleux.

Production annuelle : 1,400 hectolitres. Valeur : de 50 à 75 francs l'hectolitre.

3° *Crus de troisième qualité.* — Les principaux sont :

	hectol.		hectol.
Coutes	500	Saint-Laurent-du-Var	1,500
Escarène	400	Cagnes	2,400
Sospel	1,800	Valbonne	2,200
Saint-Jeannet	800	Mougins	1,800
Gattières	300		

Ces vins sont achetés dans la région à raison de 40 à 50 francs l'hectolitre.

4° *Crus ordinaires.* — Les principaux sont :

	hectol.		hectol.
Nice.	5,000	Antibes.	2,000
Vence.	1,500	Guillaumes.	300
La Colle.	1,200	Breil	250
Saint-Paul	1,000		

La valeur de ces vins varie entre 20 et 35 francs l'hectolitre. Ils sont consommés dans la région.

Les Alpes-Maritimes produisent au total de 60,000 à 100,000 hectolitres. Cette production est très inférieure aux besoins locaux, aussi les importations atteignent environ 400,000 hectolitres. Le port de Nice reçoit une bonne partie de ces vins qui viennent principalement du Var. Le Midi, l'Algérie et la Corse fournissent le restant.

Le commerce des raisins de vendange prend une grande extension. On en reçoit environ 10 millions de kilogrammes, dont 8 millions par la gare de Nice. Ces raisins viennent de la Provence, du Vaucluse et de la Corse.

CULTURES FRUITIÈRES.

Raisins de table. — La culture des raisins de table a pris naissance il y a une dizaine d'années et depuis elle n'a cessé de progresser. Elle porte sur des variétés appartenant à différentes époques de la maturité et se pratique surtout dans les localités suivantes :

Nice.	Chasselas.	400	Cagnes.	Clairette.	200
	Clairette	600	Saint-Paul	Clairette.	100
	Rôle.	150			
	Gros-Guillaumes.	50	Antibes.	Clairette.	50
Saint-Laurent du-Var.	Chasselas.	200		Chasselas.	30
	Clairette	300	Mougins.	Clairette.	120
	Gros-Guillaumes.	20			
	Servan.	180	Valbonne.	Clairette.	90
	Saint-Jeannet.	200			
Saint-Jeannet.	Clairette.	200	Cannes.	Chasselas.	80
	Saint-Jeannet.	1,200		Lignan.	30
	Gros-Guillaumes.	30		Clairette.	40

La production totale est approximativement de 5,000 quintaux. Cette production est absorbée par les marchés de Nice, Cannes, Menton et Monaco.

Il est à remarquer que la récolte s'échelonne sur une longue période : d'août à mars. Les chasselas, en effet, apparaissent au commencement d'août et le Servan et le Saint-Jeannet restent sur souches jusqu'en février-mars.

La conservation au fruitier n'est pas pratiquée. On retarde la cueillette, lorsque les cours sont défavorables, autant que les circonstances climatologiques le permettent.

Les prix en hiver se maintiennent entre 1 franc et 1 fr. 50 le kilogramme.

Olivier. — L'olivier s'étend sur toutes les communes du littoral et remonte dans les vallées jusqu'à une altitude de 400 à 600 mètres, selon les expositions. Il couvre une superficie d'environ 30,000 hectares.

La récolte est irrégulière depuis de nombreuses années. Elle varie entre un million et douze millions de kilogrammes d'huile. Les prix moyens de vente sont de 1 fr. 15 le kilogramme.

Il n'existe que deux centres pour les transactions : Nice et Grasse. Les propriétaires vendent aux négociants sur échantillons. La livraison se fait généralement quelques jours après la fabrication. Le commerçant donne les soins convenables : décantage, filtrage, etc. La conservation se fait dans d'immenses citernes désignées sous le nom de *piles*.

Les huiles des Alpes-Maritimes ont une réputation universelle pour leur finesse et leur saveur. Elles s'expédient en Europe et en Amérique. L'industrie des sardines en consomme de grandes quantités.

Les huiles voyagent en fûts, sauf pour les petites expéditions (colis-postaux) où elles sont logées en bidons ou en bombonnes. L'Amérique reçoit cependant d'importantes livraisons en bouteilles portant la marque et le cachet de la maison d'expédition.

Deux coopératives oléicoles se sont fondées en 1903, l'une à Grasse et l'autre à Gilette. Elles ont pour objet la production et la vente en commun des huiles. Elles s'efforcent d'obtenir des produits surfins et de les vendre directement au consommateur. C'est une tentative qui semble devoir être féconde.

Châtaignier. — Les châtaigniers occupent une étendue d'environ 900 hectares. Ces arbres, une fois greffés, ne sont l'objet d'aucun soin.

Les massifs les plus importants sont :

	hectares.		hectares.
Isola	120	Lantosque	45
Fontan	100	Berre	60
Saint-Martin-Vésubie	80	Coaraze	50
Valdeblore	40	Lucéram	45
Utelle	30	Sospel	50
Belvédère	40		

La production, dans l'ensemble, ne dépasse guère 25 litres par arbre. Comme on compte à peu près 80 sujets par hectare, c'est une récolte qui s'élève environ à 18,000 hectolitres.

Les châtaigniers entrent pour une bonne part dans l'alimentation d'hiver des populations locales. L'excédent est vendu sur les villes du littoral, principalement à Nice, à raison de 15 à 20 francs les 100 kilogrammes.

Figuiers. — Les figuiers sont disséminés dans toutes les cultures du littoral et de la région moyenne. La production peut atteindre 8 millions de kilogrammes de figues fraîches. Une partie est séchée pour les besoins familiaux et le restant est vendu à l'état frais sur les marchés du littoral.

Ces fruits ne sont l'objet d'aucun commerce d'exportation.

Mûrier. — L'élevage des vers à soie était autrefois très prospère dans la région. Le nombre des mûriers, déjà fortement réduit, tend encore à diminuer.

Dans toutes les vallées, on rencontre ces arbres. Mais c'est dans celles du Var et du Paillon qu'ils sont le plus nombreux. L'ensemble des mûriers peut donner annuellement de 8,000 à 10,000 quintaux de feuilles. Les deux tiers de cette production sont utilisés à l'entretien de 400 à 500 onces de graines de vers à soie.

Noyer. — Cet arbre abondait, il y a une quinzaine d'années, dans les vallées supérieures, et les sujets de dimensions colossales n'y étaient pas rares. Mais par suite de la demande croissante dont le bois de noyer est l'objet de la part de l'industrie, sa valeur a augmenté dans des proportions considérables. Aussi les propriétaires n'ont pas résisté aux offres qui leur ont été faites et beaucoup d'arbres ont été abattus. Le développement des voies de communication a largement facilité cette destruction.

La production, inférieure à 600 quintaux, est consommée sur place.

Pêcher. — Le pêcher se rencontre sur le littoral et dans les vallées moyennes. Il ne constitue pas une culture spéciale. Les endroits arrosables en possèdent le plus et c'est dans ces milieux que les fruits acquièrent toute leur valeur.

Les principaux centres de production sont :

	kilogr.		kilogr.
Nice	500,000	Grasse	60,000
Cagnes	200,000	La Trinité	55,000
Saint-Laurent-du-Var	120,000	Sospel	50,000
Antibes	100,000	Peille	40,000
Cannes	85,000	Contes	35,000
Peillon	80,000	Escarène	30,000
Tourrette-Levens	75,000		
Drap	65,000	TOTAL	1,495,000

Le marché de Nice reçoit les trois quarts de cette production et en expédie sur Paris la majeure partie. Les prix varient entre 1 fr. 50 et 0 fr. 25 le kilogramme.

Pommiers et poiriers. — Il n'existe pas de vergers de pommiers et de poiriers dans la région. On rencontre ces arbres dans presque tous les jardins et autour des maisons d'habitation. Les fruits qu'ils donnent se consomment sur place.

Les villes du littoral font leur approvisionnement en Piémont.

Pruniers. — Les pruniers sont associés en petite proportion aux autres arbres fruitiers. La récolte se consomme sur place et sur les marchés environnants. Elle ne donne lieu qu'à de faibles transactions.

L'industrie des pruneaux n'existe pas dans la région.

Orangers. — L'oranger à fruit doux a une place sur toutes les propriétés du littoral, mais il n'est l'objet d'une culture spéciale que sur certains points.

La production annuelle s'établit comme suit : Nice, 9,000,000 de fruits; Cagnes, 1,000,000; Cannes, 400,000; Antibes, 200,000; Vallauris, 100,000; en tout, 10,700,000 fruits.

Il s'expédie 5 millions d'oranges sur wagon à destination de Paris par les soins de commissionnaires. 3 millions vont à l'étranger et dans différents parties de la France sous forme de colis postaux.

Le prix des oranges oscille entre 20 et 25 francs le mille.

Citronniers. — Cette culture ne s'étend que sur les territoires des communes de Menton et de Cabbé-Roquebrune. Elle produit environ 30 millions de citrons.

L'expédition a lieu sur tous pays. Les fruits sont classés par catégories et emballés dans des caisses en bois de contenance variable.

Le commerce des citrons est entre les mains de spécialistes. Cependant une coopérative de vente, fondée, il y a quelques années, à Cabbé-Roquebrune, donne d'excellents résultats. Un groupe de producteurs de Menton vient d'en faire autant. La vente directe va donc prendre de l'extension.

Mandariniers. — Le nombre de ces arbres augmente sensiblement. Les principaux centres de production sont :

	mandarines.		mandarines.
Nice....................	3,000,000	Cannes..............	200,000
Villefranche.............	600,000	Cagnes..............	100,000
Beaulieu...............	400,000	Antibes..............	150,000
Eze....................	300,000	Menton..............	100,000
Cabbé-Roquebrune........	250,000		
Saint-Laurent-du-Var.......	200,000	Total............	5,300,000

Le prix moyen est de 3o francs le mille. Les expéditions se font au dehors, surtout par colis postaux.

PLANTES À PARFUMS.

Orangers. — La fleur de l'oranger bigaradier renferme l'essence connue sous le nom de *néroli*. L'extraction de cette essence constitue une branche importante de la parfumerie locale.

Les principaux centres de production sont :

	kilogr.		kilogr.
Vallauris...................	850,000	Mougins...............	80,000
Le Cannet.................	250,000	Gattières..............	70,000
Le Bar..................	200,000	Cagnes..............	50,000
Nice...................	180,000	Cannes...............	45,000
Saint-Laurent............	130,000	La Gaude.............	35,000
Antibes..................	100,000	Vence...............	30,000
Biot....................	90,000	Saint-Paul............	20,000
Saint-Jeannet.............	80,000	La Colle..............	15,000

Soit un total de 2,225,000 kilogrammes de fleurs.

En bonne année, la récolte peut atteindre 3 millions de kilogrammes.

En 1903, on a vendu o fr. 3o le kilogramme, et en 1904, o fr. 6o.

La parfumerie de Grasse reçoit les trois quarts de la récolte; le restant est travaillé à Cannes, Vallauris, Nice et Menton.

Les fleurs sont livrées de bonne heure le matin chez les industriels, par les commissionnaires ou courtiers.

Une coopérative, groupant 1,200 producteurs, récoltant 1,500,000 kilogrammes de fleur, s'est constituée en 1904 pour traiter directement avec les parfumeurs et relever les cours.

Les branchages et feuillages provenant de la taille de l'oranger sont soumis à la distillation et donnent le *petit grain*. Les quantités mises en œuvre dépendent de la situation sur le marché du néroli et de l'eau de fleur d'oranger. Elles sont en moyenne de 1,500,000 kilogrammes, payées 10 francs les 100 kilogrammes. Il en faut environ 5oo kilogrammes pour produire 1 kilogramme d'essence.

Les fruits du bigaradier et de l'oranger doux servent parfois à la préparation d'écorces destinées à divers usages. Ils sont payés, dans ce cas, 5 à 6 francs les 100 kilogrammes.

On utilise annuellement une moyenne de 2,500,000 fruits, dont 500,000 oranges douces. On en retire environ 120,000 kilogrammes d'écorces. C'est à Nice que ce genre d'industrie existe.

Rosiers. — La culture des rosiers pour la parfumerie se répartit comme suit, par centres de production :

	hectares.		hectares.
Grasse	120	Saint-Paul	80
Moüans-Sartoux	90	La Roquette	5
Valbonne	35	Pegomas	8
La Colle	165	Opio	7
Peymeinade	25	Roquefort	8
Vence	40	Villeneuve-Loubet	8
Mougins	20	Rouret	5
Tourette-Levens	5	Châteauneuf	5
Auribeau	15		
Le Cannet	10	TOTAL	651

Les rendements varient de 2,500 à 3,500 kilogrammes à l'hectare. Les prix sont instables : 0 fr. 25 à 1 fr. 50 le kilogramme.

C'est l'industrie de Grasse qui transforme la presque totalité de ces produits.

Jasmins. — Grasse a le monopole de cette culture. Sur les 600,000 kilogrammes dont se compose la récolte, elle en produit à peu près 450,000 kilogrammes.

La fleur de jasmin est très recherchée depuis quelques années. Le prix en est monté à 3 francs le kilogramme. Les plantations, de ce fait, prennent de l'extension.

Violettes. — La violette se cultive à l'ombre légère des oliviers. Les centres de production les plus importants sont :

	hectares.		hectares.
Vence	40	Tourette	25
Grasse	30	Le Bar	20

Les usines de Grasse reçoivent les fleurs à raison de 2 fr. 50 à 3 francs le kilogramme.

Cassis. — Les centres de production sont :

	hectares.		hectares.
Le Cannet	45	Grasse	20
Cannes	30	Moüans-Sartoux	10
Mougins	25		

Les rendements varient de 500 à 1,000 kilogrammes à l'hectare, et les prix de 5 à 10 francs le kilogramme (en 1903, 8 fr.).

Menthe. — Les centres de production sont :

	kilogr.		kilogr.
Villeneuve-Loubet	600,000	Pégomas	150,000
Cagnes	400,000	Auribeau	100,000
Grasse	200,000		

Les usines de Grasse transforment cette récolte et la payent 8 à 10 francs les 100 kilogrammes.

1,000 kilogrammes donnent environ 1 kilogr. 700 d'essence.

3.

Tubéreuses. — Les centres de production sont :

	hectares.		hectares.
Pégomas	12	Moüans-Sartoux	8
Auribeau	11	Peymeinade	6
Grasse	10	Mougins	5

Les rendements atteignent 3,000 kilogrammes. Les prix se maintiennent aux environs de 3 francs le kilogramme.

La jonquille, le géranium rosa, le réséda et la verveine sont cultivés également pour la parfumerie, mais sur des surfaces très restreintes.

Il importe de noter que, pour toutes les plantes à parfums, il est souvent passé des contrats entre les producteurs et les industriels, pour une période de six ans, à des conditions déterminées.

CULTURES FLORALES.

Les cultures florales ont pris sur le littoral, depuis une vingtaine d'années, un développement considérable. Le revenu brut qu'elles donnent est le plus élevé de toutes les branches de la production, l'olivier compris. Tout porte à croire que ce revenu ira sans cesse en augmentant.

Au premier rang de ces cultures figure l'œillet. Viennent ensuite la rose, les giroflées, les anémones, les anthémis, etc. Les plantes ornementales commencent également à être l'objet d'un commerce d'exportation important.

Œillets. — Les centres de production sont :

	francs.		francs.
Nice	3,000,000	Beaulieu	50,000
Antibes	2,500,000	Vence	50,000
Cannes	900,000	Eze	25,000
Vallauris	400,000	La Turbie	20,000
Villefranche	250,000		
Cagnes	100,000	Total	7,375,000
Saint-Laurent-du-Var	80,000		

La vente a lieu à la douzaine. Les prix varient entre 0 fr. 10 et 4 francs suivant les saisons et les variétés. C'est en février-mars que les cours sont le plus élevés.

Les marchés ont lieu tous les matins à Nice, Cannes et Antibes. Celui de Nice est le plus important. La presque totalité de ces œillets est expédiée journellement par des commissionnaires sur Paris et les principales villes d'Europe, sous forme de colis-postaux.

Roses. — Les centres de production sont :

	francs.		francs.
Nice	400,000	Saint-Laurent	50,000
Vence	200,000	La Colle	35,000
Antibes	150,000	Beaulieu	20,000
Cannes	120,000	La Gaude	18,000
Vallauris	100,000	Eze	1,500
Cagnes	65,000	Saint-Jeannet	10,000
Saint-Paul	60,000		
Villefranche	60,000	Total	1,358,000
Le Cannet	55,000		

Les prix sont très variables : o fr. 20 à 12 francs la douzaine. Ils dépendent des saisons et des variétés. C'est en mars qu'ils atteignent le maximum pour les variétés cultivées sous verre.

Nice, Cannes et Antibes reçoivent ces fleurs et les expédient dans toutes les directions.

Fleurs diverses. — Voici la répartition par centres de production :

CENTRES DE PRODUCTION.	GIROFLÉES.	ANÉMONES ET RENONCULES.	ANTHÉMIS.	VIOLETTES.
	francs.	francs.	francs.	francs.
Nice......................	90,000	80,000	95,000	15,000
Antibes..................	60,000	100,000	20,000	10,000
Cagnes..................	35,000	2,000	5,000	4,000
Cannes..................	40,000	30,000	10,000	6,000
Saint-Laurent............	25,000	1,000	2,000	//
Villefranche.............	10,000	2,000	30,000	2,000
Beaulieu................	2,000	5oo	15,000	1,000
Le Cannet...............	20,000	2,000	1,200	3,200
Saint-Paul...............	25,000	//	1,000	1,000
Vence...................	100,000	5,000	3,000	5o,000
La Colle.................	10,000	//	//	//
Tourette.................	15,000	//	//	10,000
La Gaude................	12,000	//	//	//
Saint-Jeannet.............	20,000	//	//	2,000
Eze.....................	2,000	5oo	2,000	//
La Turbie...............	1,000	//	1,000	//
Cabbé-Roquebrune.........	2,000	//	5oo	//
Le Bar..................	//	//	//	1,000
TOTAUX..........	469,000	223,000	185,700	105,000

Nice, Antibes et Vence sont les centres d'expédition les plus importants de ces produits.

PLANTES ORNEMENTALES.

Les établissements horticoles ne multiplient guère jusqu'à présent que des palmiers (*Phœnix canariensis*) pour l'exportation. Ils cultivent pour les besoins de la région la plupart des plantes susceptibles d'y prospérer. Ces cultures ne portent que sur un petit nombre de sujets.

Les centres de production des palmiers sont :

	francs.		francs.
Vallauris....................	60,000	Villefranche...............	5,000
Nice.......................	5o,000	Beaulieu...................	5,000
Cannes....................	25,000		
Antibes....................	18,000	TOTAL............	163,000

Ces palmiers sont livrés au commerce à l'âge de 4 à 6 ans. Ils sont vendus sur place à des acheteurs de Paris et de Belgique, à raison de 1 franc pièce en moyenne. Les prix ont une tendance à la baisse.

CULTURES MARAÎCHÈRES.

Les cultures maraîchères sont très développées dans le voisinage des centres de consommation. Les légumes divers : choux, salades, oignons, aubergines, etc., sont produits en quantité suffisante pour approvisionner les marchés locaux, mais ils ne donnent pas lieu, quant à présent, à un commerce d'exportation à l'étranger. Ce commerce n'existe que pour les espèces suivantes :

Artichaut. — Les centres de production sont :

	hectares.		hectares.
Saint-Laurent-du-Var	4o	Antibes	8
Cagnes	15	Saint-Paul	5
Nice	1o		
La Colle	1o	Total	88

La majeure partie de la récolte est vendue comme primeur à un prix relativement élevé. Des expéditions importantes ont lieu sur Paris par les soins de commissionnaires.

Tomates. — Les centres de production sont :

	francs.		francs.
Antibes	1,000,000	Drap	15,000
Nice	45o,000	Peillon	2o,000
Saint-Laurent-du-Var	8o,000	Contes	15,000
Cagnes	6o,000	Escarène	10,000
Vallauris	5o,000		
Cannes	3o,000	Total	1,755,000
La Trinité	25,000		

A Nice, à Antibes et dans les autres localités où l'on se livre aux cultures florales sous verre, on utilise les châssis au printemps pour la tomate, au fur et à mesure qu'ils sont libres.

La récolte commence vers le 15 mai et se continue tout l'été.

Les prix, au début, varient entre 1 fr. 5o et 2 francs le kilogramme; ils tombent en été à o fr. o5.

Les expéditions les plus considérables ont lieu sur Paris, par l'entremise de commissionnaires.

ARDÈCHE.

Le Préfet Gaffarelli, dans l'*Annuaire de l'Ardèche* de l'an x, écrivait : « C'est le pays le plus âpre et le plus haché de la République », et quand, sur une carte orographique, ou du haut du mont Mézenc, on jette un coup d'œil d'ensemble sur le département de l'Ardèche, on n'aperçoit qu'un cahot de montagnes aux crêtes saillantes, le plus souvent privées de végétation, coupées de vallées profondes et étroites aux pentes raides et abruptes. Les plateaux sont peu nombreux et d'assez faible étendue, et l'on a la notion que partout la terre cultivable fait défaut; on conçoit la nécessité de la construction de cette multitude de terrasses érigées sur les pentes et destinées à retenir le sol

Et l'on est pris d'un véritable sentiment d'admiration pour le paysan ardéchois, obligé de porter à dos d'homme toutes les matières fertilisantes utiles à ces « échamps », souvent de médiocre qualité et de surface très réduite, et de redescendre, de la même manière, les maigres récoltes obtenues ».

Les conditions générales de l'agriculture dans ce département sont excessivement variables. La situation géographique, les origines géologiques diverses de ses sols, l'altitude de ses différentes régions, tout contribue à en faire une contrée difficile à caractériser. Toutes les cultures s'y rencontrent : l'olivier, le sorgho à balai, le fenouil se trouvent dans la partie méridionale de l'Ardèche; le froment, les vignes, le mûrier, les arbres fruitiers, sont l'apanage des vallées et des expositions à l'abri des rigueurs de l'hiver ; le châtaignier couvre les pentes jusqu'à 800 mètres environ, tandis qu'au-dessus, le seigle, la pomme de terre, les pâturages restent les seules cultures possibles, associées assez souvent à des bouquets de pins, d'épiceas, de mélèzes, de hêtres. Voici d'ailleurs la répartition des terres du territoire, d'après la statistique de 1904 :

	hectares.		hectares.
Surface totale	547,274	Bois et forêts	87,188
Surface des prés patures	91,235	Terres labourables	215,116
Terres incultes	127,332	(soit les 2/5 de la surface totale).	

Les villages sont nombreux et disséminés à travers la campagne; la population rurale, malgré une désertion rapide des champs, reste encore assez dense, supérieure à celle de cinquante départements français.

Le paysan est dur au travail, âpre au gain, mal nourri le plus souvent; la soupe au lard, la châtaigne, la pomme de terre et le pain de seigle forment la base de son alimentation.

Quant aux moyens de communication, malgré de sérieux efforts et des progrès sensibles, ils restent encore insuffisants ou mal aisés.

« En résumé, nous trouvons dans l'Ardèche un sol pauvre, difficile à travailler et à fertiliser, un travail acharné et patient qui commence à peine à se dégager de la routine, les propriétés morcelées à l'infini, et, par suite de l'absence d'un capital disponible, soit qu'on manque de l'argent nécessaire ou qu'on ne veuille pas toucher aux économies amassées sou à sou, l'amélioration du sol reste lente et l'agriculture peu prospère. »

Si toutes les cultures se rencontrent dans le département de l'Ardèche, aucune, sauf la vigne, le mûrier, le châtaignier, la pomme de terre et les prairies, n'y est importante et le climat limite ces cultures à des régions nettement déterminées.

Chaque fois que cela lui est possible, et au détriment d'un profit qui pourrait être plus considérable, le cultivateur ardéchois fait produire « de tout » à sa terre.

CÉRÉALES.

Les céréales donnent lieu à un commerce assez restreint. On fait quelques ventes d'orge, d'avoine, de blé surtout. L'orge est destinée aux brasseries de la région : Ruoms et Annonay; le blé est absorbé par la haute montagne qui, ne produisant pas une quantité de seigle suffisante pour son alimentation, achète du froment. Quelques rares expéditions se font sur Montélimar et Marseille.

RÉCOLTE ET VENTE DES CÉRÉALES EN 1903.

CÉRÉALES.	ARRONDISSEMENT DE PRIVAS.	CANTONS dont la production a donné lieu à des actes de commerce.	ARRONDISSEMENT DE TOURNON.	CANTONS dont la production a donné lieu à des actes de commerce.	ARRONDISSEMENT DE LARGENTIÈRE.	CANTONS dont la production a donné lieu à des actes de commerce.	TOTAL.	LIEUX D'EXPORTATION des céréales vendues.
Blé....... Surface.	15,236 h.	Villeneuve-de-Berg.	7,195 h.	Saint-Peray.	5,650 h.		28,081 h.	Marseille.
Récolte.	182,832 q^x.	Chomérac.	80,681 q^x.	Annonay.	56,300 q^x.	Vallon.	319,813 q^x.	Montélimar.
Vente..	32,805 q^x.	Bourg-St-Andéol. Rochemaure. Viviers.	10,861 q^x.	Tournon.	3,680 q^x.		47,346 q^x.	Valence. Les Cévennes. Tence (Haute-Loire).
Avoine.... Surface.	4,381 h.	Chomérac.	3,184 h.	Saint-Péray.	2,646 h.	Joyeuse.	10,211 h.	
Récolte.	48,191 q^x.	Bourg-St-Andéol.	27,703 q^x.	Saint-Agrève.	23,020 q^x.		98,914 q^x.	
Vente..	7,500 q^x.	Rochemaure.	3,350 q^x.	Annonay.	1,960 q^x.		13,022 q^x.	
Orge..... Surface.	1,021 h.	Villeneuve-de-Berg.	245 h.	"	765 h.	"	2,032 h.	
Récolte.	12,252 q^x.		2,435 q^x.		6,120 q^x.		20,827 q^x.	
Vente..	4,200 q^x.		30 q^x.		50 q^x.		4,280 q^x.	
Seigle.... Surface.	4,663 h.	La Voulte-s.-Rhône.	22,676 h.	Annonay.	6,704 h.	"	34,043 h.	
Récolte.	42,167 q^x.		244,088 q^x.	Saint-Félicien.	65,665 q^x.		354,900 q^x.	
Vente..	1,000 q^x.		2,690 q^x.	Saint-Martin.	//		3,690 q^x.	
Maïs...... Surface.	132 h.	Villeneuve-de-Berg.	11 h.		236 h.	Vallon.	373 h.	
Récolte.	1,188 q^x	Bourg-St-Andéol.	1,939 q^x.		2,760 q^x.	Joyeuse.	4,141 q^x.	
Vente..	//		//		100 q^x.		100 q^x.	

PRODUCTION SÉRICICOLE.

Malgré des prix de vente de plus en plus faibles, la production des cocons dans l'Ardèche reste encore fort importante. L'élevage se fait toujours par petites éducations; chaque cultivateur élève une once ou une once et demie, rarement deux. Théoriquement, l'once devrait être de 25 grammes; elle est plus souvent de 30, quelquefois davantage.

Généralement, le cultivateur fait consommer la feuille de mûrier qu'il cueille sur ses propriétés; parfois, il élève sa chambrée avec de la feuille achetée. Rien n'est plus variable que le prix de vente de cette feuille; depuis quelques années, on produit moins de vers, et une certaine quantité de mûriers restent inutilisés; les propriétaires essaient d'en retirer ce qu'ils peuvent en cédant quelquefois à faible prix une récolte dont ils ne profiteraient pas autrement.

L'élevage se fait souvent avec beaucoup de soins, et il n'est pas rare de trouver des rendements de 50 et 60 kilogrammes à l'once. Les chambrées manquées sont moins rares depuis quelques années. On accuse «la graine», et il est fort possible que les paysans soient la proie de courtiers marrons qui leur fournissent sciemment une graine inférieure ou même mauvaise. L'association des cultivateurs pour l'achat, en commun et avec garantie, de leurs graines de vers à soie, bien que présentant de sérieuses difficultés, devient une nécessité.

Comme pour beaucoup de denrées agricoles, la vente de cocons se fait par intermédiaires, immédiatement après la récolte. Des «leveurs» achètent pour le compte des filateurs ou des maisons de commerce.

Voici le tableau de la production de la soie en 1904 :

ARRONDISSEMENT.	NOMBRE D'ONCES mis en circulation.	POIDS DE L'ONCE.	RENDEMENT MOYEN À L'ONCE.	RÉCOLTE DES COCONS.	PRIX DE VENTE du KILOGRAMME de cocons.	VALEUR de LA RÉCOLTE.
		grammes.	kilogr.	kilogr.	fr. c.	fr. c.
Privas........	17,515	30	42	740,097	2 50	1,850,242 50
Largentière. ...	24,243		40,6	985,268	quelquefois	2,463,157 50
Tournon.......	1,398		41,8	58,570	2 75 à 3 00	146,425
Totaux.....	33,156			1,783,935		4,459,825 00

HORTICULTURE ET CULTURE MARAÎCHÈRE.

Ces cultures n'occupent qu'une place assez restreinte dans le département de l'Ardèche. Autour des principaux centres, Aubenas-Vals, Privas, Tournon, Annonay, Lamastre, Largentière, on rencontre des cultures maraîchères. Les produits sont portés aux marchés de ces villes et y trouvent un débouché assuré.

Quelques localités privilégiées par leur situation géographique se livrent depuis quelques années à la production de primeurs. On y fait surtout des petits pois, des haricots verts, des asperges, des fraises, des raisins de table; nombreux seraient les centres où ces cultures pourraient être installées avantageusement.

Ces récoltes sont souvent obtenues en cultures dérobées, ou tout au moins intercalaires ; c'est généralement dans les vignes ou sur les terrains plantés d'arbres fruitiers qu'on place les petits pois et les haricots. Les fumures données à ces plantes servent également à la vigne et aux arbres, et on prend deux récoltes sur le même sol la même année. Les produits sont achetés par des courtiers et dirigés principalement sur Paris et Londres, Lyon et Saint-Étienne, quelquefois Bruxelles.

Dans quelques localités, les cultivateurs expédient directement à des intermédiaires dans les grandes villes ; ceux-ci fixent le prix de vente, déduction faite des frais de transport, de camionnage et de factage, et en renvoient le montant en mandat-poste, généralement le lendemain de la vente.

Les cultures maraîchères se répartissent ainsi entre les lieux de production :

LIEUX DE PRODUCTION.	SURFACE.	LIEUX DE CONSOMMATION.
	hectares.	
Silhac..........................	1,4	
Lamastre........................	2	
Roiffieux.......................	12	Annonay.
Saint-Barthélemy-le-Meil............	2	Le Cheylard.
Le Teil.........................	3	
Saint-Just......................	10	Pont-Saint-Esprit.
Aubenas.........................	4	Aubenas, Vals.
Saint-Julien-du-Serre................	2,5	Vals.
Ucel............................		Idem.
Chambonas.......................	5	Les Vans.
Chazeaux........................	4	Aubenas.

Voici comment elles sont distribuées par nature de produits :

CULTURES.	LIEUX DE PRODUCTION.	SURFACE en HECTARES.	REN-DEMENT à L'HECTARE.	PRIX du QUINTAL.	LIEUX D'EXPORTATION.
		hectares.	quintaux.	fr. c.	
	St-Appolinaire du Rin..	1			Lyon.
	Champagne.........	1			Annonay.
	Charnas...........	15			Paris.
	Thorrenc..........	1,5			Valence.
	Limony...........	2			St-Étienne.
Haricots verts...	Dessaigue..........	2	50	60	Londres.
	Beauchastel........	3			Bruxelles.
	Charmes...........	3			
	St-Fortunat.........	16			
	St-Laurent du Pape...	15			
	St-Martin d'Ardèche...	1			
	TOTAL........	60,5			

CULTURES.	LIEUX DE PRODUCTION.	SURFACE en HECTARES.	RENDEMENT à L'HECTARE.	PRIX du QUINTAL.	LIEUX D'EXPORTATION.
		hectares.	quintaux.	francs.	
Petits pois......	Champagne........	2			Valence.
	Charnas...........	15			Annonay.
	Thorrenc..........	1,5			Paris.
	Limony...........	2			Londres.
	Glun.............	2	40	30	
	Châteaubourg.......	3			
	Cornas...........	4			
	Beauchastel........	5			
	S¹-Laurent du Pape....	10			
	Darbres...........	2			
	TOTAL........	49,5			
Haricots secs....	Chazeaux..........	10	12	40	
	Ribes............	1			
	TOTAL........	11			
Asperge.......	Beauchastel........	1	25	75	
	Rochemaure........				
	Aubenas..........	jeunes plantations.			
	Ucel............	1	25		
	TOTAL........	2			
Fraises.......	Charnas..........	0,5	25	30 50	Annonay.
	Thorrenc..........	2,5			Paris.
	Limony..........	10			S¹-Étienne.
	TOTAL........	13			
		PRODUCTION.			
Raisin de table..	Champagne........	420 q^x			
	Limony..........	1,300			Paris.
	Toulaud..........	500		30	S¹-Etienne.
	Guilherand........	1,200			Lyon.
	Arras...........	800			
	Salavas..........	500			
	TOTAL........	4,520			
Melon........	Champagne........	3			Lyon.

CULTURES FRUITIÈRES.

Le département de l'Ardèche possède déjà un grand nombre d'arbres fruitiers, et les plantations prennent, chaque année, plus d'extension. Le cerisier, le pommier, le poirier, le châtaignier, le pêcher et le prunier sont les essences dominantes.

Le cerisier, le pêcher, le prunier occupent les situations privilégiées au point de

vue du sol et du climat. Ces cultures ne sont avantageuses qu'autant que leurs produits arrivent de très bonne heure sur le marché.

Le pommier et le châtaignier se rencontrent, au contraire, dans des régions plus
élevées, c'est-à-dire plus froides.

La vente des fruits se fait exactement comme celle des primeurs; ce sont souvent
les mêmes acheteurs, — courtiers ou correspondants, — qui enlèvent, à la fois, ces
récoltes. La quantité vendue annuellement varie dans de très grandes proportions, et
les prix de vente se ressentent de la grande irrégularité dans la production.

La plus grande partie des cerises et des pêches s'expédie sur Paris, Londres,
Lyon; quelques wagons vont en Belgique et même en Allemagne. Les marrons sont
achetés par Lyon, Dijon, Paris. Les amandes vont plutôt dans le Midi : Avignon,
Aix. Enfin les poires et les pommes servent à approvisionner les grands centres de la
région.

Voici la répartition de la production des fruits dans le département :

| FRUITS. | ARRONDISSEMENTS. | QUANTITÉS | | PRIX | PRINCIPAUX CANTONS |
		RÉCOLTÉES EN QUINTAUX.	VENDUES EN QUINTAUX.	DU QUINTAL.	PRODUISANT PLUS DE 500 QUINTAUX.
		quintaux.	quintaux.	francs.	
Poires	Largentière.........	1,399	739	10 à 15	Thueyts, Le Cheylard.
	Privas............	550	315	15 à 25	
	Tournon..........	2,304	2,059	12 à 40	
	Total........	4,203	3,113		
Noix........	Largentière.........	400	338	20	Le Cheylard, Lamastre.
	Privas	945	242	11 à 20	
	Tournon..........	2,423	416	25	
	Total........	3,768	996		
Amandes....	Largentière........	115	115	25	Bourg-St-Andéol, Ville-neuve-de-Berg.
	Privas............	2,328	1,434	30 à 45	
	Tournon..........	"	"		
	Total........	2,438	1,549		
Prunes.....	Largentière.,......	4,930	2,760	15	Burzet, Largentière, An-traigues, Thueyts, Au-benas.
	Privas............	4,796	2,507	15 à 20	
	Tournon..........	892	541	15	
	Total........	10,518	5,808		
Pommes....	Largentière.	12,039	6,115	10 à 14	Burzet-Joyeuse, Thueyts, Valgorge, Les Vans, Antraigues, Aubenas, Le Cheylard, Lamastre, St-Martin-de-Valamas.
	Privas............	6,506	2,932	10 à 20	
	Tournon..........	15,875	3,687	8 à 22	
	Total........	34,420	12,734		

| FRUITS. | ARRONDISSEMENTS. | QUANTITÉS | | PRIX | PRINCIPAUX CANTONS |
		RÉCOLTÉES EN QUINTAUX.	VENDUES EN QUINTAUX.	DU QUINTAL.	PRODUISANT PLUS DE 500 QUINTAUX.
		quintaux.	quintaux.	francs.	
Cerises.	Largentière	1,350	726	15	Aubenas, Rochemaure, La Voulte-St-Péray, Serrières et Tournon.
	Privas	6,165	3,415	20 à 25	
	Tournon	9,111	4,528	15 à 60	
	Total.	16,626	8,869		
Figues.	Largentière	342	52	20	
	Privas	980	30	10 à 15	
	Tournon	"	4		
	Total.	322	82		
Châtaignes.	Largentière	30,210	7,913	8 à 24	Joyeuse, Thueyts, Valgorge, Les Vans, Antraigues, Aubenas, Privas, Rochemaure, St-Pierreville, Villeneuve-de-Berg, La Voulte, Annonay, Le Cheylard, Lamastre, St-Félicien, St-Martin, St-Péray, Vernoux.
	Privas	120,580	35,740	12 à 24	
	Tournon	31,820	21,160	8 à 12	
	Total.	182,610	64,183		
Olives.	Largentière	904	Tout est réduit en huile.	20	
	Privas	130		35	
	Tournon	"			
	Total.	1,044			
Pêches.	Largentière	440	30	20	La Voulte, Annonay, Serrières, Tournon.
	Privas	6,498	5,276	30 à 50	
	Tournon	8,893	7,000	15 à 60	
	Total.	15,831	12,306		
Abricots.	Largentière	85	"	"	Serrières.
	Privas	10	"	"	
	Tournon	1,853	1,635	13 à 25	
	Total.	1,948	1,635		

PRODUCTION FOURRAGÈRE.

Prairies. — Les prairies fournissent peu de fourrages pour la vente. Si quelques wagons de foin se dirigent vers le Midi, la plus grande partie des fourrages vendus sont retenus par les principaux centres de l'Ardèche : Annonay, Aubenas, Vals, Privas, Tournon, etc.

En montagne, les prairies occupent des surfaces très importantes. Mais leur production reste faible; la récolte de foin suffit à peine à nourrir un trop nombreux bétail obligé de rester en stabulation pendant les six mois de la mauvaise saison.

Voici le tableau des quantités récoltées et vendues :

PRAIRIES.	ARRONDISSEMENTS							TOTAL.
	DE PRIVAS.		DE TOURNON.		DE LARGENTIÈRE.			
		CANTONS vendant plus de 1,000 quintaux de foin.		CANTONS vendant plus de 1,000 quintaux de foin.		CANTONS vendant plus de 1,000 quintaux de foin.		
Naturelle....	Surface.. 7.712 h.	Villeneuve.	22,522 h.	Annonay.	14,924 h.			45,158 h.
	Récolte.. 269,920 qᵗ	Aubenas.	909,904 qᵗ	Sᵗ-Agrève. Sᵗ-Péray.	522,340 qᵗ	Thueyts.		1,702,164 qᵗ
	Vente... 17,410 qᵗ		21,170 qᵗ	Sᵗ-Martin.	11,950 qᵗ	Sᵗ-Étienne-de-Lugdarès.		50,530 qᵗ
Artificielle...	Surface.. 6,100 h.		3,075 h.		1,820 h.			10,995 h.
	Récolte.. 250,731 qᵗ	Rochemaure.	141,813 qᵗ	Sᵗ-Péray.	87,790 qᵗ	Vallon.		1,270,334 qᵗ
	Vente... 6,450 qᵗ		5,300 qᵗ		1,426 qᵗ			13,176 qᵗ

Lieux d'exportation et de consommation : Marseille, Valence, Aubenas-Vals, Privas, Bessège (Gard).

GRAINES DE LUZERNE ET DE TRÈFLE.

Dans toute la vallée du Rhône, les cantons de Chomérac, de Rochemaure, de Viviers, de Villeneuve-de-Berg, produisent de la graine de luzerne. On ne fauche pas la seconde coupe; on la laisse sécher sur pied pour en récolter la graine.

On peut estimer la récolte annuelle à environ 6,000 quintaux, que des courtiers viennent acheter chez les producteurs pour de grandes maisons de commerce, à des prix variant de 100 à 130 francs le quintal.

Le canton de Villeneuve-de-Berg, surtout la région désignée sous le nom de Coiron, produit de la graine de trèfle violet, environ 3,000 quintaux vendus à 80 et 100 fr. les 100 kilogrammes.

POMMES DE TERRE.

C'est une culture fort importante dans tout le département de l'Ardèche; on la trouve à toutes les altitudes comme dans toutes les situations.

C'est une des cultures les mieux faites. Pour la pomme de terre, le paysan défonce son champ et le fume abondamment; il y confie des variétés de qualité early rose, institut de Beauvais, géante bleue, bleue de pays, merveille d'Amérique, chardone, etc.

La pomme de terre entre pour une large part dans l'alimentation du cultivateur; celui-ci engraisse ses animaux avec les tubercules défectueux et porte le reste sur le marché, les jours de foire.

Le Cheylard, Aubenas, Lamastre et Annonay sont les principaux centres où ont lieu les transactions.

Voici le résumé des résultats de cette culture :

	ARRONDISSEMENTS						
	DE PRIVAS.		DE TOURNON.		DE LARGENTIÈRE.		TOTAUX.
		CANTONS principaux producteurs.		CANTONS principaux producteurs.		CANTONS principaux producteurs.	
Surface cultivée.......	7,158 h.	Aubenas.	15,363 h.	Annonay.	4,698 h.		27,139 h.
Récolte...........,....	665,694 qx	Entraigue. La Voulte.	1,567,026 qx	St-Félicien. St-Péray. Lamastre.	394,632 qx	Thueyts.	2,617,352 qx
Quantité venduo.......	78,410 qx	Bourg-St-Andéol. Chomerac.	311,692 qx	St-Agrève. Tournon.	6,660 qx	Joyeuse.	391,762 qx

Lieux d'exportation ou de consommation : Aubenas-Vals, Langogne, Le Puy, Alais, Nîmes, Valence, Montélimar; vente à l'armée.

VIGNES.

La vigne est une culture importante de l'Ardèche, bien qu'elle n'ait pas encore reconquis toutes les surfaces qu'elle occupait avant le phylloxéra. Dans la reconstitution, une large place a été attribuée aux producteurs directs.

Les variétés de cépages sont très nombreuses; les vieilles espèces locales ont été souvent délaissées pour d'autres qu'on a cru plus productives.

La partie montagneuse de l'Ardèche dépourvue de vigne a de tout temps offert un débouché commode aux vins de la région, et les paysans, peu familiarisés avec les vins fins, habitués maintenant à une boisson qu'on leur fournit déjà depuis de longues années, accordent leurs préférences aux produits du Clinton ou du Jacquez qui «grattent le gosier», et délaissent les vins de cépages français, de goût plus délicat.

Quant aux vins de qualité, surtout ceux des côtes du Rhône, ils trouvent un facile écoulement dans les grandes villes des départements voisins et à l'étranger; les vins de Cornas, de Saint-Péray (vin blanc mousseux), sont expédiés en Belgique, Angleterre, Hollande et Russie.

Le tableau suivant donne l'état de la production et de la vente du vin dans l'Ardèche:

	ARRONDISSEMENTS						
	DE PRIVAS.		DE TOURNON.		DE LARGENTIÈRE.		TOTAUX.
		CANTONS vendant plus de 1,000 hectolitres de vin.		CANTONS vendant plus de 1,000 hectolitres de vin.		CANTONS vendant plus de 1,000 hectolitres de vin.	
Surface........,....	5,818 hectas	Aubenas. Villeneuve.	4,960 htres	Annonay. Tournon.	6,372 htres	Joyeuse. Vallon.	17,150 htres
Récolte............	103,788 hectol.	La Voulte. Chomerac.	91,192 htres	Serrières. Lamastre.	103,789 htres	Largentière. Les Vans.	298,769 htres
Vente............	11,000 hectol.	Privas.	38,910 htres	Satillieu. St-Péray.	57,508 tres		107,418 htres

Lieux d'exportation ou de consommation : Lyon, Annonay, Le Puy, Paris, Valence, Les Cévennes, Le Coiron, Bessèges (Gard).

PLANTES INDUSTRIELLES.

Sous ce titre, nous désignerons la betterave à sucre, le fenouil, le sorgho à balai, le colza.

Voici les surfaces que ces cultures occupent dans l'Ardèche :

Colza...	680 hectares
Betterave à sucre...	150
Sorgho à balai..	380
Fenouil	55

C'est l'arrondissement de Tournon qui produit le plus de colza. Cette plante oléagineuse ne donne lieu qu'à de très rares ventes. On la cultive surtout en vue de la production de l'huile destinée à la consommation familiale.

Les trois autres plantes sont cultivées dans les cantons de Viviers et de Bourg-Saint-Andéol.

Betterave à sucre. — Occupait, il y a deux ou trois ans, une surface de 300 hectares ; les exigences des sucriers, jointes à la crise commerciale, ont été les causes déterminantes d'une réduction de près de moitié.

Fenouil. — Réussit parfaitement bien dans les terres silico-calcaires riches du canton de Bourg-Saint-Andéol. On sème en place, en février et mars ; on enlève les ombelles au fur et à mesure de leur maturité, au mois d'août ; on les fait sécher à l'ombre et on dépique la graine au fléau ou au rouleau.

Le rendement en graines atteint souvent 1,500 à 1,800 kilogrammes à l'hectare ; et les prix de vente varient de 30 à 60 francs les 100 kilogrammes. Depuis quelques années, ils ont subi une baisse assez grande.

Sorgho à balai. — Se trouve dans les mêmes localités ; la culture se fait sans difficulté. Semé en avril, le sorgho se récolte en fin de septembre. Les tiges sont mises en bottes et rentrées à la ferme. On les «habille» durant l'hiver ; on débarrasse les panaches de leurs graines et on met la paille en gerbes de 20 à 25 kilogrammes qu'on expédie dans le Midi.

On récolte à l'hectare de 20 à 30 hectolitres de grains qu'on vend 6 à 10 francs les 100 kilogrammes.

Et 1,000 à 1,500 kilogrammes de paille qui se paye de 15 à 30 francs les 100 kilogrammes.

La crise sucrière a amené les cultivateurs à consacrer une plus large place au sorgho à balai et au fenouil.

PRODUCTIONS DIVERSES.

Parmi les végétaux ne faisant l'objet d'aucune culture spéciale, on comprend la lavande, les champignons, les truffes. On recueille également 50 quintaux de thym qui, réduit en poudre, se vend de 7 à 12 francs le quintal ; de la pensée, que les paysans, au pied du mont Mézenc, appellent de la violette ; de la bruyère pour la montée des vers à soie ; de la gentiane ; des pommes de pins pour en extraire la graine.

Enfin, dans la haute montagne, on ramasse plus de 40 quintaux d'airelles qui sont vendus à Lyon.

Lavande. — Ce sont les cantons de Bourg-Saint-Andéol et de Viviers qui produisent le plus de lavande et d'« aspic ». La production de la lavande est de 1,900 quintaux et celle de l'aspic de 300 quintaux.

Assez souvent, on vend les fleurs sans les distiller. Ce sont des acheteurs de Pont-Saint-Esprit qui emportent toute la récolte au prix de 2 à 3 francs le quintal.

Le rendement en essence est d'environ o kilogr. 900 à 1 kilogr. 300 par 100 kilogrammes de fleurs. Cette essence est vendue à 6 francs le litre par le paysan.

Champignons. — Ce sont les morilles et surtout les bolets qu'on récolte; ils sont vendus rarement frais. On les coupe en morceaux et on les fait sécher à l'ombre. Ils sont portés aux marchés de Saint-Agrève, du Cheylard, Lamastre et Saint-Félicien.

Chaque année, on vend ainsi plus de 3,000 quintaux de champignons secs; les prix varient entre 200 et 400 francs le quintal.

Truffes. — La truffe n'est que très rarement cultivée dans l'Ardèche. Ce sont les cantons de Vallons, de Bourg-Saint-Andéol, Viviers et Chomérac, qui en produisent le plus.

Les truffières sont plutôt disséminées que groupées. Elles sont généralement affermées à vil prix.

On peut estimer à 4,000 ou 5,000 kilogrammes la quantité annuellement vendue. Le prix est très variable, de 6 à 20 francs le kilogramme. Les truffes de la région sont de bonne qualité, assez parfumées et rondes.

ARDENNES.

Le département des Ardennes, d'une superficie totale de 523,000 hectares, ne compte pas moins de 120,000 hectares de forêts, soit du quart au cinquième de la surface totale; c'est donc un département essentiellement forestier.

En dehors de cela, il est très industriel, et c'est la densité de la population ouvrière de la partie Nord du département qui justifiera les énormes débouchés locaux offerts par celle-ci aux produits du sol et qui sont énumérés plus loin.

Au point de vue économique et agricole, il présente une très grande diversité selon les régions observées; ce qui découle d'ailleurs de la diversité même des formations géologiques que l'on y rencontre, celles-ci ayant une répercussion immédiate sur la flore, le genre de cultures, en un mot sur les produits du sol, voire même les habitudes, les mœurs et le caractère des habitants. Le département des Ardennes est d'ailleurs fréquemment le but d'excursions géologiques, car il est une petite France géologique.

Voici, dans leurs grandes lignes, les subdivisions qu'il présente :

I. *Régions Nord, Nord-Est, Nord-Ouest.*

La région Nord, qui s'étend de Charleville à Givet, à droite et à gauche des vallées de la Meuse et de la Semoy. Cette zone, de formation primaire (silurienne et dévonienne), consiste surtout en massifs rocheux (schistes, quartzites, etc.) dont les sommets et les escarpements sont boisés. C'est un pays très pittoresque, aux sites charmants (une réduction des Vosges). Au fond, une vallée encaissée où se trouvent de très nombreuses et très puissantes usines (ardoisières, métallurgie, fonte, fer, cuivre); la Meuse canalisée, la voie ferrée, la route, parfois une languette de prairie, et c'est là toute la vallée.

Au point de vue agricole, c'est le néant; et cette population industrielle, très dense, est totalement tributaire du reste du département et de la Belgique, en ce qui concerne les produits du sol.

C'est un véritable « gouffre » pour les produits maraîchers, les animaux de basse-cour, la paille, l'avoine, les farines, etc.

Le sol de cette contrée ne produit rien que de maigres bois. Les animaux paissent une partie de l'année dans ces bois; les litières, pour la période de stabulation, consistent surtout en genêts, bruyères ou callunes, fougères, graminées grossières, mousses ou feuilles mortes ramassées en forêt ou recueillies dans les trios ou rièzes.

C'est la Champagne qui alimente en pailles et en grains. Seul, le petit village de Chooz, près Givet, élargissement de la vallée au pied d'une côte rocheuse qui le protège contre les intempéries, se livre à la culture maraîchère et trouve, à proximité, pour les produits obtenus, un excellent débouché très rémunérateur qui, du reste, a largement contribué à amener l'aisance qui règne dans ce village.

Le surplus est demandé soit à la Belgique, soit aux cultures maraîchères de Saint-Julien, Le Theux, Villers-Semeuse, Fond-de-Givonne, etc.

En résumé, cette pointe avancée des Ardennes en Belgique constitue un pays éminemment riche par son industrie, mais absolument insignifiant au point de vue agricole et pour cause, puisqu'il n'y a pas de sol cultivable.

C'est au point qu'on s'y livre encore, quoique de moins en moins, à l'essartage (culture de quelques parcelles de maigre seigle en forêt, l'année de la coupe, après incinération de la couche d'humus superficielle).

Toujours dans la partie nord, mais nord-ouest cette fois, du département, se trouve une région ayant pour centre le plateau de Rocroy, de formation géologique analogue, à sol schisteux, froid, littéralement dépourvu de chaux et conséquemment impropre à la culture du froment et des fourrages artificiels. Là, peu ou point d'industrie; une véritable petite Bretagne (à part le climat qui y est très rigoureux), avec ses rièzes, ses landes et terres incultes. De culture, peu ou point non plus, sauf quelques rares champs d'avoine et de pommes de terre; tout est au système pastoral (de l'herbe, des bovidés, du beurre et autres produits dérivés du lait).

Cet arrondissement de Rocroi exporte des animaux de boucherie, des vaches laitières prêtes au vêlage ou fraîches vêlées, et du beurre et fromage en quantité; là encore, la « vallée de la Meuse », très proche d'ailleurs, est pour cette contrée un excellent débouché.

Cette zone s'étend, au nord de la ligne ferrée de Charleville à Hirson, jusqu'à la frontière belge.

Enfin, présentant encore une certaine analogie, quoique moins grande, avec ce pays, se trouve la zone au nord du cours de la Meuse et de la Chiers ou, ce qui revient au même, au nord de la ligne de Charleville à Montmédy (nord de l'arrondissement de Sedan). Mais là, si surtout dans les pays schisteux de la frontière belge (la Chapelle, Bosséval, Pourru-aux-Bois, etc.) la ressemblance avec Rocroy est assez grande, au fur et à mesure que l'on descend vers le cours de la Meuse, c'est plus mitigé et, à côté des herbages et des bois, on trouve des champs soumis à la culture (assolement triennal); c'est, en quelque sorte, la transition entre la partie nord et la seconde partie, centrale, que nous allons étudier.

II. *Région du Centre.*

La partie centrale du département, par cela même qu'elle est de formation juras-sique, offre plus de ressources au point de vue agricole que la première et la troisième région et limite moins le genre de spéculations auxquelles le cultivateur peut utile-ment se livrer.

Elle s'étend du sud de la première région (précitée) aux craies de Champagne. On y rencontre des sols très divers : argiles, marnes, sols argilo-calcaires, etc. Les cé-réales (froment, avoine) y sont cultivées, ainsi que les plantes sarclées (betteraves, pommes de terre et, comme plante industrielle, la betterave à sucre ou de distillerie), les prairies artificielles, les prés naturels, les herbages, les arbres fruitiers, etc, en un mot toutes les cultures susceptibles de s'accommoder de notre climat.

C'est un pays qui, depuis trente ans, s'est littéralement transformé sous l'influence de diverses causes économiques, au nombre desquelles principalement : 1° la baisse du prix de vente du blé; 2° la difficulté, les exigences et la cherté sans cesse crois-santes de la main-d'œuvre, deux causes s'ajoutant l'une à l'autre pour provoquer, comme conséquence, la réduction de la culture du blé, au profit de l'extension donnée aux herbages. Aussi, partout où l'extrême morcellement du sol, où le manque d'eau (pour abreuvoirs) n'y ont pas mis obstacle, a-t-on vu successivement convertir en her-bages les sols argileux, froids, humides, où la culture du blé, très onéreuse, était peu indiquée.

En effet, là, les façons préparatoires du sol pour le blé, telles que labours, déchau-mages, etc., nécessitaient de puissants attelages, le blé avait à lutter à la fois contre la verse, les maladies cryptogamiques et surtout contre l'invasion des plantes adventices. En résumé, le résultat financier de l'opération était plutôt désastreux.

Au lieu de combattre, vainement d'ailleurs, la propension naturelle de ces sols à engendrer une herbe quelconque, mauvaise, en tous cas nuisible à la céréale, on a fini par où l'on aurait dû commencer; on a renoncé à la culture du blé dans ces conditions et on a mis à profit la tendance du sol à s'engazonner, en l'aidant, pour obtenir une bonne flore, par les scories de déphosphoration; on a là aujourd'hui, au lieu de ché-tives récoltes de blé, d'excellents herbages, nourrissant un nombreux bétail d'em-bouche, parfois des vaches laitières, ou des animaux d'élevage des espèces chevaline et bovine.

Néanmoins, il est resté une certaine étendue en culture mieux faite, mieux com-prise, d'un meilleur rapport, qui constitue cette deuxième région, celle où l'on observe de beaucoup le plus de diversité dans les spéculations agricoles végétales ou animales.

Le mouton a disparu de cette contrée par suite d'un concours de circonstances économiques et autres (baisse des cours des laines, réduction de la jachère, etc.) et puis, ce n'a jamais été, comme en Champagne, son milieu de prédilection.

C'est dans cette partie du département, principalement dans l'Argonne et dans la vallée de la Bar, que se cultive l'osier; les arbres à fruits à cidre et à noyaux sont aussi très abondants sur certains points de cette région.

4.

III. *Région Sud ou Champenoise.*

Enfin la partie sud des Ardennes, confins de la Marne, comprenant le sud des arrondissements de Rethel et de Vouziers, est de formation crétacée; c'est la « Champagne ardennaise », qui ne mérite plus l'appellation si prosaïque de « pouilleuse » dont on la gratifiait autrefois. Ce sont des sols crayeux à l'excès qui n'ont pour eux que l'avantage d'être d'une culture extrêmement facile (on y laboure avec un cheval) et relativement propres; par contre, ils sont pauvres en humus, dont la craie a raison en si peu de temps et, de ce fait, parfois exposés à la sécheresse. Ces terres, autrefois véritables steppes arides, se sont complètement transformées.

A la place des mauvais seigles qui y croissaient péniblement à côté de quelques sapinières, on trouve aujourd'hui de superbes récoltes de froment, d'orge, d'avoine, de fourrages artificiels et quelque peu de betterave à sucre.

D'un pays pauvre, désolé, les cultivateurs, à force de travail et d'intelligents efforts, en ont fait un milieu riche qui ne le cède plus en rien aux meilleures contrées. C'est le « grenier » de l'« Ardenne ». La production des céréales y est prépondérante.

Pailles et grains sont exportés en grand vers le nord des Ardennes. Les engrais chimiques (en particulier, la potasse et le superphosphate), les boues de rues de Reims, les fumiers de cavalerie, importés depuis un certain nombre d'années, ont, avec la sidération des légumineuses, complètement transfiguré ce pays.

Telle est, esquissée à grands traits, la physionomie agricole générale du département. Voici maintenant le détail des productions locales et des débouchés.

VINS, CIDRES ET EAUX-DE-VIE.

Vins. — Les vignes sont, ici, quantité négligeable (400 à 500 hectares en voie de disparition sous les atteintes du phylloxéra), produisant un petit vin acidulé, très estimé dans le pays, où il est, d'ailleurs, exclusivement consommé. Ces vignes sont localisées dans les cantons de Mouzon, Château-Porcien, Asfeld, Vouziers, Grandpré, etc.

Cidres. — Le pommier à cidre et quelque peu le poirier sont cultivés en grand dans tout le centre du département, mais principalement dans les cantons d'Omont, Signy-l'Abbaye, Novion-Porcien, Chaumont-Porcien, Tourteron, etc. Les cidres et poirés sont, concurremment à la bière, la boisson courante de ces contrées; le trop-plein est exporté sur Charleville, Sedan, Reims, etc. Il existe trois cidreries industrielles (système diffuseur) : Poix, Mazerny, Vouziers. Elles constituent un certain débouché local pour les fruits à cidre.

Eaux-de-vie. — Dans certaines communes, notamment des cantons de Tourteron, de Novion-Porcien et celui de Grandpré, les arbres à fruits à noyau sont très abondants (Wignicourt, le Chesnois-Aubomcourt, Puiseux, Tourteron, Jouval, Guincourt, Lametz, la Sabotterie, etc., ainsi que Cornay, Marcq, Châtel). Les produits sont en partie convertis sur place en eau-de-vie; le reste est exporté à l'état frais sur les villes du département, sur Reims, etc., et en fûts, dans l'alcool, sur Paris.

OSIERS.

Les principaux centres de culture sont : Autruche, Authe, Brieulles-sur-Bar, le Chesne, Germont, Harricourt, Bar, Buzancy, etc. La surface totale occupée par cette culture est de 1,089 hectares.

L'osier rouge, mou, pelé, sert, d'une part, à la fente pour la tonnellerie (ligature des cercles); d'autre part, au-dessous de 1 m. 20 « Jardinière », il est employé pour ligaturer la vigne, les arbres fruitiers. Le premier est expédié dans le Midi, sur Bordeaux, etc., le second acheté par les arboriculteurs, maraîchers, pépiniéristes, etc., puis, pour le trop plein, écoulé vers les pays de vignes, le Midi, l'Espagne, etc.

Tout ce qui est pelé ou blanchi (osiers rouge, vert, gris, indistinctement) sert, selon le diamètre et la longueur des brins, à la grosse ou à la petite vannerie (vannerie fine). On en expédie en Angleterre, en Amérique. Beaucoup est consommé sur place ou dans quelques centres de vannerie (Vouziers, la Horgne, Poix, le Chêne, les Alleux, Savigny, Condé-lès-Vouziers, Vrizy, Voncq, Lonny (Ardennes), etc., Origny-en-Tiérache, Landouzy-la-Ville (Aisne). Le plus gros centre de vannerie et de commerce d'osiers est Vouziers.

Avec l'osier pelé ou blanc, on fabrique surtout le panier à vins de Champagne expédié à Reims, Épernay et Châlons; puis la hotte, le berceau d'enfant, les corbeilles, claies, mannes, paniers gros et fins, etc.

A l'aide de l'osier non pelé, on confectionne le panier rectangulaire à deux anses, sans couvercle, très demandé pour la métallurgie des Ardennes, la clouterie, la boulonnerie, pour emballer et exporter : boulons, clous, paumelles, targettes, et ces mille pièces de ferronnerie et de quincaillerie faites en grand dans les Ardennes. Ces paniers fabriqués au village, soit à façon par des vanniers à qui on fournit l'osier, soit par des ouvriers possédant la matière première, sont expédiés sur les centres industriels de la vallée de la Meuse, de la vallée de la Semoy, etc., ainsi que sur d'autres points (Nouzon, Charleville, Braux, Monthermé, Vrigne-au-Bois, Vivier-au-Court, Raucourt et Haraucourt).

Certaines gares, comme Poix-Terron, en expédient plus d'un wagon par semaine toute l'année.

CULTURE MARAÎCHÈRE.

Chooz, près Givet, écoule ses produits sur Givet et en amont de cette ville, dans la vallée de la Meuse.

Les banlieues de Charleville (Warcq), de Mézières (le Theux, Saint-Julien, Villers-Semeuse), de Sedan (Fond-de-Givonne qui a son Syndicat des maraîchers), se livrent en grand à la culture maraîchère. Chacun de ces centres écoule ses produits partiellement à la ville dont il est voisin, le surplus toujours dans les vallées de la Meuse et de la Semoy.

Oignons et Carottes. — Alland'huy, Attigny, Ecordal, Charbogne, Saint-Lambert, Suzanne, etc., cultivent en grand, dans des sols très fertiles, la carotte rouge longue et l'oignon jaune paille, et ce, par un contrat entre le propriétaire et les ouvriers, contrat présentant une certaine analogie avec le métayage du sud-ouest de la France. C'est par wagons complets que ces deux produits sont exportés partie sur la vallée de la Meuse, partie sur Reims et les villes de l'Est.

PAILLES, GRAINS ET FOURRAGES.

La partie nord des Ardennes est un excellent débouché pour l'excédent des pailles de la Champagne, ainsi que les nombreux régiments de cavalerie de nos places de l'Est (Sedan, Vouziers, Verdun, Nancy, etc.); il en est de même en ce qui concerne les foins et les avoines.

L'orge de Champagne, venue en sol pauvre en azote et riche en acide phosphorique, surtout l'orge chevalier, est à juste titre très estimée et recherchée par la brasserie. Or, tout le nord du département a pour boisson exclusive la bière; aussi les brasseries, qui y sont en très grand nombre, offrent-elles un débouché plus que suffisant à la production de ces orges.

Une manufacture importante de papiers d'emballage (à base de paille), située près de Guignicourt (Aisne), toute proche des Ardennes, consomme une très grande quantité des pailles produites dans le rayon. Enfin les grands moulins à cylindres de Mohon (moulins Leblanc), Monthermé, Vouziers, Sainte-Irénée, Stenay, Carignan, etc. écrasent la presque totalité de nos blés.

ARIÈGE.

L'Ariège, avec des variations de sol, d'altitude et de climat très grandes, réalise les productions agricoles les plus diverses.

CÉRÉALES.

Les céréales sont cultivées surtout dans les arrondissements de Pamiers et Saint-Girons. La production est, année moyenne : blé, 360,000 quintaux; méteil, 41,800 quintaux; seigle, 87,600 quintaux; sarrasin, 28,600 quintaux; avoine, 96,260 quintaux; maïs, 220,000 quintaux.

Les céréales sont vendues sur les marchés de Pamiers, Foix, Saint-Girons, Saverdun, Mazères, Mirepoix, Lézac, Saint-Ybois et Mas-d'Azil. La production est intégralement consommée dans le département. Les importations ou exportations se compensent à peu près.

CULTURE MARAÎCHÈRE.

Haricots. — Culture importante dans l'arrondissement de Pamiers; la variété de «Bonnae» à grain rond, est estimée dans tout le Midi. La production moyenne est de 40,000 à 50,000 quintaux. Ce produit est vendu sur les marchés de Pamiers et Mazères, pendant les mois de septembre et octobre, pour être expédié dans les villes du Midi, Carcassonne, Béziers, Montpellier, Marseille, etc.

Pomme de terre. — Cette culture, la plus productive du département, se fait sur 25,000 hectares environ. Elle réussit surtout dans les vallées des arrondissements de Foix et de Saint-Girons. La production moyenne est de 1,800,000 quintaux, dont les deux tiers sont consommés dans le département, l'autre tiers étant exporté. La pomme de terre se vend sur les marchés de Pamiers et surtout de Foix et Saint-Girons. Elle est expédiée dans les départements du Midi et exceptionnellement dans le Sud-Ouest. La vente de la pomme de terre constitue un revenu agricole important dans certains cantons de montagne. Le choix de bonnes variétés a doublé ce revenu en quelques années, et il est facile de l'élever encore par des soins culturaux bien entendus.

CULTURES FOURRAGÈRES.

Prairies naturelles. — Appartiennent surtout aux arrondissements de Foix et Saint-Girons. La production, année moyenne, est de 2 millions de quintaux, dont un tiers environ est expédié sur Toulouse et le Midi. Il n'y a pas de marché pour les foins. Les achats se font, sur place, par des marchands venant des départements viticoles du Midi.

Prairies artificielles. — Luzerne, trèfle, sainfoin, etc., donnent, année moyenne, 1,200,000 quintaux de foin, dont la moitié environ est vendue aux départements du Midi et expédiée par voie de fer, ou route. Cette culture se fait dans les plaines de Pamiers ou Saint-Girons. Les expéditions sont faites en gare de Pamiers, Varilhes, Saverdun, Mirepoix, Saint-Girons.

Il n'y a pas de marché pour ces fourrages, les marchands viennent les acheter sur place.

VIGNE.

Cultivée sur 8,000 hectares, avec une production moyenne de 20 hectolitres, donne des produits médiocres. Le canton de Varilhes est le seul canton viticole intéressant. Les vins sont consommés dans le département.

PRODUCTION FRUITIÈRE.

N'est pas négligeable. Les poiriers et les pommiers sont bien cultivés dans les vallées de l'Ariège. Les meilleurs marchés pour ces fruits sont Foix et Saint-Girons, pendant les mois de septembre et octobre. Souvent, les marchands de Toulouse viennent acheter les poires et les pommes, sur place, dans les vallées de Massat ou Castillon.

AUBE.

Le département de l'Aube, situé au nord-est de la France, dans le «bassin de Paris», a une superficie totale de 600,139 hectares, sur lesquels on compte environ 560,000 hectares de territoire agricole, dont 122,000 hectares de bois et forêts, et 35,000 à 40,000 hectares de prairies naturelles.

L'étendue totale consacrée aux céréales, année moyenne, s'évalue à 225,000 hectares qui se répartissent à peu près comme suit : blé, 80,000 à 85,000 hectares; seigle, 25,000 à 30,000; orge, 25,000 à 30,000; avoine, 80,000 à 85,000 hectares.

Le blé et le seigle constituent ensemble une première sole; tandis que l'orge et l'avoine réunies en constituent une deuxième. On suit encore, en général, l'assolement triennal, la troisième sole étant occupée par les plantes racines, les prairies artificielles et autres cultures diverses. On cultive annuellement 17,000 à 18,000 hectares, en pommes de terre et betteraves. Les prairies artificielles et les fourrages verts occupent environ 50,000 hectares, et leur étendue tend à s'accroître au détriment de la jachère nue.

Enfin les vignes qui, avant l'invasion phylloxérique, couvraient environ 20,000 hectares, sont réduites, temporairement, à 10,500 hectares.

Le surplus de ces étendues diverses, si l'on en excepte quelques cultures accessoires peu développées dans la région (navette, légumes secs, chanvre, maïs, fourrage, etc.) revient à la jachère nue et aux « friches », ou terres improductives qui revêtent principalement le flanc des coteaux secs et caillouteux du jurassique, au sud du département.

Cette répartition indique combien est variée la production agricole de l'Aube; elle montre en même temps qu'aucune production n'est dominante. Par suite, on peut déjà en déduire que la plus grande partie des produits agricoles locaux sont consommés sur place, ce qui en simplifie le trafic.

CÉRÉALES.

Blé. — La production oscille, pendant ces dernières années, entre 1 million et 1,250,000 quintaux. L'arrondissement de Troyes (terres d'alluvions de la Seine et la vallée de l'Armance) constitue la meilleure région de production du blé. Le principal centre de transaction est Troyes, où s'approvisionne le commerce local. L'industrie de la meunerie est assez développée dans le département; aussi rencontre-t-on fort peu de courtiers étrangers sur les marchés; ce sont les meuniers qui deviennent courtiers; ils expédient en général la partie des grains qu'ils ne peuvent transformer, ainsi que les farines, sur Paris.

On peut citer parmi les autres marchés importants pour le blé : Nogent-sur-Seine, Arcis-sur-Aube, Brienne-le-Château et Villeneuve-l'Archevêque, chef-lieu de canton de l'Yonne où se traitent beaucoup de ventes par des producteurs de la région avoisinante du département de l'Aube.

Il en est à peu près de même pour les autres céréales; le *seigle* et l'*orge* sont principalement cultivés dans la région crayeuse. Les principaux marchés ont pour centres : pour le seigle, Nogent-sur-Seine et surtout Arcis-sur-Aube; pour l'orge, Arcis-sur-Aube, Troyes, Nogent-sur-Seine, Estissac et Ervy. La région de Brienne (alluvions de la vallée de l'Aube) écoule en grande partie ses orges sur Vitry-le-François (Marne), où ces produits jouissent d'une excellente réputation auprès du commerce spécial de la brasserie. La plus grande partie des *orges* livrées au commerce par le département de l'Aube sont destinées à la brasserie qui apprécie leur richesse en amidon et leur teneur relativement faible en matières azotées. Annuellement, le département de l'Aube produit 300,000 à 350,000 quintaux d'orge, dont moitié au moins sont vendus. Les marchés se traitent, le plus souvent, au domicile des producteurs, où se rendent des courtiers. Parfois, le vendeur traite lui-même avec un malteur ou un brasseur, sur échantillon.

Seigle. — Cette culture se fait dans l'arrondissement d'Arcis-sur-Aube (Champagne Pouilleuse). La mévente de cette céréale, d'une part, l'emploi bien raisonné des engrais chimiques, d'autre part, qui permet la culture du blé dans les sols pauvres et crayeux, font que la culture du seigle est en diminution très sensible dans la région. On apprécie cependant les qualités de la paille, dont des approvisionnements pourraient se faire soit sur le marché d'Arcis-sur-Aube, soit chez les cultivateurs des environs.

Avoine. — Cette céréale est cultivée, ordinairement, sur une étendue égale à celle occupée par le blé, elle est moins localisée. Elle produit annuellement 500,000 à 650,000 quintaux de grains dont la plus forte partie se consomme sur place, pour la nourriture des chevaux. On vend de l'avoine sur tous les marchés du département; après Troyes qui tient le premier rang, on peut citer Nogent-sur-Seine, Arcis-sur-Aube, Bar-sur-Seine et Brienne-le-Château.

VINS ET CIDRES.

Vin. — La production a été sensiblement diminuée par l'apparition du phylloxéra. Dans les années de bonne production, les deux arrondissements de Bar-sur-Aube et de Bar-sur-Seine étaient exportateurs de vins; les autres parties du département consommaient à peu près leur production, une récolte abondante venant renouveler la provision pour les années mauvaises qui pouvaient suivre.

Les Riceys, chef-lieu de canton de l'arrondissement de Bar-sur-Seine, est le principal centre de production et de vente des vins. On peut citer encore Landreville, Essoyes, Mussy-sur-Seine, Bar-sur-Seine, Bar-sur-Aube et ses environs. Le commerce de ces vins se faisait presque essentiellement au domicile de l'acheteur, par l'intermédiaire de courtiers ou gourmets. On vendait fort peu sur échantillons, sauf quelques bons vins de Riceys, livrés par petites quantités.

Actuellement, ces principaux centres de transaction ont perdu leur activité, par suite de la dévastation de l'ancien vignoble par le phylloxéra. Mais ce n'est qu'un mal passager. La reconstitution du vignoble par les plants greffés se poursuit très rapidement sur ces divers points; les nouvelles plantations fournissent les plus légitimes espérances, et bientôt on verra renaître, pour les ventes de vins, l'activité d'autrefois.

Cidre. — La production est localisée à une région spéciale, le pays d'Othe, dont le centre, qui constitue le seul marché important, est Aix-en-Othe. A la suite d'une récolte abondante, il n'est pas rare de voir cette contrée parcourue par des courtiers (des Normands pour la plupart), qui passent les marchés directement chez le producteur.

CULTURES DIVERSES.

Betterave à sucre. — On trouve cette plante dans deux régions du département : au voisinage de Nogent-sur-Seine où existe une râperie, et dans la vallée de Brienne, qui se trouve à proximité de la sucrerie de Montiérender (Haute-Marne). Dans l'ensemble, on cultive annuellement 650 à 1,000 hectares de betteraves à sucre qui fournissent 150,000 à 250,000 quintaux pour la vente. Cette culture tend à décroître en importance dans le département depuis peu. Une sucrerie existait, il y a quelques années, à Saint-Julien près Troyes. Elle a été fermée depuis peu; aussi les environs de Troyes, où se faisait la culture de la betterave à sucre, ont presque complètement abandonné cette dernière.

Betterave fourragère. — Ne fait l'objet d'aucune spéculation. Les 7,500 hectares cultivés, en moyenne, produisent 1,800,000 quintaux consommés sur place.

Pomme de terre. — Il en est à peu près de même de la pomme de terre : sur 9,000 hectares cultivés, la presque totalité des produits est consommée chez le producteur. Toutefois, au voisinage des centres importants, Troyes, Romilly, etc., on cultive la pomme de terre potagère en vue de la vendre sur le marché local. Depuis deux ans, la production diminue et le département devient importateur. Au printemps de 1903, on s'est approvisionné principalement dans la région des Vosges (tubercules à planter).

Pailles et fourrages. — Ne font pas, dans le département, l'objet d'un trafic bien important. Nogent-sur-Seine envoie cependant une certaine quantité de ces produits sur Paris; les expéditions sont faites, dans ce cas, par des marchands de fourrages qui achètent chez le petit producteur et groupent diverses livraisons en vue d'un marché plus important.

AUDE.

VINS.

Le département de l'Aude est essentiellement viticole, et la production du vin est, de beaucoup, la source la plus importante des revenus de la propriété.

A partir de 1852, après que l'oïdium fut victorieusement combattu par le soufre, la culture de la vigne a pris dans l'Aude une grande extension, ainsi que le montrent les chiffres suivants :

		ÉTENDUE DES VIGNOBLES (CADASTRE)		
		EN 1839.	EN 1852.	EN 1903.
		hectares.	hectares.	hectares.
Arrondissement	de Carcassonne.........	16,415	18,119	45,482
	de Castelnaudary........	4,637	4,758	3,071
	de Limoux...........	9,750	9,794	13,613
	de Narbonne...........	26,613	30,857	67,460
	TOTAUX..........	57,415	63,528	129,626

Tandis que, de 1839 à 1852, la surface en vignes ne s'était accrue que de 10.30 p. 100 pour Carcassonne, 2.60 p. 100 pour Castelnaudary, 0.45 p. 100 pour Limoux, 12.80 p. 100 pour Narbonne, elle augmente, en cinquante ans, de :

Arrondissement	de Carcassonne...............................	159 p. 100.
	de Limoux..................................	54
	de Narbonne................................	123

Seul, l'arrondissement de Castelnaudary voit son vignoble diminuer. C'est que là, grâce au climat girondin et à des pluies plus fréquentes que dans l'est du département, — qui appartient à la zone méditerranéenne, — les prairies artificielles se sont beaucoup développées.

La production en vins, de 1850 à 1903, a été, en moyenne, de 2,573,184 hectolitres, mais elle a subi des fluctuations considérables. Voici, en chiffres ronds, la production des 33 dernières années :

	hectolitres.			hectolitres.
1871....................	2,703,000		1882.....................	4,980,000
1872....................	2,255,000		1883.....................	4,810,000
1873....................	2,944,000		1884.....................	4,390,000
1874....................	3,230,000		1885.....................	2,100,000
1875....................	3,650,000		1886.....................	2,380,000
1876....................	2,620,000		1887.....................	1,880,000
1877....................	3,100,000		1888.....................	2,861,000
1878....................	2,450,000		1889.....................	2,376,000
1879....................	3,500,000		1890.....................	2,856,000
1980....................	4,450,000		1891.....................	2,711,000
1881....................	4,780,000		1892.....................	3,997,000

	hectolitres.			hectolitres.
1893	4,414,000		1899	5,329,800
1894	4,785,000		1900	6,313,100
1895	2,186,000		1901	5,230,000
1896	3,608,000		1902	4.502,000
1897	4,028,000		1903	3,154,000
1898	3,056,000			

La production moyenne des dix dernières années est de 4,219,000 hectolitres.

Les vins obtenus sont de qualité très variable. Ils sont ainsi subdivisés au point de vue commercial :

Vins rouges de Narbonne-plaine. — Légers en couleur, neutres, droits de goût. — 7 à 8 degrés d'alcool. — Propres au coupage et au rafraîchissement des vins vieux. — Obtenus dans les plaines à grande production.

Vins rouges de Narbonne-montagne (de 11 à 13° d'alcool). — Très colorés, rouge vif. — Vins de coupage.

Vins rouges des Corbières (de 11 à 13°). — Très colorés, fermes, nerveux. — De consommation directe et de coupage.

Vins rouges du Minervois (de 11 à 12°). — Bonne coloration, distingués. — De consommation directe; très recherchés par le commerce.

Vins rouges de Carcassonne (de 9 à 10°). — Coloration moyenne, neutres. — Vins de table.

Vins rouges de Limoux (de 9 à 10°). — Excellents vins de table.

Vins blancs. — Surtout obtenus, un peu partout, avec des Aramons vinifiés en blanc.

Blanquette de Limoux. — Vin mousseux. — 8 à 9 degrés. — Centres principaux de production : Limoux, Magrie, Saint-Polycarpe. — Production très réduite.

L'Aude est un département grand exportateur de vins. Sa consommation annuelle, en franchise, ne dépasse guère 400,000 hectolitres. Tout le surplus est vendu au dehors. Il est sorti, à destination de la consommation directe :

ANNÉES.	PAR ACQUITS.	PAR CONGÉS.
	hectolitres.	hectolitres.
1902	5,116,840	842,153
1903	4,813,315	760,791
TOTAUX	9,930,155	1,602,944

Soit, au total, pendant cette période de 2 ans, 11,533,099 hectolitres de vins.

Au point de vue de l'importance respective des départements auxquels le département de l'Aude fournit des vins, la Seine, qui est le grand débouché des vins du Midi, vient en première ligne. Les relations commerciales s'étendent en outre aux départements avoisinant la Seine, ainsi qu'à la région de l'Est.

Le cours des vins subit des fluctuations considérables. Après s'être maintenu très élevé pendant la période comprise entre 1880 et 1890, alors que le vignoble de l'Aude produisait encore de beaux vins provenant de vieilles vignes, le prix a diminué à mesure que s'accroissait la production du vignoble français, et il est tombé, en certaines années, à un taux extrêmement réduit.

CÉRÉALES.

Blé. — La culture du blé occupe environ 33,000 hectares sur les 631,324 hectares du territoire total du département et les 600,590 hectares du territoire agricole. La surface consacrée à la production des céréales a diminué, dans l'Aude, à mesure que s'accroissait le vignoble.

Pendant que le phylloxéra détruisait les vignes, les céréales se développaient à nouveau et gagnaient 16,500 hectares de 1882 à 1892; mais l'emploi des vignes américaines pour la reconstitution ramène bien vite à l'ancien état de choses et fait même tomber les emblavures à un chiffre extrêmement bas, ainsi que le montrent les chiffres suivants :

	NOMBRE D'HECTARES CULTIVÉS EN CÉRÉALES PAR 100 HECTARES		
	du territoire total.	du territoire agricole.	des terres labourables.
1882	14	15	55
1892	17	17	53
1900	12	12.5	40

Ces chiffres montrent que l'Aude est, à l'heure actuelle, au nombre des départements qui cultivent le moins de céréales.

Si, au lieu d'envisager ces cultures prises dans leur ensemble, on les examine séparément, on voit quelle est leur importance respective :

ANNÉES.	SURFACES.						
	FROMENT.	SEIGLE.	ORGE.	AVOINE.	MAÏS.	MÉTEIL.	SARRASIN
	hectares.	hectares.	hectares.	hectares.	hectares.	hectares.	hectares.
1820	89,000	11,600	1,200	18,000	30,000	2,300	620
1840	70,000	13,000	2,000	20,000	27,000	2,200	500
1882	43,800	7,937	3,742	17,550	15,420	1,419	260
1892	52,500	9,377	5,040	19,900	18,360	986	257
1900	38,130	4,662	3,309	16,860	12,520	365	154
1903	32,800	4,527	2,865	17,525	11,930	274	116

Le froment occupe toujours plus de la moitié de la surface des terres en céréales, tandis que le seigle a perdu du terrain; c'est l'indice de progrès accompli par la culture. Les terres de la Montagne-Noire, jadis incapables de produire autre chose que du seigle, ont pu, grâce à l'emploi de la chaux et des engrais phosphatés, être livrées en partie à la culture du blé. Le méteil et le sarrasin ont, à peu près, complètement disparu.

Le blé est surtout cultivé dans l'arrondissement de Castelnaudary, dans les deux cantons d'Alzonne et Montréal appartenant à Carcassonne, et dans quatre cantons du Limouxin. Le Narbonnais, après avoir produit autrefois beaucoup de froment, est aujourd'hui exclusivement consacré à la culture de la vigne.

Les variétés cultivées sont les suivantes :

Le *blé de Roussillon*, donnant un grain dur, très fin, très apprécié de la meunerie, offre l'avantage de pouvoir se semer assez tard ;

Le *blé blanc de Razès* n'est autre que la tuzelle de Provence. Variété excellente, à grain blanc et à paille assez fine, spéciale au Limouxin. Depuis quelques années, la tuzelle rouge, qui donne des rendements plus constants et de 3 à 4 hectolitres par hectare plus élevés, lui est préférée ;

Le *blé de Toscane* est très cultivé à Castelnaudary, sous le nom de *bladette de Besplas*. Résistant à la verse, aux gelées, à la rouille, ce froment se comporte fort bien dans les sols de grande fertilité, où il arrive parfois à produire des rendements qui atteignent 30 et 32 hectolitres par hectare ;

La *bladette de Puylaurens*, mûrissant de bonne heure, donnant un grain dur, blanc et fin, est très estimée sur le marché de Castelnaudary. Toutes les tentatives faites pour introduire dans l'Aude les blés à grand rendement du Nord de la France ont échoué, à cause de l'échaudage. Les rendements sont très variables et passent, d'une année à l'autre, suivant les conditions climatologiques, de 13 à 20 hectolitres par hectare, et la paille, de 13 à 30 quintaux métriques.

La production moyenne est de :

	SURFACE		
	MOYENNE décennale.	DE 1903.	DE 1904 (évaluation).
	Hectolitres.	Hectolitres.	Hectolitres.
Froment.......................	725,700	657,000	512,000
Méteil........................	12,750	3,710	3,250
Seigle........................	112,700	72,480	67,725
Avoine........................	448,755	497,250	375,760
Orge..........................	110,998	63,030	60,840

En réalité, le département de l'Aude ne produit pas le blé nécessaire à sa consommation. Il compte, en effet, une population de 313,531 habitants. La consommation annuelle par tête est de 160 kilogrammes de farine de froment, correspondant à 212 kilogrammes de blé. Cela représente donc 664,685 quintaux. La semence de 32,800 hectares absorbe 52,480 quintaux, soit, au total, pour la consommation générale, 717,165 quintaux métriques, de telle sorte que le département ne saurait suffire à ses besoins par sa seule production.

Minoteries. — L'industrie de la minoterie a été, autrefois, très prospère. Elle a perdu presque toute son importance. Les moulins à vent, autrefois très nombreux, n'existent plus qu'au nombre de 110, et on ne leur donne plus guère à travailler que du maïs destiné à la confection du *millas* que consomment les paysans. La cuisson du pain à la ferme a presque disparu. Les cultivateurs ruraux font l'échange de leur blé avec les boulangers de la région, à raison d'un hectolitre de grains contre 30 pains de 2 kilogrammes chacun. A l'heure actuelle, on compte, dans l'Aude, 47 minoteries pouvant fournir, comme rendement journalier, 1,600 quintaux métriques de farines. Elles sont ainsi réparties, sur les cours d'eau ou le canal du Midi :

Carcassonne....................	21	Limoux	7
Castelnaudary.................	6	Narbonne.......................	13

Il existe, en outre, 148 moulins produisant 900 quintaux de farine par jour. La transformation en farine du blé produit dans l'Aude se fait aussi dans les minoteries limitrophes de l'Ariège et de la Haute-Garonne.

La vente des céréales se fait sur les marchés de Carcassonne et de Castelnaudary. Elle a lieu sur échantillons, sauf pour les petits propriétaires qui apportent leur récolte à la halle même. Les autres la transportent à la gare voisine ou au quai du canal ou encore chez le négociant lui-même. Le payement a généralement lieu au comptant. Les marchés les plus importants sont ceux qui suivent les battages.

Les prix des diverses céréales sont extrêmement variables. Voici ceux qui ont été pratiqués ces dernières années :

ANNÉES.	PRIX DE L'HECTOLITRE.				
	BLÉ.	AVOINE.	SEIGLE.	ORGE.	MAÏS.
	fr. c.	fr. c.	fr. c.	fr. c.	fr. c.
1892......................	19 10	7 74	12 98	10 37	11 95
1895......................	15 40	8 08	9 55	8 16	10 20
1898......................	18 67	9 20	12 75	11 35	13 20
1900......................	15 50	9 30	9 70	9 50	4 65
1903......................	16 75	8 50	8 50	9 00	12 00

Orge. — L'orge n'occupe que 2,865 hectares, dont la moitié dans l'arrondissement de Carcassonne. Toute la production est absorbée par l'alimentation des chevaux et les brasseries existant dans l'Aude.

Seigle. — 4,527 hectares sont consacrés à la culture du seigle dans les parties montagneuses, granitiques ou gneissiques des arrondissements de Carcassonne et de Limoux. La production, atteignant 35,400 quintaux, est consommée sur place.

Sarrasin. — Le sarrasin a presque disparu ; il n'occupe que 116 hectares et produit 1,317 quintaux de grains.

Avoine. — L'avoine occupe 17,525 hectares, à peu près également répartis dans les trois arrondissements de Carcassonne, Castelnaudary et Limoux. Sa production atteint 190,336 quintaux métriques, mais elle varie beaucoup avec le degré de sécheresse du printemps. La consommation moyenne annuelle est supérieure à la récolte, puisqu'elle s'élève à 265,460 quintaux. L'Aude n'exporte donc pas d'avoine au dehors et les importations varient entre 50,000 et 75,000 quintaux de grains venant du Poitou, de la Vendée, du Centre, et un peu d'Algérie.

Maïs. — Le maïs occupe 12,000 hectares, dont 8,500 dans l'arrondissement de Castelnaudary. Sa production moyenne est de 230,000 hectolitres pesant 70 kilogr. 500, ce qui donne 166,959 quintaux. La récolte sert, pour une part, à la consommation humaine sous forme de pain appelé *millas*, et, pour le reste, à l'engraissement des animaux, des porcs et des volailles, surtout. Il n'en est pas exporté hors du département.

Pailles. — La production moyenne et annuelle des pailles de céréales est de 1,116,000 à 1,250,000 quintaux. Une partie de cette paille, pressée et mise en bottes de 65 kilogrammes par les négociants acheteurs, est expédiée dans la région narbonnaise et dans la Haute-Garonne. Le prix varie entre 3 et 4 francs le quintal métrique.

CULTURES FOURRAGÈRES.

Prairies artificielles. — Le trèfle, cultivé sur 1,730 hectares situés surtout dans la région de Castelnaudary et de Limoux, sert à la consommation sur place des animaux de la ferme. Les 65,000 quintaux produits sont rarement vendus.

Le sainfoin est à peu près également répandu dans les trois arrondissements de Carcassonne, Castelnaudary et Limoux; il occupe 7,762 hectares et sa production atteint 280,000 quintaux. La récolte moyenne varie de 3,500 à 5,000 kilogrammes par hectare. L'esparcette est consommée dans le département.

La luzerne (auzerde) recouvre 19,500 hectares et se trouve cultivée dans la même région que le sainfoin, dans la zone du maïs. Ses rendements varient, suivant les années, de 4,000 à 10,000 kilogrammes par hectare. 600,000 quintaux environ sont vendus aux viticulteurs du Narbonnais, de l'Hérault et des Pyrénées-Orientales, la production totale atteignant 965,000 quintaux. Les courtiers et négociants se transportent chez les agriculteurs avec leurs presses à fourrages. L'on fournit, de part et d'autre, le personnel nécessaire au pressage en balles de 85 à 100 kilogrammes, et le producteur les transporte ensuite jusqu'à la gare de chemin de fer ou le quai du canal le plus proche. C'est par exception que l'on vend au marché sur simple échantillon. A Carcassonne, les cultivateurs apportent les fourrages non pressés, le samedi, sur le marché. Il existe un très important charroi de fourrages en vrac de Castelnaudary et ses environs vers le Narbonnais.

Prairies naturelles. — Les prairies naturelles sont surtout situées dans les parties montagneuses, Montagne-Noire et Pays-de-Sault, et aussi un peu au fond de quelques petites vallées. Elles occupent 8,900 hectares et produisent environ 260,000 quintaux de foin qui sont consommés sur place ou envoyés dans la plaine, mais qui ne sortent qu'exceptionnellement et en proportions insignifiantes, du département.

CULTURE MARAÎCHÈRE. — HORTICULTURE.

La culture maraîchère et l'horticulture n'offrent qu'une importance très faible et leur production est bien loin de suffire aux besoins de la consommation : l'Aude est, sous ce rapport, tributaire des Pyrénées-Orientales.

Voici quelques chiffres à cet égard :

	SURFACE.	VALEUR DE LA PRODUCTION.
	hectares.	francs.
Horticulture	574	504,690
Culture maraîchère	1,116	1,390,600

Légumes secs. — La production des légumes secs est insuffisante pour subvenir aux besoins de la consommation : l'Ariège, la Haute-Garonne en fournissent tous les ans d'importantes quantités, indépendamment des achats faits directement au dehors par les épiciers.

Les haricots occupent 683 hectares, dans les cantons de Belpech et de Salles-sur-l'Hers surtout, et leur production s'élève à 6,628 quintaux. Celle des lentilles, dans le Limouxin, ne dépasse pas 600 quintaux pour une superficie cultivée de 32 hectares.

Les pois, dans la même région, donnent 1,000 quintaux et couvrent 86 hectares. Les fèves, cultivées surtout à Castelnaudary, occupent 723 hectares et produisent 8,000 quintaux, qui sont, pour la majeure partie, consommés à l'état vert.

Pommes de terre. — La pomme de terre occupe la zone montagneuse, du Limouxin, de Carcassonne et Castelnaudary. Elle couvre près de 6,000 hectares et sa production atteint 270,000 quintaux, mais ses rendements varient dans de très grandes proportions et passent de 25 à 70 quintaux, suivant le degré de sécheresse de l'été. La consommation annuelle atteint au moins 250,000 quintaux, de sorte que l'Aude ne peut y subvenir entièrement, car il faut tenir compte des quantités consommées par le bétail et de celles réservées pour les emblavures. Les importations atteignent de 80,000 à 100,000 quintaux et proviennent du Centre de la France. Le cours moyen, sur les marchés, est de 3 à 4 francs l'hectolitre. Le marché le plus important, sous ce rapport, est celui de Carcassonne.

PRODUCTION FRUITIÈRE.

La production des fruits est aussi sans grande importance, ainsi que le montre le relevé suivant :

DÉSIGNATION.	PRO-DUCTION TOTALE.	VALEUR TOTALE.	VALEUR DU QUINTAL.	PRINCIPALES RÉGIONS DE PRODUCTION.
	quintaux.	francs.	fr. c.	
Amandes.....................	3,012	73,866	24 50	Carcassonne-Narbonne.
Châtaignes..................	4,884	61,080	12 50	Carcassonne.
Noix.......................	66	1,897	28 60	Carcassonne-Limoux.
Olives.....................	2,694	59,546	22 00	*Idem.*
Pêches.....................	484	23,780	49 00	*Idem.*
Pommes et poires............	1,311	31,564	24 00	Carcassonne.
Prunes.....................	1,839	28,257	15 00	Limoux.

Carcassonne fait un important commerce de fruits confits : cerises douces et amères, bigarreaux, poires, prunes, abricots, etc. Des renseignements recueillis, il résulte que les quantités de fruits annuellement achetés par les industriels de la ville ont une valeur de plus de 250,000 francs. Or, le département ne fournit qu'une très faible partie de ces fruits et il reçoit le complément des Pyrénées-Orientales, du Vaucluse et de quelques autres régions. Il y a, sous ce rapport, de sérieux progrès à réaliser.

AVEYRON.

Le département de l'Aveyron, grâce à sa variété, produit un grand nombre de produits agricoles, dont quelques-uns donnent lieu à un commerce très important.

CÉRÉALES.

Froment. — Est produit dans presque toutes les régions du département, sauf à la *Montagne;* les régions les plus productives sont celles qui entourent les importants marchés de Saint-Affrique, Villefranche, Rodez, Aubin, Sévérac-le-Château, Millau, Naucelle, Sauveterre, la Barraque-de-Fraysse. Presque tous les produits qui ne sont pas conservés par la culture soit, environ, 200,000 quintaux métriques sont vendus aux importantes minoteries de Saint-Affrique, Villefranche, Rodez, Millau, Bonnecombe, Nant, Saint-Georges de Lusençon, Gaillac, Albi, Toulouse ou aux moulins que l'on trouve un peu partout. Le marché de Saint-Affrique est le plus estimé, soit pour la production des blés de commerce, soit pour la production des blés de semence.

Avoine. — Cette céréale est produite dans les mêmes régions que le froment et vendue sur les mêmes marchés. Celle qui n'est pas consommée sur place est achetée par des courtiers qui l'expédient dans le Languedoc ou en Auvergne[1]. Les départements de l'Hérault et de l'Aude sont les principaux consommateurs de ce produit qu'ils échangent parfois avec du vin.

Orge et méteil. — Ces produits sont également cultivés dans les mêmes régions; mais ils sont ordinairement consommés sur place et ne donnent pas lieu à un commerce important.

Seigle et sarrasin. — Ces cultures sont plus spécialement répandues dans les régions montagneuses et, comme les deux céréales précédentes, les produits sont habituellement consommés sur place.

Maïs pour grains. — Il est produit seulement dans l'arrondissement de Villefranche (sud-ouest du département) et habituellement consommé sur place. La production de cette céréale est loin de suffire aux besoins locaux, car le département et l'arrondissement de Villefranche lui-même en importent des quantités considérables.

LÉGUMES ET POMMES DE TERRE.

Légumes secs. — Les légumes secs sont cultivés sur divers points du département, mais en petite proportion et sont généralement consommés sur place.

Pommes de terre. — La pomme de terre tend à devenir la culture la plus importante des régions de terrains primitifs (*Ségala*). Autrefois, elle était presque entièrement consommée par les porcs. Depuis quelques années, on en fait des expéditions de plus en plus importantes, surtout dans la région du Languedoc (Hérault, Aude, Pyrénées-Orientales) et dans l'arrondissement de Millau (Aveyron).

[1] D'après les chiffres qu'ont bien voulu communiquer MM. les chefs de l'exploitation des Compagnies des chemins de fer d'Orléans et du Midi, les diverses gares et stations de ces compagnies situées dans l'Aveyron ont exporté hors du département les quantités de céréales (blé, avoine, etc.) suivantes :

	ORLÉANS.	MIDI.
	tonnes.	tonnes.
1892	1,050	"
1899	"	4,901
1902	764	"

5

Les variétés les plus répandues sont l'*idaho* et la *chardon*. On fait aussi quelques *imperator*, quelques *juliettes* et quelques *américaines rouges*.

Jusqu'à 1892, les marchés de Rodez du samedi ont été les seuls marchés pour la pomme de terre d'exportation et la gare de Rodez à peu près la seule gare expéditrice; cette gare a exporté :

1899..	737 tonnes.
1900..	1,105
1901..	1,252

Ces produits provenaient principalement des communes de Manhac, Carcenac-Peyralés, Vors, Moyrazès, Luc, Calmont, Sainte-Juliette. Mais, depuis l'ouverture de la ligne de Rodez à Carmaux, les diverses stations de la région du *Ségala* expédient une bonne partie des produits des communes susdésignées auxquels s'ajouteront peu à peu les pommes de terre des communes de Boussac, Castanet, Gramond, Camboulazet, Quins, Colombiés, Pradinas, etc., qui, autrefois trop éloignées de la voie ferrée, faisaient consommer toute leur production par les porcs. De Villefranche, on fait aussi quelques expéditions de pommes de terre sur Toulouse et le Languedoc.

Les prix moyens varient dans une grande proportion d'une année à l'autre; ils ont été, au cours de ces dernières années, les suivants, franco, gare de Rodez :

	IDAHO.	CHARDON.
	les 100 kilogr.	les 100 kilogr.
1895...	6f 50c	6f 00c
1896...	5 60	4 50
1897...	4 75	4 25
1898...	6 00	5 50
1899...	9 00	8 00
1900...	5 25	5 00
1901...	5 00	4 50
1902...	8 00	7 50
1903...	5 50	4 75

PRODUCTION FOURRAGÈRE.

Betteraves et carottes fourragères. — Ces produits sont intégralement consommés sur place et ne donnent lieu à aucun commerce.

Fourrages et pailles. — Les fourrages et les pailles sont, en presque totalité, consommés sur place ou dans les localités du département, par les animaux des espèces bovine, ovine et chevaline. Cependant certaines régions exportent, sur une très petite échelle, quelques fourrages dans le Languedoc. Les gares d'Orléans et du Midi situées dans l'Aveyron ont exporté en foins et pailles :

	ORLÉANS.	MIDI.
	tonnes.	tonnes.
1892...	302	"
1899...	"	2,353
1902...	131	"

Graines fourragères. — Le département produit un peu partout, mais principalement dans les arrondissements de Saint-Affrique, Millau, Rodez, Villefranche, des graines de trèfle et de luzerne. Le seul arrondissement de Villefranche exporte, en année moyenne :

	QUANTITÉS.	VALEUR.
	kilogr.	francs.
Graine de trèfle................................	100,000	100,000
Graine de luzerne.............................	30,000	35,000

Ces graines sont achetées, en général, par des ramasseurs qui les envoient dans le Tarn, vers Cordes, Gaillac, Albi, d'où elles sont expédiées vers Lyon, Valence, Avignon, Nîmes, Bordeaux, et enfin sur Paris d'où une partie va à l'étranger.

CULTURES FRUITIÈRES.

Certaines régions tirent de la récolte et de la vente des fruits en vue de l'exportation des revenus appréciables. Les communes de Saint-Rome-de-Tarn, Saint-Rome-de-Cernon, Saint-Georges-de-Lusençon, Comprenhac et Millau produisent surtout des *amandes* sèches que des ramasseurs rassemblent en lots importants pour les expédier un peu partout.

La commune de Paulhe et les communes voisines se sont fait une spécialité de la production des *cerises* qu'elles vendent sur les marchés de Millau ou qu'elles expédient à Bordeaux. Des cerises sont également produites en abondance par les communes de Grandvabre, Saint-Parthem, Villecomtal et vendues sur les marchés de Rodez et de Decazeville.

Le commerce des *pommes* pour l'exportation est pratiqué sur une assez grande échelle par les courtiers ramasseurs dans les centres suivants : Nant, Saint-Jean-du-Bruel, Saint-Sernin, Coupiac, Campuac, Villecomtal, Marcillac, etc. Elles sont expédiées un peu partout et jusqu'en Bretagne et en Normandie d'où les commerçants viennent les acheter dans l'Aveyron lorsque leur pays en manque. La seule gare de Villefranche a expédié, en 1902, 13,000 kilogrammes de pommes. La région de Saint-Jean-du-Bruel produit surtout des *reinettes du Canada* valant, en 1903, 30 à 35 francs les 100 kilogrammes; des *rambour* valant 20 à 22 francs les 100 kilogrammes et des *communes* valant 19 à 21 francs les 100 kilogrammes. Ces prix sont exceptionnels et s'expliquent par la rareté des pommes en 1903. Les reinettes sont expédiées à Paris; les autres variétés, en Angleterre, à Lyon et dans les villes du Languedoc.

Une grande partie de l'arrondissement de Villefranche produit des *pruneaux secs* qui sont vendus en vue de l'exportation, principalement sur le marché de Figeac.

Les *noix* sont récoltées dans les parties calcaires des cantons de Villeneuve, Villefranche, Asprières, Marcillac, etc. Le département produit, en bonne année moyenne, environ 8,000 à 10,000 hectolitres de noix sèches; mais la production est très irrégulière. L'hectolitre de noix sèches pèse de 34 à 36 kilogrammes et vaut de 6 à 24 francs (environ 10 francs en moyenne). Les variétés cultivées sont principalement : la noix *carème*[1], qui constitue 99 p. 100 des noix de l'Aveyron, la noix de *Sarlat*, la noix *commune*, la noix *candelou* et la noix *corne de mouton*.

---

[1] Un magnifique noyer de cette variété situé à 1 kilomètre au nord de Villeneuve, sur la route de Capdenac, a servi à greffer presque tous les noyers du pays.

Les principaux marchés d'écoulement sont : Cajarc, Limogne, Figeac (très important) dans le Lot; Villefranche et Villeneuve dans l'Aveyron. On exporte les noix à l'état de *cerneaux* triés avec soin : les *bruns* servent à faire de l'huile; les *blancs* sont expédiés en caisses de 25 kilogrammes nets d'une valeur moyenne de 50 francs. Il y a dix ans, on expédiait les cerneaux dans l'Isère d'où ils étaient envoyés à l'étranger; actuellement, on les dirige sur Bordeaux d'où des courtiers les expédient un peu partout, ou même on les exporte directement de l'Aveyron vers l'Angleterre, l'Allemagne et surtout à New-York, principal débouché des noix de France; on les utilise pour la pâtisserie et la confiserie. La valeur des noix du département peut être évaluée à 80,000 francs environ dans les bonnes années. La seule gare de Villefranche a expédié, en 1902, en noix ou cerneaux, 99,000 kilogrammes.

Les *châtaignes*, produites principalement dans les arrondissements de Villefranche, Rodez, Espalion, s'écoulent surtout sur les marchés de Villefranche, Laguêpie, Najac, Aubin, Rodez, dans l'Aveyron, Figeac dans le Lot et Maurs dans le Cantal.

Pendant les deux mois que dure la saison de vente des châtaignes (du 15 octobre au 15 décembre), il part, chaque semaine, environ 2 wagons (de 100 à 130 hectolitres chacun) de Villefranche, 3 à 4 wagons de Laguêpie, 2 ou 3 de Najac, 7 à 8 de Figeac et 2 ou 3 de Maurs. Les châtaignes de l'Aveyron sont dirigées sur le Tarn, l'Hérault, les Pyrénées-Orientales, Toulouse, etc.; celles de Najac sont renommées pour leur qualité; la plupart de celles qu'on y récolte sont expédiées à Paris pour y être transformées en marrons glacés. La région de Saint-Jean-du-Bruel produit aussi des châtaignes qui sont vendues sur les Causses voisins.

La commune de Saint-Geniez s'est fait une spécialité de la production de la *fraise* dont elle produit annuellement environ 100,000 kilogrammes. Ces fruits sont exportés dans les villes populeuses du Midi (Montpellier, Béziers, Cette, Nîmes, Carcassonne, Millau, Mende, Marvejols, Rodez), à des prix variant entre 30 et 50 francs les 100 kilogrammes.

Quelques communes de la vallée du Tarn, Compeyre, Aguessac, etc., expédient des raisins *œillade*.

La seule Compagnie d'Orléans a exporté en petite vitesse les produits suivants :

	1892.	1902.
	tonnes.	tonnes.
Fruits verts et légumes frais................................	78	58
Fruits secs (châtaignes, noix, pruneaux, etc.).	1,431	837

VINS.

La vigne est cultivée sur les coteaux avoisinant les rives des trois grands cours d'eau aveyronnais (Lot, Tarn, Aveyron) et de la plupart de leurs affluents. Quoique, considéré dans son ensemble, le département ne soit pas un département viticole, le vin constitue cependant le principal revenu de plusieurs centres dont la situation se prête bien à cette production; tels sont : Marcillac, Espalion, Entraygues, le Fel, Flagnac, Aubin, Bouillac, Peyreleau, Compeyre, Aguessac, Saint-Rome-de-Tarn, Broquiès, Saint-Izaire, Villefranche, etc. Les produits sont généralement écoulés dans les centres les plus proches ou sur les montagnes et plateaux voisins; ce n'est qu'exceptionnellement que ces vins sont exportés hors du département. Cependant la seule Compagnie d'Orléans a exporté en petite vitesse :

	TONNES DE VINS en fût.
1892..	999
1902..	739

PRODUITS DIVERS.

Cultures industrielles. —— L'Aveyron produit, sur certains points, de petites quantités de colza, de chanvre et de lin. Ces cultures diminuent beaucoup d'importance et, d'ailleurs, la récolte est généralement consommée sur place et ne donne lieu à aucun commerce appréciable.

Champignons secs. — Le cèpe ordinaire, découpé en lanières et séché, est produit dans le *Ségala*, surtout dans les cantons de Rignac, la Salvetat, Rieupeyroux, Sauveterre, Naucelle, Cassagnes, Réquista, Montbazens, Asprières, et vendu aux chefs-lieux de ces cantons. Le prix varie de 150 à 400 francs les 100 kilogrammes (en moyenne, 200 à 220 francs). Comme 10 kilogrammes de champignons frais valent 0 fr. 10 à 0 fr. 20 le kilogramme, soit 0 fr. 15 en moyenne, et donnent 1 kilogramme de champignons secs, le récoltant a intérêt à les vendre à l'état sec.

Les débouchés sont : toute la partie méridionale de la France, au sud d'une ligne allant de Bordeaux à Lyon par Clermont, y compris ces trois villes, l'Italie, l'Espagne, l'Algérie, le Maroc, l'Amérique du Sud. On expédie les champignons en boîtes de bois de 2 à 5 kilogrammes, bien fermées, pour éviter les vers qui les attaquent quand on les conserve en sacs.

Le seul arrondissement de Villefranche en exporte annuellement 80,000 à 90,000 kilogrammes valant environ 200,000 francs.

Un autre champignon, le *Pleurotus Eryngii*, produit en abondance par les Causses, est desséché également; mais sa production, étant inférieure à celle du cèpe, est presque complètement absorbée par Millau. Plusieurs autres sortes de champignons (oronges, faux-mousserons, etc.) sont vendus à l'état frais.

Truffes. —— Les truffes produites à l'état naturel, sur certains points du département, sont peu abondantes et de qualité assez ordinaire.

BOUCHES-DU-RHÔNE.

CÉRÉALES.

Toutes les communes du département produisent des céréales.

Le blé (611,540 hectolitres) est cultivé principalement dans la région d'Arles et dans celle d'Aix; les variétés les plus répandues sont la touzelle et la saissette. L'orge (64,276 hectolitres) et l'avoine (254,173 hectolitres) se trouvent également dans toutes les zones du département; mais celles où on en produit le plus sont la région alluviale du Bas-Rhône et la vallée de la Durance.

Il n'existe dans les Bouches-du-Rhône qu'un seul marché de céréales : celui d'Aix. Encore faut-il noter qu'il perd chaque année de son importance. On estime que la valeur totale du blé qui y a été vendu n'excédait pas, en 1902, 700,000 à 800,000 francs.

C'est qu'en effet la presque totalité des céréales est achetée directement à la propriété par des courtiers, et cet usage se développe de plus en plus.

Les blés sont livrés aux minoteries de Marseille, à celles d'Aix, et parfois à quelques moulins du Vaucluse. Quant aux orges et aux avoines, elles vont à la consommation locale. Marseille absorbe la plus grande partie du disponible de la culture. Cependant le Gard et l'Hérault reçoivent des avoines et des orges d'Arles.

Le riz est cultivé en Camargue : en 1905, la superficie cultivée était de 500 hectares. La production moyenne s'est élevée à 3,000 kilogrammes par hectare, soit au total 1,500,000 kilogrammes. La graine est livrée aux rizeries (usines à décortiquer et à glacer) de Marseille. La qualité en est excellente et le prix moyen à la propriété est de 18 à 20 francs le quintal.

POMMES DE TERRE.

Les centres de production sont la vallée de la Durance et les environs d'Aix (576,394 quintaux). Les variétés cultivées sont la jaune d'Orléans et l'Early Rose. Il n'existe pas de marchés spéciaux. Le commerce de cette denrée est entièrement aux mains de négociants qui vendent aux agriculteurs des pommes de terre de semence et leur achètent la récolte.

La consommation locale est évaluée à 440,000 quintaux environ. L'excédent de la production est exporté sous forme de pommes de terre de consommation (200,000 quintaux environ), ou sous forme de pommes de terre de semences (40,000 à 50,000 quintaux). Les pays d'exportation sont : l'Algérie, la Turquie et les colonies. Les départements du Gard, de l'Hérault et du Var absorbent une certaine proportion de l'excédent de la récolte.

BETTERAVES.

La production en est fort limitée. Les betteraves à sucre sont expédiées en totalité à la sucrerie de Laudun (Gard) [6,750 quintaux]. Quant aux betteraves fourragères, elles sont consommées principalement par les vaches des laiteries de Marseille (97,439 quintaux).

CULTURES FOURRAGÈRES.

On récolte des fourrages dans les terres arrosées de la plaine du Bas-Rhône, de la Crau, de la vallée de la Durance et de celle de l'Huveaune. Les prix s'établissent sur les places d'Aix, d'Arles, de Salon. Mais il n'existe pas de marchés pour cette denrée. Les achats se font directement à la propriété par l'intermédiaire de courtiers.

Les foins (1,161,715 quintaux) sont consommés dans le département et principalement à Marseille. On en expédie aussi dans les départements du Languedoc et dans ceux du Var et des Alpes-Maritimes.

Les fourrages artificiels représentés par la luzerne sont exportés surtout dans le Gard, l'Aude et l'Hérault. La production en 1902 a atteint 746,434 quintaux.

Les sainfoins et les fourrages verts annuels sont entièrement consommés sur place.

Les exportations de foin et de luzerne équivalent aux trois quarts des quantités récoltées.

CULTURES MARAÎCHÈRES.

On les trouve, principalement, dans les cantons de Tarascon et de Châteaurenard. Mais elles prennent encore une importance considérable dans l'arrondissement de Marseille. La valeur de la production maraîchère en 1902 est évaluée à 6,346,000 francs.

Les produits maraîchers de la région de Châteaurenard sont vendus sur le marché qui se tient tous les jours dans cette ville, excepté pendant les mois d'hiver. Ils sont expédiés, par des commissionnaires, dans les grands centres de consommation du Midi, Toulon, Marseille, Nîmes, Montpellier; dans ceux du Centre, Lyon, Saint-Étienne; et enfin à Paris, Londres, Bruxelles, etc.

Ces produits donnent lieu à un commerce fort important. La seule gare de Châteaurenard a expédié, en 1902, 75,624 colis en messageries, pesant ensemble 18,894,868 kilogrammes et 269,642 colis-postaux d'un poids total de 2,696,420 kilogrammes.

Cultures de graines. — Aux cultures maraîchères, on peut rattacher celles des plantes maraîchères cultivées pour leurs graines, telles que betteraves, carottes, céleris, choux, concombres, épinards, fèves, haricots, laitues, oignons, etc., qui sont produites à Saint-Rémy et dans les communes environnantes. Il n'existe pas de marchés pour ces produits; les ventes se font presque toujours par contrats passés entre les cultivateurs et les négociants.

On évalue la production annuelle de ces graines à 1,200,000 kilogrammes environ, représentant une valeur de 1,500,000 francs.

Ces graines sont expédiées dans le monde entier, pour ainsi dire; mais la clientèle des producteurs de Saint-Rémy se trouve principalement en Angleterre, en Allemagne, en Russie, en Danemark, en Autriche, en Hollande, aux États-Unis, etc.

La graine de luzerne est obtenue surtout dans la région d'Arles et dans la vallée de la Durance. Une partie de la récolte, qui est évaluée à 400,000 kilogrammes, est vendue à Paris, l'autre partie est expédiée en Allemagne et en Autriche. Les achats se font à la propriété, par l'intermédiaire de courtiers.

CULTURES FRUITIÈRES.

Fruits divers. — La valeur de la production des pêches, abricots, cerises, pommes et poires peut être évaluée à un million de francs environ.

Les fruits sont envoyés à Marseille, à Paris, à Londres, à Berlin.

Amandes. — L'amandier est cultivé principalement dans l'arrondissement d'Aix et dans les communes limitrophes de l'arrondissement d'Arles. Toute la récolte du département aboutit finalement à Aix. Les négociants de cette ville achètent directement à la propriété, ou par l'intermédiaire de courtiers.

Le commerce annuel d'Aix, pour les amandes de toutes provenances, est évalué à 8 millions de francs. Or, en 1902, la production du département n'a été que de 21,505 quintaux valant environ 1,300,000 francs.

Les négociants d'Aix expédient des amandes à Paris, en Angleterre, en Allemagne, en Russie, en Autriche et dans presque toute l'Europe, l'Italie et l'Espagne exceptées.

Olives et huiles. — La culture de l'olivier est généralement associée à celle de l'amandier, de telle sorte que les régions qui produisent des olives sont les mêmes que celles qui donnent des amandes.

Les olives ne s'écoulent sur aucun marché; elles sont portées directement aux moulins. Les propriétaires vendent ensuite leur huile, soit directement à la clientèle bourgeoise, soit aux négociants d'Aix, de Salon, de Marseille, etc. En 1902, la récolte a été évaluée à 125,397 quintaux valant au total 2,923,351 francs.

Câpres. — Nous croyons devoir mentionner la production des câpres qui est spéciale aux communes de Roquevaire et de Cuges (arrondissement de Marseille). La quantité exportée annuellement est de 150,000 kilogrammes, représentant une valeur de 200,000 francs environ. Les pays de consommation sont la Russie, l'Angleterre et les États-Unis.

VINS.

Les principaux centres de production sont la plaine du Bas-Rhône et la vallée de la Durance. Les autres régions du département produisent du vin pour leurs besoins et n'en exportent que des quantités peu importantes. Le département ne compte qu'un seul cru, celui de Cassis, qui produit quelques centaines d'hectolitres de vins blancs recherchés.

Il n'existe pas de marchés spéciaux. Les cours sont réglés par les marchés de Nîmes et de Montpellier. Les affaires se traitent presque toujours par l'intermédiaire de courtiers.

La production de 1902 a été de 970,000 hectolitres, d'une valeur de 15 millions de francs environ. Une partie de la récolte est expédiée à Marseille. Le restant est acheté par des maisons de commerce de Saint-Gilles (Gard), de Nîmes, d'Aix, qui exportent ces produits à Lyon, à Saint-Étienne, à Paris, et dans quelques autres centres de consommation. Si on admet que le cinquième de la récolte, soit 200,000 hectolitres environ, est consommé par les producteurs, on voit que les quantités livrées au commerce s'élèvent, pour 1902, à 750,000 hectolitres environ.

A côté des vins, le département exporte une certaine quantité de raisins de vendange (150,000 quintaux environ en 1902). Cette vendange est expédiée à Marseille, mais surtout dans le bassin houiller de la Loire.

On expédie aussi à Marseille et à Paris une certaine quantité de raisins de table, notamment des chasselas (3,000 quintaux environ en 1902).

CALVADOS.

Le département du Calvados est un pays riche, aux cultures variées. On y récolte des céréales, des fourrages, des plantes industrielles, horticoles et maraîchères; on y fait du cidre renommé. La fabrication du beurre et du fromage y donne lieu à des opérations commerciales importantes.

CÉRÉALES.

Blé. — La culture du *blé* est pratiquée notamment dans la vaste région naturelle connue sous le nom de *plaine de Caen*. Les blés les plus répandus sont : le *franc blé* et le *blé chicot*. On y trouve aussi le *Dattel*, le *Japhet*, le *Bordeaux*, le *Bordier* et quelques autres. Les principaux centres de vente pour le blé sont : Caen, Bayeux, Argences, Saint-Pierre-sur-Dives, Falaise, Thury-Harcourt, Villers-Bocage et Aunay-sur-Odon. Les belles sortes de blé valent jusqu'à 33 fr. 50 les 160 kilogrammes, soit 20 fr. 9375 les 100 kilogrammes nets. La vente se fait soit sur échantillons, soit sous halles.

Avoine. — L'avoine est cultivée principalement dans la plaine de Caen, où cette céréale est indispensable à l'entretien du cheval de demi-sang. On cultive l'*avoine grise du pays* et la *noire de printemps*. L'*avoine noire de Falaise* jouit d'une grande renommée.

L'avoine noire de Brie, d'importation directe, donne d'excellents résultats dans les terres un peu fortes, ne contenant que peu de calcaire.

Les principaux centres de vente sont Falaise, Saint-Pierre-sur-Dives et les localités indiquées précédemment pour le blé.

Orge. — Le sol, sur nombre de points, se prête à l'obtention des bonnes orges de brasserie, et l'Angleterre, dont la production ne peut suffire aux besoins, est un débouché tout trouvé pour les orges normandes, d'autant plus que ce produit serait facilement pris comme fret en retour aux navires importateurs de produits anglais. Les orges de la Mayenne et de la Sarthe supportent des frais de transport dont les orges du pays ne sont pas grevées. Les sortes de printemps sont seules cultivées, notamment l'*orge commune de printemps*. Dans le Bocage, l'*orge Chevalier anglaise*, choix de M. Richardson, a donné de magnifiques résultats.

Les principaux centres de vente pour l'orge sont Argences, Saint-Pierre-sur-Dives, Falaise, Harcourt et les autres marchés indiqués pour le blé. On trouve des orges de brasserie à Argences, Saint-Pierre et Falaise.

Seigle. — La culture du seigle, comme grain, est insignifiante.

Sarrasin. — Le sarrasin est très répandu. Le sarrasin commun est le plus fréquemment cultivé. Les principaux centres de vente sont, pour ce produit, Condé-sur-Noireau, Vire, Harcourt, Aunay-sur-Odon, Falaise, Saint-Pierre-sur-Dives, Argences et Caen.

CULTURES FOURRAGÈRES.

Les prairies artificielles les plus répandues sont le sainfoin, le trèfle incarnat, le trèfle violet, la luzerne.

Sainfoin. — Le sainfoin est le fourrage par excellence des pays calcaires, c'est pourquoi il est si répandu dans la plaine de Caen. Les principaux centres de vente sont : Caen, Falaise, Argences, Saint-Pierre-sur-Dives, Bayeux, Harcourt et Villers-Bocage. Le plus répandu est le sainfoin à deux coupes. On trouve cependant, notamment entre Saint-Pierre-sur-Dives et Falaise, quelques lots de sainfoin à une coupe. Le rayon de Caen fait la semence de sainfoin.

Trèfle incarnat. — Le trèfle incarnat a une grande importance dans le département du Calvados. Il est très utilisé pour l'alimentation des chevaux et des animaux de l'espèce bovine. Les éleveurs l'apprécient beaucoup. Ce fourrage est pâturé au piquet, c'est-à-dire qu'on n'en récolte pas la graine, si ce n'est exceptionnellement. La semence vient de la Beauce.

Trèfle violet. — Le trèfle n'est pas cultivé pour graine dans le pays. A peine en trouve-t-on parfois, en bourre, sur les marchés d'Harcourt, Villers-Bocage et Aunay-sur-Odon. La graine qu'on sème dans le Calvados provient de la Bretagne, du nord de la France, ainsi que du Poitou, de la Vendée, de la Beauce et du Midi.

Luzerne. — La luzerne est peu cultivée. La semence vient de la Provence et du Poitou. La luzerne de Provence convient aux terres caillouteuses, calcaires ou siliceuses, à sous-sol sec, peu froid. La luzerne du Poitou convient aux terres franches, aux sous-sols plus frais. On fait très peu de graines de plantes fourragères dans le pays. Les graines qu'on utilise proviennent principalement du nord de la France, le Mans, Angers et Saint-Rémy-de-Provence.

Au point de vue du commerce de fourrage, la région de la Plaine produit surtout du sainfoin. Bayeux vend du sainfoin et du foin de pré ou petit foin. La région de Lisieux, consommant beaucoup, achèterait plutôt, de même que Pont-l'Évêque. Vire est une région de consommation. Caen est le grand centre de vente pour le sainfoin. Beaucoup d'expéditions sont faites sur la Manche et l'Eure.

Les marchands exportent généralement vers la plaine de Caen, plus rarement vers Rouen et l'Eure.

PLANTES INDUSTRIELLES.

Colza. — Le colza est à l'heure actuelle peu cultivé, à cause du prix peu élevé qu'il atteint, alors que, jadis, la culture du colza a été une véritable fortune pour le pays. Néanmoins, Caen et Bayeux font encore un peu d'affaires sur ce produit.

Betterave à sucre. — La betterave à sucre est quelque peu cultivée dans la plaine de Caen et dans les régions voisines. Mais il est douteux que cette culture fasse de grands progrès, car il y a une trop grande distance entre le lieu de production et l'usine de fabrication, laquelle se trouve dans le département de l'Eure, et, d'autre part, l'utilisation des pulpes est difficile.

CULTURES FRUITIÈRES.

Dans le canton de Honfleur, la culture fruitière présente une importance considérable. Les communes des environs de Honfleur qui se livrent à l'arboriculture ou horticulture fruitière doivent être divisées en deux groupes.

Dans le premier groupe se trouvent les communes de Criquebœuf, Pennedepie, Vasouy, Equemauville, pour les parties en pente vers la mer; Gonneville et Ablon, où la culture de nombreux arbres fruitiers, guigniers, cerisiers, pruniers et poiriers à haut vent se fait dans des cours herbées et mélangés à de nombreux pommiers à cidre.

Le second groupe comprend les communes d'Honfleur et principalement La Rivière-Saint-Sauveur qui, en plus du genre de culture précité, cultivent les poiriers, taillés en pyramides et sur espaliers, dans des jardins où ils sont entreplantés de nombreux groseillers.

La culture du groseiller, bien que peu difficile, joue un rôle important; son exportation est assurée, et dans les années où les fruits viennent à manquer, la récolte plus certaine de la groseille assure un rendement et sauve les petits producteurs.

En suivant l'ordre de maturité, les fruits obtenus sont : les groseilles, en grande quantité, les guignes, les cerises, les prunes, également en grande quantité, les poires venant à haut jet, les poires de jardin, en grande quantité, et les pommes, en petite quantité.

La superficie occupée par les jardins vergers est de près de 100 hectares et celle des cours plantées dépasse 150 hectares.

L'importance de la vente est considérable; ainsi le port de Honfleur a expédié : en 1898, 4,900 tonnes environ; en 1899, 2,500 tonnes environ; en 1900, 5,900 tonnes environ; en 1901, 4,900 tonnes environ; en 1902, 3,200 tonnes environ; en 1903, 3,000 tonnes environ.

Toutefois il convient de remarquer que les commissionnaires en fruits reçoivent d'Angers et de la vallée de la Seine, par wagons complets, environ le tiers du total du tonnage indiqué plus haut.

CULTURE MARAÎCHÈRE.

Le littoral de la plaine de Caen a un système de culture qui, tout en se rattachant à celui de la plaine, en diffère d'une façon très nette. On y fait bien des céréales, des fourrages artificiels et on y pratique bien l'élevage du cheval, mais on y rencontre surtout la production de légumes en plein champ.

Ce genre de culture trouve, en cet endroit, des conditions très favorables. Le sol est fertile, facile à cultiver. L'engrais de mer est tout proche; on le mélange au fumier à l'effet d'obtenir une masse fertilisante douée d'une grande puissance productrice. Les cultivateurs, toutefois, préfèrent maintenant augmenter la dose de fumier.

Les communes qui se livrent à ce mode de culture potagère sont : Luc-sur-Mer, Lion-sur-Mer, Douvres, Langrune et Saint-Aubin.

Les légumes cultivés sont : l'oignon (variété paille des Vertus), la carotte, les choux, les navets, la pomme de terre, le salsifis, le poireau, le haricot.

Les produits sont vendus sur le marché de Caen et dans le département du Calvados, dans l'Orne et l'Eure, au Havre, à Paris et à Londres (Angleterre).

Ce sont de petits fermiers ou propriétaires qui se livrent à cette production; leurs exploitations ont de 5 à 8 hectares.

On sait que, en général, la vie des maraîchers est particulièrement active. La vie des petits cultivateurs de la côte est également pénible. La diversité des cultures, leur succession ininterrompue, exigent de leur part des façons culturales incessantes, des soins divers multipliés. Ils ont notamment à lutter contre les mauvaises herbes. On les voit, munis de petits instruments à main, la broche ou la ratissoire, s'en aller, courbés ou se traînant à genoux, supprimer les plantes envahissantes. En effet, l'usage des houes à cheval n'est pas possible dans ces cultures faites en plein. D'ailleurs, le semis en lignes présenterait souvent des inconvénients.

La prise du varech, ce précieux engrais de mer, est un bien dur labeur par les mauvais temps, si fréquents dans ces parages. Lors des grandes marées, par n'importe quel temps et sans perdre une minute, il faut que les cultivateurs courent à la côte travailler dans l'eau; leur moisson de varech, ils ne la font qu'au prix de grandes fatigues !

Mais ce n'est pas tout. Après avoir obtenu leurs divers légumes, il convient de préparer ces légumes pour la vente et les conduire sur les principaux marchés de la région, parfois assez éloignés. Ainsi un certain nombre de cultivateurs font le marché de Falaise; or, Falaise est à treize lieues de la côte et, pour y parvenir, il faut passer la nuit en route.

On le voit, ces cultures potagères du littoral demandent de la part de ceux qui les pratiquent des soins assidus, un travail considérable, des frais de main-d'œuvre assez élevés. Cependant, dans les bonnes années, elles atteignent une valeur considérable et fournissent un bénéfice aux vaillants cultivateurs des communes précitées.

Les principaux légumes cultivés sont :

Oignons (paille des Vertus). — 250 hectares cultivés; production par hectare, 300 hectolitres; vente moyenne, 1,500 francs.

Carotte. — 5oo hectares cultivés; production par hectare, 3oo hectolitres; vente moyenne, 8oo francs.

Choux. — 75 hectares cultivés; nombre de plants par hectare, 15,ooo; vente moyenne, 75o francs.

Navets. — 25 hectares cultivés; production par hectare, 24o hectolitres; vente moyenne, 44o francs.

Pommes de terre. — 5oo hectares cultivés; production par hectare, 24o hectolitres; vente moyenne, 48o francs.

Salsifis. — 5 hectares cultivés; production par hectare, 1,6oo paquets; vente moyenne, 4oo francs.

Porette. — 4 hectares cultivés; production par hectare, 1,6oo,ooo; vente moyenne, 1,6oo francs.

Haricots. — 25 hectares cultivés; production par hectare, 3o hectolitres; vente moyenne, 75o francs.

Le littoral approvisionne Caen et même Falaise. Dans l'arrondissement de Bayeux, on est obligé d'importer en grande quantité des pommes de terre, des radis, des oignons, des carottes et des poireaux des plaines du littoral de Luc à Courseulles et Lion-sur-Mer. Les primeurs proviennent exclusivement du Midi. Les jardiniers de Bayeux n'en font qu'une quantité insignifiante, se livrant plutôt à la floriculture.

PÉPINIÈRES.

La région d'Ussy, entre Falaise, Bretteville-sur-Laize et Thury-Harcourt, se livre à un genre d'horticulture très spécial, l'obtention de jeunes sujets forestiers, feuillus et résineux.

Les plants les plus cultivés sont : le hêtre commun, le tilleul, l'orme, le chêne, le châtaignier, l'aune, le bouleau, le frêne, l'érable sycomore. Comme résineux : le sapin épicéa, le pin sylvestre, le pin noir d'Autriche, le pin laricio, le mélèze et notamment le mélèze du Japon, qui pousse très vite. Le sapin de Douglas, qui vient dans les terrains frais; le sapin du Colorado, qui prospère dans les sols plus secs; le sapin des côtes du Pacifique, le sapin de Menzies et quelques autres espèces sont également cultivées à Ussy. Les pépiniéristes d'Ussy font aussi les arbres et arbustes d'ornement et d'agrément. Mais l'objet principal des cultures est l'obtention des jeunes plants pour boisement. Ces plants sont vendus à un an et repiqués.

Ussy exporte un très grand nombre de plants. Les pays importateurs sont : 1° la Belgique, qui demande des feuillus et quelques conifères, notamment des épicéas; 2° l'Angleterre, le meilleur client de ces pépiniéristes. L'Angleterre achète tous les résineux et les feuillus. Elle se fait expédier un très grand nombre d'églantiers, 7oo,ooo à 8oo,ooo, ainsi que des plants d'ornement, conifères et autres; 3° l'Allemagne, qui veut surtout des plants forestiers, notamment beaucoup de tilleuls et de l'épine-blanche, pour faire des haies; on les lui livre par millions; 4° la Suisse, qui demande principalement des plantes d'ornement; 5° la Hollande, qui préfère les conifères et diverses espèces, tels le houx commun et le houx ornemental, 6° les États-

Unis, qui prennent un grand nombre de plants de un et deux ans, pour greffer; des cognassiers et du merisier commun. Ce pays demande aussi des plantes ornementales et des conifères.

Le Canada et l'Australie, — ce dernier pays dans une moindre proportion, — font également des affaires avec les pépiniéristes de la région d'Ussy. Trois communes se livrent à la culture de ces pépinières; ce sont : Ussy, Tournebu et Fontaine-le-Pin. Les pépinières de la région d'Ussy couvrent environ 250 hectares. Le chiffre d'affaires annuel oscille entre 1,200,000 francs et 1,500,000 francs.

PRODUITS HORTICOLES.

Dans la région de Caen, les produits horticoles importés dans la région sont :

Plantes de serre, dites *de Belgique*, oignons à fleurs de Hollande, plantes et arbustes divers du Japon.

Les produits horticoles obtenus dans le pays sont : arbres à cidre, arbres fruitiers, arbustes d'agrément, rosiers, arbres forestiers pour routes et avenues, jeunes plants variés, anémones de Caen.

Les lieux de vente (exportations) sont, par ordre d'importance :

1° Angleterre; 2° États-Unis; 3° Belgique; 4° Turquie d'Europe; 5° Allemagne; 6° Suisse; 7° Hollande; 8° Italie; 9° Algérie; 10° Espagne; 11° Autriche-Hongrie; 12° Chili; 13° Colombie.

Les plantations couvrent 80 hectares environ. Le chiffre approximatif des ventes totales peut être évalué à 400,000 francs.

Les centres de la production horticole sont : La Maladrerie, pépinières générales; Caen, pépinières et horticulture; Billy, Airan, Chicheboville, Fierville-la-Campagne; quelques cultivateurs exploitent de petites pépinières. Les pépinières de la Maladrerie ont une réputation justement méritée.

Dans l'arrondissement de Lisieux, il n'y a qu'à Lisieux et Orbec où il existe quelques horticulteurs-pépiniéristes ne produisant que des fleurs; quant aux articles de pépinières, ils les achètent pour les revendre.

A Orbec, un horticulteur possède une collection remarquable de plantes florales, surtout de *géraniums*.

Dans l'arrondissement de Pont-l'Évêque, les villes où sont établis quelques horticulteurs n'ayant pas de pépinières sont, par ordre d'importance : Trouville, Honfleur, Pont-l'Évêque, Beuzeval-Houlgate, Villers et Dozulé. Cet arrondissement est, par contre, — nous venons de le voir, — très important au point de vue de la quantité considérable d'arbres fruitiers cultivés pour la production des fruits destinés à l'exportation.

Dans l'arrondissement de Vire, la ville de Vire s'occupe avec succès de l'horticulture. Il y a, dans la ville même, quatre ou cinq établissements très prospères, dont quelques-uns possèdent, au minimum, trois hectares de cultures.

C'est le fleuriste qui y joue le plus grand rôle. Les *chrysanthèmes* et les *rosiers* sont cultivés sur une assez grande échelle. Le sol ainsi que le climat conviennent très bien aux conifères, dont les horticulteurs possèdent de très belles et nombreuses variétés.

CIDRES.

La production des fruits à cidre et la fabrication du cidre sont une des principales sources de revenus pour les cultivateurs du Calvados. D'après la statistique de 1901, la récolte des pommes à cidre a été de 662,000 quintaux.

Environ 20,000 hectares de terre à labour, prairies artificielles et naturelles sont plantées de pommiers à cidre. On peut évaluer le nombre de ces derniers à 1,220,000, donnant, en année normale, 550,000 à 600,000 hectolitres de pommes.

Ces pommes appartiennent à plusieurs catégories que l'on peut classer en trois saisons : *Les premières saisons* : amer-doux, raîlé, douce-dame, etc. Elles entrent pour un quart seulement dans la flore pomologique de la contrée. *Les deuxièmes saisons* : gros-bois, gagne-vin précoce, rouge-bruyère, staltot-feuillard, cartigny, etc., qui comptent pour moitié. *Les troisièmes saisons* : gagne-vin, muscadet, monsued, bidan, filasse, etc., qui comptent pour un quart.

Les pommiers étant, en général, médiocrement soignés sont loin de fournir des récoltes aussi abondantes et régulières qu'ils pourraient le faire. C'est ainsi qu'on peut compter à peine sur une bonne récolte tous les cinq ans. Deux autres sont assez bonnes ou médiocres et deux mauvaises. Ces alternatives de hausse et de baisse dans la production déterminent de brusques courants commerciaux et des modifications de prix, extraordinaires d'une année à l'autre, pour les pommes et le cidre. En 1903, année médiocre, les pommes ont valu de 3 fr. 50 à 4 fr. 50 la barattée de 50 litres, suivant crus. En 1904, vu l'abondance générale, le prix est tombé à 1 franc ou 1 fr. 15 la barattée seulement. En bonne saison, le commerce transite une moyenne de 250,000 hectolitres environ.

Si le commerce des pommes commence à rayonner hors régions, celui des cidres semble se cantonner dans le pays. A Bayeux, à Nonant, à Moles, etc., quelques rares fabricants s'appliquent à bien fabriquer et exportent des cidres de luxe sans rival en Normandie. On fabrique pour le commerce deux sortes de cidres : le gros ou pur jus destiné à la boisson de luxe ou à la vente en gros pour les débitants; le mitoyen ou boisson de consommation courante.

En 1903, le gros cidre se vendait 30 francs, 27 francs et 25 francs l'hectolitre, suivant crus.

CANTAL.

Le département du Cantal peut être divisé en quatre zones agricoles : 1° la zone de l'élevage et des pâturages; 2° la zone des céréales ou la Planèze; 3° la zone de la Châtaigneraie; 4° enfin la zone du mouton et des bruyères.

ZONE DE L'ÉLEVAGE.

La zone de l'élevage et des pâturages comprend l'arrondissement de Mauriac, moins les cantons de Pleaux et de Champs; l'arrondissement de Murat et la partie de l'arrondissement d'Aurillac limitée par les montagnes de la rive gauche de la Cère, au midi; la vallée de la Maronne, à l'ouest.

Les prairies et les pâturages sont les principales cultures de cette région , qui pratique surtout l'élevage des bêtes bovines de la race de Salers ; cependant l'élevage du cheval et du mulet a une certaine importance.

ZONE DES CÉRÉALES.

Cette région est formée d'un immense plateau limité au sud par la Truyère, à l'est par les monts de la Margeride, au nord par l'Alagnon, à l'ouest par le Plomb du Cantal et le ruisseau du Prat de Bouc.

C'est un pays de petites propriétés morcelées, où les céréales occupent plus de 25,000 hectares. On dit de la Planèze que c'est le grenier de l'Auvergne : le seigle y atteint le poids de 75 kilogrammes l'hectolitre ; l'orge de bonne qualité est exportée dans les malteries de Clermont-Ferrand.

Comme cultures spéciales à cette région, il faut signaler 1,100 hectares de légumes secs, dont 600 hectares de lentilles d'Auvergne. Ces lentilles sont exportées vers le nord et Paris (8,000 quintaux par an).

Les gares de Mauriac, Neussargues, Saint-Flour expédient journellement à Paris des *tourtes* (pain de seigle) destinées à la colonie auvergnate de Paris; cette exportation peut être évaluée à 500 kilogrammes par jour.

Si la Planèze est le grenier de l'Auvergne, on ne peut prétendre qu'elle en est également le fenil; la hauteur d'eau qui atteint près de 2 mètres au Plomb du Cantal descend à o m. 80 aux pieds des monts de la Margeride; le sol essentiellement perméable, aride, ne porte que des prairies sèches, de maigres pâturages. Heureusement, les animaux de la race d'Aubrac sont plus rustiques, meilleurs laitiers, moins exigeants que ceux de Salers, et peuvent se suffire avec le peu de ressources fourragères du pays.

Le cheval et le mouton surtout font l'objet d'un élevage plus considérable dans la Planèze que dans la zone des pâturages.

A signaler dans cette région quelques tentatives heureuses de reboisement en résineux.

ZONE DE LA CHÂTAIGNERAIE.

Cette zone comprend les cantons de Laroquebrou, Montsalvy, Saint-Mamet et Maurs. C'est un pays très pauvre, gréseux ou schisteux, couvert de milliers d'hectares de bruyères, de genêts et de fougères; l'aspect en est généralement désolé.

La production des châtaignes, précieuse ressource pour ces contrées, tend à diminuer ; les massifs de châtaigniers s'éclaircissent sous la hache, et l'usine installée à Maurs, pour l'extraction du tanin, est une véritable menace pour un avenir prochain.

Maurs et Aurillac sont les deux principaux marchés où les *castaïres* écoulent leurs récoltes en novembre et décembre, soit pour la consommation locale, soit pour être expédiées à Paris.

La Châtaigneraie, dans les parties abritées, produit des fruits à couteau et à cidre ; Maurs, Boisset, Vieillevie, Sansac-de-Marmiesse et le Vénazès sont les centres principaux où l'on trouve des arbres fruitiers dans cette région ; le marché d'Aurillac absorbe facilement la production.

La Châtaigneraie ainsi que le canton de Pleaux produisent beaucoup de sarrasin servant à l'alimentation humaine (bourrioles) et à l'engraissement de la volaille.

A Maurs et à Vieillevie, on cultive la vigne; il en est de même à l'autre extrémité du département, à Molompize, Massiac, localités coudoyant la Limagne. Les vins sont consommés par les producteurs eux-mêmes.

ZONE DES BRUYÈRES.

Cette région comprend les cantons de Chaudesaigues et Pierrefort sur les deux rives de la Truyère, qui sont très peu fertiles. On y pratique surtout l'élevage du mouton. C'est dans la partie volcanique du canton de Chaudesaigues, notamment à Saint-Urcize, que la race d'Aubrac présente les meilleures formes et aptitudes.

En résumé, au point de vue du mouvement des produits agricoles dans le Cantal, ce département est importateur de blé, de vins, de fruits et de légumes.

Les exportations consistent en orge de brasserie (5,000 quintaux), en bestiaux, en fromages, en châtaignes et en lentilles.

CHARENTE.

Le département de la Charente, situé dans la région sud-ouest de la France, a une superficie totale de 595,000 hectares et une population de 360,000 habitants environ, dont les deux tiers appartiennent à la classe agricole.

Au point de vue de la nature du sol, de l'aspect général, on peut le diviser en deux zones : la première, comprenant la plus grande partie de l'arrondissement de Confolens, possède des terres de nature argileuse et siliceuse, de fertilité moyenne, où abondent les prairies naturelles, les haies champêtres, les bois; la deuxième, composée du reste du département, est formée surtout de terres calcaires (groies et sols de Champagne), dont la fertilité est très variable suivant l'épaisseur de la couche arable, la fréquence des pluies en été; c'est la région des vignes, des céréales et des prairies artificielles.

Les produits agricoles qui donnent lieu à des transactions commerciales sont : les grains, les pailles, le foin, les pommes de terre, les légumes, les fruits, les vins et eaux-de-vie.

CÉRÉALES.

Les grains que l'on récolte en Charente sont : le blé, l'avoine, l'orge, le seigle, le sarrasin et le maïs.

Le *blé*, cultivé sur une superficie de 110,000 hectares environ, peut produire de 1,400,000 à 2 millions d'hectolitres par an. Sa culture est assez régulièrement répartie sur le territoire du département. Autrefois, les cultivateurs faisaient moudre le blé par les meuniers, possesseurs de petits moulins, établis çà et là sur les cours d'eau, et confectionnaient eux-mêmes leur pain. Ce système est presque entièrement abandonné aujourd'hui. Dans chaque village, c'est le boulanger qui fait le pain pour tous les habitants. Il est payé en nature, par échange d'un hectolitre de blé pour 70 ou 75 kilogrammes de pain. Par ce moyen, les boulangers s'approvisionnent ainsi de grosses quantités de blé qu'ils vendent ou échangent pour de la farine aux meuniers et aux minotiers. Ces derniers, directement ou par leurs agents ou courtiers, se rendent également acquéreurs des quantités restant disponibles chez les propriétaires, fermiers et métayers importants.

Le blé est converti en farine dans les minoteries du département et des départements voisins; les principales sont situées à Angoulême, le Pontouvre, Jarnac, Vars, Aunac, Ruffec, Mansle, la Rochefoucauld, Bazac, Saint-Aulaye, etc.

L'*avoine* occupe une surface très importante, de 45,000 hectares environ, susceptible de produire par an 500,000 quintaux. Ce sont les arrondissements d'Angoulême et de Ruffec qui en récoltent les plus grosses quantités, mais cette culture s'étend aussi aux autres arrondissements.

L'avoine est employée à la nourriture des chevaux dans les exploitations où on se sert de ces animaux pour la culture. Les quantités disponibles sont vendues aux marchands de grains de la région et dirigées sur les grands centres et les villes de garnison, Angoulême, Libourne, Bordeaux, Limoges, Cognac.

L'achat du blé et de l'avoine se fait sur échantillons présentés aux foires et marchés d'Angoulême, Ruffec, Mansle, Aigre, Cognac, la Rochefoucauld, Chalais, Confolens, Chabanais, etc., mais souvent aussi dans le grenier même du récoltant.

L'*orge*, cultivée sur une superficie de 6,000 hectares environ, et le *maïs* qui occupe une étendue de 14,000 hectares, se trouvent répartis assez régulièrement sur tous les points du département, sauf dans les cantons de Confolens, Chabanais et Montembœuf, où l'on n'en cultive pas. C'est dans les arrondissements d'Angoulême et de Ruffec qu'on en sème, chaque année, les plus grandes surfaces.

Ces grains, en majeure partie consommés par le bétail entretenu à la ferme, donnent lieu à de faibles transactions commerciales. Cependant aux foires de Ruffec, le 27 de chaque mois, de Mansle le 25, d'Angoulême le 15 et les jours de marché à Aigre, tous les jeudis, on trouve, pendant l'hiver, à la vente, quelque peu d'orge et surtout du maïs. Le maïs est acheté par des marchands qui l'expédient en Poitou et particulièrement en Vendée.

Le *seigle*, cultivé principalement dans l'arrondissement de Confolens, est l'objet d'un certain commerce dans les cantons de Confolens, Chabanais et Montembeuf. Dans les foires de ces localités, ainsi qu'à celles de Chasseneuil (Charente) et Saint-Junien (Haute-Vienne), il est vendu, chaque année, plusieurs milliers d'hectolitres de seigle qui sont dirigés sur Limoges, Angoulême, la Rochefoucauld, Montbron (Charente), où ils sont employés surtout pour la nourriture et l'engraissement du bétail.

Pailles. — Sur beaucoup de points du département, notamment près des villes et dans les localités à proximité des voies ferrées, les cultivateurs vendent une certaine quantité de paille de blé. Cette paille est dirigée sur Angoulême, Cognac, Libourne et Bordeaux, où on l'utilise comme litière pour les chevaux. Dans l'arrondissement de Confolens, dans les cantons de Chabanais et de Confolens-Sud, dans les communes de Montrollet, Brigueil, Étagnac et Chassenon, la majeure partie de la paille de seigle récoltée dans les exploitations est dirigée sur les papeteries de Saillat et Saint-Junien (Haute-Vienne).

PRODUCTION FOURRAGÈRE.

D'une manière générale, le foin récolté dans les exploitations est consommé sur place par le bétail qu'on y entretient. Cependant, aux environs des villes de Cognac et d'Angoulême notamment, les cultivateurs, dans un rayon de 10 à 20 kilomètres, vendent une certaine quantité de foin pour la pourriture des chevaux appartenant soit à l'armée, soit aux particuliers. En outre, dans les cantons de Chabanais et de Confolens qui produisent de grosses récoltes de foin, il en est expédié chaque année, par les gares de Manot, Confolens, Chabanais, Roumazières, des quantités assez importantes, à destination d'Angoulême, Libourne et Bordeaux.

POMMES DE TERRE.

Les pommes de terre, bien qu'occupant une surface assez grande (plus de 20,000 hectares), ne sont pas l'objet d'un commerce important; dans ces dernières années, le département a été même importateur de ces tubercules. La presque totalité de la récolte est consommée sur place par les animaux de l'espèce porcine. L'arrondissement de Confolens, qui en produit les plus fortes quantités, se livre en grand à l'élevage et à l'engraissement du porc, ce qui constitue une des principales sources du revenu de la propriété dans cette région.

CULTURE MARAÎCHÈRE.

La production des légumes est peu importante : elle suffit à peine à approvisionner les principaux centres de consommation. La culture des légumes, en dehors de ceux récoltés dans chaque exploitation pour les besoins du personnel, est pratiquée près des villes d'Angoulême, de Cognac, dans les localités de Jarnac, Balzac, Vindelle, Fléac, etc.

La production des légumes ne donne lieu à aucune transaction commerciale en dehors du département; celui-ci, du reste, est tributaire des départements voisins et du Midi, surtout en ce qui concerne les primeurs.

Haricot blanc nain. — Cultivé un peu partout dans la Charente, il est l'objet d'une culture très soignée dans les cantons de Confolens et de Chabanais. Les produits qu'il donne sont vendus sur les marchés de ces villes et dirigés sur Chasseneuil, la Rochefoucauld et Angoulême.

CULTURES FRUITIÈRES.

Pommes à cidre. — Ce qui vient d'être dit pour les légumes s'applique aux fruits. La récolte n'est généralement pas suffisante pour satisfaire aux besoins de la consommation locale, ce qui tient à la nature calcaire du sol qui se prête difficilement à la culture des arbres fruitiers. Cependant les arrondissements d'Angoulême, Ruffec et Cognac produisent des pommes à cidre qui servent à faire des boissons que l'on consomme sur place.

Châtaignes. — L'arrondissement de Confolens, en entier, et les cantons de Ruffec, Mansle, la Rochefoucauld et Montbron récoltent annuellement 40,000 à 60,000 quintaux de châtaignes, dont une partie est vendue aux foires de la région et expédiée sur les autres points du département et sur les villes d'Angoulême, Cognac et Bordeaux.

Noix. — Les noyers sont abondants dans les arrondissements de Barbezieux et d'Angoulême. La récolte annuelle est très variable. Dans les années d'abondance, les noix sont achetées par des courtiers, aux foires et marchés et souvent chez les propriétaires mêmes. Les trois quarts environ de la récolte sont ainsi exportés du département et dirigés sur Bordeaux, l'Angleterre, l'Allemagne, l'Espagne et les États-Unis. La récolte, en 1903, a été estimée à 45,000 quintaux.

TRUFFES.

La récolte de la truffe en 1903 a été évaluée à 23 quintaux. C'est surtout dans l'arrondissement d'Angoulême que l'on rencontre quelques truffières naturelles.

Les truffes sont vendues aux pâtissiers de Ruffec, Angoulême, Cognac, etc.

VINS ET EAUX-DE-VIE.

Le vignoble charentais, dont la reconstitution est en bonne voie, couvre actuellement une étendue de 22,000 hectares environ, dont 17,000 hectares en production, susceptibles de produire, en année moyenne, 400,000 à 500,000 hectolitres de vin.

Vin rouge. — Il représente environ le sixième de la production totale; il est consommé sur place par les récoltants ou vendus dans les principaux centres du département.

Vin blanc. — Il est acheté par le commerce local pour être distillé et converti en eaux-de-vie de Cognac. Quelques propriétaires distillent enfin eux-mêmes une partie de leur récolte dans le but d'obtenir des eaux-de-vie qu'ils laissent vieillir et qu'ils peuvent vendre ensuite au commerce de Cognac. La vente de l'eau-de-vie, par le propriétaire, directement au consommateur est encore exceptionnelle.

Depuis deux ans, les viticulteurs, par suite de la réglementation des bouilleurs de cru, désireraient écouler une partie de leurs vins blancs à la consommation, et dans ce but ils essayent de se créer des débouchés sur le marché local.

L'arrondissement de Confolens produit quelque peu de *vin gris* qui est consommé sur place et qui est assez estimé.

CHARENTE-INFÉRIEURE.

CÉRÉALES.

Les *céréales* se cultivent sur toute l'étendue du département de la Charente-Inférieure. Les principaux marchés pour le blé sont ceux de Marans, la Rochelle, Saintes, Pons, Saujon, Montendre, ce qui n'empêche pas que, sur tous les marchés du département, il se traite des affaires, surtout au point de vue de la consommation locale et de l'approvisionnement des minoteries voisines.

Les cours sont réglés généralement sur ceux de Marans et de Bordeaux. Marans fait surtout un grand commerce d'exportation et expédie par voie de fer, sur divers points de la Charente-Inférieure, dans la Charente, les Deux-Sèvres, la Vienne, la Haute-Vienne, la Gironde, l'Indre, l'Indre-et-Loire, la Vendée et la Loire-Inférieure; par mer, avec transit par Bayonne, dans les départements des Landes, des Basses-Pyrénées, des Hautes-Pyrénées, et directement dans le Nord et la Seine-Inférieure. Ces expéditions sont faites, par l'intermédiaire du commerce, à des minotiers quelquefois, mais plus rarement à des fournisseurs de la marine. En 1901, le port de Marans a expédié 76,550 quintaux métriques de froment, et 76,371 en 1902.

6.

Les achats se font sur présentation d'échantillons, au cours du jour, à l'hectolitre de 82 kilogrammes, poids brut.

Les *baillarges* et les *escourgeons* se vendent sur les mêmes marchés que le froment. La place de Marans est la plus importante au point de vue de ce commerce; elle a expédié, dans le nord de la France et dans la Belgique, 32,800 quintaux d'escourgeons et 14,200 quintaux de baillarge en 1901, contre 23,600 d'escourgeons et 24,150 de baillarge en 1902.

L'*avoine* est vendue sur tous les marchés du département et surtout sur les principaux marchés de froment, pour être expédiée sur Bayonne, Bordeaux, Pau et Toulouse par les ports de Marans et la Rochelle, ou par les voies ferrées.

Le *seigle* et le *maïs* ne font l'objet d'aucun commerce spécial, ils sont généralement consommés sur place.

Il n'y a pas de marchés spéciaux pour la *paille* et les *foins*. Quelquefois, les jours de foire ou de grand marché, on rencontre des propriétaires porteurs d'échantillons, mais ceux-là vendent pour la consommation locale. Le plus généralement, des commissionnaires passent dans les fermes et traitent directement. La paille et le foin sont mis en balles par les soins de l'acheteur et dirigés sur les gares ou les ports qui doivent les expédier sur Bordeaux, Libourne, le Médoc, Cognac, Angoulême, Londres et même l'Afrique du Sud. Ces dernières expéditions se font par le port de Tonnay-Charente.

POMMES DE TERRE.

La *culture de la pomme de terre* est faite généralement en vue de la consommation locale et de l'approvisionnement des grands centres, principalement de la Rochelle, mais, depuis quelques années, les communes de Mortagne, Saint-Romain-de-Benet, Barzan, Saint-Seurin, Talmont et Mescher cultivent les pommes de terre de primeur en vue de l'exportation sur Londres et l'Afrique du Sud. La récolte est achetée par des courtiers de Bordeaux et rendue à quai de Mortagne, Saint-Seurin, Mescher et Port-Maubert.

Les communes de la Vallée, Romegoux, Geay, le Meung, Crazannes et Port-d'Envaux vendent leurs produits à des intermédiaires de Bords, de Saint-Savinien, qui alimentent les villes de la Rochelle, Rochefort, Pons, Saintes et Nantes. Une certaine quantité est quelquefois dirigée sur Cognac.

CULTURE MARAÎCHÈRE.

Les communes de Saintes, Pont-l'Abbé, Saint-Sulpice-d'Arnoult, Saint-Aignant cultivent l'*artichaut;* la récolte est vendue à des courtiers qui expédient généralement sur Bordeaux et Nantes.

Les communes de Chaniers et Chérac se livrent à la *culture des petits pois*, destinés à être consommés en mai. Dès les premiers jours de mai, il y a un marché qui se tient dans la cour de la gare de Chaniers, où se rendent des courtiers de Nantes, de Bordeaux et des revendeurs du département; la vente est faite aux 100 kilogrammes.

Les expéditions sur Paris ne sont pas avantageuses, parce que les produits de la Charente-Inférieure sont concurrencés par ceux du Lot-et-Garonne, dont le prix de transport est moins élevé de 30 francs par tonne, la distance de Chaniers à Paris n'étant pas suffisante pour bénéficier d'un tarif réduit. Quelques expéditions sont aussi faites sur la Rochelle, Nantes et Cognac. S'il était possible d'avoir un tarif spécial pour la Rochelle, il y aurait sur ce marché, généralement mal approvisionné, un lieu d'écoulement qui, tout en procurant des avantages à la consommation, faciliterait la vente par les producteurs.

Les cantons de Courçon et de Marans cultivent les *fèves* et les *haricots;* les fèves sont achetées directement aux producteurs par le commerce de Marans, et expédiées à Nantes, Dijon, Dunkerque, Saint-Nazaire et Paris.

Le département de la Charente-Inférieure exporte environ 12,000 quintaux de haricots, dont 10,000 par le port de Marans seulement. Les haricots blancs, connus sous le nom de *ronds* et *gros riz*, sont envoyés sur les places de Bordeaux, Nantes, Angoulême, Niort, la Rochelle, Rochefort, Saintes, Saint-Jean-d'Angély, les îles de Ré et d'Oléron pour la consommation locale.

Les *haricots rosés* sont expédiés à Bordeaux et à Nantes et sont destinés à l'exportation. Les *haricots Alger* sont consommés à Bordeaux, la Rochelle, Rochefort, ainsi que les *haricots lingots et marbrés.*

GRAINES FOURRAGÈRES.

Les *graines de trèfle* et de *luzerne* sont produites principalement dans les cantons de la Rochelle, la Jarrie, Courçon, Aulnay, Loulay, Saint-Savinien. Ces graines sont vendues dans les foires ou marchés et aussi à des commissionnaires qui les expédient aux maisons de gros de Paris, Nantes, Mézières et Bordeaux.

Il n'y a pas de marchés spéciaux pour les graines légumineuses, les commissionnaires achètent directement à la propriété ou aux marchés aux grains,

VINS ET EAUX-DE-VIE.

Le *marché des vins* est très variable; lorsque le commerce des eaux-de-vie est prospère, la presque totalité de la récolte est vendue à la distillation. En 1902, le commerce des eaux-de-vie a peu distillé, aussi tous les vins blancs ont été achetés par des maisons de la Gironde, Bordeaux et Libourne surtout. Les Allemands achètent chaque année une certaine quantité de vin qu'ils vinent jusqu'à 20° et les expédient sur Hambourg. Quelques propriétaires écoulent directement leurs produits à la clientèle bourgeoise de Paris. Il existe une foire aux vins, tenue à Saintes à une époque qui n'est pas encore déterminée d'une manière définitive. Les ventes se font au degré et à l'hectolitre.

Le *commerce des eaux-de-vie* est actuellement peu actif. Les négociants de Cognac et de Saintes se bornent à acheter de faibles quantités d'eaux-de-vie vieilles. Les ventes se font dans les comptoirs. Le syndicat des viticulteurs des Charentes sert quelquefois d'intermédiaire pour la vente directe à la consommation.

CHER.

Le département du Cher est formé en grande partie d'une portion de l'ancienne province du Berry et d'une faible portion de la province du Bourbonnais.

Le méridien de Paris, qui passe près de Bourges, coupe le département en deux parties à peu près égales.

Sa superficie est de 719,934 hectares.

Ses limites sont : au nord, le département du Loiret, sur une longueur de 54 kilomètres; à l'est, la Loire (fleuve) et l'Allier (rivière) qui le séparent de la Nièvre sur un développement de 96 kilomètres; au sud, les départements de l'Allier et de la Creuse, sur une longueur de 100 kilomètres; à l'ouest, ceux de l'Indre et de Loir-et-Cher, sur une longueur de 198 kilomètres. Son périmètre est d'environ 450 kilomètres. Sa forme est oblongue, son plus grand axe, du nord au sud, est de 133 kilomètres. Sa plus grande largeur, de l'est à l'ouest, est de 92 kilomètres. Sa plus grande élévation au-dessus du niveau de la mer est, en chiffres ronds, de 433 mètres (montagne d'Humbligny) et son lieu le plus bas (lit du Cher à Thénioux) n'est que de 96 mètres environ au-dessus du même niveau; par conséquent, son élévation moyenne au-dessus de l'Océan est de 264 m. 50.

Au point de vue agricole et topographique, on peut diviser le département du Cher en quatre régions principales, assez bien caractérisées par la nature de leurs terrains et de leurs productions.

Ces quatre régions sont :

1° La plaine calcaire du Berry;

2° La Sologne;

3° La région des herbages;

4° Le Sancerrois.

La *plaine calcaire* forme, à l'ouest du département, de vastes plateaux d'une surface presque uniforme et d'une altitude moyenne de 160 mètres, qui se poursuivent dans l'Indre. Le sol et le sous-sol sont, sur la plus grande étendue, essentiellement calcaires, et argilo-calcaires sur le reste.

L'aspect général de ces plateaux rappelle un peu la Beauce, et la plupart ne sont pas moins fertiles. Ils sont partout très favorables à la culture des céréales et à celles des fourrages artificiels, ainsi qu'à l'entretien du mouton.

Le blé, l'avoine et l'orge peuvent se ranger parmi les productions importantes de la plaine du Berry.

La *Sologne*, située au nord et à l'ouest, constitue une vaste contrée très différente de la précédente au point de vue géologique. Le sol est entièrement siliceux ou argilo-siliceux. Le sous-sol est de même nature et généralement peu perméable. Elle comprend de grandes plaines et des régions accidentées.

Il y a soixante ans, près de la moitié de ce territoire était couvert de bruyères, d'ajoncs et d'étangs, souvent malsains, et il y a moins de trente ans que, sur la partie cultivée, on ne produisait encore que de maigres récoltes d'avoine et de sarrasin; grâce à l'emploi de la marne et de la chaux, des phosphates et des superphosphates, la Sologne s'est, depuis, complètement transformée. De nombreuses et belles routes la sillonnent dans tous les sens; les étangs ont été desséchés et mis en culture; de vastes étendues ont été boisées. La charrue a presque partout retourné la lande. L'élément calcaire qui faisait défaut a été apporté dans toutes les terres cultivées; les engrais chimiques aidant, cette contrée est devenue très productive; le blé, l'orge, l'avoine, les fourrages artificiels, la pomme de terre et d'autres cultures sarclées y donnent de beaux rendements. L'étendue occupée par le seigle et le sarrasin se restreint d'année en année, tandis que celle du froment et des plantes fourragères se développe en proportion.

En Sologne, les grandes exploitations sont de beaucoup les plus nombreuses.

Depuis une cinquantaine d'années, la sylviculture a pris un grand développement dans cette contrée; on y a boisé de grandes surfaces. Les essences employées sont le pin maritime, le pin sylvestre et d'autres variétés de conifères. Le chêne et le bouleau se trouvent souvent à côté des résineux et souvent aussi en mélange avec eux.

La Sologne est devenue un pays très producteur de bois. Ses principaux débouchés pour ce produit, qui est surtout utilisé par la boulangerie, sont Vierzon, Gien, Montargis, Orléans et particulièrement Paris.

C'est aussi un pays très giboyeux; les grandes propriétés favorisent la production du gibier; il s'y fait tous les ans de très grandes chasses de chevreuils, cerfs, sangliers, lapins, faisans, lièvres, perdreaux, canards sauvages, etc. Paris est le principal centre vers lequel le produit de ces chasses est dirigé.

La *région des herbages* comprend les cantons de Nérondes, la Guerche et Sancoins, formant les *vallées de Germigny*, et une large bande, longeant la Loire et s'étendant de Sancergues à Léré, appelée le *Val de la Loire*.

Elle comprend aussi une partie des cantons de Charenton, Saint-Amand, le Châtelet, Lignières, Châteauneuf et Lury, c'est-à-dire les riches vallées du Cher, de l'Arnon, de la Marmande.

Cette région, formée par un sol argilo-calcaire riche en humus ou par des alluvions, est d'une grande fertilité; les prairies permanentes y occupent la plus grande étendue.

Ce sont des herbages de première qualité; l'élevage et l'engraissement du bétail s'y pratiquent sur une grande échelle et y constituent deux spéculations importantes et lucratives.

L'élevage local ne suffit pas toujours pour utiliser les ressources des pacages. Les engraisseurs sont souvent obligés d'aller au loin se procurer les bœufs et les vaches nécessaires pour tirer parti de l'herbe abondante de leurs prairies.

La région produit également des céréales et des plantes sarclées.

On y trouve une sucrerie; elle est située à la Guerche, sur le bord du canal, et fait cultiver la betterave autour d'elle sur un très grand rayon; elle est d'une ressource importante pour l'agriculture de la contrée.

Le *Sancerrois* se compose de toutes les communes du canton de Sancerre et de quelques-unes des cantons de Sancergues et de Léré. Le terrain présente de nombreuses ondulations, il est même en quelques endroits un peu montagneux et accidenté. C'est du reste une ramification et un prolongement des montagnes du centre de la France allant finir à une altitude d'environ 250 mètres. Un des pics les plus élevés, le Graveron, atteint 293 mètres. La ville de Sancerre, située au centre de la contrée, est construite au sommet d'un cône qui atteint 275 mètres d'élévation. La Loire coule à quelques kilomètres et, même en certains endroits, à quelques centaines de mètres des montagnes du Sancerrois.

Ces montagnes, avec leurs collines très mouvementées et le grand fleuve qui sépare le Cher de la Nièvre en serpentant à travers de riches prairies et de magnifiques vignobles, présentent, surtout de Sancerre (porte César), le plus bel aspect. On prétend même qu'il est peu de contrées en France où la nature ait réuni autant d'éléments capables de charmer le touriste amateur de paysages champêtres.

Le sol de la région est d'une constitution très variable, mais presque partout d'une très grande fertilité. Les terrains argilo-siliceux ou argilo-calcaires, d'une perméabilité moyenne qui les préserve d'un excès d'humidité et de sécheresse, forment la plus

grande étendue. Les terres d'alluvion y occupent aussi un grand espace. Le sol calcaire s'y rencontre dans quelques localités et il est partout d'une bonne nature.

La production agricole du Sancerrois est très variée. Presque toutes les cultures du
centre de la France s'y trouvent réunies et elles y donnent des rendements élevés.

Cette contrée touche à la partie la plus riche de la région des herbages et, comme
celle-ci, elle entretient un nombreux bétail; on s'y livre avec succès à l'élevage du cheval.

VINS.

Le Sancerrois est très viticole. Tous ses coteaux sont couverts de vignes et la plus
grande partie de la population est occupée à cette culture, qui s'étend sur plus de
3,500 hectares. Autour de la ville de Sancerre, on trouve un superbe vignoble de près
de 1,500 hectares.

Les cépages qui composent les vignobles de la région sont pour le vin rouge, le
pineau et le gamay (ce dernier en petite quantité) et pour le vin blanc, le sauvignon
et le chasselas. Le pineau est de beaucoup le plus cultivé; son introduction semble très
ancienne; ce plant a beaucoup d'analogie avec le pineau fin de Bourgogne et, comme
lui, il donne un excellent vin.

Le sauvignon, avec un quart ou un cinquième de chasselas, donne aussi un produit
très estimé. Il est souvent vinifié seul; son vin est alors très capiteux.

Les vins du Sancerrois acquièrent vite de la qualité, et après deux ans de fût et un
an de bouteille, ils ont beaucoup de bouquet et de finesse. Ils sont très appréciés,
non pas seulement dans la contrée, mais aussi au loin.

Le vin blanc prend aussi, en vieillissant, une grande finesse. Il est peut-être peu
de régions en France où les vins prennent autant de qualité en moins d'un an.

Le vin du pineau de Sancerre convient parfaitement à la champagnisation.

Que dire encore de cette riche et charmante contrée limitée sur sa plus grande
longueur par la Loire et son val d'une rare fertilité? Le chemin de fer du Bourbonnais
et le canal latéral de la Loire portent vers Paris et dans toutes les directions ses vins,
ses fruits, ses grains et ses bestiaux.

Un certain nombre de vignobles du département méritent d'être cités pour la qualité de leurs vins. Ce sont ceux de Sancerre, Saint-Satur, Bué, Crésancy, Montigny,
Verdigny, Vinon, Veaugues, Herry, Sury-en-Vaux, Savigny-en-Sancerre, Vesdun, Châteaumeillant, pour les vins rouges et blancs, et Quincy, Venesmes, Menetou-Salon,
Morognes et Parassy, pour les vins blancs.

Le prix moyen des vins nouveaux de ces localités varie de 30 à 40 francs l'hectolitre. Les vins vieux et bien soignés des bonnes années atteignent le prix de 220 et
même 450 francs la pièce de 200 litres. .

Les vins du Cher se consomment en grande partie dans le centre de la France,
mais il en est expédié beaucoup à Paris et un peu en Angleterre.

CULTURES FRUITIÈRES.

Une contrée de 10,000 à 12,000 hectares de superficie, dont Saint-Martin-d'Auxigny est le centre, se livre depuis plusieurs siècles à la culture du pommier à haute
tige et de quelques autres arbres fruitiers, poiriers, cerisiers, pruniers et noyers. Cette
culture constitue une des principales productions de la contrée. Le territoire est telle-

ment couvert d'arbres fruitiers qu'il présente l'aspect d'un vaste verger, connu sous le nom de la *Forêt*, et les habitants sont désignés sous celui de *Forétains*.

Le sol occupé par ces arbres est soigneusement cultivé et produit, en outre, les récoltes ordinaires du pays : céréales, plantes sarclées, fourrages, etc.

Les fruits sont de bonne qualité. Ils trouvent dans le département et les environs un débouché assuré. Les pommes sont expédiées en grande partie sur Paris. Il en est envoyé aussi avec d'autres fruits en Angleterre.

L'exportation fruitière de la Forêt varie, suivant les années, de 200,000 à 500,000 francs. La valeur totale de cette production oscille entre 400,000 et 800,000 francs.

Noix. — On trouve de nombreux noyers dans l'arrondissement de Bourges et aux environs de Sancerre. Le nombre de ces arbres est d'environ 200,000. La production annuelle est en moyenne de 50,000 hectolitres et sa valeur est estimée à 550,000 francs. Les noix ne sont guère exportées, elles sont presque entièrement utilisées dans le pays pour la fabrication d'une huile très estimée en Berry.

Pendant plusieurs années, le Sancerrois a expédié dans diverses directions de grandes quantités de chasselas en paniers pour la table. Ces expéditions ont beaucoup diminué depuis trois ans et, actuellement, elles ne sont plus dirigées que sur Paris.

Elles pourraient être faites cependant au delà de la frontière.

CULTURE MARAÎCHÈRE.

La culture maraîchère se pratique dans quelques localités sur une grande échelle. Les principaux centres de production sont, par ordre d'importance, Bourges, Dun-sur-Auron, Saint-Amand et Vierzon pour toutes sortes de légumes; Mehun et Foëcy produisent plus spécialement l'asperge. Aux environs de la Chapelle-Montlinard, d'Herry, Saint-Bouize, Saint-Satur, Bannay et Léré, on se livre surtout à la production des melons, asperges, petits pois et haricots. A Vierzon, on trouve, à côté des légumes, de vastes cultures de fraises. Les produits maraîchers et horticoles de ces diverses localités sont consommés dans les villes du centre et à Paris. Ils pourraient également être expédiés en Angleterre et en Belgique.

La valeur de la production légumière vendue annuellement représente plus d'un million de francs.

En résumé, le département du Cher est essentiellement agricole et sa production est très variée. Il livre au trafic intérieur et à l'exportation un grand nombre de produits, parmi lesquels, les animaux de boucherie tiennent le premier rang; les chevaux les volailles, le vin et les laines viennent ensuite; en troisième lieu, les légumes et les fruits.

La production des céréales, des fourrages naturels et artificiels, des pailles, des pommes de terre suffit aux besoins du département; une partie en est bien exportée, mais elle est compensée par des importations d'égale importance.

La quantité de blé exportée est d'environ 322,000 quintaux. Ces grains sont consommés dans les départements du centre. Quelques milliers de quintaux d'avoine vont à Paris.

Une certaine quantité d'orge, demandée pour la brasserie, sort du département. Il en est expédié un peu dans le nord de la France et en Angleterre. Les acheteurs anglais trouvent les orges de la plaine calcaire du Berry supérieures à celles d'autres provenances et les payent un franc de plus par 100 kilogrammes. Les orges de printemps sont les plus recherchées. Les marchands qui opèrent pour les brasseries achètent parfois la récolte sur pied.

Il est assez difficile de connaître exactement la valeur de l'exportation de l'orge. Une grande quantité de cette céréale est consommée dans les fermes, particulièrement par les animaux de la basse-cour. On peut cependant estimer qu'il en est expédié hors du département pour 600,000 à 750,000 francs par an.

CORRÈZE.

Parmi les principales productions végétales du département, il faut citer les primeurs, légumes et fruits, les pommes et poires à couteau et à cidre, les noix, les châtaignes, les céréales, les foins, les vins, la truffe, les osiers, les bois.

CULTURES MARAÎCHÈRES.

Les produits de primeurs récoltés en Corrèze sont les petits pois et les asperges. Tous les produits de primeurs proviennent de l'arrondissement de Brive, et en particulier des cantons de Brive, Ayen, Donzenac, Larche et Juillac. Les principaux marchés sont ceux de Brive et d'Objat.

Les petits pois sont expédiés à Paris, Londres, Périgueux, Souilhac (Lot). L'industrie des conserves alimentaires en utilise aussi une grande quantité dans le département, surtout à Brive et à Pompadour. La production est d'environ 50,000 quintaux valant, à 15 francs les 100 kilogrammes, 750,000 francs.

La production des asperges, encore peu importante, est en progression marquée.

Les environs de Brive expédient aussi des produits maraîchers : salades, oignons, ails, tomates, choux, des melons, à destination des départements limitrophes : Haute-Vienne et Creuse.

CULTURES FRUITIÈRES.

Les *fruits à noyau*, cerises, prunes, pêches, sont l'objet d'un commerce très actif dans la même région et dans les mêmes marchés en année normale. Les envois de fruits sont faits soit à destination de Paris, Londres, Dublin, soit à destination des stations thermales du centre : Vichy, Royat, la Bourboule, le Mont-Dore, ou encore des localités importantes des départements de la Haute-Vienne et de la Creuse.

En tenant compte des tonnages des principales gares expéditrices et de la progression constante de la production des primeurs, on peut évaluer la production en cerises à 1,800 tonnes; en prunes, à 750 tonnes; en pêches, à 1,200 tonnes.

Les *pommes et poires à couteau* sont récoltées dans l'ensemble du département, mais surtout dans les cantons de Vigeois, Lubersac, Seilhac, Donzenac, Uzerche, Tulle, Argentat et Neuvic; elles sont expédiées de ces localités sur Paris, Clermont-Ferrand, Bordeaux, Montpellier, Cette, Béziers.

La production de la *noix* constitue la principale ressource de deux cantons de l'arrondissement de Brive : ceux de Meyssac et Beaulieu; le noyer vient et fructifie dans la plus grande partie du département. Les gares expéditrices de noix sont celles de Brive, Objat, Ayen-Juillac, Turenne, Quatre-Routes, Vayrac, Bretenoux, Tulle.

La production a été évaluée, en 1902, à 43,000 quintaux, dont environ 30,000 quintaux sont exportés, comme noix de dessert et noix à huile, sur Bordeaux, Paris et aussi en Angleterre, Belgique, Hollande, Allemagne, Russie et aux États-Unis.

L'arrondissement de Brive, dans sa partie septentrionale, ainsi que les environs de Tulle, produisent des *châtaignes* excellentes. La variété la plus estimée est la bourrue de Juillac. En 1902, année de médiocre production, la Corrèze a récolté environ 346,000 quintaux de châtaignes. L'exportation peut être évaluée à environ 40,000 quintaux de châtaignes ou marrons qui sont expédiés sur Bordeaux, Paris et les grandes villes du centre. Les principaux marchés sont ceux de Brive, Objat, Juillac et Tulle.

PRODUITS DIVERS.

Dans le sud-est de l'arrondissement de Brive, on trouve des truffières naturelles et artificielles; leur production est en voie de croissance. Actuellement, on l'évalue à environ 45 quintaux métriques valant, à 10 francs le kilogramme, 45,000 francs.

Les truffes se vendent à Brive et dans les marchés du Lot, à destination de Paris et des villes du centre, ou bien elles sont utilisées sur place par l'industrie des pâtés de foie gras truffés.

Le département de la Corrèze est surtout importateur de céréales. Cependant des cantons de Brive, Larche, Ayen, Juillac, il se fait des envois de froment vers la Dordogne.

L'exportation de foin est peu importante; environ 5,000 quintaux sont vendus en Haute-Vienne et surtout à Limoges. D'après les relevés des gares du réseau d'Orléans, l'exportation en paille de seigle serait de près de 80,000 quintaux; cette paille serait expédiée, en majeure partie, aux papeteries de la Haute-Vienne.

L'exportation en pommes de terre est très faible, 8,628 quintaux.

Le département est importateur de vins. Néanmoins, il existe un double courant commercial, du sud de l'arrondissement de Brive vers le Cantal, et du nord de la région viticole vers la Haute-Vienne.

Les oseraies occupent une certaine surface dans les communes de Varetz et Saint-Viance, près de Brive. La production s'accroîtra rapidement, car les jeunes plantations sont nombreuses. Elle est actuellement d'environ 5,000 quintaux, d'une valeur, à 10 francs les 100 kilogrammes, de 50,000 francs.

Parmi les produits des bois, taillis, futaies, il faut citer les traverses de chemin de fer dans les arrondissements de Brive et de Tulle, les étais de mine des arrondissements de Tulle et d'Ussel. On utilise pour les traverses : le chêne et le hêtre; pour les étais : le hêtre, le pin, le mélèze. Des arrondissements de Brive et de Tulle, et plus spécialement de Lubersac, Vigeois, Argentat, on expédie sur le Puy-de-Dôme des échalas pour les vignes.

De l'arrondissement d'Ussel, on fait des envois de bouleau pour la saboterie dans le Puy-de-Dôme et l'Allier. Il se fait des expéditions de bois d'œuvre vers la Dordogne et la Gironde.

Enfin il faut signaler la fabrication de l'extrait de châtaignier et la vente du bois écorcé aux usines de matières tannantes de Cornil (Corrèze), de Saint-Denis-des-Murs (Haute-Vienne), de la Dordogne, du Lot. On peut évaluer à 70,000 mètres cubes par an la consommation du bois de châtaignier.

CORSE.

L'agriculture en Corse est peu avancée. Les causes de cet état fâcheux sont multiples : le manque de capitaux, l'emploi d'instruments agricoles primitifs et de méthodes de culture routinières et défectueuses, le brûlis et les défrichements mal entendus des pentes rapides, le libre parcours des bestiaux, la rareté des voies de communication, le fret trop onéreux qui grève, outre mesure, l'écoulement des produits sur le continent, telles sont les causes principales qui entravent le progrès agricole en Corse.

Le sol de la Corse est très mouvementé : on y rencontre des montagnes, des collines, des régions forestières, des vallées et des plaines. Cette grande variété de sites permet les cultures les plus variées. Les terres arables se prêtent, suivant leur altitude et leur exposition, à la production des céréales, du vin, des raisins de table, des fruits, aux cultures de primeurs, etc.

Sur plusieurs points, le sol est infecté par des eaux croupissantes auxquelles on attribue avec raison l'insalubrité qui éloigne les populations de la zone du littoral. Le desséchement des marais, en assainissant les plaines, permettrait d'y établir des fermes et amènerait la disparition des fièvres paludéennes.

CÉRÉALES.

Le blé et l'orge ont été pendant des siècles la seule culture du paysan corse. Cette culture exclusive des céréales a appauvri le sol; aussi l'étendue des terres qui leur est consacrée y est-elle extrêmement restreinte.

Les terres emblavées sont rarement fumées; le rendement moyen est de 7 à 8 hectolitres par hectare. La production est inférieure aux besoins de la population.

CULTURE MARAÎCHÈRE.

Il y a dix ans, la culture des primeurs était à peu près inconnue dans l'île; aujourd'hui, ses produits suffisent non seulement aux besoins locaux, mais encore ils donnent lieu à un commerce d'exportation assez important.

Artichauts. — C'est à la suite de la destruction des vignobles par le phylloxéra que la culture des artichauts a pris une sérieuse extension dans l'arrondissement de Bastia. Elle occupe de grandes superficies sur des terres d'alluvions constituées par d'anciens marais desséchés. Les principaux centres sont : Bastia, Borgo, Lucciana, Biguglia et Vescovato. On calcule que, pendant la dernière campagne, on a cultivé en artichauts environ 200 hectares. La commune de Lucciana a plus de 140 hectares occupés par les artichauts, et il est généralement admis que le rendement moyen par hectare est de 600 francs.

Petits pois. — On observe un mouvement non moins remarquable dans l'extension que prennent les petits pois. Les petits pois primeurs sont cultivés de préférence sur les coteaux bien exposés au Midi. La surface cultivée en petits pois est de 50 hectares environ. Les statistiques des douanes démontrent que l'exportation des légumes primeurs a considérablement augmenté pendant les deux dernières années.

Les primeurs exportées du port de Bastia sont réparties comme suit :

	RÉCOLTE DES ANNÉES	
	1902.	1903.
	kilogr.	kilogr.
Métropole	730,829	1,706,589
Étranger	1,490	8,842

La majeure partie des exportations de ces primeurs est destinée à Nice et à Marseille.

VINS.

Le phylloxéra a exercé de grands ravages en Corse; il en est résulté une notable diminution de la production viticole. Les propriétaires de vignobles ont entrepris la reconstitution avec des espèces résistantes, greffées avec les anciens cépages. La fabrication des vins était, il n'y a pas longtemps, généralement négligée; de louables efforts ont été faits pour améliorer ce produit. Pendant les six premiers mois de 1904, la Corse a exporté, à destination de Marseille et surtout de Nice, 3,022 hectolitres de vin au prix moyen de 30 francs l'hectolitre. Les principaux centres d'exportation sont Bastia et Propriano. La Corse n'exporte pas seulement du vin, mais encore des raisins frais en quantité croissante. C'est à Nice qu'est envoyée la plus forte partie de ces raisins. L'exportation des raisins par le port de Bastia s'est élevée à 140,790 kilogrammes en 1902 et à 422,500 kilogrammes en 1903. Le prix a varié, durant la dernière campagne, de 14 à 20 francs les 100 kilogrammes. Les centres de production sont : Sartène, Vescovato, Cervione, dans l'arrondissement de Bastia; Aleria, Ghisonaccia, Tallone, Castello-di-Rostino, Pietra-di-Verde, dans l'arrondissement de Corte; Lumio, Calenzana, dans l'arrondissement de Calvi.

Ci-après, l'exportation par voie ferrée de raisins de la récolte de 1903 :

	kilogrammes.		kilogrammes.
Pontenovo	39,000	Aleria	390,500
Casamozza	1,300	Ghisonaccia	51,100
Corte	41,200	Pietralba	300
Arena	29,000	le-Rousse	7,700
Folelli	13,800	Lumio	16,500
Prunete	23,500		
Alistro	123,500	TOTAL	1,127,000
Tallone	389,600		

CULTURES FRUITIÈRES.

Le cédratier, l'olivier et le châtaignier occupent le premier rang.

Cédratier. — Le cédratier, plus ou moins répandu dans la partie la plus tempérée de la région de l'olivier, acquiert une grande importance dans la presqu'île rocheuse du cap Corse, où l'on a créé des plantations de cédratiers sur des terrains caillouteux et escarpés, en les subdivisant en terrasses dont la terre est retenue par des murs en pierres sèches.

La culture du cédratier occupe une superficie de 105 hectares, se répartissant comme suit :

Arrondissement	de Bastia	64 hectares.
	d'Ajaccio	24
	de Calvi	8
	de Corte	9

Il a été expédié de Bastia, en 1903, 2 millions de kilogrammes de cédrats, dont le prix de vente en saumure a varié de 34 à 46 francs les 100 kilogrammes. Les principaux centres de destination ont été Londres et Livourne. Les expéditions faites de Porto, Sagone et Ajaccio atteignent 3,200 quintaux. Le port d'Île-Rousse a expédié 845 quintaux de cédrats, dont 759 à destination de Londres, et 86 quintaux à destination de Livourne. L'exportation des cédrats confits a subi, dans ces dix dernières années, une décroissance très considérable. En 1893, il avait été exporté, pour les marchés étrangers, 723,000 kilogrammes de fruits confits; en 1903, l'exportation de ces fruits est tombée à 156,601 kilogrammes. Les cédrats confits sont presque exclusivement destinés à l'étranger. Sur 156,601 kilogrammes, la France en a pris 455 kilogrammes seulement.

Citronniers. Orangers. — Les citronniers et les orangers sont cultivés dans les parties les plus chaudes de la zone maritime. L'arrondissement de Calvi se signale par la culture du citronnier dans les communes de Calvi, Île-Rousse, Algajola, Aregno et Lumio. Les expéditions de citrons faites du port de Calvi ont été, en 1902, de 15,000 kilogrammes, et en 1903, de 14,200 kilogrammes. Dans le port d'Île-Rousse, le total des embarquements en 1903 s'est élevé à 104,920 kilogrammes contre 48,010 kilogrammes en 1902.

En raison de l'abondance du produit, les prix étaient assez faibles.

Olivier. — L'olivier occupe une place considérable dans l'agriculture du département. Cet arbre est spontané sur les coteaux qui jouissent d'une température élevée, et réussit même dans les sols pierreux et secs, qui seraient impropres à toute autre végétation.

Les régions oléicoles de la Corse, autrefois très prospères, subissent aujourd'hui une crise intense dont souffrent les propriétaires et la classe ouvrière.

On ne doit pas perdre de vue, en effet, que la récolte de l'olivier est des plus irrégulières et donne lieu assez fréquemment à de cruels mécomptes. On pourrait, en grande partie, remédier à cet inconvénient, en supprimant par des labours et des binages répétés les plantes vivaces qui disputent à l'olivier la nourriture et l'eau, et en appliquant des fumures appropriées. Les arbres de forme pyramidale ne sont pas soumis à la taille; cette opération est, cependant, d'une utilité absolue. D'un autre côté, la fabrication de l'huile avec de meilleurs procédés d'extraction permettrait d'étendre l'exportation d'huile d'olive.

La superficie totale des oliveraies du département est de 13,091 hectares.

Il a été exporté, pendant les six premiers mois de 1904, 945,500 kilogrammes d'huile d'olive.

Ce chiffre se décompose ainsi par port d'exportation :

	kilogrammes.		kilogrammes.
Île-Rousse	587,900	Propriano	98,700
Bastia	100,000	Bonifacio	64,100
Calvi	94,000	Cargèse	800

Les huiles d'olive sont expédiées surtout à Nice et à Marseille. On peut estimer à 4 millions de kilogrammes la quantité disponible pour l'exportation.

La culture de l'olivier se répartit de la façon suivante entre les divers arrondissements.

Les oliveraies de l'arrondissement de Bastia couvrent 5,424 hectares. Sept communes de cette région ont plus de 100 hectares plantés en oliviers; ce sont celles de Santo-Piétro-di-Tenda, San-Gavino-di-Tenda, Monte, Bastia, Saint-Florent, Brando, Prunelli-di-Casacconi, qui renferment respectivement 367 hectares, 195 hectares, 171 hectares, 169 hectares, 123 hectares, 113 hectares, 106 hectares.

Les oliveraies de l'arrondissement de Calvi atteignent une surface de 2,951 hectares. Huit communes de cet arrondissement ont plus de 100 hectares cultivés en oliviers; ce sont celles de Speloncato, Ville-di-Paraso, Santa-Reparata-di-Balagna, Aregno, Monticello, Montemaggiore, Feliceto, Lumio, qui renferment respectivement 287 hectares, 240 hectares, 233 hectares, 232 hectares, 225 hectares, 197 hectares, 176 hectares, 105 hectares.

L'arrondissement de Sartène a 2,199 hectares plantés en oliviers. Six communes de cet arrondissement ont plus de 100 hectares occupés par les oliviers; ce sont celles de Bonifacio, Olmeto, Porto-Vecchio, Sartène, Sollacaro, Olmiccia, qui renferment respectivement 502 hectares, 303 hectares, 202 hectares, 149 hectares, 128 hectares, 107 hectares.

Dans l'arrondissement d'Ajaccio, la superficie consacrée à l'olivier est de 1,512 hectares. Dans cet arrondissement, trois communes ont plus de 100 hectares cultivés en oliviers; ce sont celles de Pila-Canale, Ajaccio et Cargèse qui renferment respectivement 300 hectares, 139 hectares, 106 hectares.

L'arrondissement de Corte tient le cinquième rang avec 1,005 hectares.

Les communes qui accusent le plus fort rendement sont celles de Bonifacio, 390,000 kilogrammes; Santo-Pietro-di-Tenda, 350,000 kilogrammes; Olmeto, 300,000 kilogrammes; San-Gavino-di-Tenda, 150,000 kilogrammes; Speloncato, 130,000 kilogrammes; Ville-di-Paraso, 120,000 kilogrammes; Feliceto, 115,000 kilogrammes; Muro, 110,000 kilogrammes; Sollacaro, 100,000 kilogrammes; Santa-Reparata-di-Balagna, 90,000 kilogrammes; Occhiatana, 85,000 kilogrammes; Belgodere, 80,000 kilogrammes; Pila-Canale, 80,000 kilogrammes; Arbellara, 70,000 kilogrammes.

Le prix de l'huile a varié entre 60 et 70 francs les 100 kilogrammes.

Châtaignier. — Le châtaignier est cultivé sur les parties inférieures des massifs montagneux. On évalue l'étendue des châtaigneraies à 48,787 hectares.

L'exportation des châtaignes et de leurs farines s'est élevée, en 1903, à 4,334,528 kilogrammes.

Les 43,345 quintaux exportés se répartissent ainsi :

16,868 quintaux à destination de l'Italie et de l'Algérie.

26,607 quintaux à destination de Marseille et de Nice.

Depuis quelques années, on a eu l'heureuse idée d'expédier pour Marseille, Nice et Bône, plusieurs cargaisons de châtaignes fraîches qui y trouvent toujours un débouché avantageux. Il serait à désirer que ce commerce prît plus de développement et qu'on introduisît dans les châtaigneraies des variétés plus adaptées au goût des consommateurs du continent.

Corte est au premier rang des régions exportant des marrons et des châtaignes. En 1903, ses envois se sont élevés à 3,329 quintaux, au prix moyen de 8 francs les 100 kilogrammes.

Viennent ensuite, par ordre d'importance :

	quintaux.		quintaux.
Ucciani......................	2,989	Pietra-di-Verde..................	692
Tavera......................	1,677	Poggio-di-Venaco..............	477
Bocognano..................	1,598	Venaco.......................	370
Pero-Casveecchie.............	1,303	Vivario.......................	235
Canton de Moïta..............	1,098		

La fabrication de l'extrait de châtaignier suit une marche ascensionnelle et son exportation augmente dans une forte proportion. Trois usines établies à Folelli, à Barchetta et à Casamozza consomment annuellement plus de 150,000 stères de bois de châtaignier.

Amandier. — La culture de l'amandier a une grande importance dans l'arrondissement de Calvi, aux environs de Bastia et à Ajaccio. La principale région pour l'exportation des amandes est l'arrondissement de Calvi. Les principaux centres de production sont : Calvi, Montemaggiore, Cassano, Zilia, Calenzana, Aregno, Île-Rousse, Belgodere. L'exportation annuelle des ports d'Île-Rousse et de Calvi varie de 40,000 à 45,000 kilogrammes.

Arboriculture fruitière. — Indépendamment des cultures arbustives précédentes, les pommiers, les poiriers, les pêchers et les pruniers se sont beaucoup propagés et se propageraient davantage si les cultivateurs pouvaient se procurer tous les plants dont ils ont besoin.

Le canton de Petreto-Bicchisano occupe le premier rang en ce qui concerne la culture du prunier. Ce canton a produit, en 1903, de 12,000 à 14,000 kilogrammes de prunes reine-claude, très recherchées par le commerce.

CÔTE-D'OR.

La statistique agricole de la Côte-d'Or indique l'importance relative des diverses cultures de ce département; elle montre que les productions y sont extrêmement variées, comme les situations de sol et de climat. Entre la vallée de la Saône où certains sols légers, perméables et chauds, à 180 mètres d'altitude, permettent la culture du maïs et la grande culture potagère, et les régions granitiques couvertes de pâturages et de forêts du Morvan, dont les sommets sont à 700 mètres d'altitude, s'étendent de nombreuses zones de culture. Des terrains primitifs du Morvan aux sols d'alluvions récentes se succèdent tous les étages géologiques, parmi lesquels ceux du Jurassique couvrent une grande étendue et présentent une alternance de terres humides comme celles du Lias, de l'Auxois, et de terres sèches comme celles de la grande Oolithe, du plateau de Langres.

On distingue, dans le département de la Côte-d'Or, au moins sept régions agricoles distinctes :

I. Le Val de Saône, avec ses prairies, ses étangs, ses terres siliceuses peu perméables, et dont les productions se rattachent à celles de la Bresse : céréales, maïs, colza, élevage du bétail bovin.

II. La Plaine, avec ses terres très variées, généralement fraîches, boisées dans les parties argileuses (forêt de Cîteaux), permettant ailleurs les cultures les plus intensives de blé, d'avoine et d'orge, de pommes de terre pour la féculerie, de betteraves pour la distillerie et la sucrerie, de houblon, d'osier, et les spéculations les plus variées sur le bétail : élevage du cheval de trait léger et de gros trait, élevage des bovidés, production laitière, engraissement du mouton.

III. La Côte, qui a donné son nom de Côte-d'Or au département entier, forme une étroite bande plantée en vignes de cépages fins, dont les produits renommés constituent le plus beau fleuron du commerce et de l'agriculture de la Bourgogne. L'arrière-Côte forme une annexe du vignoble où les cultures fruitières, telles que cerisiers, pêchers, cassis, ont assez d'importance.

IV. La Montagne, qui se rattache au plateau de Langres, est caractérisée par des bois, des pâtures à moutons, des prairies artificielles, notamment le sainfoin, et des cultures variées de céréales.

V. L'Auxois, région géologique et géographique nettement délimitée par ses riches terres argileuses, où l'ancienne culture des céréales fait place à des prés d'embouche pour l'engraissement des bœufs blancs de race charolaise et pour l'élevage des chevaux de gros trait à robe noire.

VI. Le Morvan, avec ses montagnes granitiques boisées et ses frais vallons où les pâturages permettent l'élevage d'un nombreux bétail bovin de race charolaise.

VII. Le Châtillonnais, au nord du département, dans la partie moyenne de la haute vallée de la Seine, à 200 mètres d'altitude seulement, est une autre région à céréales, à terrains perméables et sains où la production de la laine et du mouton à viande, ainsi que l'élevage du bétail sont prospères.

Çà et là, on rencontre des zones intermédiaires où se sont localisées quelques cultures spéciales : houblon, osier, cassis, production légumière.

Ces zones culturales se pénètrent plus ou moins, s'entr'aident mutuellement et donnent lieu soit à des échanges locaux importants, soit à un commerce extérieur considérable avec les centres urbains ou manufacturiers : Paris, Lyon, les villes de l'Est. Il n'existe pas de centres industriels considérables dans le département, et les industries alimentaires de Dijon sont en rapports étroits avec l'agriculture locale.

La statistique agricole peut seule donner une idée suffisante de l'importance relative des diverses productions de l'agriculture de la Côte-d'Or : en voici les éléments principaux empruntés à la statistique de 1903 :

NATURE DES CULTURES.	SUPERFICIE.	PRODUCTION TOTALE.		PRODUCTION MOYENNE.	
	HECTARES.	Hectolitres.	Quintaux métriques.	Hectolitres.	Quintaux métriques.
a. *Céréales.*					
Blé....................	114,044	"	1,796,778	20,87	15,75
Seigle.................	9,027	"	92,034	14,08	10,19
Orge..................	12,409	"	161,808	20,44	13,04
Avoine................	85,050	"	859,773	21,64	10,11

NATURE DES CULTURES.	SUPERFICIE.	PRODUCTION TOTALE.		PRODUCTION MOYENNE.	
	HECTARES.	Hectolitres.	Quintaux métriques.	Hectolitres.	Quintaux métriques.
Trémois (orge et avoine en mélange)...	10,822	"	126,136	20,28	11,65
Maïs............................	2,180	"	35,043	21,05	16,07
Sarrasin........................	1,860	"	17,775	15,02	9,55
b. *Fourrages.*					
Prairies naturelles...............	60,316	"	1,599,503	"	26,51
Herbages.........................	23,674	"	479,905	"	20,27
Pâturages et pacages.............	33,027	"	216,545	"	6,55
Prairies artificielles. Trèfle.............	15,601	"	580,687	"	37,22
Luzerne.........	17,119	"	716,646	"	41,86
Sainfoin...........	14,912	"	315,761	"	21,17
c. *Autres cultures.*					
Féveroles........................	1,426	"	28,775	"	20,17
Pommes de terre..................	21,952	"	1,753,475	"	79,87
Betteraves à sucre.............	1,241	"	151,834	"	251,00
de distillerie.........	1,302	"	371,635	"	371,00
fourragères..........	13,306	"	3,575,796	"	268,00
Colza............................	625	"	6,688	"	10,75
Navette..........................	1,039	"	6,288	"	6,05
Tabac............................	86	"	2,097	"	24,27
Houblon..........................	928	"	9,072	"	9,76
Osier............................	496	"	35,219	"	71,00
Vignes...........................	23,525	650,877	"	27,66	"
Pommiers à cidre.................	"	1,429	"	"	"
Cassis...........................	"	"	4,771	"	"
Bois et forêts...................	255,000	"	"	"	"

CÉRÉALES.

Le département de la Côte-d'Or est *exportateur* de céréales, soit en nature (blé, seigle, avoine, orge), soit après transformation en farine (blé, féverole) et en malt (orge).

Blé. — La production moyenne du blé en Côte-d'Or, pendant les dix dernières années (1894-1903), a été de 2,066,708 hectolitres représentant 1,559,933 quintaux métriques de grain. Cette production dépasse les besoins de la consommation [1]; et une partie est exportée soit en nature, soit après mouture. Dans les années déficitaires,

[1] La population du département étant de 368,000 habitants, son alimentation absorbe environ. . . . . 850,000 q. m
Les ensemencements absorbent en moyenne. 250,000

TOTAL. . . . . 1,100,000 les importantes minoteries reçoivent du blé des départements voisins pour alimenter le travail de leurs meules.

De 1893 à 1898, l'exportation des blés a été en moyenne de 22,000 quintaux métriques en nature et de 347,000 quintaux métriques en farines qui, à 60 p. 100 d'extraction, correspondent à 578,000 quintaux métriques de grain. L'exportation de blé a été de 215,000 quintaux métriques en 1900-1901 et de 137,000 quintaux métriques en 1902-1903, et celle des farines, de 220,000 quintaux métriques en 1900-1901 et de 240,000 quintaux métriques en 1902-1903.

L'exportation moyenne annuelle en blé et farine est équivalente à 600,000 quintaux métriques de blé représentant une valeur de 12 millions de francs.

Les principaux marchés au blé de la région sont : Dijon, Beaune, Seurre, Saint-Jean-de-Losne, Châtillon. Celui de Dijon est le plus important. Une partie de la récolte du département est présentée sur le marché de Gray (Haute-Saône) et sur celui de Troyes (Aube).

La vente des grains se fait sur échantillons aux marchés hebdomadaires du samedi à Dijon, et à ceux de Beaune (lundi), de Gray (samedi), de Troyes (samedi); aux foires mensuelles de Seurre (le 21 de chaque mois), de Saint-Jean-de-Losne (le 11).

Les blés locaux sont des variétés hâtives, rustiques, à grain allongé, roux, et à écorce fine; elles sont estimées de la meunerie. Les premiers blés sont présentés sur les marchés, généralement du 10 au 15 août. Le battage s'effectue en grande partie dès le mois de septembre, et pendant l'hiver, de novembre à mars pour le reste.

Les moulins du département sont nombreux : 350 environ, mais la plupart des petits moulins situés sur les petits cours d'eau ne travaillent plus que les grains destinés au bétail, orge, avoine, seigle, maïs. Il existe 55 moulins industriels utilisant à la fois la force hydraulique et la vapeur. Ces moulins produisent en moyenne 850,000 quintaux métriques de farines, dont 250,000 quintaux métriques sont destinés à l'exportation. Les plus importants sont à Dijon (3), Plombières-les-Dijon (1), Mirebeau (1), Châtillon-sur-Seine (2), Montbard (3), Renève (minoterie de fèves). Quelques-uns écrasent en moyenne 50,000 quintaux métriques de blé par an.

Une importante usine de pâtes alimentaires et biscuits à Dijon utilise seulement des blés durs.

La boulangerie locale s'approvisionne exclusivement aux minoteries du département; l'excédent produit est dirigé soit sur Paris, soit sur Lyon et le Midi.

Seigle. — La culture du seigle se restreint dans le département et la plus grande partie du grain sert à l'alimentation du bétail. Il se fait un commerce important, mais tout local, de paille de seigle employée pour l'accolage des vignes sous le nom de *glui*. Les marchés de gluis ont lieu en juin dans les centres viticoles : Nolay, Meursault, Beaune, Nuits.

Avoine. — L'avoine est produite surtout en vue de l'alimentation des chevaux; elle est cultivée sur environ 80,000 hectares, et sa production moyenne, pendant les dix années 1894-1903, a été de 1,717,628 hectolitres (soit 797,104 quintaux métriques).

Cette production sert à nourrir 50,000 chevaux environ, et il y a un excédent qui est exporté lorsque les prix sont suffisamment avantageux. L'exportation se fait sur Lyon et sur Paris; elle atteint en moyenne 20,000 quintaux métriques; elle a été de 83,000 quintaux métriques en 1895.

7.

Lorsque la récolte est déficitaire, il se produit une importation des régions voisines de la Haute-Saône et de Saône-et-Loire, ou d'avoine algérienne. C'est ainsi qu'en 1894 on a importé 50,000 quintaux métriques; en 1903, 15,000 quintaux métriques.

Orge. — La statistique agricole classe sous la rubrique « orge » les cultures d'orge d'hiver, d'orge de printemps et du mélange d'orge et d'avoine de printemps désigné dans la région sous le nom de *trémois*.

La production d'orge et celle de trémois peut se diviser en trois parties :

1° L'orge d'hiver ou escourgeon qui n'est produit qu'en petite quantité pour fournir, dès la fin de juin, du grain pour la nourriture des bestiaux. Elle fournit en moyenne 10,000 quintaux métriques de grain sur 1,000 hectares;

2° L'orge de printemps à deux rangs, semée pure et dont les produits de choix sont livrés à la brasserie. Elle a été cultivée, en 1903, sur 12,500 hectares qui ont donné 161,000 quintaux.

Il existe, en Côte-d'Or, 14 brasseries et 4 malteries qui utilisent la majeure partie de l'orge produite en Côte-d'Or, qui est d'ailleurs assez réputée, sous le nom d'*orge de Bourgogne.*

Les malteurs de Dijon expédient des malts hors du département; en outre, il est exporté de l'orge en grain sur la région de l'Est; 24,000 quintaux sont ainsi sortis du département en 1901.

Les centres de production d'orge de brasserie sont les environs de Dijon, les cantons de Genlis et de Mirebeau, dont les terres franches, souvent silico-calcaires, permettent l'obtention d'orge de qualité. La production de l'orge de brasserie dans ces trois centres se fait sur environ 3,500 hectares, dont le rendement peut atteindre 60,000 quintaux.

3° L'orge et l'avoine mélangées (trémois), dont le produit est réservé à l'alimentation du bétail; cette culture est pratiquée sur 11,000 hectares environ.

Sarrasin. — Production peu importante ne donnant lieu à aucun commerce; le grain est exclusivement consacré à la basse-cour et au bétail.

Maïs. — La culture du maïs occupe environ 2,000 hectares répartis dans les cantons de Seurre, Saint-Jean-de-Losne, Auxonne, Pontailler et Genlis, c'est-à-dire dans la partie la plus chaude de la vallée de la Saône.

La farine de maïs sert dans ces cantons pour l'alimentation humaine et pour la nourriture du bétail, mais elle ne fait pas l'objet d'un grand commerce. Les « gaudes » dites d'Echenon ont une réputation qui s'étend un peu en dehors du département.

CULTURES DIVERSES.

Féverole. — La féverole est cultivée sous le nom impropre de *fève*, dans les meilleures terres argileuses de l'Auxois et de la plaine de la Saône sur 1,500 hectares donnant en moyenne 25,000 quintaux métriques de graines travaillées par la minoterie spéciale en vue de la production de la *farine de fève*. Un établissement important à Renève est spécialement affecté à cette mouture et absorbe presque tous les produits de la région.

La farine de fève est l'objet d'une cote commerciale hebdomadaire à la Bourse de commerce de Dijon.

Pommes de terre et légumes. — La plus grande partie des cultures de pommes de terre sont faites dans le département pour l'alimentation locale, mais il y a généralement un excédent de production qui trouve un débouché facile dans les grandes villes voisines : Lyon et Paris. Il est exporté ainsi une quantité de tubercules très variable avec les récoltes : 215,000 quintaux métriques en 1900 ; 83,000 quintaux métriques en 1902. D'autre part, les féculeries de Pagny-le-Château (Côte-d'Or), de Gray (Haute-Saône) et de Chalon-sur-Saône (Saône-et-Loire) reçoivent environ 20,000 quintaux métriques de pommes de terre du département, soit la production de 250 hectares.

Betteraves à sucre et de distillerie. — 2,500 hectares d'excellentes terres dans les cantons de Genlis et de Saint-Jean-de-Losne sont consacrés à la betterave industrielle et produisent 50,000 à 70,000 tonnes de racines qui sont traitées dans neuf distilleries et une sucrerie (Aiserey). Une partie des racines est dirigée sur la sucrerie de Chalon-sur-Saône.

Graines oléagineuses. — Quelques cantons de la riche vallée de la Saône cultivent encore le colza sur 600 à 700 hectares. La production de 6,000 à 7,000 quintaux métriques obtenue est absorbée par des huileries locales de Saint-Jean-de-Losne, Seurre et Dijon. La culture de la navette (1,000 hectares) est plutôt négligée et les produits sont utilisés sur place pour l'alimentation.

L'industrie de la fabrication de la moutarde, à Dijon, tire ses matières premières de l'étranger (Hollande, Alsace, Indes néerlandaises).

Tabac. — Culture encore récente, qui tend à se développer dans le département. En 1903, elle a été pratiquée sur 86 hectares ayant fourni 2,100 quintaux métriques de feuilles sèches.

Houblon. — De tous les départements de la région de l'Est, c'est celui de la Côte-d'Or qui est le plus riche en houblonnières. 1,000 hectares environ sont affectés à cette culture dans les cantons de Recey-sur-Ource, Grancey-le-Château, Selongey, Is-sur-Tille, Mirebeau, Fontaine-Française, Dijon-Est, Pontailler-sur-Saône et Seurre. En 1903, la production a atteint 9,000 quintaux métriques, soit 18,000 balles de 50 kilogrammes; elle a varié de 16,500 quintaux métriques en 1899 à 5,250 en 1902.

La brasserie locale comprend environ 14 établissements qui fabriquent environ 60,000 hectolitres de bière, pour lesquels elle emploie 180 à 200 quintaux métriques de houblon (soit 1/50ᵉ de la production). Tout le reste est exporté dans toute la France et même, pour partie, sur le marché anglais de Londres.

Les houblons de Bourgogne, qui représentent le tiers de la production française, sont des houblons de choix, au moins ceux du rayon d'Is-sur-Tille et de Selongey.

Osiers. — Culture importante dans les cantons de Genlis, Auxonne, Mirebeau et Fontaine-Française. La production des osiers bruts est de 35,000 à 40,000 quintaux métriques pour 500 hectares. Les produits sont expédiés : les osiers blanchis sur Paris et la Suisse, les osiers bruts dans le Midi (Bouches-du-Rhône et Vaucluse). Ils trouvent aussi un débouché important pour la tonnellerie locale. Aiserey est le centre du commerce des osiers en Côte-d'Or.

Fourrages. — La vaste prairie de la Saône (9,000 hectares) fournit une quantité importante de foin dirigée sur Lyon et le Midi, par bateau et par chemin de fer.

Les autres produits des prairies sont utilisés sur place pour l'alimentation du bétail et des chevaux de troupe d'Auxonne, Beaune et Dijon. Les herbages d'embouche de l'Auxois servent à l'engraissement du bétail. Une partie de la production du foin de l'Auxois est dirigée sur Paris par le canal de Bourgogne et par chemin de fer.

Bois. — La production forestière de la Côte-d'Or est très importante; elle fournit des bois d'œuvre, notamment de chêne, en quantité considérable, expédiés par eau et par chemin de fer sur Paris, Lyon et le Midi. Les bois de chauffage sont consommés sur place. Le vignoble utilise une grande quantité d'échalas.

La tonnellerie locale utilise une quantité importante de merrains, provenant des forêts de Cîteaux et de Châtillon-sur-Seine.

VINS.

Le département de la Côte-d'Or possède les vignobles réputés de la Bourgogne; ce n'est pourtant pas un département essentiellement viticole par rapport à son étendue. La production moyenne en vin, pendant la période 1894-1903, a été de 751,724 hectolitres.

La consommation locale étant de 750,000 hectolitres environ [1], la production du vignoble ne suffit pas à l'alimenter, parce que les produits de choix sont réservés pour l'exportation dans toute la France et à l'étranger. La production de ces vins de choix est de 120,000 hectolitres environ, dont 80,000 hectolitres de grands vins.

L'étranger achète en Bourgogne environ 55,000 hectolitres de vins (maximum: 92,000 hectolitres en 1898, minimum: 40,000 en 1901). C'est dans toutes les directions que les grands vins de la Côte-d'Or sont exportés, notamment dans le Nord et l'est de la France, en Belgique, en Angleterre, en Suisse, aux États-Unis, en Allemagne.

Les principaux centres d'exportation à l'étranger et hors du département sont: Beaune, Nuits, Meursault, Gevrey-Chambertin et Dijon.

En 1898, année d'exportation importante, il a été expédié à l'étranger, par ces centres, les quantités suivantes:

	hectolitres.		hectolitres.
Beaune	60,155	Meursault	7,400
Nuits	21,200	Dijon	3,030

Les vins expédiés à l'étranger peuvent être estimés à 150 francs l'hectolitre en moyenne; ils représentent une valeur de plus de 8 millions de francs.

Les envois de vins fins de Bourgogne dans les départements français doivent représenter environ 70,000 hectolitres valant 10 millions de francs.

PRODUCTION FRUITIÈRE.

La production fruitière donne lieu à un commerce étendu sur Paris et l'Angleterre. Les fruits exportés sont notamment les cerises, les cassis et les framboises produits aux environs de Dijon.

A l'heure actuelle, c'est le *cassis* qui est l'objet du plus important commerce. Les

[1] Consommation en franchise, 200,000 hectolitres; consommation taxée, 550,000 hectolitres.

principaux centres de production sont : Ahuy, Ancey, Arcenant, Athée, Beaulme-la-Roche, Bévy, Chaux, Chenove, Dijon, Gevrey, Magny-les-Villers, Mâlain, Nuits, Talant, Ternant, Villers-la-Faye.

Les fruits sont vendus tantôt aux liquoristes dijonnais, tantôt aux représentants de maisons anglaises.

Le *cerisier* fera l'objet d'une culture rémunératrice lorsque les intéressés auront abandonné les variétés locales pour adopter celles dont les fruits se prêtent à l'exportation. Ahuy, Dijon, Lamarche, Plombières, Selongey, Talant, sont les principales localités où le cerisier est cultivé.

Les produits des plantations de *pêcher* (dans tout le vignoble) et d'*abricotier* (Chenove-lès-Dijon et Marsannay-la-Côte) sont absorbés par la consommation locale.

Les *framboisiers* répandus à Fontaines, Hauteville, Messigny, Norges, Plombières, Talant, permettent d'alimenter en framboises le marché de Dijon, tandis qu'une certaine quantité est expédiée sur l'Angleterre. Cette culture aurait avantage à être développée dans les centres déjà producteurs.

Le *noyer.* — Abondant autrefois, tend à disparaître chaque année ; quelques communes possèdent cependant encore de beaux spécimens : Agey, Barges, Bouilland, Brain, Concœur, Frolois, Dampierre, Gemeaux, Lantenay, Marey, Mâlain, Marsannay-le-Bois, Savigny-lès-Beaune, Talant. Sur les routes départementales, le service des ponts et chaussées fait établir de nouvelles plantations de noyers à l'exclusion d'autres arbres fruitiers.

Le *prunier.* — Se plaît admirablement en Côte-d'Or. Dijon, Selongey, Mâlain, Plombières, Fleurey, sont les centres qui réunissent le plus de pruniers, sans que cette culture fasse l'objet d'un commerce important. Dans ces cinq localités, on trouve du kirsch et de l'eau-de-vie de prune.

Les arbres à pépins, *pommiers* et *poiriers*, sont plantés le plus souvent çà et là dans les champs et les vignes, où ils se développent librement. Les poires catillac et curé, les pommes glacière, Cuzy, Fréquin, se rencontrent le plus souvent dans les régions de Dijon, Beaune, les Laumes, Lamarche-sur-Saône, Glanon, etc.

D'après la statistique de 1904, la production fruitière se décompose comme suit :

	quintaux.		quintaux.
Cassis	16,100	Pommes et poires à couteau	207
Cerises	3,200	Abricots	250
Pêches	1,400	Prunes	865
Noix	985		

HORTICULTURE ET CULTURE POTAGÈRE.

La culture potagère est développée à Dijon, Beaune, Semur, Ruffey et Auxonne.

La pomme de terre de primeur se fait dans le rayon d'Auxonne ; elle est dirigée sur Dijon et aussi sur Besançon et la Suisse, avec d'autres légumes de grande culture, notamment des petits pois, des haricots verts, des asperges, des oignons. La gare d'Auxonne a expédié dans toutes les directions, en 1903, 12,547,472 kilogrammes de légumes frais.

Une fabrique de conserves de légumes verts fonctionne activement à Genlis.

L'horticulture est dignement représentée par de bons établissements d'arboriculture et de floriculture, situés dans les plus grands centres.

CÔTES-DU-NORD.

Le département des Côtes-du-Nord a une superficie de 682,603 hectares.

Saint-Brieuc seul a un marché bi-hebdomadaire, qui se tient le mercredi et le samedi. Les autres chefs-lieux n'ont qu'un seul marché par semaine. Il a lieu le jeudi à Dinan et à Lannion, et le samedi à Guingamp et à Loudéac. Mais c'est sans contredit Guingamp qui est le centre commercial agricole le plus important de tout le département ; ici, tous les marchés sont de vraies foires, très bien approvisionnées en bêtes bovines et porcines, en céréales, en pommes de terre, en volailles, en œufs et en beurre.

Les autres villes les plus importantes au point de vue du commerce des produits agricoles sont : Lamballe, Châtelaudren, Quintin et Paimpol, dans l'arrondissement de Saint-Brieuc ; Plancoët, Broons et Jugon, dans l'arrondissement de Dinan ; Pontrieux, Callac et Rostrenen, dans l'arrondissement de Guingamp ; Tréguier et Plouaret, dans l'arrondissement de Lannion, et Uzel, dans l'arrondissement de Loudéac.

MOYENS DE TRANSPORT.

Chemins de fer. — Le département est desservi par un réseau de voies ferrées de plus de 450 kilomètres de longueur, qui comprend 10 lignes ou tronçons de lignes, exploitées par la Compagnie de l'Ouest et celle des Chemins de fer économiques.

Ces lignes sont : la grande ligne de Brest à Paris, qui traverse le département dans sa partie nord, sur une longueur de 125 kilomètres ; la ligne de Plouaret à Lannion ; celles de Guingamp à Rosporden et de Guingamp à Paimpol, avec embranchement à Plouëc pour Tréguier ; celles de Saint-Brieuc au Légué (port de commerce) et de Saint-Brieuc à Pontivy, avec embranchement à Loudéac pour Carhaix en passant par Mûr, Gouarec et Rostrenem ; celle de Lamballe à Lison, avec bifurcations à Dinan, allant l'une sur Dinard et l'autre sur la Brohinière.

Trois de ces lignes desservent la partie sud du département ; six le mettent en communication avec le littoral de la Manche, qui est à la fois un centre de consommation très important pendant la saison balnéaire, et une précieuse source de matières fertilisantes (tangue, maerl, trez et goémon) pour l'agriculture locale. D'autre part, ces mêmes lignes le mettent en relations directes avec l'Angleterre, par les ports de Saint-Malo, le Légué, Paimpol et Tréguier. Enfin la grande ligne de Brest à Paris le met en communication facile et rapide avec les marchés de la capitale.

Un second réseau de voies ferrées qui aura un développement de plus de 450 kilomètres et qui sera exploité par la Compagnie des chemins de fer des Côtes-du-Nord, est actuellement en construction ou à l'état de projet, et viendra dans quelques années compléter de la façon la plus heureuse le premier réseau, et faciliter les transactions commerciales qui vont sans cesse en se développant, à mesure que l'agriculture progresse.

La première partie de ce second réseau, qui n'a pas moins de 200 kilomètres, sera livré à l'exploitation dans le courant de 1905.

Mer, rivières, canaux et ports. — Le département est baigné au nord par la Manche, sur une longueur de 240 kilomètres environ. Ce voisinage de la mer est et a été de tout temps une précieuse source de richesse pour l'agriculture locale, tant comme mine iné- puisable de matières fertilisantes que comme voie d'écoulement des produits du sol.

Un commerce très important existe en effet depuis un temps immémorial entre les principaux ports du département et les principales villes du littoral de l'océan Atlantique et celles des côtes de la Manche. Bayonne et Bordeaux, notamment, sont d'excellents débouchés pour nos grains, — blé, avoine et orge, — qui leur sont expédiés par les ports de Lannion, Pontrieux et le Légué.

Ces mêmes produits s'exportent encore en grandes quantités, par les mêmes ports, sur Dunkerque, Boulogne, Rouen, le Havre, Fécamp, et sur tous les autres petits ports des côtes de la Manche et ceux des îles normandes. Mais c'est certainement l'Angleterre qui est la meilleure cliente de la Bretagne et du département des Côtes-du-Nord en particulier, pour les denrées agricoles, horticoles et maraîchères. Des quantités considé- rables y sont exportées annuellement par nos principaux ports. Le département traite aussi tous les ans un chiffre d'affaires très important, par les ports de Saint-Malo et du Légué, avec l'Allemagne et la Hollande. L'Allemagne nous prend surtout beaucoup de sarrasin, et la Hollande, du sarrasin, du miel et de la cire. Depuis quelques années, un courant commercial très important tend également à s'établir, par mer, entre les Côtes-du-Nord, le Brésil et le Portugal. Le premier de ces pays importe de grandes quantités de pommes de terre et un peu d'oignons par le port du Légué, et le second des pommes de terre seulement par les ports du Légué, du Dahouet et du Guildo.

Le département possède aussi plusieurs rivières, dans lesquelles la mer remonte assez loin pour les rendre navigables, à marée haute, sur un certain parcours, et qui rendent, de ce chef, d'immenses services à l'agriculture du pays. Ces rivières sont, en allant de l'Ouest à l'Est :

1° Le Guer, navigable sur un parcours de 8 kilomètres, jusqu'au port de Lannion ;

2° Le Jaudy, navigable sur un parcours de 15 kilomètres, jusqu'au port de la Roche- Derrien, en passant par celui de Tréguier ;

3° Le Trieux, navigable sur un parcours de 20 kilomètres, jusqu'au port de Pon- trieux, en passant par celui de Lézardrieux ;

4° Le Gouet, navigable sur un parcours de 3 kilomètres, jusqu'au port du Légué en Saint-Brieuc ;

5° L'Arguenon, navigable sur un parcours de 17 kilomètres, depuis le port du Guildo jusqu'à celui de Plancoet ;

6° La Rance, navigable sur un parcours de 35 kilomètres, jusqu'à Évran, en pas- sant par les ports de Dinan, Mordreuc et Saint-Hubert. Cette dernière voie fluviale, constituée par la Rance et le canal d'Ille-et-Rance, met toute la partie Est du départe- ment en communication avec Saint-Malo, la Manche et l'Angleterre, et possède, de ce fait, une très grande importance pour l'écoulement des produits de toute cette contrée.

Quant aux canaux, le département n'en possède que deux portions : 1° le canal d'Ille-et- Rance dessert l'arrondissement de Dinan sur une longueur de 21 kilomètres, et permet à cette région d'écouler une partie de ses produits sur Rennes ; 2° le canal de Nantes à Brest traverse la partie sud du département, — les cantons de Mûr, Gouarec, Rostre- nen et Mael-Carhaix, — sur une longueur de 57 kilomètres, et permet à cette contrée d'exporter de grandes quantités de céréales, notamment de l'avoine, du seigle, du sarrasin, voire même des pommes à cidre et des pommes de terre, sur Nantes et Brest.

Les principaux ports de commerce du littoral des Côtes-du-Nord sont, en allant de l'Ouest à l'Est : Lannion, Perros-Guirec, Tréguier, Lézardrieux, Pontrieux, Paimpol, le Légué, Dahouët, le Guildo et Port-Nieux.

Lannion et Pontrieux exportent de grandes quantités de froment, d'avoine et d'orge, sur les ports des côtes de l'océan Atlantique et sur ceux de la Manche. Perros-Guirec, Tréguier, Lézardrieux, Paimpol et Port-Nieux font un très grand commerce de pommes de terre, de primeurs, en mai et juin, avec l'Angleterre. Le Légué fait un chiffre d'affaires considérable en denrées agricoles et légumes de toutes sortes avec les marchés anglais. Il exporte en outre des quantités importantes de pommes de terre en Espagne, au Portugal et au Brésil ; cette dernière puissance reçoit aussi des oignons du même port. Le Guildo, et surtout Dahouët, écoulent également de grandes quantités de pommes de terre au Portugal.

Routes nationales et chemins vicinaux. — Sept routes nationales traversent le département et atteignent un développement de 486 kilomètres. Ce réseau est complété par un grand nombre de chemins vicinaux qui ne présentent pas moins de 7,584 kilomètres de longueur. Parmi ces derniers, ceux dits *de grande communication* sont en général bien entretenus et rendent les mêmes services que les grandes routes nationales ; mais, malheureusement, les chemins vicinaux ordinaires laissent encore trop souvent à désirer comme entretien. Cependant, depuis quelques années, ils sont l'objet de l'attention et des soins des autorités communales et départementales. Leur nombre augmente et leur entretien est meilleur. Ces routes et ces chemins créés partout, qu'on multiplie de plus en plus, rendent les plus signalés services à l'agriculture du département.

PRINCIPALES PRODUCTIONS.

Au point de vue agronomique, le département des Côtes-du-Nord, qui est très accidenté et qui fournit des produits des plus variés, suivant l'altitude, la nature et la fertilité du sol, l'éloignement de la mer ou des voies ferrées, présente trois zones bien distinctes, dites *zone nord, zone du centre* et *zone sud*.

La zone nord comprend toute cette région limitée au nord par la mer et au sud par la ligne ferrée qui relie Plounérin, Guingamp, Saint-Brieuc et Dinan. C'est de beaucoup la plus riche et la plus productive, et ce, grâce au grand usage qu'on y fait des engrais marins, — calcaires et goémons, — depuis des temps séculaires.

Ses principales cultures sont : le froment, l'orge, la pomme de terre, le trèfle, la vesce, la betterave, le lin et le pommier à cidre. C'est aussi dans cette partie du département, sur le littoral, que l'on cultive les pommes de terre de primeurs, qui constituent une précieuse source de revenus pour l'agriculture locale, et que l'on se livre à la culture maraîchère. Les environs de Saint-Brieuc, notamment, sont renommés à juste titre pour leurs excellents produits : choux-pommes, choux de Bruxelles, choux-fleurs, oignons, carottes, petits pois, haricots, fraises, asperges, etc., et les pays de Tréguier et de Paimpol pour leurs choux-fleurs et leurs artichauts. C'est encore cette zone fertile, appelée aussi *ceinture dorée,* qui produit les races animales les plus fortes et les plus musclées. Les pays de Lannion, Tréguier, Guingamp, Lamballe, la Bouillie et Saint-Alban sont justement réputés pour la production du cheval de trait, très recherché par les éleveurs du Léon et du Perche. De même, c'est dans le

Lannionnais, le Trécarrois et dans les cantons de Guingamp et de Bégard que l'on élève l'excellente race bovine dite « race froment », une des meilleures laitières et beurrières connues, qui est l'objet d'un commerce d'exportation très intense dans les départements du Centre, de l'Est, dans le bassin de la Garonne et jusqu'en Espagne.

La zone du centre est limitée au sud par une ligne sensiblement parallèle à la voie ferrée de Brest à Paris et passant par Bourbriac, Ploëuc, Moncontour, le Gouray et Trémorel. Dans cette partie, le sol est beaucoup moins fertile que dans la zone précédente. Cependant la différence, très tranchée jadis, tend désormais à disparaître de plus en plus, grâce à l'emploi des engrais complémentaires et des amendements calcaires, qui ont permis aux exploitants de donner une plus grande extension aux cultures fourragères, légumineuses et autres, et, partant, à l'élevage du bétail.

Ses principales cultures sont : le froment, l'avoine, le sarrasin, le trèfle, la vesce, les prairies naturelles, la betterave, le chou, le rutabaga et l'ajonc. C'est dans cette zone, à Ploëuc, Quintin et Plaintel, que l'on se livre surtout à la production des veaux gras, très recherchés par les bouchers de la région. En général, c'est l'élevage du bétail, la fabrication du beurre et du cidre qui sont, avec les céréales, la base principale de la richesse de cette contrée.

La zone sud comprend toute la partie située entre la zone du centre et les limites du département du Morbihan. C'est certainement la région la plus pauvre des Côtes-du-Nord et aussi la plus mal desservie sous le rapport des voies de communication. Il faut reconnaître qu'elle a accompli cependant de très grands progrès depuis quelques années, tant au point de vue cultural que sous le rapport de l'élevage et de l'emploi des instruments perfectionnés. C'est incontestablement dans les cantons d'Uzel et de Loudéac que l'on rencontre aujourd'hui les fermes les mieux outillées du département : charrues brabant-double, scarificateurs, herses en zigzag, herses canadiennes, trieurs, semoirs, houes à cheval, butteurs, etc., rien n'y manque.

Ses principales cultures sont : le seigle, le sarrasin, l'avoine, le chou, le rutabaga, l'ajonc et les prairies naturelles; le trèfle tend aussi à y prendre une grande extension. Certains cantons de cette zone se distinguent surtout dans l'élevage du cheval léger, demi-sang, et même souvent très près du sang. Loudéac, Uzel, Rostrenen, Saint-Nicolas, et principalement Corlay, en produisent qui sont de toute beauté; d'autres contrées, au contraire, comme les cantons de Mael-Carhaix et de Callac et une partie de ceux de Rostrenen et de Saint-Nicolas, ont la spécialité de l'engraissement des bovidés (durham-lireton) qui vont approvisionner les boucheries de la région et celles de la capitale. Cette partie du département exporte, chaque année, plus de 4,000 bœufs ou taureaux gras du poids moyen de 700 kilogrammes. Autrefois, on en exportait aussi beaucoup sur Jersey et l'Angleterre par les ports de Binic et du Portrieux; mais aujourd'hui ce débouché n'existe plus.

Les produits agricoles, horticoles et maraîchers qui sont l'objet de transactions commerciales sont : les céréales, les fourrages et les pailles, les pommes de terre, le lin, le chanvre, les graines de trèfle, de vesce et d'ajonc, les légumes verts et secs, les plants d'arbres, les fruits, le beurre et les œufs, le miel et la cire.

CÉRÉALES.

Nous avons vu précédemment que le département des Côtes-du-Nord produit comme céréales : du blé, du seigle, du méteil, de l'orge, de l'avoine et du sarrasin.

Blé. — Le blé est cultivé dans tout le département, mais c'est dans les deux premières zones, et principalement dans la zone nord, qu'on en récolte le plus.

Les principaux centres de production sont : tout l'arrondissement de Lannion et les cantons de la zone nord de celui de Guingamp, de Saint-Brieuc et de Dinan.

En 1903, cette culture occupait dans les Côtes-du-Nord une superficie de 99,316 hectares. Elle a donné un rendement en grains de 1,444,493 quintaux, sur lesquels 340,000 quintaux environ ont été livrés au commerce. La différence représente la consommation de la population rurale et de la semence. Une partie du disponible est utilisée par la minoterie locale, et le reste est exporté par chemins de fer sur Paris, Rennes et le Mans, et par mer sur les principaux ports de la côte de l'océan Atlantique et de celle de la Manche. L'arrondissement de Dinan en écoule beaucoup sur Saint-Malo et Rennes.

Les centres de vente les plus importants sont : Lannion, Pontrieux, Guingamp, Châtelaudren, Saint-Brieuc, Lamballe, Dinan. Loudéac, Uzel, Gouarec et Rostrenen en font aussi un peu, mais plus spécialement du blé de printemps.

Seigle. — Le seigle est la céréale dominante de la zone sud. Les principaux centres de production sont : Callac, Mael-Carhaix, Saint-Nicolas, Rostrenen, Gouarec, Plouguenast, Merdrignac et la Chèze. En 1904, il couvrait une superficie de 20,811 hectares dans le département et a donné un rendement total de 299,622 quintaux. La majeure partie de cette production est consommée sur place pour la nourriture du personnel et des animaux de la ferme. L'excédent est livré au commerce, principalement sur les marchés de Callac, Carhaix, Rostrenen, Gouarec, Loudéac, Uzel et Moncontour, pour être expédié ensuite sur la Belgique, les Landes, Lyon, Nantes, ou vers les distilleries des environs de Paris.

Le méteil, qui occupe une superficie d'environ 4,753 hectares, ne donne lieu à aucun commerce. Il est entièrement consommé sur les lieux de production.

Orge. — La culture de l'orge n'occupe pas non plus une très grande place dans le département, et les quantités disponibles ne sont pas très élevées. 16,500 hectares environ sont consacrés à cette culture, qui donne une production totale de 248,000 quintaux d'une orge dont la qualité laisse parfois à désirer. Aussi n'est-elle guère recherchée par la brasserie. Les producteurs en font consommer une grande partie par les animaux et le reste est écoulé sur les marchés locaux. On en trouve surtout sur les marchés de Lannion, Pontrieux, Guingamp, Callac, Châtelaudren, Saint-Brieuc, Plancoet et Matignon. Les acquéreurs l'exportent principalement pour la mouture dans la Beauce, la Seine-Inférieure et la Sarthe. L'arrondissement de Dinan en écoule quelque peu sur Saint-Malo et Rennes.

Avoine. — En revanche, la culture de l'avoine est très importante dans les Côtes-du-Nord, et cette céréale donne lieu à un commerce d'exportation assez considérable.

La superficie ensemencée est d'environ de 77,000 hectares, et la production moyenne annuelle dépasse un million de quintaux (1,088,932), sur lesquels 700,000 quintaux sont utilisés par la culture pour l'alimentation du personnel ou des animaux et pour les semences. La différence, soit 426,000 quintaux, est livrée au commerce.

Les principaux centres de production sont : Broons, Plouaret, Callac, Mael-Carhaix, Belle-Isle, Merdrignac, Lanvollon, Plouguenast, la Chèze, Loudéac, Rostrenen, Saint-Nicolas, Bégard, Guingamp, Quintin et Pontrieux.

Les marchés les plus importants pour cette denrée sont : Guingamp, Pontrieux, Callac, Rostrenen, Loudéac, Châtelaudren, Quintin, Saint-Brieuc, Broons, Caulnes, Lannion, Matignon et Dinan.

Les variétés les plus cultivées sont : la noire d'hiver de Belgique, la prolifique de Californie, la noire de Hongrie, la ligowo, la grise d'hiver de Bretagne ; mais la plus estimée par le commerce est celle dite *avoine noire d'hiver de Bretagne*, qui est très cultivée dans le rayon de Guingamp.

Les lieux d'exportation varient d'une année à l'autre, suivant les besoins de la consommation. Tantôt c'est Paris qui absorbe la plus grande partie du disponible ; tantôt, comme en 1904, par exemple, c'est sur le Midi que se font les expéditions. Bayonne, en particulier, a été en 1904 un centre de vente très important. Lyon, Tarbes, Bordeaux, Cherbourg, Nantes, Nancy et Rennes sont encore des points où s'écoule une partie de la production du département. On en exporte aussi dans les îles normandes et à Londres.

Sarrasin. — Quant au sarrasin, il occupe dans le département une étendue de plus de 60,000 hectares et donne en moyenne une production annuelle de près de 80,000 quintaux de grains, dont 300,000 à 350,000 sont livrés au commerce.

On en cultive dans tout le département, mais les centres de production les plus importants, à part les pays de Broons, Jugon et de Moncontour, de la zone du centre, sont les cantons de la zone sud et principalement ceux de Callac, Mael-Carhaix, Rostrenen, Gouarec, La Chèze, Loudéac, Merdrignac et Plouguenast.

Cette denrée est utilisée en grande partie sur place pour l'alimentation du personnel et des animaux de la ferme. C'est le sarrasin qui forme, avec le seigle et la pomme de terre, la base de l'alimentation rurale de cette partie du département. Le stock disponible est écoulé sur les marchés locaux, dont les plus importants sont : Jugon, Broons, Moncontour, Quintin, Loudéac, Uzel, Rostrenen, Gouarec, Callac et Châtelaudren.

Les principaux débouchés sont : Lyon, Dijon et toute la région du Midi. Le commerce local en exporte aussi de grandes quantités par les ports du Légué et de Saint-Malo, en Angleterre, en Belgique et en Hollande, où l'industrie en extrait, paraît-il, un alcool bien supérieur à celui de la betterave.

FOURRAGES ET PAILLES.

Les fourrages et les pailles donnent lieu à un commerce local entre les producteurs et les négociants fournisseurs des villes et de l'Administration des fourrages militaires ; mais le commerce de ces denrées ne s'étend guère en dehors du département, à part quelques expéditions peu importantes sur le Finistère, Rennes, Saint-Malo, Le Mans, Versailles et Paris. Autrefois, les îles normandes constituaient des débouchés avantageux pour le pays ; malheureusement, aujourd'hui, elles sont fermées à ces produits.

CULTURE MARAÎCHÈRE.

La culture maraîchère est peu développée dans les Côtes-du-Nord. Les centres de production les plus importants sont : Saint-Brieuc, Langueux, Yffiniac, Hillion, Kérity, Paimpol, Penvenan, Trélivan, Matignon, Ploubalay, Dinan, et les environs de toutes les petites villes.

Les principaux produits sont : le chou-pomme, le chou de Bruxelles, le chou-fleur, la carotte, l'artichaut, le petit pois, le haricot, l'oignon, l'échalotte, l'ail, le poireau, l'asperge, la salade, le radis et le navet. Mais, à part les choux-pommes et les oignons qui sont produits en grand à Saint-Brieuc, à Langueux, à Kérity et Tréléverne, et les haricots secs, soissons et flageolets, à Hillion, la production locale est loin de suffire à la consommation urbaine. Les marchés des principales villes sont approvisionnés pendant une grande partie de l'année par Roscoff pour les légumes et par l'Anjou et la Touraine pour les produits horticoles.

Il n'y a guère que la récolte d'oignons qui excède la consommation et donne lieu à quelques exportations. Le commerce local en livre aux fournisseurs des troupes de la région, et en expédie par les ports du Légué et de Saint-Malo en Angleterre et dans les îles normandes. Mais la majeure partie de la production est écoulée directement par les producteurs qui vont eux-mêmes sur place offrir leurs produits aux consommateurs. Des quantités importantes d'oignons sont exportées ainsi chaque année par les maraîchers de Langueux, en Normandie, en Seine-et-Oise et dans le Maine.

POMMES DE TERRE.

Les pommes de terre donnent lieu à des transactions importantes. C'est une des principales cultures du département. Elle y couvre une superficie de plus de 29,300 hectares et fournit annuellement plus de 3,700,000 quintaux de tubercules. La culture en consomme bien près de 350,000 quintaux ; le reste est écoulé sur les marchés locaux et consommé dans le pays ou exporté.

La plus grande partie des exportations se fait par mer : les variétés mi-hâtives et tardives à chair blanche : early rose, flocon de neige, magnum bonum, richter, institut, vosgienne, éléphant, merveille d'Amérique et fin de siècle, sont expédiées principalement par les ports de Lannion, Pontrieux, Port-Nieux et surtout par ceux du Légué, de Dahouët, du Guildo et de Saint-Malo, sur les îles normandes et l'Angleterre. Ces trois derniers ports et le Légué exportent aussi des quantités importantes de chardonne à chair jaune, d'early rose et de richter au Brésil, au Portugal et en Espagne. Ces variétés sont cultivées dans tout le département, mais c'est la zone nord qui en est le principal centre de production. Tout l'arrondissement de Lannion et les cantons de Saint-Brieuc, Matignon, Ploubanay, Pléneuf, Paimpol, Dinan, Plancoët, Lamballe, Pontrieux, Etables et Châtelaudren en produisent beaucoup.

Les variétés de primeurs : mayette, royale fluke, géante fluke, géante blanche, Sutton's et ash leaved, sont surtout produites le long de la côte, dans les cantons de Tréguier, Lézardrieux, Paimpol, Matignon et Ploubalay, et exportées ensuite sur l'Angleterre par les ports de Tréguier, Lézardrieux, Paimpol et Saint-Malo. On en expédie aussi un peu sur Paris et les principales villes de la région. On évalue à 16,000 tonnes environ la quantité de pommes de terre extra-hâtives exportée en 1904 (23 mai à fin juin), sur l'Angleterre par les ports de Tréguier, Lézardrieux et Paimpol. En 1903, celui de Tréguier en avait fait à lui seul pour 900,000 francs.

GRAINES FOURRAGÈRES.

Le département des Côtes-du-Nord est aussi producteur d'importantes quantités de graines de trèfle violet de Bretagne, de vesce et d'ajonc de premier choix. Celle de trèfle est produite surtout dans la zone nord, les cantons de Matignon, de Plancoët,

Ploubalay, Pléneuf, Saint-Brieuc, Étables, Plouha, Plouagat, Châtelaudren, Paimpol. Pontrieux, Tréguier et Perros-Guirec en produisent beaucoup. Les environs de Loudéac en font aussi depuis quelques années. Toute la production est livrée directement aux marchands grainiers de Paris et au commerce local. Ce dernier écoule son stock dans la région.

La graine de vesce, variété à la fois d'hiver et de printemps, est produite principalement par les cantons de Lamballe, Pléneuf, Saint-Brieuc et Châtelaudren. Les principaux centres de vente sont les chefs-lieux des cantons producteurs ; mais la plus grande partie est livrée directement aux négociants du pays qui l'écoulent dans la contrée, en Normandie, dans la Sarthe et l'Ille-et-Vilaine.

La culture locale produit aussi d'excellentes graines d'ajonc-fourrage. Les cantons de Lamballe et de Plancoët font la variété dite *queue de renard*, celui de Matignon, celle connue dans le pays sous le nom d'ajonc *corne de cerf*, et enfin, tout l'arrondissement de Lannion et les cantons de Bégard, Pontrieux, Paimpol et Plouha font l'ajonc marin.

La majeure partie de la production est achetée directement, sur échantillon, par les négociants du département qui l'écoulent dans le pays, dans les départements limitrophes et ceux du Plateau Central. Ils en exportent même à Londres et à Marseille, pour être expédiée sur l'Australie et l'Indo-Chine, où cette précieuse légumineuse est utilisée, paraît-il, pour consolider les talus et les remblais des chemins de fer.

PLANTS DE CHOUX.

Les plants de choux sont aussi l'objet d'un commerce très important à Guingamp et à Saint-Brieuc. Une superficie de 150 hectares au moins est consacrée à cette culture dans les deux cantons. Guingamp produit plus spécialement les variétés fourragères : branchu du Poitou, cavalier, moellier blanc et demi-moellier, qui sont écoulées sur le marché local à partir du mois de mars jusqu'à la fin de juin. Toute la production est utilisée dans la région.

Les environs de Saint-Brieuc font à la fois les variétés potagères : le milan et le bacalan hâtif dit *chou de Saint-Brieuc*, et une variété fourragère qui a une grande analogie avec le chou de la Sarthe. C'est Saint-Brieuc qui est le principal centre de vente de ces dernières espèces. C'est en somme une culture dérobée d'automne faite sur un déchaumage d'avoine et de froment.

La production d'un hectare est évaluée à 800 francs en moyenne.

PLANTES TEXTILES.

Lin. — La culture du lin, quoique bien délaissée depuis l'avilissement des prix de vente, couvre encore, cependant, une superficie de 3,461 hectares dans les Côtes-du-Nord. Les principaux centres de production sont : Lannion, Tréguier, la Roche-Derrien et Lanvollon. L'arrondissement de Dinan en produit aussi un peu dans les cantons de Matignon, Broons, Plancoët et Plélan.

Le lin est roui par les producteurs et vendu ensuite en tiges à des teilleurs qui extraient la filasse pour la livrer au commerce.

La production en filasse est d'environ 25,000 quintaux, qui sont exportés en dehors du département, vers le nord de la France, principalement à Lille et à Roubaix.

Les centres de teillage et de commerce les plus importants sont : Lannion, Pomme-rit-Jaudy, Minihy-Tréguier, Pontrieux, Guingamp, Plouec et Pabu.

Chanvre. — La culture du chanvre, jadis très importante dans le département, n'y occupe plus qu'une superficie de 882 hectares, qui produisent à peine 5,520 quintaux de filasse. Ce sont les cantons de Mael-Carhaix, Rostrenen, Gouarec, Uzel, Mûr, la Chaize, Jugon, Broons et Moncontour qui en font le plus dans la zone du sud et celle du centre, et les communes de Pleubian, Lanmodez et Kerbors dans la zone nord.

La plus grande partie de la production est utilisée sur place, dans la ferme même. L'excédent est vendu aux petits tisserands de la région ou expédié sur Rennes.

PLANTS D'ARBRES.

Le département possède d'importantes pépinières qui produisent d'excellents plants de pommiers à cidre et à couteau, de poiriers, de cerisiers, de pruniers, et la plupart des essences forestières.

Les principaux pépiniéristes sont à Saint-Brieuc, à Dinan et à Guingamp. A part la culture locale, les débouchés sont le Morbihan, le Finistère et Jersey.

CULTURES FRUITIÈRES.

Comme fruits, le département produit des fraises, des tomates, quelques melons à l'arrière-saison, des pommes, des poires, des cerises, des pêches, des abricots, des prunes, des noix, des nèfles, des châtaignes, du raisin de treille, et même des figues et des mûres; mais la production locale, à part celle des pommes à cidre, est loin d'être en rapport avec la consommation.

Les figues et les mûres ne sont même l'objet d'aucun commerce ; elles sont produites sur la côte et consommées sur place.

Les localités les plus renommées pour leurs fruits sont : Saint-Brieuc, — coteaux de Plérin et du Légué, — pour ses fraises; Langueux et Yffiniac, pour leurs prunes; Châtelaudren, pour ses belles pommes reinettes, qui portent le nom de la localité; et Troguéry, Trédarzec, pour leurs excellentes cerises noires.

Pommes à cidre. — Les pommes à cidre constituent un des principaux facteurs de la fortune agricole du département des Côtes-du-Nord. Ces fruits, quoique écoulés en partie dans la région pour la consommation locale, donnent lieu, en effet, dans les années ordinaires, à des transactions commerciales des plus importantes dans toute l'étendue du département.

Les principaux centres de production se trouvent dans la partie sud et moyenne de la zone nord, et dans la partie nord de la zone du centre, à droite et à gauche de la ligne ferrée de Paris à Brest ; ce sont notamment les cantons de Plouaret, la Roche-Derrien, Pontrieux, Bégard, Guingamp, Plouagat, Saint-Brieuc, Châtelaudren, Plan-coët, Lamballe, Evran, Moncontour, Quintin, Bourbriac et Belle-Isle.

Dans les autres parties du département, la production, tout en restant assez élevée, est néanmoins beaucoup moindre.

Pendant toute la saison de la fabrication du cidre, un marché spécial, très impor-tant, se tient à Guingamp le dimanche matin. Dans la zone sud, c'est Loudéac qui est le principal marché. Mais, le plus souvent, les pommes sont vendues directement aux marchands du pays qui en font du cidre ou les écoulent ailleurs.

Les débouchés sont extrêmement variables. Ces produits s'écoulent surtout vers les pays où la récolte est déficitaire. L'Allemagne, principalement la région du Wurtemberg, nous offre des débouchés pour les pommes acides, qui sont très recherchées par les négociants allemands pour la fabrication des cidres champagnisés.

Le cidre ne donne guère lieu qu'à un commerce local entre fabricants et aubergistes. Quelques exportations se font aussi sur Paris, les principales villes de la région et même en Belgique.

OSIER.

L'osier est produit dans les parties marécageuses du département. L'arrondissement de Dinan surtout en produit une certaine quantité. La production actuelle, relativement peu importante, prend de plus en plus de développement. Elle est vendue aux vanniers du pays, sauf quelques chalands et quelques wagons qui vont à Rennes et à Saint-Malo et à Jersey.

Dinan est un centre important de vannerie.

CREUSE.

Le commerce des produits agricoles, dans la Creuse, n'a pour objets que le beurre, les œufs, les fruits, les pommes de terre; on pourrait y adjoindre les viandes abattues qui donnent lieu à un commerce assez important.

Il ne paraît pas que les fromages, les châtaignes et les noix puissent être compris dans l'énumération ci-dessus.

Les fromages faits dans les quatre fromageries que possède le département sont fabriqués à l'aide du lait recueilli dans les établissements, et expédiés dans diverses directions à des revendeurs. Ils sont le produit d'une industrie et ne donnent pas lieu à des transactions entre producteurs agricoles et expéditeurs.

Pour les châtaignes et les noix, les quantités produites ne permettent point d'en faire un commerce qualifié. Parfois, en certaines années, les châtaignes pourront être expédiées dans des proportions assez appréciables; le plus souvent, la plus grande part sera consommée dans le pays, l'exportation étant à peu près sans importance.

La moyenne des dix dernières années indique une production annuelle de 65,800 quintaux, d'une valeur de 7 fr. 90. Si l'on fait la moyenne, en laissant de côté deux années exceptionnelles (1893 et 1898), la moyenne annuelle n'est plus que de 38,465 quintaux, que l'on peut admettre comme absorbés en grande partie par la consommation locale.

Dans les noix, la moyenne annuelle pour les dix ans écoulés est de 1,601 quintaux, d'une valeur de 19 fr. 25 le quintal. Cette production ne peut donner lieu à un commerce quelconque.

FRUITS.

Il n'y a pas, à proprement dire, dans la Creuse, de commerce de fruits.

Dans les années de réussite, quelques marchands s'occupant déjà de la vente d'autres denrées se livrent à l'expédition des fruits.

Dans la partie relativement tempérée du département, Centre et Nord, les arbres

8

fruitiers sont encore nombreux, mais mal entretenus et de rapport aléatoire. La qualité des fruits laisse, d'ailleurs, très souvent à désirer.

La seule région où il est fait réellement du fruit à couteau est celle de Sainte-Feyre, commune voisine de Guéret. Avec Sainte-Feyre, les communes voisines de Saint-Laurent et de la Saunière ont pu fournir, en certaines années, à un mouvement intéressant d'exportation. Depuis de longues années, les fruits de table sont, dans cette région, l'objet de soins assez attentifs, quoique actuellement insuffisants.

L'année dernière, la production et par suite les expéditions ont été à peu près nulles. Dans les quatre années comprises entre 1899 et 1902, les expéditions ont varié de 650 à 4,000 quintaux.

Dans le voisinage de la région dont il vient d'être question, quelques communes produisent du fruit à couteau, mais il n'a pas la qualité de celui de Sainte-Feyre ; il est plus âpre, conséquence forcée d'une plus grande altitude ou d'une exposition moins heureuse.

POMMES DE TERRE.

La pomme de terre donne lieu à un grand commerce, comme le montrent les chiffres suivants indiquant la moyenne des exportations des trois dernières années ; pour l'ensemble du département, l'exportation a dépassé annuellement 220,000 quintaux. Au cours de la campagne 1904-1905, les expéditions ont atteint 374,000 quintaux.

Les principaux centres d'expéditions sont Aubusson et Cressat, qui, chacun, dépassent 30,000 quintaux. Les localités avoisinantes participent au mouvement sans atteindre la même importance.

Les expéditeurs marchands, peu nombreux, procèdent comme suit, généralement : parfois, ils ont de grands acheteurs à qui ils donnent une commission par hectolitre ou quintal acheté ; parfois, ils font apposer des affiches indiquant qu'ils sont acheteurs et qu'ils reçoivent dans des gares désignées.

Les producteurs apportent alors aux gares les marchandises qui sont reçues, pesées et payées.

Les pommes de terre expédiées de la Creuse sont, en partie, destinées à la grosse alimentation : lycées, collèges, corps de troupes.

La variété *Institut de Beauvais* est très expédiée, étant suffisamment comestible, quoique variété à grand rendement ; elle se répand de plus en plus dans la culture. La variété de table *Saucisse rouge* a aussi la faveur des producteurs ; elle est cultivée dans la Creuse depuis de longues années. Les variétés rondes jaunes et autres variétés fines de table sont peu répandues dans la Creuse. Les expéditions ont été dirigées sur le Sud-Ouest, sur le Midi, parfois sur l'Ouest, sur Paris également et sur la Belgique. Il est fait sur Limoges des expéditions régulières par certaines localités. En résumé, le courant d'exportation n'est pas d'une fixité absolue ; il semble être modifié suivant les années, par la pénurie de récoltes qui se produit accidentellement dans une région ou dans une autre. Pour les fruits, il ne sera possible de voir se produire un courant sérieux d'affaires que si les plantations se multiplient. Quant à la pomme de terre, un très fort courant est établi et ne tendra qu'à s'accentuer ; il ne peut être modifié ou ralenti que par moments, un déficit accidentel pouvant se produire dans l'ensemble de la récolte par cas fortuit.

DORDOGNE.

Le département de la Dordogne est très étendu : il comprend 893,759 hectares. Il est très mouvementé par une succession de collines, de plateaux et de vallées. On y observe peu de montagnes, et les chaînes qui le traversent ont une faible hauteur. Le sol s'incline, d'une part, de l'Est à l'Ouest; et de l'autre, du Nord-Est au Sud-Ouest; cette dernière direction est celle que suivent la Vézère, l'Isle, la Dronne et l'Auvézère.

Les collines présentent à leurs sommets de vastes horizons. Les plateaux sont souvent étendus et beaucoup sont constitués par un terrain profond et de bonne qualité.

Les coteaux sont souvent escarpés. Les uns sont tapissés de châtaigniers et couronnés de bois ; les autres sont hérissés de rochers ou laissent voir la roche calcaire et sont dominés par des plateaux incultes. Les coteaux de Saint-Astier sont très pittoresques ; ils rompent, comme les vallées, la monotonie du paysage. On admire aussi les hautes falaises qui dominent la Dronne, près de Bourdeilles, les magnifiques rochers situés au Moustier, sur les bords de la Vézère, et les belles roches qui apparaissent sur les côtes verdoyantes de la Dordogne, vers Domme.

Quoi qu'il en soit, il n'existe pas de coteaux et de versants de collines absolument stériles. En général, ceux exposés au Nord présentent ou des châtaigniers ou des taillis ou des bruyères, et la plupart de ceux qui regardent le Sud dans la zone calcaire, qui ne sont pas rocheux et très déclives, sont décorés par de riches vignobles ou par de belles cultures.

Les vallées sont les localités qui offrent le plus grand attrait. La *vallée de la Dronne* est sauvage et déserte jusqu'à Saint-Pardoux-la-Rivière; mais à partir du confluent de la Colle, au-dessus de Brantôme, elle s'élargit et présente un pays enchanteur. La *vallée de la Dordogne* a 170 kilomètres dans le département ; elle est surtout très belle vers Domme et Beynac, et la plus féconde vers le Buisson, Lalinde et Bergerac. La *vallée de la Vézère* est la plus riante et la *vallée de l'Isle* l'une des plus riches et la mieux cultivée.

Toutes ces vallées offrent de délicieux paysages; des cultures luxuriantes : blé, maïs, tabac, prairies, légumes, vignes, etc.

Les plaines sont plus ou moins étendues ; elles ont une faible altitude. La moins élevée, la *plaine de la Mothe-Montravel*, est située à 10 m. 50 seulement au-dessus du niveau de la mer. Le plus ordinairement, ces plaines sont situées dans les vallées, sillonnées par de capricieux cours d'eau et limitées par des roches escarpées. La *plaine qui s'étend depuis Bergerac jusqu'à Castillon* est très riante et présente des rives délicieuses. La *plaine de Terrasson* est bien cultivée; son sol est brun rougeâtre et produit de beau maïs. Les plaines situées sur les bords de la Vézère sont aussi très verdoyantes.

L'arrondissement de Périgueux occupe le centre du département et confine au département de la Corrèze. Il est moins montueux et renferme moins de ruisseaux que les arrondissements de Sarlat et de Nontron. Il est arrosé par trois rivières : l'Isle, la Dronne et l'Auvézère, et par trois principaux ruisseaux : la Loue, le Blâme et le Manoir. Les cantons de Saint-Astier, Brantôme et Excideuil sont les plus productifs en grains. Les landes y ont encore une assez grande étendue. Elles occupent des terrains

8.

graveleux, gris ou rougeâtres. Les terres de qualité médiocre ou celles très déclives produisent des taillis, des châtaigniers, ou des ajoncs et des bruyères. La partie voisine du Limousin est très accidentée et boisée. Son sol, sur divers points, est rocheux, caillouteux, sablonneux, humide et froid. Les jardins situés au sud de Périgueux sont nombreux et productifs. Après l'arrondissement de Bergerac, c'est celui de Périgueux qui produit le plus de vin.

L'arrondissement de Bergerac occupe la partie sud-ouest et confine aux départements du Lot-et-Garonne et de la Gironde. Il est moins accidenté que les autres arrondissements et devient plat, plus couvert, à mesure qu'on s'éloigne de Périgueux. Les collines y sont moins rapides, et beaucoup sont décorées par la vigne ou des arbres. Cet arrondissement est traversé par la Dordogne. Les principaux ruisseaux qui l'arrosent sont : le Dropt, la Couge, le Caudeau et la Lidoire.

Les cantons les plus riches en grains sont ceux de Lalinde, Bergerac, de Laforce, d'Issigeac et d'Eymet. Le canton de Cadouin produit beaucoup de noix et de maïs. La culture de la vigne occupe une superficie de 23,098 hectares dans cet arrondissement.

Les plaines sont belles, bien cultivées et productives. On y récolte du froment, du tabac, des légumes et du vin. Les prairies y sont très verdoyantes. La fertile plaine de Bergerac est la plus vaste et la plus peuplée ; elle est très riante et offre des sites très pittoresques. La vallée du Dropt, à Eymet, est aussi très productive.

Il existe encore des landes dans l'arrondissement, mais ces terres incultes ont une très faible étendue relativement à la superficie que présentent les plaines et les vignobles. Si les terres éloignées des rivières sont bien moins productives, elles produisent néanmoins de bonnes récoltes de céréales et présentent de belles vignes et de beaux châtaigniers. Le vin est la plus grande richesse de l'arrondissement. Le maïs végète bien dans le *pays de Causse*, contrée où l'on rencontre, comme dans les vallées, de belles vaches et d'excellents bœufs appartenant à la race agenaise.

En résumé, le Bergeracois est une belle et productive contrée. Partout, on y remarque une aisance qui atteste l'intelligence et l'activité des populations. Son climat est le plus méridional du département.

L'arrondissement de Sarlat, qu'on appelle le *Sarladais* ou *Périgord noir*, est le plus montagneux, le plus accidenté et le plus boisé. Les hautes collines situées dans les environs de Daglan, Domme, Peyrignac, etc., ont en moyenne 250 mètres d'élévation ; elles se rattachent aux montagnes du Quercy ; leur pente est très rapide. On y rencontre des plateaux incultes et étendus, des collines arides, de profonds ravins, des roches nues et des vallées marécageuses ayant une grande surface.

À côté de ce sombre tableau se placent de délicieux paysages, des vallées profondes et étroites et de magnifiques plaines. Les environs de Saint-Cyprien et du Bugue présentent de charmantes campagnes, de verdoyantes prairies et d'excellents pâturages.

Cet arrondissement est traversé par la Dordogne et la Vézère. Le principal ruisseau qui l'arrose est le Céou.

Les terres situées sur les rives de la Dordogne sont de bonne qualité. Les cantons de Saint-Cyprien et de Belvès produisent de belles récoltes de froment. Les plaines du Bugue et de Domme sont aussi très productives.

L'arrondissement de Sarlat produit du froment, de l'orge, du maïs, de l'avoine, des noix, des châtaignes et des truffes, engraisse des bœufs, possède les meilleures bêtes à laine et comprend un assez grand nombre de chèvres. On y rencontre une assez grande quantité de vignes.

L'arrondissement de Nontron occupe la partie septentrionale du département. Il forme le Nontronnais et se rattache au plateau primitif du Limousin et de l'Auvergne. Il est baigné par l'Isle, la Dronne, le Bandiat et la Colle. On y remarque une multitude de petites collines et de vallées, de vastes laudes, des taillis étendues, des montagnes nues, des coteaux couverts d'essences résineuses, des vallées fuyantes, des coteaux où le roc est à fleur de terre, des champs remplis de pierres et de rochers, des ruisseaux sans verdure, des marais qui doivent être assainis, et des bois de châtaigniers.

Les terres labourables sont généralement maigres. Les cantons de Thiviers, de Saint-Pardoux, de Champagnac et de Bussières sont les plus productifs. Le canton de Jumillac-le-Grand est le plus boisé.

Au nord et à l'est, la culture rappelle celle du Limousin ; à l'ouest, celle de l'Angoumois ; au sud, celle du Périgord.

En général, l'arrondissement de Nontron, le plus froid du département, produit du seigle, du sarrasin, des châtaignes, des noix, du froment et du vin. Les pâturages et les prairies sont vastes et souvent verdoyants ; ils assurent l'élevage des animaux appartenant à la race bovine limousine, qui est la principale industrie de la contrée.

L'arrondissement de Ribérac occupe la partie occidentale du département ; il est séparé des départements de la Charente, de la Charente-Inférieure et de la Gironde par la Nizonne et la Dronne. L'Isle le traverse dans sa partie méridionale.

Son sol, sauf dans la *Double* et la vallée de l'Isle, est montueux ; il est très fertile et très pauvre. Il n'est aucune contrée dans le département qui présente un contraste aussi frappant entre l'abondance et la stérilité, entre un pays sain et salubre et une localité malsaine, surtout autrefois.

Les cantons les plus productifs sont ceux de Ribérac, Neuvie, Mussidan et Monpont. Les plaines de Monpont et de Mussidan sont vastes, bien cultivées et productives.

La culture de la vigne n'y a pas une grande importance.

L'arrondissement produit du froment, du maïs, de l'orge, de l'avoine, etc. Le blé du canton de Montagrier est de qualité supérieure.

CÉRÉALES.

Froment. — Cette céréale occupe une superficie de 127,840 hectares et la production moyenne en grains a été de 14 hectolitres à l'hectare.

Le département n'exporte pas de blé. Il se suffit généralement à lui-même.

Autrefois, les cultivateurs faisaient presque tous leur pain ; aujourd'hui, ils changent à des boulangers leur blé (80 kilogr.) pour du pain (75 kilogr.). Les farines sont fournies par des minoteries à cylindre qui ont remplacé presque partout sur les cours d'eau importants les moulins à meules. Les petits moulins situés sur les ruisseaux tendent à disparaître.

La paille de froment n'est pas exportée. Elle est utilisée comme litière.

Seigle. — La culture du seigle est bien moins importante que celle du froment ; elle occupe une superficie de 12,778 hectares.

Le grain est presque totalement consommé par les animaux.

Il n'existe plus que de très rares contrées où les cultivateurs mangent du pain de seigle, et encore est-il fait avec un mélange de farine de seigle et de froment.

C'est surtout dans l'arrondissement de Nontron que la culture du seigle est la plus importante, mais elle a une tendance à diminuer chaque année. Peu à peu, elle est remplacée par celle du froment.

La paille est généralement employée comme litière. Cependant une certaine quantité est exportée (30,000 quintaux) pour faire du papier ou des paillons. La paille exportée est surtout fournie par les cantons de Jumilhac-le-Grand, Saint-Pardoux, la Rivière, Nontron et Bussières. Les pailles destinées à ces différentes industries sont vendues 3 francs les 100 kilogrammes; Limoges est leur principal débouché.

Méteil. — Cette culture a peu d'importance (1,729 hectares). La culture du froment la remplace peu à peu.

Orge. — Cette céréale n'occupe que 837 hectares. Grain et paille sont utilisés dans les exploitations : le premier pour l'alimentation des porcs, la seconde comme litière.

Sarrasin (céréale par extension). — Le grain du sarrasin est employé pour l'alimentation des animaux; on ne l'exporte pas.

Avoine. — Une superficie de 12,149 hectares est occupée par cette céréale, dont la production ne suffit pas pour l'alimentation des chevaux du département. Une importation de 115,000 hectolitres est nécessaire chaque année.

Maïs. — Cette céréale est cultivée surtout dans les arrondissements de Bergerac et de Périgueux. Sa culture, qui tend à diminuer, occupe actuellement une superficie de 33,576 hectares. Le grain est consommé presque totalement par les animaux soumis à l'engraissement (porcs, bœufs et oies). Le maïs entre pour une part infime dans l'alimentation des cultivateurs.

L'exportation de cette céréale est nulle.

PLANTES LÉGUMINEUSES.

Haricots, lentilles, pois, fèves, féverolles. — La culture de ces plantes est relativement peu importante. Les haricots et les lentilles produits ne suffisent pas à l'alimentation des habitants du département. Le département importe en moyenne, chaque année, 8,000 quintaux de haricots et 600 quintaux de lentilles.

RACINES ET TUBERCULES.

Betteraves. — Cette racine fourragère couvre une superficie de 11,240 hectares. Elle est consommée principalement par les bœufs à l'engrais et les vaches laitières.

Pommes de terre. — 42,185 hectares sont cultivés en pommes de terre. C'est principalement dans l'arrondissement de Nontron que cette culture a de l'importance. Ce tubercule est surtout employé pour l'alimentation des animaux de l'espèce porcine. Ni exportation, ni importation de ce produit. Cependant, dans les années de disette, le département demande de la semence à celui de la Haute-Vienne.

Topinambours. — Dans les contrées où la maladie de la pomme de terre s'est montrée très intense, la culture du topinambour s'est développée. La culture de ce tubercule, qui occupe actuellement 8,585 hectares, tend à se développer dans les contrées pauvres. C'est un excellent aliment pour les animaux, porcs, moutons et bœufs soumis à l'engrais.

PRODUCTION FOURRAGÈRE.

Trèfle, luzerne, sainfoin. — Ces plantes, qui sont consommées dans le département, sont cultivées avec beaucoup de soin. Elles occupent une superficie totale de 24,183 hectares.

Prés naturels. — Le département possède 90,442 hectares de prés naturels. Ce sont les arrondissements de Nontron et de Périgueux qui en possèdent le plus grand nombre.

Tout le foin n'est pas consommé dans le département. Environ 50,000 quintaux sont exportés et proviennent des cantons d'Excideuil, Thiviers, Lanouaille, Saint-Pardoux, la Rivière et Nontron.

Paris et Bordeaux sont les principaux débouchés. Grâce aux engrais du commerce, la production des prés naturels augmente tous les ans. Le foin est bien meilleur qu'autrefois. Les animaux *d'élevage* sont mieux nourris, atteignant des poids plus considérables qu'autrefois, tout en ayant le même âge.

VIGNES.

Le département de la Dordogne possède aujourd'hui 37,381 hectares de vignes en production. L'arrondissement de Bergerac, à lui seul, en a 22,278 hectares. Viennent ensuite, par ordre d'importance, l'arrondissement de Périgueux (4,999 hectares), Sarlat (4,598 hectares), Ribérac (4,407 hectares) et Nontron (1,099 hectares).

La reconstitution des vignobles s'est faite avec assez de rapidité, principalement dans l'arrondissement de Bergerac. La carte n° 2 indique les cantons qui ont planté moins de 500 hectares et ceux qui en ont planté de 500 à 999 hectares, de 1,000 à 1,999 hectares, de 2,000 à 2,999 hectares, et enfin au-dessus de 3,000 hectares.

L'encépagement a été fait généralement (cépages à vins rouges) avec du Cabernet-Sauvignon, du Côt rouge, du Merlot, du Durif, de la Syrah, de la Folle-Noire ; (cépages blancs) : Blanc-Sémillon, Muscadelle, Sauvignon blanc, Folle-Blanche.

Les meilleurs vins du département sont :

Arrondissement de Bergerac. — Les communes de Pomport, Rouffignac, Montbazillac, dans le canton de Sigoulès, et de Saint-Laurent-des-Vignes, dans celui de Bergerac, produisaient et commencent à produire ces excellents vins blancs liquoreux et parfumés connus sous le nom de *Montbazillac.* Deux tiers de Blanc-Sémillon donnent le *gros* et un tiers fournit le fruit. La vendange se fait à mesure que se développe la pourriture noble.

Toute la chaîne des coteaux de la rive gauche comprenant, en dehors de ces quatre communes, celles de Saint-Germain-et-Mons, Mouleydier, Creysse, Saint-Nexant, dans le canton de Bergerac; Gajac-Rouillac, Razac-de-Saussignac, dans le canton de Sigoulès, produisent des vins blancs également très agréables, mais moins liquoreux ; de même que sur la côte opposée, dans le territoire de Bergerac, Lembras, canton de Bergerac, et Ginestet, canton de Laforce. Moins de qualité dans la région d'Eymet, par suite d'une trop grande quantité de folles.

Les vins rouges produits sur la rive droite de la Dordogne sont également supérieurs.

On peut citer Les Coustets, partie des Pécharmants, dans Creysse ; les Farcies, Malauger, Rosette, Tenue-du-Roy, Laure, Boisse, Bordes, Mont-de-Neyrat, Roufarde, la Cotte, dans Bergerac ; Feyte, dans Ginestet ; la Renaudie, dans Lembras ; Galube, Fougravière, Pelzel, Latour, Cavalerie, dans Prigonrieux, canton de Laforce ; Syreigeol, dans Saint-Germain-et-Mons ; la majeure partie de la côte de Saint-Nexant ; la Verdaugie, Thenon, Lavaud et Planques, dans Colombier, canton d'Issigeac ; la presque totalité des communes de Montbazillac, Rouffignac, Pomport, Cunèges, Razac-de-Saussignac, canton de Sigoulès, et Saint-Laurent-des-Vignes. Les communes de Puyguilhem, Monestier, Monbos, Flaugeac, Mescoules, dans le canton de Sigoulès et toute la partie du canton d'Eymet avoisinant ceux de Sigoulès et d'Issigeac méritent aussi une mention.

Arrondissement de Périgueux. — Les territoires viticoles qui valent une mention sont le groupe des communes de Brantôme, Saint-Julien-de-Bourdeilles et Eyvirat ; Sorges, dans le canton de Savignac-les-Églises ; Saint-Pantaly, dans celui d'Excideuil.

Arrondissement de Ribérac. — Un seul point à noter : Goûts-Rossignol, dans le canton de Verteillac.

Arrondissement de Nontron. — Les vins du canton de Mareuil jouissent d'une certaine réputation, ainsi que ceux de quelques clos de la commune de Corgnac, canton de Thiviers.

Arrondissement de Sarlat. — La Bachellerie, canton de Terrasson, et Domme produisent des vins rouges de coupage qui sont recherchés.

Une grande partie des vins de l'arrondissement de Bergerac sont achetés par des courtiers de Bordeaux, de Bergerac et de Sainte-Foy-la-Grande.

Au début des vendanges, il part tous les ans pour Bercy des vins blancs de Bergerac dits *Macadam.* Ces vins, maintenus doux par l'emploi de l'acide sulfureux qui empêche la fermentation de se développer outre mesure, sont très appréciés par certains consommateurs parisiens.

Les vins des autres arrondissements sont généralement consommés sur place. Cependant les propriétaires possesseurs de bons vins expédient une partie de leur vin dans le nord de la France ainsi que dans les départements limitrophes. Dans le Bergeracois, il existe également des propriétaires qui expédient directement au consommateur.

Environ 150,000 hectolitres de vins rouge ou blanc sont exportés. Il est vrai de dire que cette quantité est remplacée par des vins inférieurs du Midi qui sont achetés par des négociants qui, à leur tour, les vendent à des aubergistes.

PRODUCTION FRUITIÈRE.

Châtaignes. — La production des châtaignes diminue chaque année. Partout, on fait la guerre aux châtaigniers qu'on arrache et qu'on vend aux fabriques d'acide tannique.

Les arrondissements de Nontron, Périgueux et Sarlat sont ceux qui produisent le plus de châtaignes. On mange moins de châtaignes qu'autrefois. Ce fruit est consommé surtout par les porcs à l'engrais.

Les plus belles châtaignes sont exportées en Angleterre, en Suède, en Allemagne, en Russie. Environ 3o,ooo hectolitres sont expédiés pour ces divers pays, au prix de 6 à 8 francs l'hectolitre.

Les principales localités où le commerce des châtaignes est important sont : dans l'arrondissement de Nontron, Nontron, Piégut-Pluvier, la Coquille et Thiviers; dans l'arrondissement de Périgueux, Périgueux, Brantôme, Excideuil et Vergt; dans l'arrondissement de Sarlat, Sarlat, Montignac, Belvès et Terrasson ; dans l'arrondissement de Ribérac, Ribérac; dans l'arrondissement de Bergerac, Beaumont, Montpazier, Saint-Alvère et Villefranche-du-Périgord.

Noix. — Il existe plusieurs de variétés noix dans le département de la Dordogne, mais en ce qui concerne celles qu'on exporte, on peut les diviser en deux catégories : 1° les noix à coque demi-dure; 2° les noix à coque dure.

Les premières sont destinées à la fabrication de l'huile. Les plus estimées sont : la Nogarelle, dont le fruit est gros et bien fait; le Redon de Montignac et la noix de Brantôme. Le fruit de ces deux dernières variétés est de grosseur moyenne, mais leur amande est de première qualité.

Parmi les noix à coque dure, il n'y a réellement que la variété appelée *Couturas* ou *Couduras* ou encore *Corne de mouton*, qui soit exportée. Le fruit est allongé et de grosseur moyenne. Cette noix est destinée pour la table et constitue un excellent dessert.

C'est dans l'arrondissement de Sarlat que l'on rencontre le plus de noyers; vient ensuite celui de Périgueux.

Le commerce des noix se fait principalement dans les localités suivantes, savoir : dans l'arrondissement de Sarlat, Montignac, Sarlat, Salignac, Carlux, Terrasson, Domme, Villefranche-du-Périgord, Belvès, Saint-Cyprien et le Bugue; dans l'arrondissement de Périgueux, Périgueux, Brantôme, Saint-Astier, Vergt, Savignac-les-Églises, Excideuil, Hautefort, Saint-Pierre-de-Chignac et Thenon ; dans l'arrondissement de Nontron, Thiviers, Champagnac-de-Bélair, Mareuil et Nontron ; dans l'arrondissement de Ribérac, Montagrier, Neuvic et Mussidan ; dans l'arrondissement de Bergerac, Villamblard, Saint-Alvère, Beaumont et Montpazier.

Les noix du Périgord sont expédiées à Bordeaux et à Paris, dans le Languedoc, l'Agenais, le Maine, en Angleterre, en Suisse, en Allemagne et en Amérique.

L'huile qu'on en extrait est consommée à Lyon, Saint-Étienne, Besançon, Grenoble, Chambéry, et expédiée en Suisse et en Allemagne.

Depuis quelques années, plusieurs négociants de Sarlat et de Montignac expédient en Angleterre, en Allemagne et en Amérique, l'amande des noix, en boîtes de 3 ou 5 ou 6 kilogrammes. Ce genre de commerce tend à prendre de l'extension.

On exporte en moyenne, chaque année, 1oo,ooo quintaux de noix, représentant une valeur totale de 3 millions de francs.

Prunes. — *Pêches.* — Les prunes à l'état frais ne donnent pas lieu à des expéditions très importantes. Des courtiers, offrant en général peu de surface, achètent des prunes reine-claude qu'ils expédient en Angleterre et en Belgique. Ils en envoient également à Paris.

Le commerce de la prune verte est très aléatoire. La valeur de ce fruit varie beaucoup d'une année à l'autre. 1,49o quintaux sont exportés environ chaque année et représentent une valeur d'environ 38,ooo francs.

: Les cantons de Vélines, Laforce, Sigoulès, Eymet, Issigeac, Bergerac, Beaumont, Monpazier, dans l'arrondissement de Bergerac, produisent des prunes destinées à être transformées en pruneaux. Les cantons de Montignac, du Bugue, de Saint-Cyprien, de Sarlat, de Belvès, de Domme, de Villefranche-du-Périgord, en produisent également. Environ 1,800 quintaux s'expédient dans les principales villes de l'Agenais. Cette production représente environ une valeur de 126,000 francs.

Les pêches de commerce se rencontrent principalement dans les cantons de l'arrondissement de Bergerac et de Sarlat. Elles sont expédiées à Bordeaux et à Paris; elles représentent une valeur totale d'environ 25,000 francs.

TRUFFES.

On récolte des truffes non seulement dans des truffières naturelles, mais encore dans des truffières artificielles. Pour créer une truffière artificielle, on commence par se rendre compte si le sol sur lequel on veut l'établir est bien propre à la culture du précieux tubercule. Là où l'on trouve des truffes qui se sont formées naturellement, on est sûr qu'une truffière artificielle y réussira. Le sol une fois déterminé, on le laboure légèrement (o m. 07 à o m. 08 de profondeur). A l'automne suivant, on plante des chênes de deux ans, en lignes espacées de 4 mètres les unes des autres. Dans les lignes, les chênes sont mis à 2 mètres de distance. Tous les ans, pendant sept ou huit ans, on donne un léger sarclage au mois d'avril. Vers la douzième année, la truffière commence à entrer en production.

Les cantons dans lesquels on récolte le plus de truffes sont : Sarlat, Salignac, Montignac, Carlux, Belvès, Domme, Villefranche-du-Périgord, Saint-Cyprien et Terrasson, dans l'arrondissement de Sarlat; Savignac-les-Églises, Brantôme, Excideuil, Thenon et Vergt, dans l'arrondissement de Périgueux; de Mareuil, Champagnac-de-Bélair et Thiviers, dans l'arrondissement de Nontron; de Verteillac et de Montagrier, dans l'arrondissement de Ribérac; enfin Villamblard et Saint-Alvère, dans celui de Bergerac.

Les truffes sont expédiées principalement à Paris, en Angleterre, en Allemagne et en Russie. En moyenne, 1,000 quintaux sont exportés en truffes fraîches ou conservées.

Leur valeur totale est en moyenne de 120,000 francs.

DOUBS.

La configuration générale du département du Doubs ressemble assez à un triangle isocèle dont la base élargie serait la frontière suisse orientée du N.E. au S. O. L'extrémité N.E. est à l'altitude moyenne de 425 mètres; celle du S.O. a plus de 1,000 mètres. Le sommet du triangle au N.O., à la rencontre des deux départements de la Haute-Saône et du Jura, n'est qu'à 200 mètres au-dessus de la mer.

Ces différences d'altitude comportent naturellement de grands changements dans les cultures.

On peut, en effet, distinguer trois zones bien marquées :

1° La région des vignobles qui, à l'Ouest, montent jusqu'à 450 mètres d'altitude, tandis qu'à l'Est ils ne s'élèvent plus guère qu'à 300 mètres;

2° La région des céréales, qui couvre plus de la moitié du département, s'élève jusque vers 700 mètres;

3° Enfin on trouve, au-dessus la région, des pâturages et des forêts résineuses.

La zone des vignobles produit principalement du vin, des fruits, des produits maraîchers, du maïs, et en plus, les récoltes de la seconde zone.

Dans la deuxième région, les céréales, le blé et l'avoine ont la prédominance avec les prairies et la pomme de terre.

Les forêts y produisent surtout les bois de chauffage.

Dans la dernière région, les cultures sont très réduites ; le sol est occupé par les prairies et les pâturages, ainsi que par de belles forêts résineuses qui fournissent du bois d'œuvre estimé.

Tout le département produit des fourrages, et par suite du lait, tandis que l'élevage est surtout pratiqué dans la région élevée.

Le tableau suivant de la répartition générale des cultures permet de se rendre compte de leur importance respective (statistique de 1902) :

	hectares.		hectares.
Superficie du département.....	522,776	Vignes...................	3,867
Terres labourables...........	126,155	Landes et terres incultes.......	29,363
Prés et herbages............	130,177	Cultures diverses............	30,538
Pâturages et pacages.........	65,721	Territoire non agricole........	136,040

PRODUITS. — CÉRÉALES.

NATURE DES CULTURES.	SUPERFICIE CULTIVÉE. Hectares.	PRODUCTION TOTALE.			PAILLE. Quintaux.
		GRAIN.			
		Hectolitres.	Poids moyen de l'hectolitre. kilogr.	Quintaux.	
Froment.......................	28,587	514,175	75,2	386,660	758,910
Méteil........................	2,016	36,980	73,1	26,035	54,650
Seigle........................	987	17,730	72,5	12,853	27,310
Orge..........................	1,852	38,080	64,0	24,372	25,600
Avoine........................	27,935	641,615	45,5	292,535	553,280
Maïs..........................	932	13,070	75,0	9,862	"

PRODUITS DIVERS.

NATURE DES CULTURES.	SUPERFICIE. HECTARES.	PRODUCTION TOTALE.		PRODUCTION MOYENNE par hectare.
		Hectolitres.	Quintaux.	
Pommes de terre................	9,175	"	983,850	107,2
Légumineuses alimentaires...........	1,267	"	12,780	10,0
Betteraves à sucre................	1	"	190	190,0
Betteraves fourragères.............	1,456	"	363,630	250,0
Prairies artificielles...............	37,382	"	1,097,790	29,4
Fourrages annuels.................	1,496	"	63,370	42,0
Prés naturels....................	113,648	"	2,542,625	23,0
Vignes.........................	3,867	49,143	"	"

CÉRÉALES.

La production du département est loin de suffire à la consommation.

Dans la région de Besançon, un certain nombre de courtiers servent d'intermédiaires entre la culture et les meuniers ou le service de l'intendance militaire.

Ailleurs, les cultivateurs vendent directement aux moulins, où ils font moudre leur grain, ou bien encore ils échangent chez les boulangers, à un taux convenu, leur récolte contre le pain qui leur est nécessaire.

L'*avoine* est généralement centralisée par de petits commerçants, puis livrée au commerce de gros. Les importations sont restreintes.

Les meilleurs marchés pour les avoines indigènes sont Baume-les-Dames, l'Isle-sur-le-Doubs, Rougemont, Clerval, Vercel.

Le *seigle* n'est plus utilisé que dans l'alimentation du bétail ; on n'en cultive que très peu, et seulement en vue de la paille.

Le *méteil*, qui n'est pas un produit commercial, est un peu plus utilisé.

Quant à l'*orge*, en dehors de celle de brasserie, il en est fait une petite consommation, satisfaite à peu près par la consommation locale.

L'orge qui alimente les cinq brasseries établies dans le Doubs est entièrement importée de Bourgogne, de Champagne, et d'Allemagne surtout.

Dans la région des vignobles, on cultive un peu de maïs pour la consommation locale. Avec le gruau de maïs, on prépare une bouillie épaisse, *les gaudes*, autrefois très en vogue, aujourd'hui de plus en plus délaissée.

POMMES DE TERRE.

Les récoltes de pommes de terre suffisent presque aux besoins du pays ; quand le manque se fait sentir, on en importe de la Haute-Saône principalement, et quelque peu de la Côte-d'Or.

Les régions inférieures expédient leur production sur les hauts-plateaux et dans la partie montagneuse.

LÉGUMES SECS.

Les régions viticoles produisent également des haricots ; le pois est cultivé un peu partout, mais principalement dans la région de Frasne (canton de Pontarlier). Les lentilles y sont aussi réputées.

Cette région fournit les deux tiers de la production du département.

FOURRAGES ET PAILLES.

L'exportation du fourrage se fait surtout dans l'ouest et le centre du département. Les gares de Saint-Vit, Besançon, Saône, l'Hôpital-du-Gros-Bois et Valdahon sont celles qui en expédient le plus.

Par contre, les régions montagneuses sont presque toutes acquéreurs de paille pour la litière des animaux.

VINS.

On ne saurait considérer le département du Doubs comme un département viticole ; néanmoins les transactions auxquelles donne lieu la production de ses 4,000 hectares de vignes méritent d'être signalées.

C'est dans les trois vallées presque parallèles du Doubs, de la Loue et de l'Ognon que l'on trouve les vignobles.

A signaler surtout Beure et Velotte (banlieue de Besançon), Boussières, Abbans, Byans, dans la première; Mouthiers, Lods, Vuillafans, Ornans, Liesle, Buffard, dans la seconde; Rougemont et Jallerange, dans la troisième.

Le vin du pays se rencontre peu dans le commerce; jusqu'à maintenant, en effet, il a été d'usage de vendre la vendange aux amateurs, qui la vinifient eux-mêmes.

Les populations des régions des vignobles et celles des plateaux environnants sont ainsi les clients des vignerons du pays.

CULTURES MARAÎCHÈRE ET FRUITIÈRE.

Besançon est un centre important de production maraîchère. On peut évaluer, en effet, à plus de 1,250,000 francs la valeur des produits obtenus par les maraîchers de la banlieue de Besançon.

Le marché de cette ville est très réputé, et c'est là que s'approvisionnent tous les marchands des quatre-saisons du département, de Belfort et de la frontière suisse, le Locle, Chaux-de-Fonds, Neuchâtel même.

La région d'Auxonne (Côte-d'Or) nous envoie également des primeurs, des asperges et surtout des fruits de table, abricots, pêches, etc.

A Besançon, la région des Chaprais fait surtout les primeurs sur couche, et une spécialité très réputée de melons.

Velotte et la commune de Beure fournissent les produits maraîchers de plein champ.

Besançon et ses environs, Avanne, Beure, Rancenay, produisent en abondance la cerise de table, et à la saison il s'en fait des exportations, même jusqu'à Paris.

Les mêmes régions fournissent également des pêches réputées.

Dans la Haute-Loue, Mouthiers, Lods, Vuillafans et Ornans, ainsi que dans certaines communes des environs de Montbéliard, Bavans, Etupes, Hérimoncourt, on récolte des cerises à kirsch dont le produit est très réputé.

Deux autres centres fournissent la mirabelle, utilisée pour les conserves et la distillation : c'est, d'une part, le groupe des trois communes d'Amagney, Deluz et Laissey, non loin de Besançon, et d'autre part, Marvelise, Gemonval et Onans, au nord du département (canton de l'Isle-sur-le-Doubs).

Pour les poires, les pommes, les prunes communes, on en produit à peu près partout, sauf dans la région élevée dépassant 600 mètres d'altitude.

BOIS D'ŒUVRE.

On serait incomplet en ne signalant pas l'exportation considérable de bois d'œuvre, sapin, épicéa, fourni par les belles forêts résineuses de nos montagnes.

Toutes les gares élevées ou situées au pied des montagnes sont d'importants lieux de chargement : telles sont celles de Morteau, Avoudrey, Pontarlier, Saint-Hippolyte, Boujailles, la Joux, Ornans, etc.

De nombreuses et importantes scieries établies sur nos cours d'eau livrent les bois aux travaux industriels.

DRÔME.

Le département de la Drôme produit partout des céréales, surtout du blé, ainsi que des pommes de terre. Partout aussi, les fourrages, principalement artificiels, sont abondants, et le bétail, pour les transformer, est nombreux. Sauf dans quelques rares communes, le nombre de sériciculteurs est élevé. On trouve la vigne dans toutes les situations où elle peut venir, mais elle domine seulement dans quelques régions peu étendues. Le noyer prospère à peu près dans tout le département. On ne rencontre l'olivier que dans le sud des arrondissements de Nyons et de Montélimar. Quelques cultures spéciales ont été entreprises avec succès : betteraves sucrières, oignons, asperges, cornichons, millet à balai, graines fourragères, graines potagères, tomates, pêches, cerises, prunes, poires et pommes à couteau, amandes, truffes. Enfin, dans les régions montagneuses, on récolte quelques produits spontanés du sol : fleurs de lavande, fleurs de tilleul.

CÉRÉALES.

Blé. — Le blé fait l'objet d'un commerce sensible seulement dans les cantons de Saint-Vallier, Tain, Romans, Bourg-de-Péage, Chabeuil, Valence, qui fournissent ensemble, en moyenne, 120,000 quintaux, dans les deux cantons de Crest (30,000 quintaux) et dans ceux de Montélimar et Pierrelatte (60,000 quintaux).

Les achats sont le plus souvent faits à la propriété. Des marchés importants et réguliers se tiennent à Saint-Vallier, Bourg-de-Péage, Beaurepaire, Tournon, Valence et Montélimar, au cours desquels les transactions interviennent surtout entre les négociants locaux et les minotiers. Les plus importants de ces derniers industriels sont à Valence, Livron et Montélimar.

Les blés de Montélimar et de Pierrelatte sont recherchés comme blés de semences dans tout le département.

Avoine. — Les cantons qui précèdent sont les seuls centres exportant de l'avoine en quantités notables qui sont de 90,000 quintaux pour la région Romans-Valence, de 20,000 quintaux pour celle de Crest et de 30,000 quintaux pour celle de Montélimar.

Les achats sont faits à la propriété par les négociants ou leurs commissionnaires. Les centres de consommation sont : Grenoble, Lyon et le Midi viticole.

POMMES DE TERRE.

Les quantités mises dans le commerce sont :

RÉGIONS.	SEMENCES.	CONSOMMATION.
	quintaux.	quintaux.
Valence-Romans...................................	20,000	10,000
Crest...	1,000	5,000
Luc-en-Diois et Châtillon-en-Diois.................	500	1,000

Les achats sont faits à la propriété et aussi sur les marchés de Romans, Grand-Serre, Saint-Vallier, Chabeuil, Loriol Crest et Die.

Les semences se répandent dans le département ainsi que dans le Gard, Vaucluse et Bouches-du-Rhône. Les tubercules, destinés à la consommation, sont vendus dans les villes du département, à Lyon et Grenoble.

FOURRAGES ET PAILLES.

On ne vend guère les pailles et les fourrages que dans les exploitations situées à une faible distance des gares des chemins de fer.

Les quantités exportées peuvent être évaluées, en moyenne, ainsi qu'il suit :

RÉGIONS.	LUZERNE OU FOIN.	PAILLES.
	quintaux.	quintaux.
Romans-Valence.........................	200,000	100,000
Vallée de la Drôme......................	50,000	20,000
Montélimar et Pierrelatte..............	100,000	80,000
TOTAL................	350,000	300,000

Les achats sont faits à la propriété. La luzerne, qui est le fourrage dominant, se dirige, ainsi que la paille, vers les centres viticoles du Midi (Cette, Montpellier, Béziers, Nîmes, etc.). Le foin de prairies naturelles est plutôt envoyé vers Lyon et Saint-Étienne.

VINS.

Les centres de production dans lesquels le commerce intervient dans le mouvement des vins sont d'abord ceux qui donnent des vins fins.

A la première place nous devons mettre les vins des côtes du Rhône, dont les principaux crus, par ordre de mérite, sont :

VINS ROUGES.

	hectolitres.
Grands vins de l'Ermitage, commune de Tain.....................	1,600
Rouges secondaires de Tain, pouvant vieillir comme l'Ermitage..........	2,500
Vins fins de Crozes, Érôme-Gervaus, Hercurol, Larnage..............	3,600
Vins fins de grand ordinaire de Larnage, de la Roche-de-Glun (Chânis), du Pont-de-l'Isère (Chânis), de Serves............................	3,000

VINS BLANCS.

	hectolitres.
Grands vins de l'Ermitage..................................	750
Vins fins de Crozes, de Mercurol, d'Erôme-Gervaus.................	1,200
Vins de grand ordinaire de Larnage, de Chanos-Curson..............	1,000

Toutes les communes qui précèdent appartiennent au canton de Tain.

Dans le Diois, on récolte environ 6,000 hectolitres de vin blanc doux moussant naturellement au printemps et analogue au vin d'Asti. On le produit surtout à Saillans, Espenel, Barsac, Vercheny, Aurel, Pontaix et Die.

Dans l'arrondissement de Montélimar, particulièrement à Allan, Saint-Pantaléon, Taulignan, Tulette, Suze-la-Rousse, etc., on obtient des vins qui constituent d'excellents produits de consommation courante, environ 10,000 hectolitres rouges.

Saillans et ses environs récoltent de 1,000 à 1,500 hectolitres de bons vins rouges.

Les vins de Tain sont achetés par le commerce et par une clientèle disséminée en France et à l'étranger. Les vins blancs de Die vont directement chez les débitants et les consommateurs. Les vins rouges de Montélimar et de Saillans sont pris par le commerce ou les consommateurs.

Dans le reste du département, la vigne produit seulement des vins rouges ordinaires de consommation courante, ne donnant lieu qu'à des transactions locales, sauf les vins de Saint-Vallier, Saint-Rambert-d'Albon qui font l'objet d'une exportation de quelques milliers d'hectolitres dans la Loire et la Haute-Loire.

CULTURES FRUITIÈRES.

Noix. — Le noyer est cultivé à peu près partout. Il est surtout abondant dans la vallée de la Drôme (canton de Crest, de Die, Luc-en-Diois, Saillans) dans le canton de la Motte-Chalançon et dans une région dont Romans est le centre commercial (Grand-Serre, Bourg-du-Péage, Saint-Jean-en-Royans, Chabeuil).

L'arrondissement de Die exporte presque exclusivement des cerneaux à destination des États-Unis, en moyenne 10,000 caisses de 25 kilogrammes, soit 5,000 quintaux représentant une valeur d'environ 700,000 francs. La région de Romans exporte une quantité analogue de cerneaux, mais, en plus, 70,000 kilogrammes d'huile de noix consommée dans les départements du Dauphiné, dans l'Ain, à Saint-Étienne et, aussi, 200 quintaux de noix de table vendues principalement à Marseille.

Les négociants ou leurs commissionnaires achètent directement à la propriété.

Olives. — Les seuls centres de la culture de l'olivier sont Nyons, Buis-les-Baronnies, Grignan et Saint-Paul-Trois-Châteaux.

L'importance de leur exportation est la suivante :

RÉGIONS.	OLIVES NOIRES DE CONSERVE.	HUILE.
—	quintaux.	quintaux.
Nyons...	7,000	1,400
Buis...	3,000	600
Grignan, Saint-Paul-Trois-Châteaux.................	200	50
Totaux.....................	10,200	2,050

Les olives de conserve sont achetées par les commerçants ou industriels de Carpentras sur les marchés de Nyons, de Buis-les-Baronnies et de Vaison.

Les huiles sont expédiées aux consommateurs disséminés dans la Drôme et les départements voisins, soit directement par les producteurs, soit par des négociants locaux.

Pêches. — Les principaux centres de production sont : Saint-Rambert-d'Albon, Andancette, Saint-Vallier, Tain, Serves, Érôme, Gervans, la Roche-de-Glun, Saint-Donat, qui en produisent en moyenne un million de kilogrammes.

Saint-Rambert-d'Albon compte, sur ce total, pour 700,000 kilogrammes.

Saillans, dans les bonnes années, expédie environ 10,000 kilogrammes.

Un marché aux fruits a été ouvert cette année, pour la première fois, à Saint-Rambert-d'Albon.

Les achats sont faits par des commissionnaires.

Cerises. — De Saint-Rambert d'Albon, de Serves, d'Érôme, d'Andancette, de Tain, de la Roche-de-Glun, on a expédié, en 1904, environ 250,000 kilogrammes de cerises et 500,000 kilogrammes de Montélimar, Donzère et Pierrelatte.

Ces fruits sont livrés aux représentants de grandes maisons d'expédition, qui les envoient à Lyon, Saint-Étienne, Genève, Paris, Bruxelles, Londres, Birmingham et Manchester.

Prunes fraîches. — Remuzat, Verclause, les Pilles, la Motte-Chalancon exportent, dans les bonnes années, 500,000 kilogrammes de prunes. Elles sont achetées sur place ou sur les marchés de Nyons, par des négociants ou des commissionnaires qui les expédient à Paris et à Lyon.

Pruneaux fleuris. — La Motte-Chalancon, Remuzat et Verclause transforment une partie de leur récolte en pruneaux fleuris. Des négociants expédient environ 600 quintaux à Lyon, à Agen, en Italie, en Allemagne, en Angleterre et aux États-Unis.

Poires et pommes à couteau. — Les régions de Nyons, de la vallée de Sainte-Jalle, de Condorcet, de Remuzat, de Nollans, de Buis-les-Baronnies, de Montbrun, de Séderon, vendent, sur les marchés de Nyons et de Buis-les-Baronnies, environ 10,000 quintaux de poires et pommes dans les années de bonne récolte.

Les régions de Die, de Châtillon-en-Diois, de Luc-en-Diois, de Crest, vendent directement aux négociants environ 5,000 quintaux.

Ces fruits vont un peu dans toutes les directions.

Amandes. — De Nyons, de la vallée de Sainte-Jalle, de Montbrun, de Remuzat des négociants envoient à Aix-en-Provence une moyenne de 40,000 kilogrammes d'amandes cassées. Les régions de Grignan, de Saint-Paul-Trois-Châteaux, de Marsanne, en fournissent 600 quintaux pour l'expédition dans la même ville.

CULTURES MARAÎCHÈRES.

Oignons. — Quelques communes des cantons de Saint-Vallier et de Tain consacrent quelques hectares à cette culture, donnant une récolte moyenne de 20,000 kilogrammes d'oignons vendus aux foires spéciales de Saint-Vallier et de Tournon (27 et 29 août).

Asperges. — Les cantons de Romans et de Saint-Donat envoient, par l'intermédiaire de négociants, environ 500,000 kilogrammes d'asperges à Lyon, Genève, Grenoble.

Tomates. — Dans les environs de Montélimar on cultive, depuis peu de temps, la tomate. Des maisons d'expédition en achètent environ 10,000 quintaux qu'elles expédient à Londres.

Cornichons. — Quelques communes des cantons de Romans, Saint-Donat, Saint-Jean-en-Royans, récoltent environ 500,000 kilogrammes de cornichons achetés par les industriels qui préparent des conserves à Anneyron et Romans.

CULTURES SPÉCIALES.

Betteraves sucrières. — Sont cultivées sur de faibles étendues, seulement dans les cantons de Grand-Serre, de Saint-Vallier, de Romans, de Valence, de Crest, de Loriol et de Montélimar. La production totale de 200,000 quintaux environ est expédiée à la sucrerie d'Orange.

Millet à balais. — On cultive une cinquantaine d'hectares de millet à balais dans les cantons de Pierrelatte et Saint-Paul-Trois-Châteaux, une trentaine à Montoison (canton de Crest).

Les graines sont utilisées pour la nourriture du bétail.

Une centaine de mille balais sont confectionnés avec les panicules de ces millets. Ces balais, achetés à la propriété, se répandent dans la Drôme et les départements du sud-est de la France.

Graines fourragères. — Le département livre au commerce environ 3,000 quintaux de graines de luzerne, dont 2,500 quintaux sont récoltés dans les vallées du Jabron et du Roubion et dans les plaines de Pierrelatte et de Montélimar. Le reste est obtenu dans la vallée de la Drôme et dans la plaine de Valence-Romans. Ces graines, achetées à la propriété, sont vendues en majeure partie à Paris, Lyon, Marseille, en Suisse et en Allemagne.

Graines potagères. — Dans les cantons de Valence, Chabeuil, Crest-Nord et Montélimar, on récolte 200,000 kilogrammes de graines de pois et 200,000 kilogrammes d'autres graines potagères (haricots, carottes, choux, oignons, radis, chicorée, laitue, navet, poireau, raifort, etc.). Le tout est acheté par les marchands de graines très importants de Valence et de Montélimar.

Truffes. — Les truffières artificielles se retrouvent surtout dans l'arrondissement de Montélimar. La production moyenne annuelle des principaux centres est :

Canton	de Grignan	15,000 kilogr.
	de Saint-Paul-Trois-Châteaux	9,000
	de Dieulefit	2,500
	de Montélimar	2,000
Bassin	de l'Eygues (cantons de Nyons et de Remuzat)	5,000
	de l'Ouvèze (canton de Buis-les-Baronnies)	4,500
Canton	de la Motte-Chalancon	2,000
	de Saillans	2,000

Dans chacun des cantons de Crest-Nord, Crest-Sud, Bourdeaux, Châtillon, Luc, Die, Saint-Vallier, Saint-Donat, Romans, Chabeuil, Saint-Jean-de-Royan, Loriol, la récolte varie de 200 à 400 kilogrammes.

La récolte totale moyenne du département est d'environ 46,000 kilogrammes.

Plusieurs marchés aux truffes se tiennent régulièrement dans les localités désignées ci-après pendant toute la période de la récolte : Grignan, Tauligan, Chamaret, Saint-Paul-Trois-Châteaux, Montségur, Dieulefit, Montélimar, Nyons, Buis-les-Baronnies, Mollans, Montbrun-les-Bains, Saillans, Romans, Saint-Donat.

Dans les cantons où la production truffière est de minime importance, une bonne partie de la récolte trouve des débouchés purement locaux.

La grosse production est achetée par les négociants de Carpentras.

Essence de lavande. — On distingue trois variétés de lavande donnant chacune une essence de qualité différente.

La *Lavandula vera* D C (*L. Spica* var. α-L) occupe les altitudes plus élevées que les autres variétés; son essence est plus estimée.

La production moyenne annuelle d'essence est de 4,500 kilogrammes dans chacun des cantons de la Motte-Chalancon et de Séderon, de 3,000 kilogrammes dans le canton de Luc-en-Diois, de 2,500 kilogrammes dans chacun des cantons de Bourdeaux, Saillans et Rémuzat, de 2,000 kilogrammes dans le canton de Nyons et dans celui de Buis-les-Baronnies, ce qui, avec la récolte obtenue dans les cantons de Pierrelatte, Montélimar et Grignan, constitue une production totale d'environ 25,500 kilogrammes d'essence de lavande vraie.

La *Lavandula latifolia* Vill. (*L. Spica* var. β.-L.), appelée vulgairement aspic, s'élève moins haut. On la rencontre dans les bas coteaux du département. Son essence a moins de valeur. La production moyenne totale s'élève seulement à environ 3,000 kilogrammes provenant des cantons de Saillans, Bourdeaux, Saint-Paul-Trois-Châteaux, Grignan, Nyons.

La *Lavandula vera latifolia* Chaten, variété hybride des deux précédentes, n'est guère distinguée que dans les cantons de Grignan et de Saint-Paul-Trois-Châteaux, où sa production totale ne dépasse pas 100 kilogrammes. Sa valeur est intermédiaire entre celle de l'aspic et de celle de la lavande vraie.

Les lavandes sont distillées fraîches. Elles sont vendues aux distillateurs à qui les essences sont achetées par des négociants faisant leur expédition à Grasse, Paris, Londres et les États-Unis.

Fleurs de tilleul. — Dans la vallée de Sainte-Jalle, à Vercoiran et à Saint-Auban, dans les Baronnies, on récolte 4,000 kilogrammes de fleurs sèches qui, achetées sur place par des négociants, sont envoyées à Nîmes, Lyon et Dijon.

EURE.

Les principaux produits agricoles du département qui sont l'objet d'une exportation sont : le blé, l'avoine, les pailles et fourrages, les fruits de table et les fruits à cidre.

CÉRÉALES.

Blé. — Les arrondissements des Andelys, d'Évreux et de Louviers, où se trouvent les régions agricoles dénommées Vexin normand, plateau du Neubourg et campagne de Saint-André, jettent sur le marché national des quantités importantes de blé.

D'après les renseignements fournis par la Compagnie de l'Ouest, l'exportation moyenne annuelle (années 1892-1893 à 1901-1902) s'élève à 500,000 hectolitres de grain compté à 75 kilogrammes; une forte partie est expédiée sous forme de farine.

Ce sont les minotiers de l'Eure qui s'occupent de cette exportation, faite le plus souvent vers Paris, mais aussi quelque peu vers le Sud-Est.

Le marché du Neubourg, seul, a gardé quelque importance. La vente sur échantillon est de plus en plus pratiquée.

Avoine. — Les centres de production de l'avoine sont aussi les plaines sèches granifères des régions productrices de blé.

Les marchés sont passés par des grainetiers du pays, qui agissent suivant des ordres envoyés par des correspondants.

L'exportation moyenne annuelle atteint 500,000 hectolitres à 47 kilogrammes. Les principaux pays de destination sont Paris et parfois Rouen et Le Havre.

Le marché du Neubourg a seul quelque importance. Le Vexin vend sur échantillon.

L'arrondissement de Pont-Audemer et celui de Bernay produisent à peine pour leurs besoins.

PAILLES ET FOURRAGES.

Dans les années d'abondance, on expédie des pailles et des foins de prairies artificielles surtout vers Paris, mais aussi en Basse-Normandie (environs de Saint-Lô, Carentan, etc.).

En 1902, on a vendu des foins de luzerne sortis de la pièce pour être conduits à la gare, de 48 à 52 francs les 1,040 kilogrammes, sur wagon.

Ce sont des agriculteurs du pays qui font les achats chez leurs voisins pour leurs correspondants.

En ce moment, on fait quelques wagons de paille de blé 1902, à raison de 23 à 25 francs les 1,040 kilogrammes, gare départ.

Les pailles et fourrages artificiels proviennent des cantons granifères; on expédie surtout par les gares de Romilly-la-Putenaye, Bacquepuis, Prey, Quittebeuf.

L'usage des expéditions en balles pressées se répand de plus en plus.

FRUITS DE TABLE.

En année moyenne, la vallée de la Seine (cantons de Vernon, de Gaillon et de Louviers) expédie 5,000 tonnes de fruits, prunes, cerises, poires et pommes à couteau. Les quatre cinquièmes sont expédiés en Angleterre, aux marchés de Londres, Liverpool, Manchester, Birmingham. Il existe des syndicats fruitiers très importants et très actifs à Gaillon et Vernon.

POMMES À CIDRE.

En année moyenne, l'Eure expédie 1,000 wagons de pommes sur Paris et l'Allemagne.

EURE-ET-LOIR.

CÉRÉALES.

Les céréales donnent lieu au mouvement d'affaires le plus important, et parmi celles-ci, le blé et l'avoine. Leur production est surtout intense dans la Beauce, mais l'appoint du Perche a aujourd'hui une importance réelle, car la généralisation de l'emploi des engrais a permis d'y élever très sérieusement les rendements.

Le marché de céréales le plus important est celui de Chartres, qui se tient tous les samedis. Toutes les affaires y sont traitées sur échantillon. D'après les renseignements qu'a bien voulu me fournir un des principaux négociants de la place, membre de la Chambre de commerce, on y vend en moyenne par marché :

	quintaux.		quintaux.
Blé	26,000	Orge	1,000
Avoine	11,250	Seigle	150

Le marché de Châteaudun, qui se tient le jeudi, vient le second comme importance, au point de vue des grains. On y vend en moyenne par marché 8,000 quintaux de blé, 4,000 quintaux d'avoine, 1,200 quintaux d'orge et 100 quintaux de seigle.

Sur la place de Dreux, chaque lundi, les ventes atteignent en moyenne 6,000 quintaux de blé, 4,500 quintaux d'avoine, 400 quintaux d'orge et 300 quintaux de seigle.

A Auneau, le marché a lieu le vendredi; les affaires traitées s'élèvent en moyenne, par marché, à 3,500 quintaux de blé, 3,750 quintaux d'avoine, 1,000 quintaux d'orge et 100 quintaux de seigle.

Au marché de Bonneval, le lundi, il se traite en moyenne : 2,500 quintaux de blé, 1,500 quintaux d'avoine, 1,000 quintaux d'orge et 50 quintaux de seigle.

Voves, à son marché du mardi, voit vendre en moyenne : 2,000 quintaux de blé, 2,250 quintaux d'avoine, 1,000 quintaux d'orge et 100 quintaux de seigle.

A Nogent-le-Rotrou, le samedi, il se vend en moyenne, par marché : 2,000 quintaux de blé, 1,500 quintaux d'avoine, 600 quintaux d'orge et 300 quintaux de seigle.

Brou a son marché le mercredi; on y vend en moyenne, par séance : 2,000 quintaux de blé, 1,125 quintaux d'avoine, 50 quintaux d'orge et 40 quintaux de seigle.

Gallardon, dans le canton de Maintenon, a un marché assez important. On y vend chaque mercredi, en moyenne : 1,500 quintaux de blé, 1,500 quintaux d'avoine, 500 quintaux d'orge et 100 quintaux de seigle.

Le marché de Maintenon, le lundi, est sensiblement moins important. Ici, le centre des affaires ne coïncide pas avec le centre administratif.

Le marché de Courville se tient le jeudi; on y vend en moyenne : 1,200 quintaux de blé, 1,500 quintaux d'avoine, 50 quintaux d'orge et 20 quintaux de seigle.

A Brezolles, le marché a lieu le samedi; on y vend en moyenne : 1,200 quintaux de blé, 1,500 quintaux d'avoine, 50 quintaux d'orge et 100 quintaux de seigle.

Illiers tient son marché le vendredi; chaque semaine on y vend, en moyenne : 1,000 quintaux de blé, 1,500 quintaux d'avoine, 100 quintaux d'orge et 50 quintaux de seigle.

A Nogent-le-Roi, le marché a lieu le samedi; on y vend en moyenne à chaque réunion : 1,000 quintaux de blé, 1,500 quintaux d'avoine, 50 quintaux d'orge et 100 quintaux de seigle.

Au marché de la Loupe, le mardi, il se traite en moyenne, par semaine : 1,000 quintaux de blé, 1,125 quintaux d'avoine, 100 quintaux d'orge et 50 quintaux de seigle.

Le marché se tient à Janville le mercredi. Il s'y vend en moyenne par réunion : 1,000 quintaux de blé, 750 quintaux d'avoine et 800 quintaux d'orge.

Les autres marchés ont peu d'importance. Celui de Châteauneuf a lieu le mercredi; il s'y traite par semaine environ : 400 quintaux de blé, 1,125 quintaux d'avoine, 25 quintaux d'orge et 50 quintaux de seigle en moyenne.

A Épernon, le mardi, il se vend 200 quintaux de blé, 375 quintaux d'avoine, 25 quintaux d'orge et 50 quintaux de seigle.

A Courtalain, il se vend, chaque lundi : 300 quintaux de blé, 75 quintaux d'avoine et 10 quintaux de seigle.

La Bazoche-Gouët tient son marché le samedi, il s'y vend en moyenne 5oo quintaux de blé, 75 quintaux d'avoine, 1o quintaux d'orge et 1o quintaux de seigle.

PRODUCTION MARAÎCHÈRE.

La culture maraîchère n'a dans le département qu'une importance locale, car ses produits sont à peine suffisants pour les besoins de la consommation. Orléans fournit en effet les asperges; la Bretagne et Paris envoient des primeurs. Le plateau de Beauce, sec et sans eau pour l'arrosage, pas plus du reste que les plateaux du Thymerais, ne se prêtent à la culture légumière.

Ce n'est que dans la vallée de l'Eure, à Courville, Chartres, Nogent-le-Roi; sur les bords du Loir, à Châteaudun; dans les marais assainis de la Conie; à Dreux, sur la Blaise; à Nogent-le-Rotrou, sur l'Huisne, que cette production a quelque importance.

Au point de vue de l'importance de la production, Nogent-le-Roi tient la tête.

Chartres vient immédiatement ensuite, puis c'est Dreux, dont une partie des produits sert à l'alimentation du personnel des fabriques de l'Avre, dans l'Eure.

Les environs de Châteaudun, aidés de l'appoint de Bonneval et des rives de la Conie, où l'on fait de gros légumes et beaucoup de plants, alimentent la ville et les régions voisines.

Chartres tire aussi des produits de la Conie et de Courville, sauf pendant les fortes gelées.

Courville envoie aussi des produits à Nogent-le-Rotrou qui se suffit à peine.

Nogent-le-Roi écoule ses produits sur les plateaux environnants, sur Dreux, sur Châteauneuf.

PRODUCTION FRUITIÈRE.

Les fruits à couteau (poires et pommes) sont produits en assez grande abondance dans la vallée de l'Eure, de Chartres à Anet, et dans la vallée de son affluent la Voise, d'Auneau à Maintenon.

Les principaux centres autour de Chartres sont Morancez, Luisant, le Coudray, Lèves.

En allant sur Maintenon, on rencontre Oisème (commune de Gasville), Saint-Prest, Jouy, Saint-Piat et Maintenon.

Sur la Voise, en remontant son cours, on trouve Gallardon, qui produit beaucoup de pommes expédiées à Paris; puis Auneau, qui vend beaucoup de fruits aussi à Paris.

A Nogent-le-Roi, Chaudon, Villemeux, Dreux, on expédie beaucoup de fruits pour la Russie (dit-on) et pour Paris. Il faut y joindre les centres de Crécy, Aunay-sous-Crécy, Tréon, Fermanicourt, Sorel, Anet et Oulins.

FINISTÈRE.

Les productions qui sont l'objet d'un commerce important dans le département du Finistère sont les pommes de terre, les choux pommés et les choux-fleurs, les pois et les haricots, les fraises, les artichauts, les pommes à cidre.

AVOINE.

La production de l'avoine, dans le département du Finistère, dépasse les besoins de la consommation et 3o,ooo tonnes environ sont expédiées annuellement par la voie de fer et par la voie de mer. Les principaux centres de transactions sont Quimper, Pont-l'Abbé, Quimperlé, Châteaulin et Port-Launay, Landerneau et Morlaix. Les ports par lesquels s'écoule l'avoine sont Quimper, Pont-l'Abbé, Port-Launay, Brest et Morlaix. Le grain est dirigé sur Bordeaux, Brest et Paris.

POMMES DE TERRE.

Le département du Finistère produit trois sortes de pommes de terre : des pommes de terre de primeurs, pour la consommation des villes, des pommes de terre de grosse consommation, des pommes de terre de grande culture.

Les pommes de terre de primeurs sont produites à Roscoff et à Saint-Pol-de-Léon. Elles sont vendues sur ces marchés pour Paris, les grandes villes de France et d'Angleterre, plus particulièrement à Southampton et à Londres.

Les transactions portent sur 4,ooo ou 5,ooo tonnes.

Les pommes de terre de grosse consommation sont produites un peu partout dans le département, mais cette production a une importance toute spéciale dans le canton de Pont-l'Abbé et en particulier dans la commune de Loctudy. Ces pommes de terre sont presque toutes exclusivement vendues sur le marché de Cardiff (Angleterre) où elles sont consommées par les mineurs. Le commerce se fait surtout par le port de Loctudy et il porte annuellement sur 20,ooo à 25,ooo tonnes. En arrière-saison, c'est-à-dire en octobre, novembre et décembre, les commerçants se procurent des pommes de terre en dehors de Pont-l'Abbé, particulièrement dans les arrondissements de Quimper et de Quimperlé et chargent quelques bateaux pour l'Angleterre.

Les pommes de terre de grande culture ne sont l'objet d'aucun commerce intéressant, les villes où se passent les transactions sont Quimper, Quimperlé, Saint-Pol, Morlaix et Brest.

CULTURE MARAÎCHÈRE.

Choux pommés et choux-fleurs. — Roscoff, ou, pour mieux dire, les cantons de Saint-Pol, de Plouescat et de Taulé, expédient des quantités considérables de choux pommés et surtout de choux-fleurs. Ces produits, dont le commerce atteint annuellement 1,200,000 francs, se vendent principalement à Roscoff. Les expéditions ont lieu sur toutes les villes du Finistère, sur les grandes villes de la Bretagne, sur Paris, l'Angleterre, l'Allemagne, la Belgique et la Suisse.

Les cantons de Douarnenez, Pont-l'Abbé, Plogastel-Saint-Germain, Brest, produisent aussi une certaine quantité de choux pommés et même de choux-fleurs dont il est difficile de donner un chiffre approximatif et qui se vendent sur place.

Pois et haricots. — Les pois sont cultivés dans les cantons de Pont-l'Abbé, Plogastel-Saint-Germain et Daoulas. Le commerce se fait dans les villes de Douarnenez, de Pont-l'Abbé et de Plougastel-Daoulas. Ils sont mis en conserve à Quimper, Douarnenez, Concarneau, Le Faou et quelquefois à Lorient (Morbihan) quand les industriels de cette ville font des prix avantageux aux producteurs finistériens.

De ces derniers centres, les pois de conserves sont dirigés sur tout le continent.

A Plougastel-Daoulas, les pois de primeurs, en raison de leur grande valeur, ne sont pas achetés par les fabricants de conserves, ils sont expédiés par voie ferrée sur Paris et par bateaux sur les villes de Southampton, Birmingham, Liverpool et Londres. L'ensemble des transactions faites sur les pois est impossible à chiffrer en raison de l'extrême variabilité des cours et, comme conséquence, en raison des très grandes différences de superficies ensemencées chaque année ; on peut cependant l'estimer 150,000 ou 200,000 francs.

La production du haricot est faible et ne donne lieu qu'à peu de transactions.

Artichauts. — L'artichaut est produit dans le rayon de Roscoff. Il est commercé dans cette dernière ville, en partie consommé sur place ou dans le département, en partie exporté sur le marché de Paris. Son commerce se chiffre par 200,000 francs environ.

Oignons. — La culture de l'oignon prend de plus en plus d'importance aux environs de Roscoff. La variété cultivée dite *oignon de Roscoff* est rouge, assez hâtive, de bonne garde. Les oignons sont expédiés par le port de Roscoff et vendus en grande partie sur tous les marchés de l'Angleterre par les Roscovites eux-mêmes. Les ventes atteignent annuellement 500,000 francs. Une faible portion de la récolte est vendue sur les marchés des villes du Finistère.

CULTURES FRUITIÈRES.

Fraises. — La production des fraises est spéciale à la commune de Plougastel-Daoulas, elle s'étend sur 200 ou 250 hectares. Les transactions s'élèvent de 500,000 à 800,000 francs par an suivant la récolte. Le marché se fait au bourg de Plougastel-Daoulas ; il a lieu tous les jours pendant la saison de la récolte qui s'étend du 15 mai au 15 juillet. Les fraises de première saison sont en partie expédiées sur Paris, mais, en raison de leur faible qualité, ce commerce prend fin aussitôt qu'apparaissent les fraises du Midi. A partir de ce moment et, d'ailleurs, dès le début de la saison, les fraises sont exportées en Angleterre ; elles sont vendues à Londres, Southampton, Manchester, Liverpool, Birmingham et quelquefois en Irlande et en Écosse.

Pommes à cidre. — Le Finistère produit une grande quantité de pommes à cidre qui sont l'objet d'un commerce très actif. Cette production intéresse particulièrement le Sud-Finistère. Elle est importante dans les cantons de Fouesnant, Concarneau, Quimper, Pont-Aven, Quimperlé, Arzano et Châteaulin. Ces pommes sont les unes acides, les autres douces, d'autres enfin très amères.

Les pommes acides et les pommes douces sont recherchées par les Allemands qui les prennent en majeure partie à Quimperlé, à Pont-Aven, à Fouesnant et à Châteaulin. En 1901, il en a été vendu 1 million de kilogrammes environ, à raison de 80 francs les 1,000 kilogrammes.

Le mélange des pommes douces et des pommes amères, variétés qu'on trouve aisément dans les centres indiqués, est acheté par les départements limitrophes du Finistère, quand leur production est insuffisante et quand elle est bonne dans celui-ci.

Le Sud-Finistère fournit aussi des pommes au Nord-Finistère. Les principales gares expéditrices sont Quimperlé, Quimper et Châteaulin. Dans les années de production, Quimperlé expédie 2,000 wagons de pommes, Quimper 1,000 wagons et Châteaulin 500 wagons.

GARD.

Les principales cultures du département du Gard sont : la vigne, les fourrages et les céréales; mais les cultures maraîchères et fruitières y sont aussi pratiquées avec succès. Il convient de signaler encore certaines cultures secondaires spéciales à ce département, telles que celles du micocoulier, du sorgho à balai et du fenouil.

CULTURES FRUITIÈRES.

Des cultures fruitières assez importantes existent principalement dans la vallée du Rhône. Parmi celles qui donnent lieu à un courant d'affaires sérieux, à une véritable exportation, nous citerons le cerisier, l'abricotier, le pêcher et le prunier.

On trouve ces cultures dans presque toutes les communes des cantons d'Aramon, de Remoulins, de Villeneuve-les-Avignon, de Roquemaure, de Bagnols et de Pont-Saint-Esprit.

A Sauve, on cultive aussi le cerisier. Cette culture est même très spéciale à la localité. C'est le bigarreau de Sauve, variété très hâtive, à fruits fermes et colorés, que l'on propage. On greffe sur merisier, arbuste qui croît spontanément dans les garrigues. En année moyenne, l'importance de la récolte varie de 25,000 à 30,000 kilogrammes. Cette récolte est vendue principalement sur les marchés de Paris et de Londres. Dans la vallée du Rhône, la récolte des cerises donne lieu à un commerce considérable. Les marchés d'Aramon et de Bagnols sont importants. Les cerises sont expédiées à Paris et aussi en Allemagne, en Angleterre et même en Russie. On expédie plus de 900 tonnes.

L'abricotier est très souvent associé au cerisier. Les produits sont vendus sur les grands marchés. Quand la récolte est abondante, l'abricot est utilisé pour la confiserie.

Le pêcher et le prunier ont moins d'importance que le cerisier et l'abricotier. Néanmoins la culture de ces deux essences fruitières mérite d'être signalée.

CULTURES MARAÎCHÈRES.

Parmi les cultures maraîchères qui se font sur une assez grande échelle, nous signalerons la tomate, le chou-fleur, la chicorée frisée et les haricots.

L'importance de ces produits maraîchers est la suivante :

Tomates	900 à 1,000 tonnes.	
Choux-fleur	650	700
Chicorée	350	400
Haricots	200	250

Ces produits sont portés sur les marchés de Bagnols, Roquemaure, Villeneuve et Uzès, et expédiés ensuite à Paris, Lyon, Saint-Étienne, Londres et Genève et aussi en Allemagne par Pagny.

SORGHO À BALAIS.

Cette plante occupe dans le Gard et particulièrement dans l'arrondissement d'Uzès, année moyenne, une surface de 3,200 hectares et produit environ 45,000 quintaux de grains et 41,000 quintaux de paille.

Le grain est destiné à l'alimentation du bétail. Il se vend sur les marchés de

Bagnols, Pont-Saint-Esprit, Roquemaure, Uzès et Laudun et est dirigé ensuite sur les grands centres : Marseille, Lyon, Montpellier, Valence, etc.

La paille (panicules, panaches) est achetée soit sur les marchés indiqués précédemment, soit chez les producteurs eux-mêmes, et ne sort guère de la région qu'après avoir été travaillée, c'est-à-dire transformée en balais. La fabrique de balais du Gard la plus importante est celle de Saint-Géniès-de-Comolas.

Le prix de vente du grain et de la paille de sorgho est assez variable.

Voici quelques prix moyens :

	les 100 kilogr.
Grain..	8ᶠ à 8ᶠ 50
Paille..	17 23 00

FENOUIL.

Le fenouil est cultivé surtout dans le canton de Roquemaure. On compte, dans le Gard, environ 250 à 300 hectares de fenouil.

La culture du fenouil présente une organisation spéciale. Elle est donnée à l'entreprise. Ainsi la même personne, affiliée à diverses maisons de consommation, donne aux agriculteurs la graine pour la semence et s'engage, d'un autre côté, à prendre le produit à un prix fixé d'avance. Quelques propriétaires, néanmoins, restent libres et font la culture pour leur compte personnel, en se procurant eux-mêmes les semences et vendant les produits au moment qu'ils jugent le plus favorable.

Le rendement moyen du fenouil est de 15 quintaux par hectare. Les graines sont vendues 50 francs les 100 kilogrammes. Ces graines sont dirigées sur les villes possédant des distilleries, telles que : Avignon, Marseille, Montpellier, Valence, Grenoble, Lyon. Leur écoulement est assuré.

MICOCOULIER.

Le micocoulier est cultivé à Sauve, dans des terrains calcaires, très secs et pierreux. Ces terrains ont très peu de valeur; ce sont, pour ainsi dire, des garrigues. La culture du micocoulier à Sauve est très ancienne, et il existe certainement des troncs d'arbre qui sont plusieurs fois centenaires. Avec le micocoulier, on obtient des fourches. Chaque pied porte plusieurs rejets que l'on transforme, par une taille des plus simples, en fourche à trois pointes, et c'est vers l'âge de 4 à 5 ans que la fourche est bien formée.

Sauve produit annuellement 7,000 à 8,000 douzaines de fourches. Les producteurs, au nombre de 454, sont constitués en syndicat. Il existe une usine communale administrée par des délégués du syndicat ou par un adjudicataire spécial, où la fourche est préparée. Le prix de vente de la fourche brute, après la coupe, est actuellement de 9 francs la douzaine. Une fois les fourches préparées, courbées, rognées, elles sont réunies en ballots de 18 et vendues au prix de 20 francs le ballot.

Les pays consommateurs de fourches sont la région méridionale de la France, la Provence et surtout l'Algérie.

La fourche américaine, au moment de son apparition, porta un grave préjudice à la fourche de Sauve. On craignit même pour la culture du micocoulier. Le prix des fourches brutes en micocoulier baissa alors beaucoup et descendit à 4 francs la douzaine. Mais une fois la panique passée, les prix remontèrent à 7, 8 et 9 francs la douzaine, qui sont les prix actuels. Ajoutons que les rejets de micocoulier qui, pour des raisons variées, ne peuvent former des fourches, servent à faire des manches d'outils.

Châtaignier. — Le châtaignier qui boise les montagnes granitiques et schisteuses les Cévennes constitue un revenu très appréciable pour les populations agricoles des arrondissements du Vigan et d'Alais. D'une manière générale, il est cultivé pour ses fruits; cependant, sur quelques points, il est cultivé en taillis pour la fabrication des manches d'outils et des cercles de futailles.

Les variétés cultivées sont nombreuses. Parmi celles qui donnent les meilleurs fruits frais ou secs : le marron dauphinois dont les produits sont vendus à Paris sous le nom de marron de Nîmes, la pèlegrine, la gêne longue et la Ravairès. La variété figarette, de bonne qualité et très hâtive, se dépouille bien, mais est en général petite. Les centres producteurs de châtaignes sont, dans le Gard : Genolhac, la Grand'Combe, Saint-Ambroix, Barjac, Saint-Jean-du-Gard, Saint-André-de-Vallorgne, la Salle, le Vigan et Saint-Hippolyte-du-Fort.

Les châtaignes sont vendues principalement sur les marchés d'Alais, Saint-Ambroix, Anduze, Saint-Jean-du-Gard, Nîmes, le Vigan, Villefort (Lozère) au prix de 2 fr. 50 environ le double décalitre.

Ce commerce se fait par le négoce direct et le courtage. Avant d'être portées au marché, les châtaignes sont triées soit à la main, soit à l'aide de machines spéciales à mailles de trois diamètres différents. La première et la deuxième qualité sont livrées au commerce; quant à la troisième, elle est réservée pour l'usage de la maison. On ne soumet à la dessiccation que les châtaignes des deuxième et troisième catégories auxquelles on ajoute celles qui fournissent des variétés spéciales qui sont meilleures séchées que fraîches. Le marché principal des châtaignes sèches du Gard, de la Lozère et de l'Ardèche se tient à Villefort (Lozère).

HAUTE-GARONNE.

Dans la Haute-Garonne, la majeure partie des produits agricoles sont vendus aux foires et marchés en nature, ou sur échantillons, pour les grains en particulier. Seuls les petits producteurs vendent ces derniers directement au marché. Les courtiers qui achètent sur échantillons payent à la livraison et ils sont remboursés par les négociants auxquels les marchandises sont destinées.

Les fourrages, les pailles et le vin sont vendus à la propriété et très exceptionnellement sur échantillons présentés aux marchés.

Il y a, dans la Haute-Garonne, plus de cinquante marchés hebdomadaires, la plupart très fréquentés, et ainsi répartis[1] :

LUNDI.	MARDI.	MERCREDI.	JEUDI.	VENDREDI.	SAMEDI.
Bessières.	* Aurignac.	* Aspet.	* Caraman.	Alan.	* Baziège.
Cassagnabère.	* Beaumont-s.-L.	Bagnères-de-L.	* Carbonne.	* Auterive.	* Cazères.
Launac.	* Castanet.	* Boulogne.	* Fronton.	Mane.	Fos.
* Montréjeau.	* Cintegabelle.	* Cadours.	Léguevin.	* Saint-Martory.	* Grenade.
Rieux.	* Lévignac.	* Fousseret.	Martres.	Saint-Plancard.	* L'Isle-en-D.
* Salies.	Longages.	Gaillac-Toulza.	* Ricumes.	* Toulouse.	* Lanta.
* Toulouse.	Saint-Béat.	* Miremont.	Rieux.	* Villefranche.	* Montastruc.
	Saint-Félix.	* Nailloux.	* Saint-Gaudens.		* Montesquieu-V.
	* Saint-Lys.	* Saint-Sulpice.	Venerque.		* Muret.
	* Verfeil.	* Toulouse.			* Revel.
					* Villemur.

[1] Les localités marquées * sont celles des marchés importants.

Les principales productions agricoles sont les suivantes.

CÉRÉALES.

Blé. — La culture du blé occupe environ 130,000 hectares sur les 629,600 que comprend au total la Haute-Garonne.

Elle tient une place importante dans toutes les régions du département en dehors de la partie tout à fait montagneuse.

La récolte de 1902, qui peut être considérée comme ordinaire, a été de 1,916,000 hectolitres (dont le poids du grain a été cependant au-dessous du poids normal : 77 kilogr. 32 au lieu de 78 à 81 kilogr.) et de 1,481,600 quintaux de grains.

Aujourd'hui, le blé se vend communément aux 80 kilogrammes sur tous les marchés du département, et les prix ont varié, en 1903, entre 15 et 16 francs les 80 kilogrammes.

Les ventes se font généralement sur échantillons à des courtiers qui servent d'intermédiaires entre la minoterie et les producteurs et qui payent eux-mêmes ces denrées.

Les petits producteurs seuls portent tout ou partie de leur récolte au marché et la vendent ainsi à la halle même.

Les autres la transportent dans les sacs des négociants à la gare ou au quai du canal, ou à l'entrepôt désignés par eux. Le payement a lieu généralement au comptant.

Les marchés les plus importants sont ceux qui suivent la moisson et les premiers battages. A cette époque, le Centre et le Nord viennent souvent acheter chez nous, surtout si la récolte s'annonce tardive ou médiocre dans ces pays.

Les principaux négociants de Toulouse font eux-mêmes la plupart des achats pour les départements étrangers.

Les minotiers des départements viticoles : Aude, Hérault, Pyrénées-Orientales, etc., s'adressent également pour leurs achats de blé et de farines à la Haute-Garonne.

La consommation annuelle à raison de 172 kilogrammes de farine par habitant..	919,425 quintaux.
La semence pour 130,000 hectares absorbe..................·	195,000
Les animaux de basse-cour et autres en consomment environ........	70,000
Totaux...................................	1,184,425

Il y aurait donc eu en 1903, d'après ces bases, 297,175 quintaux, soit 300,000 quintaux de blé à exporter, sous forme de farine principalement.

Les fabriques de pâtes alimentaires de Villemur et de Toulouse importent chaque année environ 30,000 quintaux de blés durs.

Il y a dans la Haute-Garonne 365 minoteries petites ou grandes pouvant moudre ensemble journellement 5,000 quintaux de grains.

Celles de Toulouse seules peuvent moudre 2,500 sacs de blé de 80 kilogrammes par jour.

Ce n'est que par exception que la Haute-Garonne exporte du blé en nature; elle importe, par contre, une assez grande quantité de grains du Centre, du Poitou et de l'Orléanais.

C'est ainsi que, pendant le premier semestre suivant la récolte de 1903, qui dépassait beaucoup les besoins de la consommation locale, on a importé dans la Haute-Garonne près de 100,000 quintaux de blé.

Seigle, méteil, sarrasin et orge. — Le seigle, cultivé sur 3,320 hectares, produit 37,080 quintaux métriques.

Le méteil, cultivé sur 2,970 hectares, produit 32,560 quintaux métriques.

Le sarrasin, cultivé sur 2,700 hectares, produit 16,300 quintaux métriques.

Ces céréales, produites dans l'arrondissement de Saint-Gaudens, sont consommées sur place.

L'orge, cultivé sur 2,130 hectares, produit environ 25,000 quintaux métriques, en partie consommés chez les producteurs eux-mêmes (pour la nourriture des bestiaux).

Les brasseurs de Toulouse en achètent une certaine quantité, mais ils préfèrent les orges des départements méditerranéens et d'Algérie.

Avoine. — L'avoine, qui occupe dans la Haute-Garonne une superficie de 35,000 hectares, est cultivée principalement dans les arrondissements de Toulouse et de Muret.

La moyenne de la production annuelle est environ de 450,000 quintaux de grains, mais la récolte est fort variable suivant les années (383,000 quintaux en 1902 et 460,000 en 1903).

La production du département ne suffit pas à la consommation, qui est de 500,000 quintaux environ, semences comprises.

Suivant l'importance de la récolte, les cultivateurs donnent plus ou moins d'avoine à leurs chevaux; néanmoins on importe, bon an, mal an, 80,000 à 90,000 quintaux métriques d'avoine venant du Centre, de Vendée, de Bretagne et un peu d'Algérie.

En année moyenne, 20,000 à 30,000 quintaux sont exportés dans les départements du littoral méditerranéen.

Les prix, en 1903, ont varié suivant les lieux et les qualités, entre 6 fr. 50 et 8 fr. 50 l'hectolitre de 50 kilogrammes.

Maïs. — Le maïs occupe 45,500 hectares, principalement dans les terres fortes et les sols d'alluvions du Lauraguais N. E. et Est du département et des cantons similaires du N. E. et de l'Est. Sa culture est d'ailleurs disséminée sur de petites surfaces dans le reste du département.

La production moyenne annuelle est de 1 million d'hectolitres en chiffres ronds (en 1902, année normale ; 1,009,293 hectolitres, pesant 71 kilogr. 81 = 725,827 quintaux métriques).

Une partie de la récolte est consommée sur place pour la consommation humaine (sous forme de galettes appelées *millas*) et pour la nourriture et l'engraissement des animaux, des porcs et des volailles principalement.

L'exportation est environ de 120,000 à 150,000 quintaux métriques annuellement, à destination des départements voisins et de l'Aveyron pour l'engraissement des porcs et volailles, puis du Centre et de l'Ouest pour semence de maïs fourrage, de l'Est enfin pour distillerie.

Les époques des transactions les plus actives sont, pour les premières destinations, les mois de novembre, décembre et janvier, puis pour les ensemencements, les mois d'avril et de mai.

Les cours, au printemps, sont plus élevés qu'en hiver, mais en réalité le grain étant d'autant plus sec que l'on s'éloigne davantage de la récolte, cette élévation du prix de l'hectolitre n'est qu'apparente.

Le maïs roux et les millettes (à grains triangulaires bien cornés) sont réservés de préférence pour les ensemencements de maïs fourrage et coûtent 0 fr. 50 à 1 franc de plus que le maïs blanc à gros grains réservé pour l'alimentation.

Les cours, en 1903, ont varié entre 11 fr. 50 et 12 fr. 50 l'hectolitre.

CULTURES MARAÎCHÈRES.

Haricots, fèves, pois, betteraves, etc. — Ces plantes sont cultivées sur de trop faibles surfaces pour suffire aux besoins de la consommation du département.

Les négociants de Toulouse et des principales villes en importent des départements plus septentrionaux des quantités d'ailleurs peu importantes.

On cultive aux environs de Toulouse quelques centaines d'hectares de produits maraîchers destinés en grande partie à la consommation des habitants de cette ville ou qui sont expédiés vers Paris ou l'Angleterre : ail, cornichon, melon, asperge, petits pois, pommes de terre, etc.

Pour l'exportation, des courtiers spéciaux font les achats sur les marchés ou s'adressent directement à la propriété.

POMMES DE TERRE.

La pomme de terre ne donne des rendements vraiment rémunérateurs que dans la région pyrénéenne (arrondissement de Saint-Gaudens) et cantons voisins et dans quelques communes des cantons de Revel et de Nailloux, où le climat est tempéré par le voisinage de la Montagne-Noire.

L'arrondissement de Saint-Gaudens en cultive 10,750 hectares sur les 20,500 que comprend l'ensemble du département.

La production moyenne est de 1,130,000 quintaux métriques de tubercules. On ne trouve guère de quantités importantes de pommes de terre que sur les marchés de la région indiquée ci-dessus qui approvisionnent le reste de la Haute-Garonne.

De petites quantités de pommes de terre sont exportées dans les départements méditerranéens; mais les importations sont partout beaucoup plus importantes et paraissent dépasser 130,000 quintaux provenant surtout du centre de la France.

Les cours sur les marchés, en 1903, ont varié entre 2 fr. 50 et 3 fr. 50 l'hectolitre.

CULTURES FOURRAGÈRES.

Prairies artificielles. — Le trèfle, cultivé sur 9,340 hectares disséminés en parties sensiblement égales dans les quatre arrondissements, sert à la consommation sur place des animaux de la ferme. Il est rarement vendu.

La luzerne et le sainfoin ou esparcette occupent ensemble, dans la même région que le maïs principalement, une superficie de 44,266 hectares sur lesquels les deux tiers environ sont en luzerne.

L'esparcette est presque totalement consommée dans le département; par contre, on exporte, si je ne me trompe, de 750,000 à 800,000 quintaux métriques de luzerne

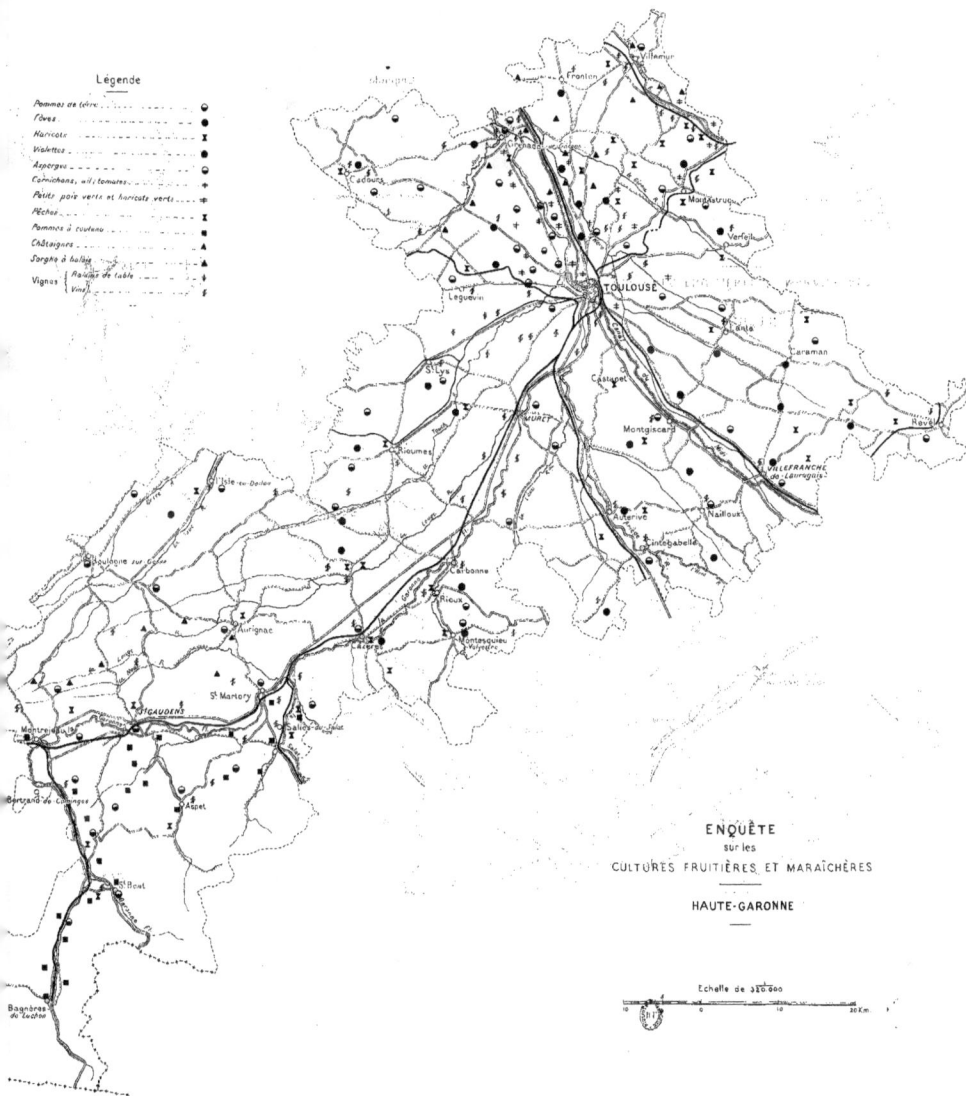

Légende

Pommes de terre .... ⬤
Fèves .... ⬤
Haricots .... ✕
Violettes .... •
Asperges .... ✦
Cornichons, ail, tomates ...... ✚
Petits pois verts et haricots verts ... ✚
Pêches .... ✕
Pommes à couteau .... ✕
Châtaignes .... ▲
Sorgho à balais .... ✦
Vignes { Raisins de table ..... ✦
         { Vins .... ✦

ENQUÊTE
sur les
CULTURES FRUITIÈRES ET MARAÎCHÈRES
—
HAUTE-GARONNE
—

Echelle de ⅟₃₂₀.₀₀₀

vers les départements méditerranéens, dans l'Aude, l'Hérault et les Pyrénées-Orientales principalement.

Les courtiers et les négociants se rendent généralement chez les agriculteurs avec leurs presses à fourrage. L'on fournit de part et d'autre le personnel nécessaire au pressurage; le producteur transporte ensuite les balles pesant 85 à 100 kilogrammes à la gare de chemin de fer ou au quai du canal le plus proche. C'est par exception que l'on vend sur simple échantillon au marché.

A Toulouse, les cultivateurs des environs apportent le fourrage non pressé, par charretées plus ou moins importantes, aux marchés qui ont lieu les lundi, mercredi et vendredi de chaque semaine, place Matabiau, place Saint-Michel et place Roguet, pour la consommation des chevaux de la ville.

La moyenne du prix du quintal métrique du fourrage en 1903 a été de 4 fr. 50 les 100 kilogrammes.

La production totale des fourrages artificiels est environ de 2,200,000 quintaux métriques.

Prairies naturelles. — Les prairies naturelles, disséminées dans tout le département au voisinage des ruisseaux, sont surtout étendues dans l'arrondissement de Saint-Gaudens, où elles occupent 33,000 hectares sur 50,400 de l'ensemble du département.

La production des trois autres arrondissements est presque entièrement consommée sur place ou vendue pour la cavalerie de Toulouse.

Une partie de celle de l'arrondissement de Saint-Gaudens et des cantons voisins est achetée, comme les fourrages artificiels du reste du département, par des courtiers ou des négociants qui l'expédient principalement dans le Bas-Languedoc.

Sur les 1,750,000 quintaux produits en 1902, l'on a dû exporter environ 300,000 quintaux.

Les cours moyens du quintal métrique ont été compris entre 3 fr. 50 et 5 fr. 50.

Pailles. — La production totale des pailles de céréales est de 3,500,000 quintaux environ et en moyenne annuellement.

La cavalerie de Toulouse absorbe une assez grande quantité de ce qui n'est pas indispensable aux agriculteurs, qui portent l'excédent soit aux mêmes marchés que les fourrages à Toulouse, soit, après la vente aux courtiers et aux négociants qui procèdent au pressurage comme pour les fourrages, aux stations de chemins de fer ou aux quais du canal le plus proches.

En 1902, l'on a exporté approximativement 200,000 quintaux de paille dans les départements du littoral méditerranéen surtout.

VINS ET RAISINS DE TABLE.

La ville de Toulouse est le principal débouché des raisins de table produits aux environs.

La production annuelle des vins sur les 30,000 hectares que possède aujourd'hui en vignes la Haute-Garonne est fort variable.

Elle a dépassé un million d'hectolitres en 1900 et 1901 pour tomber à 835,000 hectolitres en 1902 et à 500,000 hectolitres environ en 1903.

Les arrondissements de Toulouse et de Muret seuls ou à peu près produisent pour le commerce; ceux de Villefranche et de Saint-Gaudens, où la vigne est considérée comme culture accessoire, ne produisent que pour la consommation toute locale.

Les régions les plus réputées pour l'abondance et la qualité de la production sont celles de Fronton, Villaudric, Villemur, Grenade, Cugnaux, Fonsorbes, Muret, Longages, Carbonne, Cazères.

La Haute-Garonne importe beaucoup de vin provenant principalement de l'Hérault, de l'Aude, du Roussillon et de la Gironde. En 1901, les importations ont été de 607,600 hectolitres et, en 1902, de 685,870 hectolitres.

Les importations ont été considérables à cette époque à cause du bon marché extraordinaire des vins, dont le prix était alors descendu à 0 fr. 10 ou 0 fr. 15 le litre.

On a exporté par contre, en 1901 : 395,360 hectolitres et, en 1902 : 390,500 hectolitres dans toutes les régions de France et principalement les suivantes : Ariège (40,000 hectol.). Aveyron (25,500 hectol.), Cantal (25.100 hectol.), Gers, Hautes et Basses-Pyrénées, Tarn, Tarn-et-Garonne, Gironde, Paris.

La ville de Toulouse seule consomme normalement près de 300,000 hectolitres par an.

Le seul marché au vin que possède le département a été fondé à Toulouse (Halle aux grains) par le Comice agricole en 1902. Les affaires s'y traitent sur échantillons. Ailleurs, les courtiers et négociants parcourent les campagnes et achètent à la propriété.

Les cours sont extrêmement variables, suivant les milieux, les années et les qualités des vins. En 1902, le prix moyen de l'hectolitre a été de 16 fr. 50; en 1903, il a dépassé 20 francs, et il est, à la fin de décembre, de 25 francs environ.

En réalité, la consommation moyenne des habitants de la Haute-Garonne est, en année normale, de 720,000 hectolitres pour une population de 459,000 habitants.

Elle augmente un peu dans les années d'abondance et diminue en temps de disette. Les importations et les exportations varient avec les mêmes facteurs.

SORGHO À BALAIS.

Le sorgho à balais est cultivé sur 900 hectares environ dans la partie septentrionale du département.

Les rendements par hectare sont approximativement de 40 hectolitres de grains vendus en partie pour la consommation des volailles et 1,500 kilogrammes de paille à balais.

Grains et pailles sont vendus principalement sur les marchés de Grisolles (Tarn-et-Garonne), de Grenade et de Villemur à une moyenne de 27 francs les 100 kilogrammes de paille et 6 fr. 50 l'hectolitre de grains.

Un petit nombre des fabricants de balais du Nord et de l'Ouest achètent quelques wagons de paille, mais la majeure partie de la production trouve un écoulement facile dans les manufactures locales.

GERS.

Les principales productions agricoles du Gers sont :

1° Le blé et l'avoine; 2° le vin; 3° les animaux; 4° les volailles et les œufs.

L'horticulture est peu pratiquée dans ce département. Chaque exploitation possède bien un jardin, mais il ne produit qu'à peine pour subvenir aux besoins de la maison. Ces jardins ne fournissent guère que des légumes, les arbres fruitiers y font le plus souvent défaut. C'est que le climat du pays n'est pas favorable à la production fruitière, qui ne donne que de faibles résultats, et encore très intermittents. Aussi les arbres fruitiers sont peu cultivés, tant dans les jardins qu'en grande culture. En somme, les agriculteurs tirent peu de revenus de ce côté et les spécialistes sont rares.

L'horticulture ne présente donc pas d'intérêt pour le département du Gers.

La culture maraîchère a une certaine importance dans la banlieue des villes. Elle pourvoit, en effet, à l'approvisionnement de la population de ces centres. Mais la production ne s'étend pas au delà des besoins locaux. Il arrive même qu'elle ne les satisfait pas complètement, et les produits de Toulouse et d'Agen doivent compléter les apports nécessaires.

CÉRÉALES.

Blé. — Le blé occupe une superficie d'environ 120,000 hectares. Il représente la principale culture du département, celle vers laquelle convergent une grande partie des efforts des agriculteurs. Cette culture est d'ailleurs en progrès marqués depuis un certain nombre d'années. Les terres sont mieux préparées, plus propres; les engrais chimiques sont de plus en plus employés : on peut évaluer à 100,000 quintaux métriques la quantité de superphosphates appliquée aux dernières semailles. D'autre part, le nitrate de soude, qui était inconnu de la masse des cultivateurs il y a quelques années, est employé maintenant par beaucoup et la consommation augmente rapidement.

Le blé se cultive dans tout le département. Sa culture est assez prospère dans les arrondissements de Lombez et de Lectoure, qui possèdent des terres aptes à le produire. Les résultats sont moins bons dans les arrondissements d'Auch et de Mirande, dont les terrains sont plus maigres, plus secs. Malgré tout, cette céréale y représente la récolte principale.

Dans l'arrondissement de Condom, les cantons de Condom et de Valence se livrent avec succès à la culture du blé. Les terres du restant de l'arrondissement conviennent moins à cette plante et sa culture y est assez peu importante.

D'après la statistique agricole de ces dernières années, la production totale du blé dans le Gers aurait varié entre 1,700,000 et 1,900,000 hectolitres, soit une moyenne d'environ 1,800,000 hectolitres. Comme la consommation, semences comprises, peut être évaluée approximativement à 1,200,000 hectolitres, il resterait 600,000 hectolitres pour l'exportation.

Les blés exportés prennent diverses directions, qui peuvent même varier avec l'année. Mais le gros courant s'établit sur Toulouse et le Languedoc. La région pyrénéenne importe aussi nos blés, notamment le département des Hautes-Pyrénées.

Les principaux centres de vente des blés sont Auch, Lectoure, Fleurance, L'Isle-Jourdain, Gimont, Mauvezin, Samatan, Saramon, Condom, Riscle, Mirande, Vic-Fezensac, Seissan.

Avoine. — La culture de l'avoine a beaucoup moins d'importance que celle du blé. Cependant on lui consacre encore environ 40,000 hectares. L'avoine d'hiver est à peu près uniquement cultivée, le climat étant trop chaud et beaucoup de terres trop sèches pour que les variétés de printemps aient chance de réussir.

Il y a encore les arrondissements de Lombez et de Lectoure qui se livrent avec le plus de succès à cette culture. Cependant on la pratique plus ou moins dans tout le département.

D'après la statistique agricole, la production des dernières années aurait varié entre 700,000 et 900,000 hectolitres. Les semences absorbant environ 80,000 hectolitres, il reste une quantité importante qui doit être presque entièrement consommée dans le département, les chevaux y étant nombreux.

VIGNES.

Les vignes occupent une superficie d'environ 47,000 hectares dans le Gers. Elles sont réparties comme suit dans les arrondissements : Auch, 5,900 hectares; Lombez, 1,700; Condom, 23,600; Lectoure, 7,700; Mirande, 8,100.

Les vignobles de l'arrondissement d'Auch appartiennent pour une large part aux cantons de Vic-Fezensac et de Jegun. Les cantons d'Auch et de Gimont en possèdent de leur côté une certaine superficie. Comme on le voit, la vigne est tout à fait secondaire pour l'arrondissement de Lombez.

L'arrondissement de Condom a une certaine importance viticole. La répartition par cantons est la suivante : Condom, 3,020 hectares; Cazaubon, 4,880; Eauze, 4,580; Montréal, 4,500; Nogaro, 5,040; Valence, 2,640.

La vigne est cultivée sur une certaine échelle dans l'arrondissement de Lectoure, notamment dans les cantons de Fleurance et de Lectoure.

Tous les cantons de l'arrondissement de Mirande sont plus ou moins viticoles, à part cependant celui de Masseube. Ceux de Riscle, d'Aignan et de Marciac possèdent près de 2,000 hectares de vignes chacun.

Le Gers produit des vins rouges et des vins blancs. L'arrondissement de Condom et une partie de celui de Mirande se spécialisent dans les vins blancs. Partout ailleurs, on récolte surtout des vins rouges. La production totale est très variable : elle a atteint 1,200,000 hectolitres en 1904, après être descendue à 500,000 hectolitres en 1903.

En année abondante, le département est exportateur pour des quantités qu'il est difficile d'établir d'une façon précise, mais que l'on peut évaluer approximativement à 400,000 hectolitres. Il est, au contraire, importateur dans les années de production ordinaire. Le chiffre d'importation est naturellement très variable, il peut atteindre 100,000 hectolitres et aller au delà.

Les contrées à production importante exportent toujours, dans diverses directions. Par ailleurs, celles qui ont peu de vignes importent des vins du Languedoc pour la consommation locale.

Les principaux centres de vente des vins sont Eauze, Condom et Auch.

Les vins blancs de l'arrondissement de Condom sont en partie distillés et fournissent l'armagnac, eau-de-vie très réputée. L'Armagnac est divisé en trois crus : le Bas-Armagnac, la Tenarèze et le Haut-Armagnac. Le Bas-Armagnac produit les eaux-de-vie les plus fines et les plus bouquetées. Les principaux centres de production de cette région sont : Monlezun-d'Armagnac, Cazaubon, Estang, Castex, Caupenne, Le Houga, etc. En seconde ligne vient la Tenarèze avec les centres de production suivants : Eauze, Bretagne-d'Armagnac, Castelnau-d'Auzan, Montréal, etc. Le Haut-Armagnac s'étend sur une partie de l'arrondissement d'Auch; les principaux centres de production sont : Valence, Condom, Vic-Fezensac, Jégun. Je ne suis pas en mesure d'établir le chiffre de cette production qui, d'ailleurs, est très restreinte depuis plusieurs années.

GIRONDE.

Trois cours d'eau à direction générale constante, le Barthos, le Ciron et la Garonne, qui devient Gironde au Bec d'Ambès, où elle reçoit la Dordogne, constituent la ligne qui divise le département, du sud-est au nord-ouest, dans sa plus grande longueur, en deux régions bien distinctes : à droite, sur 400,000 hectares, une série de collines et de plateaux étagés jusqu'à une altitude de 180 mètres sur les confins du Lot-et-Garonne; à gauche, une immense plaine de sable de 600,000 hectares que bornent à l'ouest les dunes du Golfe de Gascogne et que dénivelle à peine sur le bord du fleuve le sillon calcaire du Médoc.

Dans la région des sables, la forêt et, par places de plus en plus restreintes, la lande occupent la presque totalité du terrain. Du seigle et du millet, quelques herbages naturels sont, avec la résine et le pâturage, les seules productions agricoles. A droite du sillon longitudinal du Médoc, la vigne est peut-on dire exclusive de toute autre culture; il en est de même dans les îles de la Gironde. Les pâturages, qui s'étendaient naguère encore le long du fleuve, et les terrains colmatés du Bas-Médoc, où le blé et les fèves se succédaient comme dans le marais du Poitou, tendent à disparaître pour faire place à la vigne. De l'autre côté de la rivière, des cultures variées occupent tout le territoire. La prairie dans les vallées, la vigne plus ou moins entremêlée de céréales et de plantes fourragères sur les plateaux et les coteaux, donnent à cette région un caractère franchement agricole.

Sur les rives du fleuve, on trouve des cultures maraîchères importantes, en particulier des cultures d'artichauts, d'osier et de sorgho à balai; enfin, dans un certain nombre de carrières, on pratique la culture du champignon de couche.

En dehors du vin, qui est de beaucoup le produit agricole le plus important de la Gironde, puisqu'en 1903, année de faible récolte, la production était de 2,210,000 hectolitres d'une valeur de plus de 80 millions de francs, les autres produits agricoles du département susceptibles d'exportation sont les produits maraîchers et les fruits, l'osier et le sorgho à balai.

PRODUITS MARAÎCHERS.

Les jardins et la culture maraîchère occupaient en 1903, dans le département de la Gironde, près de 3,600 hectares. C'est aux environs de Bordeaux, le débouché naturel de la région, que les cultures maraîchères sont le plus développées. Tous les légumes y sont cultivés en vue de l'approvisionnement de la ville de Bordeaux et de quelques usines de conserves de légumes; mais il convient de citer plus particulièrement les cultures d'oignon de Castillon et d'artichaut de Macau, ainsi que la production du champignon de couche, des asperges, des petits pois et des tomates.

Oignon. — Bien qu'elle n'occupe qu'une superficie de 20 hectares environ, la culture de l'oignon en Gironde n'en est pas moins la source d'un revenu brut moyen annuel de 50,000 francs, qui s'élève même parfois à 80,000 et 100,000 francs. Cette culture est localisée dans les riches alluvions de la Dordogne entre Castillon et Pujols; elle est pratiquée par 250 ou 300 journaliers ou petits propriétaires qui y consacrent rarement chacun plus de 5 lattes de terrain, soit 10 ares. Les principaux centres de culture sont : Saint-Magne, 1 hect. 60; Sainte-Terre, 1 hect. 80; Civrac, 4 hectares; Mouliets, 4 hect. 10; Sainte-Florence, 4 hect. 30; Saint-Pey, 4 hect. 20.

Les deux variétés cultivées sont l'oignon de Lescure et l'oignon de Saint-Trojan. Le premier est rond, plat, de couleur violette, à saveur douce. Il est particulièrement recherché par les vendangeurs qui le mangent cru, d'où le nom d'oignon du Médoc sous lequel il est également connu dans la Gironde et les Charentes. Il verdit à la cuisson, commence à pousser dès la mi-novembre, ce qui en rend la conservation difficile; il perd en outre une partie de ses feuilles caulinères à maturité et ne peut, par conséquent, être aisément mis en corde pour la vente. L'oignon de Saint-Trojan est de forme ovoïde ou sphérique, de couleur jaune paille passant au jaune cuivre avec le temps; sa chair est dense. Il se conserve jusqu'en mai avec ses feuilles. C'est l'oignon de garde par excellence, aussi la superficie qu'il occupe dans la plaine de Castillon est-elle trois fois plus grande que celle de son congénère.

Les départements de la Gironde, de la Charente-Inférieure, de la Charente, de la Dordogne, une partie du Lot-et-Garonne et des Landes, sont des débouchés assurés pour toute la production des oignons de Castillon.

Artichaut. — La production de l'artichaut en grande culture occupe dans la Gironde une place relativement importante. Confinée naguère encore dans les alluvions fluviales de la commune de Macau, qui avait donné son nom à la variété spéciale qu'on y cultivait, elle en a été presque complètement chassée par la vigne et s'est localisée plus particulièrement dans les îles de Cazeaux, Potiers, Nonnelle et quelques atterrissements des rives voisines de la Garonne et de la Gironde. Elle y couvre une superficie voisine de 300 hectares. La production est de plus de 500,000 douzaines de têtes d'artichauts, qui sont vendues sur le marché de Bordeaux. Toutefois, depuis quelques années, cette culture devient moins avantageuse par suite de la concurrence, faite en primeur surtout, par les artichauts des Pyrénées-Orientales; mais la mise en conserve des *fonds*, par deux usines de Bordeaux, lui donne, depuis 1903, un sérieux regain de faveur.

Champignon de couche. — Depuis 1872, la culture du champignon de couche est pratiquée dans des carrières assez nombreuses à l'est de la Garonne et de la Gironde et dans d'autres moins étendues sur la rive gauche de la Garonne en aval de Langon.

Cette culture a été importée dans le département par M. Périn, ancien contremaître dans les carrières de Montrouge, qui vint se fixer à lá Cresne. Les brillants résultats financiers qu'il obtint lui suscitèrent de nombreux imitateurs, si bien qu'en 1880 on comptait plus de 150 carrières occupant de 4,000 à 5,000 ouvriers.

Malheureusement, cette culture est en voie de décroissance depuis que des cryptogames non encore étudiés viennent trop souvent détruire toutes les caves en quelques mois.

Voici quels sont actuellement les principaux centres où cette culture est pratiquée :

CANTONS.	COMMUNES.	NOMBRE DE CARRIÈRES.	SUPERFICIE EXPLOITÉE.	PRODUCTION MOYENNE annuelle.	CANTONS.	COMMUNES.	NOMBRE DE CARRIÈRES.	SUPERFICIE EXPLOITÉE.	PRODUCTION MOYENNE annuelle.
			m. c.	kilogr.				m. c.	kilogr.
St-André-de-Cubzac.	St-Gervais........	1	500	1,500		Camarsac	1	3,000	15,000
	St-Laurent-d'Arce.	2	17,000	25,000		Cambes..........	2	1,800	8,600
	Daignac..........	2	10,200	28,000		Camblanes	1	1,560	4,000
	Espiet..........	1	6,000	11,000		St-Caprais.......	1	2,5po	22,000
	St-Germain-du-Puch.	6	38,200	85,000	Créon (Suite.)	Cénac	6	2,600	15,000
Branne....	Grézillac........	1	3,200	9,500		Croignon........	1	800	3,000
	Guillac	2	21,600	51,000		Haux	6	7,890	31,000
	Nérigean........	5	30,100	65,000		Tabanac	1	1,000	3,800
	St-Quentin-de-Baron	5	17,800	45,000		Le Tourne......	4	5,700	28,000
	Bayon..........	4	13,300	26,400		Latresne........	4	8,000	31,000
	Bourg...........	1	2,100	6,000		St-Germain......	7	2,050	45,600
	Gauriac.........	2	90	730		Lugon..........	3	850	18,200
Bourg.....	Marcamps.......	6	7,200	22,000	Fronsac	St-Michel	3	800	13,000
	St-Seurin	1	1,350	2,700		La Rivière	7	2,630	34,000
	Tauriac.........	5	51,000	43,900		Villegouge	2	500	12,700
	Langoiran.......	3	10,000	21,900	Langon ...	Bommes	4	5,100	24,500
Cadillac...	Lestiac	2	2,200	3,100	Libourne..	St-Émilion	2	1,000	14,200
	Paillet.........	3	1,400	5,500					
Carbon-Blanc.	Lormont.........	3	17,800	4,800		TOTAUX	113	300,090	840,045
Créon.....	Baurech	1	120	800					
	Blésignac	2	1,620	16,425		Rendement moyen par mètre carré.	....	.....	2f,800

Le prix moyen de ces champignons sur le marché de Bordeaux est de 1 franc le kilogramme ; une partie est utilisée par des usines de conserves établies dans cette ville.

CULTURES FRUITIÈRES.

Les cultures fruitières sont assez pratiquées dans le département de la Gironde. En 1903, la production des fruits a été de :

	quintaux.		quintaux.
Pommes et poires à couteau......	10,307	Prunes destinées à la confection des	
Pêches....................	4,817	pruneaux..................	1,393
Prunes....................	3,834		

Pommes. — Les pommes cultivées sont la pomme Dieudonné qui est consommée sur place, la pomme grise (gris de fer) qui est exportée ainsi que la reinette du Canada. Ces deux dernières se sont vendues de 12 à 15 francs les 100 kilogrammes en 1904, alors qu'en 1903 les prix étaient doubles.

Poires. — La seule poire cultivée en grand dans le pays est la poire Williams, qui est exportée en Angleterre. Elle valait en 1904 de 30 à 40 francs les 100 kilogrammes. Elle se récolte en juillet. On cultive aussi un peu la poire de Saint-Jean, appelée *molle bouche* dans le pays.

Pêches. — Les pêches commencent à être récoltées vers la fin juin. On cultive surtout la pêche américaine (pêche mâle à chair blanche); l'avant-pêche, pêche d'août où de la Madeleine, qui se récolte plus tard et se vend de 5o à 6o francs les 1oo kilogrammes; elle est exportée à Paris; enfin le Téton de Vénus.

Prunes. — La seule prune cultivée est la reine-claude; elle est exportée en Angleterre. Elle valait 1o à 2o francs les 1oo kilogrammes en 1904, 6o à 12o francs en 1903.

Cerises. — Les cerises cultivées sont la guigne et le bigarreau, ainsi que la cerise de Targon, qui est vendue plus spécialement pour la confiserie.

Chasselas. — Le chasselas est cultivé surtout dans les environs de Bordeaux.

CULTURES DIVERSES.

Osier. — C'est de Latresne à Langon, sur les îles et les bords de la Garonne, ces derniers concédés par l'État aux riverains au prix ferme de 1,5oo francs, que se trouve presque entièrement localisée la culture de l'osier dans la Gironde.

L'osier blanc et l'osier rouge se partagent à peu près également l'étendue cultivée. Le premier est plus particulièrement utilisé par la viticulture, tandis que la vannerie fait usage exclusif du second.

Le phylloxéra, en diminuant la fabrication des barriques et plus encore la substitution lente et continue du fer, en fil pour la conduite des vignes et en feuillard pour les cercles, ont sensiblement restreint la consommation de l'osier rouge. Aussi cette culture est en voie de décroissance et est remplacée par celle de la vigne.

Sorgho à balais. — Cette graminée occupe dans la Gironde une superficie de 3oo hectares situés sur les deux rives de la Garonne, entre Caudrot et La Réole. Les communes de Gironde et Barie sont celles où sa culture est la plus étendue.

Les panicules se vendent à raison de 15 francs les 1oo kilogrammes et la graine 8 francs l'hectolitre. Cette culture était naguère plus lucrative; les panicules se vendaient de 22 à 25 francs et les graines de 12 à 15 francs; mais depuis une quinzaine d'années, les sorghos de Vaucluse (d'Orange), plus blancs et un peu plus longs, viennent concurrencer ceux de la Gironde, dont la plus grande résistance est primée par la plus belle apparence des autres; ceux-ci forment les parements du balai, tandis que ceux de la Gironde servent à former le corps principal.

VINS.

Le département de la Gironde jouit du rare privilège de produire, tant en blanc qu'en rouge, et par les seules ressources naturelles de son sol, de son climat, de ses cépages, une collection de vins dont les prix en primeur et sans logement s'échelonnent entre 1o francs et 6oo francs l'hectolitre. Le prix des terres en vigne varie, de son côté, entre 2,000 francs et 4o,000 francs l'hectare, tandis que les frais annuels de production, rarement inférieurs à 5oo francs l'hectare, atteignent, dans les grands premiers crus de Médoc et de Sauternes, jusqu'à 2,5oo et 3,000 francs.

C'est avant tout dans la nature physico-chimique du sol, dans sa situation et son exposition, qu'il faut rechercher l'explication de ces variations si considérables; les cépages sont, en effet, à peu près partout les mêmes : Cabernet, Sauvignon, Malbec, Merlot, petit et gros Verdot pour les vins rouges; Sauvignon, Sémilion, Muscadelle, Folle-Blanche pour les vins blancs. Leur proportion, dans l'encépagement, varie bien d'un vignoble à l'autre et surtout d'une contrée à l'autre; mais c'est presque exclusivement le sol qui détermine l'importance relative de chacun d'eux, de même que c'est lui qui fait adopter tel mode de taille de préférence à tel autre : taille longue à deux ou trois bras, avec aste de huit à dix boutons et cot de retour à deux yeux dans les alluvions fluviales anciennes et modernes, taille à un seul bras avec aste à quatre ou cinq boutons et cot à deux yeux dans les graves du Médoc et des environs de Bordeaux.

C'est encore le sol qui a fait planter ici les cépages à vin rouge, là les cépages à vin blanc, en sorte qu'il est bien le facteur primordial de la production viticole du département et assure à celle-ci un ensemble de qualités qui la mettent à la fois hors de pair et hors de plagiat.

On ne peut, dans une simple notice, songer à énumérer les deux à trois mille crus distincts qui, au point de vue du vin, forment l'écrin de la Gironde; mais l'indication des centres qui produisent les types de chaque sorte, complétée par celle des rendements et des prix ordinaires de vente, peut donner une idée exacte et suffisante de la richesse viticole du Bordelais.

Tout au bas de l'échelle de qualité se placent les vins rouges de palus submergés (alluvions riveraines et îles de la Garonne et de la Dordogne); dans les sols de cette nature, la production atteint, année courante, 80 hectolitres à l'hectare et s'élève, exceptionnellement, à 180 et 200 hectolitres; les prix sont corrélatifs des rendements, et si l'on peut obtenir parfois ces vins légers à 9 et 10 francs l'hectolitre nu, il faut les payer, le plus souvent, de 12 à 15 francs. Les palus de Saint-Vincent, d'Arveyres, de Saint-Maixent et leurs environs sont leurs principaux centres de production; leur finesse et leur bouquet les placent, malgré leur abondance, très au-dessus de leurs similaires du Midi.

Parallèlement à eux et à des prix analogues ou très peu supérieurs, on trouve sur les plateaux de Benauge, au nord-est des arrondissements de Blaye et de Bazas, des vins blancs de Folle-Blanche, parfois mélangée de Sauvignon, de Sémilion et de Muscadelle, qui, fort appréciés pour la chaudière, ne le sont pas moins, en raison de leur franchise de goût et de leur neutralité, pour le coupage des vins rouges communs auxquels ils donnent du brillant et de la fraîcheur. Leur rendement ne dépasse guère 60 hectolitres à l'hectare, mais la taille à coursons à laquelle sont soumises les vignes qui les donnent, le peu de valeur relative des terres sur lesquelles on les récolte, permettent, par suite des frais peu élevés de production, de les livrer de 15 à 18 francs l'hectolitre; ils sont, d'ailleurs, fort agréables à boire après le soutirage du printemps.

Les mattes du Bas-Médoc, les alluvions anciennes des deux grands cours d'eau de la Gironde, les petites côtes du Bourgeais, du Blayais, des environs de Saint-Macaire, Castillon, Branne, Pujols, Sainte-Foy, produisent de très bons vins rouges ordinaires, à cachets différents, suivant qu'ils proviennent de la plaine ou du coteau; leur rendement dépasse rarement 40 hectolitres à l'hectare et leur prix oscille autour de 250 francs le tonneau de 9 hectolitres (4 barriques bordelaises de 225 litres).

Ils ont, en blanc, leurs similaires, dans les sables et les petites graves avoisinant la lande des cantons de Pessac, la Brède, Podensac, sur la rive gauche de la Garonne.

Les gelées tardives de printemps dont souffrent trop fréquemment les vignobles de ces contrées abaissent leur rendement moyen à 32 hectolitres à l'hectare, mais ici encore et pour les mêmes raisons qu'en Benauge, la réduction des frais de production permet de vendre à des prix qui, autrement, seraient onéreux.

Sur les côteaux des environs de Bordeaux, sur ceux de Blaye, Bourg, Saint-André, Fronsac, Lussac, les vins rouges deviennent des bourgeois supérieurs, déjà remarquables par leur finesse, leur bouquet, leur grande durée; on n'en récolte guère plus de 30 hectolitres à l'hectare et leur prix s'élève à 350 francs le tonneau nu, en primeur; convenablement soignés en chai et ultérieurement en cave, ils donnent ce qu'on appelle en Gironde une bonne bouteille que l'on se plaît à déguster plusieurs années après sa production.

Les similaires de ces vins rouges se rencontrent dans les cantons de Cadillac, Podensac, Langon; quelques-uns d'entre eux sont déjà un peu liquoreux, parce qu'on les vendange très tardivement pour permettre la concentration du sucre dans le grain, mais il s'en rencontre encore du type ancien des *vins blancs secs de Cérons*, qui avaient leur place marquée au début de tout bon dîner. On peut dire que ce sont les Chablis de la Gironde, comme les bourgeois supérieurs dont nous venons de parler en sont les Beaujolais.

Quant aux Bourgognes bordelais, ce sont les communes de Saint-Émilion, Saint-Philippe d'Aiguille, Saint-Christophe-des-Bardes, Saint-Étienne-de-Lisse, Saint-Laurent-des-Combes qui les produisent à des prix variant de 800 francs à 1,800 francs le tonneau, suivant les crus et les années; un petit îlot de sable, égaré dans le calcaire, à Pomerol et Néac, rivalise de qualité, de finesse et de prix avec Saint-Émilion qu'il avoisine, bien que le cachet de sa production la rapproche davantage des vins de Graves des environs de Bordeaux et de certains vins du Médoc. Le rendement moyen n'est plus ici que de trois tonneaux ou 27 hectolitres à l'hectare; les frais de production atteignent 1,000 et 2,000 francs, ce qui justifie largement, en raison des qualités remarquables de ces vins, les prix élevés qu'ils atteignent.

Si l'on excepte les vins du Haut-Brion et du Haut-Bailly, qui sont exceptionnels et font partie du groupe des cinq premiers grands crus rouges de la Gironde, les vins de graves des environs de Bordeaux font le pendant, sur la rive gauche de la Garonne, des Saint-Émilion et des Pomerol sur la rive droite de la Dordogne; mais, tandis que, dans ce dernier quartier, on ne produit que des rouges, à Léognan, Pessac, Gradignan, Villenave et leurs environs, on produit des blancs qui les égalent. Les prix, les rendements, les frais de culture ne diffèrent guère de ceux du Saint-Émilionnais; les qualités se valent, à cette différence près que les graves surpassent leurs émules des bords de la Dordogne en finesse et en bouquet, comme ils sont surpassés par eux en corps, en couleur, en durée.

Nous avons noté, au courant de cette notice, le parallélisme qui existe entre les vins blancs et rouges de la Gironde depuis les sortes les moins distinguées jusqu'aux crus renommés du Saint-Émilionnais et des graves de Bordeaux. Avec le Médoc et le Sauternais, ce parallélisme se poursuit jusqu'au sommet de l'échelle, car aux vins rouges incomparables de Margaux, de Lafitte, de Latour, qui complètent avec Haut-Bailly et Haut-Brion le quintette hors de pair du Bordelais, s'oppose, sans antagonisme aucun, le vin blanc d'Yquem qu'on a appelé, avec raison, le roi des vins et le vin des rois.

Le Médoc, à lui seul, renferme, peut-on dire, toute la gamme des vins rouges du département : quelques lais de rivière à Parempuyre et Labarde donnent presque les gros rendements de Saint-Vincent-de-Paul et des palus du Bourg, tandis que les communes de Margaux avec le Château-Margaux, et Pauillac avec le Château-Laffitte et le Château-Latour, produisent le summum de la qualité avec le minimum de rendement, soit 15 à 18 hectolitres à l'hectare. Ici, les frais de production s'élèvent jusqu'à 3,000 francs l'hectare et la valeur du sol à 40,000 francs; les petites parcelles isolées, de 50, 60, 100 pieds, soit 50, 60, 100 mètres carrés, se vendent jusqu'à 7 francs le pied, 70,000 francs l'hectare. Mais entre ces extrêmes, sur cette étroite bande de terre de deux à trois kilomètree de largeur que les alluvions limitent à l'est et les pins maritimes à l'ouest, et qui s'étend sur près de 100 kilomètres entre Blanquefort et Talais, la nature a si bien accumulé les ondulations de terrain, ce que nous appelons les *croupes*, et les a si diversement orientées et garnies : ici de cailloux et de sable siliceux avec ou sans alios en sous-sol, là de calcaire sur calcaire ou sur argile, ailleurs d'argile presque pure, qu'on peut en quelques heures, et sous une uniformité apparente de culture, traverser des vignobles à vins compris entre 300 et 5,000 à 6,000 francs le tonneau, fins, légers, bouquetés en un coin, corsés, chauds, généreux, comme exubérants de vie et de santé en un autre. Il ne se trouve pas en France, que je sache, ni ailleurs, une collection aussi complète et aussi variée de vins rouges de choix réunie en un aussi petit espace.

Le vignoble blanc de Sauternes, avec Loupiac et Sainte-Croix-du-Mont pour satellites, de l'autre côté de la Garonne (rive droite), va compléter notre étude sommaire sur les vins de la Gironde. Ici, les vignes ne s'étendent point en longueur comme en Médoc; elles sont rassemblées en un petit territoire appartenant à cinq ou six communes différentes, dont celle de Sauternes occupe presque le centre. Tandis que partout ailleurs, en Gironde, la vendange s'accomplit en une ou deux fois au plus et s'achève au plus tard vers le 15 octobre, les vendangeurs, en pays de Sauternes, ne cueillent souvent les derniers grains de raisin que dans la première décade de novembre; ils sont passés trois fois, quatre fois dans les mêmes rangs, ciselant chaque fois dans les grappes les seuls grains arrivés à maturité et laissant pour la *trie* suivante ceux qui ont encore besoin de quelques rayons de soleil, de quelques degrés de température pour atteindre la perfection. J'ai vu dans un des premiers crus de Preignac, recouvertes d'un drap blanc d'une propreté irréprochable pour préserver des moucherons le vin qui bouillait encore, quatre barriques de 225 litres qui avaient nécessité chacune 400 journées de ramassage. Avec de pareils soins, une pareille minutie qui s'étendent depuis la taille jusqu'à la vendange, faut-il s'étonner que les frais de production atteignent jusqu'à 3,000 francs l'hectare, et qu'avec des rendements qui ne dépassent généralement pas 15 hectolitres, les prix s'élèvent à 3,000, 4,000, 5,000 et même 6,000 francs le tonneau? Évidemment non, et même avec les premiers de ces prix, les propriétaires ne s'y retrouvent-ils pas toujours, s'il leur faut garder trois ou quatre récoltes en chai avant de trouver à les vendre.

Mais, de même qu'en Médoc, à côté des plus grands crus il s'en trouve de moindres, de même dans le pays de Sauternes tout n'est pas du Château-Yquem, et, à partir de 1,500 francs le tonneau, on peut se procurer des vins ayant de la liqueur, du velouté et un ensemble de qualités suffisantes pour faire envie aux gourmets les plus délicats.

HÉRAULT.

Le vignoble a tout envahi, dans l'Hérault, au point que ce département est aujourd'hui une immense vigne.

Aussi, en dehors du vin, dont il exporte de très grandes quantités, l'Hérault ne se suffit pour aucun des produits du sol.

Depuis la crise de mévente qui sévit de 1899 à 1902, il s'est produit une notable dépréciation foncière. Personne ne veut ni prêter sur la vigne ni l'acheter, depuis qu'on a vu le vin descendre jusqu'à un franc l'hectolitre en 1901, alors que jusque-là elle avait la préférence des prêteurs et des acheteurs. Malgré le relèvement marqué des prix des vins en 1903, notamment après les gelées désastreuses d'avril, comme ce relèvement a été de courte durée, que les cours se sont rapidement affaissés de 40 p. 100, quoique la récolte ait été partout, en France, nettement déficitaire, la propriété reste frappée d'une grande défaveur.

Pour reconstituer les 183,396 hectares de vignes américaines qu'il possède actuellement, l'Hérault a enfoui dans le sol, en capital ou en travail, une somme qui n'est pas inférieure à 350 millions de francs.

En dix ans, de 1878 à 1888, on planta 92,941 hectares de vignes américaines. Dix ans plus tard, elles s'étendaient sur 175,624 hectares, et, en 1903, sur 189,954 hectares dont 1,850 ne sont pas encore en production.

La moyenne annuelle de la reconstitution, de 1880 à 1890, s'est élevée à environ 12,000 hectares; celle de 1885 à 1890 a atteint 16,000 hectares.

C'est à peu près la moyenne annuelle de la mortalité des vignes de 1872 à 1892, période de la plus grande activité destructive du phylloxéra.

De 1890 à 1900, la moyenne de la reconstitution a été de 7,230 hectares par an, avec des extrêmes allant de 19,937 hectares en 1890 à 2,550 hectares en 1899. Cette dernière moyenne s'est encore abaissée de 1899 à 1903.

La surface reconstituée a nécessairement baissé à mesure que diminuait la surface reconstituable, comme a baissé la moyenne de la mortalité des vignes à mesure que se rétrécissait l'étendue du vignoble qu'elles constituaient.

Il ne reste plus à reconstituer que 10,000 hectares environ pour atteindre la surface de l'ancien vignoble qui était de 200,000 hectares. Ces 10,000 hectares sont presque tous en coteau. Pour les reconstituer, ce serait une dépense de près de 14 millions de francs.

La production du vin a nécessairement marché comme la reconstitution du vignoble.

Les produits de l'ancien vignoble baissèrent rapidement sous les attaques du phylloxéra jusqu'en 1885. Ils ne furent plus alors que de 2,148,150 hectolitres, le septième à peine de ce qu'ils étaient à l'apogée de notre production (15,500,000 hectolitres, en 1869), alors que l'on constata la première tache phylloxérique de l'Hérault, à Boisseron, dans le canton de Lunel, sur les confins de celui de Castries. C'est sensiblement le minimum auquel la récolte fut réduite, en 1856, par l'oïdium.

A partir de 1885, les produits se relèvent, subissent un temps d'arrêt en 1889 et un recul dépassant 4 millions d'hectolitres en 1895, sous les attaques répétées du mildiou; ils se relèvent de nouveau en 1896 et en 1897, subissent un nouveau recul de 2 millions d'hectolitres en 1898, par le fait des gelées blanches des 26 et 27 mars; font un saut de 4 millions d'hectolitres en 1899, pour retomber à 6,957,300 hectolitres en 1902, par suite d'une attaque très hâtive de brown-rot sur la grappe, et à 5,896,700 hectolitres en 1903, à raison des gelées sèches exceptionnellement intenses des 15, 19 et 20 avril, pendant lesquelles le thermomètre s'abaissa jusqu'à — 9 degrés centigrades.

En 1904, malgré la coulure, le grillage et la sécheresse résultant des chaleurs exceptionnelles de juillet, qui ont porté le thermomètre jusqu'à + 42 degrés à l'ombre, la récolte s'est élevée à 12,675,000 hectolitres.

Étant donnés la grande étendue du vignoble, les soins exceptionnnels de culture et les fumures intensives, toutes les fois que la sortie des raisins sera abondante et qu'il ne surviendra pas de gros accidents pendant la végétation, l'Hérault pourra produire dorénavant de 12 à 15 millions d'hectolitres, soit le quart de la production totale de la France dans les bonnes années.

En 1899, l'Hérault a produit, à lui seul, plus du double que les cinquante-deux départements les moins viticoles, des soixante-dix-sept où l'on cultive la vigne en France, et plus du double aussi du plus productif, après lui, des départements viticoles.

Un seul des quatre arrondissements de l'Hérault, celui de Béziers, a récolté, en 1899, 7,208,000 hectolitres, pour 92,000 hectares de vignes, soit bien plus qu'aucune nation viticole, sauf l'Italie et l'Espagne, et un gros tiers en plus que l'Algérie et la Tunisie, qui ont atteint en 1898, année de leur plus grosse récolte, 5,220,000 hectolitres.

Béziers possède, à lui seul, une surface de vignes trois fois plus grande que les deux arrondissements de Saint-Pons et de Lodève réunis.

La moyenne de la production générale de l'Hérault, dans les dix années allant de 1890 à 1900, a oscillé entre 45 et 56 hectolitres à l'hectare.

La moyenne de l'arrondissement de Béziers, durant la même période, a été de 66 hectolitres à l'hectare; elle s'est élevée à 78 hectolitres en 1899. Cette même année, l'arrondissement de Montpellier a donné, avec ses 60,000 hectares de vignes et 3,617,000 hectolitres de production, une moyenne de 60 hectolitres par hectare.

Pour Lodève et Saint-Pons, le rendement moyen à l'hectare a été respectivement de 40 et de 44 hectolitres.

Les courants commerciaux des vins de l'Hérault. — Le département produit des vins très divers, depuis les vins de liqueur les plus estimés jusqu'aux vins les plus ordinaires, mais qui constituent une boisson agréable et saine, en passant par les plus fins, blancs ou rouges.

Cette variété dans les vins s'explique par le relief du sol : s'il y a des plaines, il y a aussi beaucoup de *soubergues* (coteaux) et de plateaux pierreux qui sont consacrés à la vigne.

Les vins fins rouges de beaucoup de coteaux, notamment de ceux du Minervois, sont très estimés.

Les vins blancs fins, piquepoules et clairettes sont en bonne partie employés sur place, à Cette, à la fabrication des vermouts; ils vont aussi dans l'Est de la France et en Suisse, comme vins de consommation ou pour rendre les vins blancs de ces régions un peu plus généreux.

Les muscats de l'Hérault ont, de tout temps, été très appréciés.

On en consomme un peu en France et en Algérie. Ils vont surtout à l'étranger, en Hollande principalement, en Belgique et un peu en Angleterre, en Allemagne et en Suisse. Frontignan reste, à cet égard, le centre producteur et commercial le plus actif du Midi. Vient ensuite Lunel, qui n'a reconstitué depuis le phylloxéra qu'une petite partie de son vignoble. Dans plusieurs communes de l'arrondissement de Béziers, notamment Cazouls, Maraussan, Maureilhan et Bassan, où l'on cultivait le muscat sur une échelle assez importante, il a été à peu près éliminé, lors de la reconstitution, et remplacé par des cépages à vins rouges qui se vendaient cher à ce moment. Instruits par l'expérience, les propriétaires qui ont vu les cours des vins rouges s'affaisser jusqu'à la mévente, regrettent de ne pas avoir fait dans leurs plantations une place au muscat qui utilisait admirablement leurs plus mauvaises terres et dont le vin constituait une sorte de caisse d'épargne, un capital de réserve qui s'accumulait, par le fait de la nécessité du vieillissement, pour en développer l'arome et la valeur.

Avant le phylloxéra, les vignes de muscat occupaient environ 2 p. 100 de la surface totale du vignoble, et les vignes de cépages blancs autres que les muscats environ 5 p. 100 de cette même surface. Cette dernière proportion reste sensiblement la même dans le vignoble actuel sur pied américain. Au contraire, la proportion des vignes de muscat est très inférieure à ce qu'elle était : elle n'est guère que du huitième.

Vins rouges. — Les vignes à vins rouges occupent environ 85 p. 100 de la surface totale du vignoble et fournissent 90 à 95 p. 100 du produit total.

Dans cette proportion, les vins de consommation courante entrent pour 80 à 85 p. 100 de la production totale des rouges. Le reste est représenté par des vins bourgeois fournis par quelques crus très recommandables : Saint-Georges, Saint-Christol, Saint-Drézéry et Saint-Chinian.

Ces vins sont produits généralement par le carignan et parfois, mais en petite proportion, par du cinsaou et même de l'aramon qui, sur les coteaux pauvres, donne des vins qui ne manquent pas d'une certaine finesse.

Les vins ordinaires sont produits par l'aramon, le carignan et, pour une petite part, par les hybrides Bouschet qui sont à jus coloré.

Ils résultent d'un coupage assez généralement fait à la cuve.

Bien vinifiés et bien récoltés, ce sont de bons vins de table, frais, fruités, qui supportent bien le transport et les chaleurs. Ils fournissent une boisson d'un prix modéré, saine et fortifiante, pour la masse des consommateurs.

Ils représentent, année moyenne, le cinquième de la production totale de la France et ils sont à peu près exclusivement consommés à l'intérieur.

Les prix des vins ordinaires varient nécessairement comme l'importance des récoltes qui, de tout temps très variables, le sont encore beaucoup plus depuis l'introduction des vignes américaines qui sont venues ajouter aux fléaux naturels, gelée et grêle, et aux affections anciennes de nos vignobles, les maladies cryptogamiques du Nouveau-Monde, dont l'une d'elles, le mildiou, a enlevé au département de l'Hérault environ 5 millions d'hectolitres en 1895. Avec une pareille variabilité dans les récoltes, les prix du vin subissent des fluctuations considérables.

En ne considérant que la période qui s'est écoulée depuis la reconstitution du vignoble, les vins ordinaires ont varié depuis 25 et 30 francs l'hectolitre jusqu'à 3 et 4 francs. On en a même vendu 1 franc l'hectolitre après les grosses récoltes de 1899 et de 1900, un peu avariées il est vrai par le *Botrytis cinœrea.*

Les années de surproduction générale sont doublement ruineuses pour la propriété, car elles l'obligent à augmenter les vaisseaux vinaires, qui sont fort chers, et elles avilissent les prix des vins au point parfois de ne pas permettre de faire face aux besoins les plus urgents de la culture. Celle-ci est beaucoup plus dispendieuse qu'autrefois en raison du renchérissement de la main-d'œuvre, et surtout des nombreux et onéreux traitements au cuivre et au soufre qui sont désormais indispensables. Jadis, on dépensait 200 à 250 francs par hectare, aujourd'hui, il faut compter sur un minimum de 700 à 800 francs et sur un maximum de 1,000 à 1,100 francs et même 1,200 francs, lorsqu'on cultive et qu'on fume très intensivement. Dans ces derniers chiffres figurent évidemment l'intérêt du capital engagé et l'amortissement du matériel.

RAISINS DE TABLE.

Muscat. — Le muscat d'Alexandrie et le muscat noir de Hambourg, auxquels on fait une très petite place, beaucoup trop petite, car ils sont délicieux, fournissent des raisins de table. Ils n'ont qu'un inconvénient, c'est qu'ils sont un peu tardifs, mais leur fruit est si beau et si bon, qu'ils sont fort appréciés quand même sur le marché. Il en est de même de deux raisins noirs, le cinsaou et l'œillade, de même époque que le muscat d'Alexandrie et estimés en raison de leur bonne qualité.

Chasselas. — Le seul raisin de table blanc et précoce utilisé sur une certaine échelle dans l'Hérault est le chasselas doré de Fontainebleau. Il est l'objet d'une exportation importante vers Paris, surtout dans les principales villes de France et de la Suisse.

Pendant près d'un mois, chaque soir, un train spécial de 30 à 40 wagons emporte à Paris les chasselas de l'Hérault, qui y sont vendus le surlendemain matin.

Quelques localités, telles que le Pouget, Villeneuve-les-Maguelonne et Pignan, expédient à elles seules une énorme quantité de chasselas.

Le seul petit village de Villeneuve-les-Maguelonne expédiait, en 1897, 2,164,880 kilogrammes de chasselas. Le produit de l'hectare est de 7,000 kilogrammes, année moyenne.

On cultive ce raisin précoce dans douze communes du département.

Cette culture est précieuse pour ces localités, car elle leur fournit le premier argent de l'année, qui leur sert à désintéresser les fournisseurs et leur procure l'avance pour payer les frais de vendange des raisins de cuve.

ILLE-ET-VILAINE.

Les produits agricoles qui, dans le département d'Ille-et-Vilaine, donnent lieu à des transactions commerciales d'une certaine importance sont les suivants : froment, avoine, sarrasin, pommes à cidre, cidres, pommes de terre de primeur, châtaignes.

CÉRÉALES.

Blé. — Le blé est cultivé dans toutes les exploitations sur des surfaces variant du quart au tiers du domaine labourable. Les rendements de cette culture s'élèvent constamment. Aussi les transactions sur le grain sont-elles fort actives. Les marchés aux grains ont perdu beaucoup de leur importance ancienne : les affaires se font plutôt par des acheteurs qui vont visiter chez eux les agriculteurs; les négociants établis dans les localités importantes centralisent les grains et les expédient, suivant les besoins, sur les divers centres de transformation et de consommation. Cependant certaines villes sont le siège de réunions commerciales régulières où se rencontrent les négociants de divers ordres, les minotiers, les grands agriculteurs; les affaires s'y traitent avec ou sans apport d'échantillons : Rennes, Janzé, Vitré, la Guerche, Redon, Bain, Fougeray, Fougères, Combourg, Saint-Méen, Montfort, Dol, Pontorson.

Toutes les gares du département expédient beaucoup plus qu'elles ne reçoivent. Il faut en excepter quelques gares qui desservent des minoteries importantes ou qui réexpédient les blés en transit ou par bateau. Rennes possède cinq minoteries importantes; Pléchâtel, Redon, Dol, Vitré, Fougères reçoivent aussi beaucoup pour leurs minoteries. Saint-Malo réexpédie par bateaux la presque totalité des 9,000 tonnes qu'il reçoit annuellement en moyenne.

Le département a produit en moyenne, pendant les six dernières années, 170,000 tonnes de blé. Les statistiques des chemins de fer et des douanes permettent d'évaluer, pendant cette période, à une moyenne annuelle de 30,000 tonnes les quantités expédiées hors du département. Le reste, soit 140,000 tonnes, représente la consommation locale. La plus grande partie de ce stock (100,000 tonnes environ) serait transformée en farine par les petits meuniers et minotiers répandus sur tout le territoire. 30,000 à 40,0000 tonnes alimenteraient les grandes minoteries de Rennes, Pléchâtel, Redon, Dol, Vitré, Fougères.

Les courants commerciaux se dessinent, en direction, de la façon suivante : 1° à l'intérieur, les localités de l'arrondissement de Rennes et limitrophes approvisionnent surtout Rennes; les négociants et agriculteurs de l'arrondissement de Redon expédient sur Redon et Pléchâtel (cette dernière minoterie étant aussi alimentée par le sud de l'arrondissement de Rennes); Dol, Vitré, Fougères sont approvisionnés par les régions environnantes; 2° à l'extérieur, le département fournit d'abord une certaine quantité de blé à des centres de consommation rapprochés : Nantes, Vannes, Pontivy, Dinan, Pontorson, la Manche. Les gros négociants expédient à Paris et dans le Midi.

Les époques où les transactions sont les plus actives sont : 1° de la moisson à la fin de septembre; 2° à la fin de l'hiver.

Avoine. — Les transactions sur l'avoine sont relativement moins importantes que les transactions sur les blés. Elles s'opèrent du reste de la même façon et par les mêmes intermédiaires.

Sur une production totale moyenne de 65,000 tonnes, on peut évaluer à 15,000 ou 20,000 tonnes la quantité exportée du département. Le reste est consommé : 1° par les nombreux chevaux de travail et d'élevage (65,000 environ) qui peuplent les exploitations du département et qui reçoivent, pendant une partie de l'année, une ration d'avoine; dans les centres importants de Fougères et surtout de Rennes (corps de troupes à cheval et entreprises de transport). A l'extérieur, les places de Nantes et quelquefois Vannes reçoivent des avoines de l'arrondissement de Redon. Le reste du département fournit des avoines à Laval et la Mayenne, à la Manche et une partie de la Normandie, enfin à Paris. Les transactions présentent une plus grande régularité que pour le blé; elles sont cependant aussi plus actives après la récolte et au printemps.

Sarrasin. — Le sarrasin, dont la production est très importante, puisque la surface ensemencée atteint chaque année de 80,000 à 85,000 hectares, est l'objet de transactions assez actives, mais surtout locales. La récolte est fort variable d'une année à l'autre; quand elle est bonne, elle dépasse de beaucoup les besoins de la consommation locale et peut être exportée en grande partie. La variabilité de la récolte, beaucoup plus grande que pour les autres céréales (de 5 à 12 quintaux à l'hectare, soit 40,000 à 100,000 tonnes), ne permet pas d'établir, pour cette denrée, avec autant de précision que pour le blé, l'importance et le sens des transactions commerciales.

Le sarrasin est consommé directement par le producteur, qui le moud le plus souvent lui-même ou le porte au meunier le plus voisin, pour le consommer sous forme de galettes et en nourrir ses porcs et ses volailles. Seules les villes de quelque importance achètent une certaine quantité de blé noir pour la consommation de la classe ouvrière et même bourgeoise.

Dans les moyennes et bonnes années, le département, tout en consommant plus largement, devient exportateur. On estime, d'après les renseignements recueillis, que cette exportation peut atteindre, année moyenne, 10,000 à 15,000 tonnes.

Le blé noir passe par les mêmes intermédiaires que le blé et l'avoine. Il est expédié sur Nantes, la Vendée, la région lyonnaise, et même exporté vers la Belgique, la Hollande, l'Allemagne, l'Angleterre.

POMMES À CIDRE.

Les courants commerciaux sont très variables, suivant l'importance et la répartition de la production.

Dans les années de fortes récoltes générales, le mouvement intérieur est faible, réduit à l'approvisionnement des grandes villes où se trouvent des cidreries industrielles. Chaque cultivateur fabrique son cidre avec ses pommes, pour ses besoins et pour ses clients habituels. Mais, dans ces années, à moins que la récolte ne soit très bonne partout en France et à l'étranger, comme en 1904, le mouvement d'exportation est considérable et donne lieu à des expéditions très importantes de toutes les gares et de tous les quais des canaux et rivières. Cependant certaines gares centralisent la plus forte partie des envois : telles les gares de Dol, la Fresnais, la Gouesnière, desservant la région du Marais, extrêmement fertile. Viennent ensuite : Plerguer, Pleine-Fougères, Combourg, Antrain, Fougères, Montreuil-sur-Ille, Vitré, Châteaubourg, la Guerche, Messac, Fougeray, Bain, Montfort, les quais de Messac, Port-de-Roche, Laillé, Montreuil-sur-Ille, Tinténiac. Les exportations sont dirigées vers des destinations variables; tantôt sur tel ou tel département breton déficitaire, sur le Maine, la Normandie; la Vendée se fait livrer par le sud du département. Les Allemands enlèvent des quantités considérables de pommes de toutes les parties du département, mais en particulier du marais de Dol.

Dans les années de mauvaise récolte générale, les cultivateurs conservent toutes leurs pommes ou ne livrent que de petites quantités aux consommateurs les plus voisins, qui préfèrent toujours les pommes du pays. Ils sont forcés encore d'acheter à l'extérieur pour pouvoir fabriquer le cidre nécessaire à leurs besoins. Alors presque toutes les gares deviennent importatrices, et surtout celles qui desservent les localités où existent des cidreries industrielles et des négociants en gros : Rennes, Vitré, Fougères, Saint-Malo, Redon, Montfort, la Guerche, etc. Les pommes nécessaires sont demandées à l'Espagne, qui expédie par le port de Gijon, Nantes ou Bordeaux et la voie ferrée, ou par la Vilaine et Redon. Le Canada ferait aussi quelques expéditions importantes. Mais, quand la récolte le permet, c'est surtout à la Normandie que l'on s'adresse.

Enfin, dans certaines années, la production, au-dessus ou au-dessous de la moyenne, est tout à fait irrégulière. Il y a alors un mouvement intérieur considérable, des contrées favorisées vers celles qui n'ont rien récolté, mouvement compliqué d'un mouvement extérieur d'exportation ou d'importation, suivant les cas.

Quelle que soit la situation, c'est par milliers de wagons que se chiffrent les expéditions ou les arrivages dans les gares les plus importantes, surtout dans les années de grande abondance ou de disette très générale.

CIDRES.

Pour les cidres, le trafic intérieur est considérable. Tous les cultivateurs vendent du cidre aux débitants, aux bourgeois, aux ouvriers aisés de la localité la plus voisine ou des grandes villes. Rennes s'approvisionne ainsi, par les routes de terre, dans un rayon de 20 à 30 kilomètres; le reste lui est expédié par chemin de fer des localités plus éloignées. Le département n'importe jamais de cidres, mais seulement, et dans les mauvaises années, des pommes pour en fabriquer. Au contraire, il est toujours, sauf dans les années déficitaires, très fort exportateur. Les cidres sont dirigés principalement sur Nantes et Saint-Nazaire, Paris. Saint-Malo et Granville en expédient une certaine quantité vers l'Angleterre.

POMMES DE TERRE.

Les pommes de terre de saison ne donnent lieu qu'à des transactions très faibles et toutes locales. Le département produit peu et, en général, à peine assez pour sa consommation, qui est très réduite. Il n'en est pas de même pour la pomme de terre hâtive ou pomme de terre *prime*, cultivée dans les cantons les plus rapprochés de la côte et exportée en mai et juin, par grandes quantités, en Angleterre. La carte jointe indique la répartition de cette culture, comme superficie, entre les principales communes du littoral. Il y a environ 4,500 hectares consacrés à la culture de la pomme de terre prime. La production peut s'élever dans les bonnes années à 12,000 kilogrammes à l'hectare, en moyenne. Les gelées l'abaissent de temps en temps à 8,000 kilogrammes et au-dessous. Les prix du début de la saison (fin mai) varient de 18 à 40 francs les 50 kilogrammes, pour tomber à une moyenne de 5 francs à la fin de juin. La production totale peut donc varier de 20,000 à 55,000 tonnes, pour une valeur de 2 à 6 millions de francs.

Le centre de vente le plus important est Saint-Malo, où, jusqu'à ces dernières années, tous les cultivateurs apportaient leur récolte et où les pommes de terre étaient embarquées à destination de l'Angleterre. Aujourd'hui, la culture s'étant développée aux environs de Dol, un marché y a été créé, et la marchandise est expédiée de Dol à Saint-Malo et un peu à Paris par wagons complets.

CHÂTAIGNES.

Les cantons de Redon, Pipriac, Maure et Fougeray (sud de l'arrondissement de Redon) produisent une quantité d'excellentes châtaignes, dénommées *marrons de Redon*, qui donnent lieu à un commerce fort actif. Les transactions se font surtout sur les marchés de Redon (plus d'un million de francs, année moyenne), Pipriac et Fougeray (quantités beaucoup moindres).

Cette marchandise est écoulée sur les villes françaises au nord de la Loire, et aussi sur le marché anglais par Saint-Malo.

INDRE.

Malgré les nombreuses et profondes améliorations qui ont été apportées à la culture et qui ont changé l'aspect des différentes régions du département, qui ont atténué les caractères distinctifs de chacune d'elles et qui en ont presque effacé les limites, il y a encore lieu de considérer le département de l'Indre comme formé de quatre parties :

1° *La Champagne*, caractérisée par une vaste plaine, avec un sol calcaire pierreux de faible profondeur. Elle comprend l'arrondissement d'Issoudun et une grande partie de celui de Châteauroux ;

2° *Le Boischaut*, dont la surface est mouvementée et dont le sol est plus fertile, de nature argileuse, argilo-calcaire ou argilo-siliceuse. Cette région qui a pour centre l'arrondissement de la Châtre, s'étend encore sur les arrondissements de Châteauroux et du Blanc ;

3° *La Brenne*, arrondissement du Blanc ; elle comprend toute la partie sud-ouest du département, qui était autrefois couverte d'étangs et marécageuse et qui, aujourd'hui, est bien assainie et améliorée.

Le sol de cette région, silico-argileux, est souvent peu profond et repose sur un sous-sol peu perméable ;

4° *La Châtaigneraie*, dont le sol est essentiellement siliceux et qui s'étend, au sud et au sud-est, sur les confins des départements du Cher, de la Creuse et de la Haute-Vienne.

L'étendue approximative de ces différentes régions peut être évaluée de la façon suivante :

	hectares.			hectares.
Champagne	100,000		Brenne	100,000
Boischaut	450,000		Châtaigneraie	30,000

Les principaux produits agricoles de ce département qui donnent naissance à un commerce sérieux sont :

Produits végétaux : blé, orge, avoine, vin ;

Produits animaux : espèces ovine, bovine, porcine et chevaline.

PRODUITS AGRICOLES. — I.

PRODUITS VÉGÉTAUX.

Le blé (115,000 hectares) et l'avoine (98,0000 hectares) sont produits sur tous les points du département. L'orge (25,000 hectares), au contraire, est une production spéciale de la Champagne.

Ces grains sont l'objet de commerce important; ils sont toujours vendus sur échantillons, aux marchés des divers centres chefs-lieux de canton; Châteauroux, Issoudun et le Blanc sont plus particulièrement le siège des grandes transactions.

Le *blé* est vendu aux courtiers ou représentants des grandes minoteries. En dehors de ce qui est destiné à approvisionner la meunerie de la région, la plus grande partie est expédiée à Paris et aux environs, notamment à Corbeil, puis aussi à Lyon et à Marseille.

L'*avoine* en excédent sur les besoins de la consommation locale, qui est considérable, est vendue comme le blé et généralement dirigée sur Paris. Cependant l'avoine grise d'hiver s'écoule plus particulièrement vers le Midi, dans le Cantal, l'Aude et l'Hérault.

L'*orge* est surtout destinée à la brasserie. On en distingue deux sortes : l'orge d'hiver ou escourgeon et l'orge de printemps.

L'*escourgeon* est surtout expédié sous forme naturelle ou sous forme de malt, dans le nord de la France.

L'orge d'été est en partie achetée par la malterie du pays. Cependant une partie achetée par des courtiers anglais, est expédiée en Angleterre.

C'est Issoudun qui est le principal et presque seul centre du marché de cette denrée.

En ce qui concerne le *vin*, on le récolte sur divers points du département, mais Issoudun, Valençay, la Châtre et Argenton sont les principaux centres de production.

La quantité produite est trop faible pour donner lieu à une exportation sérieuse. La vente se fait surtout à la consommation locale et aussi dans les départements voisins, Creuse et Haute-Vienne. On compte en quelque sorte les hectolitres qui sortent loin de la région.

INDRE-ET-LOIRE.

Au point de vue géologique, l'Indre-et-Loire, dont la superficie est de 611,769 hectares, ne présente aucune homogénéité. D'une commune à l'autre, parfois même sur une exploitation, la nature du sol change brusquement.

Un très grand nombre de formations secondaires et tertiaires s'y trouvent représentées et constituent soit des terrains calcaires secs et « perrucheux », soit des « bournais » argilo-calcaires ou des « aubuis », soit des « varennes » siliceuses ou des « alluvions », soit enfin les terres maigres des « landes ».

Cette variété de terrains, jointe à un climat tempéré permettant plusieurs cultures, explique la diversité des cultures et, partant, des produits agricoles de ce département.

Jadis d'une richesse tout au plus moyenne, avec ses landes de bruyères et ses brennes marécageuses, l'Indre-et-Loire a su largement profiter de l'intense courant de progrès agricole qui a marqué ces vingt-cinq dernières années, et il est en passe de devenir un des plus riches de France.

Les principales productions du département sont : les céréales, les pommes de terre, les vins, les fruits, les produits maraîchers, les produits de basse-cour et de laiterie, les bestiaux, principalement les veaux et les porcs.

CÉRÉALES.

Les céréales occupent une superficie de 181,075 hectares, savoir :

Blé. — La superficie cultivée est de 98,191 hectares et la production en 1903 a été de 2,400,000 hectolitres.

Les variétés cultivées sont : bordeaux, japhet, bleu de Noé, saint-laud et roux du pays.

Les principaux centres de production sont : plateau de Sainte-Maure (cantons de Loches, Sainte-Maure et Montbazon), la Gatine (cantons de Neuvy-le-Roi, Neuillé-Pont-Pierre, Châteaurenault, Château-la-Vallière) et une partie de la Champeigne (cantons de Bléré et Montrésor).

Les marchés principaux sont : Tours, Cormery, Montbazon, Loches, Bléré, Châteaurenault, Sainte-Maure, la Haye-Descartes, Richelieu, l'Isle-Bouchard et Chinon.

Les blés sont utilisés en grande partie par d'importantes minoteries du département situées à Loches, Cormery, Tours, Amboise, Bléré, Azay-le-Rideau, Chemillé-sur-Dème, Nazelles, Abilly, Grand-Pressigny, Esvres, Artannes, etc.

Les farines non consommées dans le département sont expédiées à Paris, Toulouse, Bordeaux, et parfois dans le Limousin, l'Auvergne et l'Algérie.

La minoterie Lelarge, au Lude (Sarthe), achète dans le nord du département d'Indre-et-Loire et expédie à l'étranger.

Avoine. — La superficie cultivée est de 68,876 hectares et la production de 1,875,000 hectolitres.

Seigle. — La superficie cultivée est de 7,264 hectares et la production de 120,000 hectolitres.

Orge. — La superficie cultivée est de 5,680 hectares et la production de 119,000 hectolitres.

Sarrasin. — La superficie cultivée est de 218 hectares et la production de 3,200 hectolitres.

Les principaux centres de production sont, pour l'avoine et pour l'orge, les mêmes centres que pour le blé, mais particulièrement pour l'avoine, les cantons d'Azay-le-Rideau, de Montbazon et de Loches. Le seigle et le sarrasin ont peu d'importance.

VIGNE.

La surface en production est de 30,000 hectares.

La production en 1903 est de 510,000 hectolitres.

La production d'année moyenne dépasse 750,000 hectolitres. En 1904, elle a été supérieure à 2 millions d'hectolitres.

Les principaux centres de production sont :

Vins blancs. — Vouvray, Montlouis, Rochecorbon, Vernou, Noizay, Bueil, Nazelles,

Chançay, Reuguy, Neuillé-le-Lierre, Saint-Martin-le-Beau, Preuilly, Champigny, Amboise, etc.

Vins rouges. — *Bourgueil, Saint-Nicolas, Ingrandes, Restigné, Chinon, Joué,* Saint-Avertin, Ballan, Langeais, Athée, Bléré, Francueil, Luzillé, Chisseau, Chenonceaux, Lacroix. Dierre, Chanceaux-sur-Choisilles.

Les crus de Vouvray, Bourgueil, Joué, Chinon jouissent d'une réputation méritée. En général, les vins de Touraine sont frais et bouquetés, toniques et légers. Leur aire de consommation s'étend de plus en plus.

CULTURES MARAÎCHÈRES.

Haricots verts. — La production est d'environ 15,000 quintaux.

Les principaux centres sont : la Chapelle, Restigné, Chouzé, Ingrandes, Bourgueil, Saint-Nicolas de Bourgueil, Saint-Patrice et Benais.

Ils sont expédiés sur Paris et l'Angleterre.

Oignons, échalotes. — La production est d'environ 10,000 quintaux.

Les principaux centres sont : Restigné, Bourgueil, la Chapelle-sur-Loire, Chouzé, Ingrandes, Saint-Patrice, les Essards, Benais.

Ils sont expédiés sur Tours et principalement en Angleterre.

CULTURES FRUITIÈRES.

Pommes à couteau. — Les centres de production sont presque tout le département et particulièrement les cantons de Château-la-Vallière, Neuvy-le-Roi, Neuillé-Pont-Pierre, Vouvray, Azay-le-Rideau, Bléré, Montbazon, Langeais, Bourgueil (Chouzé et Continvoir), Amboise, l'Isle-Bouchard et Richelieu.

La production moyenne annuelle est d'environ 600,000 kilogrammes.

Les expéditions se font sur Paris et en Angleterre.

Pommes à cidre. — Les centres de production sont : Neuvy-le-Roi, Courcelles, Château-la-Vallière, Neuillé-Pont-Pierre. Les expéditions se font en Normandie et en Allemagne.

Poires de table. — Les centres de production sont les cantons de Chinon, Bourgueil, Langeais, Azay-le-Rideau (communes sud) et Tours (Saint-Cyr et Saint-Symphorien). Les expéditions se font sur Paris et en Angleterre.

Pruniers. — Les centres de production sont tout le Chinonais et particulièrement les communes de Huismes, Saint-Benoist, Avoine, Savigny, Beaumont-en-Véron, Caudes, Saint-Germain-sur-Vienne, Cinais, Cravant, Sainte-Radegonde, Rochecorbon et Vouvray (Huismes et Saint-Benoist produisent les pruneaux de Tours).

Pêches, abricots. — Les principaux centres sont les environs de Tours, Sainte-Maure, Sepmes, Noyans, Sainte-Catherine. Les expéditions ont lieu sur Paris.

Noyers. — La production annuelle moyenne de noix est de 2,500 quintaux.

Les centres de production sont les cantons de la Haye-Descartes, Ligueil, l'Isle-Bouchard, Bléré, Montbazon, mais principalement Loches, Sainte-Maure, Chinon et Azay-le-Rideau. Ces noix sont converties en huile dans les moulins de la région.

Cerisiers. — Les principaux centres sont Anché, Sazilly, Rivière, Tavant, Saint-Cyr, Saint-Symphorien, Fondettes. L'expédition se fait sur Paris.

CULTURES SPÉCIALES.

Pommes de terre fourragères. — La superficie cultivée est de 13,000 hectares, et la production de 910,000 quintaux métriques.

Les principaux centres de culture sont les cantons de Neuvy-le-Roi, Montbazon, Loches, Azay-le-Rideau, Sainte-Maure, Ligueil, la Haye-Descartes et surtout les communes d'Avoine, Beaumont-en-Véron et Savigny.

Les produits sont utilisés dans les fermes ou expédiés sur Tours, Angers ou Bordeaux.

Les pommes de terre des communes d'Avoine et de Beaumont sont expédiées en grande partie en Angleterre.

Chanvre. — La superficie cultivée est de 640 hectares et la production de filasse de 7,000 quintaux métriques. Les principaux centres de production sont Bréhemont, Rivarennes, les Essards, Rigny-Ussé, Saint-Patrice, la Chapelle-aux-Naux.

Le chanvre est expédié surtout sur Angers.

Osier. — La superficie cultivée est de 180 hectares.

La production est de 14,400 quintaux et la valeur totale de 57,600 francs.

Les principaux centres de production sont les cantons d'Azay-le-Rideau, de l'Isle-Bouchard et de Langeais.

Graines de trèfle, luzerne, betteraves, carottes, poireaux, oignons. — Les principaux centres sont : Saint-Patrice, Ingrandes, Restigné, la Chapelle-sur-Loire, Ligueil. Ces graines sont envoyées à Angers et à Paris. Les graines fourragères sont surtout exportées en Allemagne. On exporte environ 2,000 quintaux de trèfle, 600 de luzerne et 500 de sainfoin.

Réglisse. — La culture est de plus en plus délaissée, la surface cultivée est d'environ 12 hectares. Les principaux centres sont : Ingrandes, Bourgueil, la Chapelle-sur-Loire et principalement Benais et Restigné.

La production est de 12,000 kilogrammes à l'hectare tous les quatre ou cinq ans.

ISÈRE.

Le département de l'Isère, l'un des plus étendus de France, puisqu'il a une superficie de 820,000 hectares, présente au point de vue agricole, grâce à sa topographie et à sa situation, une diversité remarquable. Son altitude varie en effet de 134 mètres vers Saint-Rambert, à près de 4,000 mètres au massif du Pelvoux.

Aussi l'on y rencontre des climats très variés; aux basses altitudes, le climat est tempéré; sur les hauts sommets, c'est le climat polaire avec la neige permanente et les glaciers; entre ces deux limites extrêmes se trouve toute la série des climats intermédiaires, souvent modifiés par l'exposition, influencée elle-même par l'inclinaison des versants.

Avec une topographie aussi accidentée et des climats aussi variés, les cultures de l'Isère sont forcément très diverses selon les régions; on les y rencontre presque toutes. Les plus importantes sont les céréales, les foins et fourrages, les pommes de terre, les cultures fruitières, principalement celles du noyer et du pêcher, enfin la vigne et les forêts.

CÉRÉALES.

Les céréales sont surtout cultivées dans les arrondissements de Vienne, Grenoble et la Tour-du-Pin; les plus importantes sont le blé, l'avoine et le seigle. En 1902, la culture du blé occupait 114,000 hectares qui ont produit 1,568,000 hectolitres. L'avoine était cultivée sur 28,100 hectares qui ont produit 644,000 hectolitres; le seigle, dont la culture est pratiquée plus spécialement dans les arrondissements de la Tour-du-Pin et de Grenoble, occupait 17,300 hectares qui ont produit 251,000 hectolitres.

La production des céréales n'est pas suffisante pour subvenir aux besoins de la consommation, d'autant plus que de puissantes minoteries exportent des quantités de farines importantes.

En 1902, l'excédent des importations de blé sur les exportations a été de 187,000 quintaux environ. Le département de l'Isère a été aussi importateur de farines, 14,000 quintaux environ; mais c'est une exception très rare, puisque, en moyenne depuis dix ans, l'excédent des exportations de farine sur les importations était de 100,000 quintaux environ.

Les pailles des céréales donnent aussi lieu à un commerce important; en 1902, on évaluait leur récolte à 2,291,000 quintaux de paille de blé, 416,000 quintaux de paille de seigle, 507,000 quintaux de paille d'avoine. Les usines à papier consomment beaucoup de paille de seigle; les autres pailles sont généralement utilisées comme litières ou pour l'alimentation des chevaux de roulage, de cavalerie; de grandes quantités sont expédiées à Lyon.

CULTURES FOURRAGÈRES.

La production des foins et des fourrages est très importante dans le département de l'Isère. En 1902, la récolte a été de 2,337,189 quintaux de foin, 1,048,641 quintaux de luzerne, 1,012,092 de trèfle, 663,152 quintaux de sainfoin. Une partie de la la récolte de foin de prairies naturelles et de luzerne est exportée vers les régions méridionales. La Mateysine, le Trièves, le Vallon du Monestier de Clermont, la Bièvre, la Valloire sont les régions où le commerce d'exportation est le plus important. En 1902, l'excédent des exportations s'est élevé à 190,000 quintaux environ, d'une valeur de plus de 1,016,000 francs.

POMMES DE TERRE.

La pomme de terre est cultivée sur environ 28,500 hectares qui ont produit, en 1902, 2,826,000 quintaux. Le département suffit d'ordinaire à la consommation locale; cependant, en 1902, environ 6,000 quintaux ont été importés.

CULTURES FRUITIÈRES.

Noyer. — Les plantations de noyers sont très importantes dans le département de l'Isère; c'est, dans plusieurs communes, la source principale des revenus agricoles.

La région où les plantations de noyers, plus particulièrement les variétés dites *de table*, sont les plus importantes est située dans l'arrondissement de Saint-Marcellin, sur les deux rives de l'Isère, en aval de Grenoble, notamment dans les cantons de Tullins, Vinay, Saint-Marcellin.

La variété *mayette*, de Moirans à Vinay, sur les deux rives ;

La variété *parisienne*, de Vinay à Saint-Marcellin, dans la plaine, sur la rive gauche ;

La variété *franquette*, de Vinay à Saint-Marcellin, sur le côteau de la rive droite ;

La variété *chaberte* ou *commune*, sur le plateau de Bizoir, de Voiron à Lyon.

La récolte moyenne est d'environ 44,000 quintaux ; mais, en 1902, la production a été un peu plus faible et n'a atteint que 30,000 quintaux.

La noix fait l'objet d'un important commerce d'exportation vers l'Amérique, notamment New-York, Chicago, Philadelphie (ces villes absorbent environ 80 p. 100 des exportations) et un peu aussi vers Montréal et Québec. Ces exportations se composent surtout de variétés de table, mayette, franquette et parisienne, mais la première surtout.

On exporte aussi des amandes choisies (cerneaux secs) par caisses de 25 kilogrammes, pour la confiserie, de la variété commune, au moins 10,000 caisses par an.

Il est difficile d'indiquer exactement le chiffre des exportations, mais on peut les estimer environ aux deux tiers de la production.

Pêcher. — La culture du pêcher a pris, depuis quelques années, une extension considérable dans les communes de l'Isère qui bordent la vallée du Rhône, et actuellement c'est la culture prépondérante dans cette région. Le sol et le climat lui sont particulièrement favorables, car les pêches expédiées des gares d'Épinouze, de Saint-Rambert, du Péage sont appréciées d'une façon toute spéciale à Paris.

On produit surtout deux variétés, *amsden* et *précoce de Hale*, variétés précoces, fertiles et savoureuses. La pêche d'exportation, devant subir l'emballage et de longs voyages, doit présenter des qualités que possèdent peu de variétés. Il faut notamment que la chair, tout en étant juteuse et sucrée, soit ferme, et tous les sols, toutes les expositions n'assurent pas également cette qualité primordiale.

On peut se faire une idée de la production en disant que la gare de Saint-Rambert expédie jusqu'à 7 à 8 wagons par jour ; celle d'Épinouze, 3 wagons ; celle du Péage, 3 et 4 wagons pendant près de trois semaines.

C'est donc plus d'un million de kilogrammes de pêches qui s'acheminent, durant cette période, vers la capitale, représentant, au prix moyen de 65 francs les 100 kilogrammes, au moins 650,000 francs.

Paris est, en effet, le grand centre où convergent la plupart des expéditions ; les villes voisines, Rive-de-Gier, Annonay, Saint-Étienne, Lyon, en reçoivent aussi quelques-unes. Enfin, quelques expéditions se font en Angleterre, en Belgique, en Suisse.

Les frais d'expédition (transport, camionnage, manutention, courtage) atteignent, pour Paris, 25 à 26 francs au moins les 100 kilogrammes, non compris l'emballage.

La vente se fait aux Halles, par courtiers spéciaux, qui opèrent pour le compte des expéditeurs. Il y a peu d'achats sur place, et ce sont eux surtout qui provoquent quelques expéditions à l'étranger.

VINS.

Bien que le vignoble du département de l'Isère ait moins d'importance qu'avant l'invasion phylloxérique, puisque sa surface occupe maintenant à peine 25,000 hectares au lieu de plus de 30,000, la viticulture n'en est pas moins l'une des cultures du département dont les produits sont les plus importants.

On trouve la vigne sur les terrains les plus variés et à des stations fort diverses. Les principales régions de culture sont les coteaux de Saint-Chef, de Crucilieu, de Cessieu dans l'arrondissement de la Tour-du-Pin; la vallée du Rhône, avec ses terrasses caillouteuses, chaudes et saines de l'arrondissement de Vienne; les coteaux et hautes terrasses de la Bièvre, de la Côte-Saint-André, de Saint-Hilaire, de Moirans; le magnifique versant molassique de Tullins à Saint-Marcellin; enfin les versants alpins et subalpins des vallées de l'Isère, du Drac, de la Gresse.

Les principaux cépages sont la sirah, le persan, la mondeuse, le gamay, le picot rouge, le pellourçin, le durif, comme cépages rouges; le jacquère, le vignier, le persan blanc, la marsanne, la roussanne, la verdesse, comme cépages blancs.

JURA.

Au point de vue agricole, le département du Jura comprend cinq régions distinctes qui sont caractérisées par le climat. Le tableau suivant indique la surface approximative de chaque région, ainsi que son altitude moyenne :

RÉGIONS.	ALTITUDE			SURFACE APPROXIMATIVE COMPRISE dans chaque région.
	la PLUS ÉLEVÉE.	la PLUS BASSE.	MOYENNE.	
	mètres.	mètres.	mètres.	hectares.
Plaine..........................	257	184	230	150,000
Vignoble.......................	473	211	330	50,000
Premier plateau.................	795	354	470	140,000
Deuxième plateau...............	1,004	415	700	100,000
Troisième plateau..............	1,548	418	900	60,000

Dans la plaine, c'est la culture des céréales qui domine; dans la région du vignoble, la vigne couvrait autrefois environ 20,000 hectares; sur le premier plateau, les céréales et les cultures fourragères ont une importance à peu près égale, tandis que sur le second plateau la surface des prairies et des pâturages l'emporte de beaucoup sur celle des autres cultures. Enfin, sur le troisième plateau, l'élevage du bétail et les forêts constituent les principales sources de richesse, car les céréales d'hiver y réussissent difficilement et les céréales de printemps n'y donnent le plus souvent que de faibles récoltes.

Les principaux produits agricoles du Jura sont : les céréales, les cultures sarclées, les fourrages, les vins, le bétail, les fromages et le beurre.

Voici, à ce sujet, les résultats fournis par la statistique de 1903 :

NATURE DES CULTURES.	SURFACE CULTIVÉE.	RÉCOLTE TOTALE.
	hectares.	quintaux.
Blé...	41,483	586,218
Seigle...	2,196	25,459
Orge..	4,718	57,158
Sarrasin...	220	2,171
Avoine..	19,325	207,180
Maïs..	8,635	124,896
Haricots...	170	1,637
Lentilles...	87	993
Pois...	180	2,469
Féveroles..	453	7,116
Pommes de terre..................................	12,356	1,087,764
Betteraves { à sucre.............................	222	52,758
de distillerie.........................	37	12,750
fourragères..........................	2,531	743,544
Navets fourragers, rutabagas.......................	70	10,334
Trèfle...	6,180	263,597
Luzerne..	3,932	204,563
Sainfoin...	20,716	540,103
Graminées et mélanges.............................	5,098	117,224
Fourrages verts...................................	2,095	330,244
Prés naturels.....................................	66,603	1,723,354
Herbages..	4,633	65,107
Pâturages et pacages..............................	51,122	//
Horticulture et culture maraîchère..................	312	//
Colza...	159	1,516
Navette...	1,354	8,308
		hectolitres.
Vignes... { en production.........................	8,600	218,418
non en production.....................	2,600	//

Au point de vue des besoins locaux, la production du département est insuffisante en ce qui concerne le blé, l'orge, l'avoine, les légumes secs, les vins et les moutons, tandis qu'elle dépasse les besoins pour la paille, le foin, les pommes de terre, les bovidés et les porcs.

Voici, par exemple, les quantités des principaux produits agricoles importés dans le Jura, par chemin de fer ou par eau, en 1903, ainsi que celles des produits exportés :

NATURE DES PRODUITS.	IMPORTATIONS après déduction des EXPORTATIONS.
Blé...	70,000 quintaux.
Avoine..	50,000
Orge..	8,500
Légumes secs.....................................	5,860
Moutons...	8,100 têtes.
Vins..	169,460 hectol.

NATURE DES PRODUITS.	EXPORTATIONS après déduction des IMPORTATIONS.
Paille de blé...	75,000 quintaux.
Foin..	25,600
Pommes de terre..	7,000
Bœufs et vaches..	8,200 têtes.
Porcs..	7.000

CÉRÉALES.

La production des céréales a surtout une grande importance dans la plaine. C'est dans les vallées du Doubs, de la Loue, de la Cuisance et de la Seille que la surface cultivée est la plus considérable et qu'elles atteignent les plus forts rendements, c'est-à-dire dans les cantons de Chemin, Chaussin, Dôle, Rochefort, Gendrey, Montbarrey, Montmirey-le-Château, Villers-Farlay, Bletterans.

Les ventes s'effectuent, en général, sur échantillons ou sur place, aussi les quantités apportées sur les marchés sont faibles, excepté à l'époque des semailles. Les principaux marchés pour la vente des céréales sont ceux de Bletterans, Lons-le-Saunier, Chaussin, Dôle, Sellières, Saint-Amour, Poligny.

POMMES DE TERRE.

La production des pommes de terre est généralement un peu supérieure aux besoins, surtout dans les cantons de Chemin, Chaussin, Montbarrey, Bletterans, Conliège, Voiteur, Lons-le-Saunier. On en expédie à la féculerie de Chalon et même dans le midi de la France. En dehors de la période de plantation pendant laquelle tous les marchés importants (jours des foires de mars et avril) sont bien approvisionnés, ce sont les marchés de Lons-le-Saunier et de Dôle qui reçoivent les plus grandes quantités de tubercules, le premier surtout où il y en a parfois de 1,000 à 1,500 quintaux.

FOINS ET PAILLES.

Foins. — Le Jura exporte chaque année une plus ou moins grande quantité de foin, selon l'abondance de la récolte. Les marchés de Lons-le-Saunier et de Dôle sont les seuls où l'on trouve quelques approvisionnements, car les achats se font le plus souvent sur place. C'est la montagne qui fournit la plus grande quantité de foin pour l'exportation.

Pailles. — La paille de blé est l'objet d'un commerce très important dans les cantons de Chemin, Chaussin, Dôle, Montbarrey, Rochefort; les principales gares expéditrices sont Tavaux et Chaussin, à proximité desquelles il y a presque toujours des réserves importantes.

PRODUITS HORTICOLES.

La culture maraîchère est relativement peu importante dans le Jura, excepté aux environs de Dôle, Lons-le-Saunier, Arbois et Poligny où quelques horticulteurs de profession cultivent des légumes pour l'approvisionnement de ces villes. Mais cela est loin de suffire, et de grandes quantités de produits maraîchers de toutes sortes arrivent de Louhans, Auxonne et Bourg sur les marchés de Lons-le-Saunier, Champagnole, Morez, Salins, Dôle, Saint-Claude, Moirans, etc.

Quant aux fruits, on en produit un peu dans le vignoble, mais cela suffit à peine pour la consommation locale, de sorte que la région industrielle de la montagne est obligée de s'approvisionner au dehors.

VINS.

Le vignoble du Jura comprend deux régions distinctes, la côte proprement dite, située entre la montagne et la plaine, dans les arrondissements de Poligny et de Lons-le-Saunier, et la région des collines situées au nord de l'arrondissement de Dôle, entre les vallées de la Saône et du Doubs. Ce vignoble qui, avant l'invasion du phylloxéra, occupait une surface de 20,000 hectares, ne compte plus guère que 10,000 hectares, dont la production varie, selon les années, de 200,000 à 350,000 hectolitres.

Les principaux cépages cultivés dans le vignoble sont : le poulsard, le trousseau, le pinot noir, le savagnin blanc et le pinot Chardonnay; et, comme cépages communs : l'enfariné, le petit et le gros béclan, les gamays noirs, l'argan, la mondeuse, le grenache et le melon.

Le Jura produit à la fois des vins rouges, des vins blancs et des vins de paille. On distingue, dans les vins rouges, les vins fins et les vins ordinaires. Les vins fins, produits par le poulsard noir, le trousseau et le pinot, d'une belle couleur rouge, prennent en vieillissant la teinte pelure d'oignon et sont très parfumés. Les meilleurs crus sont, pour la côte : Salins, les Arsures, Arbois, Port-Lesney, Poligny, Frontenay, Menétru, Lavigny, Conliège, Vernantois, Beaufort; et, dans l'autre région : Joube, Authume, Rainans, Menotey, Gredisans. Les prix sont généralement compris entre 40 et 70 francs l'hectolitre. Les vins ordinaires sont produits avec les plants communs; ils sont habituellement verts et valent de 15 à 30 francs l'hectolitre.

On distingue, parmi les vins blancs, les vins jaunes, les vins de l'Étoile et les vins ordinaires. Les vins jaunes ou vins de garde, dits de *Château-Chalon*, sont produits par le savagnin vendangé très tard et fermenté lentement. Ce vin, après six à huit ans de tonneau, prend une couleur ambrée et acquiert un parfum exceptionnel; très alcoolique, il peut se conserver très longtemps. Les principaux crus sont : Château-Chalon, Pupillin, Arbois-Ménétru et Nevy-sur-Seille. Les vins de l'Étoile sont obtenus avec le pinot blanc chardonnay, le poulsard noir et le trousseau; ils sont utilisés comme vins blancs secs ou pour la préparation des vins mousseux. Les vins les plus renommés sont ceux de l'Étoile, Quintigny, Arbois, Salins, Nevy-sur-Seille, Lavigny, Conliège, Montaigu, Lons-le-Saunier, Rotalier, Cesancey, Vicelles, Beaufort, dans la côte, et, dans l'arrondissement de Dôle : Frasne, Moissey, Offlanges, Taxenne, Wassange. Les vins blancs ordinaires sont obtenus avec le melon, le grenache blanc ou le mélange de ces plants avec le pinot chardonnay et le poulsard; ce sont des vins légers, fruités et un peu verts.

Les vins de paille sont obtenus avec le poulsard, le savagnin et le pinot chardonnay. Les grappes sont mises à sécher sur des claies ou suspendues à des perches dans des chambres chauffées; on presse en janvier ou février, alors que les grappes sont presque desséchées. Le moût, très liquoreux, fermente très lentement. Ce vin de liqueur acquiert un parfum extraordinaire après huit à dix ans de fût; malheureusement on ne le trouve plus guère dans le commerce.

LANDES.

Le département des Landes, considéré au point de vue de son étendue, se classe au second rang des départements français : seul, son riche voisin, la Gironde lui est supérieur.

Le département des Landes a une superficie de 932,000 hectares environ.

Si la surface est grande, la densité de la population est faible, environ 33 habitants par kilomètre carré, alors que la moyenne de la France est de 72.

Les Landes se subdivisent en 3 arrondissements, 28 cantons et 333 communes.

Examiné au point de vue géologique, le département des Landes présente des alluvions modernes d'une certaine importance sur le littoral, dans les vallées de l'Adour et de ses affluents; des alluvions anciennes, les trois étages du tertiaire, éocène, miocène, pliocène, quelques affleurements de crétacé, rares et peu étendus dans les arrondissements de Dax et de Saint-Sever, quelques gisements d'ophite.

Les terrains agricoles provenant de ces formations géologiques sont très divers et possèdent des propriétés et une valeur culturale très variées, suivant leur origine.

Abstraction faite des vastes surfaces recouvertes de sables quartzeux à peu près purs, les terres arables sont formées de mélanges en proportions extrêmement variables d'argile, silice, calcaire parfois, donnant naissance à des sols de composition et de ténacité moyenne, comprise entre des extrêmes fort distants, qui vont de l'argile compacte au sable presque pur.

La nature du sol et, par suite, celle des produits qu'il fournit conduisent à répartir le département des Landes en deux régions bien distinctes : d'une part, au nord, la Lande, composée du Marensin, du pays de Born, des grandes et petites Landes; d'autre part, au sud, la Chalosse, sur la rive gauche de l'Adour, à laquelle il conviendrait de joindre l'Armagnac landais, pays de vignes, et aussi le canton de Saint-Martin-de-Seignaux, situé à l'angle sud-ouest du département, dont la production est analogue à celle de la Chalosse proprement dite.

La Lande, avec son sol formé de grains de quartz pur, arrondis comme de minuscules galets, redoutant l'humidité en hiver, la sécheresse dès l'apparition des chaleurs, serait vouée, pour la plus grande partie de son étendue tout au moins, à l'infertilité la plus complète, si le pin maritime, l'arbre-pin (l'arbre par excellence) n'était venu profondément modifier, dans le sens le plus favorable, les conditions physiques et économiques de cette région : le pin, en effet, a assaini la lande et il l'enrichit.

Pour le voyageur qui va de Bordeaux à Bayonne au milieu d'un nuage de poussière brûlante que rien n'arrête, accompagné du grincement des cigales, annonçant la persistance des chaleurs, rien n'est plus pauvre, plus misérable que la Lande. Il en pouvait être ainsi il y a une quinzaine d'années : aujourd'hui ce n'est plus cela, la gemme se vend à des prix élevés que l'on escompte plus élevés encore; les bois de pins de tout échantillon ont une valeur considérable, toujours en hausse; aussi le pin est-il utilisé avec le plus grand soin, jusqu'aux déchets qui servent à faire des allume-feu, jusqu'à la sciure qui alimente les foyers des machines.

Les propriétaires de la Lande réalisent actuellement de gros bénéfices, et jamais le pin n'a mieux justifié sa qualification d'« arbre d'or ».

Autrefois la Lande était le pays pauvre, la Chalosse la région riche; en ce moment, les rôles sont intervertis. Les bonnes terres de la Chalosse sont loin de donner des revenus comparables à ceux que fournit le sable de la Lande.

Outre le pin, la Lande fournit le seigle, le maïs, du millet, des fourrages divers, des vignes même, surtout dans le Marensin, plus fertile, plus frais et où toute la végétation est plus vive; mais, plus que jamais aujourd'hui, ces récoltes sont regardées par le résinier comme tout à fait accessoires, et cela ne surprendra pas lorsque l'on saura qu'un métayer de la Lande peut se faire avec sa seule part de gemme de 1,000 à 1,200 francs d'argent sonnant en sept ou huit mois. La Lande est une vaste plaine à peu près plane et dont la pente générale, d'ailleurs peu accentuée, va de l'est à l'ouest.

La Chalosse, au contraire, est formée d'une série de coteaux, de vallons riches, fertiles, produisant des vins non sans mérite, des blés, des maïs, des fourrages de toute nature, quelque peu de lin et de chanvre et du tabac estimé par les manufactures de Tonneins.

Cette région est tout à fait charmante, avec ses bois, ses cultures, son vignoble, ses pièces de terre séparées par des baradeaux, sortes de levées sur le sommet desquelles le métayer entretient des chênes ou des châtaigniers conduits en têtards ou en taillis. Tout cela a un aspect de fraîcheur, de fertilité on ne peut plus agréable.

La Chalosse, dont l'étendue est à peine le quart de celle du département, fournit à peu près exclusivement les éléments du commerce des produits agricoles des Landes, commerce qui, d'ailleurs, n'est pas d'une très grande intensité.

CÉRÉALES.

Froment. — Le froment cultivé dans les Landes appartient aux variétés barbue et non barbue du blé de pays et au blé de Bordeaux; il se sème en octobre–novembre sur un ou deux labours après maïs; il est cultivé sur billons étroits, quelquefois à plat, rarement.

Le rendement moyen est d'environ 12 à 13 hectolitres, avec des extrêmes de 10 à 17; le poids moyen de l'hectolitre est de 77 kilogrammes environ. La production annuelle est de 420,000 hectolitres.

Les cantons qui produisent le froment en plus grandes quantités sont ceux de :

	hectolitres.		hectolitres.
Aire	47,500	Montfort	24,000
Saint-Sever	45,000	Grenade	23,000
Geaune	30,000	Villeneuve	23,000
Pouillon	29,000	Mont-de-Marsan	16,500
Hagetmau	28,000	Tartas-Est	16,000
Mugron	27,000	Dax	15,000
Peyrehorade	25,000	Gabarret	11,000
Amou	24,500		

Le froment des Landes n'est pas exporté en grain, il est en totalité vendu aux minotiers du pays qui le travaillent en mélange avec des blés étrangers et le livrent ensuite à la consommation locale sous forme de minots, ou l'exportent en partie, l'exportation de blé indigène étant plus que compensée par l'importation de blé étranger. L'exportation a lieu surtout pour les Côtes-du-Nord et départements voisins à destination des entrepreneurs de pain de troupe.

Les minoteries les plus importantes sont, en première ligne, celles de Peyrehorade, dont la capacité de travail journalier est de 1,000 quintaux, capacité utilisée par un fonctionnement continu, sauf le cas de réparation, dans la proportion de o.7 à o.8. Puis viennent les minoteries de Mont-de-Marsan, de Saint-Paul-les-Dax et d'Aire, parmi les plus sérieuses.

La vente du blé se fait surtout sur échantillons, la livraison se faisant, suivant conventions, par les voitures du vendeur ou de l'acheteur dans les sacs de ce dernier réglés à 80 kilogrammes.

En outre, plusieurs marchés sont approvisionnés pendant quelques mois au moyen d'apports de faible importance provenant de métayers désireux de réaliser quelque argent.

Les marchés les plus fournis sont ceux d'août et septembre; ils se tiennent à :

Dax, le samedi de chaque semaine.........................	1,500 à 1,600 hectol.
Peyrehorade, le mercredi de chaque semaine................	1,600 à 1,800
Saint-Sever, le samedi de chaque semaine.................	300 à 400
Hagetmau, le mercredi de chaque semaine.................	300 à 400
Aire, le mardi de chaque semaine........................	200 à 250

Pendant le reste de l'année, les marchés sont approvisionnés d'une façon très irrégulière et très peu importante.

Méteil. — Le méteil est cultivé seulement sur environ 600 hectares dans l'arrondissement de Mont-de-Marsan. Il est en totalité consommé par les cultivateurs qui le produisent.

Seigle. — Le seigle, la céréale de la Lande, occupe en moyenne 40,000 hectares dont les trois quarts dans l'arrondissement de Mont-de-Marsan. Il est cultivé sur des terrains sableux, souvent peu profonds, superposés à une couche d'alios, parfois peu éloignée de la surface; il s'ensuit qu'il a à redouter des excès d'humidité fort nuisibles, au cours de l'hiver surtout.

Afin de modifier autant qu'il le peut cette situation fâcheuse, le Landais sème son seigle sur billons étroits, dirigés dans le sens de la pente lorsque la pente existe.

Malheureusement il arrive que les bouts des dérayures ne sont pas ouverts et l'eau séjourne sur une zone de 5 à 6 mètres de large et détruit la plante plus ou moins complètement. C'est ainsi que dans des sols bien appropriés au seigle, suffisamment fumés, le seigle est fréquement clair et peu grainé.

Au printemps, avril ou mai, on sarcle le seigle et on lui fait subir une opération spéciale aux Landes.

Au moyen d'une sorte de buttoir dont l'avant est muni de planchettes de forme appropriée, on cure les dérayures de façon à en niveler le fond et à remonter la terre sur les côtés et le sommet du billon : c'est le calage du seigle.

Cette façon a pour but de faciliter l'écoulement de l'eau et de préparer l'ensemencement des maïs et millets cultivés conjointement avec le seigle.

Il résulte de cette méthode que, dans la Lande où les terres arables sont rares, le seigle revient chaque année sur le même terrain avec une culture intercalaire de maïs ou de millet.

Année moyenne, les Landes récoltent 390,000 hectolitres de seigle, du poids de 71 kilogrammes, qui suffisent à peine à la consommation.

Aussi cette céréale ne donne-t-elle lieu qu'à des transactions locales peu importantes.

Les ventes se font sur le marché ou sur place par hectolitre. Les marchés les mieux fournis sont ceux de fin juillet, août, septembre, octobre, novembre; les meilleurs sont ceux de Tartas, le lundi de chaque semaine; de Dax, le samedi; de Soustons, le lundi; de Gabarret, le mercredi; de Roquefort, le jeudi, où on peut voir de 100 à 200 hectolitres de cette céréale.

La consommation du seigle est toute locale et les ventes se font toujours par petites quantités.

Orge. — La culture de l'orge est à peu près nulle, 50 hectares : le produit est consommé sur place.

Avoine. — L'avoine ne semble pas occuper dans la culture de la Chalosse la place qu'elle pourrait y tenir. Bon an, mal an, il en est ensemencé 1,900 hectares qui produisent 40,000 hectolitres du poids de 48 à 49 kilogrammes. La quantité produite se trouve naturellement très au-dessous des besoins de la consommation, et, sous ce rapport, les Landes sont tributaires du Gers, des Hautes-Pyrénées, du Poitou.

L'avoine, utilisée sur les exploitations productrices en presque totalité, paraît peu sur les marchés; seuls ceux d'Aire et d'Hagetmau en reçoivent, particulièrement en septembre, quelques centaines d'hectolitres.

Les mardis à Aire, les mercredis à Hagetmau, on verrait sous la halle de 120 à 200 hectolitres d'avoine; l'approvisionnement est très irrégulier.

Sarrasin. — Le sarrasin se cultive sur environ 75 hectares, surtout dans le canton de Roquefort; il est consommé sur place.

Maïs. — Le maïs est la culture préférée du cultivateur landais : il la fait avec amour, il lui donne tous ses soins; il ne faut pas être surpris de cette préférence que justifient les services que rend le maïs dans une métairie.

Cette plante fournit, en effet, le grain pour l'homme et pour l'engraissement du bétail, du porc, des oies et canards, pour la nourriture des mules, pour la vente : elle donne ses cimes, ses feuilles qui constituent un appoint sérieux pour l'approvisionnement en fourrages : tout cela la rend on ne peut plus précieuse pour le paysan.

Le maïs, anciennement, occupait une place quatre à cinq fois supérieure à celle faite aujourd'hui au froment : il est encore cultivé sur 70,000 hectares contre 32,000 en froment; le rendement moyen est de 17 hectolitres avec des extrêmes de 24 et 6 hectolitres; le poids de l'hectolitre est de 75 kilogrammes.

Les cantons qui produisent le plus de maïs sont, par ordre d'importance :

	hectolitres.		hectolitres.
Montfort	110,626	Mugron	56,600
Peyrehorade	102,400	Tartas-Est	54,000
Pouillon	102,300	Villeneuve	38,600
Dax	91,000	Mont-de-Marsan	37,600
Saint-Sever	75,000	Grenade	33,800
Amou	74,000	Tartas-Ouest	29,000
Saint-Vincent	68,300	Soustons	25,400
Saint-Martin Seignaux	68,300	Castets	21,900
Hagetmau	59,700	Mimizan	19,500
Aire	58,500	Morcenx	17,900

Le maïs est cultivé sur de bonnes terres, bien préparées, bien fumées, recevant des engrais complémentaires, phosphatés surtout; il est ensemencé au carré ou en lignes dans les cantons où seul il occupe le terrain. Dans la Lande, il est souvent associé au seigle de la façon suivante : vers mai, avec une petite houe, on creuse dans le fond des sillons occupés par le seigle de petits poquets que l'on garnit d'une poignée de fumier et sur lequel sera déposé le grain de maïs.

La plante lève, végète et arrive ainsi à la moisson du seigle; après celle-ci faite, on travaille le maïs, en détruisant les billons précédents et les reformant auprès du maïs, c'est-à-dire là où étaient les dérayures, et c'est sur ces nouveaux billons que sera semée la récolte de seigle de l'année suivante.

Les variétés cultivées sont au nombre de deux, le blanc et le jaune.

Le maïs est en grande partie vendu; on estime à près des deux tiers de la production la quantité exportée.

Les affaires les plus importantes se traitent par courtiers, sur échantillons, au café le plus souvent.

Néanmoins quelques localités possèdent des marchés où il est conduit du maïs en assez grande quantité; les plus importants sont ceux de :

Peyrehorade, le mercredi de chaque semaine	500 à 600 hectol.
Dax, le samedi de chaque semaine	500 à 600
Tartas, le lundi de chaque semaine	200
Hagetmau, le mercredi de chaque semaine	150
Montfort, le mercredi de chaque semaine	200
Aire, le mardi de chaque semaine	80 à 100
Saint-Sever, le samedi de chaque semaine	100

Les marchés sont surtout approvisionnés en octobre, novembre, décembre.

Les maïs exportés vont principalement à Bordeaux, puis dans les départements des Deux-Sèvres, Loir-et-Cher, Maine-et-Loire, Vienne, Haute-Vienne, Indre-et-Loire, Vendée, où ils sont utilisés comme semence de maïs-fourrage; parfois, lorsque l'avoine est chère, le maïs est employé à l'alimentation des chevaux de trait. De loin en loin, le Nord en demande quelque peu pour la distillation.

Les maïs préférés par le commerce sont surtout les maïs roux, plus luisants, de meilleur aspect et qui bénéficient sur les maïs blancs d'une majoration de 0 fr. 50 par hectolitre.

Millet. — Le millet cultivé dans les terres pauvres, aux lieu et place du maïs, est, comme cette dernière plante, traité en récolte principale ou en récolte associée au seigle.

Chaque année, il est ensemencé environ 10,000 hectares de millet qui produisent 60,000 hectolitres pesant 70 kilogrammes.

Le millet ne donne lieu qu'à des transactions fort limitées qui se traitent sur échantillons, au café principalement; les marchés ne sont que fort peu fournis en millet. Les acheteurs revendent cette graine aux épiciers qui la détaillent pour la nourriture des oiseaux.

La majeure partie de la production est consommée par les métairies qui pratiquent cette culture.

Les cantons qui fournissent le plus de millet sont :

	hectares.		hectares.
Sore	9,000	Gabarret	6,200
Tartas-Ouest	8,000	Sabres	4,000
Morcenx	7,800	Pissos	3,900
Castets	6,800	Mimizan	3,900

Les variétés cultivées sont le millet à grappes et le millet à épis.

FOURRAGES ET PAILLES.

Foins. — Les fourrages produits dans le département sont, sans exception, utilisés dans les exploitations agricoles où ils sont obtenus.

La production totale varie de 550,000 à 750,000 quintaux.

Les foins naturels du pays ne suffisent pas à la consommation et il en est tiré de l'extérieur en quantités plus ou moins considérables, suivant les années, mais toujours importantes; l'importation va parfois jusqu'aux deux tiers de la consommation. Ces foins sont tirés du Gers et des Hautes-Pyrénées; ils arrivent sous forme de balles parallélipipédiques du poids de 30 à 40 kilogrammes et surtout en vrac, sur charrettes. Ils sont adressés pour la plus grande partie à de gros commerçants, notamment à Mont-de-Marsan, qui le cèdent ensuite aux consommateurs, au fur et à mesure de leurs besoins.

Pailles. — Les pailles de froment ne sont l'objet que d'opérations commerciales fort restreintes et seulement dans le voisinage des grosses localités : ailleurs, elles sont utilisées sur les métairies comme aliment et comme litière.

Il n'en est pas de même de la paille de seigle qui, à peu près en totalité, sert de matière première à l'industrie des enveloppes de bouteilles, très en honneur dans toute la région productrice de seigle.

La Lande récolte en moyenne 500,000 quintaux de paille de seigle qui donnent environ 300,000 quintaux d'enveloppes de bouteilles, d'échantillons très variés, enveloppes pour litres, bordelaises, champenoises, modèles divers pour spécialités, pour flaconnage de pharmacie et droguerie, etc.

Les expéditions se font d'abord pour Bordeaux qui en emploie beaucoup pour ses vins et envoie ensuite à Londres et aux États-Unis surtout.

Les autres consommateurs sont : la Champagne, les maisons d'apéritifs, de liqueur, la droguerie et la pharmacie de Paris. Il y a quelques années, les Landes envoyaient une partie de leur fabrication en Écosse et en Irlande : aujourd'hui le marché de ces pays est aux Allemands. L'Allemagne fabrique uniquement à la machine : ses produits sont plus réguliers, plus finis, ont meilleur aspect et parviennent à supplanter les nôtres; d'autre part, il est probable que les prix sont un peu inférieurs à ceux des produits français, quoique ce point capital soit ici l'objet de contradictions nombreuses.

Les principaux ateliers d'enveloppes de paille se trouvent à Mont-de-Marsan, Roquefort, Sore, Rion, Luxey, Mézos, Pontonx, Ygos, Pissos; il s'en trouve aussi beaucoup d'autres dispersés dans nombre de petites localités de la Lande.

Les déchets de cette fabrication, qui s'élèvent en moyenne au tiers du poids de la paille mise en œuvre, sont employés à des usages divers : une petite portion sert de litière sur place, mais la presque totalité est envoyée à Orthez dans une fabrique de papier de paille ou dans l'Hérault et l'Aude, comme litière.

Dans la Lande, cette paille exportée est remplacée dans les étables par le soutrage, tiré des touyas et du sous-bois des pignadas.

CULTURES DIVERSES.

Tabac, lin, chanvre. — Le tabac est cultivé sur 110 à 115 hectares en moyenne : la production est de 17 à 18 quintaux à l'hectare; le prix moyen payé par l'Administration est habituellement de 90 francs les 100 kilogrammes.

Ce tabac est estimé par la Manufacture de Tonneins à laquelle il est envoyé.

Le lin et le chanvre se cultivent de moins en moins : les produits qu'ils fournissent sont utilisés sur place et ne peuvent donner lieu à des transactions de quelque importance.

Haricot. — Le haricot plat est associé au maïs sur une grande partie des terres consacrées à cette plante, environ 36,000 hectares. Il constitue pour le cultivateur de la Chalosse une récolte d'une réelle valeur lorsqu'elle réussit : c'est, en effet, une culture fort aléatoire dont le rendement peut varier suivant que les circonstances sont ou non favorables. Dans la proportion de 1 à 10, le rendement est fréquemment de 3 hectolitres à l'hectare, du poids de 80 kilogrammes.

Les cantons qui produisent le haricot en quantité sont :

	hectolitres.		hectolitres.
Amou	11,000	Geaune	4,600
Montfort	7,500	Mugron	4,600
Pouillon	6,750	Peyrehorade	3,800
Hagetmau	5,000	Saint-Vincent-de-Tyrosse	3,800
Saint-Sever	5,000	Aire	2,500
Dax	5,000		

Le commerce de cette denrée, toujours fort recherchée et d'un prix relativement élevé, donne lieu à des affaires nombreuses et importantes.

La vente du haricot se fait en deux fois.

D'abord fin août, septembre et octobre; c'est le moment des transactions les plus actives, c'est l'époque des gros marchés : cela tient à la conviction que garde le paysan landais que le haricot doit être vendu dès qu'il est préparé et ne doit pas se conserver.

Pendant ces quelques semaines, les halles regorgent de sacs de haricots réglés à 80 kilogrammes.

Les marchés les plus importants sont ceux de :

Saint-Sever, le samedi	1,800 à 2,000 hectol.
Hagetmau, le mercredi	1,600 à 1,800
Aire, le mardi	1,500 à 1,600
Peyrehorade, le mercredi	700 à 800
Dax, le samedi	800 à 900
Pomarez, le lundi [1]	800 à 900
Amou, le lundi [1]	
Geaune, le jeudi	600 à 700

[1] Ces deux marchés alternent par quinzaine.

Mugron, le jeudi..................................... 600 à   700 hectol.
Montfort, le mercredi................................ 1,200 à 1,400
Saint-Vincent-de-Tyrosse, le vendredi................ 600 à   700

Il vient des acheteurs du Bordelais, de Pessac entre autres, des courtiers qui expédient en Bretagne, dans le centre; d'autres achètent pour l'armée, la marine; si l'État traitait pour ses achats directement avec les producteurs, il réaliserait une économie d'au moins 30 à 35 p. 100. Il a été, l'an dernier, expédié des haricots des Landes en Algérie, à Constantine et à Alger. L'expédition à Constantine a été malheureuse et ne se renouvellera pas sans doute; celle d'Alger a eu un résultat plus avantageux.

Après ce premier coup de feu, la vente se continue dans les mêmes marchés, mais avec beaucoup plus de calme et beaucoup moins d'importance, pendant les mois de novembre et de décembre.

En outre, il se fait en grenier des affaires considérables.

Pomme de terre. — La pomme de terre n'est cultivée dans les Landes que sur une surface très réduite, à peine 3,000 hectares; les rendements obtenus sont minces, environ 4,500 kilogrammes. La pomme de terre est consacrée à la nourriture du personnel et surtout des porcs, dans les exploitations qui la produisent et n'est l'objet d'aucun trafic de quelque valeur. Les marchés journaliers des localités d'une certaine importance reçoivent seulement les quantités nécessaires à la consommation locale, surtout en pommes de terre nouvelles.

CULTURE MARAÎCHÈRE.

L'horticulture maraîchère n'est pas pratiquée très en grand dans les Landes, ce qui s'explique par la nature du sol et la faible densité de la population d'une grande région du département et aussi par les chaleurs intenses de l'été, imposant de nombreux et copieux arrosages qui ne sont pas possibles partout.

Néanmoins, autour de certaines localités plus favorisées et particulièrement aux environs de Dax, on rencontre une zone appréciable consacrée au jardinage.

Le plus souvent ce sont non des jardiniers de profession, mais des cultivateurs qui ont donné de l'extension à leur jardin, de façon à pouvoir, après prélèvement de leur consommation, tirer un parti avantageux d'un excédent plus ou moins important. C'est ainsi que Tartas, Mugron, Montfort, Linxe, Léon, Castets, Tarnos, puis Dax et Mont-de-Marsan sont approvisionnés par des cultivateurs voisins qui peuvent encore fournir des légumes à des communes qui ne se suffisent pas.

Mais, en dehors de Dax, il ne se fait qu'un commerce de détail tout local, ne donnant lieu qu'à des transactions de faible importance. Dax, au contraire, produit certains légumes sur une beaucoup plus grande échelle.

Les petits pois sont cultivés sur 25 ou 30 hectares, année moyenne, dans un rayon de 6 à 8 kilomètres sur la rive gauche de l'Adour : ils fournissent à la consommation de la ville et, en outre, sont exportés sur Bordeaux en quantité; quelque peu sur Orthez de loin en loin; pendant environ soixante jours pris sur avril, mai, juin, il est envoyé à Bordeaux de 10,000 à 12,000 kilogrammes de petits pois qui alimentent notamment une fabrique de conserves dont les produits sont expédiés en Angleterre.

Les petits pois de Dax, fins, fermes et sucrés, sont très estimés pour cet usage; ils se payent au cultivateur 15 à 18 francs les 100 kilogrammes en gare de Dax. La fabrique de conserves qui a fonctionné plusieurs années à Dax est actuellement fermée.

On expédie également, pendant à peu près la même durée, mais un peu plus tard, 200 à 300 kilogrammes de haricots verts au prix de 35 à 40 francs les 100 kilogrammes, cela depuis peu de temps.

Sur divers points du département, on rencontre des terres plantées en asperges qui, si elle est bien traitée, donne des résultats avantageux; on emploie des variétés hâtives et tardives. Les produits sont consommés surtout à Dax, Bayonne, Biarritz, Arcachon. es aspergeries ne sont pas de grande étendue, mais assez nombreuses.

Le prix est fait, en général, à la botte ou au kilogramme, à raison de 0 fr. 80 à 1 franc la botte marchande ou bien 1 fr. 25 les 2 kilogrammes; un propriétaire a pu faire ainsi pour 1,000 francs de vente sur 0 hect. 50 ares. On cultive l'asperge à Capbreton, Dax, Soort, Lahosse, Gousse, Pontonx, etc.

Le plant ou chou de Dax, très employé pour la nourriture des personnes et des animaux, se produit en quantité dans le voisinage de cette ville. De là il est transporté par chemin de fer et surtout par voiture dans les cantons voisins où il se débite par milliers, à raison de 0 fr. 10 la douzaine.

C'est à l'approche des pluies que les producteurs arrachent en hâte leur plant et s'empressent à le porter à Montfort, Mugron, Tartas, Saint-Sever, Hagetmau où il est repiqué à la faveur des averses bienfaisantes.

Les terres consacrées auprès de Dax à la production des produits maraîchers, d'une façon plus ou moins permanente, occupent environ 60 hectares.

Actuellement la culture de la carotte potagère paraît diminuer dans les jardins proprement dits pour prendre de l'extension dans les petites métairies voisines, entre autres dans l'ancienne commune de Saint-Vincent-de-Xaintes, aujourd'hui réunie à Dax. Les métayers la cultivent sur leur sole de maïs et obtiennent de meilleurs résultats que les maraîchers, paraît-il. Cette culture pourra sans doute, comme celle des petits pois, gagner du terrain dans les environs de Dax, mais jusqu'ici elle n'a été faite qu'à titre d'essai.

Les autres légumes produits par les maraîchers de Dax et de Mont-de-Marsan sur des espaces relativement beaucoup moindres sont vendus au petit détail et ne donnent pas lieu à des transactions importantes.

La production de certains légumes, susceptibles de s'écouler avantageusement dans les villes importantes et les villes d'eaux voisines du département, n'a certainement pas dit son dernier mot. Ces légumes, en effet, peuvent être obtenus, dans les Landes, d'assez bonne heure pour que le prix de leur vente soit fort rémunérateur; tels sont : les petits pois, petits haricots, asperges, pomme de terre; cette dernière, jusqu'ici, est tout à fait négligée.

CULTURES FRUITIÈRES.

Les fruits n'occupent pas une grande place dans la production landaise : les arbres, en général, durent peu et ne donnent pas des produits de grande valeur; ceci est surtout vrai pour les fruits à pépins, dont d'ailleurs l'importance est minime.

Pêche. — Par contre, la pêche de vigne, spécialité des cantons de Dax, de Mugron et de Montfort surtout, fait l'objet d'un commerce actif et d'une importance assez grande. La production de Dax est consommée par la ville et ses environs; celle de Mugron et de Montfort achetée à la douzaine ou aux 100 kilogrammes, sur l'arbre le plus fréquemment, ou sur les marchés de ces villes, s'expédie à Bordeaux et aussi à Bayonne.

Les marchés de Mugron ont lieu les jeudi et dimanche, les revendeurs viennent s'y approvisionner. Ceux de Montfort, plus importants, se tiennent les mercredi et dimanche et, si besoin est, à d'autres jours de la semaine. Les pêches s'achètent là à la douzaine à raison de 0 fr. 90 à 1 fr. 20 la douzaine, quelquefois plus, ou bien à 25 et 30 francs les 50 kilogrammes; ces prix n'ont rien d'absolu et peuvent varier beaucoup. Bordeaux reçoit de 15,000 à 18,000 kilogrammes et Bayonne de 5,000 à 6,000 kilogrammes de pêches pendant la saison, c'est-à-dire fin juin et juillet.

Cerises. — Les cerises, récoltées à Montfort principalement, sont achetées à raison de 20 à 25 francs les 100 kilogrammes aux marchés de cette localité sur lesquels on peut trouver de 800 à 900 kilogrammes de ces fruits : les variétés les plus recherchées sont le bigarreau et la cerise dite *cœur*.

Les expéditions se font pour Paris et Bordeaux. La production de Dax est consommée sur place et ne suffit pas.

Prunes. — L'arrondissement de Dax, spécialement les cantons de Dax et de Montfort, produisent quelques quintaux de prunes qui alimentent les marchés de la contrée, particulièrement ceux de Dax et de Mont-de-Marsan.

Poires et Pommes. — Les mêmes cantons fournissent une quantité peu importante de poires et de pommes de qualité ordinaire, consommées sur place ou dans les localités d'un rayon peu étendu.

Il a été fabriqué, près de Dax, quelques hectolitres de cidre, uniquement pour l'usage des producteurs; la régie n'a pas eu à en faire état.

Noix. — Les noix provenant du département sont absolument sans importance.

Châtaignes. — Les châtaignes récoltées dans les Landes sont de qualité ordinaire : elles sont fournies par des arbres isolés, épars dans les terres, sur les baradeaux de clôture, le long des chemins : les châtaigneraies ont totalement disparu. Le complément nécessaire à la consommation est tiré des Hautes et Basses-Pyrénées.

C'est de l'arrondissement de Saint-Sever que viennent à peu près exclusivement les châtaignes landaises.

VINS ET EAUX DE VIE.

Le vignoble des Landes s'étend sur à peu près 21,000 hectares. Il peut se diviser en trois groupes.

Les vignes de sable, situées à Capbreton, Vieux-Boucau, Messanges, Moliets et quelques autres petites localités, produisent des vins rouges et blancs, très alcooliques, agréables, mais traîtres pour qui ne les connaît pas.

Les vignes rouges sont complantées en un cépage dit *de sable*, capbreton, qui est un pinot très anciennement importé dans le pays; aujourd'hui les plantations nouvelles se font presque exclusivement avec le cabernet-sauvignon.

Les vins blancs proviennent de cépages du Bordelais et ressemblent assez à certains bordeaux blancs.

Le rendement de ces vignes est très faible et consommé sur place.

Les vignes de la Chalosse, complantées en moustrou ou tannat, cot rouge, cabernet-sauvignon, claverie, guillomet, baroque ou bordelais, quillat et piquepoult, avec un peu de semillon et sauvignon, donnent des vins qui ne seraient pas sans mé-rite s'ils étaient bien fabriqués; et, ce qui le prouve, c'est que quelques propriétaires, plus soigneux et avisés, obtiennent des vins excellents, tant rouges que blancs.

Le rendement de ces vignes est d'environ 18 hectolitres à l'hectare.

Les vins sont généralement consommés dans le pays, vendus chez le propriétaire aux particuliers ou débitants, par barriques de 300 litres; suivant les années, les prix varient de 60 à 90 francs la barrique.

Les vignes de l'Armagnac, plantées en piquepoult, donnent des vins de chaudière dont on tirait l'eau-de-vie d'Armagnac, très réputée dans le pays.

Les vins des Landes s'exportent pour environ 30,000 à 35,000 hectolitres dans les départements du Gers, de la Gironde, des Hautes et Basses-Pyrénées, de la Seine. Le Gers prélève près de 7,000 hectolitres de vins de distillerie.

L'an dernier, il a été fabriqué environ 1,600 hectolitres d'eau-de-vie de vin à 50 ou 52 degrés; en outre, il a été importé 2,200 hectolitres d'alcool pur sous forme de trois-six.

L'exportation des eaux-de-vie a été de :

Aisne	300 hectol.
Charente	250
Gers	1,000
Basses-Pyrénées	300
Hautes-Pyrénées	120

Les trois-six proviennent de la Haute-Garonne, du Gers, de la Gironde et sont em-ployés à la fabrication de liqueurs et produits similaires de toutes sortes.

Les prix des armagnacs sont basés sur les cours du Gers, notamment sur ceux d'Éauze, mais pour le moment on peut dire qu'ils sont purement nominaux.

LOIR-ET-CHER.

Le département de Loir-et-Cher a une superficie de 635,092 hectares dont les 95 centièmes au moins sont exclusivement consacrés à l'agriculture. La valeur de ce territoire approche d'un milliard de francs. Comme sa population est actuellement de 275,000 habitants, on peut dire que 200,000 personnes y vivent directement du travail des champs.

Au point de vue de la production végétale, ce département peut être divisé en trois régions :

1° Le Perche, qui occupe, au nord-ouest, la partie la plus accidentée et produit en abondance des céréales, des fourrages, des pommes et des poires;

2° La Beauce, située entre la Loire et le Perche, produisant par excellence des céréales;

3° La Sologne, humide et fiévreuse autrefois, qui a été si bien assainie qu'un sana-torium pour tuberculeux vient d'y être établi. Ses productions, fort variées, comprennent des céréales, du vin, des légumineuses alimentaires et des produits maraîchers.

On pourrait même distraire de ces trois grandes régions trois bandes de largeur irrégulière, formées par les vallées de la Loire, du Loir et du Cher, dont la fertilité, la bonne exposition et la fraîcheur permettent une production intensive de vins, de fruits et de légumes.

CÉRÉALES.

Blé. — C'est toujours la Beauce qui est le *grenier* du Loir-et-Cher, mais la Beauce élargie, agrandie, comprenant toute la partie du département qui se trouve au nord-ouest de la Loire. La production y est devenue très intensive, sous l'influence de doses massives d'engrais phosphatés et d'une culture qui, il faut le reconnaître, est généralement bien faite; le rendement moyen y est de 25 à 30 hectolitres pour le blé, 28 à 40 pour l'avoine et l'orge.

Le blé, qui a produit en 1904 plus de 1,200,000 quintaux, pour les trois quarts en rouge de Bordeaux, est généralement apprécié de la meunerie. Ce qui n'est pas transformé sur place (700,000 quintaux environ) est expédié aux minoteries du Loiret et du rayon de Paris.

La minoterie de Loir-et-Cher exporte annuellement près de 100,000 quintaux de farine de blé.

Orge. — L'orge, récoltée avec soin depuis la propagande faite à ce sujet, s'exporte de plus en plus pour les usages de la brasserie. 40,000 quintaux sont expédiés annuellement. Cette quantité pourrait être doublée.

Avoine. — Sur les 800,000 quintaux d'avoine récoltée (rouge de Beauce et surtout noire de Brie), 80,000 quintaux sortent du département et sont dirigés sur Paris et la banlieue. Cette avoine est estimée.

Seigle. — On cultive encore le seigle sur 19,000 hectares, en Sologne principalement. Son grain y est l'objet d'une exportation qui dépasse rarement 25,000 quintaux. Sa paille, généralement fort belle, pourrait être triée et vendue pour la fabrication des paillassons. Il serait possible d'en exporter ainsi chaque année plusieurs millions de kilogrammes.

LÉGUMINEUSES ALIMENTAIRES.

La culture des haricots et des pois tend à s'accroître chaque année, un peu pour satisfaire aux besoins locaux et beaucoup pour l'exportation.

Haricots. — La production des haricots se fait surtout dans les communes et cantons suivants :

CANTONS PRODUCTEURS.	HARICOTS		PRINCIPAUX CENTRES DE PRODUCTION.	HARICOTS.	
—	VERTS.	SECS.	—	VERTS.	SECS.
	quintaux.	quintaux.		quintaux.	quintaux.
Romorantin............	700	650	Romorantin............	600	300
Selles-sur-Cher........	80	1,260	Gièvres..............	"	600
Mennetou-sur-Cher......	"	800	Villefranche-sur-Cher......	"	300
Bracieux.............	150	600	Vineuil..............	200	75
Blois (Est et Ouest......	460	160	Langon.............	"	250
Contres..............	180	280	Blois...............	160	40
Saint-Aignan..........	"	250	Saint-Laurent-des-Eaux....	"	200
Montoire.............	40	160	Selles-sur-Cher........	"	200
Montrichard	100	80	Lanthenay............	"	200
Lamotte-Beuvron.......	50	50	Châtres-sur-Cher........	"	160
Salbris	"	90	Soings..............	"	160

PRINCIPAUX CENTRES DE PRODUCTION.	HARICOTS. VERTS. quintaux.	HARICOTS. SECS. quintaux.	PRINCIPAUX CENTRES DE PRODUCTION.	HARICOTS. VERTS. quintaux.	HARICOTS. SECS. quintaux.
Contres	"	150	Muides	60	"
Billy	"	100	Chailles	20	10
Pruniers	"	100	Marcilly-en-Gault (Haricots à		
Saint-Romain	"	80	grains verts)	"	20

Les haricots verts sont vendus entre 10 et 100 francs les 100 kilogrammes (en moyenne 3o francs) gare de départ, suivant la saison, et expédiés sur Paris.

Une fabrique de conserves de haricots, petits pois et champignons est établie à Romorantin.

Les haricots secs, vendus dans la contrée sous le nom de *Saint-Aignan*, sont généralement assez estimés; une partie sert aux besoins de la consommation locale; les deux tiers environ sont exportés sur Orléans et Paris. On les vend de 3o à 55 francs les 100 kilogrammes, en moyenne 4o francs.

Pois. — Les pois sont cultivés principalement dans les coteaux qui bordent à droite la vallée de la Loire et aussi un peu dans ceux du Loir et du Cher.

L'ensemencement se fait de bonne heure avec des pois achetés en Maine-et-Loire ou à la graineterie parisienne.

Dans cette culture, on a uniquement en vue la vente des petits pois frais, en s'efforçant de les avoir aussi précoces que possible, afin de profiter des cours avantageux du début de la saison. C'est pour cette raison que l'on affecte autant que possible à leur culture les coteaux exposés au midi.

Les prix pratiqués au départ, en sacs fournis par les acheteurs, sont de 10 à 25 francs les 100 kilogrammes, suivant saison et qualité, en moyenne 18 francs.

CANTONS PRODUCTEURS.	POIS VERTS. quintaux.	PRINCIPAUX CENTRES PRODUCTEURS.	POIS VERTS. quintaux.
Herbault	2,600	Blois	1,500
Blois (Est et Ouest)	2,400	Vineuil	750
Bracieux	700	Chouzy-sur-Cisse	550
Contres	160	Monteaux	550
Montrichard	150	Onzain	550
Montoire	130	Mesland	300
Selles-sur-Cher	60	Coulanges	250
Lamotte-Beuvron	50	Landes	250
		Chailles	200
		Muides	150

PLANTES SARCLÉES, FOURRAGÈRES ET ALIMENTAIRES.

La culture de ces plantes couvre une superficie de 22,500 hectares et produit des denrées d'une valeur de près de 9 millions de francs.

Elle tend à s'accroître.

Pommes de terre. — On cultive les pommes de terre dans tout le département; mais la proportion des surfaces qui lui sont affectées par rapport à la superficie des terres labourables est surtout grande en Sologne et dans les parties sableuses des vallées.

Une faible portion des tubercules qu'elle produit dans la commune de Salbris alimente la féculerie qui s'y trouve.

Dans le département, la plus grande partie de la récolte est utilisée sur place à la nourriture du personnel de l'exploitation et à l'alimentation des porcs.

Une autre portion est vendue comme pomme de terre de consommation et dirigée sur Paris et sa banlieue, ainsi que sur l'Angleterre, Londres principalement.

Voici quels sont les cantons qui fournissent les pommes de terre de consommation et les principaux centres de production :

CANTONS PRODUCTEURS.	POMMES DE TERRE. quintaux.	PRINCIPAUX CENTRES DE PRODUCTION.	POMMES DE TERRE. quintaux.
Bracieux	51,000	Montlivault	6,000
Herbault	48,000	Saint-Claude-de-Diray	5,500
Blois (Est et Ouest)	46,000	Nouan-sur-Loire	5,000
Mer	8,500	Blois	4,500
		Saint-Dyé-sur-Loire	5,000
PRINCIPAUX CENTRES DE PRODUCTION		Maslives	4,200
		Sassay	4,000
		Villerbon	4,000
Vineuil	12,500	Cour-Cheverny	3,500
Saint-Laurent-des-Eaux	10,000	Marolles	3,000
Contres	8,000	Mont	3,000
Huisseau-sur-Cosson	8,000	Cheverny	3,000
Mer	7,000	Muides	3,000

Les variétés cultivées pour la consommation sont les suivantes, classées par ordre décroissant d'importance : Early rose, Salvat, Chardon, Hollande, Quarantaine de la Halle, Saucisse, Marjolaine et Ronde hâtive.

Les prix de vente ont été, suivant les variétés, les années et les saisons, de 4 à 12 francs les 100 kilogrammes.

Si d'autres variétés étaient demandées, les cultivateurs les adopteraient immédiatement, à condition que la spéculation à laquelle donnerait lieu leur culture fût avantageuse.

Quelques essais de culture de la Royale Kidney ont été faits dans le but de produire des tubercules de semence pour l'Algérie et l'Espagne. Si, comme c'est probable, ces essais sont couronnés de succès, le département pourra fournir dans un avenir prochain une quantité importante de ces semences en parfait état de maturité.

Topinambours. — Cultivé sur une étendue beaucoup trop faible (500 hectares), surtout en Sologne où il rendrait de grands services. N'est utilisé actuellement que pour la nourriture du bétail.

Betteraves. — Cette culture est en progrès marqué, bien qu'elle ne fournisse guère que des produits fourragers.

Rutabagas et Navets. — Trop peu répandues (800 hectares), ces deux plantes pourraient rendre de grands services aux cultivateurs, soit en servant de nourriture à leur bétail, soit en étant soumises à la vente pour la consommation parisienne.

Choux. — Couvrent tout près de 1,700 hectares. Sont consommés sur place par les animaux de la ferme.

CULTURES FOURRAGÈRES.

Prairies naturelles. — Les prairies naturelles n'ont d'importance réelle que dans le Perche et dans les vallées des cours d'eau.

Les foins du Perche et des vallées du Loir et du Cher sont estimés. On en expédie sur Orléans, Chartres et Paris chaque année environ 20,000 quintaux.

Prairies artificielles et fourrages annuels. — Les plantes de cette catégorie occupent une superficie de 54,000 hectares, répartie sur tout le département, en limitant aux terrains qui leur conviennent les cultures du sainfoin et de la luzerne. Le trèfle violet et le trèfle jaune des sables peuvent se développer aujourd'hui sur toutes les terres labourables.

Les fourrages annuels sont en voie d'accroissement aussi bien comme étendue que comme rendement. Évaluée en argent, la production de cette catégorie dépasse 8 millions de francs.

La luzerne seule est l'objet d'une certaine exportation à l'état de foin sec et pressé.

CULTURES POTAGÈRES.

La faible distance qui sépare le Loir-et-Cher de Paris et la rapidité des transports, singulièrement facilités par ce fait que le département est traversé par les quatre grandes lignes de Paris à Toulouse, Paris à Bordeaux (Orléans), Paris à Tours (par Vendôme) et Paris à Bordeaux (État), en font un territoire tout indiqué pour approvisionner la capitale et les principales villes du nord de la France, sans compter celles de l'Angleterre, de la Belgique et de l'Allemagne, puisque c'est de Paris que partent les lignes d'exportation vers ces contrées.

Il est donc logique de chercher à développer la production des substances alimentaires qui sont d'une consommation courante dans ces milieux. C'est ce qu'ont fait les jardiniers et les cultivateurs de Loir-et-Cher, en s'occupant de la culture des asperges et de toutes les autres plantes potagères ou maraîchères qu'ils vendent aujourd'hui à des prix rémunérateurs.

Asperges. — Introduite il y a très peu de temps dans les terres sableuses de Saint-Claude-de Diray, dans le canton de Blois-Est, la culture de l'asperge s'y répandit rapidement et passa bientôt dans les communes et les cantons voisins. Cette plante couvre aujourd'hui plus de 1,300 hectares, produisant chaque année 21,500 quintaux de ce légume vendu pour la somme totale de près d'un million.

On connaît aux Halles centrales, à Paris, les asperges de Loir-et-Cher, sous le nom d'asperges de *Vineuil-Saint-Claude;* elles y sont très cotées.

Les expéditions sont toutes faites à destination de Paris, soit par les syndicats de vente, soit le plus généralement par des courtiers de grosses maisons parisiennes.

Les prix varient, par 100 kilogrammes, tout venant, de 40 à 50 francs. Les sortes de choix sont vendues beaucoup plus cher, surtout pendant la première semaine.

Une usine a été établie cette année à Contres, au milieu du plus grand centre de production des asperges. Elle est outillée pour traiter chaque année 1 million de kilogrammes de turions dont les deux tiers environ seront vendus à l'état frais, après triage, et le reste mis en conserves. Son outillage pour la préparation des conserves a reçu les derniers perfectionnements; il passe pour un modèle du genre.

CANTONS PRODUCTEURS.	ASPERGES. VALEUR de la récolte.	PRINCIPAUX CENTRES de production,	ASPERGES. VALEUR de la récolte.	PRINCIPAUX CENTRES de production.	ASPERGES. VALEUR de la récolte.
—	francs.	—	francs.	—	francs.
Contres.........	480,000	Contres.........	300,000	Romorantin.......	36,000
Blois (Est et Ouest).	185,000	Fresnes.........	120,000	Chouzy..........	32,000
Bracieux........	105,000	Montlivault......	70,000	Chémery........	16,000
Romorantin......	61,000	Vineuil.........	65,000	Suèvres........	12,000
Herbault........	40,000	Sassay..........	64,000	Châtres-sur-Cher...	12,000
Saint-Aignan.....	30,000	Saint-Claude.....	42,000	Mont..........	12,000
Mer............	24,000	Malives........	40,000	Feings.........	10,000
Mennetou-sur-Cher.	12,000				

Plantes potagères ou maraîchères diverses. — Sous ces titres se trouvent groupées toutes les cultures potagères à l'exception de l'asperge, des haricots, des pois et des pommes de terre, fournissant des produits destinés à la vente. Leur importance est grande surtout près des villes, dans les vallées fraîches et les terres sableuses légères.

Les légumes qui en proviennent sont consommés dans les villes voisines. Des expéditions sur Orléans, Chartres, Paris paraissent avoir donné de bons résultats; elles seront poursuivies.

PRINCIPAUX CENTRES de production.	VALEUR DE LA RÉCOLTE.	PRINCIPAUX CENTRES de production.	VALEUR DE LA RÉCOLTE.	PRINCIPAUX CENTRES de production.	VALEUR DE LA RÉCOLTE.
—	francs.	—	francs.	—	francs.
Blois...........	160,000	Vineuil.........	40,000	Savigny-sur-Bray...	35,000
Vendôme........	120,000	Romorantin.......	40,000	Montrichard......	26,000
Montoire........	80,000	Selles-sur-Cher....	35,000	Pont-Levoy......	15,000
Collettes........	50,000	Bracieux........	25,000	Saint-Aignan.....	15,000
Onzain.........	50,000	Contres.........	25,000		

Champignons de couche. — La culture de l'agaric comestible occupe la presque totalité des anciennes carrières creusées à flanc de coteau pour l'extraction de la pierre à bâtir. Elle a été introduite dans le Loir-et-Cher par des champignonnistes parisiens. Sa production atteint aujourd'hui près de 500,000 kilogrammes, d'une valeur d'un demi-million.

Les champignons sont expédiés sur les villes de la région, ainsi que sur Paris, les villes du Nord et l'étranger.

Ils sont vendus sur place de 75 à 110 francs les 100 kilogrammes.

Les fabriques de conserve de Saint-Aignan, Bourré et Romorantin en utilisent une assez forte quantité.

CANTONS PRODUCTEURS.	PRODUCTION en QUINTAUX.	PRINCIPAUX CENTRES DE PRODUCTION.	PRODUCTION en QUINTAUX.
Montrichard................	3,100	Naveil.....................	500
Vendôme..................	600	Noyers....................	300
Saint-Aignan..............	550	Mareuil...................	150
Montoire..................	200	Vendôme..................	100
Morée....................	100	Saint-Quentin..............	100
Bourré...................	3,000	Saint-Firmin-des-Prés.........	100

HORTICULTURE.

Horticulture d'ornement. — La production des plantes d'ornement n'est guère faite que pour les besoins locaux. Les exportations que l'on constate ne compensent pas les importations en plantes vertes venant du Midi.

Les ventes annuelles de ces plantes produisent environ 70,000 francs.

PRINCIPAUX CENTRES DE PRODUCTION.	VALEUR DE LA RÉCOLTE.	PRINCIPAUX CENTRES DE PRODUCTION.	VALEUR DE LA RÉCOLTE.
	francs.		francs.
Blois	40,000	Montrichard	4,000
Vendôme	10,000	Saint-Aignan	3,500
Romorantin	7,000	Selles-sur-Cher	2,000

Pépinières. — Les pépinières fournissent des plants d'arbres fruitiers, d'arbres d'ornement, d'arbres forestiers et de vignes (pépinières viticoles).

Les pépinières d'arbres fruitiers et d'ornement se trouvent assez souvent réunies chez les mêmes horticulteurs. On les trouve à Blois, Romorantin, Vendôme et Montrichard. Leurs produits donnent lieu à une exploitation notable.

Des pépinières forestières très importantes existent à la Ferté-Imbault, en Sologne. Leurs produits servent pour partie aux boisements de cette région et pour autre partie à l'exportation, même à l'étranger.

On trouve des pépinières viticoles produisant des vignes françaises greffées sur cépages américains dans toute la région viticole du département.

Grâce aux cours de viticulture et de greffage, qui ont préparé en Loir-et-Cher plus de 20,000 greffeurs diplômés, le greffage de la vigne se fait ici sur une grande échelle et avec une habileté qui assure une reprise parfaite des jeunes plants. Non seulement les pépinières suffisent à la plantation locale très importante, mais elles donnent lieu à une exportation de plus de 8 millions de greffes chaque année, représentant une valeur de 800,000 francs. Ces greffes sont expédiées dans les départements voisins, en Bourgogne et en Champagne.

L'ensemble des greffes produites peut être estimé à 1,800,000 francs.

PRINCIPAUX CENTRES DE FABRICATION DES GREFFES.	GREFFES.	PRINCIPAUX CENTRES DE FABRICATION DES GREFFES.	GREFFES.
Mont	2,000,000	Monthou-sur-Cher	650,000
Montrichard	2,000,000	Onzain	600,000
Saint-Julien-de-Chédon	1,500,000	Suèvres	550,000
Monteaux	1,200,000	Chissay	500,000
Billy	1,200,000	Villiers	500,000
Faverolles	1,200,000	Huisseau-sur-Cosson	450,000
Vineuil	1,000,000	Ouchamps	400,000
Fougères	800,000	Rilly-sur-Loire	400,000
Châteauvieux	800,000	Chémery	400,000
Saint-Romain	750,000		

CULTURES FRUITIÈRES.

L'importance de la production fruitière est considérable dans ce département. Sa valeur dépasse en effet 28 millions de francs pour la récolte de 1904, si l'on y comprend le prix du cidre et celui du vin. Le personnel constant et temporaire qu'emploie cette culture ne doit pas être inférieur à 70,000 individus, bien qu'elle n'utilise guère qu'une superficie territoriale de 38 à 40,000 hectares.

Raisins de table. — La production des raisins de table suffit, en pleine saison, aux besoins de la consommation locale, sans être l'objet jusqu'à ce jour d'une exportation notable. On expédie cependant un certain nombre de paniers de raisins (chasselas) à Paris, Orléans et Chartres.

Des serres à raisin couvrant une superficie de 1,000 mètres carrés environ ont été édifiées, il y a quelques années, sur le territoire de la commune de Mesland. Elles produisent du chasselas, du frankental et du forster-witte. La période des ventes va du 1er mai au 15 juillet.

Châtaignes. — Les châtaigneraies diminuent chaque année d'étendue, en raison du manque de main-d'œuvre et de sa cherté. On ne trouve plus, en effet, aucun bénéfice dans la production des châtaignes. Bientôt il n'existera plus que des châtaigniers en bordure des champs et des chemins.

La production actuelle (700 quintaux à peine) est loin de suffire d'ailleurs aux besoins de la consommation du département, qui importe des châtaignes et des nouzillards de la Sarthe et de la Mayenne.

Noix. — Depuis l'hiver 1879-1880, les noyers, plus ou moins atteints par la gelée, ont été en partie arrachés, sans qu'on ait songé à les remplacer dans la plupart des centres de production; il en résulte une réduction notable de la production actuelle par rapport à celle que l'on notait il y a vingt-cinq ans.

En 1904, la récolte n'a pas dépassé 1,850 quintaux. C'est en Beauce que l'on cultive surtout le noyer. Les principaux marchés aux noix se tiennent à Oucques, à Marchenoir, Blois, Ouzouer, Vendôme et Mer.

Pêches. — Trop peu répandue, cette culture ne donne pas, dans les cantons où elle est faite, tous les bénéfices qu'on en devrait obtenir, en raison même de son importance restreinte qui n'a pas encore attiré l'attention des négociants et du peu de soin qu'on apporte dans la cueillette et l'emballage.

Telle qu'elle est faite, cette culture produit 500 quintaux de fruits vendus seulement en moyenne 14 francs le quintal, ce qui donne une valeur totale de 7,000 francs. pour la récolte d'une année.

CENTRES DE PRODUCTION.	VALEUR DE LA RÉCOLTE.	CENTRES DE PRODUCTION.	VALEUR DE LA RÉCOLTE.
	francs.		francs.
Noyers	4,500	Muides	750
Saint-Romain	800	Thézée	500

Pommes et Poires. — La culture du pommier et du poirier présente une importance réelle dans l'arrondissement de Vendôme, car, en 1904, la récolte a été estimée à plus de 600,000 francs, pendant que celle des deux autres arrondissements n'a pas atteint 200,000 francs.

L'ensemble de la production avait donc en 1904 une valeur de près de 800,000 fr., dont 675,000 francs pour les pommes et poires à cidre et 125,000 francs pour les fruits à couteau.

Ces derniers ont été vendus dans la contrée ou exportés sur le centre et le rayon de Paris; leurs prix ont varié de 7 à 15 francs le quintal, suivant variété et choix.

Prunes. — Production peu importante, puisqu'elle n'a donné en 1904 (bonne année cependant) que 500 quintaux d'une valeur d'un peu moins de 7,000 francs.

Une partie de cette récolte a été exportée sur Paris et l'Angleterre. Le reste a été transformé en pruneaux et confitures.

CANTONS PRODUCTEURS.	VALEUR DE LA RÉCOLTE.	PRINCIPAUX CENTRES DE PRODUCTION	VALEUR DE LA RÉCOLTE.
	francs.		francs.
Contres.	27,440	Cormeray.	750
Saint-Aignan	18,900	Fougères.	700
Vendôme.	15,400	Vendôme.	450
Bracieux.	9,450	Courbouzon.	400
Mer.	9,450	Cheverny.	350
PRINCIPAUX CENTRES DE PRODUCTION.		Muides.	350
		Huisseau-sur-Cosson.	300
		Meusnes.	280
Noyers.	1,000		

VINS.

La vigne est, après le blé, la plante cultivée qui rapporte le plus. Elle occupe une superficie de 27,600 hectares et produit chaque année, en moyenne, depuis dix ans, 830,000 hectolitres de vin, estimés environ 18 millions. En 1904, la récolte a été de 1,632,000 hectolitres de vin que l'on peut évaluer à 27 millions de francs, et de 24,000 kilogrammes de raisin de table d'une valeur de 12,000 francs.

On voit, par les chiffres qui précèdent, que le prix moyen de l'hectolitre a été, pour la dernière période de dix années, d'environ 22 francs; et, pour 1904, d'un peu plus de 17 francs.

Ces chiffres pourraient paraître élevés, si on les comparait à ceux qui ont cours dans le Midi; mais il faut tenir compte de la variété et de la grande fraîcheur des vins de Loir-et-Cher, qui plaisent beaucoup aux consommateurs de Paris, de la banlieue et des régions voisines, dans lesquelles on ne récolte pas de vin.

Le soin extrême qu'apporte le vigneron dans le choix de ses cépages, dans la culture de la vigne et — ce qui n'est pas moins intéressant — dans la fabrication du vin, n'est-il pas aussi une cause notable de la qualité de ses produits?

On en trouve une autre — et non des moins importantes — dans la situation géographique du vignoble, c'est-à-dire entre la Touraine et l'Orléanais, tout voisin des grands crus de Bourgueil et de Vouvray.

Ce voisinage n'a pas été sans déterminer l'introduction dans les vignobles de Loir-et-Cher des bons cépages des grands vins de France, qui ont amené avec eux une partie au moins de leurs qualités.

La vigne se trouve répartie sur tout le département à l'exception du Perche, du nord de la Beauce et du nord-est de la Sologne. C'est sur les coteaux qui bordent les trois grands cours d'eau que les plantations sont les plus denses.

On peut classer les vins, d'après la division géographique, en vins des côtes du Cher, vins de Sologne, vins des côtes de la Loire et vins des côtes du Loir. Les produits de chacune de ces régions ont leurs caractères spéciaux qu'il est utile de mettre en relief.

Vins des côtes du Cher. — Les jolis coteaux du Cher donnent, bon an, mal an, 220,000 hectolitres d'un vin rouge, riche en couleur et en extrait sec. Ce vin, produit avec du côt, un peu de gamay et de teinturier du Cher, est consommé tel à Paris et dans la banlieue, ou sert à faire des coupages, lorsqu'il est suffisamment coloré.

On récolte aussi 40,000 hectolitres d'un vin blanc de table assez riche en alcool et en extrait, plus ou moins fruité, suivant qu'il renferme plus ou moins de meslier, de romorantin (cépage local), d'arbois et de pineau (chenin blanc).

PRINCIPAUX CENTRES DE PRODUCTION.	PRODUCTION EN 1904.	PRINCIPAUX CENTRES DE PRODUCTION.	PRODUCTION EN 1904.	PRINCIPAUX CENTRES DE PRODUCTION.	PRODUCTION EN 1904.
	hectol.		hectol.		hectol.
Saint-Georges	71,500	Saint-Aignan	27,600	Faverolles	19,000
Chatillon-sur-Cher	42,000	Saint-Romain	25,500	Pouillé	16,500
Noyers	36,800	Chissay	24,000	Châteauvieux	15,000
Monthou-sur-Cher	31,800	Mareuil	24,000	Seigy	14,700
Angé	30,000	Selles-sur-Cher	24,000	Couffy	12,600
Montrichard	29,400	St-Julien-de-Chédon	21,000		

Vins de Sologne. — La Sologne de Loir-et-Cher produit annuellement 27,000 hectolitres de vin rouge et 200,000 hectolitres de vin blanc. C'est à ces derniers que le vignoble solognot doit sa réputation. Les « petits vins de Sologne », comme on les appelle, sont en effet d'un goût agréable, moyennement fruités, clairs comme de l'eau, frais et légers. Ils sont produits par le meslier, le romorantin et l'arbois, et constituent une boisson rafraîchissante extrêmement agréable pour l'été. Aussi sont-ils très recherchés par les commerçants et les consommateurs du centre-nord et de la région de Paris.

PRINCIPAUX CENTRES DE PRODUCTION.	PRODUCTION EN 1904.	PRINCIPAUX CENTRES DE PRODUCTION.	PRODUCTION EN 1904.	PRINCIPAUX CENTRES DE PRODUCTION.	PRODUCTION EN 1904.
	hectol.		hectol.		hectol.
Mont	72,000	Tour-en-Sologne	18,000	Cellettes	15,000
Cour-Cheverny	33,000	Sambin	17,000	Lanthenay	15,000
Huisseau-sur-Cosson	31,000	Sassay	16,800	Cheverny	13,200
Chitenay	20,700	Fougères	16,800	Contres	13,200
Romorantin	19,800	Chémery	16,000	Ouchamps	12,000
Langon	18,000	Cormeray	15,700		

Vins des côtes de la Loire. — Les magnifiques coteaux qui bordent la Loire dans la

traversée du département sont en partie couverts de vignes produisant 140,000 hectolitres de vin rouge et 50,000 hectolitres de vin blanc.

Les rouges sont surtout fabriqués avec des raisins de gamay (gamay noir, gamay
Fréau, etc.), de pineau Meunier (gris Meunier de l'Orléanais), de gascon, de chenin
noir (auvernat noir), de groslot et de gros noir de Villebarou (excellent teinturier
sélectionné aux environs de Blois).

Dans quelques vignobles, aux Grouëts, commune de Blois, et à Molineuf notamment, on a planté des cépages fins, du cabernet et du cabernet-sauvignon en particulier, qui donnent des vins fruités et bouquetés pouvant faire bonne figure sur la
table au dessert.

Les vins blancs proviennent du romorantin, de l'arbois, du pineau, du meslier et,
dans quelques vignobles (Molineuf et Chambon), du sauvignon. Ils sont de qualités très
différentes suivant les milieux de production et les cépages. Les vins de pineau avec
un quart de sauvignon sont délicieux et très cotés comme vins de dessert; on les vend
jusqu'à 160 francs la pièce de 225 litres.

Les autres vins blancs se vendent de 25 à 100 francs la pièce.

PRINCIPAUX CENTRES DE PRODUCTION.	PRODUCTION EN 1904.	PRINCIPAUX CENTRES DE PRODUCTION.	PRODUCTION EN 1904.
	hectolitres.		hectolitres.
Blois	36,000	Onzain	21,600
Vallières-les-Grandes	38,000	Vineuil	13,500
Suèvres	26,400	Monteaux	10,100
Mesland	24,000	Molineuf (commune de Saint-Se-	
Chouzy	22,000	condin)	6,600

Vins des côtes du Loir. — Les coteaux du Loir et les pentes qui limitent les vallées
affluentes de cette rivière sont plantés de vignes rouges et blanches (chenin blanc et
rouge, gamay, cabernet-sauvignon, groslot, meslier et romorantin). On y récolte
160,000 hectolitres de vin rouge, solide, fruité, parfois un peu acide et âpre pendant
les premiers mois.

Son prix varie de 10 à 35 francs l'hectolitre.

Les vins blancs, dont la récolte atteint généralement 25,000 hectolitres, possèdent les qualités et les défauts des rouges. On les vend de 15 à 35 francs l'hectolitre.

Certains coteaux (Trôo, Sougé, Lavardin, Couture et Villedieu) bien exposés fournissent des vins de pineau très corsés, d'un bouquet spécial fort agréable et d'un
goût de terroir particulier et qui sont vendus assez cher comme vins de dessert (100
à 200 francs la pièce).

PRINCIPAUX CENTRES DE PRODUCTION.	PRODUCTION EN 1904.	PRINCIPAUX CENTRES DE PRODUCTION.	PRODUCTION EN 1904.
	hectolitres.		hectolitres.
Naveil	19,200	Montoire	11,400
Villers	14,700	Trôo	7,500
Lunay	13,800	Lavardin	3,600
Thoré	12,000		

CIDRES.

Les pommes et les poires à cidres ont servi, pour partie, à faire du cidre sur place, pendant qu'une autre portion était exportée en Allemagne. Au départ, sur wagon, les prix ont varié, en 1904, de 2 fr. 70 à 3 fr. 50 le quintal.

CANTONS PRODUCTEURS.	POMMES ET POIRES		PRINCIPAUX CENTRES DE PRODUCTION.	POMMES ET POIRES	
	À COUTEAU.	À CIDRE.		À COUTEAU.	À CIDRE.
	quintaux.	quintaux.		quintaux.	quintaux.
Droué	10,000	250,000	Épuisay	"	18,000
Mondoubleau	"	120,000	Romilly	"	17,000
Morée	"	90,000	Huisseau-sur-Cosson	15,000	"
Savigny-sur-Braye	"	90,000	Bouffry	"	14,000
Montoire	16,000	65,000	Le Plessis-Dorin	"	13,000
Saint-Amand	"	25,000	Saint-Hilaire-la-Gravelle	"	13,000
Bracieux	21,000	"	La Chapelle-Vicomtesse	"	12,000
Contres	13,000	"	Arville	"	12,000
Vendôme	"	13,000	Saint-Marc-du-Cor	"	12,000
Saint-Aignan	11,000	"	Oigny	"	12,000
			Villedieu-en-Beauce	4,500	12,000
PRINCIPAUX CENTRES DE PRODUCTION.			Danzé	"	12,000
			Saint-Jean-Froidementel	"	12,000
La Fontenelle	"	100,000	Fréteval	"	11,500
Savigny-sur-Braye	"	45,000	La Ville-aux-Clercs	4,000	9,000
Fontaine-Raoul	"	100,000	Prunay	"	9,500
Le Gault	"	26,000	Cellettes	6,000	"
Sargé-sur-Braye	"	24,000	Malives	5,000	"
Souday	"	20,000	Saint-Romain	5,000	"
Choue	"	20,000	Villebout	4,000	4,000

LOIRE.

Le département de la Loire se trouve en bordure du massif du Plateau Central et la plus grande partie des terres arables proviennent de roches granitiques ou analogues. Les sols sont en général peu fertiles, et ils sont caractérisés essentiellement par une pauvreté en chaux et acide phosphorique. Il existe toutefois, sur une petite étendue, des terrains appartenant à des formations secondaires et quaternaires qui sont beaucoup plus riches et produisent des récoltes abondantes.

Le climat est très variable, par suite de la différence d'altitude des divers points du département, mais la vigne et les arbres fruitiers tels que le pêcher, l'abricotier, peuvent se développer dans la plus grande partie de la Loire.

Au point de vue industriel, le département de la Loire occupe un des premiers rangs en France, la population y est très dense (127 habitants par kilomètre carré), de sorte que la production est loin de suffire à la consommation. Le département de la Loire est donc plutôt importateur qu'exportateur.

Les denrées qui font l'objet d'un commerce important sont : les céréales; les pommes de terre; les animaux et leurs produits; le vin; les fruits; les légumes.

CÉRÉALES.

La culture des céréales est importante dans la Loire; les plus cultivées sont le blé, le seigle et l'avoine; l'orge n'a qu'une part insignifiante.

Blé. — La surface consacrée au blé a une tendance à augmenter aux dépens du seigle, par suite de l'emploi de plus en plus répandu de la chaux et des phosphates. La surface est passée en vingt ans de 45,000 hectares à 52,000 hectares.

On cultive surtout le blé rouge barbu et le blé dit *printanier*, qui donnent une farine de première qualité. Les centres de production de blés sont les plaines du Forez et du Roannais.

Les principaux marchés sont ceux de Montbrison, Roanne, Sury-le-Comtal, Boën, Feurs, Charlieu et Saint-Galmier.

Le département est loin de suffire à sa consommation; sa production moyenne étant de 580,000 quintaux environ, il lui faut environ 1,260,000 quintaux de blé ou une quantité de farine correspondante pour sa consommation.

Seigle. — Le seigle occupait encore, il y a vingt ans, 60,000 hectares. Cette surface n'est plus que de 48,000 hectares environ et diminue de jour en jour.

Le seigle est surtout cultivé dans les régions montagneuses; il occupe cependant une certaine étendue dans la partie sablonneuse de la plaine du Forez.

La production moyenne actuelle est de 520,000 quintaux, qui sont consommés en grande partie dans le département. On en exporte une certaine quantité dans les départements de la Haute-Loire et du Puy-de-Dôme, mais par contre on en importe d'autres régions, notamment de la Champagne.

L'exportation doit compenser à peu près l'importation.

Avoine. — L'avoine occupe environ 20,000 hectares. La variété la plus cultivée est la *grise de printemps.*

L'avoine est cultivée dans tout le département, mais c'est dans la plaine du Forez qu'elle présente le plus d'importance.

La récolte, qui est de 170,000 quintaux en moyenne, ne suffit pas à la consommation, et on est obligé d'en importer environ 125,000 quintaux.

POMMES DE TERRE.

La pomme de terre est une des cultures les plus importantes de la Loire. On la cultive dans toutes les parties du département, mais c'est surtout dans les montagnes du Forez et les plaines des arrondissements de Roanne et de Montbrison qu'elle est le plus répandue.

La surface consacrée à la pomme de terre a une tendance très marquée à augmenter, et depuis quarante ans elle a plus que triplé; elle a été, dans ces dernières années, de 34,000 à 37,000 hectares.

Les variétés les plus cultivées sont : la *bleue du Forez*, le *chardon*, l'*early rose*, la *rouge fine de la Loire*, l'*institut de Beauvais*, la *richter imperator* et la *géante bleue*. Les quatre premières sont surtout destinées à l'alimentation, et la *bleue du Forez* principalement jouit d'une grande réputation; les autres sont réservées généralement à la production de la fécule.

La production moyenne annuelle est de 3 millions de quintaux. La féculerie en transforme environ 550,000; il en faut 2,350,000 quintaux pour la consommation et la semence, de sorte que l'excédent des exportations est de 100,000 quintaux (exportation, 110,000 quintaux; importation, 10,000 quintaux).

VIGNES.

La vigne n'occupe que 17,000 hectares de surface dans la Loire. Les vignobles forment cinq groupes principaux qui doivent être examinés séparément.

Vignoble de Pélussin. — Comprend des vignes de plaine, de coteau et de plateau. Les vignes de coteau, qui sont les plus importantes, appartiennent au vignoble de la côte du Rhône, qui a une très grande réputation. Le meilleur cépage rouge est la syrah. On y cultive aussi le chasselas pour la production des raisins de table et le viognier pour la production du vin blanc. Les vins rouges des bons crus peuvent être classés comme grands ordinaires et les vins blancs comme vins fins. Ces derniers sont connus sous le nom de *vin de Condrieu*, et les meilleurs sont obtenus dans les communes de la Chapelle, Saint-Michel et Vérin.

La production des raisins de table joue un rôle assez important dans ce vignoble.

Vallée du Gier. — On cultive surtout le mornen noir dans cette région, qui donne un vin léger consommé dans cette région où la population est très dense.

Coteaux du Forez. — Le cépage cultivé est le gamay, qui donne un vin assez agréable, consommé en grande partie sur place et dans les régions avoisinantes jusqu'à Saint-Étienne et les villes voisines. Le cru de Courbine, dans le canton de Boën, peut être classé comme grand ordinaire.

Côte de Roanne. — C'est la région la plus viticole du département. Le cépage cultivé est le gamay, qui donne des vins pouvant être classés parmi les ordinaires et grands ordinaires. Le cru de Bouteran, à Saint-André-d'Apchon, est le plus renommé de cette région.

Vignoble de Perreux et de Saint-Nizier. — Ce groupe comprend les vignobles de la rive droite de la Loire, dans l'arrondissement de Roanne. Les vins de cette région sont obtenus avec le gamay, mais ils sont plus corsés et se conservent mieux que ceux de la rive gauche. Le vignoble des Gatilles, à Saint-Nizier, donne un vin pouvant être classé comme grand ordinaire.

La presque totalité du vin produit dans la Loire est consommée dans le département ou dans les communes avoisinantes : la production est bien loin d'ailleurs de suffire à la consommation. On exporte cependant une certaine quantité de vin blanc dit *de Condrieu* et de vins rouges de la côte de Roanne.

CULTURES FRUITIÈRES.

Pêches. — Le pêcher est cultivé dans presque tout le département, mais la plus grande partie de la récolte, sauf celle de la vallée du Rhône, est destinée à la consommation des centres voisins.

Plusieurs communes de la vallée du Rhône expédient des quantités considérables de pêches à Paris, Lyon et l'étranger. Cette production est en moyenne de 3,000 quintaux à Chavanay, 2,000 à Saint-Pierre-de-Bœuf, 1,000 à Vérin, 500 à Pélussin et 1,000 quintaux dans les autres communes du canton de Pélussin. Ces pêches sont vendues par l'intermédiaire de commissionnaires ou directement par les propriétaires. L'expédition et le commerce des pêches se font à Chavanay et à Saint-Pierre-de-Bœuf.

En dehors de la vallée du Rhône, les pêches produites dans les autres régions sont vendues sur les marchés de Rive-de-Gier, Saint-Étienne, Saint-Rambert, Sury-le-Comtal, Saint-Galmier, Feurs, Balbigny, Montbrison, Boën, Saint-Germain, Laval, Roanne, la Pacaudière et Charlieu. Il s'en vend annuellement de 300 à 1,500 quintaux dans chacun de ces marchés.

Abricot. — L'abricotier est cultivé dans les mêmes communes; le commerce des abricots se fait dans les mêmes conditions que celui des pêches; son importance est moitié moindre.

Cerises. — La production représente les deux tiers de celle des pêches et elle a lieu dans les mêmes conditions et les mêmes régions.

Pommes et Poires. — Le pommier et le poirier sont cultivés un peu partout, mais ils sont surtout destinés à la consommation locale; il s'expédie cependant une certaine quantité de poires de Chavanay pour Paris et l'Angleterre.

Les principaux marchés sont : Pélussin, Firminy, Bourg-Argental, Noirétable, Saint-Just-sur-Loire, Néronde, Saint-Symphorien-de-Laye et tous ceux qui ont été indiqués pour les pêches. La quantité vendue annuellement est de 200 à 1,000 quintaux par marché.

Autres fruits. — On récolte aussi une importante quantité de prunes, châtaignes et noix qui sont surtout destinées à la consommation locale.

Seule la région de Chavanay expédie une certaine quantité de prunes.

CULTURES MARAÎCHÈRES.

Asperges. — L'asperge est cultivée un peu partout dans le département, mais c'est dans les cantons de Saint-Rambert et la partie basse de celui de Pélussin qu'elle occupe la plus grande surface. Une partie de la production de ce dernier canton est expédiée à Lyon; le reste sert à la consommation du département.

Carottes. — La carotte est cultivée dans ces mêmes milieux et n'est guère exportée en dehors du département.

Haricots et Pois. — On cultive ces plantes sur une petite échelle dans les environs des grandes villes; dans les cantons de Saint-Rambert et de Montbrison, ces plantes occupent une surface plus importante et leurs produits sont expédiés sur Saint-Étienne et les autres grandes agglomérations des vallées du Gier et de l'Ondaine.

En résumé, la Loire, en raison de la densité très grande de sa population, est surtout un département importateur. Si on laisse de côté les produits vendus dans les localités voisines de ses confins, on n'exporte guère que des pommes de terre, du bétail, un peu de fromage et de vin, et des fruits dans la partie comprise sur les bords du Rhône.

HAUTE-LOIRE.

Les produits agricoles qui, dans ce département, donnent lieu à un commerce de quelque importance sont : l'orge, les lentilles, les pommes de terre, l'avoine et le foin.

Orge. — Les meilleures orges de la Haute-Loire sont utilisées comme orges de brasserie. Le peu d'épaisseur de leurs enveloppes, leur faible teneur en matières azotées et leur richesse en amidon, les font particulièrement apprécier pour cet usage, bien que leur couleur rougeâtre leur donne souvent une apparence défectueuse.

Bien que l'orge soit cultivée sur toute l'étendue du département, celles qui sont obtenues sur la large bande de terrain volcanique qui le traverse obliquement du nord-ouest au sud-est, depuis Paulhaguet et Saint-Georges-d'Aurac jusqu'à Pradelles, à des altitudes comprises entre 800 et 1,300 mètres, alimentent seules la malterie.

Les orges de plaine, moins appréciées, ne sont utilisées que comme orges de mouture.

Les centres de production les plus réputés sont : Bains, Seneujols, Cayres et Solignac-sur-Loire, situés dans la région précitée. En dehors de celle-ci, une partie des cantons du Monastier, de Saint-Julien-Chapteuil, de Craponne (dans l'arrondissement du Puy), de Bas (arrondissement d'Issingeaux) et de Blesle (arrondissement de Brioude) produit aussi des orges de brasserie de bonne qualité, quoique généralement moins estimées.

Les transactions ont lieu, sauf exceptions, sur les lieux mêmes de production. Des leveurs, sortes de courtiers opérant pour leur propre compte, achètent sur place les petites quantités, de 2 à 20 hectolitres, disponibles chez les paysans, et en forment des lots plus importants qu'ils revendent à bref délai aux malteurs ou aux gros négociants du Puy. Le Puy est, en effet, le centre principal des transactions concernant les orges de brasserie.

Il y existe plusieurs petites brasseries et trois grosses malteries qui consomment à elles seules, en année moyenne, de 100,000 à 120,000 quintaux métriques d'orge.

Une autre malterie importante, qui s'approvisionne surtout dans les cantons de Craponne et de Bas, existe à Aurec, sur les limites de de la Haute-Loire et de la Loire. Elle traite annuellement de 15,000 à 20,000 quintaux d'orge.

Les malts fabriqués dans la Haute-Loire sont expédiés un peu dans toutes les directions, mais principalement sur Lyon et sur Nancy.

En dehors de la fabrication locale du malt, une certaine quantité d'orge de brasserie (50,000 à 60,000 quintaux) est expédiée en nature, soit par les négociants, soit par les quelques grands propriétaires, sur la région lyonnaise.

Avoine. — Les avoines qui sont expédiées hors du département prennent invariablement la direction des départements du Midi. L'importance des transactions qui s'opèrent sur ces produits dépend surtout des besoins des cultivateurs bien plus que de l'importance de la récolte locale. Les principaux centres de ce commerce sont : le Puy, Langogne (Lozère) et quelque peu Yssingeaux.

Les meilleures avoines sont obtenues dans les cantons d'Allègre, la Chaise-Dieu et

Craponne, dans la région granitique, et de Solignac-sur-Loire et Cayres, dans les sols volcaniques, toujours à des altitudes dépassant 800 mètres.

Ces avoines de montagne sont remarquables par leur poids très élevé pour des avoines de printemps; il dépasse souvent 54 et 55 kilogrammes l'hectolitre. Leur couleur est grise. Les avoines à grains blancs sont moins appréciées sur le marché, celles à grains noirs dégénèrent très rapidement dans les cultures.

LÉGUMES SECS.

Lentilles. — Les lentilles vertes, dites *lentilles du Puy*, sont une spécialité des environs de cette ville. D'une cuisson très rapide, d'une qualité excellente, le prix de vente, quoique très variable, est fort élevé. Il dépasse souvent, lorsqu'elles sont bien épurées, 60 francs les 100 kilogrammes. C'est donc une culture très avantageuse dont le produit brut varie de 600 à 1,000 francs par hectare, qui laisse comme résidus des pailles ayant une grande valeur alimentaire pour le bétail, mais qui demande aussi une main-d'œuvre considérable.

Cette culture se pratique uniquement dans les cantons du Puy, Saint-Paulien, Loudes et une partie des cantons de Vorey, Saint-Julien-Chapteuil, le Monastier et Solignac-sur-Loire.

Le Puy est le centre des transactions qui s'opèrent sur la lentille et qui portent sur une quantité de 25 à 30,000 quintaux. Un dixième de la récolte, au plus, reste dans le pays pour les besoins de la semence et de la consommation locale. Tout le reste est expédié sur le midi de la France, l'Algérie et les colonies françaises.

Le principal lieu d'expédition des lentilles du Puy est Marseille.

POMMES DE TERRE.

Pommes de terre. — Les pommes de terre donnent lieu à un important commerce d'exportation sur le midi de la France et sur l'Angleterre par les ports de Nantes et de Bordeaux. La plus grande partie des arrondissements du Puy et d'Yssingeaux alimentent ce commerce.

Les principaux centres d'expédition sont : le Puy, Retournac, Bas-Monistrol, Craponne, Châpeauroux et Langogne (Lozère).

Les quantités exportées varient avec l'importance de la récolte. L'an dernier (1902), elles n'ont pas été moindres de 25,000 tonnes.

FOINS.

La région qui fournit à peu près exclusivement les foins pour l'expédition hors du département est le massif cévenol comprenant les cantons de Pradelles, le Monastier, Saint-Julien-Chapteuil, Fay-le-Froid, Tence et Craponne.

Les centres de ce commerce de foin sont : le Puy, Langogne (Lozère) et quelque peu Yssingeaux.

LOIRE-INFÉRIEURE.

CÉRÉALES.

Blé. — Le département de la Loire-Inférieure se place au nombre des départements produisant le plus de blés : les arrondissements de Saint-Nazaire, Châteaubriant et Paimbœuf sont ceux où la culture du blé est surtout répandue. Nantes et Saint-Nazaire sont, à cause de l'importance de leur population, de gros centres de consommation; d'ailleurs l'usage du pain de froment est général dans les campagnes.

La transformation du blé en farine s'effectue à la fois dans les moulins à vent ou mixtes et dans quelques grandes minoteries. Les moulins à vent s'approvisionnent dans leurs environs; ils ne sont pas la cause de transactions importantes, d'autant plus qu'ils écoulent le produit de leur fabrication dans une clientèle toute locale.

La grande minoterie est représentée au sud de la Loire par les moulins de Pornic, le Machecoul, le Pallet et les moulins à eau de la Sèvres; au nord de la Loire, par les moulins Nantais, de Bouvron, Pontchâteau et Nort-sur-Erdre.

Les blés du pays de Retz, au sud de la Loire, vont en partie aux moulins de Pornic et de Machecoul et pour une autre partie à Nantes. Ceux des cantons de Saint-Philbert-de-Grandlieu, Légé, Aigrefeuille, etc., également au sud de la Loire, viennent à Nantes et au Pallet. La production de cette région est donc transformée dans les moulins à vent et dans les grandes minoteries de Pornic, Machecoul, le Pallet et Nantes, ou expédiée dans les départements importateurs.

Les blés de la région au nord de la Loire vont aux moulins à vent et aux grandes minoteries de Bouvron, Pontchâteau, Nantes, Nort et Redon (Ille-et-Vilaine).

Mais, s'il est peu exporté de blés [1], il est expédié au loin d'importantes quantités de farine provenant des grandes minoteries précédemment citées. La Bretagne et le Sud-Ouest sont les principaux acheteurs. La Bretagne absorbe 30,000 quintaux environ et le Sud-Ouest, principalement Bordeaux, plus de 4,000 quintaux pour les expéditions par voie de fer.

D'ailleurs les débouchés pour la farine varient d'une année à l'autre, avec la plus ou moins grande abondance de la récolte, dans les régions circonvoisines.

Le blé récolté dans le département ne suffit pas toujours à l'approvisionnement des grandes minoteries, qui importent des blés de Vendée, d'Anjou et de Bretagne.

Avoine. — Toutes les avoines produites dans le département sont consommées sur place et à Nantes, Saint-Nazaire et les centres d'élevage de la basse Loire.

Les principaux centres d'expédition sont : Soudan, pour 4,230 quintaux; Nozay, pour 3,950 quintaux; Issé, pour 5,490 quintaux; Abbaretz, pour 3,160 quintaux; Teillé, pour 2,550 quintaux; Guéméné-Penfao, pour 1,800 quintaux; Rougé, pour 1,280 quintaux, et Lusanger, pour 1,270 quintaux. La région de Châteaubriant est celle qui fournit le plus d'avoines; celles du pays de Retz sont très appréciées.

Sarrasin. — Le sarrasin produit dans le département est consommé sur place pour la presque totalité de la production. Le principal centre d'expédition est Guéméné, pour 4,272 quintaux.

---

[1] Cependant, en 1905, d'importantes quantités de blé ont été expédiées dans le nord de la France.

FOURRAGES ET PAILLE.

Foin. — Les foins provenant des prairies de la basse Loire donnent lieu à d'importantes transactions. Les principaux centres sont Saint-Étienne-de-Montluc, Cordemais et Savenay (expéditions par chemin de fer) et le Pellerin (par bateaux).

Nantes reçoit des prairies de la basse Loire, en année moyenne, 90,000 quintaux de foin, dont le sixième provient du Pellerin.

La région de Saint-Étienne-de-Montluc a expédié en 1903, par chemin de fer, 33,810 quintaux ainsi répartis :

Saint-Étienne-de-Montluc................................... 23,250 quintaux.
Cordemais... 9,210
Savenay... 2,350

Les principaux centres consommant ces foins sont ceux où se trouvent des quartiers de cavalerie :

	quintaux.		quintaux.
Saumur....................	2,860	Versailles....................	1,290
Vannes....................	10,700	Rennes....................	3,630
Lorient....................	2,190		

Il s'exporte aux colonies, par les ports de Nantes et Saint-Nazaire, quelques milliers de quintaux de foin. Débouchés très variables selon les besoins de l'administration des colonies.

La création récente d'un service régulier de vapeurs de Nantes à Londres ouvre des débouchés nouveaux aux foins de la basse Loire.

Paille. — Le pays de Retz a expédié 1,830 quintaux de paille, dont 860 quintaux pour Nantes et le reste pour le pays vignoble. Châteaubriant a expédié en Anjou 610 quintaux de paille.

En somme, trafic peu important.

VINS ET CIDRES.

Vins. — La consommation locale, Nantes surtout, absorbe, en année de bonne récolte, 1 million d'hectolitres de vins environ; le surplus est expédié en Bretagne, à Paris et en Vendée.

Cidre. — Aucune observation à présenter sur cette denrée dont la production a été nulle, faute de pommes en 1903. La région nord du département consomme surtout du cidre.

Pommes à cidre. — Lorsque la récolte est abondante, il y a d'importantes exportations en Allemagne et dans les pays de l'ouest de la France, si la récolte est déficitaire dans ces régions.

CULTURES MARAÎCHÈRES.

Pommes de terre. — Cette culture donne lieu à des transactions très faibles, le marché local absorbant la totalité de la production; 1,500 quintaux ont cependant été expédiés en Angleterre, de Bouguenais, Vertou et Carquefou.

Légumes. — Un certain nombre de localités se livrent à la culture des pois et des haricots qui servent à alimenter un certain nombre de fabriques de conserves de légumes. Le tableau suivant montre l'importance de ces cultures dans les diverses localités :

NOMS DES CANTONS ET COMMUNES.	POIS VERTS. SURFACE EN 1903.	HARICOTS VERTS. SURFACE EN 1903.
	hectares.	hectares.
Chantenay (canton de Nantes).......................	120	90
Nantes (canton de Nantes).........................	60	20
Saint-Herblain (canton de Nantes)...................	40	10
Saint-Sébastien (canton de Nantes).................	50	5
Basse-Goulaine (canton de Vertou)..................	5	2
Haute-Goulaine (canton de Vertou).................	30	5
Les Sorinières (canton de Vertou)...................	20	5
Vertou (canton de Vertou).........................	20	5
Bouguenais (canton de Bouaye).....................	10	2
Rezé (canton de Bouaye)..........................	20	2
La Chapelle-Basse-Mer (canton du Loroux)...........	15	2
Saint-Julien-de-Concelles (canton du Loroux)..........	100	5
La Chapelle-sur-Erdre (canton de la Chapelle-sur-Erdre)....	30	2
Orvault (canton de la Chapelle-sur-Erdre).............	10	2
Carquefou (canton de Carquefou)....................	10	5
Doulon (canton de Carquefou)......................	30	24
Thouaré (canton de Carquefou).....................	10	2
Sainte-Luce (canton de Carquefou)..................	10	2
TOTAUX............................	590	190

Le rendement moyen d'un hectare a été : pois verts, 8,000 kilogrammes, soit une production totale de 4,720,000 kilogrammes; haricots verts, 3,000 kilogrammes, soit une production totale de 570,000 kilogrammes.

CULTURES DIVERSES.

Chanvre. — Le chanvre est surtout cultivé dans la vallée de la Loire, à Saint-Julien-de-Concelles, la Chapelle-Basse-Mer, Varades et Ancenis.

Mauves a expédié 1,860 quintaux de chanvre, dont 1,100 quintaux pour la Somme, 360 quintaux pour Angers, 260 quintaux pour Paimbœuf, le surplus pour les villes du littoral, pour l'industrie de la corderie.

Osiers. — La région de prédilection de l'osier est la vallée de la Loire; les riches alluvions des communes de la Chapelle-Basse-Mer, Saint-Julien-de-Concelles et Basse-Goulaine fournissent depuis fort longtemps des osiers très appréciés. Depuis une dizaine d'années il a été planté des oseraies dans toute la vallée, depuis Ingrandes jusqu'au Pellerin, soit dans les champs qui avoisinent la Loire, soit dans les nombreuses îles formées par ce fleuve. D'importantes étendues, notamment les chenevières, offrent encore un terrain des plus propices à la culture de l'osier.

Cette culture occupe une superficie de près de 500 hectares. Les principaux centres sont :

	hectares.		hectares.
Saint-Julien-de-Concelles...........	280	Saint-Jean-de-Boiseau...........	11
Chapelle-Basse-Mer..............	95	Saint-Sébastien...............	10,50
Ancenis......................	16	Bouguenais..................	10
Basse-Goulaine................	15	Le Cellier...................	10
Rezé........................	12		

Ensuite les communes de Haute-Goulaine, Thouaré, Anetz, Mauves, Varades, Sainte-Luce, Oudon en cultivent des quantités assez importantes.

Toutes ces communes sont situées dans la vallée de la Loire. En dehors de cette région, l'osier est cultivé par pieds isolés et est destiné à fournir des liens pour attacher la vigne et les arbres fruitiers.

La gare de Mauves est le principal centre de réception des osiers bruts et d'expédition des osiers blancs et bruts.

LOIRET.

Ce département essentiellement agricole est divisé par la Loire en deux plateaux de grandeur inégale : le plateau de la Sologne au sud, le plateau de la Beauce et du Gâtinais au nord. La vallée de la Loire qui sépare ces deux régions est large et fertile : c'est le Val de Loire.

Les principales cultures du département sont les céréales, les légumineuses alimentaires, les pommes de terre et les betteraves, les cultures fourragères, le safran, la vigne, les cultures maraîchères et horticoles.

CÉRÉALES.

Elles occupent une place importante, ce sont les cultures principales.

En 1902, elles ont été cultivées sur les surfaces suivantes :

Blé, 92,036 hectares, ayant produit 2,247,729 hectolitres de grain;
Méteil, 9,413 hectares, ayant produit 144,673 hectolitres de grain;
Seigle, 23,983 hectares, ayant produit 286,479 hectolitres de grain;
Orge, 13,697 hectares, ayant produit 405,738 hectolitres de grain;
Avoine, 105,383 hectares, ayant produit 2,704,534 hectolitres de grain.

C'est en Beauce surtout que ces céréales sont produites. Mais elles sont cultivées aussi dans tout le département.

La plus grande partie des grains produits sont consommés sur place. Le reste est vendu au commerce, à la meunerie et à l'armée.

Les principaux marchés de grains sont : Orléans, Pithiviers, Montargis et Gien. Mais, dans tous les chefs-lieux de canton, on négocie aussi des grains.

LÉGUMINEUSES ALIMENTAIRES.

Deux légumineuses alimentaires sont cultivées sur une certaine étendue; ce sont: les *haricots* et les *pois*. On les cultive un peu partout, notamment aux environs des grands centres de consommation comme Orléans, Montargis, Pithiviers et Gien. En 1902, on a cultivé 778 hectares de haricots qui ont produit 7,293 quintaux en grains.

Quant aux pois, ils ont été cultivés sur 140 hectares et ont produit 2,121 quintaux. Ces produits sont consommés partout dans le département. À Orléans, on en fait surtout des *conserves* qui sont exportées. Cinq usines se livrent à cette industrie.

POMMES DE TERRE.

La surface cultivée en 1902 était de 18,957 hectares, ayant produit 966,278 quintaux de tubercules. Les pommes de terre sont cultivées partout, surtout dans la région de Puiseaux, comme pommes de terre comestibles exportées par le commerce vers Paris et le Nord, et pour la semence vers le midi de la France et l'Algérie.

Dans les régions d'Outarville, de Puiseaux et de Jargeau, elles sont cultivées comme plantes industrielles pour produire de la fécule sur place. Plusieurs maladies des précieuses solanées ont causé beaucoup de pertes et ont paralysé le commerce.

Ce qui n'est pas exporté par les voies ci-dessus est consommé sur place.

CULTURES DIVERSES.

Betteraves. — On a cultivé, en 1902, 4,271 hectares de betteraves à sucre, qui ont donné 1,147,332 quintaux de racines.

C'est dans les régions de Pithiviers et de Toury (Eure-et-Loir), où des sucreries existent, qu'on cultive cette betterave.

La betterave fourragère a été produite, dans la même année, sur 14,318 hectares, qui ont donné 3,660,597 quintaux de racines.

Cette plante est cultivée partout et consommée sur place.

Safran. — C'est une plante spéciale au Loiret qui est cultivée dans l'arrondissement de Pithiviers et un peu dans les arrondissements de Montargis et d'Orléans.

En 1902, on a cultivé 247 hectares de safran qui ont donné 19 quint. 76 de fleurs. Il y a vingt-cinq ans, cette culture occupait 1,200 hectares; mais la gelée de 1879-1880 et la maladie de la mort ont été désastreuses pour cette plante.

Le centre commercial est Pithiviers. De là on exporte dans les grandes villes de France, en Angleterre, en Allemagne, etc. Pithiviers importe aussi du safran d'Espagne pour satisfaire aux demandes de son commerce.

Houblon. — On cultive, près d'Orléans, 75 ares de houblon utilisé par les brasseries de la ville. On ne fait aucun commerce de cette plante.

Chanvre. — La culture du chanvre est sans importance. Elle était de 8 hect. 5 en 1902, qui ont produit 41 quintaux 5 de filasse. On utilise sur place la récolte obtenue. Le département est surtout importateur de chanvre de la basse Loire, qui sert à alimenter les corderies d'Orléans et celles de Montargis, Pithiviers et Gien.

Colza. — La culture du colza ne comprend que 353 hectares (1902), qui ont produit 5,497 hectolitres de graines. C'est une quantité insuffisante pour la production de l'huile nécessaire à la consommation.

Aussi le département est importateur de cette denrée.

CULTURES FOURRAGÈRES.

Prairies artificielles. — Les prairies artificielles sont représentées par :
Le trèfle, 16,713 hectares, ayant produit, en 1902, 402.457 quintaux de foin;
La luzerne, 28,213 hectares, ayant produit, en 1902, 966,596 quintaux de foin;

Le sainfoin, 23,000 hectares, ayant produit, en 1902, 704,9000 quintaux de foin.
La plus grande quantité de ces foins est consommée sur place.
Le surplus est exporté sur les villes d'Orléans, Montargis, Pithiviers et Gien.

Prairies temporaires. — Environ 25,000 hectares de prairies temporaires sont cultivés.
Tous leurs produits sont consommés sur place ou exportés dans les villes ci-dessus.

Prés. — Les foins de prés sont produits sur 21,485 hectares, qui ont donné
548,000 quintaux en 1902.
C'est une quantité insuffisante pour la consommation locale.
Ce qui n'est pas consommé dans les fermes est vendu à Orléans, Montargis, Pithiviers et Gien.

HORTICULTURE.

C'est aux portes d'Orléans que l'horticulture s'est surtout développée : 2,000 hectares
environ y sont consacrés qui rapportent 800,000 francs d'arbres, d'arbustes, etc.,
lesquels sont exportés dans toutes les régions de la France et à l'étranger, en Amérique,
en Allemagne, en Angleterre, en Russie, etc.
La culture maraîchère a pris aussi une certaine extension à Orléans et autour des villes
de Montargis, Pithiviers et Gien.
Elle a produit, en 1902, 893,000 francs de diverses denrées qui sont consommées
sur place.

VIGNE.

La vigne, en pleine production, a été cultivée sur 11,683 hectares en 1902, et a
donné 170,816 hectolitres de vin, représentant une valeur de 4,908,909 francs.
Cette quantité a été en partie consommée sur place et le surplus livré au commerce.
Le vignoble est situé dans l'Orléanais, le Giennois et le Gâtinais. Dans les années
ordinaires, le département exporte en Beauce, en Sologne, dans les départements voisins et à Paris. Orléans est devenu un grand centre de transaction où les négociants
du midi de la France envoient des vins pour les vendre dans la région centrale.

ARBRES FRUITIERS.

Une région, celle de Courtenay, Châteaurenard, Châtillon-Coligny et Montargis,
produit des arbres à boissons fermentées (cidre et poiré). En 1902, la production s'est
élevée à 120,745 francs. Mais cette région ne produit guère que pour sa consommation. Elle importe souvent des fruits lors de la récolte.

LOT.

Le département du Lot est situé sur le versant méridional du Plateau Central et
incliné de l'est à l'ouest vers l'Océan. La différence de niveau entre le point le plus
élevé (Labastide) et le point le plus bas (Soturac) est de 716 mètres, soit une pente
moyenne de 0 m. 005 par mètre. La surface est accidentée et coupée dans tous les
sens par des vallées et des gorges profondes.

La Dordogne et le Lot le traversent de l'est à l'ouest. De chaque côté de ces deux grandes rivières débouchent une infinité de gorges et de vallons secondaires qui se ramifient dans tous les sens et dont la plupart sont couverts de fraîches et vertes prairies qui contrastent singulièrement avec l'aridité des coteaux qui les bordent.

La constitution géologique y est très variée. Le voyageur qui traverserait le département du nord-est au sud-ouest rencontrerait successivement les granits, les gneiss du terrain *primitif*, les grès liasiques, les calcaires jurassiques et les craies du terrain *secondaire*, les calcaires miocènes du terrain *tertiaire*, des îlots du terrain diluvium, et enfin des sols d'alluvions. Voici quelques généralités sur ces diverses natures de terrains.

Les *terrains primitifs* recouvrent 66,000 hectares répartis dans plusieurs cantons de l'arrondissement de Figeac. Ils produisent du seigle, du sarrasin et des pommes de terre; les prairies naturelles et les pâturages y occupent de vastes étendues.

Les terrains du lias occupent, avec quelques bandes de terrains triasiques entremêlées, une étendue de 30,000 hectares. Ils partent de Figeac en passant par le Bourg, Miers et Sarrazac. Très fertiles et très aptes à la culture des céréales et des légumineuses, on les appelle *limargue*.

Les *terrains jurassiques* s'étendent sur 302,000 hectares, soit les deux tiers du département; ils forment ce qu'on appelle les *causses*. Ces terrains comprennent trois étages : 1° l'étage inférieur accolé au lias, qui est assez fertile; 2° l'étage moyen formant les trois grands plateaux de Limogne, de Gramat et de Martel : constitué par des roches calcaires fendillées, le sol est exposé à la sécheresse et les cultures estivales y sont précaires; par contre, il y a de vastes et excellents pâturages appelés *glèbes* qui permettent l'élevage du mouton, véritable fortune de cette région; 3° l'étage supérieur se montre dans les arrondissements de Gourdon et de Cahors: il est moins fissuré que le précédent, plus frais et très propre à la culture de la vigne.

Les *terrains crétacés* se trouvent à la limite ouest du département, entre les vallées du Lot et de la Dordogne; ils s'étendent sur 15,000 hectares.

Les *terrains miocènes* occupent 51,000 hectares dans les cantons de Castelnau, Lalbenque et Montcuq, composés de marnes argileuses plus ou moins calcaires, ils produisent des céréales et du maïs.

Les *terrains diluvium* se trouvent disséminés par îlots dans plusieurs cantons sur 30,000 hectares. Composés de sables et de cailloux roulés, ils se prêtent à la culture du châtaigner, du pin et de la vigne.

Les *terrains d'alluvions*, généralement très fertiles et propres à toutes les cultures, garnissent le fond des vallées sur une superficie de 30,000 hectares.

A quelques exceptions près, les terres des vallées et la plus grande partie du restant du territoire sont exploitées directement par les propriétaires. Le métayage se trouve appliqué un peu partout, mais il est peu répandu. Le fermage n'est guère usité que dans le grand causse central où se pratique l'élevage du mouton et où se trouvent quelques grands domaines qui font exception, car les terres, dans l'ensemble, sont très morcelées et c'est la petite culture qui domine.

Les cultures du département sont réparties, d'après la dernière statistique, de la manière suivante :

Les terres labourables sont affectées à la culture des céréales, des plantes fourragères, de quelques plantes industrielles et à des cultures arbustives. Les cultures principales et accessoires dont les produits donnent lieu à un mouvement commercial important sont les suivantes :

	hectares.		hectares.
Terres labourables............	224,786	Bois et forêts................	99,301
Prés naturels................	29,709	Pâturages et friches...........	119,629
Vignes....................	21,725	Territoire non agricole..........	26,192

CÉRÉALES.

Blé. — Le blé est cultivé dans tous les terrains, particulièrement dans les terrains tertiaires, très peu dans les terrains primitifs où il est remplacé par le sarrasin. Il est cultivé sur 81,000 hectares avec un rendement moyen de 10 hectolitres. Le département se suffit à lui-même, il n'exporte que dans les très bonnes années, mais cette denrée donne lieu à un commerce intérieur très actif par suite des excédents de certains cantons, tels que Montcuq, Castelnau, Lalbenque, Figeac, et de l'insuffisance d'autres cantons parmi lesquels Limogne, Saint-Géry, Cajarc, Lauzès, Labastide, Livernon, Martel, Bretenoux. Il n'y a ni exportation ni importation dans les cantons de Cahors, Luzech, Catus, Cazals, Salviac, Saint-Germain, Gourdon.

Seigle et sarrasin. — Ces deux plantes sont cultivées dans l'est du département sur une étendue de 17,000 hectares environ. La production est absorbée en grande partie par la consommation locale.

Avoine. — L'avoine est cultivée principalement dans les cantons de Labastide et de Gramat et tend à gagner du terrain. Elle est cultivée sur 18,000 hectares. Une partie de la récolte est exportée.

Maïs. — La culture du maïs suit celle du blé. La production moyenne est de 350,000 hectolitres. Une partie est employée à l'engraissement des animaux de ferme, bœufs, porcs, oies et canards; l'autre partie est consommée par les habitants ou exportée.

VIGNES.

Vigne. — De toutes les cultures, celle de la vigne occupait avant le phylloxéra le premier rang. Elle s'étendait sur 80,000 hectares et son vin avait acquis une juste renommée. La reconstitution se fait avec ardeur. Elle a commencé par les bons terrains, mais elle s'étend maintenant sur les coteaux et la qualité du vin tend à se rapprocher de celui de l'ancien vignoble. Une partie de la récolte est exportée.

CULTURES FRUITIÈRES.

Noix. — Les noix sont une source de revenus importants pour le département, particulièrement pour l'arrondissement de Gourdon. La récolte s'élève, dans les bonnes années, à 140,000 quintaux et donne lieu à un commerce d'exploitation considérable, soit en noix fraîches, sèches et cerneaux.

Châtaignes. — La châtaigne est produite principalement dans les arrondissements de Figeac et de Gourdon. La production moyenne atteint 125,000 quintaux. Ce fruit est employé à la nourriture des habitants et des animaux. On en exporte peu.

Prunes. — On commence à planter en grand le prunier d'Agen dont les prunes sont séchées pour l'exportation. La récolte s'élève déjà à 2,500 quintaux. C'est dans la partie sud-ouest du département, cantons de Puy-l'Évêque, de Montcuq et de Castelnau, que cette culture tend à s'étendre. La prune commune et reine-Claude est produite principalement dans le nord du département. Elle est vendue verte et l'exportation de ce fruit donne, certaines années, des revenus assez élevés.

PRODUITS DIVERS.

Truffe. — La truffe est cultivée en grand et d'une manière rationnelle depuis trente ans. Dans les terrains arides ou difficiles à replanter, on a créé des truffières. Plusieurs cantons (Limogne, Martel) tirent aujourd'hui leur principal revenu de ce précieux tubercule. C'est un revenu annuel de près de quatre millions pour le département.

Bois. — Les essences exploitées sont le chêne, le hêtre, le châtaignier, le peuplier, l'ormeau et le noyer. Le chêne et le châtaignier forment des massifs assez étendus, mais la plupart des arbres des autres essences sont disséminés dans les haies, sur le bord des chemins et des bois. On tire de ces diverses essences du bois de chauffage, des écorces, du charbon, des traverses de chemin de fer et des planches pour l'industrie du bâtiment.

Le châtaignier est acheté par les usines de Maurs et de Bagnac pour en extraire l'acide gallique, et des marchands parcourent fréquemment le pays pour acheter les noyers qui ont cessé de produire.

En résumé, le département se suffit à lui-même pour le blé, le seigle et la plupart des denrées nécessaires à la consommation des habitants. Les produits qui font l'objet d'un commerce extérieur sont les suivants : le *vin*, la *noix*, la *prune*, la *truffe*. L'*avoine* et, dans les bonnes années, le *maïs* fournissent un excédent pour l'exportation.

On exporte aussi des *fruits frais* (prunes, châtaignes, pommes) et des fraises en quantités variables, mais généralement peu importantes.

L'écoulement des produits se fait dans les foires et marchés ou par l'intermédiaire de marchands qui parcourent la campagne et achètent divers produits directement à la propriété.

Les grandes foires et les principaux marchés où s'effectuent les opérations commerciales sont :

1° Pour le *vin* : Luzech, Cahors, Puy-l'Évêque, Albas, etc.;

2° Pour la *noix* : Gourdon, Martel, Souillac, Vayrac, Cahors, etc.;

3° Pour la *prune* : Montcuq, Castelneau, Figeac, Cahors, etc.;

4° Pour la *truffe* : Martel, Hôpital-Saint-Jean, Concots, Limogne, etc.;

5° Pour les *fruits frais* : Figeac, Cahors, Gourdon, Vayrac, etc.;

6° Pour la *fraise* : Cajarc, Calvignac, Cahors.

LOT-ET-GARONNE.

L'agriculture de Lot-et-Garonne devrait être des plus lucratives, car elle se fait sur un sol fertile et généralement profond. Cependant les principes appliqués en grande culture sont anciens et ne permettent pas de tirer tout le parti possible des ressources que renferme son sol. Elle est faite sans labours profonds, même là où ils seraient possibles, avec une quantité d'engrais notoirement insuffisante; enfin l'agriculteur défend mal ses champs contre l'invasion des mauvaises herbes; aussi ses rendements restent-ils relativement inférieurs, sauf dans la grande culture maraîchère dont s'occupe souvent le même agriculteur et qui est comprise et pratiquée par lui d'une manière toute différente.

L'obstacle principal est la rareté de la main-d'œuvre qui, tous les jours, diminue davantage, compliquant de la manière la plus grave le problème de la production agricole.

CÉRÉALES.

Blé. — Le froment est la principale culture du département. Dans chaque exploitation, il entre dans l'assolement pour une très large part. Lorsqu'on a distrait les étendues occupées par les prés, les vignes, les bois, la proportion consacrée à la culture du froment varie de la moitié au tiers des terres arables.

Les anciennes variétés de blé cultivées dans le département, le blé fin barbu ou sans barbes du pays sont petit à petit abandonnées, parce qu'elles sont trop peu productives et qu'elles versent facilement. Elles ont été remplacées par l'inversable de Bordeaux, le blé de la Réole, le dattel, le lamed, l'hybride Bordier, le blé de Noé. Mais c'est le blé inversable de Bordeaux qui est le plus généralement cultivé.

L'étendue semée en blé varie entre 116,500 et 122,000 hectares; la production moyenne est de 1,292,425 quintaux métriques. La consommation locale moyenne absorbe 698,073 quintaux métriques, la semence 137,600 quintaux métriques.

Il se manifeste d'assez grandes variations dans la production de cette céréale; le rendement moyen à l'hectare varie de 11 à 15 hectolitres, il pourrait facilement être doublé.

La différence entre la production et la consommation est livrée à la minoterie qui exporte la farine. La plus grande partie de cette exportation est dirigée sur la place de Bordeaux.

Le blé, qui est cultivé partout dans le département, excepté dans quelques communes couvertes de landes où l'on sème du seigle, est insuffisant pour alimenter les importantes minoteries qui sont au nombre de 190. La minoterie va chercher le supplément de matière première qui lui est nécessaire dans le Centre, la Beauce et le Poitou.

Le cultivateur vend sa récolte de blé au marché ou à la foire, directement au minotier ou à un courtier. La vente se fait généralement sur échantillon. Il y a des marchés aux blés périodiques dans tous les grands centres : à Agen, Nérac, Villeneuve, Marmande, et dans presque tous les chefs-lieux de canton et aux principales foires des autres localités.

Seigle. — Le seigle est cultivé comme céréale destinée à la nourriture de l'homme dans les communes du département couvertes de landes, dans les cantons de Houeillès, Mézin, Lavardac, Bouglon, Casteljaloux, où il est consommé par les cultivateurs, brassiers, bergers, etc. On le cultive encore dans quelques terres légères des cantons de Lauzun et de Duras. Dans les autres parties du département, on cultive le seigle pour faire des liens pour les gerbes de blé. Le grain sert alors à la nourriture du bétail et fournit la semence destinée à produire le seigle-fourrage.

On cultive dans le Lot-et-Garonne 8,630 hectares produisant en moyenne 70,691 quintaux métriques.

Avoine. — L'avoine est cultivée sur 12,413 hectares dans le Lot-et-Garonne. La production moyenne est de 122,160 quintaux métriques. La consommation s'élève à 124,442 quintaux métriques. Le commerce a à pourvoir à une importation de quelques milliers de quintaux qu'il se procure dans le centre et l'ouest de la France.

Millet. — Le millet est également un produit des métairies des landes. Il couvre une surface de 1,514 hectares et produit 2,898 quintaux métriques.

Cette céréale est consommée sur place comme le seigle.

Orge. — L'orge n'occupe qu'une très petite place dans nos assolements. On cultive sa graine pour la nourriture du bétail et pour obtenir la semence de l'orge-fourrage. L'orge occupe 199 hectares et produit 2,083 quintaux de grains.

Cette graine ne donne lieu à aucune affaire ayant quelque importance.

Paille. — La paille des céréales donne lieu à un commerce assez important.

La paille destinée aux litières est presque entièrement consommée sur place; elle manque souvent et limite quelquefois le nombre de têtes qui peuvent être entretenues dans l'exploitation. Mais les cultivateurs des landes disposant d'une grande quantité de litière vendent leur paille de seigle à plusieurs industries locales, à une fabrique de papier à Casteljaloux dont la consommation journalière s'élève à 3,500 kilogrammes. Cette usine achète, surtout aux cultivateurs des cantons de Houeillès et de Casteljaloux, pour 40,000 à 50,000 francs de paille. L'année dernière, elle en a acheté 700 tonnes à Toulouse.

Une autre industrie, la fabrication des paillons pour bouteilles, utilise également de grandes quantités de pailles de seigle. Il y en a une fabrique à Casteljoux, une autre à Sos. On fabrique également à Sos des paillassons pour l'horticulture.

Les paillons sont expédiés dans toutes les parties de la France et à l'étranger.

Une troisième industrie, localisée au Mas-d'Agenais, met en œuvre la paille de froment. Cette paille, récoltée au printemps, est préparée et utilisée à faire des chapeaux et des chalumeaux.

Les cultivateurs des environs du Mas consacrent à la culture du blé, dont la paille est destinée à cette fabrication, 60 hectares. Chaque hectare produit 3,500 kilogrammes de paille à 16 francs les 100 kilogrammes.

Les pailles préparées au Mas sont expédiées dans toute la France.

Maïs. — Le maïs occupe une assez large place dans les cultures du Lot-et-Garonne. L'étendue consacrée à la production de la graine est de 16,375 hectares et l'on obtient un produit de 170,538 quintaux métriques à raison de 13 hectol. 79 par hectare.

Le maïs est en grande partie consommé par les animaux de la métairie, et tout particulièrement à l'état de grain ou de farine à l'engraissement du porc.

Le maïs est vendu au marché ou sur échantillons. Le prix de l'hectolitre varie de 10 à 14 francs.

On vend le maïs lorsque son grain est sec; les ventes commencent au moment où l'on va faire l'engraissement de l'oie et du canard, et elles continuent jusqu'au printemps.

Sorgho à balai. — Le sorgho à balai est semé dans les parties les plus riches des vallées, surtout de la vallée de la Garonne où elle occupe 85 hectares.

La production totale est de 21,146 quintaux.

Le sorgho produit du grain et de la paille.

La graine est vendue de 10 à 12 francs les 100 kilogrammes.

La paille est vendue de 35 à 40 francs les 100 kilogrammes.

Un hectare de sorgho rapporte en moyenne 500 à 600 francs.

Il y a des fabriques de balais au Passage-d'Agen, à Colayrac-Saint-Cirq, Saint-Hilaire; il y en a aussi dans la Gironde. Les fabriques utilisent une partie des pailles produites dans le département, l'excédent est exporté dans le Nord et l'Ouest.

PLANTES ALIMENTAIRES DE GRANDE CULTURE.

Fèves. — La fève est généralement cultivée dans le Lot-et-Garonne. Elle sert à engraisser tous les animaux de la ferme; on l'utilise également à améliorer la ration des jeunes animaux, veaux, porcelets, poulains.

Le nombre d'hectares semés en fèves est de 7,810; le produit moyen d'un hectare est de 10 quint. métr. 57, ce qui donne une production totale de 82,568 quintaux métriques. Le prix moyen du quintal métrique est de 15 fr. 88.

La presque totalité des fèves récoltées dans le Lot-et-Garonne est consommée sur place.

Haricots. — Les haricots entrent pour une part dans la nourriture des habitants du Lot-et-Garonne. Chaque cultivateur sème au moins une étendue assez grande pour récolter la provision nécessaire à sa famille. Mais, comme il faut s'exposer à avoir trop pour être sûr d'avoir assez, la récolte de haricots obtenue par chaque cultivateur est supérieure à ce qui lui est utile. Il y a donc un certain nombre d'hectolitres de haricots qui arrivent de ce chef sur le marché.

Dans la vallée de la Garonne, dans les environs d'Agen, le haricot entre régulièrement dans l'assolement et est cultivé comme produit exportable de l'exploitation. La qualité de ces haricots est bonne et appréciée sur le marché.

Le nombre d'hectares cultivés en haricots est de 2,576 qui produisent 18,079 quintaux métriques. Le rendement de chaque hectare est de 7 quint. métr. 01.

Pommes de terre. — La pomme de terre est cultivée dans toutes les exploitations agricoles du département pour la nourriture de l'homme et des animaux.

La surface semée en pommes de terre est de 12,472 hectares.

Le rendement moyen par hectare est de 35 hectol. 26; la production totale du département s'élève à 439,860 quintaux métriques. Le prix moyen est de 5 fr. 52 par quintal de 100 kilogrammes.

La pomme de terre produite dans le Lot-et-Garonne sert à la consommation locale.

Dans les années d'abondance, qui arrivent lorsque la sécheresse de l'été n'est pas trop longue ou lorsque la maladie ne sévit pas au cours de la végétation ou après la récolte, la quantité de pommes de terre récoltées est assez importante pour rendre possible l'exportation. Malheureusement les variétés semées ne sont pas celles qui sont recherchées sur le marché.

Un petit nombre de cultivateurs sèment la pomme de terre hâtive pour être vendue avant maturité comme pomme de terre précoce. Cette culture a paru d'abord avantageuse; des tarifs récents rendent possible l'exportation de cette pomme de terre. Les premiers essais n'ont pas donné les résultats que l'on en attendait. Les expéditeurs ont trouvé le marché de Londres encombré par les pommes de terre venues de Jersey et de Guernesey. En 1903, on a exporté 300 tonnes de pommes de terre précoces.

CULTURES DIVERSES.

Betteraves. — La betterave, comme les autres racines fourragères, est trop peu cultivée dans le Lot-et-Garonne.

La surface consacrée à la culture de cette plante est de 2,364 hectares. La production moyenne par hectare est de 26,210 kilogrammes, ce qui donne en production totale 619,640 quintaux métriques.

On cultive encore beaucoup les vielles variétés : la disette d'Allemagne, la corne de bœuf, etc. Cependant, depuis quelques années, on commence à semer la demi-sucrière.

Il y a de grands perfectionnements à apporter à la culture de la betterave.

Topinambours. — Le topinambour n'a été cultivé que sur de très faibles étendues. Mais, depuis quelques années, les éleveurs comprenant mieux l'utilité de faire des provisions de racines fourragères pour la nourriture d'hiver, l'étendue consacrée à cette culture a augmenté d'une manière très sensible. Dans la vallée du Lot et dans la vallée de la Baïse, beaucoup d'éleveurs plantent le topinambour.

Le nombre d'hectares de topinambours semés dans le département est 2,100, le rendement à l'hectare est de 35,000 kilogrammes.

CULTURES FOURRAGÈRES.

Fourrages verts annuels. — Les fourrages verts annuels occupent 12,123 hectares. Le rendement moyen à l'hectare est de 177 quintaux métriques.

Les fourrages annuels sont mangés en vert.

Prairies artificielles. — Les prairies artificielles couvrent 20,974 hectares. Le rendement moyen à l'hectare est de 4,100 kilogrammes, soit 859,934 quintaux métriques de production totale.

Les herbes des prairies artificielles sont consommées en vert ou converties en foin ; environ 1/15e de la production est livré à l'exportation et vendu à l'état vert.

Prairies naturelles. — L'étendue des prairies naturelles est de 44,651 hectares. La production moyenne du foin est de 34 quint. métr. 89 pour un hectare.

Le produit total des prairies est de 1,513,872 quint. métr. 39.

La quantité de foin produite est relativement faible pour le nombre d'animaux à entretenir dans le département. Il y aurait avantage pour l'agriculture à augmenter l'étendue des prairies aussi bien naturelles qu'artificielles.

CULTURES INDUSTRIELLES.

Chanvre. Lin. — La culture du chanvre, qui a été très prospère autrefois dans le Lot-et-Garonne, est aujourd'hui presque entièrement abandonnée. On ne le cultive plus que dans les environs d'Aiguillon, sur 43 hectares, produisant 476 quintaux de filasse et 143 quintaux de graines.

Le lin est cultivé par un petit nombre de cultivateurs pour récolter la filasse utile aux besoins du ménage.

Tabac. — Après la Dordogne, le Lot-et-Garonne est le département le plus gros producteur de tabac; il plante 3,474 hectares : 1,048 hectares sont consacrés à la culture du paraguay; 2,426 hectares sont consacrés à la culture de l'auriac.

Le rendement à l'hectare est de 1,764 kilogrammes, valant 1,572 francs en moyenne, pour le paraguay. Le rendement de l'auriac à l'hectare est de 928 kilogr., valant 857 francs. Le nombre des planteurs intéressés à cette culture est de 6,048; ils ont encaissé 3,734,122 fr. 55 en 1902. Presque tous les planteurs trouvent que l'étendue que leur concède l'administration est trop faible. Une caisse d'assurance garantit les pertes dues aux intempéries en raison de l'importance de ses réserves. Il serait à souhaiter qu'une caisse de réassurance donnât plus de régularité au fonctionnement de ces caisses administratives.

CULTURES MARAÎCHÈRES.

La production maraîchère de grande culture occupe une large place dans le Lot-et-Garonne; elle est parfaitement comprise dans de nombreux centres du département. Les terres des vallées de la Garonne, du Lot, etc., donnent des légumes et des fruits de toute première qualité.

On cite le salsifis, les melons, les choux-fleurs d'Agen; les petits pois, le céleri, les haricots verts de Villeneuve; les pêches de Buzet, les abricots de Nicole, les chasselas de Colayrac à Port-Sainte-Marie, les prunes de tout le département.

L'Agenais a une vieille réputation de producteurs de plantes maraîchères. Elle est due à la nature de ses sols, à l'habileté de ses habitants, mais aussi à la précocité relative avec laquelle ses fruits et ses légumes arrivaient sur le marché. Depuis que l'industrie des transports s'est perfectionnée et fait arriver sur les grands marchés les légumes d'Algérie, d'Espagne, du midi de la France, cet avantage a disparu, mais le climat de Lot-et-Garonne assure encore à ses produits une part importante dans le chiffre d'affaires du marché aux légumes et aux fruits pendant une période assez longue pour écouler sa récolte. C'est ce qui arrive pour les asperges, les petits pois, les cerises, les pêches, les abricots.

Le Lot-et-Garonne occupe une situation géographique qui le met à l'abri des influences climatériques défavorables du Plateau Central, des vents secs et desséchants du Midi.

Il manque à l'Agenais, pour devenir tout à fait favorable à la production maraîchère, la possibilité de maintenir la fraîcheur de la terre pendant les mois les plus chauds de l'été : juillet, août, septembre. Les ressources en eau d'arrosage sont relativement faibles, mais elles sont surtout mal aménagées. Il y a, de ce côté, de grandes améliorations à réaliser en utilisant mieux les eaux qui naissent sur le territoire du département; ou bien, utilisant les eaux du canal latéral, en faisant des canaux de dérivation à faible section, pour amener les eaux sur des terres qu'elles ne pourraient jamais atteindre qu'en employant ces moyens artificiels; enfin, en mettant à exécution un plan largement conçu et largement doté qui permettrait de recueillir et d'emmagasiner les eaux des pluies de l'hiver tombées dans les Pyrénées et dans tout le bassin de la Garonne pour les faire servir à irriguer de très grandes étendues de terres auxquelles la sécheresse enlève aujourd'hui en grande partie les facultés productives.

La culture maraîchère de grande culture et la production des fruits sont pleins d'avenir dans le Lot-et-Garonne, si les agriculteurs savent s'organiser comme leurs confrères d'Italie et de plusieurs contrées de la France, qui ont demandé à l'action syndicale la puissance nécessaire pour étendre le champ et aussi l'importance de leurs opérations commerciales.

Pois. — La culture des petits pois a pris une très grande extension dans le département depuis que la Compagnie d'Orléans a accepté de transporter en grande vitesse au tarif de la petite. C'est dans l'arrondissement d'Agen, mais surtout dans celui de Villeneuve-sur-Lot, que cette culture s'est étendue depuis une quinzaine d'années.

Les avantages que les cultivateurs ont trouvés à cultiver le pois ont été assez sérieux pour amener une augmentation de la valeur des terres dont l'exposition et la situation permettent d'obtenir des petits pois précoces. Aujourd'hui, un grand nombre de communes sont intéressées à la production du petit pois.

Les petits pois sont expédiés à Paris et dans les villes du centre et du nord de la France et à l'étranger. La production totale s'élève à 30,000 quintaux métriques, et elle s'accroît chaque année. La Compagnie d'Orléans a dû expédier jusqu'à quatre et cinq trains de pois par jour.

Les principaux marchés de pois sont : Agen, Villeneuve-sur-Lot, Sainte-Livrade, Fumel, Clairac.

Le commerce de cette denrée est bien organisé; des négociants l'achètent au cultivateur et l'exportent. Les premiers pois qui paraissent sur le marché sont vendus jusqu'à 80 francs les 100 kilogrammes; les prix baissent rapidement; en fin de saison, ils ne valent plus que de 10 à 12 francs les 100 kilogrammes.

Mais d'importantes fabriques de conserves de pois ont été créées à Villeneuve, à Aiguillon, à Lauzun. D'autres vont être créées à Miramont, peut-être à Marmande. La production totale de ces fabriques peut être évaluée à 3 millions et demi de boîtes.

Oignons. — L'oignon occupe une grande place dans les cultures d'une douzaine de communes de l'arrondissement d'Agen : le Passage, Bon-Encontre, Castelculier, Lafox, Sauveterre, Layrac, Boé, Saint-Pierre-de-Clairac, Brax, Roquefort, Colayrac.

Le poids total de la récolte s'élève à 62,000 quintaux, produits par 150 hectares.

Le quintal métrique est vendu 2 à 10 francs, suivant l'état du marché des oignons. Valeur moyenne : 3 francs.

Les variétés cultivées sont l'oignon de Lescure et l'oignon des Vertus, un peu abatardies. Les cultivateurs d'oignons ont compris l'utilité de changer leurs semences.

Les oignons sont achetés par des négociants qui les expédient en grande quantité, par eau, en Angleterre. Quand le marché anglais ne peut absorber tous les oignons de Lot-et-Garonne, ils trouvent un débouché dans le nord de la France. Les Compagnies de chemins de fer d'Orléans, du Nord, de l'Ouest viennent de créer un tarif spécial qui permet le transport des oignons par voie de terre.

Une des qualités les plus recherchées de l'oignon, c'est la faculté de se conserver sans donner de pousses jusqu'au printemps.

Tomate. — La tomate est produite dans les environs d'Agen, Boé, le Passage, Damazan, Port-Sainte-Marie, Aiguillon, Nicole, et dans les cantons de Bouglon, de Marmande et de Casteljaloux. La production totale s'est élevée à 3,000 tonnes environ en 1903. Le prix moyen du quintal métrique est de 6 francs.

Les principaux centres d'expéditions sont : Agen, Nicole, Port-Sainte-Marie, Bouglon, Marmande, Samazan, Casteljaloux.

La plus grande partie des tomates expédiées de Lot-et-Garonne sont exportées en Angleterre. Celles qui arrivent en fin de saison sont vendues à l'industrie des conserves alimentaires, à Agen, Aiguillon ou Bordeaux.

L'intérêt du producteur de tomates, c'est d'arriver le plus tôt possible sur le marché. Pour obtenir une maturité plus précoce, quelques cultivateurs plantent la tomate sur des pentes à bonne exposition. Ils obtiennent bien la précocité, mais les plantes souffrent plus tôt de la sécheresse et donnent un rendement moins élevé.

La production de la tomate tend à s'accroître rapidement.

Asperge. — L'asperge est produite dans la vallée de la Garonne et du Lot. La variété qui est le plus cultivée est l'asperge d'Argenteuil. La culture, lorsqu'elle est parfaitement comprise, donne une asperge qui est de toute première qualité; elle est très grosse, très blanche et a des tissus très tendres.

On produit l'asperge dans les communes suivantes : Agen, Passage, Colayrac, Brax, Sérignac, Port-Sainte-Marie, Saint-Laurent, Nicole, Aiguillon, Lagarrigue, Bon-Encontre, Villeneuve-sur-Lot, Lédat. On commence à la produire dans les environs de Casteljaloux et dans les landes où elle acquiert de grandes qualités.

La quantité récoltée s'élève à près de 6,000 quintaux. La valeur moyenne du quintal métrique est de 50 francs.

La plus grande partie des asperges produites dans le Lot-et-Garonne est expédiée à Paris; on en expédie aussi dans les villes du centre et du nord de la France et, en fin de saison, dans les villes d'eaux des Pyrénées. On en exporte également, mais en quantité relativement faible, en Belgique et en Allemagne. A Agen, Port-Sainte-Marie, Aiguillon, Villeneuve-sur-Lot, il y a des expéditeurs qui achètent l'asperge et qui l'exportent.

Un certain nombre de producteurs, les plus soigneux, font eux-mêmes l'expédition.

Beaucoup de terrains de Lot-et-Garonne conviennent parfaitement à l'asperge; il est à souhaiter qu'elle soit cultivée en vue de l'exportation en Angleterre et dans le nord de la France, qui offrent un marché capable d'absorber des quantités presque illimitées de cet excellent légume.

Salsifis. — Le salsifis est cultivé sur une assez grande étendue dans le département. Les sols des vallées lui conviennent; celui des environs d'Agen en produit qui est particulièrement apprécié sur le marché. On en récolte également à Villeneuve.

On le sème seul ou entre les rangées d'autres plantes, comme les oignons. Pour avoir une belle marchandise, d'écoulement facile, on doit le semer seul à 0 m. 30 d'écartement.

On compte qu'en moyenne un mètre carré de surface produit une botte qui est vendue 0 fr. 30.

Le salsifis est vendu en bottes depuis le mois d'octobre jusqu'au printemps. Des négociants l'achètent aux producteurs en grande quantité; il est expédié et vendu à Bordeaux.

Dans le canton de Villeréal, Lauzun, Castillonnès, on produit la graine du salsifis.

Melon. — On produit le melon dans les environs d'Agen, dans les communes d'Agen, du Passage, de Boé, de Bon-Encontre, de Lafox, sur une étendue de 30 à 35 hectares.

On plante 7,500 pieds à l'hectare; chaque plant donne en moyenne 3 melons, vendus 0 fr. 10 chacun.

Le melon d'Agen est très apprécié sur le marché. Il trouve un écoulement facile à Bordeaux, dans les villes d'eaux des Pyrénées et aussi à Royan, Biarritz, Auch, Périgueux, etc.

Bordeaux absorbe la moitié environ des melons récoltés près d'Agen.

Choux-fleurs. — La commune du Passage, sur la haute plaine de Dolmayrac, produit 5 hectares de choux-fleurs.

On plante 20,000 pieds à l'hectare. Chacun d'eux produit 0 fr. 10.

La culture de ce légume est bien comprise, le chou-fleur est blanc et tendre. Il est récolté à l'automne, en hiver, au printemps, et est expédié en grand nombre à Bordeaux et dans les villes de la région, à Tarbes, Auch, Périgueux, etc.

Haricots verts. — Le petit haricot vert est produit en quantité importante dans les environs de Villeneuve, où il y a un marché aux haricots verts.

L'exportation de ce légume se fait à Bordeaux et à Paris; elle s'élève à près d'un millier de tonnes.

Le prix du quintal métrique varie entre 25 et 45 francs.

Rutabaga. — Le rutabaga est peu cultivé dans le Lot-et-Garonne. Il pourrait cependant être utile à l'entretien du bétail, parce qu'il constitue une excellente nourriture, qu'il végète à une température relativement basse et pourrait continuer sa croissance jusqu'à la fin décembre.

Le rutabaga peut être semé dans les champs de betteraves pour combler les vides. Le semis se fait alors au premier sarclage.

On peut également le semer en pépinière, en juin, pour être repiqué sur les terres qui ont produit du blé, comme on le fait pour les choux dans l'arrondissement de Villeneuve.

Ce dernier mode de culture de rutabaga donne déjà des résultats appréciables. La racine est vendue aux compagnies de navigation pour concourir à la nourriture des équipages.

Betterave maraîchère. — La betterave maraîchère est recherchée par quelques marchands de légumes, qui l'achètent et la revendent après l'avoir fait cuire.

L'étendue qu'il est possible de consacrer à la betterave maraîchère est nécessairement réduite.

Les ventes les plus importantes de rutabaga et de betteraves maraîchères sont faites à Bordeaux.

Autres plantes maraîchères. — Le céleri, les artichauts donnent lieu à des affaires assez importantes.

Les jardiniers d'Agen, mais surtout ceux de Villeneuve, produisent beaucoup de céleri, qu'ils expédient à Bordeaux ou qu'ils portent eux-mêmes aux foires et aux marchés jusque dans la Dordogne.

L'artichaut est cultivé sur une grande étendue et alimente un commerce d'exportation qui pourrait prendre plus d'extension.

Bordeaux est le débouché le plus important.

Des essais de culture de fraises sont faits en vue de l'exportation. Il en est de même de la culture du cornichon, qui donne d'excellents résultats.

VIGNE.

La vigne occupe une grande place parmi les cultures du département, puisqu'il y a 52,147 hectares plantés en vigne, dont 44,669 hectares en production.

Dans la plus grande partie du Lot-et-Garonne, la vigne française est greffée sur porte-greffe américain.

Dans l'arrondissement de Villeneuve, beaucoup de cultivateurs ont planté des producteurs directs, herbemont et othello. Dans les autres parties du département, on rencontre bien quelques producteurs directs, mais ils sont rares.

La vigne est presque partout utilisée à la production du vin; cependant, dans quelques cantons, on fait du raisin de table pour l'exportation.

Depuis l'invasion phylloxérique, la reconstitution s'est faite suivant de bons principes. La nature des cépages a été presque partout améliorée, de bons systèmes de taille ont été appliqués. Les travaux exécutés dans les vignes ont été mieux compris et assez nombreux. Les traitements en vue de combattre les maladies cryptogamiques ont été assez régulièrement faits, mais malheureusement pas toujours avec succès. Il règne, au moins en ce qui concerne le traitement du black-rot, un grand désordre dans les esprits. Les dépenses faites pour la production du vin ont été considérablement augmentées, mais les rendements l'ont été, d'ailleurs, également.

VINS ET EAUX-DE-VIE.

Toutes les parties du Lot-et-Garonne, y compris une partie de la région landaise, produisent du vin.

La quantité produite et la valeur commerciale du vin varient avec la nature du sol, l'exposition, l'altitude, l'inclinaison du vignoble, sa situation par rapport au plan général des eaux.

Le département produit des vins blancs et des vins rouges.

Vins rouges. — Les vins rouges, qui composent la plus grosse part de la production, peuvent eux-mêmes être divisés en deux catégories : les vins de coteaux et les vins de plaine.

Les vins de plaine sont presque toujours des vins communs, manquant de force alcoolique et de tenue et, pour cette raison, ne peuvent être recherchés par le commerce d'exportation. Ils sont consommés sur place.

Les vins de la région landaise, produits d'ailleurs en faible quantité, peuvent être assimilés aux vins de plaine en tant que vin rouge de consommation.

Les vins de coteaux rouges et blancs ont tous ou presque tous de la distinction quand ils sont faits avec de bons cépages et avec soin.

Parmi les rouges, beaucoup peuvent être classés parmi les grands ordinaires, mais aucun ne possède la supériorité, la finesse, le bouquet qui distinguent les vins des grands crus de France.

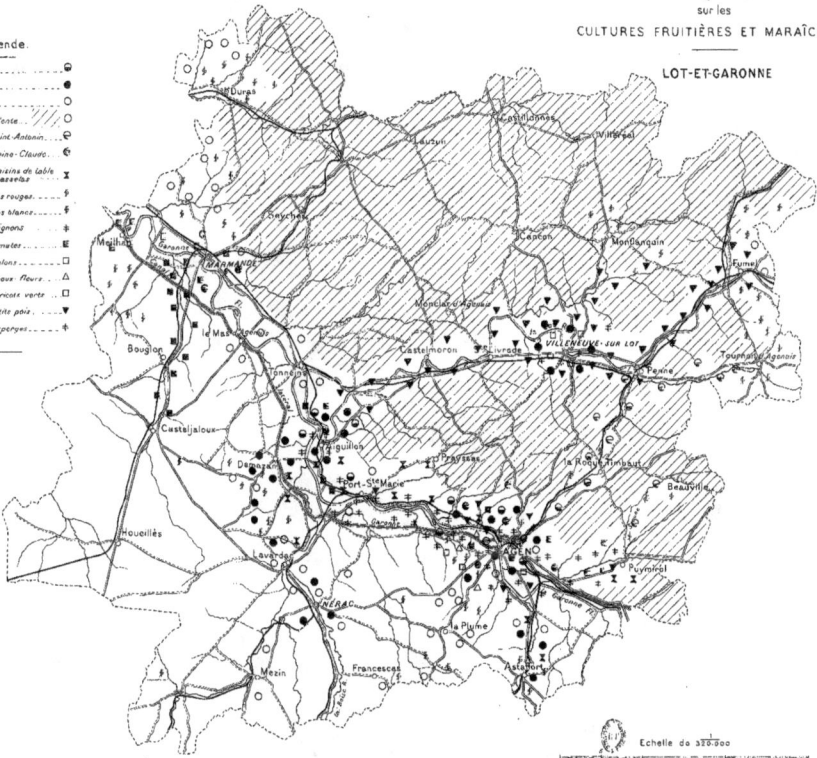

ENQUÊTE
sur les
CULTURES FRUITIÈRES ET MARAÎCHÈRES

LOT-ET-GARONNE

Légende.

Abricotiers . . . .
Pêchers . . . .
Cerisiers . . . .
Pruniers { d'ente . . . .
         { Saint-Antonin . . .
         { Reine-Claude . . .
Vignes { Raisins de table
        { Chasselas . . . . .
        { Vins rouges . . . .
        { Vins blancs . . . .
Légumes { Oignons . . . . . .
et   { Tomates . . . . . .
Primeurs { Melons . . . . . .
         { Choux-fleurs . . .
         { Haricots verts . . .
         { Petits pois . . . .
         { Asperges . . . . .

Echelle de 320.000

Cependant tous ou presque tous sont assez bien constitués et peuvent vieillir. Il en est même qui se conservent pendant plus de trente ans, sans avoir rienperdu de leurs solides qualités. Je citerai parmi ceux-là le vin de la Rochelle, commune de Sainte-Gemme, canton de Bouglon. Mais, d'ordinaire, dès la seconde année, des éthers œnanthiques spéciaux se développent, et, au bout de trois ou quatre ans, le vin acquiert sa plus grande valeur.

Le commerce des vins rouges vieux est assez important dans les bons vignobles de Buzet, des côtes de Lavardac, du Lot, cantons de Tournon et de Monflanquin, de Fumel, des côtes de Duras, de Cocumont, de Saint-Sauveur-de-Meilhan, de Layrac, de Moirax, etc. Dans les autres vignobles du département, chaque producteur conserve pour sa table un fût de vin de l'année et, au bout d'un an ou deux, le met en bouteilles.

Tous les vins rouges des coteaux de Lot-et-Garonne sont d'excellents vins de consommation ordinaire. Envisagés à ce point de vue, ils ont une valeur véritablement supérieure, un titre alcoolique moyen de 9 à 11 degrés; ils ont du corps, beaucoup de vinosité, ils sont fruités et agréables au goût; ils peuvent entrer dans la consommation sans préparation, sans coupage, sans amélioration d'aucune sorte. On cite, parce qu'ils sont relativement rares, les vins de coteaux dont la qualité est inférieure.

Les vins rouges de l'arrondissement de Marmande qui méritent d'être cités sont les vins de Cocumont, de Saint-Sauveur-de-Meilhan; des côtes de Duras : Loubès-Bernac, Soumensac, Pardaillan, Lévignac; des côtes de Marmande : Madeleine, Beaupuy, Castelnaud; des côtes de Montignac-de-Lauzun, de Ségalas.

Tous ces vins sont corsés, neutres, très fruités, surtout ceux des côtes de Marmande. Les vins de Cocumont se distinguent des autres : ils sont plus légers, quoique arrivant souvent et même dépassant 11 degrés, bouquetés, très fins et d'une belle couleur vermeille.

Les vins des côtes de Duras donnent, par les bonnes années, jusqu'à 12 degrés d'alcool et ont beaucoup d'extrait; ils servent généralement à faire des coupages.

Les meilleurs vins de l'arrondissement de Villeneuve sont ceux des côtes du Lot, des cantons de Tournon, Monflanquin et Fumel.

Ces vins sont richement constitués, d'une grande distinction et présentent une remarquable finesse de goût.

Les meilleurs vins de l'arrondissement de Nérac sont les vins de Buzet, de Xaintrailles et de Montgaillard. Mais, à côté de ces premiers vins et à une distance pas très grande d'eux, il faut placer la plupart des vins produits sur les coteaux de la rive droite de la Baïse, jusqu'aux coteaux qui bordent la Garonne, et sur les coteaux de la rive gauche, jusqu'à la région où l'on produit des vins blancs dans le canton de Mézin. Tous ces vins ont des qualités très solides et peuvent faire des grands ordinaires. Ils sont bien pourvus de corps, d'alcool et de couleur.

Il en est de même des vins produits sur les coteaux de l'arrondissement d'Agen, dans les cantons d'Astaffort, Beauville, Laplume, Agen, Port-Sainte-Marie, Prayssas, Laroque.

Les crus de cet arrondissement qui méritent une mention particulière sont ceux d'Astaffort, Moirax, Sainte-Colombe, Pont-du-Casse, Lacépède, Montpezat, Port-Sainte-Marie.

Vins blancs. — Avant l'invasion phylloxérique, le Lot-et-Garonne avait quelques crus renommés de vin blanc : les vins de Soumensac, de Moncassin, de Montayral, de Clairac. Les vins de Clairac et de Laparade ont été pendant longtemps exportés en Hollande.

Au moment de la reconstitution, les vignobles de vins blancs de Clairac n'ont pas été reconstitués. Par contre, on a planté des vignes blanches dans des situations où elles ont donné des vins pleins de distinction.

Les crus de vins blancs sont ceux de Soumensac qui, dans les bonnes années, produisent des vins liquoreux; il en est de même des vins de la commune de Moncassin; ce sont des vins doux rappelant ceux de Cadillac. Les vins de Pardaillan, de Saint-Sernin, de Guérin, de Bouglon, de Pont-du-Casse, du Saumon, de Saint-Pau sont des vins secs, beaux et bien constitués et d'un bouquet agréable.

Les bons vins blancs du Lot-et-Garonne sont supérieurs aux meilleurs vins rouges. Quelques-uns sont des vins de dessert.

Le vin blanc produit dans le canton de Mézin avec la folle blanche appelée dans la contrée «picquepout» ou avec le jurançon, ou avec ces deux cépages réunis, est un vin destiné à faire de l'eau-de-vie.

Cependant, depuis quelques années, le vin blanc est très demandé sur le marché; comme il est rare, les vins du canton de Mézin se sont très bien vendus. Les viticulteurs ont donc été encouragés à mieux soigner leur vinification, et ont amélioré leurs vins d'une manière assez sensible. Si bien qu'aujourd'hui ils sont aisément acceptés comme des vins de consommation courante.

A Saint-Pau, près de Sos, on fait un vin blanc qui peut être rangé parmi les meilleurs vins du département.

Eaux-de-vie. — Les eaux-de-vie du canton de Mézin, dans lequel se trouve la Ténarèze, ont un bouquet, une finesse de goût et un moelleux qui approchent de très près les eaux-de-vie de plusieurs crus de ce canton de celles du Bas-Armagnac.

La ténarèze est produite par les vignobles des communes de Sos, Gueyze, Saint-Pé, Poudenas, Sainte-Maure, Réaup.

Le prix du vin blanc contribue souvent à diminuer l'importance de la fabrication des eaux-de-vie. C'est grand dommage, car les bonnes eaux-de-vie d'Armagnac peuvent être classées, sinon tout à fait au premier rang, du moins parmi les meilleures eaux-de-vie de France.

La production des eaux-de-vie de Marmande, qui ont eu aussi, avant l'invasion phylloxérique, quelque réputation d'eau-de-vie neutre à goût délicat, est encore plus éprouvée, en raison du prix du vin qui tend à diminuer la fabrication de l'eau-de-vie.

Quantités de vin produites : en 1902, 658,598 hectolitres; en 1901, 1,293,495 hectolitres.

Quantité de vin consommée : 608,877 hectolitres.

Quantités et principales provenances des vins importés : Aude, 86,611 hectolitres; Dordogne, 9,921 hectolitres; Gard, 2,778 hectolitres; Haute-Garonne, 6,037 hectolitres; Gers, 8,617 hectolitres; Gironde, 13,983 hectolitres; Hérault, 47,553 hectolitres; Landes, 1,362 hectolitres; Lot, 9,520 hectolitres; Pyrénées-Orientales, 13,883 hectolitres; Tarn, 19,432 hectolitres; Tarn-et-Garonne, 7,260 hectolitres.

Quantités et destinations des vins exportés : Aube, 2,547 hectolitres; Charente, 4,133 hectolitres; Charente-Inférieure, 9,814 hectolitres; Dordogne, 20,619 hectolitres; Gers, 23,990 hectolitres; Gironde, 72,962 hectolitres; Indre-et-Loire, 10,506 hectolitres; Landes, 20,341 hectolitres; Lot, 6,514 hectolitres; Manche, 5,013 hectolitres; Meurthe-et-Moselle, 1,798 hectolitres; Nord, 6,532 hectolitres; Oise, 3,102 hectolitres; Basses-Pyrénées, 1,765 hectolitres; Sarthe, 5,980 hectolitres; Seine, 38,690 hectolitres; Seine-Inférieure, 4,127 hectolitres; Seine-et-Marne, 12,007 hectolitres; Seine-et-Oise, 5,389 hectolitres; Tarn, 18,601 hectolitres; Tarn-et-Garonne, 5,979 hectolitres.

Quantité d'eaux-de-vie produites : 13,096 hectolitres.

Quantité d'eaux-de-vie consommées : 3,537 hectolitres.

Quantités et provenances des eaux-de-vie importées : Aude, 145 hectolitres; Drôme, 350 hectolitres; Haute-Garonne, 430 hectolitres; Gers, 992 hectolitres; Gironde, 954 hectolitres; Hérault, 322 hectolitres; Lot, 108 hectolitres; Nord, 235 hectolitres; Rhône, 121 hectolitres.

Quantités et destinations des eaux-de-vie exportées : Calvados, 110 hectolitres; Dordogne, 217 hectolitres; Haute-Garonne, 386 hectolitres; Gers, 331 hectolitres; Gironde, 466 hectolitres; Landes, 123 hectolitres; Lot, 203 hectolitres; Manche, 170 hectolitres; Pas-de-Calais, 205 hectolitres; Rhône, 95 hectolitres; Tarn-et-Garonne, 209 hectolitres.

PRODUCTION FRUITIÈRE.

Le Lot-et-Garonne a une grande supériorité en ce qui concerne la qualité de ses fruits, surtout des fruits à noyau. Pour mettre cette supériorité bien en évidence et en tirer les avantages économiques qu'elle comporte, il faudrait se préoccuper, d'une part, de donner à l'arbre tous les éléments de fertilité qui lui sont nécessaires, qui le fortifieraient et qui, de plus, rendraient sa production meilleure et plus régulière et son existence moins précaire; d'autre part, de créer des abris artificiels qui, dans une certaine mesure, corrigeraient les écarts du climat en protégeant l'arbre contre la violence des vents humides et glacés ou des vents chauds et desséchants.

Chasselas. — Les chasselas destinés à l'expédition sont produits à partir de Nicole et en suivant le coteau qui borde la vallée de la Garonne sur la rive droite. Nicole, Port-Sainte-Marie, Lapouleille, Colayrac, Saint-Hilaire donnent de très belles qualités.

Les cantons de Port-Sainte-Marie, Prayssas, Agen, Astaffort, Lavardac, Laplume produisent également beaucoup de chasselas.

Les centres d'expédition sont : Agen, Port-Sainte-Marie, Nicole, Aiguillon, Fourtic, Saint-Hilaire.

La plus grande partie des raisins est expédiée à Paris et à Bordeaux; mais, depuis quelques années, les producteurs, qui sont eux-mêmes expéditeurs, ont fait des efforts pour arriver à trouver des débouchés dans les villes du nord de la France : Lille offre à nos chasselas un débouché très important.

La quantité de chasselas expédiés est évaluée à 16,970 quintaux.

Le chasselas est doré, à peau très fine et transparente avec des graines très petites. C'est un fruit de grand luxe, très beau à l'œil, excellent au goût.

Un syndicat s'est constitué à Port-Sainte-Marie pour défendre les intérêts des producteurs de chasselas et pour trouver des débouchés.

Il y a de grandes améliorations à apporter au service d'exportation du chasselas. Les producteurs font des efforts pour obtenir un tarif plus réduit des compagnies de chemins de fer, la suppression des droits d'octroi qui frappent ce produit à l'entrée de Paris et surtout une surveillance plus efficace du service des ventes aux Halles centrales de Paris. Ils essayent, en outre, d'obtenir des tarifs de chemins de fer rendant possible une exportation sérieuse à l'étranger. Ils sont, sur ce point, aidés par les compagnies de chemins de fer qui se montrent disposées à faire des concessions, mais celles qui sont consenties jusqu'ici nous tiennent encore à une grande distance des tarifs italiens.

On exporte également le *calabre* et d'autres variétés de raisins à fruits très gros. Enfin quelques variétés de raisins communs et même d'hybrides américains à gros grains sont, dans certaines années, expédiés à Paris en notable quantité.

Depuis une quinzaine d'années, quelques cultivateurs conservent leurs chasselas par le procédé ordinaire et les vendent, de novembre jusqu'à février et même mars, à Paris et à Bordeaux.

En 1900, 1901 et 1902, les difficultés rencontrées dans la vente du chasselas ont été si grandes, que les producteurs se sont mis en quête et cherchent encore un procédé de vinification de ce cépage permettant d'obtenir de bons vins blancs ou encore des eaux-de-vie.

Prune d'ente. — Des nombreuses cultures spéciales, la prune d'ente est celle qui rapporte le plus au département. On estime généralement les produits du prunier à une vingtaine de millions, que se partagent les agriculteurs, les marchands de prunes et les nombreux ouvriers qui concourent à la préparation de ce fruit.

Le prunier d'ente couvre de ses nombreux vergers toute la rive droite de la Garonne. On compte également un certain nombre de plantations disséminées dans tous les cantons de la rive gauche, excepté dans le canton de Houeillès.

La prune d'ente produit, en année moyenne, 18,245 quintaux métriques, mais en 1901 le nombre de quintaux récoltés a été de 155,019, à 43 fr. 30 le quintal. La prune d'ente est consommée en grande quantité en France, mais elle est exportée en Angleterre, en Belgique, en Russie, en Allemagne, en Danemark, en Hollande, en Suisse, en Suède et Norvège.

Depuis 1874, la prune de Bosnie concurrence la prune d'ente, et, depuis quelques années, les prunes des États-Unis, de Santa-Clara, de l'Orégon, viennent à leur tour lui disputer le marché.

Malgré les efforts de ses concurrents, malgré le bon marché auquel on vend les prunes de provenance étrangère, la supériorité de la prune d'ente reste incontestée et se traduit par une différence de prix très sensible.

D'ailleurs, ce qui montre bien la place importante que tient la prune de Lot-et-Garonne sur le marché de la prune, c'est que, dès que, pour une raison quelconque, la production de ce département est diminuée, immédiatement le prix de la prune s'élève, et qu'il peut, lorsque la prune d'ente est très rare, comme en 1903, devenir excessif. On peut donc considérer la production du Lot-et-Garonne comme le facteur principal de la fixation des prix de la prune.

La prune de Bosnie, dont la place de commerce la plus importante est Budapest, a un noyau d'une forme différente de celui de la prune d'ente; il est donc bien facile de les distinguer.

La prune de Santa-Clara, bien qu'étant tout à fait de même variété que la prune d'ente, s'en distingue cependant très nettement. Sa peau est d'un noir plus foncé, elle est aussi plus poisseuse et plus dure et présente souvent un plissement fin et serré que l'on ne rencontre jamais dans la prune française de bonne qualité. Sa chair est d'un vert clair nuancé de jaune, la consistance de sa pulpe est bien plus grande que celle de la prune d'ente. La face interne du noyau est très souvent blanche et rappelle celle de l'intérieur de la coque d'amande. L'amande est très souvent sèche et a une saveur amère, tandis que l'amande de la prune d'ente baigne presque toujours dans un sirop d'un goût exquis. Enfin la chair de l'amande de la Santa-Clara est de couleur blanche, celle de la prune d'ente est beaucoup plus terne.

Il est important de faire connaître ces différences pour que la distinction entre les prunes des deux origines puisse se faire aisément sur le terrain commercial.

La prune se vend à l'état de fruit sec, en boîte en fer-blanc ou en *pobant*, qui est un récipient en verre dans lequel elle est soumise à l'action prolongée de la chaleur. Les fruits ainsi préparés sont des fruits de luxe qui trouvent un écoulement surtout en Angleterre.

Prune de Saint-Antonin et prune reine-Claude. — A côté de la prune d'ente, on trouve, dans quelques communes de l'arrondissement d'Agen et de Villeneuve, dans les cantons d'Agen, Beauville, Laroque, Penne et Tournon, le prunier saint-Antonin.

Cette prune est expédiée à l'état vert en Angleterre, pour faire un genre de pâtisserie très appréciée des Anglais. C'est son unique débouché. A l'état sec, elle est aussi exportée en assez grande quantité.

On exporte près de 600 tonnes de prunes de Saint-Antonin, qui valent 20 à 25 francs les 100 kilogrammes.

Une autre variété de prunes est vendue à l'état vert, c'est la reine-Claude.

Le prunier reine-Claude est plus disséminé que le prunier saint-Antonin; on en trouve dans de nombreuses situations. Mais l'exportation de son fruit est bien moins importante que celle du prunier saint-Antonin. Elle n'atteint pas 100 tonnes. Elle est vendue à peu près le même prix.

Pêches, Abricots. — Les pêches, les abricots donnent lieu à un commerce assez important. L'abricot est surtout cultivé à Nicole. Au moment de la maturité de ce fruit, il y a chaque matin un important marché d'abricots à Nicole.

En année moyenne, le département exporte 3,000 quintaux métriques d'abricots. Nicole produit à lui seul 2,000 à 2,500 quintaux; un tiers environ de cette quantité est expédié en Angleterre, le reste est vendu à Paris et dans les autres parties de la France pour être consommé immédiatement ou pour la confiserie.

Les variétés cultivées sont : l'abricot musqué de Nicole et l'abricot-pêche.

Les producteurs d'abricots les vendent à des négociants qui les exportent.

Les abricots de Nicole sont particulièrement appréciés par les consommateurs et par la confiserie. Les abricots qui sont produits par les autres parties du département ne peuvent être comparés à ceux que produit le coteau de Nicole.

La pêche est également très cultivée à Nicole, Port-Sainte-Marie, Villeneuve et aussi à Saint-Laurent, Thouars, Buzet, Saint-Pierre-de-Buzet, Damazan, Saint-Léger, qui ont fait une spécialité de la production de ce fruit. On en trouve également des plantations disséminées sur de nombreux points du département, mais particulièrement autour des grands centres où il y a des marchés aux fruits et de nombreux consommateurs à satisfaire.

Les variétés cultivées sont les variétés précoces et, plus spécialement, l'amsdem, la précoce de la Halle, précoce Alexandre, etc., qui arrivent sur le marché en juin et juillet. Parmi les variétés mûrissant leurs fruits en saison, l'angevine, que l'on appelle l'*angevine de Buzet*, est une des plus cultivées; viennent ensuite la madeleine, la grosse mignonne, etc.

L'expédition de la pêche exige tant de soins et est exposée à tant d'aléas, que peu de négociants se chargent de l'exporter: C'est là la cause qui empêche le développement de la culture du pêcher.

Il est à souhaiter que les progrès réalisés pour l'emballage permettent une exportation courante et facile de cet excellent fruit, qui acquiert sous notre climat et dans la plupart de nos sols les plus exquises qualités.

Cerises. — La précocité relative du climat de Lot-et-Garonne fait une situation toute spéciale aux producteurs de cerises. Ils peuvent écouler leurs produits pendant une période de temps presque toujours assez longue sans avoir à redouter, plus que de raison, de concurrence bien sérieuse.

Les cerises exportées sont les diverses variétés de bigarreaux noirs; les autres bigarreaux ont sur le marché un prix bien inférieur.

On en produit d'assez grandes quantités dans les environs d'Agen, Villeneuve, Port-Sainte-Marie, Vianne, Montgaillard, Feugarolles. Elles sont vendues à des négociants et expédiées en Angleterre, où elles trouvent un débouché très important qui paraît susceptible d'un grand développement.

Le Lot-et-Garonne exporte annuellement un nombre de tonnes de bigarreaux très variable suivant que la récolte a été faible ou abondante. On peut l'estimer en moyenne à près de 600 tonnes. Le prix du quintal métrique est le plus souvent supérieur à 40 francs.

Amandier. — L'amandier donne un produit assez important dans le Lot-et-Garonne. Cet arbre n'est pas cultivé en verger. Il en existe cependant quelques-uns, mais ils sont très rares. La floraison de l'amandier, comme celle de l'abricotier, est assez fréquemment compromise par la gelée. Les amandes récoltées dans le département représentent un poids de plusieurs tonnes.

L'amande est vendue en moyenne, à l'état vert, 10 à 12 francs le quintal. Elles sont exportées à Paris et dans les départements du Nord et en Belgique.

Les producteurs et les négociants se plaignent du prix élevé du transport de ce fruit. Les principaux centres de production sont les environs d'Agen, Aiguillon, Buzet, Marmande, Saint-Bazeille.

BOIS.

Peupliers. — Le peuplier est cultivé dans le Lot-et-Garonne en grande quantité. Il occupe les parties basses de la vallée de la Garonne : les bords du fleuve sont plantés en saules, les terres un peu plus élevées sont recouvertes de plantations de peupliers.

Il y a des peupliers tout le long du fleuve en plantations pleines ou en bordures autour des champs, mais les points où les peupliers sont en plus grand nombre sont d'Aiguillon à Tonneins et à Marmande.

A Tonneins, on cite quelques propriétaires qui tirent de gros revenus de l'exploitation régulière de plantations de peupliers. Elles atteignent jusqu'à 100,000 arbres.

Les peupliers exploités dans le Lot-et-Garonne sont utilisés sur place pour faire des caisses pour l'expédition des fruits : asperges, cerises, abricots, pêches, raisins, tomates, prunes, oignons, etc. La caisse faite en bois de peuplier présente l'avantage de ne communiquer aucune odeur aux denrées qu'elle renferme.

L'exportation se fait sous forme de caisses : les unes sont expédiées à Nice pour l'expédition des fleurs; d'autres vont dans les fabriques de vermicelle, macaroni, etc.

Le bois de peuplier sert également à construire des parquets, des charpentes.

Le peuplier fournit environ 3o,ooo tonnes de bois.

La culture du peuplier tend à s'étendre, son bois étant très demandé.

On augmente les plantations sur les bords de la Garonne, mais on en trouve également sur les bords du Lot, à Villeneuve-sur-Lot, à Sainte-Livrade, au Temple et aussi sur les bords de la Lède jusqu'à Monflanquin.

Dans les landes, on commence à le planter sur les bords des cours d'eau et dans les parties basses et humides. Le peuplier donne dans ces sols des produits plus élevés que le pin.

On plante le peuplier à Casteljaloux, Poussignac, Bouglon, Houeillès, Anzex. On en plante également à Villefranche-de-Queyran, Lavardac, Moncrabeau, Lannes, Mézin, jusqu'à Sos.

Dans les landes, on plante le peuplier italien. Dans les autres parties du département, on renonce à cette variété parce que son tronc est côteleux et qu'à l'équarrissage il y a des pertes. On lui préfère le peuplier blanc du pays et le peuplier de la Caroline dont les troncs ont une forme plus régulière, dont le bois est meilleur, et qui présentent en outre l'avantage de grossir plus rapidement.

On s'accorde à reconnaître que le peuplier rapporte à celui qui le plante environ 1 franc par an. A dix ans, il vaut 10 à 12 francs lorsqu'il est cultivé dans une riche vallée. Dans les landes, il ne peut être vendu qu'après quinze ans.

On compte que le produit de l'élagage, estimé à environ 1 franc par arbre, paye les frais de plantation. De plus, le pâturage couvre les dépenses de l'impôt et de l'intérêt de la somme qui représente la valeur du terrain.

Dans les nouvelles plantations, on a introduit une variété nouvelle appelée *régénéré*, que l'on paraît devoir abandonner parce que l'arbre encore tout jeune est fréquemment attaqué par la larve de la saperde.

Saules, Osiers. — Les saules, les aulnes et aussi quelques osiers occupent environ un millier d'hectares sur les rives de la Garonne, dans le Lot-et-Garonne.

Les bois récoltés sont utilisés par les vanniers, par les fabricants de balais, ou encore par les tonneliers.

Les barres sont vendues pour servir de tuteurs aux vignes ou pour ramer les pois et les haricots.

L'osier fendu est vendu 25 francs le mille.

Le petit osier est vendu de 10 à 12 francs le mille.

LOZÈRE.

Le département de la Lozère est un pays essentiellement montagneux, au climat rude, peu propre par conséquent aux cultures de céréales et de plantes industrielles.

Une grande partie de son territoire est couverte de landes et de bruyères, et les forêts y sont assez étendues, bien que depuis assez longtemps on pratique des défrichements importants.

La spéculation principale des agriculteurs de la Lozère est l'exploitation et l'élevage du bétail bovin, principalement pour utiliser les nombreux pâturages qui couvrent le territoire du département.

Par suite du peu de surface consacrée aux terres labourables, il n'y a qu'un nombre très restreint de produits agricoles qui sont exportés hors du département. Ce sont : l'orge et l'avoine, les pommes de terre, les lentilles, les châtaignes, les pommes et poires, les cônes et bourgeons de pin, les champignons, les choux et légumes divers.

CÉRÉALES.

Des cantons de Chanac, Langogne et Grandrieu, près de 1,600 quintaux d'orge sont expédiés à destination des brasseries de l'Isère et dans la Haute-Loire. De Langogne, Grandrieu, Châteauneuf on expédie environ 6,000 quintaux d'avoine vers Alais, Nîmes, Montpellier et Marseille.

POMMES DE TERRE.

La culture de la pomme de terre d'alimentation est l'une des plus importantes. Elle occupait en 1903 environ 3,204 hectares. Elle est pratiquée plus spécialement dans les cantons de Langogne, Grandrieu, Saint-Chély, Aumont, qui exportent près de 20,000 quintaux de tubercules sur les grandes villes du midi de la France : Marseille, Nîmes, Montpellier, Béziers, Alais.

LENTILLES.

Cette culture occupait, en 1903, 132 hectares. Le canton du Bleymard et une partie de celui de Langogne s'y consacrent plus spécialement et exportent, vers Lyon, Nîmes, Marseille, Paris, près de 2,000 quintaux de lentilles qui y sont vendues sous le nom de *lentilles d'Auvergne*.

CULTURES FRUITIÈRES.

Châtaignes. — Le châtaignier couvre des surfaces importantes dans l'arrondissement de Florac, où il est cultivé dans 41 communes, principalement dans les cantons de Saint-Germain-de-Calberte et de Villefort. On expédie environ 25,000 quintaux de châtaignes vers Paris, Lyon, Marseille et Montpellier.

Pommes et Poires. — Les pommiers et poiriers sont répandus dans les environs de Mende, de Marvejols et dans les vallées de l'arrondissement de Florac. Une partie des fruits est vendue à destination de Paris, Nîmes et Montpellier.

PRODUITS MARAÎCHERS ET CHAMPIGNONS.

Les cultures maraîchères sont peu développées dans ce département. Cependant la culture du chou est plus particulièrement pratiquée dans les cantons de Châteauneuf, Grandrieu, Villefort, le Bleymard et Langogne; aux environs de Malzieu, Marvejols, Mende, Villefort, Florac, Barre, Saint-Germain-de-Calberte, la production du plant et de légumes divers. Ces produits sont expédiés sur Saint-Flour, Nîmes et Montpellier. Enfin, dans tout le département, on récolte les champignons. Près de 1500 quintaux de champignons secs et de 9,000 quintaux de champignons frais sont exportés principalement à Nîmes et Montpellier.

CÔNES DE PIN ET BOURGEONS DE PIN.

Ce département fait avec l'Allemagne un commerce assez important de cônes de pin. Près de 2,500 quintaux provenant des cantons de Langogne, Grandrieu et Châteauneuf y sont exportés. Ces mêmes régions expédient environ 500 quintaux de bourgeons de pin à destination de Paris et Montpellier.

MAINE-ET-LOIRE.

Parmi les nombreuses régions agricoles de la France, il n'en est pas qui soit plus remarquable que l'Anjou au double point de vue de la valeur et de la variété des divers produits agricoles et horticoles.

Cette ancienne province a servi à constituer le département de Maine-et-Loire, un des plus vastes de la France. Il est limité par les départements de la Mayenne, de l'Ille-et-Vilaine, de la Sarthe, d'Indre-et-Loire, de la Vienne, des Deux-Sèvres, de la Vendée et de la Loire-Inférieure.

Dans son ensemble, le département de Maine-et-Loire présente trois régions bien tranchées :

1° La Vallée, qui comprend tout le littoral de la Loire et de l'Authion; c'est la partie la plus riche et la plus variée en produits agricoles, horticoles et maraîchers;

2° Le Bocage, comprenant les parties boisées des arrondissements d'Angers, Baugé, Cholet et Segré;

3° La Plaine, ou pays découvert, renferme la presque totalité de l'arrondissement de Saumur; elle fournit du froment et des vins dont quelques-uns à bonne exposition côtière sont très estimés.

CÉRÉALES.

Blé. — L'étendue cultivée en blé dans le département atteint 152,000 hectares environ avec une production moyenne de 2,540,000 hectolitres.

Les variétés cultivées sont surtout le gris de Saint-Laud, le rouge de Bordeaux et le bleu de Noé. On y rencontre également des variétés d'importation à grand rendement, telles que le japhet, le goldendrop, le bordier, etc.

Beaucoup de propriétaires associent ces variétés en proportions variables, car ce mélange est demandé par la meunerie.

Les marchés principaux fournissant des renseignements pour l'établissement de la mercuriale sont : Angers, Brissac, Baugé, Beaufort, Durtal, Longué, Beaupréau, Cholet, Doué, Vihiers, Saumur et Segré. L'Anjou est exportateur de blé; il est expédié en nature sur Paris et Nantes, ou bien transformé en farine par les nombreuses minoteries actionnées par les divers cours d'eau du département.

La variété saint-Laud, cultivée aux environs d'Angers, est recherchée comme blé de semence.

La plupart des cultivateurs du département, désireux de régénérer leurs semences, viennent s'approvisionner dans cette région de Maine-et-Loire.

Cette variété est cultivée à Saumur, dans la vallée de la Loire, sur les communes de Varennes, Villebernier, Saint-Lambert, Saint-Martin-de-la-Place, Saint-Clément-des-Levées, les Rosiers, Saint-Mathurin. Ce blé de semence, dont il est produit, par sélection en terrain fertile, plus de 150,000 hectolitres, est connu bien en de hors des limites départementales.

Les deux grands marchés de ces blés de semence sont Angers et Saumur. Ils se tiennent, pour la spécialité, les trois premiers samedis d'octobre. Alors que le prix du blé de mouture est de 17 à 15 fr. 25, celui de semence de la vallée de la Loire atteint 18 fr. 50 et 20 francs l'hectolitre.

Orge. — La surface en orge cultivée est de 10,329 hectares produisant 201,150 hectolitres.

Pour la plus grande partie, l'orge est employée à la nourriture des animaux.

Néanmoins, près de 2,000 hectares sont cultivés, principalement dans l'arrondissement de Saumur, et ensemencés avec l'orge chevalier qui bientôt sera remplacée par ses dérivées sélectionnées : hanna, princess, etc. Ces orges sont expédiées par des négociants de Saumur comme orges de brasserie en Angleterre.

Les orges des communes de Chacé, Varrains, Saint-Cyr-en-Bourg sont très recherchées pour leurs qualités brassicoles. Mais ce marché tend à perdre de son importance; les acheteurs se font rares, parce que les cultivateurs d'orges se sont obstinés à ne pas régénérer leurs semences en recourant aux bonnes variétés nouvelles.

Depuis deux ans, une campagne est faite pour favoriser la culture de l'orge de brasserie, et dans ce but des champs de démonstration ont été créés.

CULTURES MARAÎCHÈRES.

Ces cultures sont plus spécialement concentrées avec une certaine importance dans les régions d'Angers et de Saumur, sur les sols d'alluvions de la Loire, profonds, riches, légers et sablonneux, qui leur conviennent merveilleusement.

Avant 1842, on cultivait dans le département une centaine d'espèces de légumes et de fruits légumiers. La commune de Mazé, à 24 kilomètres d'Angers, avait et a encore une grande réputation pour ses légumes, ses melons et ses artichauts de la variété gros camus; les choux pancaliers (milan), les navets, les carottes, les oignons, l'ail et les salsifis. Tous ces légumes trouvent acheteurs sur les marchés d'Angers.

L'étang de Brissac, transformé depuis son desséchement en terrain cultural, fut occupé pendant longtemps en plantes maraîchères alimentant les marchés de la Vendée et de la Bretagne.

Depuis 1842, la culture maraîchère a pris autour d'Angers et de Saumur un développement considérable. Les choux-fleurs, dans les communes d'Angers, de Sainte-Gemmes et des Ponts-de-Cé, occupent annuellement une superficie de 230 hectares. Ils sont répartis en choux précoces, moyens et tardifs.

La vente pour Paris, la Belgique, la Hollande et une partie de l'Allemagne commence à la fin de mai pour finir en juillet. Pendant cette période de deux mois, trente wagons sont chargés chaque jour à la gare d'Angers à destination des pays précités, soit directement, soit par l'intermédiaire de maisons d'Angers faisant ce commerce. Or, comme un wagon de 5,000 kilogrammes contient 3,000 têtes de choux-fleurs, il en résulte que l'expédition quotidienne atteint près de 100,000 têtes, et cela pendant 60 jours. C'est un total annuel de près de 6 millions de têtes de choux-fleurs. Les prix sont très variables selon les années, et peuvent aller de 0 fr. 25 à 2 fr. 50 et plus par douzaine de têtes.

Les artichauts sont cultivés aux environs d'Angers et aussi depuis cinq ou six ans dans la région du Vaudelnay, du Puy-Notre-Dame, de Doué, dans l'arrondissement de Saumur. Ils s'expédient par paniers de 120 kilogrammes contenant 200 têtes au prix moyen de 1 fr. 25 la douzaine. L'ensemble cultural comprend plus de 100 hectares plantés à raison de 4,000 pieds par hectare. Cela représente près d'un million de kilogrammes d'artichauts représentant une valeur de plus de 150,000 francs.

L'oignon de Niort est cultivé dans les communes de Saint-Lambert-des-Levées, de Villebernier près de Saumur, pour l'obtention du jeune plant à repiquer. Semé en août, l'oignon est expédié en mars. L'expédition dure deux mois et se fait surtout pour la Bretagne et la Normandie; elle se chiffre par 540,000 kilogrammes de plants, équivalant à 6,000 fournitures de 231 bottes chacune.

La fourniture pèse en moyenne 90 kilogrammes, elle est logée en deux sacs de 45 kilogrammes. Le prix moyen de la fourniture est de 30 francs, ce qui donne pour les expéditions un produit de 180,000 francs, qu'il convient de porter à 300,000 francs en y ajoutant celui des ventes sur les marchés de Saumur et d'Angers.

Le haricot vert de Belgique, avec la merveille de Paris, est directement expédié de Saumur à Paris, à raison de 3 wagons de 5,000 kilogrammes, soit 15,000 kilogrammes par jour, et cela pendant une durée de deux mois. Cela fait un total de 900,000 kilogrammes vendus 40 francs les 100 kilogrammes, constituant un produit en argent de 360,000 francs.

Les salades, surtout les laitues, sont expédiées à Paris dans la proportion de 15,000 kilogrammes à raison de 15 francs les 100 kilogrammes.

Les radis roses à bout blanc sont expédiés, durant deux mois, à raison de 10,000 bottes par jour, soit 600,000 bottes vendues à Paris à raison de 6 francs les 100 bottes, représentant ainsi une somme de 36,000 francs.

Les trois compagnies de chemins de fer, Orléans, État et Ouest, dont les réseaux desservent la ville d'Angers, ont expédié, savoir :

En 1901 : 1501 wagons de choux-fleurs pesant 3,555,000 kilogrammes;
En 1902 : 2,904 wagons de choux-fleurs pesant 9,005,500 kilogrammes;
En 1901 : 1,224 wagons d'artichauts pesant 4,420,000 kilogrammes;
En 1902 : 1,054 wagons d'artichauts pesant 3,206,600 kilogrammes.

En 1903 et 1904, les expéditions ont encore été plus importantes, la température ayant été excessivement favorable à la production de ces deux légumes.

L'ensemble de la culture maraîchère en Maine-et-Loire, qui se répartissait sur 6,000 hectares en 1842, porte aujourd'hui sur près de 15,000 hectares constituant, par une production de 2,000 à 2,500 francs par hectare en moyenne, un produit brut se rapprochant de 22 millions de francs.

Les frais de culture sont très élevés. La location du sol varie de 250 à 400 francs par hectare.

La main-d'œuvre se trouve aujourd'hui difficilement à 2 fr. 50 et 3 francs par jour. Si l'on y joint les 500 ou 600 francs de fumiers, engrais et amendements nécessaires,

15.

il faut estimer le rendement net en argent par hectare, et suivant les cultures, entre 3oo et 6oo francs.

Les fraises, surtout de la variété crémone, voyageant facilement, sont expédiées sur Paris durant un mois, de Saumur et d'Angers, à raison de 10 wagons de 5,000 kilogrammes par jour : soit 5o,000 kilogrammes de fraises vendues, suivant état, de 45 à 2oo francs les 1oo kilogrammes. Cela fait 1,5oo,000 kilogrammes de fraises expédiées durant la saison et un produit en argent de 1,2oo,000 francs.

Les poires appartiennent surtout à la variété william, avec très peu de duchesse d'Angoulême, de louise-bonne et de beurré d'Amandis.

Les qualités exceptionnelles de ces poires, dues au sol et au climat de l'Anjou, les font rechercher pour la vente. La variété william, par sa précocité et sa fertilité, fait l'objet de spéculations importantes. On rencontre fréquemment des plantations de 4,000 et 5,000 poiriers dans la même propriété, et cela aux environs d'Angers et de Saumur. On en expédie annuellement d'Angers 1,5oo,000 kilogrammes au mois d'août à destination de Birmingham, Manchester, Londres, Liverpool.

Saumur expédie également 5,000 kilogrammes par jour de poires william durant un mois, soit 15o,000 kilogrammes.

L'ensemble de 1,65o,000 kilogrammes est vendu en moyenne à raison de 6o francs les 1oo kilogrammes, ce qui fait un rendement en argent de 99o,000 francs.

Les pommes des variétés reinette du Mans, fenouillet, clochard, patte de loup, etc., sont expédiées d'Angers pour Paris et l'Angleterre à raison de 2,000,000 kilogrammes annuellement.

Saumur expédie 1,000,000 de kilogrammes, soit en tout 3,000,000 de kilogrammes vendus 25 francs les 1oo kilogrammes; cela fait un produit en argent de 7oo,000 francs.

Les pommes à cidre qui sont produites principalement dans l'arrondissement de Segré sont en partie transformées sur place en cidre ou expédiées en nature sur divers autres points de la France et en Allemagne.

L'établissement des pépinières d'arbres fruitiers et autres remonte, en Anjou, au milieu du xviiie siècle; c'est la famille Leroy qui créa celles d'Angers, pendant que la famille Chatenay fondait l'établissement de Doué-la-Fontaine. Bientôt de nombreux pépiniéristes vinrent s'établir dans le voisinage des premiers. Aujourd'hui, plus de 6oo hectares sont réservés aux pépinières. L'Amérique du Nord est aujourd'hui le principal marché ouvert aux jeunes plants d'arbres fruitiers et forestiers des pépiniéristes angevins. C'est par millions qu'ils exportent dans le Nouveau-Monde les plants de poirier, pommier, cognassier, prunier et cerisier, servant aux pépiniéristes de l'Amérique de porte-greffes précieux.

Près de 2,000 caisses de jeunes plants forestiers cubant 1 m. 5o en moyenne sont, chaque année, chargées au Havre en provenance d'Angers et à destination des Etats-Unis. Les rosiers sont également cultivés. On plante près de 5oo,000 églantiers annuellement à Angers et à Doué. Quant aux rosiers nains ou greffés, leur nombre atteint 8oo,000 environ.

Si nous ajoutons maintenant les plants des divers arbustes d'ornement et surtout du camélia et du magnolia, nous aurons tracé l'ensemble merveilleux de cultures spéciales que la situation géographique, le climat, le terrain font éclore sur les divers points du département.

CULTURE DES PORTE-GRAINES.

Elle est relativement récente, car elle ne remonte pas à plus de vingt-cinq ans.

C'est surtout dans la vallée de la Loire, entre Saumur et Chalonnes et principalement sur les communes de Saint-Martin-de-la-Place, Saint-Clément-des-Levées, les Rosiers, Saint-Mathurin, Andard, Trélazé, les Ponts-de-Cé, la Bohalle, sur la rive droite de la Loire, que cette culture a le plus d'importance. Elle a pris un essor considérable au fur et à mesure que la culture du chanvre diminuait par suite de la concurrence redoutable des filasses étrangères. Les agriculteurs de la Vallée ont trouvé dans leurs terres si particulières un excellent milieu pour les porte-graines, dont la culture s'est étendue également sur une portion centrale de l'arrondissement de Saumur.

L'étendue dans tout le département ne comprend pas moins de 3,200 hectares. Les graines sont vendues à des maisons spéciales d'Angers ou de Saumur ou des environs qui les expédient ensuite à Paris ou à l'étranger.

Les plus grands marchands grainiers de Paris ont des cultures de graines spéciales, qu'ils surveillent et exploitent par l'intermédiaire d'agents à leur service qui les visitent fréquemment et procèdent à la sélection ou *épuration* des produits dont les principaux sont : choux, carottes, laitues, betteraves, chicorées, concombres, céleri, haricots, navets, poireaux, oseille, panais, persil, potirons, radis, salsifis, etc.

Les résédas, balsamines, giroflées, immortelles, pensées, œillets, silènes, amarantes, etc., sont également des fleurs cultivées pour leurs graines.

Voici quelques rendements des principales cultures :

	RENDEMENT PAR HECTARE.	PRIX MOYEN DE VENTE.
	kilogr.	fr. c.
Oignon rose pâle..............................	450	2 50 le kilogr.
Poireau court de Rouen........................	400	2 50
Haricot beurre................................	900	0 60
Carotte demi-longue nantaise	720	1 10
Navet..	1,000	0 60
Betterave plate d'Égypte	1,500	0 45
Laitue frisée.................................	450	2 10
Pois rond nain...............................	540	0 40
Persil frisé	900	0 50
Radis rose...................................	720	0 85

Telle est dans son ensemble la série des diverses productions agricoles, horticoles et maraîchères qui sont l'objet d'un commerce important dans le département de Maine-et-Loire.

MANCHE.

La situation particulière du département de la Manche, la température douce dont jouit son climat pendant toute l'année, l'humidité constante de son atmosphère, placent cette région dans des conditions très favorables à la production herbacée.

Toutes les conditions y sont donc réunies pour que les herbages et les prairies soient la culture dominante dans un pays où la spéculation la plus suivie est l'élevage des bovidés, des équidés et du porc, ainsi que l'entretien des vaches laitières pour la production du beurre si renommé d'Isigny.

Cependant, en dehors de cette culture prédominante, on cultive dans la Manche le blé, l'avoine, l'orge, un peu de seigle, beaucoup de sarrasin, un peu de féverolles et autres légumes secs, des betteraves et des pommes de terre, peu de prairies artificielles; quant aux cultures de chanvre et de lin, elles se réduisent de plus en plus, et celle du colza est complètement abandonnée.

CULTURES MARAÎCHÈRES.

Les cultures maraîchères sont pratiquées avec succès dans le département de la Manche, mais seule la culture de la pomme de terre de consommation et des choux pommés et des choux-fleurs donne lieu à un commerce très important, particulièrement celui des pommes de terre précoces avec l'Angleterre.

Pommes de terre. — La culture des pommes de terre hâtives est pratiquée plus particulièrement dans les arrondissements de Cherbourg et de Valognes le long du littoral. On peut estimer qu'annuellement on consacre environ 1,600 hectares à cette culture, ainsi répartis : 150 hectares dans l'Avranchin, 250 dans le Coutançais, 600 dans l'arrondissement de Cherbourg et 600 hectares dans celui de Valognes. Les principaux centres de culture sont, dans l'arrondissement de Coutances : Bricqueville-sur-Mer, Lingreville, Annoville, Houtteville et Créances; dans l'arrondissement de Cherbourg : Surtainville, Saint-Germain-des-Vaux, Vauville, Urville, Nacqueville, Tourlaville, Fermanville, Cosqueville, Néville, Rétoville, Gouberville et Gatteville; dans l'arrondissement de Valognes, c'est surtout dans le val de Saire qu'on pratique cette culture : à Anneville-en-Saire, Réville, Saint-Waast-la-Hougue, la Pernelle, le Vicel, Montfarville, Valcanville, Brillevast, Sainte-Geneviève et Saint-Pierre-Église.

Les variétés cultivées sont très nombreuses, mais on ne connaissait qu'une pomme de terre rouge appelée *savonnette*. Actuellement, dans le canton de Saint-Pierre-Église, les variétés les plus répandues sont : la cornette rouge, la jumeline, la kydney, la quarantaine, le prince de Galles. Aux environs de Cherbourg, on cultive surtout la cornette rouge, la jumelaine ou jumeline, les flux, les prolifiques. Sur la côte ouest, on préfère la savonnette et la Hollande.

Pour l'Angleterre, où l'on recherche les variétés à chair blanche ou jaune ne se réduisant pas en bouillie à la cuisson, on expédie la saint-jean, la flux hâtive et la flux tardive. Au contraire, pour Paris, où l'on préfère les variétés à chair jaune, on expédie surtout la royale kidney, la strazelle, la jumeline. Les prix de la pomme de terre varient selon l'époque plus ou moins hâtive de la récolte. Sur le marché anglais, les premières pommes de terre récoltées se vendent 50 francs les 100 kilogrammes, puis les prix descendent progressivement jusqu'à 15 et 16 francs. Au moment de la pleine récolte, les prix s'abaissent à 8 et 10 francs.

Pour Paris, les prix sont plus élevés, mais les frais de transport sont plus considérables.

En dehors de ces deux grands marchés, les cultivateurs de la Manche expédient aussi des pommes de terre sur les marchés du Havre, Rouen, Honfleur, Chartres, Alençon, Lisieux, Caen, etc.

On cultive aussi sur le littoral les pommes de terre tardives, mais ces variétés sont consommées en majeure partie dans le département et ne donnent lieu qu'à un commerce local.

Légumes divers. — En dehors de la culture des pommes de terre, la culture maraîchère est pratiquée avec succès aux environs de Cherbourg, à Tourlaville et près de Montfarville et de Reville. Dans cette commune, 180 à 200 hectares sont consacrés à la culture du chou pommé, et près de 240 hectares au chou-fleur. Ces légumes sont vendus principalement en Angleterre, à Paris et dans les principales villes de Normandie. Tous les autres légumes sont aussi cultivés à Tourlaville; ils sont vendus sur le marché de Cherbourg.

Sur la côte ouest du département de la Manche, dans les communes de Surtainville et Pirou, la culture du persil occupe près de 80 hectares. Des wagons entiers de ce légume sont expédiés sur Paris.

Enfin, dans l'arrondissement de Coutances, la culture maraîchère est pratiquée dans deux centres importants. Le premier comprend quatre communes, Hautteville-sur-Mer, Annoville, Lingreville et Bricqueville-sur-Mer; le second centre comprend la commune de Créances. Tous les légumes sont cultivés dans ces deux centres qui vendent leurs produits sur les différents marchés locaux du département dont il assure l'approvisionnement. Créances cultive beaucoup les melons de pleine terre. Dans tous ces centres, on expédie des plants de choux à repiquer dits *de Tourlaville.*

CULTURES FRUITIÈRES.

Une seule culture fruitière est pratiquée dans la Manche ; c'est celle des pommiers et poiriers à cidre. En 1903, la production des fruits à cidre a été de près de 300,000 quintaux, et en 1904, de 5 millions de quintaux. A Saint-Jean-de-Thomas, on produit des pommes et poires à couteau et des prunes.

CULTURES DIVERSES.

Production de graines. — Dans la baie du Mont-Saint-Michel, on produit beaucoup de graines de semence de froment et de différents légumes.

MARNE.

Les produits du sol qui donnent lieu à des transactions commerciales dans la Marne sont : levin, les céréales (blé, seigle, orge, avoine), la betterave à sucre, la betterave de distillerie, les bois, les fruits, les produits maraîchers.

VINS.

Parmi les produits agricoles du département de la Marne qui peuvent faire l'objet d'une exportation de première importance, les vins de Champagne figurent en première ligne. L'étude de leur production, leur transformation constituent une véritable

industrie locale qui ne peut guère se développer ailleurs, parce que là toutes les conditions sont réunies pour obtenir des produits supérieurs.

Le vignoble du département de la Marne s'étend sur une superficie d'environ
16,048 hectares se répartissant ainsi : arrondissements de Châlons, 709 hectares; de
Reims, 7,526; d'Épernay, 5,652; de Vitry-le-François, 1,387; de Sainte-Menehould, 23.

Les grandes régions viticoles, celles qu'il est convenu d'appeler *le vignoble champenois*, forment les groupes suivants :

1° La Montagne de Reims avec le plateau de Bouzy et Ambonnay; 2° la Rivière de
Marne, proprement dite; 3° la côte d'Épernay; 4° la côte d'Avize et de Vertus.

A ces quatre grandes régions il faut ajouter les vignobles épars de l'arrondissement
de Reims, en particulier la basse Montagne, ceux du sud de l'arrondissement d'Épernay, et enfin ceux de l'arrondissement de Vitry-le-François.

Dans chacune des régions viticoles du département, la nature du sol, son exposition et surtout la variété de plants cultivés ont donné naissance à des produits de
qualités très différentes, que l'on classe en grands crus, premiers crus, seconds crus et
troisièmes crus.

Montagne de Reims et plateau de Bouzy, Ambonnay. — Les vignobles de la Montagne
de Reims, malgré leur exposition au Nord, produisent des vins de qualité tout à fait
supérieure.

Le cépage employé presque exclusivement, est le *pinot noir;* toutefois, à Villers-Marmery
et à Trépail, on cultive le *pinot* chardonnay, connu dans le pays sous le nom de *pinot
blanc de Trépail.*

Les *grands crus* de cette région sont : Verzy, Verzenay, Mailly et Sillery, Bouzy,
Ambonnay et Louvois.

Sur le plateau de Bouzy se trouvent les grands crus de Bouzy et d'Ambonnay; le
cépage cultivé est une variété du pinot noir connue sous nom de *pinot vert doré;*
cette variété s'adapte particulièrement aux terrains fortement calcaires de cette
région; elle est plus rustique et moins exigeante que le pinot noir.

Les raisins de Bouzy et d'Ambonnay, outre leur emploi pour la fabrication du champagne, sont parfois vinifiés en rouge et donnent des vins d'une finesse et d'un bouquet incomparables.

Les *premiers crus* de cette région comprennent Ludes, Chigny, Rilly-la-Montagne,
Villers-Allerand, Villers-Marmery, Trépail.

Dans la basse Montagne et dans les vignobles épars de l'arrondissement de Reims,
on trouve encore, comme premiers crus : Trois-Puits, Puisieulx et Monbré, Murigny,
Reims-Courlancy, Cernay-les-Reims, Sermiers, Chamery, Écueil, Sacy, Villedom-
mange, Jouy, Pargny, Coulommes.

Les *deuxièmes crus* de la région, appartenant à la Montagne de Saint-Thierry et aux
vignobles épars du Tardenois, comprennent : Hermonville, Cauroy-lès-Hermonville,
Cormicy, Chenay, Merfy, Pouillon et Saint-Thierry; puis, dans le Tardenois : Bas-
lieux-sous-Châtillon, Cuchery, la Neuville, Olizy, Belval, Cuisles, Courmas, Marfaux,
Pourcy, Bligny, Bouilly, Clairizet, Anbilly, Chaumuzy, Chambrecy, Ville-en-Tarde-
nois, Sarcy, Tramery, Crugny, Serzy-et-Prin, Savigny, Faverolles, Treslon, Bouleuse,
Lhéry, Lagery, Brouillet, Arcis-le-Ponsart, Courville, Saint-Gilles, Janvry, Germigny,
Gueux, Vrigny, Poilly, Rosnay, Fismes, Unchair, Hourges, Vandeuil, Branscourt,

Sapicourt, Thil, Villers-Franqueux, Trigny, Romain, Prouilly, Pévy, Nogent-l'Abbesse et Berru.

Dans tous ces crus de second ordre, c'est le *pinot meunier* que l'on cultive principalement; son vin fait en blanc est plus mou, moins fin, moins bouqueté que celui du pinot noir, mais il donne un vin rouge de belle coloration et de bonne qualité.

La Rivière de Marne proprement dite. — Cette région comprend les vignobles situés sur la rive droite et la rive gauche de la Marne; elle s'étend sur les deux versants qui limitent au nord et au sud la vallée de cette rivière. Les coteaux de la rive droite, exposés au midi, donnent des vins de qualité supérieure destinés à la champagnisation; les vignobles de la rive gauche sont moins favorisés.

Les pinots noirs occupent à peu près les deux tiers de cette région; ils cèdent progressivement la place au pinot meunier à mesure que l'on descend la rive gauche.

Les coteaux de la rive droite, exposés au midi, donnent des vins de qualité supérieure, vins blancs pour la plupart destinés à la champagnisation; les vignobles de la rive gauche fabriquent surtout des vins rouges de bonne qualité, ayant de la fraîcheur et du bouquet.

On classe généralement les crus de la Rivière de Marne proprement dite de la façon suivante :

Grands crus : Ay, Mareuil-sur-Ay et Bisseuil.

Premiers crus : Chouilly, Oiry, Tours-sur-Marne, Mutigny, Avenay, Mutry, Dizy, Champillon, Hautvillers, Cumières, Damery, Romigny.

Seconds crus : Mardeuil, Fleury-la-Rivière, Venteuil, Vauciennes, Reuil, Binson-Orquigny, Villers-sous-Châtillon, Châtillon-sur-Marne, Vaudières, Verneuil, Champvoisy, Passy-Grigny, Sainte-Gemme, Vincelles, Festigny, Nesle-le-Repons, Leuvrigny, Comblizy, Port-à-Binson, Deuilly, Troissy, Dormans, Soilly et Courthiézy.

La côte d'Épernay et d'Avize. — Presque perpendiculairement à la vallée de la Marne se trouvent situées les deux côtes d'Épernay et d'Avize à peu près parallèles, reliées entre elles par une série de contreforts en partie couverts de vignes, dans les situations les mieux exposées. Ces deux côtes forment la limite de séparation entre la Champagne pouilleuse et la Brie champenoise. Leurs versants tournés vers l'Est et le Sud-Est sont entièrement plantés en vignes qui comptent parmi les meilleurs crus de la Champagne.

Côte d'Épernay. — La côte d'Épernay ne renferme pas de grands crus; mais elle compte comme *premiers crus :*

Épernay, Pierry, Moussy, Vinay, Ablois, Brugny, Chavost, Monthelon, Mancy, Grauves et Cuis.

Côte d'Avize et de Vertus. — La côte d'Avize produit les vins les plus estimés de la Champagne.

On peut les classer ainsi :

Grands crus : Cramant, Avize, Oger et le Mesnil-sur-Oger.

Premiers crus : Vertus, Bergères-les-Vertus.

Seconds crus : Loisy-en-Brie, Givry-les-Loisy.

En dehors de ces grandes régions viticoles, l'arrondissement d'Épernay possède dans le sud du département de nombreux petits vignobles épars classés en *troisièmes crus :*

Sézanne, Vindey, Chichey, Barbonne, Fontaine-Denis, Broyes, Oyes-Allemant,

Saudoy, Talus-Saint-Prix, la Celle-sous-Chantemerle, Chantemerle, Étages, Férebrianges, Bannay, Congy, Baye, Villevenard, Coligny, Toulon-la-Montagne.

Les qualités, dans ces troisièmes crus, sont parfois très différentes; ainsi Sézanne et Vindey, où se fait la culture du pinot noir et du meunier, donnent un vin excellent, tandis que le gamay, le gonai, cultivés presque partout ailleurs, produisent un vin dur, moins riche en alcool, moins bouqueté et plus acide.

Dans la région de Congy, Férebrianges, Villevenard et les environs, les coteaux sont recouverts de pinots noirs et de meuniers; leurs vins, ayant du corps et de la tenue, servent parfois, par d'habiles mélanges avec les vins de la Champagne proprement dite, à faire d'excellents mousseux.

L'arrondissement de Vitry-le-François ne donne que des vins classés dans les troisièmes crus, avec des qualités différentes suivant la nature des cépages cultivés et la situation du vignoble.

Parmi les meilleurs on peut citer : Huiron, Glannes, Courdemanges, Couvrot, Outrepont, Merlaut, Changy; puis viennent ensuite : Bassuet, Bassu, Vavray-le-Grand, Saint-Quentin, Vavray-le-Petit, Doucey, Rosay, Vanault-le-Chatel, Charmont, Vroïl, Vanault-les-Dames, Saint-Lumier, Loisy-sur-Marne, Vitry-le-François, Écollemont, Larzicourt, Ambrières, les Grandes-Côtes, Hauteville, Nuisement, Landricourt, Sapignicourt, Arzillières, Blaise-sous-Arzillières, Cheminon.

Le rendement des vignes dans le département de la Marne est très variable suivant les intempéries et les saisons.

Les gelées causent souvent des dégâts irréparables. On peut cependant escompter une récolte moyenne, année courante, de 20 à 30 hectolitres à l'hectare. L'année 1901, qui succède à une grande année de production a, elle aussi, fourni un rendement moyen presque inconnu jusqu'alors : de 45 à 55 hectolitres à l'hectare. Pour le département, la récolte totale en 1901 a été de 747,791 hectolitres.

FABRICATION DU CHAMPAGNE.

Le champagne est fabriqué avec le vin de cuvée, mais le vin d'un terroir n'est jamais employé seul dans la préparation d'une grande marque. On mélange ensemble, et dans des proportions variables, les vins de plusieurs crus, de plusieurs années, les vins de pinot noir ayant plus de corps, plus de vinosité et de bouquet, avec ceux de pinots blancs, plus légers, plus fins, plus frais, ayant une tendance à prendre plus de mousse.

C'est de ce mélange plus ou moins judicieux que dépend toute la qualité d'*une cuvée;* sa confection demande des talents remarquables de dégustateur. On comprend dès lors pourquoi les champagnes sont moins connus par les noms des crus que par ceux des marques des grands fabricants.

Lorsque la *cuvée* est préparée, on procède *au tirage*, c'est-à-dire à la mise en bouteilles, après avoir ajouté, par hectolitre de vin, 3 à 4 litres de *liqueur de tirage*, obtenue en faisant dissoudre du sucre de canne cristallisé dans un vin blanc vieux de bonne qualité, et destinée à augmenter la richesse saccharine du vin, à provoquer une fermentation secondaire lente qui donne naissance à la mousse par le dégagement d'acide carbonique.

Les bouteilles bouchées et ficelées sont descendues dans des immenses caves à température uniforme, creusées dans la craie, ayant parfois 10 à 20 kilomètres de développement.

Sous l'influence de la fermentation lente, un dépôt se produit sur les parois de la bouteille, dépôt qui nuit à la limpidité et qu'il faut faire disparaître. Pour cela, les bouteilles sont mises sur *pointes* dans les trous de pupitres spéciaux réglés pour les faire passer successivement à différents degrés d'inclinaison. Chaque jour, un *remueur* leur imprime quelques mouvements qui détachent le dépôt et finalement, après quelques mois de ce travail, les impuretés sont réunies sur le bouchon.

On fait alors subir l'*opération*.

Un *dégorgeur* prend la bouteille, coupe les ficelles, fait sauter le bouchon et avec lui le dépôt. La bouteille, rapidement enlevée, est passée à l'*égaliseur*, qui en règle le vide, puis au *doseur* qui introduit dans chacune d'elles la *liqueur d'expédition*, faite par dissolution de sucre candi dans un vin de qualité supérieure. La plus ou moins grande quantité de liqueur d'expédition donne les champagnes *secs*, *demi-secs* ou *doux*, suivant les goûts du client.

Tous ces différents travaux demandent environ trois ans avant que le champagne puisse être livré à la consommation.

Le prix de revient de la champagnisation varie, suivant les qualités des bouteilles, des bouchons et la marque, de 1 franc à 1 fr. 50 la bouteille de 0 lit. 80.

Les caves champenoises contiennent des approvisionnements considérables de vins en fûts ou en bouteilles. D'après une statistique publiée par la *Chambre de commerce de Reims et d'Épernay*, la sortie annuelle, qui était en 1844-1845, de 2,225,000 bouteilles pour l'intérieur de la France et de 4,380.000 pour l'étranger, est montée en 1900-1901 à 7,426,794 pour la France et 20,628,251 pour l'étranger, soit, au total, 28,055,045 bouteilles.

Au 1er avril 1901, le nombre des bouteilles existant dans les caves était de 100,640,967 représentant 805,127 hectol. 72, ce qui, avec 476,074 hectol. 55 existant dans les fûts donnerait un total de 1,281,202 hectol. 27 de vin.

Une partie des vins non champagnisés est livrée directement à la consommation et se débite couramment dans les cafés de Reims et d'Épernay sous le nom de *vins de pays*.

Les vins de Damery, Venteuil, Fleury-la-Rivière, Boursault, et beaucoup d'autres crus de l'arrondissement de Reims trouvent ainsi facilement amateurs.

Quand ces vins sont mis en bouteilles et ont quelque peu vieilli, ils sont exquis comme finesse et comme bouquet.

Mieux connus à Paris, ils y trouveraient certainement un important débouché. La Belgique pourrait aussi, je crois, s'approvisionner dans la Marne, surtout en vins rouges.

CÉRÉALES.

Blé. — Le blé est cultivé à peu près partout dans le département ; grâce à l'emploi des engrais commerciaux, il s'est étendu de plus en plus en Champagne, prenant en beaucoup de points la place du seigle.

En Champagne crayeuse, la variété la plus répandue est le blé barbu de Champagne.

Dans la Brie champenoise, le Perthois, l'Argonne, on trouve le blé de Noé, le blé de Bordeaux et différentes variétés à grands rendements.

Les blés champenois donnent en farine un rendement légèrement inférieur aux blés qui proviennent de la Brie.

La coutume de vendre sur les marchés se perd de plus en plus.

Le blé est converti en farine dans un grand nombre de moulins, dont quelques-uns très importants.

Les principaux sont :

Arrondissement de Châlons. — Pocancy, Bierges (commune de Chaintrix), Jalons, Bouvery.

Arrondissement de Reims. — Cormontreuil, Sillery, Muizon, Tours-sur-Marne.

Arrondissement de Sainte-Menehould. — La Neuville-au-Pont, Givry-en-Argonne, Courtémont.

Arrondissement d'Épernay. — Anglure, Pierry, Moussy, Avize, Troissy, Saint-Just, Courbetaux, Pleurs.

Arrondissement de Vitry. — Vitry-le-François, Vitry-en-Perthois, Pargny-sur-Saulx, Saint-Amand, Merlaut, Arrigny, Loisy-sur-Marne, la Chaussée.

Si le blé a pris en beaucoup de points la place du seigle, celui-ci n'a pourtant pas vu sa surface diminuer en raison inverse; cela est dû à la mise en culture de terrains autrefois incultes, grâce aux engrais commerciaux. La variété cultivée est le seigle de Champagne.

Orge. — L'orge tend à prendre une plus grande importance; son grain a, en Champagne crayeuse, une qualité supérieure.

La variété cultivée est l'orge à deux rangs, souvent aussi l'orge Chevalier et quelquefois, aujourd'hui, l'orge de Hanna.

L'orge est convertie en malt dans les malteries, dont les principales sont situées à Châlons, Reims, Fère-Champenoise, Sainte-Menehould, Vitry-le-François, Blacy.

Le malt est expédié en différentes régions : Paris, Alsace, Ardennes, Belgique, Allemagne.

Des brasseries existent d'ailleurs à Châlons, Reims, Épernay, Sainte-Menehould, Fère-Champenoise, Montmirail, Betheinville.

Avoine. — L'avoine occupe de grandes surfaces. On cultive le plus souvent l'avoine noire de Champagne en Champagne et l'avoine de Coulommiers dans la Brie.

La région viticole consomme beaucoup d'avoine que lui expédient les régions agricoles.

BETTERAVES.

La betterave à sucre est cultivée autour des sucreries de Sermaize, Épernay, Fismes, Loivre, Sainte-Menehould.

Des distilleries agricoles sont intallées à Vitry-les-Reims, aux Maretz, près Merfy, à Fère-Champenoise et à Vitry-le-François.

Ces distilleries utilisent les betteraves et parfois le seigle.

La betterave de distillerie est moins cultivée que la betterave à sucre.

BOIS.

Les plantations de pins occupent les terres arides de la Champagne crayeuse.

Ces pins sont utilisés, de trente à cinquante ans, pour faire des étais de mine et du bois de chauffage.

Les deux espèces plantées sont le pin sylvestre et le pin noir d'Autriche.

On les trouve surtout dans les cantons de Châlons, Suippes, Marson, Sompuis, Fère-Champenoise, Beine.

Les bois feuillus se trouvent sur les formations tertiaires de l'ouest du département (montagnes de Reims, d'Épernay, de Vertus, du Gault, de la Traconne) et à l'est dans l'Infracrétacé (forêt d'Argonne, Belval, de Trois-Fontaines, de Bussy, de Dampierre). On y trouve surtout des chênes, des hêtres, des charmes, des bouleaux.

CULTURES FRUITIÈRES.

Les principaux centres de culture fruitière sont Sainte-Menehould, Vitry-en-Perthois, Dormans, Montmirail, Esternay.

Les environs de Sainte-Menehould et de Vitry-en-Perthois produisent des prunes, des pommes, des poires, des cerises dans de grands vergers; Passavant, la Grange-aux-Bois, Florent, Binarville, Vitry-en-Perthois; les fruits sont dirigés sur les marchés de Châlons, Vitry, Bar-le-Duc.

Dans les années d'abondance, une partie des fruits étaient jusqu'à présent distillés; on signale le kirsch fait avec les cerises de Passavant.

Aux environs de Dormans, la culture du cerisier présente une grande importance.

Depuis Boursault jusqu'à Courthiezy, en passant par Œuilly dans les hameaux dépendant de ces localités, tels que Bouquigny, Try, Vassieux, Chavenay, tout le long de la vallée de la Marne, sur des coteaux exposés au Nord, on rencontre de vastes plantations d'arbres fruitiers : cerisiers, pruniers, pommiers, poiriers, pêchers, noyers. Mais les cerisiers sont de beaucoup les plus nombreux; ils occupent les pentes les plus abruptes, et s'étendent encore dans les champs cultivés, au milieu des vignes ou des pâtures.

On retrouve des plantations analogues, quoique moins importantes, dans quelques localités voisines, à Leuvrigny, Festigny, Nesle-le-Repons, de même que dans la vallée du Surmelin, au Breuil par exemple.

Le sol est une terre franche, plutôt argileuse, ayant de o m. 5o à 1 mètre d'épaisseur, reposant sur un sous-sol argilo-calcaire. Le cerisier se développe admirablement en pareil sol et y donne des produits recherchés.

Les variétés cultivées appartiennent pour la plupart aux cerises *anglaises*, *amarelles*, *griottes*, connues dans le pays sous le nom de *vraies cerises*. Leur saveur aigre ou aigre-douce, leur belle couleur rouge foncé, leur chair ferme qui leur assure après la cueillette une bonne conservation, les font rechercher par le commerce qui les utilise en confiserie et en distillerie.

La récolte se fait du 1er au 20 juillet, suivant les années.

Cueillis un peu avant leur complète maturité pour assurer leur conservation, les fruits sont mis en paniers du poids de 10 à 12 kilogrammes et expédiés chaque soir. Une partie vient sur les marchés d'Épernay, Reims, Châlons. La plus grande partie est dirigée sur Paris et sur l'Angleterre par wagons complets.

Le commerce est fait par quelques commissionnaires en gros qui centralisent les produits aux gares de Port-à-Binson et Dormans. Certaines grandes maisons achètent sur place et directement depuis quelques années.

Les quantités sont forcément très variables avec les années. Les gelées et la coulure compromettent souvent la récolte. En année moyenne, la production peut varier de 400,000 à 500,000 kilogrammes. Mais elle est quelquefois beaucoup plus considérable. La quantité expédiée varie, du reste, non seulement avec la production, mais aussi avec les prix offerts.

Avec une production abondante, si les prix sont faibles, beaucoup de fruits restent sur les arbres, le prix de vente couvrant à peine les frais de cueillette et de transport. C'était le cas en 1902 où on les vendait de 20 à 25 francs les 100 kilogrammes. Dans les années de faible production, les prix sont beaucoup plus élevés.

En 1903, les prix pratiqués ont été de 80 à 100 francs les 100 kilogrammes pris à domicile. C'est un revenu considérable pour les communes intéressées.

Une usine s'est installée à Dormans pour la fabrication des conserves de cerises. On peut y préparer par jour 2,000 bouteilles d'un kilogramme.

A Montmirail et Esternay, ce sont les poiriers et les pommiers qui dominent. Ils sont plantés le long des chemins, et leur produit sert à fabriquer du cidre consommé dans la région.

Dans l'arrondissement de Reims se trouvent : des arbres fruitiers dont les produits sont vendus à Reims ;

Des cerisiers à Serzy et Prin, Trigny, Rosnay, Prouilly, Cormicy, Pouillon, Courmas, Villers-Franqueux, Caurois, Hermonville, Jonchery ;

Des pruniers de reine-claude et mirabelle à Trigny, Saint-Euphraise, Courmas, Rosnay, Prouilly, Pouillon, Villers-Franqueux, Cauroy, Jouchery, Hermonville ;

Des noyers à Trigny, Saint-Euphraise, Rosnay, Pouillon, Courmas, Villers-Franqueux, Cauroy ;

Des poiriers à Jonchery, Trigny, Saint-Euphraise, Prouilly, Pouillon, Courmas, Villers-Franqueux, Cauroy ;

Des pommiers à cidre à Cauroy, à Hermonville, à Pouillon et Beaumont-sur-Vesle. Ces fruits ne suffisent pas à l'approvisionnement de Reims.

CULTURE MARAÎCHÈRE.

On trouve des jardins maraîchers autour des villes du département et surtout autour de Reims. La vallée de la Vesle, avec ses marais tourbeux, s'est prêtée d'ailleurs à cette culture ; on y fait surtout des légumes verts (choux, salades, poireaux, radis, carottes, haricots verts, épinards, oignons blancs), un peu de tomates et d'artichauts. Les superficies sont d'environ 30 hectares à Saint-Brice, 5 hectares à Muizon, 100 hectares sur la commune de Reims, 10 à Cormontreuil, 10 à Taissy, soit en tout 154 hectares dont la production moyenne varie de 3,000 à 4,000 francs par hectare.

Dans un rayon un peu plus éloigné de Reims, on se livre à des cultures diverses dont les produits convergent vers Reims.

Les petits pois et haricots verts sont l'objet de cultures spéciales assez importantes à Serzy (5 hectares), à Faverolles (1 hectare), à Thil, Trigny, Saint-Brice, Jonchery, Courmas, Tramery.

Courcelle est réputé pour ses oignons.

Les pommes de terre sont cultivées en grand dans des terrains sableux à Pevy, Jonchery (15 hectares), Trigny (50 hectares), Prouilly (25 hectares), Cormicy (60 hectares), Villers-Franqueux (12 hectares), Cauroy-les-Hermonville (15 hectares), Saint-Thierry, Hermonville, Mutigny-sur-Vesle, Unchair, Vendeuil, Ventelay, Sermiers, Janvry.

On fait surtout la pomme de terre alimentaire et particulièrement la pomme de terre de primeur.

Les produits sont vendus sur le marché de Reims, de juillet à janvier, et rien n'est disponible pour l'exportation.

L'arrondissement de Reims ne produit généralement pas suffisamment de pommes de terre pour la consommation.

L'asperge occupe une certaine superficie dans la région. Les asperges violettes d'Hermonville, du nom du principal centre de production, ont acquis à Reims une renommée justement méritée. On cultive l'asperge à Hermonville (10 hectares environ), Cormoyeux (5 hectares), Pevy (4 hectares), Chenay (3 hectares), Trigny (6 hectares), Pouillon (1 hectare), Brumont (2 hectares), Villers-Franqueux, Cauroy-les-Hermonville, Faverolles, Jonchery, etc.

La valeur des produits varie de 1,000 à 3,000 francs à l'hectare, suivant les soins apportés à la culture et le mode de plantation. Ils sont vendus à Reims sous le nom général d'*asperges de pays*.

Dans les autres arrondissements, il convient de signaler :

Les asperges de Sainte-Menehould ;

Les choux d'Écury-sur-Coole et Nuisement, choux-pommes à tête plate, très estimés ;

Les haricots d'Alliancelles ;

Les navets de Courtisols et de Saint-Quentin-les-Marais ;

Le oignons d'Angluzelles et de Marigny ;

Les pommes de terre de Fleury-la-Rivière ;

Les melons de Saint-Memmie et de Châlons ; ces melons ont acquis depuis longtemps une assez grande renommée.

M. Lemoine, horticulteur à Châlons, estime à 50,000 le chiffre de melons vendus chaque année à Châlons.

Les villes de la Marne et les communes riches de la région viticole consomment plus de produits maraîchers que le département n'en peut produire.

HAUTE-MARNE.

Les transactions commerciales sont peu importantes dans le département de la Haute-Marne, où la petite culture domine.

Les céréales sont produites également dans tout le département.

Il n'y a pas de marchés spéciaux pour la vente des céréales, qui se fait principalement aux marchands et commissionnaires parcourant la région et passant les contrats au domicile du producteur.

Quelques transactions se font sur le champ de foire ou les jours de marchés, dans certains cafés qui sont les lieux de rendez-vous des producteurs et acheteurs.

Ces réunions hebdomadaires ont lieu principalement à Chaumont, Langres, Joinville, Saint-Dizier et Vassy.

Un agriculteur du canton de Chevillon produit à Maizières quelques centaines de quintaux d'avoine de semence, qu'il écoule dans les départements de l'Est.

Les pailles et les foins ne donnent lieu qu'à de peu importantes transactions autour des villes, centres de consommation.

Aucun mouvement d'affaires ne porte sur la pomme de terre, dont la production est toujours inférieure à la consommation.

Cependant, à Maizières, il se produit annuellement 150,000 à 200,000 quintaux de tubercules de semence pour la vente dans toute la région du Nord-Est.

10,000 à 15,000 kilogrammes de tiges de lin sont vendus annuellement en Belgique par les communes de Longeville (canton de Montierender) et d'Éclaron (canton de Saint-Dizier).

100,000 à 150,000 kilogrammes de choucroute préparée à Longeville sont expédiés chaque année sur le marché de Paris.

Dans une dizaine de communes de l'arrondissement de Vassy, on cultive l'osier pour la préparation de la grosse vannerie (paniers) dont il est fait usage dans les usines métallurgiques. Les osiers blanchis sont vendus sur place au cours de l'année à des vanniers ambulants.

La culture de l'osier et l'industrie de la vannerie sont particulièrement importantes dans le canton de Fayl-Billot, où les centres de production sont Fayl-Billot et Bussières-les-Belmont. Une école pratique de vannerie a été organisée à Fayl-Billot.

Les transactions se font par l'intermédiaire de commissionnaires; cependant il a été dernièrement annexé un marché de vannerie aux foires de février et de juillet à Fayl-Billot.

Les osiers sont assez fins, on les vend bruts ou blancs. Les ouvriers vanniers de la région sont habiles et fabriquent des objets très variés, principalement en vannerie grossière et demi-fine.

Le canton de Pruathoy produit, en année moyenne, 350 quintaux de houblon qui sont achetés sur place par des commissionnaires. Les principaux centres de culture sont : Prauthoy, Vaux-sous-Aubigny et Rivières-les-Fosses.

Les houblons de Rivières-les-Fosses sont les plus estimés, et le syndicat agricole de cette commune s'occupe des transactions commerciales.

Dans les environs de Varennes-sur-Amance, on produit d'assez grandes quantités d'asperges et de fruits (prunes) qui sont vendus à des marchands locaux et expédiés sur Nancy et Paris.

Sauf dans la région sud-est du département, dite *région de l'Amance*, la production des vignes est actuellement insuffisante pour satisfaire aux besoins de la consommation.

Dans la région de l'Amance et dans le canton de Prauthoy, on produit des vins assez estimés qui sont achetés par des commissionnaires au moment de la vendange.

Pour le vignoble de l'Amance, Coiffy-le-Haut, Coiffy-le-Bas, Laneuvelle, Bourbonne-les-Bains, Vicq, Melay, Voisey, Soyers sont les principaux centres de production viticole; Soyers mérite une mention spéciale comme produisant des vins blancs de «Meslier doré» très estimés.

MAYENNE.

Les produits agricoles de la Mayenne sont les animaux et les céréales. Aucune culture industrielle n'y est faite depuis fort longtemps déjà, et l'on ne trouve de traces que de celle du lin, qui a été cultivé autrefois sur une assez grande échelle, dans le nord-ouest du département.

L'assolement suivi varie un peu, à mesure que la production animale progresse; mais il n'y a encore que les cantons de Craon et de Saint-Aignan-sur-Roë où il soit devenu à peu près régulier, avec culture de plantes sarclées fourragères alternant avec les céréales.

Dans le reste du département, on suit l'assolement triennal, avec deux céréales qui se suivent et un fourrage fauchable, trèfle ou minette, et une forte proportion de ray-grass d'Italie. La culture des plantes sarclées, qui y est cependant en progrès, ne se fait encore que sur de faibles étendues et est confinée sur les parcelles qui avoisinent les exploitations.

La culture de la *pomme de terre fourragère* avait fait de grands progrès depuis une dizaine d'années et donnait des rendements satisfaisants; mais, depuis trois ans, les étendues qui y sont consacrées ont diminué dans une proportion très considérable.

Le maïs est, de toutes les *cultures fourragères*, celle qui a fait le plus de progrès dans le département. Dans presque toutes les fermes, on en cultive pour l'alimentation du bétail pendant l'été et l'automne, et bon nombre de cultivateurs en ensilent pour l'alimentation hivernale. Les étendues cultivées ne sont pas encore considérables, mais elles augmentent d'année en année, au grand avantage de la production animale et de la culture en général.

CÉRÉALES.

Froment. — On cultive annuellement un peu plus de 100,000 hectares de froment dans le département, et le rendement moyen par hectare est actuellement de 18 hectolitres, pesant 77 kilogrammes.

L'excédent de la consommation locale est vendu à des négociants des principaux centres voisins, le Mans et Angers particulièrement. La qualité du grain récolté s'améliore progressivement, à mesure que la fumure du sol est mieux comprise; mais l'organisation de la vente n'est pas encore faite, et il y a à prévoir de ce côté des difficultés et des lenteurs, en raison du mode d'exploitation du sol.

Il y aurait cependant tout avantage à une entente, car, en raison même du partage des produits qui est fait entre l'exploitant et le propriétaire, et de l'étendue réduite des exploitations, chacun n'a à vendre que des quantités fort minimes.

Orge. — La culture de l'orge est très prospère dans le département, et son produit est recherché pour la brasserie. L'étendue cultivée est d'environ la moitié de celle qui est consacrée au froment : soit 50,000 hectares. Son rendement en hectolitres est un peu supérieur à celui du froment. Il est de 20 hectolitres à l'hectare, et son poids de 64 kilogrammes.

Une grande partie de l'orge est vendue, à la récolte, à des négociants qui l'expédient aux brasseurs du Nord, de l'Angleterre et de la Belgique.

Avoine, Seigle et Méteil. — Ces trois céréales ne sont cultivées, dans le département, que sur des étendues très réduites. Elles ne donnent lieu à aucun commerce d'exportation.

CULTURE MARAÎCHÈRE.

On ne trouve qu'une toute petite étendue consacrée à la culture maraîchère, dans les environs immédiats de Laval, Mayenne et Château-Gontier.

MEURTHE-ET-MOSELLE.

La population urbaine et industrielle du département de Meurthe-et-Moselle absorbe presque tous les produits agricoles dont la culture peut disposer, et ils sont insuffisants, car il faut recourir à l'importation.

CÉRÉALES.

Blé. — La production du blé est en moyenne de 935,000 quintaux, et la consommation totale serait de 968,000 quintaux, plus les semences.

Tout est vendu pour les grandes minoteries du département.

Avoine. — La production moyenne en avoine est de 755,000 quintaux. La culture en vend peu, car elle est presque toute consommée par les chevaux de labour, et elle est loin de pouvoir suffire aux demandes faites par la troupe, les villes et l'industrie.

Orge. — La production moyenne est de 60,000 quintaux; ce n'est qu'une très faible partie de la consommation des brasseries du département qui, pour la plupart, la dédaignent. Elle est utilisée pour la consommation du bétail ou pour les brasseries de second ordre.

PRODUITS DIVERS.

Pommes de terre. — Production moyenne : 2 millions de quintaux.

Les pommes de terre sont consommées sur place, vendues à la ville ou dans les centres industriels. Ce qui reste est utilisé pour la féculerie.

Betteraves. — Production moyenne : 1 million et demi de quintaux.

Elles sont consommées sur place, car il n'y a ni sucreries, ni distilleries de betteraves dans le département.

Fourrages. — Production moyenne : 3 millions de quintaux.

Presque tout est consommé sur place. On vend cependant un peu de foin à la troupe, aux industries et à la ville; mais c'est insuffisant, car il faut encore en faire venir de la Meuse et des Vosges.

Vin. — Production moyenne : 400,000 hectolitres.

Tout est vendu dans le département, sauf quelques vins de Thiaucourt et de Pagny. La production ne peut subvenir à la consommation locale.

Houblon. — Production moyenne : 6,000 quintaux.

Le houblon est acheté par des marchands de Lunéville et de Nancy, qui le travaillent avant de le livrer aux brasseries. La production locale ne suffit pas aux besoins des brasseries du département, qui sont très importantes.

Fruits. — Dans les bonnes années, on fabrique à Nancy, Neuvillers–sur–Moselle (Georges), Onville (Moitrier), etc., des conserves de mirabelles qui sont expédiées un peu partout, mais principalement à Paris. On envoie aussi quelques mirabelles en nature à Paris.

Légumes. — Les maraîchers de Lunéville exportent certains légumes (carottes, choux, salades, scorsonère, etc.) dans les principales villes des Vosges et à Nancy.

Dans l'ensemble, les jardiniers du département ne produisent qu'une partie des légumes qu'on y consomme, et l'on est toujours tributaire du Midi pour les primeurs.

MEUSE.

A part quelques établissements industriels, tels que : fonderies, forges et tréfileries, fabriques d'outils, carrières de pierres et de phosphate fossile, verreries, papeteries, manufactures diverses, occupant quelques milliers d'ouvriers et d'ouvrières, la population de la Meuse est essentiellement agricole et vit uniquement de l'exploitation du sol.

Ce département, dont la superficie est de 622,831 hectares, est partagé, au point de vue cultural, de la manière suivante :

Surface des terres labourables................................	303,233 hectares.
Surface des prairies naturelles...............................	53,645
Superficie des herbages et pâturages.........................	13,119
Superficie en vignes...	8,066
Surface des bois et forêts...................................	179,428
Surface des cultures diverses................................	12,512
Superficie du territoire non agricole........................	42,430

L'étendue annuellement consacrée à la production du blé varie entre 90,000 et 91,600 hectares, dont le rendement, pour les quatre dernières années, a été en moyenne de 1,153,631 quintaux, auxquels il y a lieu d'ajouter les importations (de semence principalement) dont le total est, année courante, de 9,500 quintaux. Défalcation de la semence utilisée (142,500 quintaux), des transformations et du stock disponible à la fin de chaque exercice, il est exporté 73,000 quintaux de blé représentant, au prix de 21 fr. 50 le quintal, une somme de 1,569,500 francs.

Les 157 moulins à eau et les 15 moulins à vapeur qui existent dans le département ont une puissance de rendement en farine de 4,586 quintaux; en un an, ils sont susceptibles d'écraser 1,167,292 hectolitres ou 863,802 quintaux de blé.

La production du blé et, par suite, de la farine étant plus que suffisante pour les besoins de la consommation des habitants, il s'ensuit que les importations, en cette denrée, sont nulles, tandis que les exportations se chiffrent par 81,230 quintaux, d'une valeur totale de 2,518,130 francs.

Le seigle n'est l'objet d'aucun commerce; il est cultivé sur une surface de 4,200 hectares; sa paille est utilisée à la confection des liens ou pour attacher la vigne, et son grain sert à la nourriture des porcs ou est employé à la fabrication de l'alcool.

L'avoine couvre près de 91,000 hectares; son rendement dépasse rarement un

16.

million de quintaux, parfois il s'abaisse à 800,000 quintaux ; dans le premier cas, les exportations n'atteignent guère que 12,000 quintaux ; dans le second cas, le déficit est comblé par des importations assez considérables, puisqu'elles se montent à 67,000 quintaux. En somme, année moyenne, la production égale la consommation.

Quant à l'orge et aux légumes secs, leur rapport est toujours insuffisant : il y a lieu de combler, chaque année, le manquant par l'importation de 12,000 quintaux d'orge et de 3,000 quintaux de légumes secs.

Parmi les autres récoltes susceptibles d'être exportées, on peut citer en premier lieu la pomme de terre, qui occupe annuellement 21,000 à 22,000 hectares. Malgré le grand nombre de porcs entretenus et la consommation qui est faite de ce tubercule par les habitants, l'excédent, semence déduite, se montant à 25,000 ou 30,000 quintaux, est dirigé vers les centres industriels ou les fabriques de fécule. Le produit de la vente de la pomme de terre oscille entre 100,000 et 120,000 francs.

La culture de la betterave à sucre est limitée aux communes avoisinant les sucreries de Sermaize et de Sainte-Menehould (Marne) et de Douzy (Ardennes). L'exploitation de cette racine, qui n'embrasse que 270 hectares, fournit une recette de 116,850 francs.

5,100 kilogrammes de feuilles de tabac sont livrés annuellement aux manufactures des tabacs de Nancy ; leur valeur est de 4,500 francs.

En général, l'exportation du foin est assez faible, puisque ce fourrage est utilisé dans le département à la nourriture des bestiaux entretenus par les cultivateurs et à l'alimentation des chevaux de troupes principalement cantonnées dans les villes situées sur les rives de la Meuse. Il en est cependant dirigé quelques wagons sur Toul.

Les produits de la vigne et des arbres fruitiers sont en partie consommés dans le département, en partie expédiés. Le chiffre total des transactions, au dehors, peut être évalué à 560,000 francs.

Au point de vue du commerce des denrées agricoles, le département de la Meuse peut se partager en six zones, bien caractérisées par la nature de leur sol et leurs productions végétales et animales ; ce sont :

1° La Woëvre ; 2° les Côtes ; 3° la vallée de la Meuse ; 4° le Barrois ; 5° l'Argonne ; 6° la région du Nord-Est.

RÉGION DE LA WOËVRE.

La plaine de la Woëvre, située à l'est du département, est formée par un terrain de nature argileuse ne permettant l'exploitation en grand que du blé et de l'avoine : les 45 étangs que l'on y rencontre sont empoissonnés en carpes et en tanches ; enfin on retire des forêts de cette zone des bois propres aux constructions, au chauffage et à l'ameublement.

Le nombre des animaux de trait est élevé à cause de la difficulté que présente l'exploitation du sol ; celui des bêtes de boucherie (bœufs et vaches) suffit largement à la consommation des habitants des communes rurales. Quant aux petits porcs, ils sont l'objet d'un très grand commerce, et le montant de leur vente forme un bon appoint dans les recettes des cultivateurs.

Le blé étant la principale culture de cette région, autrefois considérée comme le grenier à grains du département, il s'ensuit que les transactions qui s'opèrent sur cette céréale sont des plus actives : elle alimente les petits moulins de la région et les importantes minoteries de Saint-Mihiel, Dieue, Verdun, Juvigny-sur-Loison et Stenay, dont la puissance de rendement varie entre 120 et 250 quintaux de farine. Elle s'écoule aussi sur les places (fournitures à l'armée) de Toul, Saint-Mihiel et Verdun, où elle est livrée aux commerçants qui fréquentent ou habitent les centres de Commercy, Saint-Mihiel, Verdun, Étain, Bar-le-Duc, Toul, Pont-à-Mousson, Neufchâteau, Saint-Dizier et Nancy.

Les ventes se font toujours entre les cultivateurs et les meuniers, les négociants ou leurs représentants qui l'expédient par wagons ou par bateaux sur les villes de Saint-Mihiel, Verdun, Stenay, Toul, Nancy, Paris. Il en est même exporté en Belgique.

L'avoine, bien que couvrant annuellement la même étendue que le blé, donne lieu à un faible courant d'affaires, ce grain étant presque totalement utilisé à l'alimentation des nombreux chevaux entretenus par les cultivateurs de cette zone ou à la nourriture des chevaux de troupes stationnées à Toul, Commercy, Sampigny, Saint-Mihiel, Verdun et Stenay.

L'orge est consommée sur place : cuite ou réduite en farine et associée à des pommes de terre, elle est employée à l'entretien des truies, porcs et porcelets.

Le foin produit par les prairies soit naturelles, soit artificielles, qui couvrent d'ailleurs de très faibles étendues, est totalement utilisé à l'alimentation du bétail.

Dans cette région, la vigne n'est cultivée que sur 270 hectares; les vignobles les plus importants sont : Loupmont, avec 125 hectares; Montsec, 62 hectares; Ville-en-Woëvre, 32 hectares; Rambucourt, 13 hectares. Le vin récolté ne suffit pas, tant s'en faut, à satisfaire aux besoins des habitants; cependant les vins de Montsec et en particulier ceux de Loupmont, possédant un fumet spécial, sont très recherchés; quand l'année est bonne, il s'en expédie, tant à Paris que dans les départements limitrophes de la Meuse, plus de 2,000 hectolitres au cours de 40 à 45 francs l'hectolitre.

RÉGION DES CÔTES.

Les Côtes, formées par la chaîne de collines de l'Argonne orientale, séparent la plaine de la Woëvre de la vallée de la Meuse. Les sommets, de nature calcaire, sont boisés : le versant est, argilo-calcaire, est couvert de beaux vignobles et d'arbres fruitiers; quant au versant ouest, plus léger, il est livré à la culture arable; il produit des céréales, du seigle principalement.

La vente du raisin, du vin, des fruits, de l'eau-de-vie constitue presque à elle seule le revenu de la population agricole des Côtes.

En bonnes années, le vin est acheté par les cultivateurs et les débitants de la Woëvre, de la vallée de la Meuse, de l'Argonne et du Barrois; il est aussi fait des expéditions à Nancy, en Alsace-Lorraine, en Champagne et à Paris, principalement en vin blanc.

Le vignoble occupe une surface de 3,008 hectares ainsi répartis :

	de Commercy	1,855 hectares.
Arrondissement	de Verdun	888
	de Montmédy	265

La production, en année favorable, est de 60 hectolitres de vin par hectare, soit, pour les 3,008 hectares, de 180,480 hectolitres. Quant aux transactions, elles portent sur 62,000 hectolitres vendus en moyenne 25 francs, ce qui donne un total de 1,550,000 francs, auxquels il y a lieu d'ajouter le produit de la vente de quelques pièces de marc.

Les centres les plus importants sont :

	hectares.		hectares.
Jouy-sous-les-Côtes	113	Thillot	80
Woinville	98	Hannonville	158
Buxières	122	Watronville	91
Heudicourt	140	Herbeuville	94
Creué	130	Eix	70
Vigneulles et Hattonchâtel	188	Lissey	84
Viéville	85	Brandeville	60
Saint-Maurice	166		

A part quelques communes où les fruits, peu abondants, sont consommés sur place, tous les vignerons des Côtes récoltent de beaux et bons fruits, dont les débouchés sont d'abord les villes voisines telles que Commercy, Saint-Mihiel, Bar-le-Duc et Verdun, puis Lunéville, Nancy, Strasbourg, Metz et Paris.

A Buxières, Watronville et Ronvaux, les mirabelles sont très estimées; à Hannonville et Thillot, ce sont les cerises.

Le commerce des fruits sur les Côtes atteint, dans les bonnes années, plus de 100,000 francs, non compris la valeur de ceux soumis à la distillation, qui fournissent une eau-de-vie très estimée et, par suite, très recherchée. Hannonville, Thillot, Combres vendent couramment pour 4,000 à 6,000 francs de cerises, pommes, poires et prunes; Herbeuville, Trésauvaux, Bonzée, Ménil-sous-les-Côtes, Mont-sous-les-Côtes et Villers-sous-Bonchamps, pour 1,500 à 3,000 francs.

A Woinville, Buxières, Heudicourt, Vigneulles, Viéville, Haudiomont, Ronvaux, Watronville et Châtillon-sous-les-Côtes, la vente des mirabelles produit, par commune, de 1,500 à 10,000 francs, le cours moyen des 100 kilogrammes étant de 10 à 15 francs.

Enfin les cultivateurs et les vignerons des Côtes se livrent à la production de quelques légumes spéciaux, des arbres et arbustes, sans compter les haricots qui peuplent les vignes, surtout en année médiocre ou mauvaise. A Jouy-sous-les-Côtes, on cultive l'asperge et la carotte; à Écurey, Lissey et Bréhéville, la carotte, l'oignon et l'échalotte; à Rupt-en-Woëvre, Mouilly, Ranzières, Vaux-les-Palameix, l'osier.

VALLÉE DE LA MEUSE.

A la vallée de la Meuse proprement dite peuvent se rattacher le versant ouest de l'Argonne orientale et le versant est de l'Argonne occidentale. Tandis que le sol du fond de la vallée est de nature silico-argileux, celui des pentes est et ouest est constitué par un mélange en proportion variable de calcaire et d'argile.

Les principales productions sont d'abord le foin, puis viennent le blé, l'avoine, l'orge, le seigle, la pomme de terre, le vin et quelques plantes industrielles.

Tous les animaux de la ferme y sont entretenus en bonne proportion.

Les prairies naturelles, qui occupent une superficie de plus de 16,000 hectares, fournissent un foin à juste titre très estimé par suite de l'excellente nature des plantes dont il est composé.

Le foin donne lieu, chaque année, à d'importantes transactions.

Suivant les localités envisagées, les excédents sont livrés au commerce, qui le revend pour la nourriture des chevaux de troupes des garnisons de Nancy, Toul, Commercy, Sampigny, Saint-Mihiel, Verdun et Stenay; ou bien ils sont dirigés sur les villes du Nord-Est, telles que Neufchâteau, Épinal, Charleville, Mézières, Sedan, etc.

Le commerce du foin, pour les communes comprises dans la vallée de la Meuse, porte annuellement sur plus de 200,000 quintaux à 5 francs l'un, soit un million de francs.

Comme centres de production et de vente, on peut citer : Sauvigny, Vaucouleurs, Ourches, Pagny-sur-Meuse, Troussey, Sorcy, Void, Commercy, Sampigny, Maizey, Lacroix-sur-Meuse, Troyon, Dieue, Dugny, Charny, Champneuville, Forges, Dannevoux, Sivry-sur-Meuse, Brieulles, Milly, Lion-devant-Dun, Mouzay, Stenay, Wiseppe et Pouilly, toutes communes possédant plus de 160 hectares de prés.

Les céréales : blé, avoine, orge, sont plus que suffisantes pour l'alimentation des habitants et des animaux de la ferme : la partie disponible en blé sert d'abord à l'approvisionnement des moulins situés sur le cours de la Meuse, qui desservent les boulangeries de la région; le surplus est expédié par wagons et bateaux sur Nancy, Toul, Bar-le-Duc, etc.

Les excédents en avoine, assez rares d'ailleurs, sont achetés par les entrepreneurs de fournitures militaires et dirigés sur Nancy, Toul, Commercy, Saint-Mihiel, Verdun et Stenay.

Les faibles disponibilités en orge sont vendues aux brasseries et malteries de la région : Neufchâteau, Gondrecourt, Euville, Verdun, Stenay, Mouzon, Beaumont, Pont-à-Mousson.

Il est des communes qui, annuellement, livrent au commerce plus de 600 quintaux d'orge; citons Ourches, Pagny-sur-Meuse, Troussey, Sorcy, Void, Commercy, Vignot Lacroix-sur-Meuse et Dieue.

Quant au seigle, son grain sert de nourriture aux animaux et sa paille est utilisée à la fabrication des liens, ou bien elle est peignée et s'écoule dans les vignobles des Côtes et dans les fabriques de chaises, à Sommedieue surtout.

Dans la Haute-Meuse, partie située entre Verdun et la limite sud de la vallée, la culture de la pomme de terre est pratiquée sur une grande échelle. Le prix étant établi en raison des demandes, il en résulte que, si les cours sont élevés, la vente est active; dans le cas contraire, cette denrée est utilisée en grande partie à l'alimentation des animaux. Le surplus est acheté par les fournisseurs de la troupe ou livré aux féculeries des Vosges et de Seine-et-Marne, ou il est dirigé sur les villes de Toul, Nancy, Épinal, Verdun, sur les centres industriels du Nord-Est et même en Allemagne.

A Sauvigny, les habitants livrent au commerce 2,500 quintaux de pommes de terre par an; à la gare de Maxey-sur-Vaise, il en est expédié près de 100 wagons; Sorcy et Commercy l'envoient par bateaux et par wagons; Tilly adresse 30,000 kilogrammes à Saint-Mihiel et Verdun.

Sauvigny, Pagny-la-Blanche-Côte, Troussey, Sorcy, Void, Ville-Issey, Commercy, Vignot, Maizey, Lacroix, Dieue et Verdun cultivent plus de 120 hectares de pommes de terre.

Le vin que fournissent les 1,295 hectares de vignes n'est pas suffisant pour les besoins de la consommation locale. Cependant, en bonne année, il est fait quelques expéditions des vignobles de Montigny-devant-Sassey, Murvaux, Sassey, Mont-devant-Sassey, Inor et Belleville.

Comme plantes industrielles, on peut mentionner : le tabac, cultivé à Rigny-la-Salle et Sepvigny ; les oléagineuses, qui couvrent quelques hectares ; la betterave à sucre, exploitée dans quelques communes des cantons de Dun et de Stenay.

RÉGION DU BARROIS.

Cette contrée est limitée à l'est par la vallée de la Meuse, au sud par les départements des Vosges et de la Haute-Marne, à l'ouest par celui de la Marne : une ligne conventionnelle passant au-dessus de Revigny, à Laimont, Condé-en-Barrois, les Marats et Pierrefitte la sépare de l'Argonne.

Le sol, de nature calcaire ou argilo-siliceux, est propice à la culture de toutes les plantes agricoles cultivées sous le climat du nord-est de la France.

Les bêtes bovines et surtout les vaches laitières y sont entretenues dans une notable proportion ; on y rencontre quelques beaux troupeaux de moutons ; quant au porc, il est engraissé par tous les cultivateurs et par les industriels traitant le lait pour en retirer du fromage.

Dans le Barrois, le blé est encore la principale production, ainsi que l'attestent les surfaces consacrées à cette culture dans les communes suivantes : Bonnet (476 hectares) ; Dainville, Demange-aux-Eaux (450 hectares) ; Gondrecourt, Mauvages, Saint-Joire, Tréveray, Montplonne, Rupt-aux-Nonains (440 hectares) ; Stainville, Bures, Mandres, Morley, Ribeaucourt, Revigny (410 hectares) ; Condé-en-Barrois, Erize-la-Brûlée, Seigneulles, Saint-Aubin, Triconville, Longchamps et Pierrefitte (plus de 300 hectares).

Saint-Mihiel et surtout Bar-le-Duc sont les centres où s'opèrent les transactions sur le blé et les autres céréales.

Les débouchés sont : 1° les meuniers locaux, qui achètent une bonne partie des excédents pour l'alimentation de leurs importantes usines situées à Bar-le-Duc (240 quintaux de blé broyés par jour), Saint-Mihiel (205 quintaux), Longeville (150 quintaux), Mognéville, Rancourt, Velaines, Rupt-aux-Nonains ; 2° les négociants ou leurs représentants, qui expédient par bateaux ou par wagons dans la Marne, la Haute-Marne, les Vosges, la Haute-Saône, à Nancy, à Paris, et en 1902 jusque dans le Nord.

Les cultivateurs du canton de Vavincourt, qui emblavent chaque année 2,970 hectares en blé, en vendent couramment 22,430 quintaux à 20 francs l'un, soit pour 448,600 francs. Ceux du canton de Montiers en livrent pour environ 500,000 francs. Pour le canton de Gondrecourt, la vente de cette céréale s'élève approximativement à 540,000 francs.

L'avoine, bien que couvrant une étendue assez considérable, est presque totalement consommée sur place pour la nourriture du bétail et des animaux de basse-cour. La portion disponible s'écoule par l'intermédiaire des négociants de la région, qui la livrent aux fournisseurs de la troupe ou l'expédient sur Nancy et dans les Vosges. La valeur des excédents se monte, pour le canton de Vavincourt, à 67,580 francs ; pour celui de Montiers, à 124,000 francs ; pour le rayon de Revigny, à 77,500 francs.

A part les cantons de Vavincourt et de Revigny, qui comptent le premier 819 hectares en orge et le deuxième 478 hectares ; les autres circonscriptions du Barrois n'exploitent cette céréale que sur une faible surface ; cela tient sans doute à la concurrence que font dans cette zone les orges de Champagne, lesquelles sont plus recherchées par les brasseurs et les malteurs. La production en orge est, pour ainsi dire, limitée à la consommation locale ; cependant quelques villages en livrent plusieurs milliers de quintaux partiellement employés par les brasseries de Gondrecourt, Ligny, Bar-le-Duc et Saint-Dizier.

A lui seul, le canton de Vavincourt en vend au commerce 5,700 quintaux, au prix de 16 francs le quintal, ce qui représente 91,200 francs.

La culture de la pomme de terre est limitée à la consommation qu'en font les habitants et les animaux de basse-cour (le porc). Quelques communes seulement des environs de Bar-le-Duc et de Ligny en récoltent davantage et écoulent cette denrée sur les marchés tenus dans ces deux villes.

Dans quelques villages du canton de Revigny, on produit la betterave à sucre, qui est livrée à la sucrerie de Sermaize. Nettancourt (60 hectares) ; Contrisson (45 hectares) ; Remennecourt (40 hectares) et Mognéville (35 hectares) sont les centres les plus importants.

Vu le faible développement occupé par les principales vallées de l'Ornain, de la Saulx, de la Chée, de l'Aire et de son affluent l'Ézerule, la production du foin est assez limitée. Seules les communes d'Ancerville, Cousances-aux-Forges, Laimont, Mognéville, Nettancourt. Neuville-sur-Orne, Rancourt, Revigny, Vassincourt, Villers-aux-Vents, Lahaycourt, Sommeilles, Condé-en-Barrois, Dagonville, Saint-Aubin, Triconville, Abainville, Bonnet, Demange-aux-Eaux, Gondrecourt, Houdelaincourt, Mauvages, Saint-Joire et Longchamps exploitent plus de 100 hectares de prés.

La faible portion disponible est dirigée sur les villes de la région : Bar-le-Duc, Ligny, Toul, Nancy et quelquefois Paris.

La vigne couvre dans le Barrois une assez grande étendue ; elle occupe la meilleure exposition des collines bordant les rivières de l'Ornain et de la Saulx ; on la trouve également sur les pentes des vallées du rû de Méligny, de la Barboure, de la Chée, du Naveton, des ruisseaux de Resson et de Loisey et sur le territoire d'Ancerville.

Les vignobles les plus importants sont Ancerville (360 hectares), Bar-le-Duc (350), Longeville (250), Ligny (130), Salmagne (130), Resson (160). On compte dans le Barrois 3,678 hectares de vignes : les cantons de Ligny, Bar-le-Duc et Ancerville en possèdent respectivement 1,135, 782 et 505 hectares.

Bien moins favorisés que les vignerons des Côtes, ceux du Barrois ne produisent souvent du vin que la quantité nécessaire à l'approvisionnement d'une faible partie de la population de la contrée. Ce fait tient à plusieurs causes dont voici les principales : sol léger, calcaire, cépages fins et relativement peu productifs (pineaux bourguignons et leurs dérivés), gelées printanières très préjudiciables, grêle et trombes d'eau fréquentes et, depuis quelques années, extension rapide du phylloxéra.

En 1902, tandis que le rendement moyen dans l'arrondissement de Verdun atteignait 30 hectolitres de vin à l'hectare, il n'était, pour l'arrondissement de Bar-le-Duc, que de 9 hectol. 10.

Si l'on admet qu'en année ordinaire la production soit de 30 hectolitres et le prix de vente 35 francs l'hectolitre, la valeur de la récolte se monte à 3,861,900 francs.

A part quelques communes favorisées des cantons de Bar-le-Duc, Ligny, Vavincourt et Ancerville, qui livrent en bonnes années de un quart à un tiers de leur récolte, il n'est pratiqué dans les autres vignobles aucune transaction sur cette boisson; tout ce qui est obtenu est consommé sur place.

Les débouchés sont les pays de culture du Barrois, les villes de Bar-le-Duc et de Ligny et la Champagne.

Les fruits sont consommés par les producteurs, ou distillés; mais les groseilles sont employées, à Bar-le-Duc et Ligny, à la préparation des confitures de groseilles dites *épépinées*. Les cerises récoltées à Ancerville et Brillon s'écoulent sur les marchés de Bar-le-Duc et de Saint-Dizier, ou bien elles servent, après fermentation, à l'obtention d'un kirsch réputé, à juste titre.

Le Barrois n'est pas un centre d'élevage des animaux de la ferme; les cultivateurs se bornent, pour la plupart, à produire les quelques sujets nécessaires au remplacement de ceux qu'ils vendent lorsqu'ils sont trop âgés ou qui ont acquis leur maximum de valeur.

RÉGION DE L'ARGONNE.

Cette région, de forme triangulaire et située au nord du Barrois, est comprise entre la vallée de la Meuse, les départements de la Marne et des Ardennes et la ligne conventionnelle qui limite le Barrois. Son sol, très variable dans sa composition minéralogique, est, dans son ensemble, de nature argileuse; on y rencontre aussi le sable et le calcaire, soit seuls, soit associés à l'argile.

L'Argonne peut se partager en trois parties : la première, située au nord-ouest, est totalement occupée par la forêt de l'Argonne; la seconde, comprise entre cette forêt et la vallée de la Meuse, est peu fertile; elle produit des céréales et principalement du blé; la troisième, située au-dessous des deux premières, jadis peu prospère, est actuellement en excellente voie d'amélioration; le blé et l'avoine sont les cultures dominantes; le bétail y est nombreux, en particulier les vaches laitières.

La portion de l'Argonne bornée par les vallées de l'Aire et de la Meuse comprend, presque en entier, les communes des cantons de Pierrefitte, Souilly, Clermont, Montfaucon et quelques territoires des cantons de Varennes, Verdun, Charny et Dun.

Le blé occupe le quart des terres cultivées et couvertes de prairies; malheureusement, le sol n'étant pas très fertile, le rendement est faible et la partie disponible, assez réduite, s'écoule par l'intermédiaire des courtiers vers les moulins de Varennes, Verdun, Regret, Dieue, Dun, Stenay et Saint-Mihiel. Le transport en est effectué soit par wagons, soit par bateaux pour les localités situées à proximité du cours de la Meuse.

L'avoine, récoltée sur une surface à peu près égale à celle du blé, ne donne lieu qu'à un faible courant d'affaires. Ce grain est consommé par les chevaux entretenus pour l'exploitation du sol; il sert aussi, après avoir été réduit en farine, à l'engraissement des porcs; la partie disponible après ces usages est livrée au commerce.

Dans quelques communes, les fruits sont très abondants et sont mis en vente sur les marchés de Verdun, Sainte-Menehould et Châlons, ou distillés en vue d'en retirer une eau-de-vie très estimée; tel est le cas pour les communes de Récicourt, Esnes et quelques villages du canton de Montfaucon.

Par suite de l'amélioration des terres, au point de vue physique par l'emploi de la marne extraite du sous-sol et, au point de vue chimique, par l'application raisonnée

des engrais minéraux, la plupart des exploitations des cantons de Triaucourt et Vaube-
court sont en réel progrès.

Le blé est la principale culture; il occupe, année courante, 7,476 hectares. Pour le
canton de Triaucourt, la vente de ce grain atteint en moyenne 27,000 quintaux; il
est dirigé sur les moulins de Verdun, Bar-le-Duc, Pargny-sur-Saulx, par l'intermédiaire de courtiers.

Un bon courant d'affaires a lieu sur l'avoine, qui est livrée au commerce ou vendue
comme semence à des cultivateurs de la Marne habitant les communes de Passavant,
Éclaires, Charmontois.

La production des fruits à pépins et à noyaux dépasse la consommation dans les
villages de Senard, Triaucourt, Brizeaux, Foncaucourt et Waly.

A Beauzée, Bulainville, Nubécourt, Fleury-sur-Aire, Autrécourt, Ippécourt, les
cultivateurs récoltent de la minette en gousse; enfin, à Lisle-en-Barrois, quelques propriétaires se sont spécialisés dans la production des semences de betterave fourragère.

RÉGION DU NORD-EST.

Cette région, comprise entre la vallée de la Meuse à l'ouest, la Meurthe-et-Moselle à
l'est, la Belgique au nord et une ligne conventionnelle partant de Dun pour se rendre
à Spincourt en passant par Damvillers au sud, présente un sol très variable dans sa
composition minéralogique; ses éléments constituants s'y rencontrent seuls ou associés. Les vallées de la Loison, de l'Othain et de la Chiers sont fertiles, tandis que les
plateaux sont de moyenne production.

Seuls le blé et les bestiaux sont l'objet d'un important trafic.

Les communes ou la surface cultivée en blé est la plus considérable, sont : Marville,
avec 400 hectares; Jametz (312 hectares); Montmédy (275 hectares); Juvigny-sur-
Loison (235 hectares); Thonne-le-Thil (240 hectares); Arrancy (460 hectares);
Billy-les-Mangiennes (360 hectares); Pillon (280 hectares); Rouvrois-sur-Othain
(270 hectares); Saint-Laurent (300 hectares); Saint-Pierrevillers (320 hectares).

Les principaux débouchés pour cette denrée sont les moulins de Stenay, Dun,
Juvigny-sur-Loison, Iré-le-Sec, qui fournissent les boulangers de la région et ceux de
la partie nord des départements des Ardennes et de Meurthe-et-Moselle.

MORBIHAN.

Le département du Morbihan, par sa situation géographique, par la nature de son
sol et par son climat, se trouve dans d'excellentes conditions pour la production horticole et maraîchère.

Si les conditions nécessaires à une production économique sont suffisantes, l'initiative
particulière fait presque complètement défaut.

CULTURES FRUITIÈRES.

La production des fruits pour la fabrication du cidre et du poiré est importante,
mais la production des fruits de table est presque nulle; pourtant on trouverait des
débouchés sur place de plus en plus nombreux, en raison de l'augmentation du nombre

des baigneurs qui fréquentent les plages bretonnes et particulièrement les plages morbihannaises.

On voit, à Quiberon, à Carnac et même à Damgan, les fruits de saison atteindre un prix bien plus élevé qu'à Paris, et encore est-il souvent très difficile de s'en procurer.

Depuis une dizaine d'années, des plantations importantes ont été faites tant aux portes de Lorient qu'aux environs de Vannes.

Pommes. — A Vannes, une plantation couvrant 5 hectares est aujourd'hui en pleine production, et l'on voit souvent des pommes de choix, reinettes du Canada ou calville blanc, atteindre des prix de 0 fr. 25 à 0 fr. 50 la pièce. A Hennebont, des plantations en plein vent, plantations faites de la variété reinette dorée d'Hennebont désignée sous le nom vulgaire de *tein frais*, trouve un débouché sur Lorient, et il en est embarqué sur les navires d'assez grandes quantités.

On trouve encore des plantations de pommiers à couteau dans le nord du département et particulièrement dans la commune de Kergrist, où une variété locale appelée *reinette piquelée* trouve acquéreurs à un assez bon prix.

Poires. — Les jardins sont plantés en poiriers de diverses espèces : la william y vient bien, mais on n'a pas comme à Nantes l'écoulement de ce produit.

A Nantes, des courtiers achètent ce fruit pour l'Angleterre et le payent selon sa grosseur.

Châtaignes. — La châtaigne, par contre, donne lieu à un commerce important avec les villes de Ploermel, Baud, Allaire, la Roche-Bernard et Redon.

De Redon et de Saint-Nazaire partent, chaque semaine pendant la saison, des quantités considérables de fruit à destination de l'Angleterre. La production a sensiblement baissé, et si, certaines années, la production a dépassé le million, aujourd'hui elle dépasse rarement 500,000 francs.

Cet abaissement de la production de la châtaigne est dû à deux causes :

1° A la maladie du châtaignier, qui a détruit de nombreuses châtaigneraies et particulièrement les châtaigniers producteurs de la variété dite *marrons de Redon;*

2° L'installation d'usines pour l'extraction de tanin appelé *extrait de châtaignier* a fait disparaître un grand nombre de pieds d'un certain âge et particulièrement en pleine production. Il existe trois de ces usines dans le département du Morbihan, et chacune est outillée pour traiter annuellement de 100 à 150 tonnes par vingt-quatre heures. En continuant une pareille exploitation pendant six à sept ans, il ne restera pas un seul gros châtaignier debout.

Pendant la production de la châtaigne, on voit quelquefois pour 100,000 à 120,000 francs de châtaignes sur les marchés de Redon et de la Roche-Bernard.

Cerises. — Il existe dans le département quelques plantations de cerisiers pour la fabrication du kirsch. Pontivy, Hennebont et Vannes en font un peu. Le cerisier vient admirablement dans les terres du Morbihan, et, en cultivant des variétés tardives (d'août et septembre), on peut espérer trouver un débouché important dans l'approvisionnement des plages du littoral.

CULTURE MARAÎCHÈRE.

La production maraîchère date de quelques années seulement dans le département du Morbihan. Au début, elle se bornait tout simplement à la culture de l'oignon dans les communes de Carnac, Etel et Auray.

Oignon. — Depuis, cette culture s'est étendue quelque peu dans les environs de Vannes; ces localités fournissent les oignons pour les centres importants du département et pour Lorient, dont une grande partie est destinée aux navires.

Choux. — Dans les terres fertiles des environs du golfe du Morbihan, et particulièrement dans la presqu'île de Séné, il est fait actuellement d'importantes cultures de choux-pommes, et depuis peu on y a introduit la culture du chou-fleur géant d'automne et du brocoli tardif.

La culture du chou-pomme de la variété chou joanet gros, appelé encore *gros nantais*, trouve des débouchés importants dans les petites villes du département, même dans les plus petites communes. La vente de ces choux se fait même à des cultivateurs qui prétendent que le chou-pomme ne vient pas dans les terres de leur ferme. Heureusement pour l'économie agricole, ce préjugé disparaît peu à peu, et, dans les champs de choux fourragers, on voit aujourd'hui les cultivateurs les plus intelligents faire quelques sillons de choux-pommes.

Dans les environs de Lorient, les cultivateurs se sont appliqués à la culture d'une variété tardive. Il n'est pas rare de voir des choux mis en place en juillet et rester en pommes encore fin mai.

L'année dernière, ces choux ont atteint un prix élevé, en raison de l'hiver long et assez rigoureux. Une centaine de wagons ont même été vendus dans les villes frontières de l'Allemagne et certains choux ont atteint le prix maximum de 50 francs les 100 pommes. Pendant la saison, à Vannes, les choux du même poids sont vendus quelquefois 3 francs le cent.

La culture du chou tardif a donc une réelle importance pour le cultivateur.

Dans les années douces et humides, par contre, le producteur de choux tardifs trouve difficilement à placer sa marchandise.

Pommes de terre. — Des essais de culture retardée de la pomme de terre ont été faits depuis une dizaine d'années, mais ont donné de médiocres résultats.

Pour faire cette culture avec avantage, on doit employer une variété extra-tardive, qui ne germe guère qu'en mai pour être plantée en juillet et récoltée en mars-avril. La plantation ordinaire faite en avril sera récoltée en octobre-novembre, puis sera conservée jusqu'en juillet pour servir de semence pour la culture retardée.

La culture de la pomme de terre de primeur a été expérimentée dans les terrains sablonneux de la presqu'île de Quiberon; les résultats ont été satisfaisants.

Petits pois. — La culture du petit pois est faite dans le Morbihan sur une assez grande échelle; elle est destinée à l'alimentation des usines de conserves de légumes qui se trouvent à Belle-Isle, à Lorient et à Baud.

Cette culture occupe un assez grand nombre de fermes; la difficulté de la main-d'œuvre en restreint le développement.

Des essais tentés ont échoué en quelques endroits, les frais de cueillette étant au début trop élevés en raison de l'absence d'un personnel exercé.

Il n'y a que là où la culture est faite depuis quelques années que l'on arrive à faire ramasser économiquement les petits pois.

On cultive de préférence les variétés prince Albert et michau; cette dernière donne des grains fins et recherchés.

Haricots. — Après la culture du petit pois, les cultivateurs font suivre sur le même terrain une culture de haricot destinée également à être envoyée aux fabriques de conserves. La variété flageolet vert est la plus cultivée.

Produits divers. — Certaines années, la récolte des cèpes pour la fabrication des conserves de champignons est assez importante.

Des ramasseurs passent tous les matins dans les bois de châtaigniers et de pins, font la cueillette et envoient les champignons aux usines situées à Malansac, Elven, Baud, Pontivy, Hennebont et Auray.

Enfin, il y a quelques années, au Faouet, un jardinier s'était livré à la culture des stachys; il a dû cesser en raison de la baisse de ce produit.

NIÈVRE.

Le département de la Nièvre est essentiellement un pays de pâturages et de forêts, aussi les deux principales ressources des agriculteurs de cette région sont l'élevage du bétail et l'exploitation du bois.

Les cultures de céréales sont assez développées et leurs produits sont suffisants pour subvenir à la consommation des habitants.

Les cultures maraîchères sont peu importantes dans la Nièvre. Chaque exploitation possède un jardin dont les produits sont consommés sur place et ne donnent lieu à aucun commerce.

Les cultures fruitières sont peu développées et ne donnent lieu qu'à un commerce local. On y pratique plus spécialement la culture des pommiers et poiriers à cidre, des pommes et poires à couteau, du châtaignier, du pêcher et aussi de l'osier.

Aux environs de Pouilly, cependant, on se livre à la culture du chasselas pour la vente à Paris; mais, par suite de la concurrence faite par les raisins du Midi, cette culture diminue d'importance.

Le vignoble fournit des vins qui sont appréciés dans la région.

NORD.

Le département du Nord occupe l'extrémité septentrionale du territoire français.

Il est borné par la mer du Nord, la Belgique, les départements de l'Aisne, de la Somme et du Pas-de-Calais.

La superficie totale est de 577,300 hectares.

A part la vigne, toutes les plantes cultivées en France font l'objet, dans le département du Nord, d'une culture appréciable.

Au point de vue cultural, nous le diviserons en trois régions :

1° La portion sud-est, rive droite de la Sambre, à peu près exclusivement couverte par les pâturages;

2° Les arrondissements de Dunkerque et d'Hazebrouck, dans lesquels les pâturages occupent du cinquième au quart de la superficie, le reste étant consacré à des cultures diverses;

3° La portion centrale (arrondissements de Lille, Cambrai, Douai, Valenciennes et la partie nord-ouest de l'arrondissement d'Avesnes), dans laquelle les cultures industrielles dominent.

Si maintenant on classe les cultures d'après leur importance, on a le tableau suivant :

NATURE DES PRODUITS.		SUPERFICIE.	RENDEMENT TOTAL.
		hectares.	quintaux.
Blé		125,700	2,769,200
Avoine		60,400	1,595,800
Seigle		11,100	189,800
Orge		6,300	151,800
Betteraves	à sucre	38,800	10,813,000
	de distillerie	7,460	2,670,300
Chicorée à café		3,385	883,500
Pommes de terre		18,800	2,192,000
Lin		3,554	42,600 [1] / 24,800 [2]
Chanvre		40	440 [1]
OEillette		310	4,190
Colza		600	14,400
Houblon		1,067	17,240
Plantes médicinales		250	3,400
Poires et pommes		5,000	50,000
Graines de betteraves		1,041	24,500

Examinons en détail les produits fournis par ces diverses cultures, en nous plaçant au point de vue du commerce auquel elles peuvent donner lieu.

CÉRÉALES.

Blé. — On peut considérer que les besoins de la consommation dépassent la production. Il s'ensuit que le blé n'est pas l'objet d'une exportation réelle hors du département et que, si des échanges se produisent avec des régions voisines, cela tient à des raisons commerciales qui n'ont rien à voir avec la production elle-même. Cependant une partie des blés produits dans le département sont, chaque année, exportés dans les divers départements français pour semence. Ce sont, en particulier, les blés dattel, téverson, stand-up, blanc de Flandre (dit d'*Armentières* ou de *Bergues*), etc.

L'exportation de ces blés de semence se fait par les soins des producteurs eux-mêmes, mais aussi par l'intermédiaire des maisons de commerce qui achètent les blés aux cultivateurs, les trient avec soin et les vendent à la culture des autres régions françaises, soit directement, soit par des représentants.

[1] Filasse. — [2] Graine.

Il est difficile d'apprécier les quantités qui sont ainsi exportées, mais, en raison des soins que les cultivateurs apportent à produire des blés purs, on peut considérer que cette production spéciale suffit facilement aux exigences de la consommation. D'ailleurs, si celle-ci augmentait, il n'est pas douteux que la production augmenterait dans la même proportion.

Bien que nous ayons dit qu'il n'y avait pas d'exportation du blé de meunerie, nous devons dire que la vente du blé se fait le plus souvent par intermédiaire de commissonnaires en grains, qui passent au domicile du cultivateur ou qui achètent les blés dans les divers marchés du département.

Les principaux marchés aux grains ont lieu dans les localités et aux dates indiquées par le tableau suivant :

LOCALITÉS.	DATES.
Lille	le mercredi après-midi.
Douai	le samedi matin.
Valenciennes	le samedi après-midi.
Cambrai	le samedi.
Bergues	le lundi matin.
Bourbourg	le premier mardi du mois.
Bailleul	le mardi matin.
Merville	le deuxième mercredi du mois.
Orchies	le premier lundi du mois.

Avoine, seigle, orge. — La vente de ces produits se fait dans des conditions analogues à celle du blé, et la consommation pour chacun d'eux dépasse la production, surtout en ce qui concerne l'orge, étant donnés les besoins de la brasserie pour la fabrication de la bière.

BETTERAVES.

Les betteraves cultivées pour produire du sucre ou de l'alcool sont envoyées suivant le cas à la sucrerie ou à la distillerie. Les produits obtenus sont eux-mêmes expédiés par les industriels à la raffinerie pour les sucres, à la rectification pour les alcools.

Sucres et alcools ou liqueurs qui en proviennent font l'objet de commerces spéciaux qui ne donnent pas lieu à des foires ou marchés déterminés dans des localités du département.

Betteraves à sucre. — La betterave à sucre est surtout cultivée dans les arrondissements d'Avesnes, Cambrai, Douai, Valenciennes, Lille et un peu dans l'arrondissement de Dunkerque. Voici d'ailleurs la répartition, par arrondissement, des surfaces emblavées en betterave à sucre (année 1902).

Arrondissement		
de Cambrai	15,500 hectares.
de Valenciennes	7,400
de Douai	6,650
de Lille	5,130
d'Avesnes	2,410
de Dunkerque	1,250
d'Hazebrouck	430
TOTAL	38,780

Pour avoir une idée plus nette de la répartition de cette plante industrielle, nous donnons ci-dessous la liste des fabriques de sucre, par arrondissement, avec la quantité approximative de betteraves traitées. Nous devons noter que les sucreries ne s'approvisionnent pas toujours exclusivement dans leur rayon, cependant cette tendance s'accuse de plus en plus depuis ces dernières années :

Arrondissement de Cambrai.

	BETTERAVES TRAITÉES PAR JOUR.		BETTERAVES TRAITÉES PAR JOUR.
Aubencheul-au-Bac	120,000	Iwuy	350,000
Banteux	800,000	Masnières (deux sucreries)	500,000
Boistraucourt	225,000	Montay	180,000
Capelle-sur-Écaillon	250,000	Neuvilly	280,000
Le Coteau	250,000	Noyelles-sur-Escaut	250,000
Cattenières	280,000	Quiévy	225,000
Caudry (deux sucreries)	750,000	Saint-Aubert	300,000
Cauroir	350,000	Saulzoir	600,000
Escaudœuvres	3,000,000	Solesnes	350,000
Esnes	300,000	Villers-Outréau	200,000
Inchy	180,000		

La sucrerie d'Escaudœuvres possède 16 râperies et plusieurs bascules dans les arrondissements de Cambrai, Douai, Valenciennes et dans le Pas-de-Calais.

Arrondissement de Valenciennes.

Aoscon	500,000	Hergnies	160,000
Artres	220,000	Lecelles	300,000
Avesnes-le-Sec	220,000	Maing	220,000
Bruille-Saint-Amand	170,000	Neuville-sur-Escaut	275,000
Crespin	200,000	Onnaing	225,000
Curgies	220,000	Raismes	250,000
Denain	200,000	Thiant	200,000
Estreux	180,000	Vieux-Condé	180,000
Fleury	200,000	Wallers	180,000

Arrondissement de Douai.

Erre	200,000	Lécluse (deux sucreries)	520,000
Fenain	300,000	Masny	320,000
Fressain	150,000	Pecquencourt ou Vred	300,000
Guesnain	180,000	Sin-le-Noble	300,000
Hornaing	115,000		

Arrondissement de Lille.

Marquillies	350,000	Seclin (deux sucreries)	950,000
Phalempin	400,000	Thumeries	1,000,000
Santes	225,000		

Arrondissement d'Avesnes.

	BETTERAVES TRAITÉES PAR JOUR.		BETTERAVES TRAITÉES PAR JOUR.
Beaudignies	280,000	Maresches (deux sucreries)	275,000
Englefontaine	150,000	Le Quesnoy	300,000
Hautmont	200,000	Villerspol	140,000

Arrondissement de Dunkerque.

Gravelines	230,000

Betterave de distillerie. — La betterave de distillerie se cultive de la même façon que la betterave à sucre depuis ces dernières années, car les distillateurs prennent de plus en plus la même base d'achat que les fabricants de sucre. Ils payent la matière première d'après sa densité, c'est-à-dire d'après sa richesse saccharine. La surface emblavée en betteraves de distillerie a beaucoup baissé depuis l'année 1899, en raison des bas prix de l'alcool en 1900, 1901 et 1902; mais cette surface tend à se relever depuis les cours élevés pratiqués en 1903 et 1904. En 1902, la surface totale emblavée, dans le département du Nord, n'est plus que de 7,460 hectares. Elle se répartit comme suit, entre les divers arrondissements :

	hectares.		hectares.
Lille	4,010	Dunkerque	2,130
Avesnes	255	Hazebrouck	510
Cambrai	120	Valenciennes	180
Douai	260		

De ce tableau il ressort que la betterave de distillerie est surtout cultivée dans les arrondissements de Lille et de Dunkerque.

Centres de consommation. — Les centres de consommation sont ceux des distilleries, qui se répartissent de la façon suivante dans le département du Nord (année 1903) :

Arrondissement d'Avesnes : distillerie de Bavay, 22,000 kilogrammes de betteraves.

Arrondissement de Cambrai : distillerie de Clary.

Arrondissement de Douai : distilleries de Fressain et Marchiennes.

Arrondissement de Dunkerque : distilleries de Bourbourg (400,000 kilogrammes), Copenax-fort-Craywick (550,000 kilogrammes), Dunkerque-Spycker (200,000 kilogrammes), les Moëres (250,000 kilogrammes), Loon-Plage, Rexpoëde (135,000 kilogrammes), Stenne (600,000 kilogrammes), Téteghem (400,000 kilogrammes).

Arrondissement d'Hazebrouck : Blaringhem (180,000 kilogrammes), la Gorgue (2 distilleries travaillant ensemble, 350,000 kilogrammes), Renescure.

Arrondissement de Lille : Allenes-lez-Marais (200,000 kilogrammes), Ascq (200,000 kilogrammes), Aubert (70,000 kilogrammes), Bousbecques (100,000 kilogrammes), la Chapelle-d'Armentières (3 distilleries travaillant ensemble, 380,000 kilogrammes), Comines (2 distilleries travaillant ensemble, 240,000 kilogrammes), Deulémont, Ennetières, Erquinghem-Lys,

Escobecques, Fournes, Frelinghien, Fretin, Fromelles (70,000 kilogrammes), Haubourdin (300,000 kilogrammes), Hem (75,000 kilogrammes), Herlies, Houplin, Houplines (2 distilleries), Illies (2 distilleries), Lhomme, la Bassée, Marquette-lez-Lille (150,000 kilogrammes), Mouvaux (70,000 kilogrammes), Quesnoy-sur-Deule (300,000 kilogrammes), Sainghin (100,000 kilogrammes), Salomé (160,000 kilogrammes), Seclin, Tressin, Verlinghem, Wambrechies (180,000 kilogrammes), Wasquehal (2 distilleries, 110,000 et 100,000 kilogrammes), Wicres (80,000 kilogrammes).

Arrondissement de Valenciennes : Denain (275,000 kilogrammes), Marquette-lez-Bouchain (110,000 kilogrammes), Haulchin et Marly.

Les renseignements ci-dessus sont très exacts, mais ils seront vite caducs, car de nouvelles distilleries de betteraves s'installent un peu partout, depuis l'an dernier. C'est ainsi que, dans le seul arrondissement de Cambrai, trois nouvelles distilleries sont en construction, savoir : Catillon-sur-Sambre, Solesmes et Villers-Outréaux. Cette instabilité des usines, on le devine aisément, tient à l'instabilité des cours de l'alcool.

CHICORÉE À CAFÉ.

La culture de la chicorée prend de plus en plus d'importance dans le département du Nord. Cette culture existe dans la commune d'Onnaing depuis 1785, date à laquelle elle a commencé à être pratiquée par un sieur Girard-Charles François.

Voici les étapes parcourues par cette culture depuis vingt ans. On cultivait dans le Nord :

	hectares.			hectares.
En 1882	725		En 1901	2,672
1892	1,170		1903	3,385
1900	2,216			

Cette culture se trouve répartie de la façon suivante dans le département pour l'année 1903.

	hectares.			hectares.
Avesnes	12		Hazebrouck	25
Cambrai	142		Lille	981
Douai	108		Valenciennes	659
Dunkerque	1,458			

Comme on le voit, le développement de la culture de la chicorée a été très rapide dans ces dix dernières années, et on peut constater que, si l'arrondissement de Cambrai est le plus important au point de vue du traitement industriel de la cossette, il est presque au dernier rang en tant que production culturale.

Ce sont surtout les arrondissements de Valenciennes, Lille et Dunkerque qui s'adonnent à la culture de la chicorée, et c'est plus particulièrement dans les arrondissements de Lille et de Dunkerque que l'augmentation des terres emblavées a été considérable depuis quatre ans. On peut estimer qu'en 1903 le département du Nord a produit pour une moyenne de 260 quintaux à l'hectare de chicorée verte, un poids total de 880,000 quintaux, soit environ le quart de cossettes sèches, soit 220,000 quintaux.

Il y a lieu de remarquer que, malgré l'augmentation croissante de cette culture, il

17.

entre encore, venant de Belgique, un poids considérable de cossettes sèches qui peuvent faire concurrence à nos produits. Ainsi l'on importait :

	kilogrammes.		kilogrammes.
En 1892................	20,880,000	En 1902................	9,957,000
1894................	36,199,000	1903................	10,059,000
1900................	25,044,000		

Comme on le voit, il y a une diminution des importations, mais le total des entrées représente encore un chiffre considérable, puisqu'il correspond pour l'année 1903 à la production de 1,550 hectares.

La chicorée verte récoltée est vendue directement au fabricant, séchée par le cultivateur lui-même au préalable.

La racine de chicorée est lavée; aujourd'hui on ne sèche plus guère la racine de chicorée non lavée.

En général, la vente des cossettes se fait par l'intermédiaire de commissionnaires qui se rendent dans les principaux marchés des centres producteurs ou qui passent au domicile du cultivateur. Il se tient, chaque mercredi après-midi à Lille, un marché aux cossettes de chicorée. Il a lieu dans un café à proximité de la Grande-Place. C'est là que s'établissent les cours pour la semaine, et c'est là aussi que se rencontrent vendeurs et acheteurs.

POMMES DE TERRE.

Le département du Nord s'adonne plus particulièrement à la culture de la pomme de terre pour la consommation de ses habitants. Les féculeries sont d'ailleurs peu nombreuses, et il n'en existe guère que dans les environs d'Orchies. Pour cette raison, la culture de la pomme de terre de féculerie est localisée dans quelques communes des cantons d'Orchies, de Cysoing et de Pont-à-Marcq.

On peut estimer que la production de la pomme de terre de consommation atteint en bonne année 2,600,000 quintaux, quantité qui, apparemment, semble suffisante pour pourvoir à la consommation de 1,800,000 habitants que comprend le département du Nord.

Mais il y a lieu d'observer que les besoins de certains arrondissements très populeux comme Lille, Douai, et Valenciennes dépassent de beaucoup la production locale.

De même, la partie de l'arrondissement d'Avesnes située sur la rive droite de la Sambre étant presque entièrement couverte de pâturages, la culture de la pomme de terre n'occupe qu'une étendue très restreinte, et les régions voisines doivent pourvoir à ses besoins.

Il y a lieu de tenir compte également qu'une partie de la production des arrondissements de Dunkerque et d'Hazebrouck est dirigée sur l'Angleterre, et que la région où l'on cultive le plus la pomme de terre, qui est comprise entre Bailleul, Hazebrouck et Merville, s'adonne à cette culture dans le but d'obtenir des tubercules destinés à la plantation et qui sont expédiés en Algérie par le port de Dunkerque.

Il n'y a pas de marché réservé au commerce de la pomme de terre. Ce sont des commissionnaires qui passent au domicile du cultivateur pour lui acheter les tubercules disponibles. Toutefois, on vend beaucoup de pommes de terre sur champ.

À partir de ce moment, les pommes de terre n'appartiennent plus au planteur, et c'est le négociant lui-même qui fait arracher et ramasser les pommes de terre à mesure qu'il en a besoin pour la ville.

Naturellement cette façon de procéder ne se pratique que pendant l'été.

LIN ET CHANVRE.

Le lin et le chanvre sont cultivés dans le Nord pour en extraire la filasse qu'ils renferment. Actuellement le chanvre n'occupe plus qu'une superficie insignifiante du territoire. Le lin a une importance beaucoup plus considérable, puisque, en 1903, 3,554 hectares ont touché la prime. Si l'on admet que la production moyenne est de 12 quintaux de filasse et de 7 quintaux de graines, on voit que la production s'est élevée, en 1903, à 42,600 quintaux de filasse et 24,800 quintaux de grains.

Ce sont surtout les arrondissements de Lille, Dunkerque et Hazebrouck qui s'adonnent à cette culture. Mais les lins récoltés sont en grande partie exportés en Belgique et roués dans la Lys aux environs de Courtrai.

Une petite partie seulement, produite dans le département, est rouie sur place, généralement sur pré, par les soins du cultivateur qui l'a obtenue. Pour le reste, et surtout pour tous les lins de l'arrondissement de Lille, la vente se fait de la façon suivante :

Les acheteurs belges ou leurs représentants passent chez les cultivateurs qui ont des lins sur pied à vendre et leur offrent des prix, variables avec les années et la qualité du lin qu'ils ont devant les yeux, etc. Si vendeurs et acheteurs tombent d'accord, le lin est arraché par les soins de l'acheteur.

Si, au contraire, le cultivateur trouve les prix offerts insuffisants, il fait procéder lui-même à l'arrachage.

Le lin est séché sur place, puis mis en chaînes en attendant d'autres acheteurs. Les chaînes sont couvertes avec des paillassons et le lin non battu est généralement assuré contre l'incendie.

Lorsque l'automne arrive, si le cultivateur n'a pas trouvé d'acheteur, il rentre sa récolte en grange en attendant les amateurs.

Les graines de lin qui n'ont pas été exportées en même temps que la paille ou qui proviennent de lin battu pour être roui sur place servent à fabriquer l'huile de lin ; le résidu appelé *tourteau* est employé à la nourriture des animaux. Les tourteaux de lin français font toujours prime sur le marché et sont toujours vendus 1 franc ou 1 fr. 50 de plus aux 100 kilogrammes que ceux de provenance étrangère.

OEILLETTE ET COLZA.

La culture de ces deux plantes, qui autrefois avait une grande importance dans le département du Nord, semble se restreindre de plus en plus.

Le colza occupe encore, d'après la statistique, une superficie de 600 hectares environ, dont 310 hectares pour l'arrondissement de Lille, 200 hectares pour l'arrondissement d'Hazebrouck et 54 pour l'arrondissement de Cambrai.

Le colza, cultivé uniquement pour ses graines, est traité sur place; l'huile obtenue est utilisée en grande partie dans les industries locales et ne donne pas lieu à un commerce d'exportation méritant d'être signalé.

Quant aux tourteaux, ils sont employés comme engrais par les agriculteurs du département.

L'œillette est cultivée pour sa graine, dont on extrait une huile alimentaire consommée sur place et ne donnant pas lieu non plus à un commerce d'exportation.

HOUBLON.

Le houblon, cultivé pour en obtenir les cônes produits par les plantes femelles, se cultive dans deux régions du département; l'une de ces régions s'étend sur l'arrondissement d'Avesnes et sur l'arrondissement de Cambrai. L'une des localités qui en cultive le plus est la commune de Busigny; on désigne souvent les houblons provenant de cette région sous le nom de *houblons de Busigny*.

L'autre groupe est situé dans l'arrondissement d'Hazebrouck et comprend, entre autres, les communes de Bailleul et de Boeschêpe. A Boeschêpe, les balles sont plombées par une commission spéciale; aussi les houblons du Nord, vendus sous ce plomb, sont-ils désignés sous le nom de *houblons de Boeschêpe*. Les autres houblons vendus sans le plomb de Boeschêpe sont le plus souvent appelés *houblons de Bailleul*.

Il n'existe guère de différence entre les houblons de Boeschêpe et ceux de Bailleul. Ils sont d'ailleurs récoltés et séchés dans des conditions très semblables. Aussi les houblons de Boeschêpe ne profitent-ils que d'une légère prime sur ceux de Bailleul.

Les houblons de Busigny ont beaucoup d'analogie avec les houblons dits *de Bailleul;* les variétés sont d'ailleurs très voisines et presque certainement de même origine. Cependant, par suite des fumures moins abondantes données au sol dans la région de Busigny et en raison du nombre beaucoup moins grand de pieds mâles laissés dans les houblonnières, les houblons de Busigny sont un peu plus fins que ceux de la région de Bailleul ou de Boeschêpe.

Quoi qu'il en soit, il est à remarquer que, d'une façon très générale, on cultive encore sur perche dans le pays de Busigny, tandis que ce n'est plus que très rarement que l'on rencontre des perches dans l'arrondissement d'Hazebrouck. Là presque toutes les houblonnières sont établies sur fils de fer, et les installations très bien comprises donnent satisfaction aux planteurs.

Les houblons du Nord sont, en grande partie, consommés dans la région, c'est-à-dire dans les départements du Nord, du Pas-de-Calais, de la Somme et le nord du département de l'Aisne.

Le commerce du houblon est entre les mains de quelques gros négociants qui achètent les houblons en culture, souvent même avant la récolte. Les houblons ainsi achetés sont réunis chez les négociants qui les sèchent à nouveau avant de les expédier aux brasseurs.

GRAINES DE BETTERAVES.

Les graines de betteraves sont récoltées dans la partie nord de l'arrondissement de Douai et la partie sud-est de l'arrondissement de Lille.

L'arrondissement de Douai cultive environ 700 hectares qui produisent 14,000 quintaux environ; l'arrondissement de Lille cultive 555 hectares donnant une récolte moyenne de 11,000 quintaux, soit une production totale de 22 à 25,000 quintaux.

La production des graines de betteraves a beaucoup diminué dans ces dernières années, par suite de la concurrence des graines de betteraves allemandes.

Cependant la production est encore supérieure à la consommation qui en est faite dans le département.

Aussi les graines de betteraves sont-elles vendues dans divers départements français, et principalement dans le Pas-de-Calais, l'Aisne, une partie de l'Oise et de la Somme et un peu dans la Marne, Seine-et-Marne et en Normandie. Mais la vente de ce produit ne donne pas lieu à des marchés déterminés dans le département.

Les producteurs de graines de betteraves ont des représentants qui visitent la grande culture ou les fabricants de sucre et les distillateurs pour placer leurs marchandises.

PLANTES MÉDICINALES.

Les plantes médicinales constituent une culture spéciale du département du Nord qui est d'ailleurs localisée dans la partie est de l'arrondissement de Valenciennes, c'est-à-dire dans le voisinage de la Belgique.

Les plantes médicinales cultivées sont :

Guimauve..	170 à 180	hectares.
Mauve...	55	60
Bouillon blanc..	20	25
Camomille..	2	3

Les rendements par hectare sont, en moyenne, pour la guimauve, 1,200 kilogrammes de racines et 400 kilogrammes de fleurs; pour la mauve, 600 kilogrammes de fleurs; pour le bouillon blanc, 500 kilogrammes de fleurs, et pour la camomille, 800 kilogrammes de fleurs.

Les cultivateurs effectuent eux-mêmes le séchage des racines et se servent pour cette opération de tourailles assez simples ayant quelque ressemblance avec les tourailles des malteries.

Ces produits se vendent en ce moment :

		les 100 kilogr.
Guimauve { racines..		62 francs.
{ fleurs...		90
Mauve (fleurs)..		175
Bouillon blanc (fleurs)......................................		200

Il n'existe pas de marchés spéciaux pour la vente et l'achat des plantes médicinales; ce commerce est entre les mains de trois ou quatre négociants en gros, désignés sous le nom d'*herboristes*, qui achètent les produits dans les fermes.

Les prix sont réglés sur les cours du marché de Paris et les payements se font au comptant à la livraison.

Chez le commerçant, les racines de guimauve sont découpées en rondelles ou morceaux de 6 à 8 centimètres à l'aide de coupe-racines. La marchandise est d'autant plus appréciée de l'acheteur que les morceaux sont plus réguliers.

Les commerçants ou herboristes écoulent leurs produits dans les principales villes de France : Lyon, Paris, Bordeaux, Marseille, Nîmes, Nancy, Toulouse; de plus, des expéditions sont faites directement en Angleterre, en Allemagne, en Belgique et même en Amérique.

PRODUCTION FRUITIÈRE.

La production des fruits prend une importance considérable dans l'arrondissement d'Avesnes, où l'on rencontre de nombreux pâturages plantés. Aussi on pourrait presque dire que dans cet arrondissement la production des fruits se fait parallèlement à celle du beurre et du fromage.

Répartition des plantations. — On peut évaluer que, sur près de 64,000 hectares de pâturages, environ 5,000 sont plantés d'arbres en rapport qui sont répartis ainsi :

Cantons de	Avesnes-Nord	500 hectares.
	Avesnes-Sud	800
	Quesnoy-Est	600
	Quesnoy-Ouest	400
	Bavay	500
	Berlaimont	250
	Maubeuge	300
	Solre-le-Château	200
	Trélon	400
	Landrecies	1,400

A droite de la Sambre, la densité des plantations est surtout remarquable au sud de la petite Helpe et sur les coteaux qui bordent la Riviérette; elle décroît légèrement sur les coteaux qui séparent les deux Helpes, mais est encore très appréciable sur les coteaux qui sont au nord de l'Helpe majeure. Ailleurs, dans cette partie est de l'arrondissement, on voit surtout des pommiers dans toutes les pâtures voisines des maisons, mais on en rencontre aussi aux alentours des bois et bosquets très nombreux qui y sont parsemés; notamment aux abords : 1° des bois de la Vilette, de Beugnies, du bois Leroy, faisant la lisière des cantons d'Avesnes-Nord, Maubeuge et Berlaimont; 2° des bois de Remond, Madame, Bérelles, traversant obliquement le canton de Solre-le-Château, du sud-ouest au nord-est.

A gauche de la Sambre, le massif principal de plantation borde la forêt de Mormal, particulièrement des côtés ouest et nord. A part quelques massifs de peu d'étendue situés aux alentours des villages, on peut dire que, pour cette région, l'aire du pommier, comme celle des pâtures, est limitée à l'ouest par la route nationale de Valenciennes à Guise, depuis Jenlain jusqu'à Englefontaine, et, à partir de cette dernière localité, par la chaussée romaine allant de Bavay au Cateau. Au nord de la forêt, les plantations vont en s'espaçant de la forêt à la frontière belge. Les principales localités où se trouvent les plus belles plantations de pommiers dans cette zone sont : Jolimetz, Englefontaine, Raucourt, Hecq, Louvignies, Potelle, Villereau, Frasnoy, Gommegnies dans les deux cantons du Quesnoy; Amfroipret, Bermeries, Obies, Mecquignies, Audignies dans le canton de Bavay.

Variétés. — La variété de pommier la plus répandue dans tout l'arrondissement parce qu'elle est la plus sûrement productive, la plus rustique et que ses produits se vendent bien, est le pommier de belle-fleur, dit aussi dans certaines régions, notamment au Jolimetz et vers Prisches, *double bon pommier.* L'arbre, très vigoureux, forme une belle couronne aplatie, bien étalée et bien garnie; l'époque de sa floraison est moyenne. Le fruit est gros, pesant environ 170 grammes; on le cueille en septembre; sa saveur est légèrement acidulée; il se conserve jusqu'en décembre et sa valeur marchande est très bonne. La pomme de belle-fleur est très légèrement conique, a la peau jaune-paille fortement lavée et striée de rouge; sa chair est blanche et juteuse.

Deux autres variétés sont aussi très répandues : le bon pommier ou petit bon pommier et le court-pendu.

A côté de ces trois variétés principales, il en est d'autres beaucoup moins répandues, telles que la pomme de baguette rouge ou verte, la calville rouge, le rambour blanc rayé, le gros vert, le marais, le plat-doux, etc.

Prix. — Dans les bonnes années, le quintal de pommes, première qualité, cueillies à la main, vaut de 18 à 22 francs, et quelquefois plus. Les pommes de qualité secondaire ou non cueillies à la main se vendent de 8 à 15 francs le quintal.

Marchés. — Il n'existe pas de marché de pommes, dans le sens habituel du mot.

Les fruits sont vendus aux arbres, tels quels, parfois avant leur maturité, à des courtiers qui les font cueillir à leur compte ; tantôt ils sont cueillis par l'exploitant et annoncés par lui aux marchands de pommes qui en prennent livraison sur place, tantôt ils sont amenés par les récoltants aux gares où les marchands ont des représentants, ou à leurs dépôts, livrés et payés séance tenante.

Jusqu'à ces derniers temps, des maisons allemandes envoyaient des courtiers pendant la récolte sur les principaux points d'arrivée des fruits, pour acheter à la culture. On ne les voit plus depuis quelques années ; les marchands français expédient directement à l'étranger.

Emballage. — Les fruits sont mis en sacs assez longs et étroits, pesant 50 kilogrammes ; c'est un mode d'emballage défectueux, qui est cause de nombreuses meurtrissures dépréciant la marchandise. Dans les wagons, les pommes sont ordinairement expédiées en vrac ; on prend seulement la précaution de tapisser de paille les parois du wagon. On pourrait et devrait faire un triage plus soigné des fruits et recourir à des modes d'emballage plus efficaces.

Débouchés. — Une première partie des fruits est consommée en nature dans les villes manufacturières du Nord.

Une deuxième partie, dans les années d'abondance où les prix restent peu élevés, est absorbée par les quatre ou cinq fabriques de pâtes de pommes de l'arrondissement, dont la production en pâtes peut être évaluée à 300,000 kilogrammes environ, ces pâtes comprenant 30 à 40 p. 100 de leur poids de sucre. 400 à 500 kilogrammes de fruits sont nécessaires à la fabrication de 100 kilogrammes de pâtes.

Une troisième partie est transformée, également en cas d'abondance de récolte, en cidre par les particuliers, pour leur consommation propre, ou par quelques cidreries locales. C'est par exception que ces dernières mettent uniquement en œuvre des pommes du pays, car elles coûtent presque toujours trop cher.

La consommation du cidre est très peu répandue, et a peu de chances de se répandre davantage dans l'arrondissement où la bière constitue la boisson courante. Ordinairement, le cidre est une boisson de luxe fabriquée en petite quantité par quelques propriétaires qui y mettent tous leurs soins.

Enfin une quatrième partie est expédiée par voie de fer, principalement à l'étranger. L'exportation se fait surtout par les gares d'Avesnes, Landrecies, Dompierre, le Quesnoy, Bavay, Gommegnies.

Dans six années consécutives, il a été expédié des gares les quantités ci-après :

GARES.	TONNES.	TONNES.	TONNES.	TONNES.	TONNES.
Avesnes (2,223 tonnes)...................	1,110	1,210	2,319	1,477	328
Dompierre (en 4 années).................	//	382	238	472	440
Landrecies (en 3 années)................	//	//	1,474	1,760	210
Bavay (en 4 années).....................	//	173	392	120	450
Le Quesnoy.............................	//	1,870	510	1,640	,520
Gommegnies.............................	//	76	1,400	50	1,630

Il n'est pas excessif d'évaluer la production des pommes à couteau, dans les bonnes années, à 9,000 tonnes au moins.

Cerises et Prunes. — Les arbres à noyaux, quoique moins nombreux, donnent cependant lieu à un trafic appréciable, principalement à Jolimetz et à Fontaine-au-Bois.

Les principales cerises sont : la cerise aubin précoce et rouge, la bigarreau noir, la montmorency rouge, la cerise à cassis noire. Les fruits sont achetés sur l'arbre, par le marchand, de 8 à 12 francs le quintal ; les frais de cueillette représentent environ 6 francs au quintal. Les débouchés principaux sont les bassins houillers, les cités industrielles lainières ou métallurgiques pour cerises à manger, et la Somme pour cerises à cassis. Les prunes les plus communes sont la madeleine, noire et précoce ; la victoria, noire et grosse ; la reine-claude verte, qui se vend de 12 à 15 francs le quintal.

L'exportation se fait surtout sur Valenciennes, Douai, Lille.

Poires. — Les poiriers de haut-vent étaient autrefois fort communs ; leur nombre diminue tous les ans en raison du faible revenu que l'on en obtient. Les variétés principales sont : la poire de madeleine, cueillie vers le 10 juillet ; le petit gagneau, qui arrive vers le 15 juillet ; le gros gagneau, au 15 août, ainsi que la poire de Notre-Dame. La calebasse, la bergamotte se cueillent en septembre. Les poiriers, toujours greffés sur franc, rapportent de 1 à 4 quintaux par arbre et les poires sont vendues de 2 à 12 francs le quintal, soit 5 à 6 francs en moyenne.

La poire de Carizy, que l'on trouve sur les confins de l'Aisne, sert à faire, quand elle est bien parée, un poiré excellent : avec 50 kilogrammes de poires de Carizy, on obtient 80 litres de poiré.

Fraises. — Les fraises sont cultivées en grand à proximité de Lille, dans les communes de Veringhem, Lompret, Pérenchies, Prémesques, arrondissement de Lille ; Marcq-en-Barœul, etc. On peut estimer l'étendue cultivée à 50 hectares.

Les produits obtenus sont amenés sur les marchés de Lille, Roubaix, Tourcoing, mais on expédie aussi sur Saint-Quentin et Reims et un peu sur Paris, puis sur Dunkerque, Calais, Boulogne et un peu sur l'Angleterre.

Les fraises du Nord n'arrivent guère à la consommation que dans la deuxième quinzaine de juin, et la récolte est terminée vers le 15 juillet.

Les fraises sont vendues par paniers pesant, y compris l'emballage, 5 kilogrammes et renfermant de 4 kilogrammes à 4 kilogr. 200 de fraises ; le panier est payé, suivant les années et la variété, de 1 fr. 25 à 2 fr. 50, emballage non compris.

CULTURE MARAÎCHÈRE.

Bien que les cultures maraîchères aient une importance considérable dans l'arrondissement de Lille, tous les produits obtenus sont consommés sur place.

La superficie occupée par la culture maraîchère peut être évaluée à 800 hectares environ pour l'arrondissement de Lille.

Les maraîchers s'adonnent surtout à la culture des légumes de primeur, sauf l'asperge qui est relativement peu cultivée.

L'artichaut et le chou-fleur sont également peu cultivés et nous viennent des environs de Saint-Omer, pendant l'été tout au moins.

La culture maraîchère est susceptible de prendre, dans l'arrondissement de Lille, un développement beaucoup plus grand, en raison de l'énorme population de Lille, Roubaix, Tourcoing, Armentières, Haubourdin, Loos, la Madeleine, Croix, etc., dont le nombre des habitants s'accroît continuellement dans une proportion très sensible.

Dans le voisinage immédiat de Douai se trouve le marais de Sin-le-Noble, qui est entièrement livré à la culture maraîchère. Chaque année, 300 à 500 hectares sont cultivés en choux-fleurs, choux rouges, choux de Bruxelles et choux de variétés différentes.

Les légumes produits sont expédiés sur Douai, Lille, Valenciennes, Denain et les villes du Nord; puis sur Arras, Paris, Saint-Quentin, Reims, Châlons et Nancy.

HORTICULTURE.

En raison de la proximité des grandes villes de Lille, Roubaix et Tourcoing, et aussi grâce au voisinage des houillères du Nord et du Pas-de-Calais, qui peuvent fournir aux établissements horticoles le charbon à un prix peu élevé, il s'est fondé, dans l'arrondissement de Lille surtout, un assez grand nombre d'établissements ayant pour but de produire sous verre les raisins, les pêches, les fraises et divers fruits. Naturellement, la production est conduite de façon à obtenir ces fruits hors saison, c'est-à-dire aux époques où les fruits de plein air ne sont pas encore arrivés à maturité. C'est ainsi que, pour la vigne, les producteurs s'attachent à avoir des raisins depuis fin novembre jusqu'en juillet-août, des pêches en mars, avril et mai, des fraises en mars et avril.

D'autres établissements s'adonnent plus particulièrement à la culture des plantes d'appartement ou des plantes de serre et d'ornement en général.

Nous donnons ci-après la liste des principaux établissements que nous connaissons, en les groupant suivant le but qu'ils se proposent :

Fraises et Tomates.

	SUPERFICIE VITRÉE.
Bocquet, à Loos	2,000 mètres.
Honoré, à Esquernes	2,000
Société anonyme de Wattrelos	3,000
Société anonyme de Croix (L.)	1,000
Lesur, à Somain	3,000
Cordonnier, à Bailleul	2,000
TOTAL	13,000

Pêches de vignes.

	SUPERFICIE VITRÉE.
Nisse, à Lezennes...	2,000 mètres.
Société anonyme de Wattrelos.................................	5,000
Société anonyme de Croix (L.)...............................	6,000
Lesur, à Somain..	12,000
Cordonnier, à Bailleul.......................................	25,000
TOTAL................................	50,000

Palmiers, Ficus, Araucarias, etc.

	SUPERFICIE VITRÉE.
Williot, à Croix (L.)..	8,000 mètres.
Caulier, à Roubaix...	8,000
Société anonyme de Wattrelos.................................	22,000
Société anonyme de Croix (L.)...............................	13,000
Cordonnier, à Bailleul.......................................	7,000
Lepoutre, à Tourcoing..	12,000
TOTAL................................	70,000

Plantes de serres.

	SUPERFICIE VITRÉE.
Delesalle, à Thumesnil.......................................	1,500 mètres.
Vandenherde, à Lille...	1,500
Mulnard, à Lille...	1,500
Delobel, à Loos..	1,500
Berat, à Roubaix...	1,500
Dutrie, à Steenwerck...	30,000
Cordonnier, à Bailleul.......................................	6,000
TOTAL................................	43,500
TOTAL GÉNÉRAL.........................	176,500

D'un autre côté, il existe à proximité des principales villes du département du Nord et notamment dans les environs de Dunkerque, Douai, Valenciennes, Cambrai, Bouchain, etc., de nombreux horticulteurs et pépiniéristes qui travaillent surtout en vue de la consommation locale, ce qui ne donne pas lieu, par conséquent, à un commerce d'exportation méritant d'être signalé.

OISE.

Le département de l'Oise appartient à des formations géologiques très diverses, allant du jurassique aux derniers étages tertiaires, et imposant une très grande variété de productions.

A l'ouest, sur le jurassique du pays de Bray, se trouvent d'excellents pâturages servant à l'élevage de la race bovine normande, du porc normand et accidentellement du cheval boulonnais. Le commerce du bétail y est très actif et les principales ressources de la région sont le lait et ses dérivés, les veaux, les animaux d'engraissement et les fruits à cidre.

Au nord et au sud du Bray, sur l'argile à silex ou le limon des plateaux qui recouvrent le crétacé supérieur du plateau de Picardie et du pays de Thelle, on rencontre moins d'herbages, mais une culture plus intensive où les betteraves à sucre et de distillerie et les céréales constituent les principaux articles de vente. On y fait aussi l'élevage des vaches flamandes et hollandaises.

À l'est et au sud du département, dans le Valois, le Multien, le plateau d'Attichy et le Vexin français, qui reposent sur des formations tertiaires généralement calcaires, recouvertes d'une couche limoneuse d'épaisseur variable, la culture devient franchement industrielle; betteraves et blés forment les seuls grands produits commerciaux. Il faut y ajouter cependant les animaux de boucherie engraissés avec les pulpes et les tourteaux, et les moutons dishley-mérinos.

Sur les sables de Bracheux et du Soissonnais, et en général sur tous les sols légers des divers étages tertiaires, la betterave est remplacée par la pomme de terre de féculerie ou par des cultures potagères, telles que petits pois, haricots, artichauts ou fruits rouges.

CÉRÉALES.

Blé. — Les emblavures en froment occupent dans l'Oise une étendue moyenne de 105,000 hectares qui produisent annuellement un peu plus de 2 millions de quintaux. Environ 210,000 quintaux servent aux semences. Une égale quantité est livrée directement aux boulangers contre du pain, à raison de 75 kilogrammes de pain en moyenne pour 100 kilogrammes de blé. Le reste est l'objet d'un commerce très important. La vente du blé se fait exclusivement sur échantillons, et cette méthode, très pratique pour le cultivateur, ne donne lieu presque jamais à des contestations lors de la livraison. L'acheteur habituel est un courtier ou un négociant, car le meunier, bien que présent aux marchés, préfère traiter par commissionnaire. Le tableau suivant donne l'importance des principaux marchés du département :

LOCALITÉS.	JOURS.	IMPORTANCE APPROXIMATIVE DES TRANSACTIONS PAR AN. quintaux.
Beauvais	Samedi	200,000
Senlis	Mardi	200,000
Compiègne	Samedi	160,000
Saint-Just-en-Chaussée	Mardi	100,000
Crépy-en-Valois	Samedi	80,000
Crèvecœur-le-Grand	Jeudi	50,000
Clermont	Samedi	50,000
Breteuil	Mercredi	40,000
Méru	Vendredi	30,000
Noyon	Samedi	30,000
Chaumont	Jeudi	30,000
Noailles	Lundi	25,000
Pont-Sainte-Maxence	Vendredi	20,000
Songeons	Jeudi	15,000
Mouy	Samedi	15,000

Il faut encore signaler les petits marchés de Conchy-les-Pots le mardi, de Grand-villiers le lundi, de Maignelay et de Formerie le mercredi, de Bresles le jeudi, qui font annuellement de 2,000 à 15,000 quintaux.

Le total nous donne près de 1,100,000 quintaux vendus sur les marchés de l'Oise. Environ 100,000 quintaux vont au moulin sans passer par les marchés, car un certain nombre de petits cultivateurs conduisent directement leur blé chez le meunier ou le négociant de la région sans transaction préalable. En y ajoutant les 200,000 quintaux échangés en nature contre du pain, on arrive au chiffre de 1,400,000 quintaux. Cette quantité est précisément celle mise en œuvre dans les 174 moulins du département.

Le reste, soit, en année moyenne, 400,000 à 500,000 quintaux, est vendu sur les marchés de Paris, Meaux, Beaumont-sur-Oise, Vic-sur-Aisne, Soissons, Pontoise, Magny-en-Vexin, Gournay et Gisors.

Le marché de Paris est fréquenté par la grande culture des cantons de Betz, Nanteuil-le-Haudouin, Crépy-en-Valois, Senlis, Creil, Neuilly-en-Thelle et Méru qui y vend le mercredi peut-être 200,000 quintaux de blé.

Les autres marchés extérieurs au département sont visités par les cultivateurs des cantons de l'Oise limitrophes.

Les 500,000 quintaux exportés s'en vont pour la moitié dans les meuneries des environs de Paris, pour 100,000 quintaux dans le Nord et le Pas-de-Calais, et le reste sur Gisors, Gournay, Soissons, Meaux, etc., et dans les moulins près de la limite du département. En 1903, on a fait pour la première fois un peu de blé pour le Centre et le Midi.

Toute la farine obtenue dans les moulins de l'Oise n'est pas consommée dans le département. On en exporte de 300,000 à 350,000 quintaux; presque tout est expédié sur Paris.

Méteil. — On emblave à peine 1,000 hectares de méteil dont le produit est acheté dans les marchés au blé et converti en farine. L'importance commerciale du méteil est insignifiante.

Seigle. — On cultive à peu près 10,500 hectares de seigle dont le rendement total atteint 200,000 quintaux. Mais le cultivateur consomme généralement toute sa récolte dans l'engraissement des animaux et surtout des porcs. Les transactions sont donc presque nulles et ne dépassent pas 30,000 quintaux par an.

Avoine. — On ensemence ordinairement 95,000 hectares d'avoine qui produisent en moyenne 1,728,000 quintaux. La consommation en semence étant d'environ 125,000 quintaux, il reste 1,600,000 quintaux pour la nourriture des animaux de la ferme et pour la vente.

Il se consomme dans le département 1 million de quintaux d'avoine, semences non comprises. La nourriture des chevaux de l'armée entre dans ce chiffre pour 44,000 quintaux, et celle des chevaux de commerce, d'industrie ou de luxe pour environ 150,000 quintaux. Il y a donc près de 200,000 quintaux d'avoine consommés dans le département et faisant l'objet d'une transaction. Le reste, non consommé, soit 600,000 quintaux, est vendu et exporté. En résumé, on vend environ 800,000 quintaux d'avoine en année moyenne.

Les principaux marchés sont les suivants :

	PAR AN. quintaux.		PAR AN. quintaux.
Beauvais	70,000	Crèvecœur-le-Grand	25,000
Senlis	60,000	Noailles	25,000
Compiègne	60,000	Chaumont-en-Vexin	20,000
Saint-Just-en-Chaussée	50,000	Méru	20,000
Crépy-en-Valois	35,000	Noyon	15,000
Clermont	30,000	Pont-Sainte-Maxence	15,000
Breteuil	30,000		

Les autres marchés, Songeons, Mouy, Formerie, Grandvilliers, Maignelay, Bresles, ne font pas ensemble 50,000 quintaux.

Près de 500,000 quintaux d'avoine sont donc vendus sur les marchés de l'Oise. Le marché de Paris en draine près de 100,000 quintaux et les 200,000 quintaux de reste sont vendus à Gournay, Gisors, Beaumont-sur-Oise, Meaux, Soissons, Vic-sur-Aisne, Magny-en-Vexin.

Les 600,000 quintaux exportés s'en vont à Paris pour environ 400,000 quintaux, le reste dans les départements limitrophes et surtout dans l'Eure et la Seine-Inférieure.

Nous devons signaler que les belles avoines noires du rayon de Breteuil trouvent un écoulement avantageux sur Chantilly.

Orge. — Le département n'emblave que de 7,000 à 8,000 hectares d'orge qui produisent en moyenne 130,000 quintaux. Mais la culture se sert généralement de l'orge pour l'engraissement des porcs et en vend très peu, à peine le dixième de la récolte. Les seuls marchés où l'on rencontre accidentellement quelques échantillons d'orge sont: Breteuil, Crèvecœur, Beauvais et Formerie.

PAILLES ET FOURRAGES.

Il n'existe pas dans le département de véritable marché pour les pailles et fourrages. Cependant l'arrondissement de Senlis tout entier et, en outre, les cantons d'Attichy, Saint-Just-en-Chaussée, Clermont, Méru, Chaumont vendent beaucoup de paille et un peu de fourrages de légumineuses. Le canton d'Auneuil, dans l'arrondissement de Beauvais, est renommé pour la qualité de ses foins de prés.

Il se traite beaucoup d'affaires en pailles et fourrages aux marchés de Paris, de Senlis, de Crépy-en-Valois, de Compiègne, de Saint-Just-en-Chaussée, de Beauvais, de Clermont, de Chaumont et de Breteuil. Il est très difficile d'obtenir des renseignements sur l'importance approximative des transactions. A Senlis, on vend annuellement 50,000 quintaux de paille, 8,000 quintaux de fourrage. Crépy-en-Valois fait à peu près le même chiffre; les autres marchés sont moins importants.

Les expéditions se font généralement en bottes de 5 kilogrammes. Paris en reçoit la majeure partie; le reste est destiné à l'approvisionnement des villes de l'Oise, des régiments de cavalerie de Noyon, de Compiègne et de Senlis et des écuries de course de la région de Chantilly.

Les cantons de Formerie et de Songeons sont légèrement importateurs de pailles, à cause de leur culture plutôt herbagère.

On expédie aussi un peu de pailles et fourrages en balles pressées pour l'exportation ; la paille est surtout destinée à la Suisse, le fourrage à l'Angleterre.

Une partie de la paille pressée est envoyée dans les fabriques de papier.

BETTERAVES.

On a cultivé dans l'Oise, en 1903, environ 27,000 hectares de betteraves à sucre, 7,000 hectares de betteraves de distillerie et 11,700 hectares de betteraves fourragères.

La betterave à sucre est surtout cultivée dans tous les cantons des arrondissements de Compiègne et de Senlis et, en outre, dans les cantons de Saint-Just-en-Chaussée, Maignelay, Froissy, Crèvecœur, Clermont, Méru, Chaumont et Nivillers. Elle est transformée dans 24 sucreries (chiffre de la campagne 1903-1904). Il y a une exportation assez importante de betteraves à sucre vers les usines de Ham, Ailly (Somme), Chauny et Vic-sur-Aisne (Aisne), Us-Marines (Seine-et-Oise), mais elle est compensée par une importation correspondante.

Les betteraves de distillerie sont traitées dans 26 fabriques (chiffre de la campagne 1903-1904) situées pour la majeure partie dans l'arrondissement de Senlis et dans les cantons de Saint-Just-en-Chaussée, Estrées-Saint-Denis, Clermont, Froissy, Liancourt, Méru et Chaumont. La distillerie de Soissons s'approvisionne aussi pour partie dans le département.

Les betteraves fourragères sont généralement consommées à la ferme. Cependant les cantons du Coudray-Saint-Germer, Songeons et Formerie font de faibles quantités de betteraves fourragères pour la vente aux herbagers du pays de Bray. Le centre de ces transactions est Gournay (Seine-Inférieure).

POMMES DE TERRE.

Les 8,500 hectares de pommes de terre cultivés dans l'Oise comprennent environ 4,000 hectares pour la féculerie et 4,500 hectares pour la consommation. En année moyenne, la récolte approche de 1 million de quintaux, dont 650,000 quintaux de pommes de terre de féculerie. Ces dernières sont travaillées dans 16 établissements qui se trouvent pour la plupart dans les cantons d'Estrées-Saint-Denis, Ressons, Compiègne, Pont-Sainte-Maxence, Liancourt, Attichy et Crépy-en-Valois. Les variétés de féculerie les plus employées sont : la richter's imperator, la chardon rouge, la maerker, la géante bleue. Elles sont payées de 3 à 4 francs le quintal rendues aux usines.

Sur les 350,000 quintaux de pommes de terre potagères, 60,000 quintaux servent pour la semence, 250,000 quintaux pour la consommation locale et environ 50,000 quintaux pour Paris ou les villes du Nord; de petites quantités s'en vont aussi en Seine-Inférieure.

Les variétés les plus communes sont : la saucisse rouge, la jaune de Hollande, l'early rose, l'institut de Beauvais et la magnum bonum.

Les cantons de Liancourt, Clermont, Ressons, Estrées-Saint-Denis sont les seuls où l'on puisse trouver en abondance des pommes de terre potagères pour le commerce.

Les autres marchés ne servent qu'à l'approvisionnement local.

CULTURES FRUITIÈRES ET MARAÎCHÈRES.

Il y a dans le département de nombreux marchés pour la consommation locale, et leur importance est proportionnelle à la population qu'ils entretiennent; mais il existe dans certains cantons des cultures très intéressantes de produits horticoles pour Paris, le nord de la France et l'exportation.

Autour de Noyon, de Ribécourt, de Lassigny et de Guiscard, on se livre à la production des haricots secs, des haricots verts, des artichauts et des fruits rouges. Le principal marché est Noyon.

De novembre à février, il s'y vend chaque samedi de 400 à 450 quintaux de haricots secs valant de 40 à 50 francs le quintal. La variété la plus commune est le lingot. Ces haricots sont expédiés sur Paris et sur l'Angleterre.

Les haricots verts donnent lieu sur le même marché à des transactions qui atteignent annuellement de 80,000 à 100,000 francs, à raison de 15 à 20 francs le quintal métrique. Les points de consommation sont toujours Paris et l'Angleterre.

On vend à Noyon, pour les mêmes destinations, du 1er août à fin octobre, environ 100,000 artichauts au prix de 20 à 25 francs le cent.

Enfin le commerce des fruits rouges est, d'ordinaire, très important. En année moyenne on vend, du 15 juin au 20 juillet, environ 1,000 quintaux de guignes à 20 ou 25 francs le quintal, 50 quintaux de cerises à 30 ou 35 francs et 250 quintaux de cassis à 45 ou 50 francs. Cette année, la récolte a été presque nulle et les transactions fort réduites. Paris et l'Angleterre absorbent presque tous ces fruits.

Du même rayon viennent des haricots, des artichauts et des fruits rouges sur les marchés de Lassigny, Élincourt, Sainte-Marguerite, Ressons-sur-Metz; mais les quantités sont réduites.

Il existe un autre centre de culture des produits horticoles dans certaines parties des cantons de Liancourt et de Clermont. On y cultive des haricots qui sont vendus à Liancourt et à Beauvais, et surtout des petits pois, des cerises, des cassis. Les principaux marchés sont ceux de Sacy-le-Grand où se traitent 1,300 quintaux de petits pois, de la Bruyère avec 1,100 quintaux de petits pois, de Cinqueux où l'on a vendu 200 quintaux de cerises et 870 quintaux de cassis en 1903. Il existe aussi au Meux un marché de fruits rouges assez important. Enfin le marché de Breuil-le-Sec expédie journellement de 60 à 70 quintaux de petits pois pendant trois semaines.

Ces petits pois sont surtout dirigés vers l'Angleterre et vers l'agglomération de Lille.

VINS ET CIDRES.

La culture de la vigne est insignifiante et les quelques hectolitres de vin qu'on parvient à fabriquer servent exclusivement à la consommation locale.

Il y a dans l'Oise environ 1 million de pommiers, répartis surtout dans le nord-ouest du département. Le cidre est la boisson générale des campagnes.

Il se forme, pendant les mois d'octobre, novembre et décembre, de petits marchés aux pommes à Formerie, à Beauvais et surtout à Gournay et à Gisors; mais, le plus souvent, les pommes sont achetées à la ferme par des marchands qui circulent dans les campagnes. L'importance des transactions est très variable suivant les années. Les pommes achetées dans l'Oise sont souvent envoyées à Gournay ou à Gisors.

ORNE.

Les produits agricoles qui donnent lieu, dans le département de l'Orne, aux transactions les plus importantes sont :

Les céréales (blé, avoine, orge, sarrasin); les produits de la laiterie (beurre et fromages); les fruits à cidre.

Les cultures maraîchères ne sont pratiquées dans le département que dans les environs des principales villes, et uniquement en vue de la consommation locale.

CÉRÉALES.

Blé. — La production du blé occupe, dans le département, environ 60,000 hectares et s'élève à un million d'hectolitres en année moyenne, dont 400,000 hectolitres
pour le seul arrondissement de Mortagne.

Cette production est, d'ailleurs, insuffisante pour la nourriture des habitants, et,
chaque année, il faut importer, sous forme de grain ou de farine, l'équivalent de
100,000 hectolitres de blé pour combler le déficit.

Autrefois les cultivateurs apportaient tout leur blé aux halles, le jour du marché.
Le commerce se fait maintenant presque tout entier sur échantillons. Les meuniers
ou minotiers ou leurs acheteurs commissionnés achètent aux 100 kilogrammes, et
les livraisons se font directement au moulin.

Sur les halles, les ventes se font encore le plus souvent à la mesure, au double
décalitre, à l'hectolitre et demi (120 kilogrammes).

Dans les campagnes, les petits cultivateurs portent encore leur blé au moulin et
font eux-mêmes leur pain. Cet usage a tendance à disparaître; aussi les petits moulins utilisant les meules disparaissent peu à peu et ne se maintiennent que là où ils
écrasent les grains destinés à la nourriture des animaux.

Beaucoup de cultivateurs commencent à acheter leur pain aux boulangers ou encore
leur fournissent leur grain en échange d'une quantité déterminée de pain.

Orge. — L'orge occupe une superficie de 18,000 à 20,000 hectares en tout,
dont 10,000 hectares, soit à peu près la moitié, pour le seul arrondissement de Mortagne.

Sur les 350,000 hectolitres produits, la plus grande partie est consommée dans la
pays même et sert à la nourriture des animaux.

Le reste est acheté sur les marchés ou par échantillons, par les marchands grainiers
ou des commissionnaires.

Une certaine quantité est expédiée dans les brasseries.

Les marchés les plus importants pour l'orge sont : Alençon, Mortagne, Remalard,
Bellême, Sées, Argentan, où l'on trouve des orges de brasserie, puis Domfront, Flers
et la Ferté-Macé.

Avoine. — La culture de l'avoine est très importante dans l'Orne. 55,000 hectares
y sont consacrés, et la production dépasse souvent un million d'hectolitres.

L'avoine est presque toute consommée sur place. Peu de fermes en produisent plus
que leur consommation. Le surplus est acheté par les éleveurs de demi-sang, ou vendu

sur les marchés aux propriétaires de chevaux de luxe ou aux commerçants et industriels pour leurs chevaux de service, et enfin aux marchands grainiers.

Il s'en vend dans toutes les localités qui possèdent un marché, à des prix presque toujours élevés.

Sarrasin. — Le sarrasin est cultivé sur 15,000 à 18,000 hectares, mais principalement dans l'arrondissement de Domfront ou les cantons limitrophes.

Sa production, soit environ 300,000 hectolitres, est à peu près absorbée par les pays de production, où il sert tant à la nourriture des habitants qu'à celle des animaux. Il s'en vend cependant une certaine quantité sur les marchés de Domfront, Flers, la Ferté-Macé, Tinchebray, Alençon, Écouché et Sées.

FRUITS À CIDRE.

La fabrication du cidre ne se fait point encore d'une façon réellement industrielle dans l'Orne, sauf chez MM. Rotrou, à Dorceau. Cela tient à ce que la récolte des pommes et des poires est trop aléatoire. L'année 1902 a été médiocre, et 1903 franchement mauvaise; l'année 1904 a été exceptionnellement abondante. Dans ces conditions, les cultivateurs qui, outre leur récolte, brassaient une certaine quantité de pommes achetées, se trouvent dans l'impossibilité absolue de faire du cidre pour la vente et de s'assurer une clientèle fixe.

Les pommes se vendent tantôt sur les marchés, tantôt les fabricants de cidre vont faire leurs achats dans les fermes.

Il n'y a pas de courant fixe pour les pommes. Ce sont les contrées qui en sont pourvues qui en envoient aux autres.

En année ordinaire, un certain nombre de producteurs fabriquent du cidre qu'ils vendent dans le pays ou expédient sur Paris. Il ne semble pas que la vente sur Paris ait pris une grande extension depuis vingt ans.

PAS-DE-CALAIS.

La situation géographique jointe à la fertilité du sol a fait du département du Pas-de-Calais un pays de grande production céréale et industrielle. Il est aussi le berceau d'une race renommée de chevaux de trait, et la vache flamande y prend de plus en plus d'extension. Grâce au développement toujours croissant des centres houillers, les produits de la basse-cour et de la laiterie trouvent un débouché rémunérateur. C'est à cet état tout particulier qu'il faut attribuer le peu d'efforts faits au point de vue de l'exportation en Angleterre, les prix étant au moins aussi élevés sur le marché indigène que sur le marché étranger.

CÉRÉALES.

Tout le département fournit en abondance le blé et l'avoine. La culture de l'orge est aussi passablement développée, elle trouve sur place son emploi pour la fabrication de la bière. L'Artois, le Calaisis sont les régions de haute production de blé et d'avoine. Le blé apparaît encore un peu sur les marchés d'Arras, de Saint-Omer, d'Hucqueliers, de Fruges, d'Hesdin, de Montreuil, de Béthune, etc.; mais les quantités sont insignifiantes. La vente est faite en général sur échantillons, soit au marché ou au café, soit par l'examen chez le cultivateur. La population, très dense, consomme beaucoup de blé, mais il en est aussi livré à l'administration militaire, à l'exportation sous forme de blé et de farine. A signaler la formation, par le syndicat d'Arras, d'une coopérative pour la vente des produits agricoles, et qui a permis déjà l'exportation de blé dans le centre et le midi de la France.

L'avoine est consommée dans la région; elle trouve un large débouché dans le service du gros camionnage et le pays minier.

CULTURES INDUSTRIELLES.

Les nombreuses sucreries et distilleries du département traitent les betteraves à sucre et de distillerie.

Le colza, encore un peu cultivé, fournit de la graine vendue au marché d'Arras ou au syndicat d'Arras. Cette graine est traitée par les huileries d'Arras, du Nord, ou même expédiée dans l'Aisne et la Seine-Inférieure.

La surface consacrée au lin progresse depuis quelques années grâce aux prix rémunérateurs offerts par les acheteurs. La vente se fait généralement au poids à raison de o fr. 13 à o fr. 18 le kilogramme de tiges sèches, suivant qualité. Ce sont les marchands belges qui enlèvent la presque totalité de la production.

CULTURES MARAÎCHÈRES.

Le Calaisis et les alluvions modernes des environs de Béthune se livrent à la culture des pois et des haricots. Les haricots sont souvent expédiés en vert sur les Halles centrales de Paris.

Achicourt et Saint-Laurent-Blangy fournissent à Arras une grande quantité de légumes. Autour de Béthune, les vallées de la Clarence, de la Brette, de la Blanche comprennent des marais coupés d'hortillonnages qui approvisionnent partiellement la population avoisinante. Partout ailleurs, sauf à Saint-Omer, la culture maraîchère est plutôt insuffisante.

Le marais de Saint-Omer, comprenant environ 2,000 hectares, est le siège d'une culture maraîchère très intéressante. Son exportation annuelle de choux-fleurs, pommes de terre, fraises, carottes, etc., dépasse 11,000 tonnes. Pendant la saison, on expédie journellement : à Paris, 15 à 20 wagons; à Calais, 10; à Roubaix, 10; à Lillers, 5; pour la Belgique, 4; à Valenciennes, 4; à Boulogne, 3; à Armentières, 3; à Beauvais, 2; à Dunkerque, 2.

PUY-DE-DÔME.

Le Puy-de-Dôme est, de tous les départements compris dans le massif central, un des plus intéressants au point de vue agricole.

Les caractères particuliers de son agriculture tiennent aux différences considérables d'altitude qui varie de 1,886 mètres (Puy de Sancy) à 270 mètres (Allier, à la sortie du département) et à la constitution géologique très variable de son sol.

On peut considérer le département comme divisé en trois zones parallèles de direction Nord-Sud :

1° A l'ouest, un plateau d'altitude moyenne de 700 à 900 mètres, constitué par des roches crystallophylliennes, granitiques et porphyriques, supportant sur le bord oriental les massifs éruptifs du Cezalier au sud, puis du Mont-Dore (Sancy) et de la chaîne des Puys. L'altitude générale décroît du sud au nord. Les terrains y sont en général assez compacts;

2° A l'est, un massif montagneux constitué par des gneiss, micaschistes, granite et granulite. Les monts du Forez ont leurs points culminants à la limite du Puy-de-Dôme et de la Loire et séparent le bassin de l'Allier de celui de la Loire. Le massif du Livradois sépare l'Allier de son affluent de droite, la Dore. Les terrains y sont plutôt légers et sablonneux;

3° Au centre, une plaine dont l'altitude moyenne varie entre 300 et 450 mètres; au milieu coule l'Allier. Cette plaine, la Limagne, est constituée par des terrains sédimentaires, grès (arkoses) calcaires, marnes, d'origine tertiaire, et par des alluvions quaternaires, d'où émergent çà et là des éminences éruptives.

C'est la région par excellence des riches cultures, grâce à la constitution chimique du sol très riche et très profond et dont la couleur presque toujours très foncée indique l'origine basaltique ou l'accumulation de la matière organique. La partie de la Limagne qui s'étend à l'est de Clermont et de Riom a reçu le nom de *Marais*; c'est la zone la plus fertile, le fond d'anciens marais où l'on obtient de superbes récoltes de blé, de betteraves, de pommes de terre et de fourrages artificiels, lorsque les années ne sont pas trop humides.

En 1903, les cultures se répartissaient ainsi :

	hectares.		hectares.
Terres labourables	339,816	Cultures diverses	16,853
Prés naturels	109,731	Non agricole	111,647
Herbages et pacages	109,963	Total	795,475
Vignes	23,143		
Bois et forêts	84,322		

CÉRÉALES.

Froment. — Le froment est cultivé sur 72,000 hectares, surtout dans la plaine de Limagne et la demi-montagne; sa culture tend à se propager de plus en plus dans la montagne.

Le blé poulard d'Auvergne est le plus répandu. Il s'accommode très bien des terres un peu froides, riches; il redoute peu la verse et les diverses maladies.

Quand il est obtenu, après une culture de luzerne ou trèfle et quelquefois de pommes de terre, il est assez souvent glacé, et autrefois il était utilisé pour la fabrication des pâtes alimentaires. Cette industrie est en décroissance; cependant il vient de s'établir à Gerzat une usine importante qui pourra traiter journellement 200 quintaux de blé du rayon. Depuis deux ans, en vue de cette fabrication, on a tenté l'introduction en culture de variétés de blés durs de Sicile, mais les rendements sont très faibles et la différence du prix ne saurait compenser la diminution de la récolte, car le rendement peut atteindre dans le Marais de 30 à 40 quintaux avec l'ancien poulard.

Seigle. — Le seigle occupe une superficie de 71,000 hectares environ. Il n'est cultivé que sur le plateau et la montagne pour les besoins de la consommation. On l'utilise quelque peu pour l'alimentation du bétail.

Orge. — La culture de l'orge s'étend sur 14,000 hectares, principalement dans l'arrondissement d'Issoire (orges du Lembron). Utilisée pour le bétail, elle est encore achetée par les commerçants qui la nettoient et la vendent aux malteries; cependant, pour cet usage, elle passe pour être trop riche en azote. L'introduction de variétés sélectionnées en vue de la brasserie a été tentée.

Trois brasseries existent dans le département : Pont-du-Château, Clermont-Ferrand, Issoire.

Avoine. — 41,000 hectares sont consacrés à l'avoine; la Limagne en produit relativement peu. Elle est consommée entièrement dans le département.

POMMES DE TERRE.

Les pommes de terre occupent une surface de 43,000 hectares, qui tend à s'accroître tous les ans.

Dans la plaine, on cultive surtout l'early, la hollandaise, la juliette, la saucisse, l'institut de Beauvais. Dans la montagne, la richter's impérator, la géante bleue, la chardon jaune, la jeuxey.

Les pommes de terre de la plaine sont surtout expédiées en dehors du département par les soins de commerçants qui reçoivent livraison dans les gares, payant les achats au comptant. Les expéditions se font sur les villes du Midi, sur Paris et sur l'Angleterre pour la consommation (early, saucisse, hollandaise, institut de Beauvais). Le Vaucluse reçoit au printemps des pommes de terre de semence (early, hollandaise et Beauvais).

La production est considérable et atteint souvent 15,000 kilogrammes de tubercules marchands, se vendant, suivant qualité, de 5 à 9 francs les 100 kilogrammes.

Les gares d'expédition sont : Gerzat, Riom, Pontmort, le Cendre, Vic-le-Comte, sur la ligne Paris-Nîmes, et Pont-du-Château et Vertaizon sur la ligne Clermont-Saint-Étienne.

300,000 à 800,000 quintaux sont ainsi exportés (1,300,000 en 1905).

Les transactions sont peu nombreuses sur le plateau ouest, dont la production se consomme totalement dans le pays pour l'alimentation de l'homme et des animaux.

Dans la région montagneuse de l'est (arrondissements d'Ambert et de Thiers), des féculeries se sont établies au nombre de 14 (13 dans l'arrondissement d'Ambert). Chacune d'elles traite de 3,000 à 4,500 quintaux. Les achats se font à raison de 0 fr. 40 à 0 fr. 50 le double décalitre l'hectolitre mesuré ras comptant pour quatre doubles décalitres. Quelquefois le payement a lieu après la vente de la fécule; dans ce cas, le prix du double décalitre est augmenté de 0 fr. 05. Il serait préférable que les transactions se fissent au poids et qu'on tînt compte davantage de la richesse des tubercules en fécule.

BETTERAVES.

La betterave à sucre n'est guère cultivée actuellement que sur 1,800 hectares, produisant une moyenne de 22,000 kilogrammes par hectare. Les usines de la Société de Bourdon à Aulnat (500 tonnes par jour), Chappes et Saint-Beauzire (250 tonnes par jour) traitent les betteraves qui proviennent toutes de la plaine de Limagne. Ces établissements comportent les derniers perfectionnements de l'outillage, et transforment une partie de leur production en poudre et en tablettes qui sont ensuite sciées et cassées pour être livrées à la consommation.

Une distillerie de mélasse est annexée et les vinasses évaporées à sec pour la production du salin de betteraves.

Les marchés se traitent actuellement au poids brut sans tenir compte de la densité, de 19 à 22 francs la tonne.

Les pulpes et les écumes de défécation sont toujours utilisées pour l'alimentation du bétail et l'amendement des terres.

Une distillerie de betteraves, peu importante, existe auprès d'Issoire.

Il s'est établi cette année à Vertaizon une sécherie pour la dessiccation des betteraves demi-sucrières par le procédé Lafeuille. Les racines, lavées et épierrées, sont découpées en cossettes qui subissent sur une toile sans fin l'action d'un courant d'air chaud.

Une tonne du produit desséché correspond à quatre tonnes de betteraves fraîches et dose de 50 à 60 p. 100 de sucre.

Les betteraves sont payées aux producteurs, tous actionnaires, 15 francs la tonne et la cossette desséchée est vendue 18 francs les 100 kilogrammes. La conservation de ce produit est parfaite. A raison de 3 kilogrammes par jour aux bœufs de travail, de 2 kilogrammes par jour pour les chevaux en remplacement de 3 kilogrammes d'avoine, les résultats ont été excellents.

VIGNE.

La vigne occupait, avant l'envahissement par le phylloxéra, 45,000 hectares; aujourd'hui cette surface est sensiblement réduite de moitié.

Le gamay d'Auvergne, ou gros gamay, était autrefois le cépage presque exclusivement employé. On trouvait le damas noir (petite syrah) dans l'arrondissement de Riom et dans l'arrondissement de Clermont, le noir fleurien ou rouge, cépage très productif, mais donnant un vin de peu de qualité. Le gamay donne pour l'ensemble du département un vin dont la richesse alcoolique varie de 7 à 10 degrés, de belle couleur, frais; il est consommé dans le département ou exporté comme vin de coupage, en raison de sa fraîcheur et de son fruité. Le vignoble de l'arrondissement de Thiers, complanté de petit gamay ou lyonnais, produit, en terrain granitique un vin agréable rappelant les beaujolais ordinaires. Le vin de Damas noir (syrah) est corsé et assez bouqueté lorsque les fruits arrivent à complète maturité.

Les vins blancs sont obtenus avec les raisins rouges, et ils restent souvent rosés. Tous ces vins doivent de préférence être consommés de suite.

Il existait cependant auprès de Clermont-Ferrand le cru de Chanturgue, très renommé dans la région, mais les cépages du pays y étaient fortement mélangés de pinots.

La reconstitution est actuellement en très bonne voie. On a renoncé au riparia pur pour adopter comme porte-greffes : le rupestris du Lot, les riparia × rupestris 3309 et 101¹⁴, le mourvèdre × rupestris 1202 et, dans quelques cas, le solonis × riparia 1616.

La vigne est conduite quelquefois en cordons sur fils de fer, mais le plus souvent à la taille Guyot, sans pincements, en palissant sur deux échalas, réunis par leur sommet et écartés à la base de 0m 30 à 0m 40.

Comme on redoute la gelée, les ceps ont une souche assez élevée; ce qui a pour inconvénient grave de retarder la maturité, qui n'est guère complète en année normale que vers les premiers jours d'octobre.

L'altitude du vignoble varie de 350 mètres dans la plaine à 600 mètres au maximum aux meilleures expositions de la demi-montagne.

La production est relativement grande, les rendements varient de 40 à 120 hectolitres. La vente se fait au pot de 15 litres dont le prix est compris entre 3 et 6 francs.

CULTURES FRUITIÈRES.

L'arboriculture fruitière occupe une place importante.

Pommiers. — Le pommier se rencontre dans tout le département; la surface des vergers ne doit guère être inférieure à 5,000 hectares, produisant tous les deux ans 100 quintaux de fruits de table par hectare.

Les vergers les plus importants sont les prés-vergers établis dans les basses vallées des rivières affluents de gauche de l'Allier.

Les variétés *reinette de Canada*, reinette grise, greffées sur franc, y sont plantées à raison de 100 à 400 arbres par hectare. Pendant tout l'été, les prairies sont arrosées tous les dix à dix-huit jours, ce qui assure une abondante production de fourrage et permet d'obtenir de très beaux fruits.

Les fruits sont vendus à des marchands en gros qui les expédient sur Paris, où souvent ils sont désignés sous le nom de *pommes de Toulouse*. Les prix atteints sont très variables, entre 15 et 60 francs les 100 kilogrammes, suivant que la récolte est plus ou moins abondante (en moyenne 25 francs).

Ces prés-vergers ont une valeur considérable et se vendent de 15,000 à 25,000 francs l'hectare.

Les pommiers des autres régions donnent des fruits beaucoup moins appréciés; ils se trouvent en bordure des champs et dans les vignes.

Les confiseurs de Clermont achètent la reinette de Canada pour en faire des confitures, des gelées et des pâtes qui sont très renommées.

Poiriers. — Les poiriers sont moins nombreux et leurs fruits sont loin de donner lieu à un commerce aussi important que les pommes. Le beurré d'Angleterre, la poire d'argent ou blanquette servent pour la confiserie (compotes).

Les prix sont les mêmes que pour les pommes. Les centres de production sont Aubière, Riom, Enval.

Noyers. — Le noyer est, par excellence, l'arbre du Centre, extrêmement répandu dans la plaine et dans la demi-montagne. Il est planté non greffé en bordure des champs, le long des chemins et atteint dans les terrains argilo-calcaires, profonds, des dimensions considérables.

Depuis quelques années, on tend à en arracher un grand nombre pour la vente du bois que les cultivateurs estiment très rémunératrice (80 à 120 francs le mètre cube).

Il est difficile de donner une évaluation même approchée de la production totale répartie sur tout le département.

Les noix servent à la fabrication de l'huile, qui est consommée à la campagne presque à l'exclusion de toute autre et qui est préparée dans des huileries nombreuses dans lesquelles le producteur porte les fruits prêts à être pressés (Clermont, Vertaizon, Billom, Lezoux, etc.). Le tourteau est utilisé pour le bétail.

Les noix se vendent sèches 1 fr. 5o à 1 fr. 75 le double décalitre pesant comble 7 kilogr. 5oo environ. 1oo kilogrammes de noix donnent 35 à 4o kilogrammes d'amandes qui, pressées, rendent 55 à 6o p. 1oo d'huile, vendue 1 fr. 5o à 2 francs le kilogramme.

Quelquefois les belles noix cassées avec soin fournissent l'amande coupée en deux et expédiée en Angleterre au prix de 1 fr. 3o le kilogramme.

Dans les communes de Chamalières, Nohanent, Blanzat, Cébazat, voisines de Clermont-Ferrand, la noix gourlande est recherchée par les confiseurs. On la récolte lorsqu'elle est en lait, on enlève la partie verte et on confit l'amande. Le débouché de ce produit est Paris.

Ces noix vertes valent de 25 à 4o francs les 1oo kilogrammes.

Pruniers. — Les prunes reine-claude venant des environs de Clermond-Ferrand et Riom (Aubière, Beaumont, Enval, Marsat) sont achetées de 15 à 4o francs les 1oo kilogrammes par les confiseurs de Clermont.

Les autres prunes servent à faire des confitures qui sont parfois exportées en Angleterre.

Abricotiers. — Les abricotiers sont plantés dans les jardins et les vignes des environs de Clermont-Ferrand et de Riom. La variété spéciale gros blanc est achetée 25 à 4o francs les 1oo kilogrammes par la confiserie clermontoise, pour préparer les pâtes d'abricots d'Auvergne qui sont très estimées. Ils sont aussi mis en compote ou confits.

Pêchers. — Les pêchers sont plantés, comme les abricotiers, dans les vignes et les jardins environnant Riom, Clermont et partout dans le vignoble. Les pêches sont vendues pour la consommation ou pour faire des compotes.

Ces fruits sont très beaux et quelquefois si abondants qu'une partie reste inutilisée ou employée pour l'alimentation des porcs. On a essayé d'en tirer une eau-de-vie assez bonne, mais ce dernier cas est très rare.

Cassis. — Le cassis se rencontre dans les vignes auprès de Clermont et de Riom. Les fruits sont livrés aux distillateurs ou exportés en Angleterre.

Un pied rapporte en moyenne o fr. 5o (2 kilogrammes de fruits).

Groseilliers. — Le groseillier à grappes se rencontre partout. Les fruits, achetés 20 à 25 francs les 1oo kilogrammes, servent à faire des gelées.

Cerisiers. — Les cerises griottes de Pont-du-Château sont utilisées par les confiseurs, qui les achètent de 20 à 3o francs les 1oo kilogrammes.

Châtaigniers. — Le châtaignier se trouve en petite quantité dans le canton de Courpière. Là seulement les châtaignes donnent lieu à quelques transactions sur les marchés locaux.

CULTURE MARAÎCHÈRE.

La culture maraîchère proprement dite, sauf aux environs de Clermont et de Riom, est peu pratiquée. L'approvisionnement des villes est fait par les cultivateurs des villages voisins qui apportent sur les marchés les produits les plus beaux de leur jardin. Les fruits de table proviennent le plus souvent d'arbres de plein vent plantés dans les vignes et les jardins et apportés dans les mêmes conditions; il en est de même des raisins de table. Ces fruits et légumes ne payent pas de droits d'octroi, et il est impossible d'apprécier la quantité consommée.

Les jardins maraîchers de Clermont et Riom sont établis sur terres de marais, plus ou moins mélangées de débris volcaniques, ce qui constitue un sol excellent. L'eau est abondante et l'arrosage peut se faire par infiltration.

La culture spéciale la plus intéressante qui s'y fait est celle de l'*angélique*, à Clermont seulement. Cette plante demande une terre riche, profonde, fraîche, une fumure organique abondante et des arrosages copieux, pour développer des tiges grosses et très parfumées.

Pour un hectare, on recueille la graine sur une trentaine de pieds laissés à la précédente récolte, et on sème en pépinière en février-mars. En mai, on repique en lignes rapprochées, et en octobre on met définitivement en place à o m. 40 sur une terre bien préparée et fumée à raison de 80,000 kilogrammes de fumier à l'hectare. On a enterré ce fumier à la bêche en août. Par la suite, on donne quelques arrosages par infiltration après avoir fumé de nouveau à 80,000 kilogrammes de fumier en avril.

La récolte se fait de juin à août en coupant les tiges à la rosée. Débarrassées des feuilles, ces tiges sont mises en bottes et livrées aux confiseurs. Les racines sont extirpées. On a essayé d'en extraire le principe odorant par distillation, on n'a pas obtenu jusqu'ici de résultats appréciables.

Le produit d'un hectare varie de 8,000 à 12,500 kilogrammes, du prix de 20 à 40 francs les 100 kilogrammes, suivant les années.

La dépense peut ainsi s'évaluer :

Fumier : 160 tonnes à 6 francs..............................	960 francs.
105 journées à 3 francs....................................	315
Total.....................................	1,275

Le produit net par hectare est donc très variable.

Les confiseurs passent des traités avec les producteurs, au nombre de 25 à 30 dans les environs de Clermont pour une production de 250,000 kilogrammes.

Les tiges les plus grosses sont les plus appréciées.

Les confiseurs (neuf maisons importantes à Clermont, une à Riom) coupent les tiges à la longueur de o m. 35. Après avoir enlevé la partie externe, les tiges sont blanchies et on leur fait absorber le plus possible d'un sirop de sucre.

Elles sont livrées au commerce égouttées, glacées ou cristallisées, emballées en boîtes garnies de papier blanc du poids net de 3 kilogr. 500 à 5 kilogrammes.

Le prix est de 2 fr. 20 à 2 fr. 40 le kilogramme.

L'étranger (Angleterre, Amérique, Australie) consomme presque toute l'angélique produite à Clermont.

D'autres fruits se préparent de la même façon : ce sont les prunes, les abricots, les cerises et les fraises.

Les maisons de gros vendent quelquefois à des détaillants qui font des emballages de fantaisie, coffrets, paniers.

Les fraises font l'objet d'un trafic important. Le centre de production est Chamalières, commune de la banlieue de Clermont, où l'on cultive en plein champ sur terrain volcanique, les principales variétés (8 hectares). Une variété spéciale, la fraise ananas est employée en confiserie.

Les jardiniers de Clermont, Billom font aussi un important commerce de plants de choux qui sont vendus dans la montagne au printemps.

D'autres cultures de légumes sont faites en plein champ : celle de l'ail et du chou à choucroute.

Dans les environs de Vertaizon, on cultive 100 hectares d'aulx produisant 3,000 à 5,000 kilogrammes par hectare; le prix varie de 10 à 25 francs les 100 kilogrammes. Les cultivateurs ont intérêt à vendre le plus tôt possible, car la dessiccation réduit le poids de la moitié dans le courant de l'année qui suit la récolte. Quelquefois on intercale deux lignes d'aulx et une ligne de betteraves fourragères qui peuvent se développer librement lorsque l'ail est enlevé (fin juillet).

A Seychalles, on cultive environ 40 hectares de choux quintal d'Auvergne ou de Brunswick, plantés à un mètre dans un terrain excellent. On obtient des rendements de 50,000 kilogrammes à l'hectare et on vend 2 à 3 francs les 100 kilogrammes.

La fabrication de la choucroute utilise la plus grande partie de cette production.

Dans cette même région, on fait quelques hectares de porte-graines de betteraves et de carottes, de radis.

OSIER.

L'osier, utilisé pour l'attachage de la vigne, est planté en bordure de ces vignes, jamais en plein sur des surfaces importantes. Les brins sont vendus au détail à 0 fr. 10 le kilogramme.

BASSES-PYRÉNÉES.

COMMERCE DES PRODUITS AGRICOLES.

Le maïs, les vins, le bois et les animaux occupent, à des degrés différents, le commerce d'exportation du département.

Maïs. — L'excédent de cette céréale trouve en Angleterre son principal débouché. Son exportation s'opère par mer et par la voie de Bayonne.

Vins. — Il n'y a pas longtemps encore, les villes hanséatiques et les États du Nord venaient enlever cette denrée sur nos marchés. Maintenant la vente du vin se réduit aux besoins de la consommation locale.

Bois. — Nos forêts livraient autrefois des fournitures considérables à la marine et à l'industrie des bâtiments. Leur déboisement a restreint ce commerce, aujourd'hui presque nul, mais qui pourrait revenir à la vie si la création des voies de communication facilitait l'exploitation des parties inexplorées des montagnes.

Malgré les progrès réalisés, les récoltes des céréales ont été de tout temps et sont encore insuffisantes pour la nourriture des habitants, comme cela ressort du tableau suivant dressé pour l'année 1903.

Récolte de 1903. — Production, consommation.

DENRÉES.	PRODUCTION.	CONSOMMATION.	IMPORTATION.	EXPORTATION.
	quintaux.	quintaux.	quintaux.	quintaux.
Blé....................	645,000	832,300	332,870	»
Farine.................	525,600	541,000	19,554	2,181
Pommes de terre..........	225,000	240,000	55,424	»
Haricots secs	110,000	61,000	2,776	23,538
Avoine.................	45,000	110,000	86,344	»
Maïs..................	1,070,000	1,071,395	1,395	15,641
Foin	2,918,000	2,918,276	276	4,962
Fourrages artificiels.........	435,000	435,036	36	221
Paille.................	1,218,000	1,247,947	29,947	»

Les landes occupent près de 30 p. 100 de la superficie totale du département, et, sauf les landes du Pont-Long, elles comprennent soit des plateaux étendus, propriétés communales en général, soit une infinité de parcelles dispersées sur l'échiquier des parcelles privées et embrassant le tiers et quelquefois la moitié de l'étendue totale de la propriété. D'ailleurs ces landes, dont la valeur vénale est en moyenne de 1,000 francs l'hectare, produisant un revenu annuel de plus de 3 p. 100, jouent un rôle important dans l'agriculture locale; elles sont l'unique source de la production de la litière. Aussi, le paysan béarnais, qui pense que hors la litière il n'est pas de confection possible de fumier, n'a qu'une ambition : obtenir du propriétaire s'il est métayer ou acheter, s'il exploite sa ferme, plus de *touyas* que par le passé. Devant cet état de choses, l'agriculteur béarnais a orienté son exploitation vers l'élevage et la viticulture. Il ne demande à la culture des céréales que la quantité de grains strictement nécessaire pour l'entretien de son exploitation.

L'argent qu'il ramasse provient toujours de la vente du bétail ou de ses produits, quelquefois aussi de la vente du vin et des fruits.

Autrefois la culture industrielle du lin était pour lui une source de revenus. Mais, depuis une trentaine d'années, par suite de la disparition presque subite dans le pays des fabriques du linge de Béarn, cette culture, ne donnant plus de bénéfices, a considérablement diminué.

Débouchés. — L'Espagne présenterait à nos divers produits agricoles des débouchés. Malheureusement, des tarifs de douane élevés enrayent tout mouvement d'exportation vers ce pays. Voici d'ailleurs quelques-uns de ces tarifs :

	BASES.	TARIFS.
Bœufs...	Tête.	40f 00
Vaches..	Idem.	35 00
Génisses encore à la mamelle....................	Idem.	25 00
Génisses, bouvillons, taurillons..................	Idem.	25 00

	BASES.	TARIGS.
Espèce porcine..........................	Tête.	20ᶠ 00
Espèce ovine et caprine.....................	Idem.	20 00
Chevaux hongres de plus de 1 m. 47.............	Idem.	180 00
Chevaux autres et juments..........	Idem.	135 00
Espèce asine.............................	Idem.	12 00
Espèce mulassière.........................	Idem.	80 00
Froment................................	100 kilogr.	8 00
Farine de froment........................	Idem.	13 00
Farine de maïs	Idem.	4 80
Légumes secs............................	Idem.	4 40
Vins..................................	Hectolitre.	50 00
Laines peignées..........................	100 kilogr.	80 00
Laines peignées et teintes ....·.............	Idem.	100 00
Peaux et cuirs non tannés	Idem.	6 00
Peaux vernies et peaux de veau tannées...........	Kilogr.	2 00
Fourrures et pelleteries.....................	Idem.	0 60

Les principaux produits du département sont les suivants :

GRAINS ET FARINEUX.

En général, le département ne produit pas assez de grains pour sa propre consommation. Cependant les haricots, cultivés en culture intercalaire dans le maïs, donnent des excédents considérables qui sont exportés sur Bordeaux. Cette denrée, dont la production est très variable d'année en année, donne lieu à une exportation moyenne annuelle de près de 40,000 quintaux. Le prix de vente est compris entre 25 et 30 francs les 100 kilogrammes.

CULTURES FOURRAGÈRES.

La consoude rugeuse du Caucase, introduite dans le département vers 1890, donne lieu à un petit commerce d'exportation s'élevant à 15,000 francs environ. Le centre de production de la consoude se trouve dans la commune d'Arouc; les expéditions se font dans toute l'Europe méridionale.

BOIS.

La vente des traverses pour le chemin de fer constitue un commerce très important développé surtout dans les arrondissements de Pau, Oloron, Mauléon. On peut évaluer à 1,500,000 francs l'importance de ce commerce.

MATIÈRES TANNANTES.

Deux usines d'extraits tannants provenant des châtaigniers morts existent depuis 1897 dans le département. L'une de ces usines, la plus importante, est située à Nay, l'autre à Ossès. La valeur des produits exportés s'élève à près de 900,000 francs.

VIGNES.

La surface plantée en vignes est de 17,900 hectares, et la production moyenne du vin, de 330,000 hectolitres.

De tout temps, la réputation des vins du Béarn, et particulièrement ceux de Jurançon et du Vic-Bilh, a donné lieu à un commerce d'exportation qui a eu des jours de prospérité. Mais la guerre de la Succession d'Espagne et les guerres du premier Empire ont fermé deux fois les débouchés que les vins du Béarn s'étaient ouverts dans les villes du Nord et dans les villes hanséatiques. Présentement, une quantité assez limitée de vins est expédiée en Belgique.

Le prix du vin, variable avec les années, l'est aussi avec les crus. Ceux de l'arrondissement de Pau, les plus renommés, tant en raison de la qualité que de la quantité des produits, et les seuls qui soient connus à l'étranger, subissent une grande division en crus de Jurançon et crus du Vic-Bilh. Les premiers embrassent le territoire des communes de Gan, Gelos, Jurançon, Laroin, Rontignon et Saint-Faust; les seconds, celui des communes d'Aydie, Conchez, Crouseilles, Gayon, Lasserre, Montpezat et Portet. Plus alcooliques que ceux du Vic-Bilh, les vins de Jurançon atteignent aussi des prix plus élevés.

Antérieurement à 1789, les vins du Béarn constituaient une branche importante de revenu pour la province. Ils faisaient l'objet d'un grand commerce d'exportation, qui, chaque année, leur ouvrait un débouché assuré de 30,000 à 35,000 hectolitres, enlevés presque exclusivement par les villes hanséatiques et les États du Nord à un prix moyen de 30 francs l'hectolitre qui demeura celui du cours jusqu'en 1816, époque à laquelle ce dernier s'éleva jusqu'à 40 francs. Suspendue dans les premières années de la Révolution, cette exportation reprit vers 1820, sur une échelle plus restreinte, il est vrai, et à des prix inférieurs, de 25 à 28 francs l'hectolitre. Elle cessa de nouveau plus tard à la suite de l'augmentation des droits de douane.

CULTURE MARAÎCHÈRE.

Nulle dans le département il y a quelques années, la culture maraîchère y a fait depuis quelques progrès, surtout aux environs des centres populeux et mondains de Pau, Bayonne, Biarritz. Mais elle ne produit que pour les exigences de la consommation et non pour l'exportation. Cependant, vers 1895, des essais de culture du coqueret du Pérou (*Physalis peruviana*) ont été faits en vue de l'exportation; cette culture, qui réussit très bien dans le pays, donne des produits de placement difficile.

CULTURE FLORALE.

La culture florale, peu ancienne également, s'est développée parallèlement à la culture maraîchère et a donné lieu à un commerce d'exportation avec l'Espagne, surtout pour les plantes ornementales et les arbres verts. D'un autre côté, on expédie d'Igon sur Paris, depuis dix ou douze années, quelques milliers de kilogrammes de bulbes d'anémone fulgens.

Vers 1880 s'établissait à Gan une culture industrielle de bambous, qui occupe actuellement près de 5 hectares.

CULTURE FRUITIÈRE.

En 1892 commença à s'établir à Gan le commerce d'exportation d'une variété de pomme dite *pomme pérasse*. Ce commerce prit rapidement de l'extension; ainsi actuellement il s'expédie de la gare de Gan, sur Bordeaux et l'Angleterre, de 40 à 80 wagons de pomme pérasse. Le prix d'achat de cette pomme est de 18 à 24 francs les 100 kilogrammes.

Les châtaignes du canton de Nay, les plus estimées du département, s'expédient sur Bordeaux; l'exportation est de 1,000 à 1,200 hectolitres par an; le prix d'achat de cette châtaigne est de 14 à 16 francs l'hectolitre.

Depuis quelques années on a tenté, avec un succès complet, dans la commune de Guethary, la culture forcée du raisin de luxe. Le seul établissement qui existe dans cette commune expédie quelques milliers de raisins sur Paris.

HAUTES-PYRÉNÉES.

Le département des Hautes-Pyrénées est, au point de vue spécial du commerce des produits agricoles, un centre relativement important d'exportation d'animaux. Un agronome a dit de ce département qu'il ne devrait être qu'une immense prairie, et les cultivateurs, avant lui, avaient compris quel rôle la prairie devait jouer dans chaque propriété et aussi quelle était l'importance que les cultures fourragères devaient prendre dans l'assolement.

A l'exception de quelques coteaux arides au nord du département, l'herbe pousse partout abondamment, trop abondamment même parfois, puisqu'elle rend difficile la culture des céréales non sarclées. Grâce aux neiges presque permanentes de certains hauts vallons de nos Pyrénées, les rivières sont suffisamment alimentées en été, et il est possible de remédier sur bien des points aux effets de la sécheresse.

Des deux façons d'écouler les produits de la prairie, la plus simple semblerait être la vente directe du foin, surtout pour les parties du département avoisinant les lignes de chemin de fer, c'est-à-dire pour toutes celles où les prairies dominent. De gros entrepôts de fourrages se sont formés, mais les négociants se sont aperçus bientôt que les produits des Hautes-Pyrénées ne pouvaient supporter, notamment sur la place de Paris, la comparaison avec ceux des autres régions. La raison en est sans doute dans l'abus de l'arrosage et dans l'excès de fumures au fumier de ferme, comme aussi dans la pauvreté du sol en chaux et en acide phosphorique.

Néanmoins, le commerce des fourrages tient une place relativement importante, notamment dans les deux centres de Tarbes et Vic-en-Bigorre. Pour l'ensemble du département, l'exportation se traduit ainsi :

Tarbes	25,000 quintaux.
Vic-en-Bigorre..	10,000
Vallée de la Neste..	5,000
TOTAL.......................................	40,000

C'est peu pour une production de 1,800,000 quintaux.

On a compris que mieux valait transformer les fourrages par l'alimentation animale que de les vendre en nature. Aussi le département des Hautes-Pyrénées possède-t-il, eu égard à sa superficie exploitable, une plus grande proportion d'animaux que la plupart des autres régions de la France. En tenant compte des terrains en montagne, des bois, des landes et des prairies, il ne reste qu'une superficie de 120,000 hectares en terres labourables. Ceci est insuffisant pour assurer l'alimentation d'une population de 220,000 âmes.

Par suite, le département des Hautes-Pyrénées ne peut exporter de céréales. Loin de pouvoir vendre du blé, il doit acheter au dehors, chaque année, de 90,000 à 100,000 quintaux de farine.

Il ne produit pas non plus l'avoine nécessaire, puisqu'il lui faut en acheter chaque année de 30,000 à 35,000 quintaux provenant principalement de Bretagne.

HARICOTS.

A peu près partout dans le département, la culture du haricot est mariée à celle du maïs, cette plante servant de tuteur. Mais, en raison de l'espacement nécessaire pour la culture du maïs, le rendement total en haricots se trouve peu élevé.

C'est à peine si 12,000 hectares cultivés donnent plus de 25,000 quintaux de grains. Plus de la moitié de la récolte est immédiatement portée sur le marché et livrée à des intermédiaires qui l'expédient sur Bordeaux et Paris. On ne conserve que la provision nécessaire pour parer aux besoins annuels de chaque famille.

Pendant les mois de septembre et d'octobre, la presque totalité de la récolte disponible chez l'agriculteur est livrée au marché. Cette quantité varie considérablement suivant l'importance de la récolte. Il ne reste, après cette vente dans le département, qu'environ 8 à 9,000 quintaux de haricots.

Ce stock étant insuffisant pour la consommation dans l'ensemble du département, le département est importateur en été d'une quantité de haricots qui peut être fixée approximativement à 6,000 quintaux.

POMME DE TERRE.

Cultivée également sur toute l'étendue du département, la production annuelle est d'au moins 600,000 quintaux. Sur cette quantité, il n'est expédié hors du département qu'à peine 12,000 à 15,000 quintaux. Les pommes de terre cultivées ici appartiennent aux variétés de grande culture et ne peuvent servir qu'à l'alimentation animale.

CULTURE MARAÎCHÈRE.

Aucune station balnéaire du département n'a autour d'elle la production maraîchère nécessaire à son alimentation. Il en est de même des villes un peu importantes, qui sont toutes obligées de s'approvisionner au dehors. C'est l'Algérie et le Midi qui, avec l'Espagne, sont les principaux fournisseurs.

Toutes les primeurs viennent du dehors et on est obligé d'importer tout ce qui, en produits maraîchers, est nécessaire en été pour l'alimentation des étrangers venus à Lourdes ou dans les stations balnéaires.

Ce peu d'importance dans le département de la production maraîchère s'explique d'autant moins que le climat permettrait ces cultures, qui trouveraient en abondance l'eau qui leur est nécessaire.

Un seul village, celui d'Asté (canton de Campan), s'est acquis une réputation par l'importance que la culture de la carotte tient dans l'assolement.

Vin. — Le département est bien loin de produire le vin nécessaire à sa consommation; les importations peuvent être évaluées à environ 300,000 hectolitres.

Châtaignes. — Ce fruit constituait pour les Hautes-Pyrénées un revenu assez important jusqu'à ces dernières années. La maladie du châtaignier a réduit la production à la quantité à peu près nécessaire pour la consommation locale. C'est à peine si actuellement 2,000 quintaux sont expédiés des marchés de Tournay et de Lannemezan.

Fruits divers. — Chaque ferme est entourée d'un grand nombre d'arbres fruitiers; la production totale est donc assez importante.

Mais les arbres ne sont pas entretenus avec tous les soins nécessaires; aussi, malgré une récolte très abondante, ce département, des plus favorisés par le climat, n'est pas exportateur de fruits.

C'est à peine si l'on vend au dehors 600 quintaux de noix et si 800 quintaux de pommes sont expédiés des Hautes-Pyrénées sur les différentes villes du Sud-Ouest.

Il est vrai d'ajouter que pour les fruits de table, en dehors des pêches et des oranges, l'importation est insignifiante.

PYRÉNÉES-ORIENTALES.

Le département des Pyrénées-Orientales est essentiellement montagneux. A l'est du département s'étend, des bords de la Méditerranée à la base des contreforts du Canigou, des Albères et des Corbières, la vaste et fertile plaine du Roussillon dont la plus grande largeur, de Bouleternère à Canet-Plage, est de 42 kilomètres environ, et la plus grande longueur, de Salces à Collioure, de 44 kilomètres environ.

Le sol de cette riche plaine est formé en partie par des alluvions anciennes, en partie par des alluvions modernes, récentes, et en partie par le pliocène à argiles bleues marines, sables jaunes marins et limons d'eau douce.

La chaîne des Corbières, qui limite le département au nord, est de la période secondaire : urgonien avec marnes grises à orbitolines et calcaires à caprotines.

La partie nord du département des Pyrénées-Orientales qui touche au département de l'Ariège est de formation granitique et, sur une faible partie, appartient à l'étage cambrien formé de schistes terreux et de calcaires cristallins zonés.

A l'ouest, le sol est en majeure partie de formation granitique, en petite partie de formation glaciaire avec conglomérats morainiques et d'alluvions anciennes d'Ur à Bourg-Madame.

Enfin, sur toute la longueur de la frontière franco-espagnole, les terrains sont très variés; en effet, on rencontre des schistes terreux, des gneiss gris et granulitiques, des grès et des calcaires à hippurites, des schistes argileux granutilisés, des micaschistes, des grès rouges, du calcaire dolomitique et des marnes irisées.

Les terrains d'alluvion de la plaine sont bornés à l'est par la Méditerranée; ils sont souvent fertilisés naturellement par les inondations qui déposent du limon. A l'exception du champ d'inondation de l'Agly où le calcaire est en quantité suffisante, le reste de la plaine, soumis aux inondations de la Têt et du Tech, manque à peu près totalement de calcaire et d'acide phosphorique. Aussi l'apport de ces deux éléments de fertilité est la cause première des récoltes abondantes que l'on fait dans cette région dans tous les ordres de culture.

Les terres de la plaine sont, en général, riches en potasse. Ce n'est que depuis quelques années que l'on emploie, mais en petite quantité, de la potasse sous forme de chlorure de potassium, de kaïnite ou de sulfate de potasse.

L'acide phosphorique est l'élément fertilisant qui manque le plus dans tous les terrains cultivés dans les Pyrénées-Orientales. Aussi l'emploi des phosphates minéraux, des superphosphates minéraux, des superphosphates d'os, du phosphate précipité et surtout des scories de déphosphoration riches en acide phosphorique s'est beaucoup généralisé.

Dans les sols tourbeux, où végétaient des herbes maigres et arides, l'emploi du phosphate précipité a donné des résultats remarquables. L'effet des scories riches est plus lent, peu prononcé la première année, mais très marqué la deuxième et la troisième année.

AIRE CULTURALE.

Dans les Pyrénées-Orientales, avec la diversité des terrains cultivés, et surtout avec a différence d'altitude, les cultures sont très variées. L'aire des cultures varie depuis 2 mètres au-dessus du niveau de la mer jusqu'à 1,800 mètres.

Si les cultures de seigle, d'orge, d'avoine, de pommes de terre, etc., sont encore possibles à ces hautes altitudes, c'est grâce à l'exposition et plus particulièrement à l'abri que leur font les montagnes dont les sommets atteignent de 2,000 à 2,921 mètres d'altitude.

Dans la plaine du Roussillon, où l'on cultivait, avant l'invasion phylloxérique, luzernes, trèfles, maïs, prairies naturelles, avoines et surtout le blé « du Roussillon », dont les semences très réputées servaient à ensemencer les terres à blé depuis l'embouchure du Rhône jusqu'à l'embouchure de la Gironde, aujourd'hui, à part quelques très rares exceptions, l'on n'y cultive que la vigne qui, avec les cépages carignan et aramon, donne jusqu'à 300 hectolitres à l'hectare.

Dans les sols d'alluvion, où l'eau est abondante, on cultive surtout les primeurs. Les principaux centres de production sont : la banlieue de Perpignan, Villelongue-de-la-Salanque, Saint-Laurent-de-la-Salanque, Saint-Hippolyte, Rivesaltes, Elne, Palau-del-Vidre, Ille-sur-Têt, Prades, Pézilla-la-Rivière, Argelès-sur-Mer, Ortaffa, Brouilla, le Boulou, Céret, Palalda, etc.

A Saint-Hippolyte, à Saint-Laurent-de-la-Salanque, à Saint-Genis, à Perpignan, etc., on cultive surtout les asperges d'Argenteuil et les artichauts. Elne est un grand centre de production d'artichauts ; dans cette ville, il y a deux ou trois grands marchés par semaine depuis sept ou huit ans.

A Saint-Genis-des-Fontaines, à Céret, à Palalda, à Bouleternère, à Ortaffa, etc., on cultive surtout les cerisiers et les abricotiers. A Ille-sur-Têt, on cultive plus particulièrement les pêchers dont les fruits, superbes et d'un goût exquis, sont d'une grosseur remarquable. Les variétés de pêches cultivées à Ille sont indigènes de la localité. Dans tous les jardins exploités en primeurs à Perpignan, à Rivesaltes, à Elne, à Brouilla, à Argelès, au Boulou, à Céret, à Pézilla-la-Rivière on cultive le pêcher sur de grandes surfaces.

De Céret, en remontant la vallée du Tech, on cultive, surtout à Arles-sur-Tech, de nombreuses variétés de pommiers dont les fruits sont l'objet d'un commerce d'exportation considérable.

Dans peu de temps, en plus des pommes, les poires d'hiver seront l'objet de transactions importantes en raison des vastes plantations de poiriers faites dans les communes d'Arles-sur-Tech, du Tech, de Saint-Laurent-de-Cerdans et à Prats-de-Mollo.

Dans la vallée de la Têt, depuis Prades jusqu'à Olette et dans les vallées perpendiculaires à celle de la Têt, on a planté depuis longtemps des pommiers, qui produisent abondamment, et des poiriers. Les pommes et les poires d'automne et d'hiver, surtout de Vinça, de Finestret, de Marquixanes, de Prades, de Sahorre, de Fuilla, de Corneilla-de-Conflent et de Vernet-les-Bains, ont acquis dans tout le midi de la France, en Algérie et en particulier dans la province d'Oran, à Paris, au Havre, en Angleterre, en Belgique, en Hollande, en Allemagne et jusqu'en Russie, une juste réputation.

En Cerdagne (canton de Saillagouse), où la plus basse altitude est de 1,138 mètres au-dessus du niveau de la mer, à Bourg-Madame, on s'est adonné surtout à la culture des poiriers à fruits d'hiver.

La production de poires exquises et d'une grosseur remarquable fait depuis longtemps déjà l'objet d'un commerce d'exportation considérable à Osséja, à Bourg-Madame, à Ur, à Estavar, à Latour-de-Carol.

Les propriétaires arboriculteurs de ces hauts plateaux seront en mesure d'exporter de nombreux wagons d'excellents fruits lorsque les chemins de fer électriques que l'on construit seront achevés.

En dehors des fruits, le département des Pyrénées-Orientales produit d'importantes quantités de vins, de l'huile d'olive, du liège, du micocoulier, du mûrier, du châtaignier, des truffes.

Les vins récoltés dans les « Aspres » et sur les coteaux sont incomparables à cause de leur finesse, de leur couleur, de leur bouquet et de leur richesse en alcool et en extrait sec : c'est dans les communes de Saint-Paul-de-Fenouillet, de Maury, d'Estagel, de Tautavel, de Vingrau, d'Opoul, de Cases-de-Pène, d'Espira-de-l'Agly, de Peyrestortes, de Baixas, de Salces, de Rivesaltes, etc. Ils sont produits par les cépages carignan et grenache; leur dosage en alcool varie de 12 à 15 degrés et plus.

Depuis plusieurs années, l'on exporte des Pyrénées-Orientales des quantités considérables de raisins pour la France, en Suisse et en Allemagne. En 1903, il a été exporté 4,114,039 kilogrammes de raisins de cuve, dont 2,961,249 kilogrammes à destination de l'Allemagne, 811,577 kilogrammes en Suisse et 341,213 kilogrammes en France. L'exportation des raisins de table s'est élevée à 774,937 kilogrammes.

Pendant l'année 1903, de la gare d'Argelès-sur-Mer, il a été expédié en Allemagne 60,800 kilogrammes de raisins de table. Il a été transité par la gare internationale de Cerbère, venant d'Espagne, 442,184 kilogrammes de raisins de table à destination de l'Angleterre.

Les vins de Collioures, de Port-Vendres, de Cosprons, de Banyuls-sur-Mer et de Cerbère dosent 12 à 15 degrés et au-dessus. Moins colorés que ceux de la région nord du département, ces vins sont très fins; en les laissant vieillir, l'on obtient des rancios d'un bouquet et d'un moelleux sans pareils. Ils sont désignés sous le nom de *vins de Banyuls*.

Les cépages qui produisent les vins de Banyuls sont les diverses variétés de grenache mélangées à du muscat, du piquepoul et du carignan.

Les vins des «Aspres», c'est-à-dire de coteaux granitiques ou calcaires, où la sécheresse réduit souvent, comme dans les régions de Maury et de Banyuls-sur-Mer, le rendement, sont des vins riches en couleur et en alcool (12 degrés et au-dessus); ils servent surtout à faire des coupages.

A la base des Albères, il existe encore des olivettes qui produisent de l'huile d'olive de bonne qualité. Autrefois, avant le phylloxéra, les oliviers étaient très nombreux dans les Pyrénées-Orientales; ils donnaient un revenu considérable. Mais, depuis l'invasion phylloxérique, l'engouement pour la production du vin a fait arracher beaucoup d'oliviers qui ont été remplacés par des vignes.

Près des oliviers qui restent, il existe de belles forêts de chênes-lièges qui donnent de beaux produits; d'importantes plantations nouvelles de chênes-lièges ont eu lieu depuis quelques années.

Le châtaignier, cultivé et exploité pour faire des douelles et des cercles, occupe de vastes superficies dans l'arrondissement de Céret ainsi qu'à Corneilla-de-Conflent et à Vernet-les-Bains (arrondissement de Prades). Cercles et douelles sont l'objet d'un commerce important pour la fabrication des futailles.

Le micocoulier fournit la matière première pour la fabrication des manches de fouets dits *perpignans*, des brancards de voitures et des attelles de colliers pour chevaux. Son bois est très nerveux et très souple. Les centres de fabrication des manches de fouets sont, par ordre d'importance, Sorède et Perpignan.

Les chênes-lièges sont exploités surtout dans l'arrondissement de Céret et un peu dans l'arrondissement de Perpignan. D'importantes fabriques de bouchons existent à Céret, à Maureillas, au Boulou et à Perpignan.

Les truffes les plus renommées se récoltent à Montferrer, à Arles-sur-Tech, au Tech, à Coustouges et à Saint-Paul-de-Fenouillet.

Production des fruits.— En 1903, il a été produit 6,228 quintaux de pêches évaluées 296,000 francs, 8,633 quintaux de pommes et poires représentant 97,000 francs et 281 quintaux de prunes d'une valeur de 7,700 francs. L'année 1903 fut désastreuse pour les fruits à cause des gelées tardives qui surprirent les arbres en pleine floraison, puis à cause des orages. La valeur totale des fruits fut de 400,670 francs.

Dans une année normale, la production des fruits : cerises, pêches, abricots, prunes, pommes et poires, peut être évaluée normalement de 1,000,000 à 1,200,000 francs. Dans quatre ou cinq ans, il n'est pas téméraire de prévoir que le département des Pyrénées-Orientales produira des fruits pour plus de 1,500,000 francs par an à cause de l'étendue annuellement grandissante des plantations nouvelles, avec toutes les variétés de fruits recommandées par la Société pomologique de France.

Production de primeurs. — La superficie consacrée à la culture des primeurs augmente tous les ans. Les méthodes de culture se perfectionnent, l'usage des engrais chimiques se vulgarise et la production augmente d'année en année dans d'énormes proportions. Seuls les moyens de transport laissent à désirer en chemin de fer. Il faut espérer que la Compagnie du Midi fera des efforts pour loger confortablement les fruits et primeurs transportés au loin; les produits de l'horticulture se détériorent parfois, en effet, par suite de leur entassement et de leur trop long séjour dans les wagons, sans air ni fraîcheur.

L'exportation des primeurs : artichauts, asperges, petits pois verts, haricots verts, choux et salades divers, fèves fraîches, pommes de terre nouvelles, tomates, aubergines, melons, concombres, pommes, poires, pêches, prunes, abricots, etc., s'élève annuellement de 8,000 à 10,000 tonnes environ, représentant une valeur de 7 à 8 millions de francs.

Pendant les mois de mars, avril et mai, en juillet, août, septembre et octobre, où les légumes et les fruits abondent, il part en moyenne des Pyrénées-Orientales à destination des autres départements et des pays étrangers plus de cent wagons à chargement complet. La bonne terre, le soleil et l'eau sont les premiers facteurs de l'énorme production de primeurs pour l'exportation, puissamment secondés par l'intelligente activité de nos producteurs.

TERRITOIRE DE BELFORT.

La partie du département du Haut-Rhin restée française est comprise entièrement dans le bassin du Rhône. Sa plus grande longueur, prise du pied nord du ballon d'Alsace jusqu'à la frontière suisse, près de Croix, est de 45 kilomètres et sa plus grande largeur de 20 kilomètres.

Le territoire de Belfort peut se diviser en quatre régions :

La première comprend le massif des Vosges; elle est située au nord.

La seconde, de beaucoup la plus étendue, est formée des collines sous-vosgiennes, dont les points culminants dépassent généralement 450 mètres.

La troisième, qui est la plus petite, forme le plateau de Beaucourt.

La quatrième est située des deux côtés du canal du Rhône au Rhin; c'est presque une plaine, si on la compare aux autres régions.

C'est dans la partie nord du territoire que se trouvent les plus hautes cimes de la petite chaîne des Vosges, qui constitue la première zone.

Elle est boisée presque partout. Les hauts sommets sont dénudés et couverts de pâturages. Les neiges y séjournent pendant plus de six mois, et souvent le ballon, sur ses pentes nord, en conserve jusqu'à la fin de juillet, c'est-à-dire pendant dix mois.

La deuxième zone, comprenant les collines sous-vosgiennes, a un aspect tout différent de celui des chaînons qui constituent le massif vosgien. Ce sont des collines abruptes sur leurs faces nord-ouest et en talus inclinés de 15 à 25 degrés vers le sud-est. Ces lignes de collines n'ont pas partout la même élévation : tantôt elles s'élèvent, tantôt elles s'abaissent pour former des ondulations.

La zone du plateau de Beaucourt est constituée par une suite d'accidents irréguliers, sans ramifications, détachés et comme isolés dans l'ensemble du soulèvement; elle se continue sur le territoire suisse et se rattache à la chaîne du Lomont, qui elle-même n'est qu'une dépendance du Jura; elle n'a que 12 kilomètres de longueur sur 6 kilomètres de largeur.

La zone de la plaine ne se sépare pas nettement des deux autres régions voisines, si ce n'est par sa constitution géologique. Traversée du nord-est au sud-ouest par le canal du Rhône au Rhin, elle est recouverte de diluvium vosgien au nord et au sud de diluvium rhénan ; elle comprend une série d'ondulations peu élevées, mais aucune partie rocheuse ou abrupte.

La chaîne des Vosges est coupée en tous sens par des vallées où coulent de nombreux ruisseaux et rivières qui sillonnent le territoire. Une certaine quantité d'étangs sont répandus sur plusieurs points du territoire, principalement entre Évette, Chaux et Éloye, et au nord de Grandvillars et de Faverois.

Le territoire possède 60,000 hectares de terres cultivables se répartissant ainsi :

	hectares.		hectares.
Blé d'hiver	3,865	Prairies naturelles	16,064
Méteil	628	Prairies artificielles	2,420
Seigle	2,230	Prairies temporaires et fourrages annuels	820
Orge	210		
Avoine de printemps	2,315	Champs	520
Pommes de terre et autres racines	2,954	Culture maraîchère	500
Betteraves fourragères	600	Vergers	1,064
Choux à choucroute	300	Bois et forêts	20,199

Le reste se compose de landes, pâtis, bruyères, tourbières et terrains marécageux.

CÉRÉALES.

Blé. — La seule variété de blé cultivée dans le territoire est le blé rouge d'Alsace, dit *blé d'Altkirch.* On le cultive surtout dans le canton de Delle, Belfort et Fontaine. Son rendement est de 20 hectolitres de grain à l'hectare. Toute la récolte est consommée dans le territoire.

Seigle. — La seule variété cultivée est le seigle ordinaire. Son rendement est de 15 hectolitres à l'hectare et son grain sert à la nourriture des animaux et aussi à la fabrication du pain de méteil. On ne cultive le seigle que dans les cantons de Giromagny et de Rougemont. Il en est de même pour le méteil dont le rendement atteint 16 hectolitres à l'hectare.

Orge. — L'orge est peu cultivée et sert à la nourriture des volailles. Son rendement est de 18 hectolitres à l'hectare.

Avoine. — L'avoine est cultivée dans tout le territoire ; son rendement est de 25 hectolitres à l'hectare. Tout est consommé dans le département.

POMMES DE TERRE.

La pomme de terre vient bien dans le territoire et son rendement est satisfaisant : 20,000 kilogrammes à l'hectare. Toutes sont vendues aux grands marchés de Belfort, Giromagny, Delle, etc. La production est bien inférieure à la consommation.

BETTERAVES.

Les betteraves cultivées le sont généralement pour la nourriture des animaux, spécialement des vaches laitières. Le rendement est d'environ 30,000 kilogrammes à l'hectare.

CULTURES FOURRAGÈRES.

Prairies artificielles. — Les cultivateurs font de plus en plus de fourrages, et partout l'on voit croître le nombre des luzernières, tréflières et autres prairies artificielles. Ces plantes donnent un bon et abondant fourrage.

Prairies naturelles. — Les prairies naturelles constituent un grand revenu pour le cultivateur. La vente du foin est facile, par suite de la présence de nombreux régiments de cavalerie stationnés à Belfort. Le département achète même encore dans les départements voisins une grande quantité de fourrage. Les prairies naturelles sont bien soignées, fortement fumées et par conséquent d'un grand rendement.

CULTURE MARAÎCHÈRE.

La culture maraîchère prend de jour en jour plus d'extension. La population industrielle, très nombreuse, est un débouché important pour nos jardiniers et horticulteurs; aussi voit-on des villages entiers abandonner la culture pour se livrer spécialement à la production des légumes. Exemple : Perouse, Essert, etc. Malgré l'activité des jardiniers, le territoire fait appel à de nombreux départements pour les fruits, les primeurs et les légumes ordinaires.

Choux à choucroute. — Le chou à choucroute est cultivé sur 300 hectares environ. C'est le seul produit que le territoire exporte, en petite quantité du reste. La plus grande partie est consommée sur place.

CULTURES FRUITIÈRES.

Il n'y a que 32 ares de vigne dans le territoire, et la récolte est souvent nulle à cause des fortes gelées que nous avons régulièrement en mai et en juin.

Les arbres fruitiers sont très nombreux dans notre département. Il y a surtout des pruniers, des pommiers et des poiriers. La vente des fruits est très facile à cause des grandes villes industrielles. Ils sont consommés à l'état frais. Une petite quantité est transformée en cidre et poiré.

Le territoire possède 500 hectares d'étangs environ. La meilleure partie est peuplée de carpes, de perches et de brochets. Ces étangs sont généralement d'un bon rapport. On expédie beaucoup de poisson à Mulhouse et à Colmar, mais, d'un autre côté, on en reçoit de la Haute-Saône et du Doubs.

En résumé, le territoire de Belfort ne produit pas les denrées agricoles nécessaires pour la nourriture de ses habitants et, sauf pour la choucroute, est importateur de tous les produits nécessaires à la vie.

RHÔNE.

Les produits agricoles récoltés dans le département du Rhône sont, la plupart, consommés sur place par la population urbaine et rurale, qui était au dernier recensement de 843,179 habitants. On importe même de grandes quantités de denrées de première nécessité.

CÉRÉALES.

Les céréales, dont l'étendue diminue d'année en année pour faire place aux prairies et à la vigne, couvrent actuellement de 60,000 à 61,000 hectares. Elles sont cultivées particulièrement dans la vallée de la Saône, suivant une bande parallèle à la rivière, et dans la partie montagneuse.

Leur récolte, utilisée sur place, est insuffisante; on importe des départements limitrophes d'importantes quantités de blé qu'on panifie et qu'on transforme en pâtes alimentaires.

L'avoine et l'orge sont également importées du dehors.

VIGNE.

La vigne couvre les premiers contreforts des monts du Lyonnais et du Beaujolais, suivant une bande parallèle aux deux cours d'eau (la Saône et le Rhône) qui sillonnent le département du nord au sud.

L'étendue plantée en vigne est aujourd'hui de 40,500 hectares; jamais pareille surface ne fut consacrée à cette culture.

La récolte moyenne du vignoble du Rhône peut s'estimer à 1,300,000 ou 1 million 400,000 hectolitres de vin.

La ville de Lyon en consomme 750,000 hectolitres, mais dans ce chiffre figurent les vins tirés du midi de la France et de l'Algérie qui servent aux intermédiaires pour couper les vins légers récoltés dans les plaines, sur les points les plus élevés et les surfaces tournées à l'ouest et au nord, et en faire un type toujours uniforme exigé par la population ouvrière.

Les bons vins ordinaires récoltés par les vignerons sont vendus à la clientèle bourgeoise.

Les bars et les restaurants achètent aussi directement chez le producteur.

Une partie de la récolte est dirigée dans la vallée du Gier pour l'alimentation des ouvriers employés dans les verreries et dans les usines métallurgiques de Saint-Etienne, Rive-de-Gier, Saint-Chamond, Grand-Croix, etc., qui le trouvent très frais et très digestif.

Les vins fins des crus de Brouilly, Morgon, Fleurie, Moulin-à-Vent, Thorins, Juliénas, Lachassagne, etc., qui sont de longue garde, prennent toutes les directions; Paris en consomme de grande quantités.

Les vins de Côte-Rôtie (chantés jadis par Pline le Jeune), située au sud du département, sur les bords du Rhône, sont exportés dans tous les pays.

La valeur de ces différents vins est variable.

PLANTES-RACINES.

Dans la catégorie des plantes-racines, il n'y a guère que la pomme de terre qui occupe une importante surface (14,200 hectares environ).

La récolte est absorbée sur place; une faible partie va alimenter les trois féculeries Lamure, Azergues, Amplepuis et Cublize.

Ce qui manque pour satisfaire aux besoins de l'agglomération lyonnaise est tiré des départements limitrophes et du centre de la France.

Betteraves. — La betterave à sucre couvre à peine quelques hectares ; une partie est envoyée à la sucrerie de Chalon-sur-Saône et l'autre à celle d'Orange.

CULTURES POTAGÈRES.

Outre les légumes récoltés dans un rayon, autour de Lyon, ce centre de consommation reçoit du littoral méditerranéen, de l'Algérie, de la Tunisie, etc., des milliers de tonnes de primeurs de toutes sortes.

Actuellement, il se fait, dans le Rhône, un essai de culture de tomates destinées à l'alimentation du marché de Londres.

CULTURES FRUITIÈRES.

Le fruit seul est l'objet d'un commerce d'exportation très actif, le climat et le sol du Lyonnais étant éminemment favorables à la culture des arbres à fruit. En grande partie d'origine alluvionnaire, la terre est profonde et très mouvementée ; on y rencontre les expositions les plus diverses et les plus favorables.

Dans l'arrondissement de Lyon, les espèces les plus variées se développent avec vigueur et donnent toutes d'excellents produits très appréciés du consommateur.

Les fruits sont dirigés par milliers de tonnes sur le marché de Paris et de Londres, et en quantités moins importantes en Belgique, en Hollande, en Suisse et en Allemagne. Les villes importantes du Nord, de l'Ouest et de l'Est reçoivent aussi des fruits de Lyon.

Cette culture est fort rémunératrice.

Fraises. — Les fraises sont expédiées en grande partie à Saint-Étienne et dans la vallée du Gier ; Paris en reçoit également.

La petite gare d'Oullins a chargé sur wagons, en une seule année, plus de 170,000 kilogrammes de fraises à destination de Saint-Étienne.

FOURRAGES ET PAILLES.

Les fourrages et pailles de toute nature sont consommés dans le département. Lyon et le vignoble les reçoivent des départements limitrophes.

HAUTE-SAÔNE.

Le département de la Haute-Saône est essentiellement agricole et ses productions sont très variées.

Son terrain, un peu accidenté et de composition physique très variable, favorise ses cultures multiples, dont les produits constituent tous les éléments nécessaires à l'alimentation de la population et à celle du bétail.

L'exploitation animale est également fort complexe dans la Haute-Saône. C'est elle qui, actuellement, constitue la meilleure source de bénéfices pour les cultivateurs.

On peut, d'ailleurs, résumer la situation agricole du département par les chiffres suivants empruntés à la statistique de 1902 :

SURFACE OCCUPÉE PAR LES CULTURES ET PRODUCTION.

ÉNUMÉRATION DES CULTURES.	SURFACE OCCUPÉE par LES CULTURES.	PRODUCTION TOTALE.	PRODUCTION MOYENNE par HECTARE.
	hectares.	quintaux.	quintaux.
Blé	60,914	721,321	11,84
Méteil	3,814	43,608	11.40
Seigle.	10,149	102,966	10.10
Orge.	3,376	36,058	10.70
Avoine.	58,764	440,326	7.50
Sarrasin.	1,347	10,664	7.90
Maïs	991	7,018	7.07
Pommes de terre	19,609	2,080,533	106.10
Betteraves fourragères	2,595	711,709	274.23
Trèfle	12,385	592,903	47.87
Luzerne	6,323	368,049	58.20
Sainfoin.	3,348	104,004	31.06
Graminées et mélanges.	1,487	42,927	28.85
Fourrages verts annuels.	790	161,780	202.50
Prés naturels.	74,632	2,649,465	35.50
Herbages et pâturages.	7,325	80,558	17.00
Pacages	4,738	32,365	6.83
Tabac.	415	7,309	16.32
Colza.	487	3,170	6.50
Vigne.	4,796	40,119	8.36

Les cultures sont très variées dans la Haute-Saône, mais aucune d'elles ne constitue une spécialité caractéristique du pays, comme la vigne dans le Midi, la betterave à sucre dans le Nord, etc.

Les cultures mentionnées ci-dessus, avec les surfaces qu'elles occupent dans le département, se répartissent à peu près uniformément sur tout le territoire où l'assolement triennal est généralement en usage.

Cependant, dans la région montagneuse de l'Est, arrosée par de nombreux ruisseaux qui descendent des collines, ce sont les prairies qui dominent. Il en est de même dans les vallées de l'Ognon et de la Saône.

Dans les localités situées dans la plaine de cette même région, c'est-à-dire aux environs de Lure et de Luxeuil, où le sol est très siliceux, les pommes de terre, le seigle, l'avoine et le trèfle occupent presque tout le terrain cultivé.

Dans les arrondissements de Gray et de Vesoul, les cultures sont uniformément réparties dans toutes les localités; dans la vallée de la Saône, les prairies couvrent de grandes surfaces, et sur les terrains escarpés, la vigne occupe le sol dans les cantons d'Autrey, Champlitte, Gy, Marnay, Pesmes, Amance, Jussey, Vesoul, Vitrey, etc.

Les produits végétaux qui font l'objet d'un commerce important dans la Haute-Saône sont : le blé, l'avoine, les fourrages de prairies naturelles, la paille, les pommes de terre, le kirsch et le vin, ainsi que les raisins de vendange dans les vignobles importants.

CÉRÉALES.

La vente des grains, notamment du blé et de l'avoine, s'effectue, à vue d'échantillons apportés par les producteurs, les jours de foires et de marchés dans les principaux centres, notamment à Vesoul, Gray, Lure et dans les chefs-lieux de cantons.

Les affaires se traitent habituellement dans des cafés où, à des heures déterminées, se trouvent réunis les vendeurs et les acheteurs.

Souvent les cultivateurs conduisent leurs céréales, après en avoir fixé le prix à vue d'échantillons, chez les marchands de grains ou chez les meuniers. La vente se fait encore au domicile des cultivateurs, lors du passage des courtiers ambulants.

Les grands moulins de Port-sur-Saône, Vereux, Gray, Héricourt, Soing, Vy-les-Lures, Ormoy, Corre, Faverney, Scey-sur-Saône transforment en farine la plus grande partie du blé produit dans la Haute-Saône. Leur production annuelle de farine peut être estimée aux environs de 900,000 quintaux.

Le blé trouve encore un débouché important dans les adjudications militaires de Belfort, Besançon, Épinal, Dijon, Gray et Vesoul, où les affaires sont surtout traitées par les courtiers. Jusqu'alors les cultivateurs ont très peu pris part directement à ces adjudications; mais il est à prévoir qu'à l'avenir ils pourront traiter directement pour les fournitures de grains.

Le méteil, le seigle et l'orge sont à peu près complètement consommés chez les producteurs; ces céréales ne sont l'objet que d'un commerce insignifiant.

Certaines localités, comme Fougerolles, Luxeuil et Rigny, sont réputées pour la production de bonnes avoines de semence. Aussi une partie de la production de ces localités est exportée dans les autres régions de la Haute-Saône et même un peu dans les départements voisins pour servir à cet usage.

POMMES DE TERRE.

Dans les régions de Lure, Luxeuil et la vallée de la Saône, notamment aux environs de Gray, on cultive la pomme de terre sur de grandes surfaces, et on en produit beaucoup plus qu'on ne peut en utiliser pour l'alimentation de la population et du bétail.

Cet excédent est vendu aux féculeries qui existent dans ces régions.

La vente se fait habituellement sur les places de marchés ou au domicile des cultivateurs lors du passage des courtiers.

Souvent les cultivateurs, quand ils ne sont pas trop éloignés, conduisent eux-mêmes leurs pommes de terre à la féculerie. Généralement le prix est fixé aux 100 kilogrammes; il varie un peu avec les espèces. Les ventes ne sont pas encore basées sur la richesse en fécule des tubercules pour en fixer la valeur marchande. Cependant une féculerie coopérative à Corbenay possède un féculomètre et s'en sert avec avantage pour choisir les pommes de terre les plus riches en fécule.

Les diverses féculeries du département situées à Arc-les-Gray et dans l'arrondissement de Lure traitent annuellement environ 500,000 quintaux de pommes de terre quand les années sont bonnes.

BOISSONS.

Vin. — Les principaux vignobles sont ceux de Champlitte, Gy, Bucey-les-Gy, Vantoux, Chantes, Echenoz-la-Meline, Morey, Saint-Julien-les-Morey, Courchaton.

La production du vin est à peu près entièrement utilisée par la consommation locale.

Les vins blancs sont très appréciés. Le dosage en alcool des vins de la Haute-Saône est en moyenne de 8 à 9 degrés. Dans la vallée de la Mance (nord-est du département), on récolte des vins plus légers dosant 7 à 8 degrés.

La vente se fait généralement à la pièce de 200 litres, à raison de 40 à 60 francs l'hectolitre, suivant les crus et la nature du vin. Habituellement le vin blanc vaut 5 francs de plus par hectolitre que le vin rouge.

On vend souvent la vendange à raison de 28 à 32 francs la tine de 80 litres, prise dans les vignes au moment de la récolte. Ce sont presque toujours les habitants des localités voisines, non viticoles, qui viennent avec leur voiture chercher cette vendange pour faire eux-mêmes leur vin.

Kirsch. — Le kirsch, produit de la distillation des cerises, constitue l'un des produits les plus importants du sol dans le nord-est et l'est de la Haute-Saône, notamment dans les communes d'Aillevillers, Fourgerolles, Luxeuil, Clairegoutte, Frédéric-Fontaine, Andornay et Saint-Loup-sur-Semouse.

Dans ces localités, les cerisiers sont nombreux et poussent avec vigueur.

Mais leur production est irrégulière à cause des gelées printanières qui détruisent souvent la récolte.

Les cerises sont vendues sur place à des industriels du pays ou distillées par les cultivateurs eux-mêmes, qui vendent alors leurs kirschs aux commerçants.

Ces kirschs sont en partie consommés sur place dans les établissements publics ou vendus dans les grandes villes par des voyageurs qui se livrent au commerce des spiritueux.

SAÔNE-ET-LOIRE.

Les produits agricoles fournis par le département de Saône-et-Loire, et donnant lieu à un trafic d'une certaine importance, sont le beurre, une certaine quantité de fromage façon gruyère, les vins, et enfin quelques produits maraîchers.

Les autres denrées agricoles sont, en majeure partie, consommées dans le pays, ou ne donnent lieu qu'à des échanges locaux ou avec les départements limitrophes.

VINS.

On sait dans quelle mesure est sujette à varier, d'une année à l'autre, la production des vins. Le mouvement d'affaires résultant de cette production varie donc dans les mêmes proportions, si bien qu'il est impossible de donner des chiffres que l'on puisse considérer comme moyens. On s'en rendra compte par le simple rapprochement suivant : en 1899, la récolte totale des vins, en Saône-et-Loire, n'a pas atteint

467,000 hectolitres; l'année suivante, en 1900, elle a dépassé 2,560,000 hectolitres.

De plus, selon ce qu'a été la récolte antérieure en quantité et en qualité, selon
l'importance des stocks en cave, suivant les cours pratiqués, et enfin selon ce qu'est
la récolte nouvelle envisagée aux mêmes points de vue, les ventes et livraisons faites
dans les trois mois succédant aux vendanges peuvent être ou très précipitées ou très
lentes.

En 1902, qui peut être considéré comme une année de récolte moyenne, la production vinicole a été de 1,207,000 hectolitres; toutefois, par suite des deux grosses
récoltes de 1900 et 1901, le commerce s'est trouvé en présence de réserves importantes, accumulées autant dans ses caves qu'à la propriété.

En 1902, sur 1,007,650 hectolitres expédiés de Saône-et-Loire dans les autres
départements, près de 300,000 ont eu pour destination le seul département de la
Seine. Il en est d'ailleurs toujours ainsi, en ce sens que Paris est, pour la contrée,
le débouché vinicole le plus important. Vient ensuite le département de la Côte-d'Or,
avec 105,880 hectolitres.

Le Rhône, avec Lyon, suit de près, soit 95,440 hectolitres.

Puis vient le département de l'Ain, qui a reçu 90,260 hectolitres, et qui est suivi à
assez grande distance par le département de la Loire, où, grâce à Saint-Étienne et
à sa région, il a été expédié un peu plus de 48,000 hectolitres.

Après ces débouchés principaux, on peut énumérer par ordre d'importance, la
Nièvre (44,420 hectol.), le Doubs (32,320 hectol.), le Jura (30,550 hectol.), Seine-
et-Oise (26,820 hectol.), l'Allier (25,900 hectol.), les Vosges (23,150 hectol.), etc.

Outre les vins vendus en France, 7,300 hectolitres auraient été déclarés comme
étant destinés à la Suisse, à la Belgique et à l'Angleterre; mais ces chiffres, notamment en ce qui concerne la Suisse, seraient fortement, paraît-il, au-dessous de la
vérité.

En admettant que, sur le total de 1,015,000 hectolitres expédiés dont il vient
d'être question, les neuf dixièmes soient constitués par des vins ordinaires, on arriverait à la somme de 27,506,000 francs environ, représentant la valeur de ces vins
pris à la propriété.

CULTURES MARAÎCHÈRES.

La culture des produits maraîchers, en vue de la vente en gros, s'est localisée en
Saône-et-Loire sur deux points pour ainsi dire uniques : 1° à Chalon et dans quelques communes de sa banlieue; 2° à Louhans et dans la commune de Branges qui est
limitrophe.

De part et d'autre, des terres légères et saines, de l'eau à une faible profondeur,
des engrais de ville et de fermes à proximité, enfin des débouchés assurés et commodes sont la raison d'être de cette spécialisation.

Le groupe de Chalon est le plus important. Il comporte environ 175 hectares,
s'étendant sur les communes de Chalon-sur-Saône, Saint-Jean-des-Vignes, Crissey,
Sassenay, Saint-Marcel et un peu Epervans. A ces 175 hectares il faut ajouter une
surface à peu près égale de terrains agricoles, sur lesquels la culture en grand du chou
pommé entre régulièrement dans l'assolement.

Les produits sont constitués uniquement par du gros légume de saison, principalement des choux, des choux-fleurs, des carottes, des salades, des poireaux, des radis et, en moindre quantité, la plupart des autres légumes courants et les melons.

En 1903, la valeur totale des produits récoltés dans ce groupe s'est élevée à environ 865,000 francs.

Pendant la saison de production, la majeure partie de ces légumes, vendus en gros et emballés dans des corbeilles en vannerie tous les matins, sont expédiés au Creusot, Montceau-les-Mines, Blanzy, Épinac, Montchanin, Autun, etc.

En outre, en cette même année, 12,630 quintaux métriques de ces mêmes produits, représentant une valeur moyenne de 125,000 à 130,000 francs, ont été expédiés à Paris et en Suisse.

Enfin, aux 175 hectares dont il vient d'être question il convient d'ajouter environ 40 hectares consacrés, principalement sur la commune de Sassenay, à la culture de l'asperge et ayant rapporté, à raison de 720 francs l'hectare, pour 28,800 francs de produits. Les lieux d'expédition sont les mêmes que ceux précédemment cités.

Le second groupe, formé par Louhans et Branges, occupe une surface d'environ 65 hectares.

On y cultive moins de gros légumes qu'à Chalon, mais des légumes plus variés; en réalité, sauf peut-être les artichauts et les cardons, qui nécessitent des terres plus fortes, on obtient là à peu près toute la série des légumes de saison.

De plus, on se livre sur une échelle assez grande à la production des plants de choux et choux-fleurs, de poireaux et d'oignons, vendus pour être repiqués.

La valeur totale des légumes et plants récoltés dans ce groupe est d'environ 210,000 francs.

Presque toute cette production est écoulée à Lons-le-Saunier, Saint-Claude, Champagnole, Morez, et dans les diverses communes du Jura et de la Franche-Comté où le climat, plus froid en raison de l'altitude, ne permet que difficilement l'obtention des produits maraîchers.

Il y a là une industrie agricole très intéressante, née d'elle-même de la juxtaposition de la plaine à la montagne et de la multiplication des moyens de transport, et qui a transformé tout un territoire, composé de sables presque sans valeur, en une région où tout dénote la prospérité.

SARTHE.

Les principales cultures du département sont les céréales, le chanvre, les cultures fourragères et fruitières, la vigne et les légumes.

CULTURE MARAÎCHÈRE.

Légumes. — En général, les légumes ne sont cultivés que pour les besoins locaux. Il est fait exception pour les pommes de terre qui, dans les bonnes années, sont expédiées en grande quantité sur Paris, le Midi et l'Angleterre. Les principaux centres de production sont les arrondissements du Mans et de la Flèche.

Dans quelques communes avoisinant le Mans, dans les cantons de Bonnétable et de la Flèche, il est fait d'importantes cultures de petits pois, de haricots et de tomates pour les usines de conserves du Mans.

On expédie, des environs du Mans, des melons pour l'Angleterre.

Champignons. — Il n'existe que quelques champignonnistes dans le sud du département, à la Châtre et à Luché; la production est peu importante à Écommoy et au Mans. Les champignons sont employés par les usines de conserves du Mans ou envoyés aux Halles. On récolte des cèpes dans les forêts, particulièrement dans celle de Bené, et on les expédie aux Halles de Paris.

CULTURES FRUITIÈRES.

Marrons. — La production des marrons est assez importante dans les environs du Mans et les cantons du Grand-Lucé, Mayet, Écommoy, le Lude. Les plus estimés sont appelés *nousillards* dans le pays.

Cette production tend à diminuer par suite de la disparition des vieux arbres et de la non-replantation, le produit étant considéré comme peu rémunérateur.

Noix. — Les noyers se rencontrent surtout dans le voisinage des vignobles et dans les cantons de la Suze, Malicorne et Mayet.

Cassis. — Le cassis est produit un peu partout, mais surtout dans les environs du Mans et d'Écommoy. Il est utilisé sur place par les liquoristes et confiseurs du Mans.

Fraises. — La production en vue de l'exportation est faite dans les environs du Mans.

Pommes et Poires à cidre. — Leur production a une grande importance dans tout le département, mais surtout dans les arrondissements de Mamers et du Mans. Les produits des autres régions sont moins importants et moins estimés.

Les principales variétés cultivées sont : bédan, rousse, doux-normandie, bois-droit, amérés, fréquins, marin-onfroy, queue-torse, petit-jaunet, vendelot, améré blanc, queue-de-coing, longue-branche, etc.

Ces pommes sont en partie employées par les producteurs ou vendues dans la région aux fabricants de cidre ou aux marchands de fruits. Dans les années d'abondance, elles sont expédiées en grande quantité sur la Normandie, la Bretagne ou le Midi. Elles sont alors achetées à la ferme par des habitants du pays ou des courtiers étrangers qui parcourent la région de septembre à fin novembre.

Il faut signaler aussi des courtiers allemands qui en enlèvent de grandes quantités, qui sont envoyées à Strasbourg et dans le Wurtemberg, à Stuttgard, où elles servent à la fabrication de boissons gazeuses (cidres champagnisés) et aussi à la préparation de confitures. Les Allemands préfèrent en général les pommes «sures», c'est-à-dire acides.

Pommes et Poires à couteau. — Elles sont en général utilisées pour la consommation locale. Cependant, dans les arrondissements de Mamers, du Mans (cantons de Montfort et de Ballon) et de Saint-Calais (cantons de Vibraye et du Grand-Lucé), elles donnent lieu à d'assez importantes transactions pendant les mois d'octobre, novembre et décembre.

Les principales espèces sont : reinette jaune, pomme de jaune, reinette dorée, reinette du Canada, calville rose, groseille, poires d'Angleterre et différents beurrés.

Ces fruits sont achetés à la ferme ou sur les marchés par des revendeurs en relations avec les facteurs des Halles de Paris. Des envois se font également en Angleterre.

Cidre. — La production du cidre est très importante. Cependant, dans les années médiocres, il faut importer des pommes de Normandie, de Bretagne ou d'autres régions.

Au point de vue de la qualité, le département est divisé en trois régions :

1° *Région des meilleurs cidres.* — Cantons de Saint-Paterne, Ballon, Beaumont, Bonnétable, la Ferté, Fresnay-sur-Sarthe, Mamers, Marolles-les-Braults, Montmirail, Tuffé et la Fresnaye.

2° *Région des cidres de moyenne qualité.* — Cantons de Coulie, Montfort, Sillé-le-Guillaume, Pontvallain, Bouloire, Vibraye.

3° *Région des cidres de qualité ordinaire.* — Cantons du Grand-Lucé, la Chartre-sur-le-Loir, Écommoy, Saint-Calais, Loué, les trois cantons du Mans, Sablé, la Suze, Brulon, la Flèche, le Lude, Malicorne, Mayet et Château-du-Loir.

Le commerce se fait par l'intermédiaire de marchands qui, dans la plupart des cas, achètent les pommes chez le cultivateur et fabriquent eux-mêmes.

Les cidres sont principalement envoyés sur Paris.

Les poirés servent presque uniquement à la fabrication des eaux-de-vie.

Vins. — Les arrondissements de Saint-Calais et de la Flèche produisent une assez grande quantité de vins rouges ou blancs.

Les vins rouges sont très ordinaires et ne peuvent guère être considérés que comme vins de consommation courante. Ils sont légers, frais, parfois un peu verts, mais agréables au goût. Le plus souvent, ils sont peu alcooliques et manquent de couleur.

Ils n'en jouissent pas moins d'une renommée locale et trouvent facilement leur débouché dans la région en année courante.

Les vins blancs, dans les bonnes années, sont doués de qualités réelles qui peuvent les faire apprécier et leur créer une clientèle à l'étranger.

Les principaux crus sont pour l'arrondissement de Saint-Calais :

Canton de la Chartre-sur-le-Loir.
- Les Jasnières (commune de Lhomme).
- Les Sous-les-Bois (commune de Ruillé-sur-Loir).
- Vins :
  - de Lhomme (Tuffières, la Gidonnière, Saint-Jacques, les Mollières).
  - de Chahaignes (Rassies, les Renaudes, Château-la-Jaille.
  - de Marçon (les Nérons, les Roches, la Parrerie, les Godettes).

Canton de Château-du-Loir.
- Vins :
  - de Flée (Sainte-Cécile, les Tuffières).
  - de Château-du-Loir (les Montechats).
  - de Montabon (les Beau-Soleil).
  - de Nogent-sur-Loir (la Motte).
  - de Vouvray-sur-Loir (les Peloizières).
  - de Dissay-sous-Courcillon (les Truillas).
  - de Saint-Pierre-de-Chevillé (les Lamballes).
  - de Luceau (Clos du Couvent).

Dans l'arrondissement de la Flèche, à Chenu, Saint-Germain-d'Arcé, Mayet et Bazouges, on récolte, certaines années, des vins rouges assez estimés dans le pays, mais ils ne peuvent se conserver très longtemps, sauf dans les bonnes années.

Les principaux crus sont :

Canton de Mayet. — Clos { des Morlières, à Waas.
des Chambon, à Saint-Germain-d'Arcé.
des Briolons, à Aubigné.

Canton de la Flèche. — Coteaux de Mareil-sur-Loir.

Canton de Malicorne. — Les Grands-Clos à Noyen.

Dans l'arrondissement du Mans :

Canton de la Suze — Clos de Saint-Benoît à Chemiré-le-Gaudin.

Dans l'arrondissement de Mamers:

Canton de Beaumont-sur-Sarthe. — Clos de Segrie, Vernie, Assé-le-Riboul.

La période active des ventes va de fin janvier en avril, et mai au plus tard. En général, les producteurs vendent directement aux consommateurs, quelques-uns expédient sur Paris; il existe aussi quelques négociants.

CÉRÉALES.

Blé. — Le blé est produit en grande quantité dans tout le département, mais ne donne lieu qu'à un commerce local. Il est vendu, presque en totalité, soit directement aux petits minotiers du pays, soit par l'intermédiaire des marchands de grains aux usines plus importantes de La Ferté-Bernard, Le Mans, Sablé, La Flèche, Asnières.

Quelques exportations se font des cantons de Beaumont, La Ferté et Montmirail, mais n'offrent pas beaucoup d'importance.

Les principales espèces cultivées sont : le blé de Saint-Laud, de Bordeaux, quelquefois, blé bleu et blés anglais.

Avoine. — La production de l'avoine est assez forte, mais en raison de l'élevage des chevaux, elle est consommée dans le pays. Les principales espèces cultivées sont : l'avoine joannette et l'avoine noire de Brie. Elle est achetée par les grainetiers des différentes régions, qui revendent aux marchands en gros du Mans et de Tours.

Le méteil et le seigle sont consommés dans le pays.

Orge. — L'orge ne donne lieu qu'à un commerce local, sauf dans l'arrondissement de La Flèche (cantons de Sablé et Brûlon principalement), où la culture de l'orge de brasserie est très développée; l'orge commune et l'orge Chevalier dominent.

Les marchands du pays expédient dans les malteries de l'Est et en Allemagne. L'Angleterre en achète également beaucoup.

CHANVRE.

Il est cultivé dans les arrondissements du Mans (sauf le canton de Montfort) et de Mamers (sauf les cantons de Bonnétable, Tuffé, Montmirail et La Ferté-Bernard).

Les produits sont achetés par des marchands de ces régions ou du Mans et livrés aux usines du Mans, Angers, Rennes et Amiens.

PAILLES ET FOURRAGES.

Ils sont produits en assez grande quantité, mais sont consommés sur place ou ne donnent lieu qu'à un commerce local. Le sud du département en expédie au Mans pour les besoins de l'armée.

SAVOIE.

Par suite d'un relief des plus accidentés, la Savoie se divise en régions ou pays agricoles très distincts. Chacun d'eux importe ou exporte des produits spéciaux qui dérivent de sa configuration et comme presque toutes les cultures s'étagent de 200 à 1,800 mètres d'altitude, les échanges se font simplement de vallée à vallée ou du bas de la vallée vers les sommets et inversement.

On peut distinguer : 1° La *zone subalpine*, à droite de l'axe représenté par le cours de l'Isère d'Albertville à Grenoble, environ le tiers du département. — La région agricole la plus importante est la vallée ou trouée de Chambéry flanquée des deux massifs calcaires des Beauges, de la Chartreuse ou de son prolongement sur le Jura connu sous le nom de mont du Chat;

2° La *zone alpine*, à gauche de cet axe, ou grandes Alpes, traversée par deux vallées ou cluses de la Maurienne et de la Tarentaise, environ les deux tiers du département.

ZONE SUBALPINE.

Dans la zone subalpine, on distingue les régions de la Chautagne, du Pont-de-Beauvoisin, la vallée de Chambéry, les Beauges, la vallée de l'Isère.

La Chautagne. — Située le long du Rhône, presque isolée de la Savoie par une chaîne de montagne et le lac du Bourget. Cette région a toujours eu beaucoup de relations avec Genève et Lyon.

Le vignoble est assez important. Le seul produit exporté est le *vin*, les autres récoltes ne suffisent pas à la consommation locale. Ces vins, qui sont de consommation courante, prennent presque tous la direction de la Haute-Savoie, sur Rumilly, Alby, Thônes. Une faible partie va à Aix ou dans le massif des Beauges. L'exportation peut atteindre 15,000 à 20,000 hectolitres. La vente a lieu le plus souvent au début du printemps. Les grosses ventes sont rares. Le prix varie de 25 à 40 francs.

On expédie aussi, en Haute-Savoie, au printemps, de la *blache* ou herbe de marais utilisée comme litière.

Les foires importantes de la région se tiennent à Culoz, Chindrieux, Seyssel.

La région du Pont-de-Beauvoisin. — Plus étendue, elle est située entre le Rhône, son affluent le Guiers et la chaîne de l'Epine ou mont du Chat.

C'est un pays riche à cultures variées qui exporte un peu de blé, surtout des bœufs gras, de la volaille, des œufs, du beurre sur Lyon, Chambéry, Voiron.

Les foires de Novalaise, Saint-Genix, Yenne, le Pont-de-Beauvoisin, la Bridoire, les Echelles sont les plus fréquentées.

Le canton montagneux des Echelles exporte du foin sur Voiron, Lyon et Grenoble, des bois de sapin, de l'avoine. Aucun de ces produits ne donne lieu à d'importantes transactions.

La région, très peuplée, consomme la majeure partie de ses productions. Seul, le canton d'Yenne exporte quelques centaines d'hectolitres dans la région de Bourgoin, Belley. On y a tenté la fabrication de vins mousseux d'Altesse.

La vallée de Chambéry. — Elle comprend une dépression qui se termine au Sud sur l'Isère à Montmélian, au Nord sur le Rhône à Culoz. C'est un pays fertile, à population dense, relativement aisée; la propriété y est très divisée et on y fait toutes les cultures. Le vignoble y est important. On peut y distinguer *l'Albanais*, où l'on pratique surtout la culture des céréales, l'élevage du bétail et de la volaille.

Les foires de Rumilly, Albens, Grésy-sur-Aix sont les plus suivies.

Le pays d'Aix-Chambéry. — La culture de la vigne et la culture maraîchère sont prédominantes. Le bétail fait l'objet de quelques transactions. Aix importe, pendant la saison balnéaire, des fruits, du poisson des lacs d'Italie, des légumes de Chambéry, du beurre des Beauges et de la volaille des environs. Les environs immédiats de Chambéry s'adonnent à la culture maraîchère. Un envoi de un demi-wagon par jour de légumes divers est expédié sur la station d'Aix pendant la saison. Toutes les autres productions sont consommées sur place et se vendent au marché de Chambéry.

Le marché aux bestiaux du samedi, à Chambéry, est très fréquenté par les maquignons de Voiron, Lyon, la Haute-Savoie.

Le seul produit donnant lieu à des transactions importantes est le vin, encore que la majeure partie se consomme dans le bassin de Chambéry. On doit, toutefois, signaler l'exportation sur Grenoble des vins blancs bourrus d'Apremont, des Marches, de Myans (environ 500 hectolitres). Quant aux vins fins des coteaux calcaires de Monterminod, Chignin, Montmélian, quelques pièces des meilleurs crus se vendent à Paris par relations, à peine quelques centaines d'hectolitres. Une portion notable va à Aix, Chambéry; quelque peu à Grenoble et à Lyon. Les vins se vendent d'août à fin novembre. Il s'écoule ainsi environ 20,000 hectolitres au prix moyen de 30 à 50 francs l'hectolitre. Quelques vins blancs fins de Chignin atteignent des prix plus élevés : 50 à 80 francs l'hectolitre, mais c'est l'exception.

Les Beauges. — Cette région est constituée par une série de chaînons calcaires, dont l'altitude moyenne est de 850 mètres, situés entre le lac d'Annecy, le lac du Bourget et l'Isère. La culture y est surtout pastorale et les productions principales sont le bétail, le gruyère, le bois, le miel. Le bétail se vend aux foires du Châtelard, d'Ecole, de Lescheraines, Saint-Pierre-d'Albigny, au printemps et à l'automne : environ 2,000 à 3,000 têtes chaque année, particulièrement des vaches.

On peut citer comme curiosité, car elle a très peu d'importance, l'industrie pastorale de la fabrication des clous de galoche (Saint-François, 3,000 kilogrammes par an; prix du kilogramme, o fr. 20) et celle d'objets en bois, vaisselle, robinets, du genre Saint-Claude, dite argenterie des Beauges (5,000 à 7,000 kilogrammes par an). Ces objets se vendent en hiver de maison à maison en Savoie.

La vallée de l'Isère ou Grésivaudan supérieur, connue aussi sous le nom de Combe de Savoie, d'Albertville à Montmeillan, est située entre le massif calcaire des Beauges à droite et la chaîne cristalline de Belledonne à gauche.

Les coteaux de droite constituent le plus beau vignoble du département.

Le seul produit exporté en abondance est le vin. Il est dirigé sur Chambéry, Grenoble, La Tarentaise, La Maurienne, la vallée de l'Arly, Thônes, jadis la plus grande partie du vin de Mondeuse se vendait ainsi dans les montagnes de la Savoie et de la Haute-Savoie. Par suite des apports de vins du Midi et des raisins de vendange, ce commerce est aujourd'hui difficile dans les années de forte production. La vente peut

20.

atteindre 50,000 hectolitres au prix moyen de 35 francs. Les crus de Saint-Jean-de-la-Porte et Arbin sont les plus réputés. Ce sont des vins de bouteille qui se vendent couramment de 50 à 75 francs l'hectolitre.

Les pommes à couteau (reinette du Canada) font l'objet d'un commerce assez important et qui tend à se développer à Albertville et Frontenex. Elles sont expédiées en octobre, novembre, sur Grenoble, Chambéry, Lyon, Paris et même l'Angleterre. En bonnes années, l'exportation peut atteindre 1,000 quintaux métriques dont le prix oscille entre 20 et 80 francs les 100 kilogrammes.

Dans la vallée parallèle du Gelon dont la Rochette est le centre, le bétail donne lieu à quelques transactions. Près d'un millier de veaux sont dirigés chaque année sur Grenoble ainsi que des œufs, du beurre, des noix (pour 30,000 francs par an), 15,000 kilogrammes de châtaignes. Tout le commerce de cette région se fait naturellement dans le sens de la vallée de l'Isère dont Grenoble est l'aboutissant. Des revendeurs ou commissionnaires font les achats à chaque marché.

Les acheteurs se rendent surtout aux foires de Montmélian qui est un centre important, à Saint-Pierre-d'Albigny, Aiguebelle, Pontcharra, Albertville.

La vallée de l'Arly et celle de Beaufort font suite à la vallée de l'Isère.

Elles exportent des mulets de 6 mois au nombre de 500 à 600 aux foires de Flumes, Mégère et Hauteluce, au prix moyen de 320 à 360 francs et des mules. Les acheteurs viennent de la Drôme, du Midi, quelques-uns même des Vosges, d'Espagne et d'Italie. Une partie va en Maurienne et en Tarentaise, d'où, devenue adulte, elle passe ultérieurement les Alpes pour aller en Piémont.

ZONE ALPINE.

La Tarentaise ou haute vallée de l'Isère. — Cette région, dont l'altitude varie de 500 à 2,000 mètres, ne se livre guère qu'à l'élevage et les seuls produits exportés sont le bétail, le beurre, le miel, les bois et principalement le gruyère.

La Maurienne est la haute vallée de l'Arc; c'est une région accidentée, en partie déboisée. Une partie de la population émigre l'hiver et ce pays ne se suffit pas à lui-même.

Les seuls produits exportés sont les mêmes que ceux de la Tarentaise : mules, animaux bovins, beurre et fromage.

Les pommes, poires, noix, châtaignes, haricots, volaille, œufs, se vendent en faible quantité et pour les besoins locaux de la Basse-Maurienne à Aiguebelle, aux foires du 6 juin, 11 novembre et aux marchés du mardi.

La Maurienne expédie, enfin, 2,500 kilogrammes de miel, en août et septembre, sur Lyon et Paris.

En résumé les produits agricoles de la Savoie ne donnent pas lieu à des mouvements commerciaux développés; en général, ils se bornent à des échanges entre les divers cantons sauf en ce qui concerne les produits suivants qui sont par ordre d'importance : 1° bétail; 2° fromage de gruyère; 3° beurre; 4° vin; 5° fruits et miel.

L'exportation du *vin* est assez faible. Le vin circule surtout dans le département des régions vignobles à celles qui en sont dépourvues, de la vallée de Chambéry et de la

Combe de Savoie, daus les Beauges, la Tarentaise, la Maurienne, la Haute-Savoie. Une faible quantité se vend à Grenoble, Lyon, Paris. On peut évaluer à 70,000 hectolitres le vin vendu au dehors au prix moyen de 32 francs.

HAUTE-SAVOIE.

Le département de la Haute-Savoie appartient, à peu près exclusivement, à la petite et à la moyenne culture; les fermes dépassant 50 hectares sont rares, si l'on en excepte celles possédant des pâturages de montagne.

La petite culture est généralement faite par le propriétaire. Le métayage était autrefois très répandu dans l'arrondissement d'Annecy, mais il a perdu du terrain en faveur du fermage, qui stimule davantage l'initiative et l'activité du cultivateur.

Dans les vallées, dans les parties basses en général, le sol est formé d'alluvions modernes et surtout anciennes, de boues glaciaires offrant tous les degrés de ténacité, de molasse; sur les coteaux et les montagnes, on trouve des assises plus ou moins marneuses du jurassique et du crétacé. Les cantons de Chamonix, Saint-Gervais et Sallanches sont formés en grande partie de granit et de micaschiste. On trouve aussi en divers endroits des marécages tourbeux, donnant une récolte de joncs et autres plantes grossières très appréciée comme litière.

La principale source de richesse du cultivateur est l'élevage du bétail, particulièrement l'exploitation de la vache laitière; on se livre, en outre, à la production des céréales, on exploite la vigne, les arbres fruitiers. Sauf le tabac, les plantes industrielles n'ont aucune importance. En général, on alterne les récoltes, la jachère est à peu près inconnue.

CÉRÉALES.

Le blé est surtout produit dans les deux arrondissements d'Annecy et de Saint-Julien, les moins montagneux. On cultive des variétés locales d'automne sans barbe, dites *Mottet*, par exception, on fait un peu de blé de printemps dans les cantons de Sallanches et de Thônes, où l'hiver est le plus rigoureux.

La production est très insuffisante pour la consommation, mais malgré cela il se fait une certaine exportation, particulièrement vers la Suisse. L'importation ne dépasse guère 25,000 quintaux; on importe surtout des farines, environ 100,000 quintaux.

Il y a de grandes minoteries à cylindres à Annecy-le-Vieux, à Annemasse, à Reignier, et un certain nombre de petits moulins à eau.

La vente du blé se fait un peu toute l'année, au fur et à mesure que le cultivateur a besoin d'argent; il porte sur un char tout le grain à vendre ou seulement des échantillons, il traite surtout avec des marchands de grains, un peu avec des minotiers et des boulangers.

Les principaux marchés à céréales se tiennent à Annecy, Rumilly, La Roche, Cluses, Sallanches, Thonon.

La culture du blé perd chaque année du terrain en faveur des fourrages. Les cantons de La Roche et Reignier produisent de bons blés de semence.

Méteil. — Dans l'arrondissement d'Annecy, on fait une certaine quantité de méteil, qui se consomme le plus souvent chez le producteur ou en tout cas dans le pays. On mélange en semant à raison de 1 de seigle pour 3 de blé.

Seigle. — Le seigle a peu d'importance puisqu'il n'occupe que 1,300 hectares, on le cultive plus particulièrement dans les arrondissements d'Annecy et Bonneville, surtout en vue de l'emploi de sa paille pour le liage des gerbes, l'attachage de la vigne, la confection des toits de chaume. On utilise une partie du grain pour la consommation de l'homme en la mélangeant au blé avant la mouture.

Orge. — La culture de l'orge est également peu importante, le sol ne passant pas pour produire de bonnes orges de brasserie. Les brasseries d'Annecy et de Sallanches font venir ce grain d'Auvergne, de Champagne et même de l'étranger; la récolte du pays sert plutôt à l'entretien du bétail.

Avoine. — L'avoine se cultive sur une surface n'atteignant pas tout à fait la moitié de celle du blé, mais se maintenant mieux depuis dix ans et mieux partagée entre les quatre arrondissements. On sème uniquement des variétés de printemps, blanches et noires.

La production dépasse les besoins de la consommation, ce qui n'empêche pas une certaine importation. L'exportation se fait surtout sur Genève.

FOURRAGES.

Les prairies naturelles, herbages, pâturages et pacages occupent plus du quart de la superficie du département. Les prairies et herbages sont, en général, de bonne qualité; en vallée et en plaine, on les défriche, quelquefois, pour les reconstituer, sur les coteaux et montagnes, ils ne reçoivent pas toujours les soins nécessaires de sarclage d'épandage d'engrais, d'irrigation.

En montagne, la plus grande partie du gazon est pâturée, du 15 juin au 15 septembre, mais il y a aussi des surfaces fauchées; parfois on fait de la sidération, on laisse une récolte d'herbe se sécher sur pied pour servir d'engrais.

Il s'exporte sur Lyon et Genève une quantité de foin sec qui ne me paraît pas dépasser le cinquantième de la récolte.

Prairies artificielles. — Comme prairies artificielles, c'est surtout le sainfoin qui est cultivé, puis le trèfle et enfin la luzerne. Les semis ont lieu au printemps, généralement dans une céréale d'automne. On garde souvent le sainfoin quatre ou cinq ans ou on laisse le terrain se transformer en prairie naturelle, qui sera défrichée dix à douze ans après le semis, transformation d'autant plus facile que parfois on a mélangé en semant un peu de graminées afin d'avoir un foin moins dur.

Fourrages annuels. — Le trèfle incarnat et les vesces d'automne réussissent mal; on fait un peu de vesce de printemps et surtout du maïs; la nourriture verte d'été consiste principalement en herbe fauchée dans les prairies artificielles, quelquefois dans les prairies naturelles. Les plantes légumineuses sont naturellement moins cultivées dans les cantons peu calcaires ou très montagneux que dans les autres.

Tubercules et racines. — La pomme de terre est cultivée sur environ 15,000 hectares, répartis assez régulièrement sur les quatre arrondissements. Il se fait une certaine exportation sur Genève seulement; mais dans les mauvaises années, on est en même temps importateur de tubercules de semence, dans la proportion de 3,000 à 4,000 quintaux.

On cultive surtout la magnum bonum, l'institut de Beauvais, l'early rose, la hollande, la jaune ronde, la marjolaine. Les plantations sont un peu trop serrées et les tubercules trop découpés; le rendement n'est pas très abondant, il dépasse rarement 150 quintaux, et comme moyenne du département, pour l'ensemble des espèces, il ne convient pas de l'évaluer à plus de 100 quintaux, soit six à sept fois la semence.

Il n'y a ni distillerie, ni féculerie de pommes de terre dans le pays.

Le topinambour est à peu près inconnu dans le département.

La betterave fourragère n'est pas assez cultivée; ce fait peut être attribué à ce qu'on est dans l'habitude de la faire cuire, ce qui en fait un aliment coûteux. On lui reproche, il est vrai, d'exiger des façons de démariage et de binage à une époque où l'on est déjà surchargé de travail. En montagne, on lui préfère souvent le rutabaga, qui vient assez bien, et même le chou-rave et le chou pommé. Vers Annecy, l'usage des courges pour le bétail est répandu.

PLANTES INDUSTRIELLES.

Lin et chanvre. — Le lin et le chanvre n'ont aucune importance, la filasse est utilisée le plus souvent au lieu de production par le cultivateur.

Colza. — Le colza ne fait pas, lui non plus, l'objet d'un commerce notable, le cultivateur en utilise l'huile, fabriquée dans de petits moulins locaux, dans son ménage; celle de seconde qualité sert pour le graissage des harnais et du matériel de culture. Il paraît que cette huile, ainsi que celle de navette, est bien meilleure pour la table quand la graine a 2 ou 3 ans.

Tabac. — Le tabac est cultivé sur environ 300 hectares, dans une trentaine de communes appartenant surtout au canton de Rumilly, et aux cantons de Seyssel et d'Annecy, dans une région à terre légère et à altitude relativement peu élevée, double circonstance favorable à la réussite de la récolte.

Les bons planteurs arrivent à avoir un poids total de 2,000 kilogrammes de feuilles par hectare, qu'ils livrent aux magasins de Rumilly au prix moyen de 100 francs les 100 kilogrammes.

Avec la production du lait, le tabac est incontestablement la principale source de profit dans les communes où il se cultive, car les soins d'entretien lui sont donnés en grande partie, sans débours d'argent, par les membres de la famille du planteur, y compris les femmes, les enfants et les vieillards.

Cependant les étendues plantées ont une certaine tendance à diminuer, surtout dans les communes les plus éloignées du centre de livraison.

CULTURE MARAÎCHÈRE.

La production des légumes est, plutôt, aux mains des petits cultivateurs que de spécialistes: c'est surtout la ménagère des environs qui approvisionne le marché en produits maraîchers en même temps qu'en œufs et volaille. Les jardiniers, d'ailleurs peu nombreux, d'Annecy, de Saint-Julien, d'Annemasse, de Douvaine, de Thonon, d'Evian, font les fleurs sur une plus grande échelle que les légumes.

Les cantons les plus rapprochés de Genève exportent sur les marchés de cette ville des quantités importantes de légumes frais, ceux de Rumilly et d'Alby en envoient en été à Aix-les-Bains.

On ne produit pas assez de légumes secs, comme haricots, lentilles, fèves, pour la consommation, on en importe 1,500 à 2,000 quintaux par année.

ARBRES FRUITIERS.

Les pommes et poires à cidre sont répandues dans tout le département, jusqu'à l'altitude d'environ 900 mètres; il n'y a que les cantons très montagneux, comme ceux de Chamonix et de Sallanches, où elles soient rares.

On cultive surtout des espèces locales, dites *croisons* pour les pommes et *blossons* pour les poires, dont quelques-unes ne se greffent pas, et des espèces de Normandie; la pomme médaille d'or est très appréciée, de même la poire Maude. Les plantations se font dans les prairies et dans les champs. Il n'existe pas de grands pépiniéristes spécialistes; il y a une trentaine de petites pépinières, tenues les unes par des jardiniers, les autres par des cultivateurs.

Dans les bonnes années, on exporte plutôt des fruits que du cidre sur Genève. On en vend aussi à des marchands en gros qui les expédient sur différentes régions.

Quant aux pommes et poires de table, nous cultivons les variétés appréciées partout, comme les reinettes, la calville, la duchesse, le doyenné, le beurré. On en exporte à Genève, Lyon, Grenoble, Toulon, Marseille.

Prunier. — Les prunes ont moins d'importance, on en produit cependant une certaine quantité dans les cantons d'Annecy, Bonneville, le Biot, Evian, Saint-Gervais, Sallanches, Seyssel, Thonon, Thorens.

Comme variétés, il existe la reine-Claude, la mirabelle, la goutte d'or, la quetsche. Dans le canton de Saint-Gervais, surtout à Passy, on cultive une quetsche à pruneaux très productive, qu'on ne greffe généralement pas. Autrefois, on la séchait à la maison et on la vendait sur Genève à raison de 40 francs les 100 kilogrammes; aujourd'hui, on préfère la vendre 25 francs les 100 kilogrammes à l'état frais à des industriels qui opèrent le séchage en grand par des moyens perfectionnés, à Genève.

Il y a très peu de vergers régulièrement plantés en pruniers; généralement les arbres sont épars parmi les pommiers et poiriers, ou dans les haies.

On fait quelquefois de l'eau-de-vie de prunes.

Cerisier. — Les cerisiers, répandus un peu partout pour les besoins de la consommation locale, ne font l'objet d'aucun commerce important. Dans les cantons d'Evian et de Thônes, on récolte une petite cerise noire non greffée, très bonne pour la fabrication du kirsch; vers Annecy, à Sévrien, on a également une petite cerise greffée ou non, rouge, très productive, et appréciée pour la table à cause de son parfum et de sa nature juteuse.

C'est le propriétaire lui-même qui fait son kirsch, dans un petit alambic à feu nu; il le vend ensuite au détail dans la région, au prix de 3 à 5 francs le litre.

Pêchers. — Le pêcher se rencontre surtout dans les cantons d'Annecy, d'Annemasse, d'Evian, de Thonon, de Seyssel. Il ne fait pas l'objet de spéculations importantes.

Ses produits se consomment dans le département ou s'expédient sur Genève. L'abricotier est encore moins répandu.

Noyers. — Le noyer est assez commun dans une quinzaine de cantons, jusqu'à l'altitude de 600 à 700 mètres et dans les sols où le calcaire ne fait pas complètement défaut. On exploite généralement la variété commune, non greffée le plus souvent; mais comme elle pousse de bonne heure, ce qui l'expose à la gelée, comme l'arbre grossit lentement, on tend à la remplacer par la noix Mayette greffée, qui émet ses bourgeons plus tard au printemps, et dont l'arbre produit plus rapidement.

Une partie de la récolte se consomme, en nature, dans le département; il se fait aussi une certaine exportation sur Genève, et enfin le reste est transformé en huile par de petits moulins locaux, huile d'un usage général dans le pays et dont la production est trop peu importante pour donner lieu à une exportation sensible.

Le noyer tend à disparaître, c'est un arbre peu productif, lent à se développer, couvrant une grande surface de terrain sur laquelle les cultures végètent mal; de plus, à cause de la grande valeur de son bois, on est porté à l'arracher pour faire de l'argent, sacrifiant ainsi l'avenir au présent, et on ne le remplace pas régulièrement. Il faut noter que le bois de l'avenir, provenant d'arbres greffés, sera moins bon que le bois d'arbres non greffés.

Châtaignier. — Le châtaignier se rencontre en quantité notable dans huit cantons, appartenant, sauf celui de Seyssel, aux arrondissements d'Annecy et de Thonon. On cultive l'espèce commune produisant de petits fruits portant les noms de Blanchette, Rougine, Malagnière; on greffe rarement, les futaies se reproduisent d'elles-mêmes; on ne leur donne aucun soin, aussi ces châtaignes sont petites, manquent de qualité et ne peuvent se vendre que dans le pays, de 10 à 15 francs les 100 kilogrammes. Bien des propriétaires ne prennent même pas la peine de les ramasser ou, tout au plus, récoltent leur provision et abandonnent le reste aux enfants et aux familles pauvres de la localité. Comme le pain est toujours bon marché maintenant, on peut dire que la châtaigne ne joue plus aucun rôle dans l'alimentation de l'homme.

Aussi l'arrachage des châtaigneraies fait chaque jour des progrès. On exporte le bois en Savoie, à Lyon et à Genève, pour l'extraction du tanin, et le terrain est transformé en prairie ou même en vigne, transformation d'où résulte une production bien plus importante.

Il est très rare que le châtaignier soit cultivé en taillis régulièrement exploités, on peut en signaler cependant sur la commune de Chilly, canton de Frangy, où l'on en retire des échalas pour la vigne.

VIGNE.

La vigne se cultive actuellement dans la Haute-Savoie sur environ 6,600 hectares répartis sur une quinzaine de cantons.

Il y a vingt ans, le vignoble dépassait 8,000 hectares. On cultivait alors principalement, comme rouge, la Mondeuse, et comme blanc, les Fendants, avec un peu de Roussette et de Gringet. Aujourd'hui la Mondeuse perd beaucoup de terrain en faveur des plants blancs, dont le vin est d'un écoulement plus facile.

La reconstitution a lieu principalement sur Riparia; on greffe parfois quelques espèces à grand rendement étrangères au département, comme la Marsanne, la Molette pour le blanc, les Gamays pour le rouge. Les plantations se font à 1 mètre en tous sens et l'on taille en gobelet; le Gamay, cependant, se conduit généralement sur fil de fer, à la méthode de Royat. On obtient 50 à 60 hectolitres par hectare dans les bonnes années, sauf pour la Roussette et le Gringet, qui donnent à peu près moitié moins.

Les meilleurs vins de Fendants se récoltent dans les cantons de Douvaine et de Saint-Julien; ceux de Roussette dans les cantons de Frangy et Seyssel, et enfin celui de Gringet vers Bonneville. Le vin de ces deux derniers cépages mousse un peu quand la maturation a été bonne, mais il s'agit là de crus d'étendue très limitée, ne pouvant alimenter que le commerce local. Le vin blanc de Fendant vaut 20 à 25 francs l'hectolitre, de même le rouge de Mondeuse, aux premiers soutirages. Les vins blancs ordinaires s'écoulent principalement sur Genève, un peu aussi sur Lyon et même sur Paris.

SEINE.

Le voisinage immédiat d'une agglomération humaine aussi importante que l'est Paris, et, d'autre part, la densité considérable de la population dans le département de la Seine ont eu pour résultat de donner au sol une très grande valeur. Les prix varient, en effet, de 20,000 francs l'hectare pour les meilleures terres à 3,000 francs pour les moins bonnes et les moins bien situées.

Par suite de la valeur considérable du sol et de l'importance des débouchés qui lui sont offerts, la culture présente dans le département de la Seine une physionomie toute spéciale, caractérisée par le grand développement des cultures maraîchères et fruitières, au détriment des céréales et des cultures fourragères.

C'est ainsi qu'en 1904 la superficie du territoire cultivé était ainsi répartie :

Céréales, 5,628 hectares; prairies artificielles et fourrages annuels, 2,023 hectares; prés, herbages, pâturages, 468 hectares; betteraves fourragères et de distillerie, 665 hectares; pommes de terre, 2,604 hectares; asperges, 601 hectares; pois, 43 hectares; haricots, 16 hectares; légumes frais : petits pois et haricots verts, 501 hectares; vigne, 297 hectares; jardinage et horticulture, 1,830 hectares; culture maraîchère, 2,961 hectares.

Le prix élevé du loyer de la terre incitait l'agriculteur à tirer du sol le maximum de produits grâce à une culture très intensive; aussi a-t-il été porté tout naturellement à pratiquer les cultures maraîchères et fruitières, car d'une part il était certain de toujours trouver un écoulement assuré et avantageux de ses produits à Paris, et d'autre part la proximité de la ville lui permettait de se procurer à bon compte les engrais si abondants et si actifs qui sont nécessaires à ces cultures.

CULTURE MARAÎCHÈRE.

Les cultures maraîchères sont pratiquées dans toutes les communes du département de la Seine; cependant, suivant les régions, le cultivateur s'adonne de préférence à la culture de tel ou tel légume, soit pour raison d'aptitude particulière du sol, soit simplement qu'il estime que ce sont ceux qui lui donnent le plus de profit.

Pommes de terre. — Au total, 2,604 hectares sont consacrés à la culture des pommes de terre destinées à l'alimentation humaine dont les principaux centres sont :

Fontenay-sous-Bois, Montreuil, Champigny, Créteil, Orly, Vitry, Thiais, Arcueil, Chevilly, Fresnes, L'Hay, Rungis, Villejuif, Antony, Bagneux, Clamart, Nanterre, Gennevilliers, Saint-Denis, Dugny, La Courneuve, Pierrefitte, Stains, Bobigny, Bondy, Drancy, Noisy-le-Sec, Rosny-sous-Bois et Romainville.

Haricots et pois. — Ces légumes sont produits dans un grand nombre de communes; la culture du pois est pratiquée de préférence au nord de Paris et celle du haricot surtout dans l'arrondissement de Sceaux. Les principaux centres de culture sont :

Montreuil-sous-Bois, Vitry-sur-Seine, Thiais, Villejuif, Antony, Chatenay, Nanterre, Suresnes, Gennevilliers, Épinay-sur-Seine, Saint-Denis, Pierrefitte, Villetaneuse.

Asperges. — La culture de l'asperge est pratiquée surtout dans l'arrondissement de Saint-Denis, qui comprend à lui seul près des quatre cinquièmes de la superficie consacrée à cette culture. Elle est particulièrement importante dans les localités suivantes :

Fontenay-sous-Bois, Bry-sur-Marne, Champigny, Villejuif, Clamart, Nanterre, Gennevilliers, Épinay-sur-Seine, Saint-Ouen, Pierrefitte, Bobigny, Bondy, Drancy, Rosny-sous-Bois, Noisy-le-Sec.

Choux. — La culture de choux occupe une superficie de 842 hectares; elle est pratiquée plus particulièrement dans les terrains d'épandage de Gennevilliers et au nord-est de Paris. Les communes où cette culture est la plus répandue sont les suivantes :

Montreuil-sous-Bois, Fontenay-sous-Bois, Saint-Denis, Gennevilliers, Épinay-sur-Seine, Nogent-sur-Marne, La Courneuve, Bobigny, Bondy, Rosny-sous-Bois.

Carottes. — Les carottes sont cultivées surtout à La Courneuve, Bobigny, Saint-Denis, Bondy, Noisy-le-Sec, Romainville, Fontenay-sous-Bois.

Navets et raves. — Ces légumes sont principalement cultivés à Saint-Denis, Bobigny, Bondy et Drancy.

Oignons et poireaux. — Les oignons et poireaux sont produits plus particulièrement à Gennevilliers, Saint-Ouen, Saint-Denis, Aubervilliers, La Courneuve, Pierrefitte, Stains, Bobigny, Le Bourget, Noisy-le-Sec, Rosny-sous-Bois, Le Perreux.

Oseille et persil. — Ces légumes sont cultivés dans les localités suivantes : Gennevilliers, Bobigny, Noisy-le-Sec, Romainville, Rosny-sous-Bois, Montreuil-sous-Bois, Fontenay-sous-Bois, Le Perreux.

Tandis que la culture du persil est pratiquée uniquement en vue de la vente à Paris, l'oseille est destinée partie à la vente à Paris, partie à la fabrication des conserves.

Chicorée et pissenlit. — La chicorée et le pissenlit sont cultivés principalement à Bobigny, Rosny-sous-Bois, Villemomble et Montreuil-sous-Bois. Une partie de ces légumes est ensuite vendue à des maraîchers de Vincennes, Saint-Mandé, Maisons-Alfort, Créteil, qui pratiquent en carrière la production de la barbe de capucin.

Artichaut. — On cultive surtout les artichauts dans les terrains irrigués de la plaine de Gennevilliers et à La Courneuve.

Légumes divers. — Tous les autres légumes sont cultivés, en plus ou moins grande quantité, dans toutes les communes du département de la Seine et principalement à :

Issy, Malakof, Vanves, Bagneux, Arcueil, Gentilly, Maisons-Alfort, Créteil, Champigny, Le Perreux, Bondy, Bobigny, Pantin, Aubervilliers, Saint-Denis, Stains, Clichy, Gennevilliers.

Champignons de couche. — Depuis longtemps la culture du champignon de couche est pratiquée avec succès dans les nombreuses carrières souterraines de la banlieue de Paris, principalement dans les carrières ayant servi à l'extraction du calcaire grossier. Ces champignonnières sont situées dans les localités suivantes : Joinville, Maisons-Alfort, Créteil, Charenton, Saint-Mandé, Fontenay-sous-Bois, Montreuil, Bagnolet, Noisy-le-Sec, Rosny, Pantin, Villetaneuse, Issy, Nanterre, Malakoff, Châtillon, Clamart, Bagneux, Montrouge, Arcueil, Gentilly, Ivry et Vitry; il en existe aussi dans les XIIIe et XIVe arrondissements de Paris. En 1893, 236 champignonnières étaient en activité : 5 dans l'intérieur de Paris, 17 dans l'arrondissement de Saint-Denis et 274 dans l'arrondissement de Sceaux.

CULTURES FRUITIÈRES.

Fraises. — Ces fruits sont produits surtout dans le sud du département, mais les fraisiaires sont loin d'y être aussi importantes que celles de la Bièvre et de l'Yvette. Les principaux centres de production sont Bry-sur-Marne, Antony, Bagneux, Chatenay, Plessis-Piquet, Châtillon, Rosny-sous-Bois.

Pommes et poires. — Les localités suivantes se livrent à la production des pommes et poires de table : Montreuil-sous-Bois, Bry-sur-Marne, Nogent-sur-Marne, Chatenay, Clamart, Châtillon, Épinay-sur-Seine, Bagnolet, Rosny-sous-Bois. Les variétés de poires les plus cultivées sont Williams, Beurré d'Amanlis, Doyenné de Mérode, Louise-Bonne, Duchesse d'Angoulême, Beurré Diel. Les pommes de Reinette, de Calville, d'Api, d'Empereur Alexandre sont surtout cultivées en basse tige et en cordon.

En 1904, la production des pommes et poires à couteau a été particulièrement abondante et a atteint 13,125 quintaux.

Les pommes et poires à cidre sont produites en petite quantité dans le département de la Seine. En 1904, la récolte a été de 3,552 quintaux.

Pêches. — La culture du pêcher en espalier fait depuis très longtemps la renommée de Montreuil et à Bagnolet. En dehors de ces deux centres, de beaucoup les plus importants, Nogent-sur-Marne, Rosny-sous-Bois, Romainville, Villetaneuse, Puteaux, Suresnes, Boulogne, Sceaux, Bourg-la-Reine, se livrent à la culture du pêcher en espalier. Les variétés les plus répandues sont les pêches hâtives Amodin ou Alexander Briggs May, qui commencent fin juin pour terminer en octobre avec les pêches tardives Bonouvrier, Baltet, Solway. Le fruit de premier choix est dirigé sur les Halles, les qualités inférieures sont utilisées par les confiseries et les confitureries.

Alors qu'en 1903 la récolte a été de 3,171 quintaux, en 1904 elle a été de 5,883 quintaux. Cette culture est en effet sujette à d'assez grandes variations dans la production, le pêcher étant très sensible aux variations de climat. On estime en moyenne qu'un hectare d'enclos de pêches en espalier rapporte de 2,800 à 4,400 francs.

Abricots. — L'abricotier est peu cultivé aux environs de Paris; cependant on en rencontre quelques plantations en plein vent dans les cultures d'haricots ou de pois.

Prunes et cerises. — On cultive le cerisier et le prunier principalement dans la banlieue est de Paris. Les principaux centres de production des prunes et cerises sont Montreuil-sous-Bois, Fontenay-sous-Bois, Bry-sur-Marne, Clamart, Suresnes, Colombes, Romainville. La récolte des prunes, en 1904, a été de 762 quintaux.

Framboises, cassis, groseilles. — Dans tous les centres de culture fruitière des environs de Paris, on consacre une certaine étendue à la production de ces fruits. Par suite de leur faible hauteur, on cultive les cassis, groseilliers et framboisiers en lignes intercalaires entre les autres arbres fruitiers, et en outre on rencontre aussi aux environs de Paris des champs plantés entièrement de ces arbustes.

Les principaux centres de culture sont Noisy-le-Sec, Romainville, Montreuil-sous-Bois, Fontenay-sous-Bois. La groseille rouge est préférée dans la région de Saint-Denis, la groseille blanche, un peu moins productive, dans la vallée de Sceaux.

VIGNES.

La vigne est peu cultivée dans le département, car le climat ne s'y prête pas, les gelées de printemps étant souvent à craindre. On estime que 235 hectares sont consacrés à la production du raisin de vendange et 42 hectares à la production du chasselas, qui est récolté principalement dans les treilles de Montreuil et ses environs.

PÉPINIÈRES.

De nombreux pépiniéristes se sont établis dans la banlieue sud de Paris. Ils produisent principalement les plants d'arbres fruitiers, les arbustes verts et le lilas à forcer. Les pépinières d'arbres fruitiers et d'arbustes d'ornement se trouvent surtout à Vitry-sur-Seine, à Thiais, à L'Hay, à Villejuif, à Bourg-la-Reine, à Chatenay, à Fontenay-aux-Roses, à Sceaux, à Clamart. Les pépinières de lilas sont situées dans les mêmes localités, mais principalement à Vitry-sur-Seine, L'Hay et Clamart.

La valeur totale de la production des pépinières, en 1904, a été de plus de 1,800,000 francs.

CULTURES FLORALES.

Paris est le grand débouché et le grand marché des plantes vertes ou fleuries et des fleurs destinées au décor des jardins et des appartements ou à la confection des bouquets et couronnes. Tentés par la proximité de ce grand centre et assurés d'y trouver des débouchés faciles, grâce à l'importance de la clientèle et aux nombreux marchés aux fleurs parisiens, beaucoup d'horticulteurs se sont établis dans les environs de Paris et même dans les quartiers excentriques de la capitale.

Ainsi, dans Paris, l'avenue de Châtillon et la Glacière produisent surtout les roses, les orchidées et les arbustes de décor; Belleville et Charonne cultivent ensemble le rosier et l'oranger; Grenelle s'adonne surtout à la culture des cannas et des pensées.

En dehors de Paris, les horticulteurs se sont établis un peu partout, mais principalement en deux centres : Sceaux, Fontenay-aux-Roses, Vitry et leurs environs cultivent les arbustes; Montreuil, Bagnolet et les communes avoisinantes produisent de préférence les fleurs coupées ou en pots.

On cultive surtout : le *rosier* à Bagneux, Bagnolet, Bourg-la-Reine, Fontenay-aux-Roses, Ivry, Montrouge, Montreuil, Romainville, Rosny et Vanves;

La *jacinthe* à Bagnolet, Fontenay-sous-Bois, Ivry, Montreuil, Romainville et Rosny;

L'œillet à Bourg–la–Reine, Fontenay-aux-Roses, Fontenay-sous-Bois, Ivry et Romainville;

La *violette* à Bourg–la–Reine, Clamart, Fontenay-aux-Roses, Fontenay-sous-Bois et Romainville;

Le *muguet* à Bagneux et Neuilly;

Le *chrysanthème* à Fontenay-aux-Roses, Montreuil, Malakoff;

La *pensée* à Boulogne, Billancourt, Clamart;

Le *bégonia* et le *cyclamen* à Clamart, Colombes et Bois-Colombes;

Le *narcisse* à Fontenay-sous-Bois et Montreuil;

Les *fleurs de serre* à Ivry, Montreuil, Montrouge et Romainville;

La *bruyère* et la *fougère* à Clamart, Fontenay-sous-Bois, Montreuil et Vincennes;

L'*anthémis* à Boulogne et Billancourt;

La *tulipe* à Montreuil et Ivry;

La *giroflée* à Romainville et Saint-Mandé.

La *tubéreuse* à Clamart et Ivry.

L'*héliotrope* à Clamart.

Le *thym* et le *buis* à Bagnolet et Rosny.

Les *plants bon marché* destinés à la replantation et qu'on vend en bourriche aux quais et dans les marchés aux fleurs sont produits principalement par les horticulteurs et maraîchers de Bagneux, Malakoff, Montrouge et Vanves. Enfin, le chauffage du *lilas* se fait plus particulièrement à Gentilly, Ivry, Montreuil, Vitry et chez certains horticulteurs de Paris, à la Glacière et à Montrouge.

COMMERCE DES FRUITS, LÉGUMES, PRIMEURS ET FLEURS À PARIS.

Paris est le principal débouché de France pour les produits alimentaires de toute nature, grâce à l'importance de sa population; mais en outre, par suite de sa situation géographique au nœud de toutes les voies ferrées, c'est aussi le principal marché de France pour les fruits, légumes, primeurs et fleurs. Une partie de ces produits est destinée à l'approvisionnement même de Paris, l'autre partie est réexpédiée dans les villes qui l'environnent ou à l'étranger.

En dehors des négociants en relation directe avec les expéditeurs, tels que commissionnaires libres, représentants vendeurs, grands épiciers, la capitale s'approvisionne pour les fruits, légumes et primeurs, par l'intermédiaire des Halles et des approvisionneurs directs du carreau; pour les fleurs, par le marché aux fleurs de la Cité et le carreau des Halles.

COMMERCE DES FRUITS, LÉGUMES, PRIMEURS.

Halles. — D'après la loi du 11 juin 1896, les Halles centrales constituent un marché de première main à la criée ou à l'amiable des denrées alimentaires de gros et demi-gros, et à côté un marché annexe de détail. Les ventes en gros et demi-gros ne peuvent être opérées que dans les pavillons spécialement affectés à cette vente et pendant les heures où ce marché est ouvert. Toute vente au détail, c'est-à-dire d'une quantité de marchandises inférieure au minimum de lot fixé par le Préfet de police, est interdite dans ces pavillons.

Les ventes en gros et demi-gros sont effectuées par l'intermédiaire des *mandataires*, c'est-à-dire des personnes agréées par le Préfet de police pour recevoir des producteurs et expéditeurs de denrées alimentaires mandat de procéder à la vente de ces denrées.

La comptabilité de ces mandataires est soumise à un contrôle administratif par l'inscription de toutes les ventes à la criée ou à l'amiable, et, au fur et à mesure des opérations, sur un livre à souches dont les pages ont été cotées et parafées par l'inspecteur principal du pavillon et visé à la première et à la dernière page par le commissaire spécial des Halles.

Sur la souche, le mandataire ou son employé indique le numéro du livre, la date et le numéro de la vente, le nom de l'expéditeur, la nature de la marchandise, le poids du lot ou le nombre de pièces dont il se compose, le mode et le prix de vente ainsi que le nom de l'acheteur. Le volant n° 1, qui sert de feuille de sortie, indique le numéro du livre, la date et le numéro de la vente, le prix de la marchandise et le nom de l'expéditeur. Le volant n° 2, attenant à la souche, est destiné à l'expéditeur. Il contient toutes les mentions de la souche, et, en outre, le détail des frais tarifés et le montant de la commission.

D'autre part, tout mandataire doit tenir un registre, coté et parafé par le commissaire des Halles, sur lequel sont totalisées, au jour le jour, les opérations effectuées pour chaque expéditeur. Les indications à porter sur ce registre sont : date, nom et adresse de l'expéditeur, nature des marchandises, nombre de colis ou de pièces ou poids des marchandises, nombre de ventes, produit brut des ventes, frais tarifés par catégorie, commission, produit net des ventes.

Les mandataires sont tenus d'envoyer le jour même à leurs expéditeurs tous les volants relatifs à la vente de leurs produits.

Enfin, tout expéditeur de marchandises aux Halles peut, dans un délai de trois ans, transmettre à la Préfecture de police, aux fins de vérification, les volants ou bordereaux qui lui ont été adressés par les mandataires.

Les mandataires sont responsables envers les expéditeurs des marchandises que ceux-ci leur ont envoyées. Ils sont tenus, sauf convention contraire, de leur adresser le montant de la vente le jour même ou le lendemain au plus tard. Les crédits qu'ils accorderaient aux acheteurs sont à leur charge sans qu'ils puissent exercer à ce sujet aucun recours contre les expéditeurs ni prétexter le moindre retard de payement.

Les mandataires ne peuvent prélever sur le produit de la vente que le montant des frais tarifés et celui de la commission.

Les frais tarifés pour les fruits, légumes, primeurs, sont : transport par chemin de fer, camionnage, droits de douane, droits d'octroi, droits d'abri, poids public, télégrammes et mandats-poste, salaire des forts comprenant décharge et mise en vente, ainsi que la garde en cas de resserre.

La commission due aux mandataires comprend tous les frais non tarifés. Elle doit être librement débattue entre eux et leurs clients.

D'autre part, les marchandises sont vendues dans leur emballage d'origine, à l'exception des pommes de terre d'origine expédiées en tonneaux qui peuvent être vendues par 25 kilogrammes, et des oranges, citrons, mandarines expédiés en caisse, barils ou en vrac, qui peuvent être vendus par cent fruits.

Les marchandises destinées à être vendues au poids sont pesées avant la vente; un bulletin de poids est placé sur chaque colis. Les expéditeurs sont tenus de faire connaître le poids de la tare; et, en cas d'omission, la tare est déterminée par celle des emballages de même nature ou approximativement. Les colis contenant des marchandises destinées à être vendues au nombre sont pourvues d'une note indiquant la contenance. Pour les fruits forcés vendus au poids, chaque colis d'emballage doit porter en chiffres apparents le poids net de la marchandise contenue.

Les indications de tare et de contenance doivent être reproduites par les expéditeurs sur les lettres d'envoi adressées aux mandataires.

Le marché en gros des fruits, légumes et primeurs se tient tous les jours au pavillon n° 6. Les ventes ont lieu de 4 heures à 10 heures du matin du 1ᵉʳ avril au 30 septembre et de 5 heures à 11 heures du 1ᵉʳ octobre au 31 mars.

La vente en gros des champignons se tient à découvert dans la rue de Rambuteau à l'angle nord-est du pavillon n° 5. L'ouverture a lieu à 3 heures du matin du 1ᵉʳ avril au 30 novembre et à 4 heures du 1ᵉʳ octobre au 31 mars. La fermeture se fait à la fin des ventes à 5 heures en été, à 6 heures en hiver.

La vente en gros du cresson se tient à découvert dans la rue de Rambuteau, devant le pavillon n° 3. L'ouverture a lieu à 4 heures du 1ᵉʳ avril au 31 juillet, à 5 heures du 1ᵉʳ août au 31 octobre et du 16 février au 31 mars, à 6 heures du 1ᵉʳ novembre au 14 février. La clôture a lieu à 7 heures en été, à 8 heures en hiver.

La décharge et la manutention des marchandises, la garde des marchandises mises en resserre ou en consigne et la livraison aux acheteurs est effectuée par le service des *forts*, dont les salaires pour ces diverses manutentions sont fixés par divers tarifs.

La décharge est tarifée à raison de 0 fr. 05 par colis pesant de 1 à 25 kilogrammes; de 0 fr. 10 par colis de 26 à 75 kilogrammes; de 0 fr. 15 par colis de 76 à 130 kilogrammes; de 0 fr. 20 par colis de 131 à 180 kilogrammes; de 0 fr. 25 par colis de 181 à 230 kilogrammes.

La livraison et la garde des sacs, paniers, caisses sont tarifés par groupement depuis 4 jusqu'à 20, avec catégories proportionnelles au poids, de 3 kilogrammes jusqu'à 250 kilogrammes, soit de 0 fr. 05 pour 4 colis de 3 kilogrammes jusqu'à 0 fr. 40 pour un colis de 250 kilogrammes.

L'intervention des forts peut, en outre, être demandée par les acquéreurs pour le comptage des légumes et fruits vendus au nombre tels que poires, pommes, melons, concombres, pastèques, salades, artichauts, bottes d'asperges, bottes de cresson, etc.

Les frais de comptage sont :

Cresson, par paniers, 0 fr. 40; oranges : par caisses de 300 et au-dessus, 0 fr. 40; par caisses de moins de 300, 0 fr. 25; vendues en vrac, 0 fr. 10. Tous autres fruits ou légumes, par colis contenant plus de 50 pièces, 0 fr. 10; par colis contenant moins de 50 pièces, 0 fr. 05.

Pour les droits d'abri, les fruits et légumes sont répartis en cinq catégories, payant des taxes différentes : la classe exceptionnelle, 1ʳᵉ catégorie, 2ᵉ catégorie, 3ᵉ catégorie, 4ᵉ catégorie.

La classe exceptionnelle est taxée à 5 francs les 100 kilogrammes; elle comprend les ananas, truffes fraîches ou de conserve, raisins, abricots, brugnons, prunes, pêches de serre ou exotiques, fraises du 1ᵉʳ novembre au 31 mars, asperges du 1ᵉʳ août au 15 mars, autres fruits exotiques non dénommés.

La 1ʳᵉ catégorie est taxée à 1 franc les 100 kilogrammes; elle comprend les fraises, melons de Paris et environs, conserves alimentaires de fruits et légumes (celles de truffes exceptées), haricots verts d'Algérie, raisins de Thomery, bananes, fleurs.

La 2e catégorie est taxée à 0 fr. 50 les 100 kilogrammes; elle comprend les asperges du 16 mars au 31 juillet, framboises, groseilles, cassis, melons dits *pastèques* et de Cavaillon, abricots, pêches, raisins autres que ceux de serre ou de Thomery, amandes, figues vertes, cerises, merises, prunes, haricots verts de France, concombres, tomates, grenades, noix, noisettes, noix de coco, dattes, pois verts, persil, artichauts, pruneaux, aubergines, choux verts, choux fleurs, flageolets, haricots à écosser, marrons et châtaignes, citrons et oranges, mandarines, pommes de terre, carottes et navets, pommes et poires, pissenlits et salades de toute espèce, oignons et échalottes (en panier ou en sac), olives, cerfeuil, céleri, cornichons, coings, fèves, nèfles, autres fruits et légumes de France non dénommés.

La 3e catégorie est taxée à 0 fr. 30 les 100 kilogrammes; elle comprend seulement les champignons de culture et autres.

La 4e catégorie est taxée à 0 fr. 25 les 100 kilogrammes; elle comprend le cresson, les légumes secs et les graines et grains.

Il existe actuellement 18 postes de mandataires pour les fruits, légumes et primeurs, 6 pour les champignons et 3 pour le cresson.

Le Syndicat central des Primeuristes français, le Syndicat des Viticulteurs de Thomery et le Syndicat des Maraîchers de la région parisienne ont créé, en 1900, l'Association en participation des producteurs expéditeurs aux Halles centrales, qui occupe un poste de vente à la criée au pavillon n° 6.

Le tableau suivant donne, d'après le rapport de la Commission supérieure des Halles, le montant des introductions et le produit des ventes pour les fruits, légumes, primeurs en 1903-1904 :

		QUANTITÉS INTRODUITES.		PRODUIT BRUT DES VENTES.	
		1903.	1904.	1903.	1904.
		kilogr.	kilogr.	francs.	francs.
Fruits, légumes.	Pavillon VI....	10,805,384	13,520,791	6,442,017	6,256,463
	Cresson.......	5,588,195	5,781,840	1,079,323	774,331
	Champignons...	4,218,137	4,713,335	5,619,458	5,267,116

Carreau forain. — Le carreau forain comprend les rues Rambuteau, Pierre-Lescot, Baltard, Berger, des Halles, du Pont-Neuf, des Bourdonnais et les voies couvertes. Il est réservé aux cultivateurs qui y viennent vendre leurs produits et aux approvisionneurs vendant les denrées dont ils sont propriétaires. Sont considérés comme approvisionneurs les marchands vendant sur le carreau des produits qu'ils ont achetés en dehors du périmètre des Halles. La vente au regrat est interdite et il est défendu par suite de revendre, marché tenant, des marchandises qui auraient été achetées dans le périmètre des Halles. Enfin, les marchandises vendues doivent être enlevées immédiatement. Le marché du carreau forain est ouvert de 3 heures à 8 heures du matin, du 1er avril au 30 septembre, et de 4 heures à 9 heures, du 1er octobre au 31 mars. Cependant, pour les pois et haricots verts, la vente commence à 11 heures du soir du 15 mai au 31 octobre.

La vente des champignons sauvages est interdite sur le carreau forain des Halles.

Ces champignons ne peuvent être mis en vente qu'à un endroit spécial et après examen du service d'inspection.

Les denrées destinées à être vendues au poids doivent porter sur les emballages une étiquette indiquant les nom et adresse du vendeur, le poids brut, la tare, le poids net de la marchandise, la somme consignée pour la valeur de l'emballage.

Les emballages contenant des marchandises destinées à être vendues au nombre doivent porter également une étiquette indiquant les nom et adresse du vendeur et la quantité de la marchandise.

La décharge doit être effectuée sur l'emplacement affecté à chaque approvisionnement, d'après son tour d'arrivée, exclusivement par le service des forts; cependant, pour les jardiniers maraîchers ayant un abonnement, ce concours est facultatif.

Les salaires des forts du carreau forain sont ainsi fixés :

TARIF GÉNÉRAL.

Décharges de paniers, sacs, mannes, paquets bannés :

3 colis pesant de	1 à	8 kilogrammes	....	0f 05c
2	9	12	....	0 05
1	13	25	....	0 05
1	26	75	....	0 10
1	76	150	....	0 15
1	151	200	....	0 20
1	201	250	....	0 25
1	251	300	....	0 30
1	301	350	....	0 35
1	351	400	....	0 40
1	401	450	....	0 45
1	451	500	....	0 50
1	501	600	....	0 70
1	601	1000	....	1 00

TARIF SPÉCIAL.

Fraises. {	2 paniers pesant chacun moins de 10 kilogrammes..........	0f 05
	1 panier pesant 10 kilogrammes et au-dessus..........	0 05
Pommes de terre nouvelles, paniers dits «petites côtes», pesant moins de 12 kilogrammes..		0 05
Pommes de terre nouvelles, paniers dits «grandes côtes» et «cliches», pesant de 13 à 22 kilogrammes................................		0 10
Artichauts poivrade, décharge de 100 bottes.......................		0 40
Plants d'artichauts, plusieurs bottes pesant ensemble jusqu'à 25 kilogrammes..		0 05
Asperges, les 12 bottes..		0 10
Betteraves cuites, les 5 petits paniers...........................		0 05
Choux-fleurs, le cent...		0 30
Navets de Flins et paquets bannés de tous légumes, pesant de 1 à 6 kilogrammes..		0 05
Navets de Flins et paquets bannés de tous légumes au-dessus de 6 kilogrammes..		tarif général.
Melons, les 5 pièces..		0f 05
Potirons et giraumons, 2 pesant chacun de 1 à 15 kilogrammes........		0 05
— — 1 pesant de 16 à 50 kilogrammes.............		0 05
— — 1 pesant 51 kilogrammes et plus.............		0 10
Champignons, par paniers pesant moins de 20 kilogrammes..........		0 05
Concombres, le cent..		0 30

VOITURES CHARGÉES.

Conduite à bras d'une voiture dételée du lieu de remisage à l'emplacement
  de la vente, garde, fourniture de cales, tréteaux, tout compris . . . . 1^f 25^c
Décharge d'une voiture d'herbes vertes, les 100 bottes. 0 40
Choux, décharge de 1,000 à 2,000 têtes. 1 00
  —   —   au-dessus de 2,000 têtes. 1 50
Navets, carottes, salsifis, poireaux, oignons, pour décharge de 100 bottes
  ou paquets. 0 40
Salades, pour décharge de 100 bottes ou paquets. 1 00

D'après le rapport de la Commission supérieure des Halles, le nombre des voitures amenées sur le carreau forain a été en 1903 de 336,381 voitures et de 371,092 voitures en 1904.

COMMISSIONNAIRES LIBRES.

A côté des Halles, des maisons de commerce très importantes font la vente à la commission pour les fruits, légumes et primeurs.

En général, l'envoi des produits s'opère généralement en consignation, à charge par les intermédiaires de vendre au mieux. Les frais d'usage chez les commissionnaires libres consistent dans une commission de 6 à 8 p. 100 sur le produit brut de la vente ainsi que dans une taxe de 0 fr. 20 à 0 fr. 50 de frais de déchargement et de manutention par colis.

En général, les maisons de commission sont propriétaires d'un important matériel qu'elles louent aux expéditeurs.

EMBALLAGES DES FRUITS.

Selon les fruits, la manière de les présenter aux acheteurs diffèrent. Voici, pour différentes sortes, les modes d'emballages les plus usités.

Poires et pommes. — Les fruits les plus communs sont entassés dans des mannes ou barquettes carrées et le poids net est marqué par l'expéditeur ou établi aux Halles. Les fruits un peu plus beaux sont généralement placés dans des barquettes carrées sur deux ou trois lits et ces lits sont séparés par du papier et un peu de paille douce, foin ou fibre de bois. Pour les fruits plus délicats, chaque fruit est isolé de son voisin par une feuille de papier; dans ce cas, la vente se fait souvent au nombre. Enfin, pour les fruits de choix, l'emballage se fait le plus souvent dans des « cagettes » à claire-voie ne permettant de ranger qu'un seul lit ou dans des caisses plates contenant 10 à 20 fruits. Ces fruits sont disposés sur un lit de frisures et papier de soie, séparés par des frisures de papier de soie, des petits tampons de fibre ou même de ouate. Sur le dessus on place encore du papier de soie, des fibres ou un peu de ouate pour empêcher le frottement.

Les barquettes sont en général la propriété des commissionnaires et sont livrées à raison de 0 fr. 15 à 0 fr. 20. Les cagettes appartiennent tantôt aux commissionnaires tantôt aux expéditeurs. Dans ce dernier cas, elles sont conservées et réexpédiées aux producteurs ou reprises par eux.

Quand l'emballage est fait en caisses, la vente est faite en emballage perdu.

21.

Pêches et fruits de choix des environs de Paris. — En général, ces fruits sont vendus directement par les producteurs sur le carreau des Halles. Les pêches sont emballées soit en clayons (48 pêches) en semelles ou en paniers (8 pêches); on vend également au cent sans emballage les fruits les moins beaux. Il en est aussi expédié en caisses de 12 pêches enveloppées dans du papier de soie et entourées de ouate ou de fibre de bois très fine.

Raisins. — Le raisin de table extra se vend en caisses de 1 k. 500 à 2 kilogrammes, l'emballage se faisant à l'endroit et chaque rang de grappes séparé par une feuille de papier blanc. Le raisin de choix plus ordinaire se vend par caisses de 3 kilogrammes dans le même emballage. Les petites grappes s'expédient dans des caisses de 0 k. 500 à 1 kilogramme, l'emballage se faisant à l'envers, de façon qu'en ouvrant les caisses, les grains seuls apparaissent.

En octobre, novembre et décembre, on expédie beaucoup en corbeilles et en tortues, sortes de corbeilles à couvercle bombé, contenant de 4 à 5 kilogrammes. Ce sont généralement des raisins ne paraissant pas susceptibles d'une bonne conservation.

Ces raisins sont vendus à Paris de la façon suivante :

Par les commissionnaires libres, 50 p. o/o ; au carreau des Halles, 20 p. o/o ; au pavillon n° 6, 20 p. o/o ; livrés directement par les producteurs, 10 p. o/o.

Cerises. — Les cerises sont expédiées en paniers pour les qualités ordinaires et en caisses pour les fruits de choix. Les paniers sont petits, rectangulaires, avec couvercle garnis de papier ou de fougère. On emplit complètement et le dernier lit est paré, c'est-à-dire placé les queues piquées en dessous. Le dessous et le dessus du panier sont garnis de rognures de papier ou de fibre de bois séparée des fruits par une feuille de papier. Le poids des paniers varie de 3 à 5 kilogrammes pour les premiers envois et de 10 à 15 kilogrammes pour les dernières saisons.

Les plus beaux fruits sont emballés en caisses à l'envers de façon qu'à l'ouverture le dessous devienne le dessus. Des feuilles de papier dentelle sont disposées de façon à être ramenées sur le dessus des fruits lorsque l'emballage est terminé. Le couvercle doit faire une légère pression et il doit être marqué pour l'ouverture.

Noix. — L'emballage des noix se fait en sacs, caisses, tonneaux; il suffit que le récipient soit comme le fruit sain et sec.

COMMERCE DES FLEURS.

Le commerce des fleurs se fait au marché de la Cité, quai aux Fleurs et au carreau des Halles.

Marché aux fleurs de la Cité. — L'origine du marché aux fleurs de la Cité remonte à une époque très éloignée. A la fin du xviiie siècle, il était établi sur le quai de la Mégisserie sans que la tenue en ait été réglementée, ni même autorisée par aucune disposition administrative. En l'an vii, un arrêté du Bureau central du 19 frimaire fixa les jours et heures de tenue du marché.

Deux ans après, une ordonnance de police du 25 germinal an ix modifia les prescriptions de l'arrêté du Bureau central et réglementa la vente des marchandises.

Le marché avait alors lieu les 3, 6 et 9 de chaque décade et les 2e et 5e jours complémentaires; les places étaient tarifées à raison de o fr. 25 par place et par jour de marché.

En 1809, le marché fut transféré sur le quai Desaix (ive arrondissement) en vertu d'un décret du 21 janvier 1808.

En 1854, la reconstruction du pont au Change nécessita la translation d'une partie des marchands sur les trottoirs du pont Notre-Dame et, au besoin, en retour sur les quais de Gesvres et Le Pelletier.

Le quai Desaix ayant dû être évacué, en 1860, pour permettre la construction du Tribunal de Commerce, les marchands furent installés sur le pont Notre-Dame, le pont d'Arcole, le quai Napoléon, et le terre-plein de l'Archevêché.

Pendant les années suivantes, divers déplacements partiels furent encore opérés.

En 1863, les marchands qui avaient été transportés sur les ponts d'Arcole et Notre-Dame furent réinstallés sur le quai Desaix.

En 1866, les marchands de fleurs coupées et de fleurs en pot furent établis sur la place Lobau; le quai de Grève fut affecté à la vente des arrachis, arbustes et plantes grimpantes; le quai Napoléon, aux arbres fruitiers et forestiers.

Enfin, en 1873, un arrêté réglementaire du 14 août détermina les emplacements suivants pour la tenue des diverses catégories de marchands, savoir :

1° *Marchands abonnés de la 1re série* (fleurs coupées et fleurs en pots), plateau situé entre le quai Desaix (actuellement quai de la Cité) et la rue de Lutèce d'une part, la rue de la Cité et la rue Aubé d'autre part ;

2° *Marchands abonnés de la 2e série* (arrachis, arbustes et plantes grimpantes), sur le trottoir des quais Desaix et Napoléon (actuellement quais de la Cité et aux Fleurs, côté de la Seine), depuis le pont au Change jusqu'au droit du n° 21 du quai aux Fleurs.

3° *Marchands abonnés de la 3e série* (arbres fruitiers et forestiers), sur le trottoir du quai aux Fleurs, côté de la Seine, à la suite de la 2e série depuis le n° 21 du quai aux Fleurs jusqu'au pont Saint-Louis ;

4° *Marchands forains pépiniéristes*, sur le trottoir du quai aux Fleurs, à la suite des marchands abonnés de la 3e série ;

5° *Marchands forains, jardiniers-fleuristes abonnés*, sur les trottoirs des ponts Notre-Dame et au Change, sur le trottoir du quai de Gesvres (côté de la Seine), depuis le pont Notre-Dame jusqu'au pont au Change, et rue de la Cité sur le trottoir bordant l'Hôtel-Dieu.

En outre, 24 places sont installées sur le plateau central, en arrière des abris de la 1re série (cultivateurs de la vallée de Chevreuse venant de mars à mai; pensées, violettes, pâquerettes);

6° *Marchands forains non abonnés* (arrachis et fleurs en pots), sur le quai de l'Horloge, depuis le pont au Change jusqu'au pont Neuf et, en cas de besoin, par un retour sur toute la longueur du trottoir amont dudit pont.

Le tarif général des places fixé par ce même arrêté de 1873 et modifié par les arrêtés des 19 février et 24 août 1881 est établi de la manière suivante :

Marchands abonnés de la 1re série (abrités) par mètre et par jour.......	0f 30c
Marchands des 2e et 3e séries et forains abonnés....................	0 15
Forains non abonnés..	0 15

Le marché se tient le mercredi et le samedi et ouvre en toute saison et pour toute nature de vente à minuit, avec faculté pour les marchands de décharger leurs marchandises à 8 heures du soir la veille des jours de tenue ordinaire et à 6 heures du soir la veille des 17 mars, 22 et 27 juin, 13 juillet, 13 et 23 août, ainsi que les six jours réguliers qui précèdent ces fêtes.

La fermeture a lieu pour les marchands forains, pépiniéristes et jardiniers-fleuristes, à 8 heures du matin du 1er avril au 30 septembre, et à 9 heures du matin du 1er octobre au 31 mars; pour les marchands abonnés des trois séries à 10 heures du soir, du 1er avril au 31 octobre, et à 7 heures du soir du 1er novembre au 31 mars.

Outre ces deux principaux jours, la tenue du marché aux fleurs a été autorisée les autres jours, sauf le dimanche, par arrêtés en date des 16 avril 1892 et 29 juillet 1899, avec restriction pour les détaillants de n'occuper, ces quatre jours, que les places respectives dont ils sont titulaires pour les jours de grand marché.

Carreau des Halles. — On vend aux Halles, sur le carreau, les fleurs de la région du Midi pour la vente en gros et la fleur du Carreau dit de Montreuil. Ce marché est installé rue Rambuteau, rue Antoine-Carême et sous les voies couvertes des Halles. Ce marché vend surtout les fleurs coupées. Les heures d'ouverture et de fermeture sont les mêmes que pour le carreau forain.

SEINE-INFÉRIEURE.

Au point de vue agricole, le département se divise en trois grandes zones.

1° Le pays de Caux, qui comprend la plus grande partie des arrondissements de Rouen, Yvetot, Dieppe et Le Havre.

La constitution géologique en est très uniforme : sur les épaisses couches crétacées, qui viennent former les hautes falaises du littoral de la Manche et sur les rives de la Seine, reposent l'argile à silex et au-dessus le diluvium des plateaux. Les terres sont, en général, de grande fertilité et conviennent à toutes les cultures. Depuis une trentaine d'années, la surface des herbages a augmenté de façon considérable.

2° Le pays de Bray, dans l'arrondissement de Neufchâtel, qui appartient au jurassique. Le sol est très favorable à la pousse de l'herbe, et la prairie naturelle occupe à peu près exclusivement le territoire d'un certain nombre de communes, surtout dans les cantons de Forges-les-Eaux et de Gournay.

3° La vallée de la Seine, dans la partie méridionale des trois arrondissements de Rouen, d'Yvetot et du Havre. Les alluvions modernes, au bord du fleuve, argileuses et suffisamment humides, sont surtout occupées par la prairie naturelle; à un niveau plus élevé, les alluvions anciennes, de nature caillouteuse et aride, supportent de vastes forêts ou, lorsqu'elles sont livrées à la culture, ne donnent que de médiocres récoltes. Dans certaines presqu'îles, la culture des légumes est assez rémunératrice.

De tout temps, les cultivateurs normands ont été renommés pour leur habileté commerciale; ils aiment à fréquenter les marchés et les foires, où non seulement ils écoulent les produits de leurs champs, de leurs laiteries et de leurs basses-cours, mais encore ils se livrent à un trafic considérable d'animaux, car le cheptel vivant des exploitations est très nombreux et renouvelé très fréquemment.

CÉRÉALES.

Blé. — Le blé est cultivé sur un peu plus de 100,000 hectares. La récolte moyenne annuelle est d'environ 1,600,000 quintaux. C'est plus du soixantième de la production totale de la France, mais cette quantité n'en reste pas moins insuffisante pour la consommation locale, la population de la Seine-Inférieure s'élevant à plus de 850,000 habitants, soit le 1/44e environ de la population de la France.

La vente se fait toute l'année, mais elle est particulièrement active dans les six mois qui suivent la moisson. Nombre de cultivateurs apportent encore leurs grains aux halles, où les meuniers les enlèvent, mais la vente sur échantillons se généralise de plus en plus, surtout en grande culture et dans les villes importantes, comme Rouen.

Les halles qui reçoivent le plus de blé sont celles de Fauville, Yvetot, Goderville, Doudeville, Pavilly, Cany, Lillebonne, Yerville et Bacqueville.

Voici d'ailleurs les principaux marchés agricoles du département :

Lundi . . . Bolbec, Buchy, Cany, Monville;

Mardi . . . Duclair, Foucarmont, Goderville, Gournay;

Mercredi. Argueil, Bacqueville, Bosc-le-Hard, Eu, Gonneville, Lillebonne, Valmont, Yvetot;

Jeudi. . . . Forges-les-Eaux, Londinières, Longueville, Montivilliers, Pavilly, Saint-Saëns;

Vendredi. . Auffay, Blangy, Fauville, Rouen;

Samedi. . . Aumale, Cailly, Caudebec-en-Caux, Dieppe, Doudeville, Envermeu, Fécamp, Luneray, Neufchâtel, Ry, Saint-Romain-de-Colbosc.

Dimanche. Bellencombre, Yerville.

Seigle. — Les cultivateurs normands n'ensemencent le plus souvent du seigle qu'en vue d'obtenir la paille nécessaire aux liens de la moisson. La statistique annuelle relève à peine une surface de 10,000 hectares cultivée en seigle et une production en grain de 120,000 quintaux. Une bonne partie du grain est consommée à la ferme, le surplus, mis en vente sous les halles.

Avoine. — La culture de l'avoine s'étend sur 80,000 hectares. Les variétés à grain blanc sont cultivées presque exclusivement dans le pays de Caux; les variétés à grain noir ne se rencontrent guère que dans les terres fortes des arrondissements de Rouen et de Neufchâtel.

Nombre d'exploitations ne vendent pas d'avoine, mais consomment toute leur récolte. Les approvisionnements des marchés sont toujours faibles. Les grandes villes, comme Rouen, tirent la plus grande partie de l'avoine nécessaire à l'entretien de leur nombreuse cavalerie de l'étranger ou du Vexin normand. Les ports de Rouen et du Havre importent des quantités considérables d'avoines suédoises et russes.

Orge. — La culture de l'orge n'est pas importante; elle occupe à peine 4,000 hectares dont la récolte est intégralement consommée dans les fermes.

CULTURES INDUSTRIELLES.

Betteraves à sucre. — La surface emblavée en betteraves à sucre varie de 4,000 à 5,000 hectares. Elle a tendance à augmenter. Deux nouvelles usines ont été construites, au cours de ces dernières années, à Fontaine-le-Dun et à Colleville; par contre, une vieille fabrique, celle de Bose-le-Hard, a dû fermer ses portes. La plus grande partie des sucres est vendue à Paris à la Bourse de commerce. Les docks de Rouen renferment souvent des quantités considérables de sucre, 20,000 tonnes et plus, mais qui proviennent surtout des départements voisins.

Alcool. — Il reste trois distilleries de betteraves travaillant le produit de 100 hectares de betteraves. Les flegmes sont vendus aux rectificateurs de la région du Nord.

Des établissements industriels considérables, distillant surtout les maïs d'importation, existaient dans la banlieue de Rouen; un seul fonctionne encore.

Lin. — Avec la hausse des filasses, cette culture revient en faveur en Seine-Inférieure; la statistique de 1903 y accuse près de 4,200 hectares.

Les linières sont cantonnées dans les meilleurs sols du département, au voisinage du littoral. En 1902, on ne trouve que 2 hectares de lin dans l'arrondissement de Neufchâtel, et 73 dans celui de Rouen; par contre, celui du Havre en compte 1,823 hectares et celui d'Yvetot, 1705.

Les bons lins du pays de Caux sont très recherchés en Belgique et en Angleterre, car ils sont d'une qualité exceptionnelle. Les acheteurs belges parcourent les cantons à lin dès la mi-juin et achètent les récoltes sur pied, soit au poids sur wagon départ, soit un prix à forfait à l'hectare. Les lins de tête, dont les rendements s'élèvent parfois à 7,000 et 8,000 kilogrammes et plus à l'hectare, se payent jusqu'à 18 et 20 francs les 110 kilogrammes; ils sont expédiés en Belgique, sans être battus, pour être rouis.

Seuls, les lins de qualité inférieure, qui n'ont pu être vendus à un prix avantageux, sont rouis à la rosée dans le pays même; la filasse est utilisée par les filatures de la Seine-Inférieure et de la Somme, ou par celles du Nord.

Colza. — Le colza a fait la fortune du pays de Caux et a été sa plante industrielle favorite; avec la dépréciation de la graine de cette crucifère, les surfaces consacrées à sa culture ont beaucoup diminué. Cependant, on en compte encore plus de 8,000 hectares, soit le tiers environ de la surface cultivée dans la France entière. Le colza se maintient surtout dans les cantons éloignés des sucreries.

La graine de colza est dirigée, par l'intermédiaire des courtiers, sur les huileries qui existent encore en certain nombre dans le département, en particulier dans les arrondissements d'Yvetot et du Havre. Les petits moulins à huile font place de plus en plus aux grands établissements industriels (Fécamp, Le Havre).

POMMES DE TERRE.

La Seine-Inférieure est un des départements qui cultivent le moins de pommes de terre, puisqu'elle ne consacre à cette plante que 3,300 hectares. Le sous-sol un peu humide que l'argile à silex constitue au diluvium des plateaux du pays de Caux, et qui se montre si favorable à la prairie naturelle, en est sans doute la cause.

Toutefois dans quelques communes du littoral de la Manche, où le diluvium des plateaux est extrêmement léger et perméable, et dans les alluvions graveleuses de quelques presqu'îles de la vallée de la Seine, la pomme de terre est cultivée en grand. Aux environs de Rouen et du Havre, ce sont les halles de ces grandes villes qui absorbent entièrement cette production; ailleurs, les tubercules sont expédiés le plus souvent en Angleterre.

PAILLES ET FOURRAGES.

Paille. — Ce n'est qu'exceptionnellement que les agriculteurs du département vendent de la paille; la plupart des baux l'interdisent et, de plus, le bétail est tellement nombreux que la paille trouve toujours son emploi.

Les agriculteurs du pays de Bray achètent chaque année d'assez grandes quantités de paille dans le département de l'Eure; l'arrondissement des Andelys envoie également un assez grand nombre de wagons de paille à Rouen et dans sa banlieue.

Fourrages. — Dans tout le pays de Caux, les cultivateurs ne vendent pas plus de foin que de paille. Il n'en est plus de même dans la vallée de la Seine, où la production du foin est considérable et où cette denrée donne lieu à un grand trafic.

Un important marché de foin se tient le samedi à Caudebec-en-Caux.

CULTURES FRUITIÈRES.

Cidre. — Les plantations de pommiers à cidre sont considérables dans toutes les régions du département; elles se multiplient sans cesse, surtout dans le pays de Caux, où les nouveaux herbages sont plantés, en partie tout au moins. La proportion des poiriers à cidre est très faible.

Les cultivateurs du département ne fabriquent que le cidre nécessaire à leurs besoins; la partie disponible de leur récolte de pommes est vendue sans aucune transformation. Les pommes sont apportées sur tous les marchés, mais par petites quantités seulement. Les lots importants sont achetés par les courtiers, qui parcourent la contrée ou opèrent sur les marchés, et les expéditions sont faites par wagons complets de 5,000 à 6,000 kilogrammes. Les prix s'entendent à la rasière (demi-hectolitre, du poids moyen de 27 kilogrammes) sur les marchés d'approvisionnement, et aux 1,000 kilogrammes pour les expéditions par chemin de fer.

Le marché aux pommes de Rouen présente une importance exceptionnelle.

La récolte varie dans des proportions considérables, du simple au décuple. Elle a dépassé 3,600,000 quintaux de fruits en 1900 et s'est abaissée à 425,000 quintaux en 1903.

La consommation locale varie aussi beaucoup suivant l'importance de la récolte; mais, dans les années d'abondance, il est fait une exportation considérable (qui atteint plus de 3,000 wagons pour certaines gares), tant dans la région cidricole de la France qu'en Allemagne. Les affaires avec ce dernier pays paraissent prendre une importance croissante.

SEINE-ET-MARNE.

Le département de Seine-et-Marne est formé de trois vastes plateaux, situés : l'un au sud de la Seine, c'est l'arrondissement de Fontainebleau; l'autre, entre la Seine et la Marne, c'est la Brie, qui comprend les arrondissements de Melun, Coulommiers et Provins, et le troisième, au nord de la Marne, c'est l'arrondissement de Meaux.

Les cultures principales du département sont les céréales, les cultures fourragères et les betteraves à sucre. En dehors de ces cultures principales, les cultures fruitières et maraîchères sont très développées dans certaines régions; les plus importantes sont celles du raisin de table, des fruits divers (prunes, cerises, groseilles, poires), des pommes de terre, des asperges, de l'oseille et enfin les cultures florales (roses).

CULTURES FRUITIÈRES.

Raisins de table.

Principaux centres de production. — Thomery, Champagne, Veneux-Nadon, communes situées dans le voisinage de la Seine, entre Moret et Fontainebleau, dont le sol silico-calcaire repose sur un sous-sol perméable, très favorable à la vigne.

Importance de la production. — L'étendue consacrée à la culture du raisin, dans les trois communes susnommées, est d'environ 150 hectares, divisés par un réseau de murs de 3 mètres de haut, à écartement de 6 à 8 mètres, et d'une longueur totale d'environ 225 kilomètres. La production moyenne annuelle, en chasselas de choix, est d'environ 2,000 tonnes et de 2,500 tonnes en y comprenant les produits moyens ou inférieurs, qui vont alimenter les marchés des villes voisines, telles que Moret, Montereau, Fontainebleau, Melun, etc.

Un hectare de chasselas en plein rapport vaut de 20,000 à 30,000 francs et fournit 4,000 à 5,000 francs de produit brut et de 2,000 à 3,000 francs de produit net.

Les variétés les plus cultivées sont le chasselas doré et le frankental.

Les vignes sont conduites soit en cordons verticaux ou obliques, soit en cordons horizontaux en T, et placées de préférence à l'exposition sud-est.

Ici, d'ailleurs, la vigne est l'objet des soins les plus minutieux comme épamprage, pincement, palissage et effeuillage des rameaux, ciselleément des grappes, sulfatage et soufrage contre les maladies cryptogamiques. Puis viennent la cueillette du raisin, la mise au fruitier, où la conservation se fait à râfle verte.

Mode d'écoulement des produits. — La vente du chasselas s'échelonne d'octobre à mai, par expéditions ayant d'abord lieu journellement, puis tous les deux jours seulement. Les envois se font en petites caisses de bois blanc contenant 1,500 grammes pour les variétés de premier et deuxième choix, et en paniers d'osier pour le reste. En première saison, le prix du kilogramme varie, selon la qualité, entre 1 franc et 4 francs; plus tard, il n'est pas inférieur à 5 ou 6 francs et va jusqu'à 10, 15 et 20 francs.

Paris est le grand débouché du chasselas de choix, qui est envoyé aux Halles ainsi que dans les principales maisons de commission. Des ventes se font aussi directement aux consommateurs particuliers, mais en petite quantité.

Un syndicat de producteurs, fondé à Thomery en 1896, a cherché à se créer de nouveaux débouchés dans les principales villes de France, ainsi qu'à l'étranger.

Fruits divers (prunes, cerises, poires, groseilles, etc.).

1° Dans l'arrondissement de Melun :

Principaux centres de production. — Canton sud de Melun, communes de Cély, Fleury, Perthes et Saint-Germain-sur-École pour la cerise; Dammarie, Saint-Sauveur et une partie de Saint-Fargeau pour la prune.

Importance de la production. — En année moyenne, elle atteint 700 à 800 quintaux pour la cerise et 100 quintaux pour la prune. Le prix moyen est d'environ 25 à 30 francs le quintal pour la cerise et de 10 à 15 francs pour la prune.

Centres de consommation. — Un peu sur place et dans les villes voisines, notamment à Melun, et tout le reste, soit au moins les neuf dixièmes, à Paris, où les fruits sont expédiés par des commissionnaires.

2° Dans les arrondissements de Coulommiers et de Meaux :

Principaux centres de production. — Entre Coulommiers, Crécy et au delà, dans les coteaux qui bordent la vallée du Grand-Morin, notamment dans les communes de Pommeuse, Mouroux, Guérard, Tigeaux, Voulangis, Bouleurs, Quincy-Ségy, Boutigny, Condé, Couilly, Montry, Saint-Germain-les-Couilly et Villiers.

Importance de la production. — Dans les bonnes années, certaines des communes ci-dessus produisent et vendent sur place, à des commissionnaires qui expédient à Paris ou en Angleterre, plus de 200,000 kilogrammes de *prune* bleue, dite prune de Tigeaux, 50,000 kilogrammes d'une autre variété dite diaprée (rouge ou rose), 70,000 kilogrammes de reine-claude, 50,000 kilogrammes de poire dite *carrière* (petit fruit très précoce), 50,000 kilogrammes de poires diverses (épargne, giffard, duchesse, william, amanlis, louise-bonne, etc.), quelques tonnes de pommes et enfin 40,000 à 50,000 kilogrammes de cassis (appartenant aux variétés dites *bourgogne*, tardive et à fruit lâche; *verseux*, hâtive à grappes tombantes, à grains serrés et à goût beaucoup plus prononcé).

La récolte du cassis a lieu fin juin, commencement de juillet. La cueillette de la prune bleue suit immédiatement, puis vient celle de la diaprée et des poires hâtives.

Le prix de vente du cassis est d'environ 30 francs le quintal (dans les années de disette, comme en 1903, il atteint 50 à 55 francs). Celui de la prune bleue est de 18 à 24 francs (45 francs en 1903); de la diaprée, un peu moindre; de la poire carrière, 12 à 15 francs.

Centres de consommation. — Ces produits sont expédiés, partie pour Paris, partie pour l'Angleterre, le cassis et la prune bleue notamment. Les envois sont faits en paniers ronds de 10 kilogrammes nets, par des commissionnaires, auxquels leurs maisons donnent 0 fr. 30 par panier.

Certains représentants achètent 1,000 à 2,000 kilogrammes de fruits par jour, ce qui leur fait de 30 à 60 francs de commission.

En 1902, quelques producteurs de la commune de Voulangis, ayant eu connaissance des bénéfices énormes que les acheteurs réalisaient sur leurs produits, se constituèrent en syndicat de vente.

L'effet de cette union coopérative ne se fit pas attendre : le prix de la prune bleue passa de 12 ou 15 francs le quintal à 25 francs; celui de la poire carrière, de 5 à 8 francs à 19 fr. 50.

En 1903, à Quincy-Ségy, autre commune du canton de Crécy, un deuxième syndicat de vente s'organisa; à peine formé, il compte déjà 114 sociétaires. Le prix du cassis passe alors de 55 francs les 100 kilogrammes, à 65 fr. 50; celui de la groseille ordinaire passe de 32 à 40 francs, et celui de la prune bleue, de 45 à 62 francs.

POMMES DE TERRE.

Centres de production. — Dans le canton sud de Melun (sols sableux), communes de Cély, Chailly, Perthes, Fleury, Arbonne, etc. Sur le plateau du Gâtinais, commune de Villiers-sous-Grez, Recloses, Ury, etc., presque toutes les communes du canton de La Chapelle-la-Reine et une partie de celles de Château-Landon.

Importance de la production. — La production du canton sud de Melun est en moyenne de 3,000 tonnes; celle du Gâtinais, de 4,000 à 5,000 tonnes. Les principales variétés sont early rose, hollande, saucisse rouge et ronde hâtive de Saint-Jean.

Centres de consommation. — Cette production s'écoule depuis fin août jusqu'à fin février et mars, en sacs de 50 kilogrammes fournis par les acheteurs. L'acheteur du canton sud de Melun livre ainsi un tiers à Paris et le reste dans le Nord de la France, en Belgique et en Angleterre. Des acheteurs du Gâtinais, l'un livre à Paris, en vrac; les autres exportent en Belgique et à destination de Marseille *pour l'étranger*.

CULTURES MARAÎCHÈRES.

Asperges.

Centres de production. — Communes de Chailly, Perthes, Cély, etc., dans le canton sud de Melun; Recloses, Ury, Larchant, Achères et Villiers-sous-Grez, dans le canton de La Chapelle; Bourron et Grez, dans le canton de Nemours.

Importance de la production. — 200 quintaux environ dans le canton sud et 3,500 quintaux (en 1904) dans les deux autres cantons.

Centres de consommation. — Ces produits sont pris sur place par des commissionnaires, à raison de 40 à 45 francs le quintal, et écoulés sur Paris, sauf le cinquième environ, qui va alimenter les marchés des villes voisines : Melun, Fontainebleau, etc.

Oseille de conserve.

Centres de production. — Vareddes, dans le canton de Meaux, où l'oseille pour conserves occupe une surface de 30 hectares. On y cultive l'oseille dite *de Belleville*, à o m. 40 d'écartement en tous sens, renouvelée de semis tous les trois ans.

Importance de la production. — Les 30 hectares produisent environ 6,000 à 7,000 quintaux en vert qui, par la cuisson, se réduisent d'un peu moins de moitié, soit à 3,500 ou 4,000 quintaux.

Le produit est préparé en *feuilles* pour potages, ou en *purée*, absolument dépouillée des plus petites nervures, pour la consommation, et il est livré soit en boîtes de 1/8, 1/4, 1/2, 1 et 2 litres, réunies en caisses de 25, 50 ou 100 boîtes; soit en feuillettes à vin ou en barils de 50, 100 et 130 kilogrammes nets.

En boîtes, le prix de revient du litre varie entre o fr. 75 et 2 francs, selon le volume des boîtes; en fûts, de o fr. 35 à o fr. 40, selon la capacité de ceux-ci.

Centre de consommation. — Paris est le principal débouché de l'oseille.

Cresson de fontaine.

Centre de production. — Provins, aux sources des deux rivières qui baignent la ville, la Voulzie et la Durteint.

Importance de la production. — La surface consacrée à cette culture est d'environ 12 hectares, dont le quart à peu près est effectivement en fosses productives. Chaque fosse, de 70 mètres de long sur 2 m. 60 de large, ou de 1 are 82 de surface, produit en moyenne 1,000 douzaines de bottes de cresson.

Le prix de vente varie, selon la saison, de 10 à 30 francs le panier de 20 douzaines; il est, en moyenne, d'environ 15 francs, ce qui donne un produit brut de 750 francs par fosse, soit environ 400 francs par are ou 40,000 francs par hectare de fosses en rapport et 10,000 francs par hectare de la surface totale.

Centre de consommation. — Une faible partie du produit est utilisée à la préparation de dépuratifs, tout le reste passe à la consommation parisienne. Tous les soirs, les expéditions sont faites pour les Halles centrales, dans de grands paniers ovales, de 1 m. 20 de haut et 0 m. 90 de large, contenant 20 douzaines de bottes.

CULTURES FLORALES.

Rosiers et roses.

Centres de production. — Brie-Comte-Robert, Grisy-Suisnes, Coubert, Evry-les-Châteaux, Grégy, Servon et Soignolles, dans l'arrondissement de Melun.

Importance de la production. — Cent hectares produisent annuellement 4 à 5 millions de rosiers et 3 ou 4 millions de douzaines de roses diverses.

Lieu d'écoulement. — Les rosiers sont vendus à un certain nombre d'horticulteurs français et étrangers; aux *chauffeurs* parisiens, qui *forcent* les plantes en serre pour les faire fleurir l'hiver; aux particuliers amateurs de roses; enfin, la marchandise de qualité médiocre est vendue au quai aux Fleurs, à Paris. Le prix des variétés courantes varie de 30 à 100 francs le cent, selon la variété et la dimension de la tige; celui des variétés nouvelles atteint et dépasse 3 francs l'unité.

Les roses sont, pour la plupart, vendues aux Halles centrales. Leur prix varie, selon les variétés et la saison : de juin à août, 0 fr. 08 à 1 franc la douzaine; d'août à fin septembre, 0 fr. 15 à 2 francs; en octobre, 0 fr. 30 à 3 francs la douzaine.

Les roses de forçage sont vendues de 5 à 15 et 20 francs la douzaine. Les variétés cultivées sont Caroline Testout, Ulric Brunner fils, Captain Christy et Niphetos.

SEINE-ET-OISE.

Le département de Seine-et-Oise forme, autour du département de la Seine et par conséquent autour de Paris, une sorte de ceinture ininterrompue.

D'après les cultures qui y sont pratiquées, il peut être considéré comme un des principaux approvisionneurs de la capitale en légumes, en fruits et en fourrages.

S'il contribue dans une très large mesure à l'alimentation de Paris, en ce qui concerne les fruits et les légumes, il ne faudrait cependant pas croire que ce sont les cultures légumières et fruitières qui y occupent la plus grande étendue; ce serait une grave erreur, car celles-ci ne se rencontrent que dans les cantons où la petite culture domine et où le sol est très morcelé, tels que ceux de Montmorency, d'Argenteuil, d'Écouen (en partie), de Longjumeau, de Palaiseau et de Limours.

CÉRÉALES.

Les céréales cultivées en Seine-et-Oise sont : le blé, l'avoine, le seigle et l'orge.

Sauf l'escourgeon d'hiver, qu'on ne rencontre guère que dans les cantons d'Étampes et de Méréville, les autres céréales précitées sont cultivées dans tout le département.

Le principal marché aux grains et aux fourrages est la Bourse de commerce de Paris; les anciens marchés qui se tenaient chaque semaine dans les chefs-lieux de canton n'ont plus l'importance qu'ils avaient il y a vingt-cinq ans, même celui de Versailles, qui est le plus suivi.

FOURRAGES.

Les foins de prés se récoltent, en assez grande abondance, dans toutes les petites vallées, mais ce sont surtout les cantons de Montfort-l'Amaury et de Chevreuse qui en fournissent les plus grandes quantités. Ces foins sont très estimés.

La luzerne et le sainfoin sont les seules légumineuses qui soient fanées. Le foin et la paille sont vendus à Paris ou dans les communes du département de la Seine à des nourrisseurs, à des grainetiers ou à des compagnies de transport.

POMMES DE TERRE.

Les pommes de terre industrielles (Richter's Imperator, Balle de farine, etc.), sont vendues aux fabricants de fécule de Seine-et-Oise ou du département de la Seine, et les pommes de terre comestibles sont portées à la Halle de Paris ou vendues sur place à des marchands spéciaux. Une partie de ces tubercules est expédiée en Angleterre.

Ce sont surtout les localités dont Montlhéry est le centre qui consacrent la plus grande étendue aux pommes de terre comestibles hâtives. La variété Hénault est celle qui est préférée à toutes les autres.

CULTURES MARAÎCHÈRES.

Tomates. — La tomate se cultive dans les mêmes localités que les pommes de terre hâtives et aussi sur les territoires des communes de Palaiseau et de Villebon. Une partie de la récolte est vendue à la Halle de Paris, l'autre partie est expédiée sur les marchés de Londres, soit par les cultivateurs réunis en syndicat, soit par les commissionnaires qui s'établissent sur place au moment de la cueillette.

Asperges. — Les asperges occupent une très grande superficie dans le département; celles d'Argenteuil sont toujours celles qui sont les plus estimées, par suite de leur qualité. C'est le carreau de la Halle de Paris qui en reçoit la plus grande quantité.

Haricots. — Les diverses variétés de haricots sont cultivées un peu partout dans le département, mais depuis une vingtaine d'années la culture de la variété dite *flageolet*

Chevrier a pris une très grande extension dans certains cantons, et notamment dans ceux de Limours, d'Arpajon, de Palaiseau et de Dourdan. La superficie consacrée à cette culture peut être évaluée à environ 1,200 hectares. La cause de la faveur dont jouit ce haricot tient à la couleur de son tégument qui demeure vert, quoique étant sec.

Les marchés les plus importants sont ceux de Limours et d'Arpajon.

Pois. — La culture des diverses variétés de pois n'est pas localisée comme celle du haricot Chevrier. Les cantons de Montmorency, de Pontoise, d'Écouen, d'Argenteuil, de Poissy, de Meulan, de Limay, de Mantes, de Bonnières, sont ceux qui consacrent les plus grandes étendues à cette culture. Les petits pois sont généralement vendus à la Halle de Paris; cependant il existe à Dennecourt et Bonnières, pendant la saison, un important marché de petits pois destinés à l'exportation.

Navets. — *Carottes.* — Les navets et les carottes sont cultivés sur de très grandes étendues à Croissy-sur-Seine, à Montesson, à Flins, etc. Ces légumes sont vendus à la Halle de Paris.

Poireaux. — Les principales localités qui se livrent à cette culture sont Épône, Mézières, Croissy, Montesson, Achères et Flins.

Artichauts. — La culture des artichauts est localisée dans les plaines basses des cantons d'Écouen, de Pontoise, de Montmorency, de Meulan, etc., et sur les territoires qui reçoivent les eaux vannes de la ville de Paris, Achères notamment.

La variété cultivée est le vert de Laon.

Paris est le principal débouché.

Cresson. — Les principaux centres de production du cresson sont Saint-Grati en Enghien, Ermont, Lardy, Étampes, Pontoise.

Choux-fleurs. — Les localités où le chou-fleur est l'objet d'une culture très bien entendue sont Chambourcy, Bonafles, Sarcelles et Saint-Brice.

Potiron. — Le potiron se cultive sur les territoires des communes de Palaiseau, de Saulx-les-Chartreux, de la Ville-du-Bois, de Montlhéry, de Linas, Villebon, etc. Centre de consommation : Paris.

CULTURES FRUITIÈRES.

Poirier. — La culture du poirier, en vue de la production des fruits à couteau tels que : duchesse d'Angoulême, louise bonne d'Avranches, beurré Diel, bon chrétien William, beurré Hardy, doyenné du comice d'Angers, passe-crassane, est plus particulièrement localisée sur le territoire des communes de Deuil, Montmagny, Sarcelles, Saint-Brice, Domont, Groslay, Boufflémont. Quant au doyenné d'hiver, il n'est guère cultivé un peu en grand, avec la pomme de Calville blanche, qu'à Chambourcy.

Les poires sont vendues sur le carreau de la Halle de Paris ou à des marchands fruitiers qui en réexpédient en Angleterre et en Russie. Un syndicat dont le siège est à Groslay fait également des expéditions de poires en Angleterre.

Pommier. — Le pommier n'est localisé dans aucune commune.

Cerisier. — Le cerisier est cultivé un peu partout dans le département, mais c'est surtout à Carrières-sous-Poissy, à Moisson et aux environs de Palaiseau, de Maure-court, de Villers-en-Arthies et de Jouy-le-Moutier qu'on le rencontre en abondance.

Les variétés cultivées sont l'anglaise hâtive et tardive, la montmorency, la royale, la spa et la reine-Hortense.

Pêcher. — Le pêcher n'est pas l'objet d'une culture aussi bien comprise qu'à Mon-treuil-sous-Bois et à Bagnolet (Seine); si, çà et là, on rencontre quelques cultivateurs qui s'adonnent à la production des bonnes variétés de pêches dont les arbres sont adossés à des murs, c'est une exception.

Les pêchers cultivés en plein vent, et par conséquent sans taille, sont le plus sou-vent issus de noyau. Cependant, depuis quelques années, un certain nombre de culti-vateurs plantent des plants greffés, amsden, reine des vergers.

Abricotier. — L'abricotier est surtout cultivé sur les collines de la rive droite de la Seine, de Triel à Bennecourt. Les variétés préférées sont le gros commun et le royal. Les fruits sont vendus à des marchands qui effectuent eux-mêmes la cueillette.

Prunier. — Comme le cerisier, le prunier n'est pas localisé, il est cultivé un peu partout, mais c'est en général dans les terrains calcaires ou très médiocres qu'on le rencontre. Les principales variétés cultivées sont la reine-claude verte, la reine-claude dorée, le monsieur hâtif, la dauphine et la mirabelle.

Une partie des fruits est vendue sur place à des marchands fruitiers qui les expé-dient sur l'Angleterre, et l'autre partie est vendue à la Halle de Paris.

Framboisiers. — Les framboisiers sont cultivés sur les territoires des communes de Bougival, de Marly-le-Roy, de Noisy-le-Grand, de Mareil-Marly, de Fourqueux, de Louveciennes, etc. Les fruits sont vendus à la Halle de Paris.

Fraisier. — La culture du fraisier est surtout localisée aux territoires des communes de Verrières-le-Buisson, de Massy, de Palaiseau, de Villebon, de Châteaufort et d'Or-say. La Halle de Paris est le principal débouché des fraises.

Groseillier. — Mêmes localités que le framboisier.

Vigne. — La vigne n'est pas seulement cultivée en vue de la production du raisin de cuve, mais aussi en vue de la production du raisin de table et plus particulière-ment du chasselas doré.

Les localités où cette culture donne les meilleurs résultats sont Maurecourt, Jouy-le-Moutier, Conflans-Sainte-Honorine, Montlhéry et Brétigny.

Les chasselas dorés de choix sont vendus de 2 fr. 50 à 3 francs et plus le kilo-gramme, soit à la Halle de Paris, soit aux marchands de primeurs de la capitale.

CULTURES FLORALES.

A Périgny et à Mandres plus particulièrement, on cultive quelques variétés de ro-siers en vue de la vente de la fleur coupée à la Halle de Paris. A Marcoussis on cultive la violette sur de grandes surfaces; les fleurs sont destinées à la confection des petits bouquets qu'on vend dans les rues de Paris.

DEUX-SÈVRES.

CÉRÉALES ET GRAINES FOURRAGÈRES.

Le *froment* et l'*avoine* sont cultivés sur des superficies étendues et font l'objet d'un commerce important. Les principaux marchés sont Niort, Parthenay, Bressuire, Thouars et Saint-Maixent. L'avoine est expédiée principalement sur Bordeaux.

La *luzerne* et le *trèfle violet*, très cultivés pour la nourriture des animaux, donnent, en outre, des revenus élevés par la vente des graines. En 1903, de nombreux cultivateurs des plaines de Niort et de Saint-Maixent ont acquitté une grande partie de leur fermage avec les sommes réalisées par le produit des graines de luzerne et de trèfle.

CULTURES SPÉCIALES.

Artichaut de Niort. — L'artichaut de Niort, qui n'est autre que le camus de Bretagne, occupe environ 50 hectares à Niort et dans les communes suburbaines. Le climat doux et la fertilité du sol permettent d'obtenir des récoltes rémunératrices.

La vente se fait à des commissionnaires locaux qui expédient principalement sur Paris et sur quelques villes de province.

Oignon de Niort. — Chaque année, il est cultivé de 15 à 20 hectares de plants d'oignons à Niort et dans les communes voisines.

Les semis se font à la volée du 15 août au 1ᵉʳ septembre.

L'arrachage commence fin janvier pour se terminer en avril. Ils sont mis par paquets de 100 et vendus à des commissionnaires à la fourniture (qui est de 231 paquets) et expédiés sur la plupart des marchés de France.

Angélique. — Cette ombellifère est cultivée à Niort, Saint-Liguaire et Saint-Maixent, sur une surface de 75 à 80 ares, et donne environ 25,000 kilogrammes de produits.

La variété blanche, beaucoup moins fibreuse que la rouge, est la seule cultivée.

Le commerce de l'angélique à l'état de liqueur ou d'objets confits ne se fait qu'à Niort; il représente environ 120,000 à 130,000 francs.

VIGNE.

La vigne occupe au nord du département les cantons de Thouars, Saint-Varent; une partie de ceux d'Argenton-Château, Airvault, Saint-Loup, Thénezay. Les vins blancs obtenus dans cette partie se rapprochent du type des saumur. A Sainte-Verge, près Thouars, on obtient avec le breton un vin analogue au bourgueil.

Dans l'ancienne Saintonge, sur les cantons de Beauvoir, Frontenay, Mauzé, Niort, Prahecq, Brioux et Chef-Boutonne, où la reconstitution va lentement, on produit des vins blancs pour la table et l'alcool, ainsi que des vins rouges de bonne qualité.

SOMME.

CÉRÉALES.

Blé. — La surface consacrée à cette culture est d'environ 128,000 hectares. Elle n'a pas la même importance dans toutes les parties du département. Dans l'arrondissement de Péronne elle occupe 1/3.1 des terres cultivées, 1/3.4 dans celui de Montdidier, 1/3.8 pour celui de Doullens, 1/4.5 dans celui d'Abbeville et enfin 1/4.7 dans l'arrondissement d'Amiens.

Le rendement total atteint 3,050,000 hectolitres avec les moyennes suivantes par arrondissement :

	hectolitres.			hectolitres.
Péronne	28.5		Doullens	20.5
Montdidier	25.5		Abbeville	20.5
Amiens	20			

Les arrondissements de Péronne et de Montdidier doivent donc être considérés comme forts producteurs de blé. Leur récolte est supérieure de beaucoup à la consommation locale; les autres arrondissements exportent moins.

La vente du blé se fait de plus en plus par échantillons, et l'importance des denrées vendues sur les marchés tend à diminuer chaque jour. Parmi les marchés dont les transactions en blé présentent encore une certaine importance, on peut citer Abbeville, Oisemont, Ham, Roye, Nesle, Péronne, Escarbotin, Albert. Le montant des ventes sur ces marchés atteint environ 200,000 hectolitres par an.

Les exportations ont atteint, en 1902, 335,281 quintaux et, en 1903, 511,000 quintaux par voie de terre. Des ports de Péronne, de Béthencourt-sur-Somme, près Nesle, il a été également expédié, l'année dernière, près de 120,000 quintaux[1].

L'excédent de la production est expédié dans le département du Nord (minoteries de Lille, Cambrai, Le Cateau, Denain), à Paris et aux moulins de Corbeil.

Des expéditions sont également faites sur Saint-Quentin, l'Est et le Sud-Est : Héricourt, Ormans, Liverdun, Grenoble, Chambéry, Saint-Mihiel, etc., et pour les ports de Cherbourg et de Marseille.

Les arrondissements d'Amiens et d'Abbeville suffisent à leurs besoins; ils tirent parfois des arrondissements de Montdidier et de Péronne ce qui leur manque. L'arrondissement de Doullens expédie une partie de son excédent sur Arras.

Avoine. — Cette céréale occupe une surface de 115,000 hectares environ. Elle est surtout cultivée dans les arrondissements qui produisent le moins de blé. L'arrondissement d'Amiens vient en tête, puis ceux de Doullens, d'Abbeville, de Péronne et de Montdidier. Dans ces deux derniers, l'avoine occupe une surface inférieure de près de moitié à celle du blé; cette proportion tend à augmenter sérieusement. Dans les autres arrondissements, la surface est sensiblement égale et même supérieure.

Ces différences dans l'importance des ensemencements sont fort atténuées

---

[1] Suivant les années, les exportations sont de 10 à 23 p. 100 de la récolte.

par l'augmentation de rendement à l'hectare qui atteint, en moyenne, par arrondissement :

	hectolitres.		hectolitres.
Péronne......................	48	Doullens......................	32
Montdidier....................	39	Amiens.	29
Abbeville	34		

Les marchés sur lesquels se traitent les affaires en avoine sont les mêmes que pour les blés. L'importance de ces transactions a atteint une moyenne de 125,000 hectolitres pour les deux dernières années.

Le département est exportateur d'avoine pour une proportion de 4 à 20 p. 100 du montant de la récolte. En 1902, les exportations ont atteint 440,000 hectolitres et en 1903, 730,000 hectolitres. Une partie de l'excédent est expédiée de l'arrondissement de Péronne sur le Nord et principalement sur Lille, Roubaix, Tourcoing, Haubourdin et Bailleul. L'arrondissement de Montdidier et la partie sud de celui d'Amiens expédient sur Paris, Clermont-Ferrand, La Fère, Châlons-sur-Marne et Voigiers.

Les avoines provenant du reste du département sont vendues, partie sur Lille, Arras, partie sur Boulogne-sur-Mer et Dunkerque.

Jusqu'à ces derniers temps, l'avoine noire était plus demandée par le rayon de Paris et les variétés à grain blanc ou jaune étaient plutôt livrées dans le Nord. La culture donne de plus en plus la préférence à ces dernières; dans les sols riches du Santerre et dans la plaine fertile du Vimeu, où la verse est à craindre, on fait une très large place à l'avoine blanche de Ligowo, qui donne des rendements très élevés.

Orge. — La culture de l'orge comprend environ 8,500 hectares avec une production totale de 238,000 hectolitres. L'orge est surtout cultivée dans les arrondisements d'Amiens, de Péronne et de Montdidier.

L'escourgeon ou orge d'hiver entre pour près de moitié dans la production totale. Les orges de printemps cultivées sont la variété commune et l'orge chevalier.

Une grande partie de la récolte est utilisée pour l'alimentation du bétail. Il s'en vend à peine 1,500 hectolitres sur les marchés. L'arrondissement de Péronne produit de belles orges de brasserie dont une faible partie est expédiée dans le Nord.

La brasserie locale ne trouve pas sur place la matière première qui lui est nécessaire. Elle a recours aux orges d'Algérie, de Beauce et de Champagne.

Seigle. — La surface cultivée en seigle est de 17,000 hectares environ. C'est dans les terrains légers des arrondissements d'Amiens, d'Abbeville et de Doullens qu'elle occupe la place la plus importante. L'emploi des moissonneuses-lieuses, en supprimant l'usage des liens en paille, tend à diminuer les emblavures de seigle.

Une partie de la production, qui est de 267,000 hectolitres, est utilisée à l'alimentation du bétail; le reste va dans les distilleries du Nord et à la grande distillerie de Montières-les-Amiens.

Le relevé des transactions faites sur les principaux marchés n'accuse que 1,600 à 2,200 hectolitres par an.

RACINES ET TUBERCULES.

Betterave à sucre. — En 1903, la culture de la betterave à sucre a occupé une surface de 36,600 hectares. Elle alimentait 47 sucreries.

22.

En outre, une partie des betteraves produites dans la Somme est expédiée dans les départements voisins : les environs d'Albert fournissent à la sucrerie d'Hénin-Liétard (Pas-de-Calais); l'arrondissement d'Abbeville alimente, pour une part importante, l'usine de Pont-d'Ardres; d'autres localités vendent à des sucreries de l'Oise (Saint-Just), du Nord et de l'Aisne.

La production est surtout intensive dans l'arrondissement de Péronne qui compte 29 sucreries sur les 47 en activité. Au 1er juin 1904, le montant de la production totale de sucre pour la dernière campagne était de 123,681 tonnes.

Aucune quantité de sucre n'a été exportée directement des fabriques. L'ensemble des exportations par les entrepôts réels du département, au 1er juin, s'élevait à 1,524 tonnes, sorties de France par Boulogne, Dunkerque et Le Havre. Les autres expéditions de sucre ont lieu habituellement sur les départements suivants : Seine-Inférieure, Nord, Aisne, Rhône et Saône-et-Loire.

Betterave de distillerie. — La culture s'étend sur 1,700 hectares. En 1903, 10 distilleries ont travaillé dans la Somme, mais les plus importantes ne sont pas alimentées par la betterave; celle de Nesle travaille surtout les mélasses et à Montières-les-Amiens, on utilise spécialement les grains.

La production totale en alcool a été de 159,165 hectolitres à 100 degrés.

Les distilleries de la Somme n'exportent pas d'alcool; elles ont envoyé leurs produits dans tous les départements, sauf ceux ci-après : Ain, Basses-Alpes, Hautes-Alpes, Ardèche, Landes, Lot-et-Garonne, Lozère, Hautes-Pyrénées, Haute-Savoie, Vendée, Yonne.

Pomme de terre. — Cette culture ne présente qu'une importance secondaire dans la Somme, moins par la surface qu'elle occupe que par son faible rendement. Dans beaucoup de localités, elle subvient aux besoins de la consommation locale.

La surface cultivée est de 15,000 hectares.

Le rendement moyen ne dépasse pas 7,800 kilogrammes à l'hectare. C'est assez dire combien cette culture est négligée; au triple point de vue de la préparation du sol, de la fumure, du choix du plant, il y a beaucoup de progrès à réaliser.

Les variétés les plus cultivées sont les suivantes : pour la consommation de la table : saucisse, early rose, cornichon rose, quarantaine; pour le bétail : magnum bonum, institut de Beauvais, richter's imperator, géante bleue; les deux premières sont souvent utilisées également pour l'alimentation humaine.

Les exportations sont toujours assez faibles; elles ont été en 1902 de 1,100 quintaux, et en 1903 de 10,000 quintaux; on expédie sur Boulogne-sur-Mer à destination de l'Angleterre et sur le Nord.

En réalité, le département se suffit seulement à lui-même, car souvent des courtiers importent de l'Oise, de l'Aisne, des quantités assez élevées de pommes de terre pour l'approvisionnement des garnisons et des établissements départementaux.

Des efforts sont actuellement faits dans l'arrondissement d'Abbeville pour relever cette culture qui y était prospère avant le développement pris par la betterave à sucre.

Chicorée à café. — On ne la cultive que dans les rayons de Rue et de Péronne. Elle occupe 600 hectares.

Les localités situées autour de Chaulnes, Ham, Péronne, expédient les racines dans
le Nord et en particulier vers Cambrai.

Il existe plusieurs cossetteries importantes à Rue et au Crotoy.

CULTURE MARAÎCHÈRE.

Elle est localisée dans les environs d'Amiens (hortillonnages), de Péronne (har-
dines), de Ham et de Montdidier. On produit surtout les légumes herbacés (choux,
salades, artichauts), des radis et des pommes de terre.

En outre, à Saint-Valery-sur-Somme et dans les communes voisines, on cultive sur
une assez grande échelle la carotte, le navet et les pommes de terre hâtives.

La surface totale de ces cultures ne dépasse pas 2,000 hectares. Il est très difficile
d'évaluer l'importance de ces récoltes en raison de la grande diversité des cultures.

Les hortillonnages approvisionnent surtout Amiens. Trois fois par semaine, pendant six mois de l'année, 300 bateaux et 50 voitures sont déchargés sur le marché.

Une faible partie, que l'on peut évaluer à 130 tonnes par an, est expédiée par
chemin de fer sur Saint-Pol, Valenciennes, Lens, Lille et quelques centres populeux
du département, tels que Corbie, Albert, Villers-Bretonneux.

De nombreuses expéditions se font par voitures (100 tonnes par semaine) sur les
villes de la Seine-Inférieure, du Pas-de-Calais et du Nord.

La production des environs de Péronne et de Ham (Doingt, Flamicourt, Halle-
Sainte-Radegonde, Voyenne) est livrée sur place aux revendeurs des villages voisins,
de Bapaume, de Cambrésis et de Saint-Quentin.

En 1903, la gare de Péronne-Flamicourt a expédié 40 tonnes de légumes à destination de Paris, 36 tonnes pour Lille et ses environs.

Pendant longtemps, l'exportation des légumes-racines pour l'Angleterre a fait la
prospérité des environs de Saint-Valery. La production a beaucoup diminué et les envois
n'atteignent plus que 100 à 300 wagons de 5,000 kilogrammes par an.

CULTURES FRUITIÈRES.

Pommes à cidre. — On compte environ 12,500 hectares de plantations; la plus
grande partie forme des vergers de plus ou moins grande étendue. Exceptionnellement,
les arbres sont plantés en plein champ, ou sur le bord des chemins.

La répartition de la culture du pommier à cidre est très irrégulière dans la Somme.
Elle atteint la plus grande importance dans la partie du département voisine de la
Seine-Inférieure et le long du littoral de la mer. L'arrondissement de Doullens est
également bien planté. Les arrondissements de Péronne et de Montdidier, exception
faite pour quelques rayons, n'ont pas de plantations importantes de pommiers à cidre.

Les variétés les plus anciennes, dont les caractères sont bien définis, sont le roquet
(marin-onfoy de Normandie), les fréquins, le doux-véret. Depuis vingt-cinq ans, la
plupart des plantations nouvelles ont été faites en variétés à haute densité d'origine
bretonne ou normande.

En année moyenne, la production suffit largement à la consommation locale. Lorsque
la récolte est bonne ou très bonne, la Somme exporte des pommes à cidre. Ces expéditions sont faites surtout sur le Pas-de-Calais et le Nord.

Les cantons voisins de la Normandie livrent leurs fruits en gare, Aumale, Senarpont, Blangy sur-Brelles, Abancourt. Souvent les courtiers revendent ces pommes comme fruits normands avec une prime de 1 franc et plus du quintal.

Les cidreries d'Amiens, Albert, Corbie, Ham s'approvisionnent dans le département ou en Normandie, selon l'abondance et la répartition de la production.

Pommes à couteau. — La production de ces fruits est peu importante; 5oo hectares environ sont consacrés à cette culture, qui laisse à désirer sous le rapport du choix des variétés et des soins d'entretien. On cultive des variétés locales en général peu connues.

La consommation locale absorbe la production.

Plusieurs fabriques établies à Abbeville produisent annuellement 1 million à 1,200,000 kilogrammes de confiture et de compote. Les pommes un peu acides sont les plus recherchées; le court-pendu est très estimé.

Cerisiers. — Ils n'occupent qu'une surface de 100 hectares. La culture ne présente une certaine intensité que dans les environs d'Hornoy. Suivant les années, on expédie jusqu'à vingt wagons de bigarreau pour l'Angleterre.

Pruniers, noyers. — D'après une enquête faite récemment, les pruniers couvrent environ 120 hectares et les noyers 6o hectares seulement.

Cassis. — Les environs d'Amiens (Longueau, Camon, Rivery, Montières), Hangest-en-Santerre, Cagny produisent une assez grande quantité de cassis.

Chaque année, on exporte de huit à dix wagons de fruits pour l'Angleterre. En raison de la demande régulière, cette culture pourrait prendre plus d'importance. C'est le contraire qui se produit, la production diminue rapidement et la culture maraîchère empiète un peu chaque jour sur les champs de cassis.

TARN.

Le département du Tarn est très accidenté. Ainsi, sur une superficie totale de 578,000 hectares, la plaine ne comprend guère que 83,000 hectares, la montagne, 210,000 hectares et la colline 285,000 hectares.

Les plaines se rencontrent dans l'Ouest du département; ce sont surtout les grandes plaines du Tarn et de l'Agoût; les collines occupent le Nord et partiellement l'Est; la montagne, le Sud et une partie de l'Est.

L'altitude des lieux habités varie de 15o à 1,000 mètres (le point culminant du département est de 1,260 mètres : pic de Montalet).

Cette grande différence de niveau existant entre les lieux habités établit forcément une grande variété de température; aussi, les climats locaux oscillent-ils entre celui très froid des monts de Lacaune et de la montagne Noire et celui tempéré des plaines à climat girondin et même chaud et quelque peu méridional par ses chaleurs estivales.

Au point de vue géologique, la même variété se remarque; de grandes étendues sont occupées par le granit et le gneiss, surtout ce dernier, les schistes divers se rencontrent abondamment, les terrains tertiaires, si variés et si difficiles à cultiver quelquefois, abondent, et enfin, des alluvions anciennes d'étages divers complètent cette variété, qui fait ressembler la carte géologique du Tarn à un vaste et très embrouillé jeu de patience.

Dire que, dans ces conditions, les cultures sont aussi variées que le terrain et le climat peut paraître enfantin, tellement cette variété se comprend, car elle est imposée par la diversité des milieux dans lesquels les cultivateurs exercent leur industrie et les conditions économiques qui leur dictent les assolements ou les cultures auxquelles il faut donner la prédominance si l'on veut réaliser des bénéfices.

Au point de vue de la répartition des terrains entre les diverses cultures, les tableaux suivants donnent des indications suffisamment exactes :

	hectares.		hectares.
Terres labourables	300,000	Bois	70,000
Prairies naturelles	50,000	Landes et terres incultes	55,000
Vignes	29,000		

Les terres labourables peuvent se subdiviser ainsi :

	hectares.		hectares.
Froment	95,000	Maïs	30,000
Seigle	16,000	Prairies artificielles	50,000
Avoine	28,000	Pommes de terre	25,000
Orge	1,000	Divers	55,000

Les cultures dominantes sont celles des céréales d'un côté, des prairies et fourrages d'un autre côté, et enfin, dans les régions favorables, celle de la vigne, qui est la principale dans les cantons de Gaillac et Lisle et partiellement dans ceux de Rabastens, Montmiral, Cordes et Cadalen.

Dans le Tarn, le morcellement très développé de la propriété et la prédominance de l'exploitation par métayage, où le métayer est trop souvent livré à ses propres efforts, ont pour conséquence inévitable d'orienter les cultures vers les récoltes multiples, destinées à être consommées sur place pour l'entretien des producteurs, la nourriture des bestiaux et leur engraissement.

Souvent on ne produit que de faibles excédents pouvant être portés au marché.

Les principales cultures pouvant donner lieu à des exportations sont les suivantes.

CÉRÉALES.

Froment. — Parmi les céréales, celle dont la culture prédomine largement est celle du froment, dont la superficie cultivée oscille entre 95,000 et 100,000 hectares, avec une production moyenne de 1,200,000 hectolitres ou 960,000 quintaux.

Le grain récolté est, en général, de bonne qualité, et il sert à l'alimentation de la population locale, dont les besoins sont assurés par la production du département.

L'excédent des importations sur les exportations est, en effet, de 85,000 quintaux compensé et dépassé un peu par une exportation de 94,000 quintaux de farine par voie ferrée, et une légère exportation par voie de terre.

Ces farines sont exportées dans le Cantal, l'Aveyron, le Lot, l'Hérault, le Gard et les Pyrénées-Orientales. On en envoie même à Nice et en Corse.

On tend actuellement plutôt à réduire les surfaces ensemencées en céréales et à consacrer les terrains ainsi devenus disponibles aux cultures fourragères.

Avoine, seigle, orge. — Le département importe 23,700 quintaux d'avoine. Avec
quelques efforts, cette quantité pourrait être produite chez nous.

Le seigle récolté est consommé sur place; il en est de même de la faible quantité
d'orge, qui appartient toute à la variété paumelle.

CULTURES FOURRAGÈRES.

Les *prairies naturelles* occupent une superficie de 50,000 hectares et produisent
en moyenne 1,800,000 quintaux sur lesquels 55,000 quintaux sont exportés.

Ces prairies se rencontrent dans quelques vallées basses, au bord de petits cours
d'eau, mais principalement dans la partie méridionale (montagne Noire) et dans l'Est
(montagnes du Castrais, de Lacaune et de l'Albigeois).

Lorsque les chemins de fer à voie étroite seront terminés, l'apport des engrais sera
facilité dans la région montagneuse très mal desservie jusqu'à présent. L'accroissement du rendement des prairies et la création de nouveaux prés rendront possible
l'augmentation du cheptel et de l'exportation du foin.

Les *fourrages artificiels* sont, par ordre d'importance, la luzerne, le trèfle et l'esrpa-
cette ou sainfoin. Quand les prairies sont peu abondantes, ces fourrages servent presque
uniquement à l'alimentation des bestiaux. A la suite de la crise phylloxérique, les
étendues cultivées en fourrages ont augmenté et s'étendent de plus en plus, ce qui
permet actuellement une exportation de 200,000 quintaux, surtout vers le Midi, qui
tend à s'accroître.

On vend une certaine quantité de graines de trèfle et de luzerne, graines qui sont
achetées par les négociants pour l'exportation. On peut ainsi exporter 500,000 kilogrammes de graines de trèfle et autant de graines de luzerne.

POMME DE TERRE.

Elle est surtout cultivée dans la partie montagneuse et dans les collines. La production totale sert à l'alimentation des habitants et à l'engraissement des porcs que l'on
élève sur une grande échelle, pour l'exportation.

On exporte 3,000 quintaux par chemin de fer et une quantité très forte par voie de
terre et on en importe 12,000, surtout des primeurs et des semences.

CULTURES MARAÎCHÈRES ET FRUITIÈRES.

Partout, les villes et les centres industriels sont alimentés par les produits de la
culture maraîchère locale ou au moins départementale.

Les communes d'Arthès, de Lescure, de Gaillac et de Mézens peuvent seules être
considérées comme exportatrices.

Petits pois. — La gare de Saint-Sulpice (seule expéditrice) a expédié en 1903
16 tonnes 200 à destination du Centre et 2 tonnes 400 à destination de Paris.

Cette exportation pourrait sensiblement augmenter.

Haricots verts. — La gare de Saint-Sulpice (seule expéditrice) en a expédié 10,000 kilogrammes à destination de Castres et du Sud du département.

Oignons. — La commune de Lescure (3 kilom. d'Albi) a la spécialité de la culture de l'oignon, dénommé d'ailleurs « oignon de Lescure ». C'est un oignon jaune, méplat, joli de forme, se conservant bien et convenant au consommateur.

En année moyenne, Lescure expédie 500 tonnes d'oignons vers le bas Languedoc et la Provence, depuis Carcassonne jusqu'à Nice (Aude, Hérault, Bouches-du-Rhône, Var, Alpes-Maritimes).

En 1904, 50 tonnes ont été expédiées en Allemagne à la fin de la campagne et cette expédition aurait été plus considérable si la saison avait été moins avancée.

Prunes fraîches. — En 1902 et en 1903, la récolte a été presque nulle. Toute la région de Gaillac en a expédié :

A destination	de l'Angleterre	64,370 kilogr.
	de la Belgique	3,850
	de Paris-transit	30,600

Dans les bonnes années, l'exportation augmente sensiblement.

Ces prunes viennent des plantations situées dans les communes de la vallée de la Vère et de quelques plantations en coteaux.

Fraises. — En 1903 Gaillac (seule gare expéditrice) a expédié :

Pour Toulouse	61,300 kilogr.
Pour le Centre	786

Le roulage en a transporté autant sur Albi, Castres et les autres villes.

Ces fraises sont apportées des environs de Gaillac pour être vendues pour l'exportation à un marché journalier tenu à Sainte-Cécile-d'Avez, commune de Gaillac.

Pêches. — Gaillac seulement a expédié à destination du Centre 47 tonnes provenant des environs; les pêchers sont plantés dans les jardins, les vergers et en bordure de certaines vignes.

Cerises. — Expédition à destination de l'Angleterre : 1,500 kilogrammes.

L'exportation de ces diverses denrées est destinée à augmenter sensiblement et cela pour deux motifs :

1° Les propriétaires se trouvent en présence de demandes de plus en plus élevées de la part des consommateurs qui apprécient leurs produits de plus en plus;

2° De nouveaux débouchés s'offrent à ces denrées et de nouveaux marchés leur sont rendus accessibles, grâce à des tarifs spéciaux consentis par le Paris-Orléans et le Nord pour les denrées à destination de l'Allemagne du Nord et grâce à des moyens de transport plus commodes et plus rapides (wagons spéciaux, trains de denrées).

Ces régions, qui commencent à goûter aux produits du Tarn, les apprécieront et en demanderont si on sait les leur fournir dans de bonnes conditions.

VINS.

Parmi toutes les cultures pratiquées dans le département, celle de la vigne est certainement la plus productive et la plus lucrative.

La vigne est cultivée depuis des siècles dans le Tarn. Pendant de longues années, la vente du vin donnait aux viticulteurs des bénéfices tellement rémunérateurs que l'on défrichait en bien des endroits pour planter le précieux arbuste et que les plantations continuaient encore après l'apparition du phylloxéra. A son apogée, le vignoble couvrait au moins une superficie de 60,000 hectares situés dans tous les arrondissements, mais principalement dans celui de Gaillac. Actuellement, la superficie reconstituée est de 22,000 hectares, mais la production est assez élevée, les nouvelles vignes étant sensiblement plus fructifères que l'ancienne. De plus, on a planté à tort des terrains qui seraient plus avantageusement consacrés à d'autres cultures.

Les vins produits sont des vins rouges, dont certains étaient et sont encore très bons et à peu près uniquement dans l'arrondissement de Gaillac, des vins blancs mousseux très connus et très appréciés sous le nom de vins blancs de Gaillac.

La production moyenne est de 600,000 hectolitres. Les importations et exportations ont été les suivantes, pour les trois dernières années.

1901. Importations..	449,700 hectol.
Provenance { de l'Aude..	122,000
de l'Hérault...	267,000
Exportations..	370,000
1902. Importations..	581,386
Provenance { de l'Aude..	84,000
de l'Hérault...	440,000
Exportations..	302,588
1903. Importations..	439,561
Provenance { de l'Aude..	95,000
de l'Hérault...	230,000
Exportations..	250,000

Les vins exportés [bons vins rouges et vins blancs doux (vins blanc mousseux de Gaillac)] sont destinés à la consommation des villes et des centres industriels; en outre, toute la région montagneuse du Castrais (montagnes de Lacaune, Montagne-Noire et une partie de la région montagneuse de l'Albigeois) s'alimentent de vins de l'Hérault et de l'Aude, meilleur marché que ceux du Tarn. Ces vins exportés vont dans les départements suivants : Aveyron, Cantal, Corrèze, Creuse, Haute-Vienne, Puy-de-Dôme, Seine et Paris, Lot-et-Garonne, Tarn-et-Garonne, Haute-Garonne.

Des quantités importantes de la récolte locale vont également des régions viticoles voisines dans les centres miniers et industriels de Carmaux, d'Albi et à Graulhet.

Il faut espérer qu'à l'avenir, avec la production de meilleurs vins rouges produits par les nouvelles plantations mieux comprises, grâce à l'impulsion donnée par les champs d'essai viticoles, l'exportation des vins pourra augmenter et qu'ils pourront trouver preneur à l'étranger, comme cela se produit pour quelques bons vins vendus en Belgique, en Angleterre, au Mexique, en Extrême-Orient et dans l'Amérique du Sud.

Par suite de la création d'une cave viticole à Gaillac et plus récemment d'une mutuelle viticole, la fabrication des vins fera certainement des progrès et l'exportation augmentera sensiblement par la production de types plus uniformes et plus homogènes.

TARN-ET-GARONNE.

Le Tarn-et-Garonne présente les sols les plus variés comme composition chimique et physique et d'origine géologique très diverse.

On y rencontre des terrains primitifs, des terrains jurassiques (56,000 hectares), des séries liasiques et oolithiques, des terrains tertiaires très étendus (200,000 hectares), particulièrement des molasses et calcaires de l'Agenais et de l'Armagnac; enfin dans les vallées on rencontre des alluvions anciennes fertiles.

D'une manière générale, le Tarn-et-Garonne possède des terres assez fertiles, exception faite des causses stériles, de quelques affleurements de calcaires durs de l'Armagnac et de dépôts sableux ou graveleux de la Lomagne, aussi les terres en friche sont l'exception.

Le climat du Tarn-et-Garonne est, d'une manière générale, doux en ce qui concerne la température, et sec sous le rapport hygrométrique.

Les longues périodes de sécheresse nuisent considérablement aux cultures annuelles; elles nécessitent, dans beaucoup de cas, des modifications dans le mode d'exploitation; pour y remédier on tend à donner de l'extension aux cultures arbustives.

Situé sur le croisement de deux grandes voies ferrées, Bordeaux-Cette et Paris-Toulouse, le Tarn-et-Garonne est merveilleusement placé pour exporter les produits de son sol; cette heureuse situation a fait naître un commerce très actif avec le midi de la France, auquel il envoie les denrées nécessaires à l'alimentation des habitants et des animaux, puisque le sol est presque uniquement occupé par la culture de la vigne.

La région de l'Ouest, Bordeaux principalement, reçoit les vins de Tarn-et-Garonne. Le Nord, le Centre et Paris reçoivent les denrées moins encombrantes et de plus grande valeur : les primeurs et les fruits les plus variés.

CÉRÉALES.

Blé. — Le blé est la céréale la plus importante du Tarn-et-Garonne. Il occupe en moyenne près de 100,000 hectares. La superficie qui lui est consacrée reste stationnaire. La production est sous la dépendance du degré de l'humidité de l'été; elle peut varier de 9 à 18 hectolitres à l'hectare; elle atteint, dans une année normale, 16 hectolitres. La production moyenne décennale (1893 à 1902) est de 1,214,385 hectolitres. La récolte a été en 1904 de 922,500 hectolitres, du poids moyen de 77 kilogrammes.

Les variétés cultivées sont : 1° une variété locale dite *Bladette du pays;* 2° le blé de Bordeaux pur; 3° le blé poulard d'Australie, cultivé sur les terres riches des fonds de vallées où les autres variétés verseraient; 4° le blé de Noé, le blé barbu à gros grains et un certain nombre de variétés d'introduction récente, comme le Japhet, le Bordier, le blé hybride du trésor.

Le blé est produit partout, mais le centre de grande production est Beaumont-de-Lomagne, dans l'arrondissement de Castelsarrasin. La production dépasse les besoins de la consommation. L'excédent est transformé en farine dans les minoteries et moulins du département, ou est dirigé vers les départements méridionaux.

Maïs. — Il occupe 30,000 hectares, étendue qui varie peu d'une année à l'autre. Le rendement moyen est de 14 hectolitres à l'hectare pour l'ensemble du département. La récolte a atteint 180,000 hectolitres en 1904, d'un poids moyen de 72 kilogrammes. Les variétés les plus cultivées sont le maïs blanc des Landes, le jaune gros et des maïs à petits grains dits *millettes*, employés pour la nourriture des volailles.

La production est utilisée presque en totalité dans le département pour l'alimentation et l'engraissement des animaux.

Avoine. — L'avoine occupe de 21,000 à 22,000 hectares; sa superficie ne tend pas à augmenter, bien que son rendement soit plus constant que celui des autres céréales en raison de sa maturité plus hâtive; il s'élève à 20 hectolitres en moyenne à l'hectare. La récolte a atteint 331,500 hectolitres en 1904. Le poids de l'hectolitre varie de 46 à 49 kilogrammes. Les variétés cultivées sont des avoines grises de pays, d'hiver et de printemps. L'avoine produite dans le département y est entièrement consommée; il est même nécessaire d'en importer une certaine quantité des départements voisins.

Seigle. — Le seigle est cultivé sur 1,800 hectares, uniquement pour la production de la paille destinée à faire des liens pour les autres céréales. La production s'est élevée à 13,600 hectolitres en 1904, et est totalement consommée dans le département.

Orge. — L'orge occupe de 1,100 à 1,300 hectares. Le rendement varie de 10 à 18 hectolitres à l'hectare. En 1904, la récolte a été de 11,500 hectolitres, d'un poids moyen de 60 kilogrammes. La variété cultivée est l'escourgeon d'hiver et l'orge paumelle, variété à deux rangs de printemps. Toute l'orge produite est consommée dans le département.

Sorgho à balai. — Il est cultivé en vue de la production de la paille pour la fabrication des balais, principalement dans les vallées fertiles de la Garonne et du Tarn. L'étendue consacrée au sorgho à balais est de 600 et 700 hectares, la production est en moyenne de 18 à 20 hectolitres de graine et de 800 à 1,200 kilogrammes de paille à balai, comprenant seulement la panicule. La graine est donnée aux volailles, la paille est transformée dans les nombreuses fabriques de balais du département. Les fabriques les plus importantes sont situées dans les cantons de Grisolles et de Villebrumier.

Méteil. — Désigné sous le nom de *mixture* dans le Tarn-et-Garonne, ce mélange de blé et de seigle est de moins en moins cultivé; il n'occupe pas plus de 300 hectares et produit de 16 à 17 hectolitres de grains à l'hectare. Le rendement total s'est élevé à 2,400 hectolitres en 1904.

CULTURES SARCLÉES.

Betteraves. — On cultive dans le Tarn-et-Garonne seulement des betteraves fourragères. L'étendue consacrée aux betteraves est de 1,500 à 1,600 hectares; elle augmente un peu chaque année.

En année normale, la récolte atteint en moyenne 30 quintaux à l'hectare.

Les variétés cultivées sont, par ordre d'importance, la Mammouth, la Géante de

Vauriac, l'Ovoïde des Barres, et, depuis quelques années, les variétés demi-sucrières à collet vert et à collet rose.

Navets. — Ils sont cultivés sur une étendue de 2,000 hectares environ. Les variétés sont le navet d'Auvergne et le navet rave du Limousin.

La récolte est consommée dans le département, une petite partie par les habitants, le reste par les animaux.

Choux fourragers. — Les choux fourragers sont très peu cultivés dans le Tarn-et-Garonne. D'après la statistique, ils occupent seulement 12 à 15 hectares et produisent en moyenne de 150 à 200 quintaux de fourrage. Cette culture pourrait être augmentée avec profit, beaucoup de terres suffisamment humides pourraient leur être consacrées.

Pommes de terre. — On produit des pommes de terre précoces pour la vente comme primeurs, et des pommes de terre à deux fins, qui servent pour l'alimentation humaine et dont l'excédent est donné aux animaux. La superficie cultivée atteint 12,000 à 12,500 hectares. La production varie du simple au double suivant la température; elle s'est élevée à 1,250,000 quintaux en 1903 et seulement à 480,000 quintaux en 1904.

Les variétés cultivées sont la Marjolin, la Quarantaine de la Halle, l'Early rose, l'Institut de Beauvais. Une partie de la récolte est dirigée sur Paris (2,400 à 2,500 quintaux). L'autre partie est consommée sur place.

Topinambours. — Cette plante est cultivée de plus en plus; on lui consacre 3,200 hectares. La récolte varie de 300 à 350,000 quintaux; elle est entièrement utilisée dans le département.

Fèves. — Cette culture est très importante, elle occupe 8,600 hectares environ. Le rendement est très variable; il est compris entre 10 à 12 quintaux à l'hectare. La production a atteint 38,400 quintaux en 1904, elle est consommée dans le département.

CULTURES TEXTILES.

Le chanvre et le lin sont encore cultivés dans le Tarn-et-Garonne, mais ils diminuent d'importance d'année en année. Le lin occupe 200 hectares; le chanvre 140 seulement. La filasse produite est entièrement consommée dans les ménages agricoles.

CULTURES FOURRAGÈRES.

Prairies naturelles. — Elles occupent près de 23,000 hectares. Leur étendue reste stationnaire; la production moyenne va de 30 à 50 quintaux à l'hectare, suivant la température. Elles donnent seulement une coupe, puis sont pacagées. En 1904, la récolte a atteint 688,740 quintaux. Une partie de la production est expédiée dans le Midi.

Prairies artificielles. — Le trèfle occupe en moyenne 4,500 hectares; il tend à prendre de l'importance. La luzerne s'étend sur plus de 20,000 hectares. On trouve le sainfoin sur les parties sèches du département où il couvre 6,000 hectares.

Les fourrages artificiels sont consommés en partie dans le département. De fortes quantités, de luzerne principalement, sont expédiées vers l'Aude et l'Hérault.

Fourrages annuels. — On cultive surtout le trèfle incarnat (farouch), le seigle four-rager, les vesces et gesses en mélange avec l'avoine et le seigle. La superficie est de 5,800 hectares; la production moyenne varie de 150 à 200 quintaux à l'hectare. Ces fourrages sont consommés en vert.

Pâturages et pacages. — On les trouve dans la région des Causses; ils couvrent près de 12,000 hectares. Leur production est consommée sur place par les troupeaux de moutons; on peut l'évaluer à 8 ou 10 quintaux par hectare.

CULTURES FRUITIÈRES.

Il est difficile de rencontrer ailleurs plus de circonstances favorables à la produc-tion fruitière. Le climat est doux, le sol fertile, les expositions les plus diverses se ren-contrent sur les versants des collines qui occupent l'ancienne province du Quercy, au Nord du département, si bien qu'il est possible d'échelonner les époques de maturité. Il n'est pas surprenant que de temps immémorial la culture fruitière ait tenu une grande place dans le Tarn-et-Garonne.

Pépinières et pépiniéristes. — Pour faire face aux demandes des agriculteurs, il a été créé des pépinières importantes à Montauban, Moissac, Castelsarrasin, Caussade, Négrepelisse, Saint-Antonin et même dans des communes rurales.

Il est vendu chaque année des plants de vigne et des arbres fruitiers pour une somme élevée se décomposant ainsi :

Plants de vigne greffés..................................... 150,000 francs.
Plants américains (boutures)................................ 100,000
Porte-greffes racinés 300,000

Les arbres fruitiers donnent lieu aux ventes suivantes :
A Montauban, 6,000 arbres à 0 fr. 75 en moyenne.
A Moissac, 3,000 arbres à 0 fr. 75 en moyenne.
A Castelsarrasin, 1,500 arbres à 0 fr. 75 en moyenne.
Si, à ces ventes il était possible d'ajouter celles qui portent sur les peupliers (indé-terminées), on arriverait à un total très élevé.

Un grand nombre de propriétaires possèdent une petite pépinière d'où ils tirent les arbres nécessaires pour leur exploitation.

Presque toutes les variétés fruitières se rencontrent dans le Tarn-et-Garonne; celles qui occupent le plus d'importance sont, par ordre décroissant : le prunier, le cerisier, le pêcher, l'abricotier, le noyer, le poirier, le pommier, l'amandier, le figuier et le châtaignier.

La vigne pour la production des raisins de table et les chênes truffiers sont men-tionnés à part.

Les produits des amandiers et des figuiers ne sont pas exportés, ils sont consommés sur place.

Prunier. — Le prunier, de même que tous les autres arbres fruitiers d'ailleurs, est cultivé partout dans le département, mais plus particulièrement dans les cantons de Montaigu, Bourg-de-Visa, Auvillar, Lauzerte, Molières, Lafrançaise, Montpezat, Saint-Antonin et dans les environs de Montauban.

Les principales variétés sont, par ordre d'importance :

. Prune d'Agen ou prune d'ente, cultivée principalement dans les cantons de Montaigu, Bourg-de-Visa, Molières. Séchées, ces prunes sont vendues sous le nom de prunes d'Agen, à des prix variables suivant la grosseur et l'abondance de la production ; cette année, par suite de l'abondante récolte, les prix sont très bas ; on cote actuellement 50/55 fruits au demi-kilog, 33 à 35 francs les 50 kilogrammes ; 60/65, de 23 à 25 francs ; 70/75, de 17 à 20 francs ; 80/85, de 14 à 16 francs ; 90/95, de 12 à 13 francs ; 100/105, de 9 à 11 francs ; 110/115, de 7 à 8 francs ; 120/125, de 5 à 6 francs ; au-dessous, le menu fretin, vaut de 3 à 4 francs les 50 kilogrammes.

La production des arbres est très inégale ; on estime qu'un arbre adulte donne environ 60 kilogrammes de fruits verts en moyenne, soit 20 à 25 kilogrammes de pruneaux séchés.

Les pruneaux sont apportés sur les marchés de Montaigu, Bourg-de-Visa, Lauzerte, Molières, Lafrançaise, Moissac, pendant le mois de septembre, puis dirigés sur Agen ou Villeneuve (Lot-et-Garonne).

Cette culture ne s'étend pas en dehors des localités citées, mais elle est de mieux en mieux faite ; les pruniers sont bien taillés, restaurés, fumés et surtout traités pour les défendre contre les chenilles fileuses (hyponomeute) et les chenilles vertes (chematobie). Enfin, le séchage primitif à la chaleur solaire et au four est remplacé peu à peu par l'étuvage qui donne des fruits meilleurs et un rendement supérieur.

D'autres variétés sont cultivées pour la vente à l'état frais, quelquefois même après séchage dans les années de grande abondance.

Ces prunes sont vendues pour la consommation et expédiées dans le Centre, vers Paris et le nord de la France, ou bien elles sont expédiées en Angleterre, principalement pour la fabrication de conserves et confitures.

Les variétés destinées à ces usages sont, par ordre d'importance : reine-claude, royale, prune de Monsieur, prune de Montfort, mirabelle, sainte-catherine, prune de Saint-Antonin. Le prix de vente varie de 10 à 30 francs les 50 kilogrammes.

Il est impossible d'évaluer exactement la production des prunes dans le Tarn-et-Garonne. En 1902, les compagnies de chemins de fer ont transporté 12,550 quintaux, de plus une grande partie de la production, surtout les prunes d'Agen, est exportée par voie de terre jusqu'aux gares de Lot-et-Garonne. En tenant compte de cette circonstance et de la consommation locale, il est possible d'évaluer approximativement la production à 20,000 quintaux.

Cerisier. — Le cerisier est cultivé dans toute la zone du chasselas. Les fruits sont exportés vers Bordeaux, Paris, Carcassonne ; beaucoup vont en Angleterre et même en Amérique.

Les variétés les plus cultivées sont :

1° Bigarreaux : napoléon, jaboulay, de Gasseras (local), commun ;

2° Cerises et guignes : anglaise, gros guindoux noir et des variétés locales indéterminées.

La vente a lieu fin mai et courant de juin; les marchés les plus importants sont Montauban et Moissac, puis Valence et Caussade.

Les fruits sont payés, suivant la qualité et l'abondance, de 10 à 25 francs les 50 kilogrammes.

Un arbre moyen peut donner de 40 à 50 kilogrammes de fruits.

Les producteurs en tirent de beaux bénéfices, surtout quand la production est moyenne; lorsqu'il y a surproduction, le ramassage grève beaucoup le produit brut.

La culture du cerisier, principalement des bigarreaux, tend à augmenter, malgré les aléas de la production.

Il est peut-être plus difficile que pour la prune de déterminer la production; on peut l'évaluer approximativement à 5,000 ou 6,000 quintaux. En 1902, les diverses gares ont expédié 2,700 quintaux.

Pêcher. — La zone de culture est la même que celle du chasselas.

Les variétés cultivées sont :

1° Précoces : amsden, mignonne hâtive, précoce de Hale;

2° Tardives : bisconte, reine des vergers, teton de Vénus, pavie de Pomponne (local) et un grand nombre de variétés locales issues de semis.

La production varie de 10 à 40 kilogrammes par arbre adulte selon les variétés; le prix de vente varie de 20 à 25 francs les 50 kilogrammes pour les beaux fruits.

Les pêchers rapportent, suivant la qualité, de 6 à 20 francs par an; ils durent en général peu de temps. Cette production est rémunératrice, car les arbres exigent peu de soins et gênent peu les autres cultures.

Les grands marchés de pêches sont Montauban et Moissac; les fruits sont exportés vers le nord de la France ou le Midi.

La production moyenne varie de 1,200 à 1,400 quintaux, elle atteint certainement 2,000 quintaux et peut-être plus, dans les années de grande production.

Cette culture ne progresse pas très vite, à cause du peu de durée de certaines plantations de pêchers.

En 1902, il a été expédié par voie de fer environ 1,000 quintaux de pêches.

Abricotier. — Cet arbre est associé au pêcher, mais, en raison de sa floraison hâtive qui l'expose souvent aux gelées printanières, il jouit de moins de faveur que celui-ci.

Les variétés les plus communes sont l'abricot-pêche de Nancy, le précoce de Montplaisir, le précoce de Boulbon et des variétés indéterminées.

La production moyenne par arbre adulte est de 15 à 20 kilogrammes; le prix de vente varie de 15 à 25 francs les 50 kilogrammes.

Le commerce a lieu à Montauban, Moissac et Valence; les abricots prennent la même direction que les pêches.

Cette culture ne tend pas à augmenter, en raison des aléas qu'elle présente.

La production peut être évaluée à 400 ou 500 quintaux.

Noyer. — Cette essence se rencontre dans les terrains calcaires, surtout sur les sols d'origine jurassique, dans les cantons de Saint-Antonin, Caylus et Caussade.

C'est la noix commune qui est surtout produite. Les grands marchés sont : Caussade, Négrepelisse, Saint-Antonin, Caylus et Parisot. Les produits sont consommés dans le pays ou expédiés sur Paris.

La production est variable ; elle atteint fort probablement au moins 3,000 à 4,000 quintaux. Un noyer adulte de 30 à 40 ans donne de 50 à 150 kilogrammes de noix suivant la température au moment de la floraison.

Le prix de vente des noix varie de 18 à 25 francs les 100 kilogrammes.

Le nombre des noyers tend à diminuer ; ces arbres sont abattus pour leur bois et rarement remplacés.

Poiriers et pommiers. — Ces arbres peuvent être cultivés pour la fabrication du cidre et poiré, ou en vue de la vente des fruits. Ils occupent actuellement peu d'importance dans la culture fruitière de Tarn-et-Garonne.

Les poiriers et pommiers sont disséminés dans tout le département, mais sont en plus grand nombre dans les cantons de Monclar, Caylus (vallées) et Saint-Antonin.

Les plantations, en vue de la vente des fruits, deviennent de plus en plus nombreuses, mais il n'existe pas un courant bien accentué vers cette production.

Les pommiers à cidre ne tendent pas à augmenter depuis que la reconstitution des vignes a été rendue facile par l'emploi des porte-greffes. Le commerce des pommes et poires est très disséminé, les principaux marchés sont Montauban, Valence, Saint-Antonin, Parisot et Laguépie. Il est difficile de fixer le chiffre de la production totale. En 1902, Laguépie seul a expédié 58 tonnes.

Quant aux variétés, elles sont très nombreuses, la plupart étant, surtout pour les poires, introduites depuis peu de temps. La variété la plus commune de pommes est désignée sous le nom de «pomme d'Ille» (local); elle est très estimée.

Amandier. — Cet arbre est répandu partout, mais pas suffisamment pour que sa production donne lieu à un grand commerce et à une exportation importante.

Les variétés cultivées sont : l'amandier princesse; l'amandier des dames.

La production par arbre est très inégale ; elle peut atteindre 100 douzaines d'amandes vertes vendues 20 francs.

Le commerce a lieu principalement à Montauban. La production totale est indéterminée.

Figuier. — En réalité, il n'y a pas de culture régulière du figuier. Cet arbre croît un peu au hasard aux bonnes expositions; il est rarement l'objet de soins particuliers.

Les principales variétés sont : la petite blanquette; la figue violette de Provence; la figue bourjassote noire; la figue grosse sultane.

Les fruits, d'un transport difficile d'ailleurs, sont consommés sur place.

Cognassier, néflier, groseillier, noisetier, framboisier, etc. — Ces essences ne sont pas l'objet d'une culture assez importante pour donner lieu à une exportation notable.

Châtaignier. — Essence calcifuge, le châtaignier est assez peu fréquent dans le Tarn-et-Garonne. Il est très rarement planté en massif pour former des châtaigneraies.

La plupart des arbres donnent des châtaignes communes, quelques-uns des marrons.

La vente a lieu à Laguépie, Saint-Antonin, Montauban ; les prix sont assez élevés en raison de la rareté de ce fruit ; ils varient de 10 à 15 francs le quintal.

Un châtaignier adulte donne en moyenne 8 à 10 hectolitres de châtaignes par an, lorsque la température est favorable.

La production totale atteint approximativement 4,000 quintaux exportés vers le Midi et Paris.

Cette production tend à diminuer, car les vieux arbres arrachés ne sont pas remplacés.

CULTURE DE LA VIGNE.

La vigne occupe plus de 30,000 hectares. D'après la statistique de 1904, cette superficie se décompose ainsi :

Superficie en raisin	de table en production....................	3,422 hectares.
	de table non en production.................	78
	de vendange en production.................	25,312
	de vendange non en production.............	2,988
SUPERFICIE TOTALE..................		**30,800**

La production du vignoble s'est élevée en 1903 à 497,624 hectolitres et en 1904 à 809,984 hectolitres.

Les vins produits dans le Tarn-et-Garonne sont, en général, de bons ordinaires d'une richesse alcoolique variant de 9 à 11 degrés, suivant la situation du vignoble.

L'excédent de la production sur la consommation est dirigé vers Bordeaux et le Nord.

Raisins de table. — Le plus beau fleuron de l'agriculture de Tarn-et-Garonne est la production des raisins de table.

Les variétés cultivées sont : le chasselas de Montauban qui prédomine; viennent ensuite : le milhau (variété de cinsaut), le muscat de Hambourg, le portugais bleu, l'aramon.

Exceptionnellement sont exportés le semillon et quelques raisins noirs, lorsque l'année n'a pas été favorable au chasselas.

En fin de saison, tous les raisins, même l'aramon cité plus haut, sont recherchés par les expéditeurs.

Le chasselas entre dans la proportion de 90 p. 100 au moins dans les exportations.

La superficie réservée aux vignobles à raisin de table est d'au moins 2,500 hectares (300 ou 400 hectares non encore en production); cette superficie augmente annuellement, car la plantation se poursuit.

Les centres de production sont Moissac, Montauban, Lafrançaise, Lauzerte et Cazes-Mondenard. Les raisins les plus beaux sont produits sur les coteaux qui dominent Moissac, à Cazes-Mondenard, et sur les coteaux de Beausoleil et du Fau, près de Montauban. La région de Lafrançaise, l'Honor-de-Cos, Piquecos, Mirabel donne aussi de beaux fruits.

Lorsque la température est favorable, la production totale n'est certainement pas inférieure à 160,000 quintaux métriques; mais, dans ce cas, une partie de la récolte va à la cuve; les raisins les plus beaux sont seuls expédiés.

Lorsque la production est abondante, le prix de vente diminue et reste compris, en pleine saison, entre 6 et 18 francs les 50 kilogrammes, prix inférieur et supérieur des raisins médiocres et du premier choix. Les plus beaux raisins sont ceux qui joignent à une grande transparence une peau ferme rendant le raisin croquant et résistant à l'emballage et au transport; les grappes à grains clairsemés sont préférables aux grappes à grains serrés exposés à la pourriture.

Les gares qui expédient les plus grandes quantités sont Moissac et Montauban.

Les raisins sont expédiés dans le centre, à Paris et dans le Nord par des maisons du département ou par des agents de grands commissionnaires parisiens qui sont envoyés à Montauban et Moissac pendant la saison du chasselas.

Un certain nombre de propriétaires envoient directement leurs raisins à des commissionnaires des Halles de Paris. Une association, «Le Chasselas», dont le siège est à Montauban, fournit à ses sociétaires les emballages qui sont nécessaires pour l'expédition.

La quantité exportée annuellement est considérable; en 1902, les gares de Tarn-et-Garonne ont expédié 62,000 quintaux de raisin. Lorsque la production est abondante, les expéditions dépassent 80,000 quintaux.

Les profits laissés par cette culture étaient considérables autrefois, les premiers planteurs ont réalisé des fortunes; aussi un élan irraisonné a poussé beaucoup de personnes à planter du chasselas, sans discernement, dans toutes les situations; il en est résulté une surproduction qui a amené une baisse considérable.

A l'heure actuelle la production du chasselas, sans être aussi rémunératrice que par le passé, laisse quand même des bénéfices à ceux qui produisent de beaux raisins et qui disposent de la main-d'œuvre nécessaire pour le triage et ciselage.

Le produit net à l'hectare varie de 600 à 1,200 francs suivant la qualité. Aucune autre grande culture ne donne de tels profits.

Le danger réside dans la surproduction qui n'est pas contrebalancée, au moins à l'heure actuelle, par l'ouverture de débouchés nouveaux.

Les producteurs intelligents se rendent compte des dangers de la surproduction, mais ils sont trop peu nombreux et coordonnent mal leurs efforts pour les surmonter en ouvrant de nouveaux débouchés.

TRUFFE.

Ce précieux comestible se rencontre dans toute la partie calcaire du département, mais principalement dans les cantons de Caylus et Saint-Antonin. Les centres de production les plus importants sont Mouillac et Puylaroque.

Les marchés les mieux approvisionnés sont ceux de Puylaroque, Caussade, Caylus et Saint-Antonin.

La truffe est récoltée dans des taillis où elle pousse spontanément. La culture régulière est maintenant entreprise par quelques propriétaires qui plantent et soignent des chênes truffiers.

On trouve les deux qualités : la truffe noire et la truffe grise qui est moins estimée.

Le prix de vente, très rémunérateur, varie, suivant la production, de 6 à 12 francs le kilogramme.

La production totale dépasse fort probablement 100 quintaux.

La truffe est expédiée sur le Périgord, le nord de la France et Paris.

Cette production a un très grand avenir, elle pourrait augmenter d'une manière considérable si la culture du chêne truffier était régulièrement pratiquée comme dans la Dordogne et même le Lot.

De très grandes étendues de causses presque inutilisées pourraient être consacrées à la plantation de chênes truffiers.

CULTURES FORESTIÈRES.

Peuplier. — Cette essence occupe dans le Tarn-et-Garonne une étendue considérable et laisse des profits très élevés à ceux qui se livrent à sa culture.

C'est dans les vallées, principalement celle de la Garonne, que l'on trouve les pépinières et les plantations de peupliers.

La variété la plus répandue, celle qui tend à supplanter toutes les autres, est le peuplier de la Caroline.

On trouve des pépinières tout le long de la Garonne, mais le centre de production le plus important est Finhan.

La vente des plants de peuplier est très active; les arbres vendus de 0 fr. 60 à 1 franc, suivant leur diamètre, laissent de beaux bénéfices à leurs producteurs.

Les peupliers adultes, vendus 14 à 18 francs la pièce à dix-huit ou vingt ans, donnent aussi beaucoup de profits. Les plantations ayant lieu en lignes espacées de 8 à 12 mètres, permettent de faire pendant cinq ou six ans des cultures intercalaires; plus tard, on laisse la terre se couvrir d'herbes, ou bien on laboure régulièrement le sol.

Le bois des peupliers est expédié vers Bordeaux, Toulouse et le nord de la France; une assez grande quantité est façonnée dans le pays pour la construction des emballages nécessaires pour l'expédition des fruits et primeurs.

Il n'est pas possible d'indiquer, même approximativement, l'importance de cette production dont l'avenir est considérable, aucune enquête n'ayant été faite sur ce sujet.

Osier. — Cette culture occupe une certaine étendue, plus de 6 hectares en tous cas, comme l'indique la statistique agricole décennale de 1892.

Les oseraies sont répandues dans la zone de production du peuplier.

Cette culture tend à diminuer à cause de la baisse de prix des osiers et de la difficulté de protéger les plantations contre les ravages des insectes parasites (chrysomèle).

Mûrier. — Très importante autrefois, la culture du mûrier a suivi le sort de l'élevage du ver à soie, elle a beaucoup diminué. Les mûriers livrés à eux-mêmes se détériorent rapidement, ils ne sont pas remplacés.

Les feuilles, qui ne servent plus pour la nourriture du ver à soie, pourraient être utilisées pour l'alimentation des animaux herbivores; elles rendraient des services dans les années de disette.

La production totale est certainement supérieure à 1,360 quintaux, chiffre de la statistique de 1902; elle est en grande partie inutilisée.

CULTURE MARAÎCHÈRE.

Sous ce titre il faut ranger la production de certains fruits tels que la fraise et le melon, ainsi que celle des légumes primeurs, comme les pois, les haricots, les asperges, les artichauts, etc.

L'importance de la culture maraîchère est considérable, car il n'est pas rare que ces cultures soient faites en plein champ et suivies d'une plante agricole.

Il n'est pas exagéré d'évaluer à 1,000 le nombre d'hectares consacrés annuellement aux cultures de primeurs.

Le climat du département se prête admirablement à la production des primeurs; par contre, les légumes d'été sont moins favorisés à cause de la température souvent très élevée qui rend les arrosages indispensables.

L'avenir de cette production est encore très grand, elle prend chaque année une nouvelle extension.

Fraise. — Ce fruit est cultivé principalement près de Montauban (Beausoleil et coteaux du Fau), près de Moissac et quelque peu à Lafrançaise.

Introduit depuis quelques années dans la culture, il a été l'objet d'un engouement qui semble diminuer à cause des faibles prix de vente actuels.

Les variétés cultivées sont :

1° Grosses fraises : noble (laxton), Héricart de Tury, docteur Morère, sharpless, royal sovereign;

2° Petites fraises : fraise des quatre saisons.

Les prix de vente varient de 10 à 35 francs les 50 kilogrammes suivant la saison et l'abondance de la production.

Les deux marchés principaux sont Moissac et surtout Montauban; les fruits sont exportés vers Paris et le nord de la France.

Malgré les profits que laisse cette culture, elle ne tend pas à s'étendre en raison de la main-d'œuvre qu'elle exige et des aléas de la vente.

La superficie cultivée et la production totale sont difficiles à évaluer.

Melon. — La culture du melon est surtout répandue autour de Montauban, dans les localités suivantes : Corbarieu, Barry-d'Islemade, Villemade; autour de Lafrançaise et de Moissac.

La variété cultivée presque exclusivement est le cantaloup de Bellegarde.

La vente a lieu sur les marchés de Montauban et de Moissac, l'expédition sur Paris, le centre de la France; en 1902 il a été expédié 1,000 quintaux; une quantité presque équivalente est consommée dans le pays.

Le prix de vente est lié à l'abondance des autres fruits; il dépend aussi de la précocité. Au commencement de la saison, un melon serait vendu jusqu'à 0 fr. 50; en pleine saison, il vaudrait 0 fr. 05.

Malgré ces différences de prix, la culture du melon laisse de beaux bénéfices.

Les produits à l'hectare varient de 2,000 à 3,000 francs suivant réussite. Il n'est pas rare que le prix de vente de la récolte d'une année dépasse la valeur du sol qui l'a portée.

Le melon est une plante très délicate, si bien que sa culture trop aléatoire ne s'étend pas beaucoup.

Il est presque impossible de connaître exactement l'étendue consacrée au melon; aucune statistique sérieuse n'a été encore établie.

Cornichon. — Cette plante est cultivée dans la vallée de la Garonne. Près de 150 hectares lui sont réservés dans les cantons de Grisolles et de Montech.

Les marchés sont Grisolles, Montech et Castelsarrasin; les cornichons sont exportés vers Toulouse, Bordeaux, Agen.

Le prix de vente varie de 20 à 30 francs les 100 kilogrammes; actuellement on cote 20 francs; à ce prix on estime qu'un hectare rapporte 2,000 francs de produit brut.

Cette culture, avantageuse pourtant, ne s'étend pas beaucoup, car elle exige l'irrigation et une main-d'œuvre nombreuse pour la cueillette journalière et la préparation des fruits.

Les variétés cultivées sont : cornichon vert petit de Paris; gros vert hâtif.

Ail. — Ce condiment fait l'objet d'une culture spéciale très importante dans le canton de Beaumont; il occupe de 80 à 100 hectares.

On cultive les deux variétés, l'ail blanc et l'ail rose.

Le marché a lieu à Beaumont; la plus grande partie de la production est écoulée par voie de terre vers Toulouse.

Le prix de vente varie, suivant l'abondance, de 20 à 30 francs les 100 kilogrammes; un hectare rapporte de 2,000 à 2,500 francs de produit brut.

La production totale, estimée à 3,500 quintaux par les statistiques, dépasse fort certainement ce chiffre; en admettant une production moyenne de 6,000 kilogrammes à l'hectare, ce qui n'a rien d'exagéré, la production atteindrait de 4,800 à 6,000 quintaux, dont la plus grande partie est exportée.

Malgré ses avantages, cette culture reste confinée dans le canton de Beaumont.

Oignon. — Cette plante est cultivée dans le voisinage de Montauban et de Castelsarrasin, mais sur une moins vaste échelle que dans le département de Lot-et-Garonne.

Les variétés cultivées sont : l'oignon de Lescure, presque exclusivement cultivé à Pech-Boyer (section de Montauban); l'oignon jaune paille des vertus; l'oignon blanc hâtif de Paris.

Les marchés pour l'écoulement sont Montauban, Castelsarrasin, Moissac et Valence-d'Agen. Ces légumes sont envoyés sur le Midi et sur Paris.

Le rendement atteint en moyenne 20,000 kilogrammes à l'hectare; au prix moyen de 12 francs les 100 kilogrammes, le produit brut atteint 2,400 francs.

Cette culture rémunératrice ne paraît pas devoir prendre plus d'extension.

Il n'existe aucune donnée permettant de fixer l'étendue qui lui est consacrée et la quantité récoltée.

Pois. — Cette culture est faite surtout en vue de la production des petits pois de primeur, elle est très répandue autour de Montauban, Lafrançaise et Moissac.

Les variétés cultivées sont : prince Albert, express, caractacus, serpette, clamart.

La superficie consacrée à cette culture n'a pas été déterminée exactement; ce qu'il y a de certain, c'est qu'elle augmente annuellement et que le nombre de 520 hectares indiqué par la statistique de 1902 est certainement dépassé actuellement, bien qu'il soit fort supérieur à celui de la statistique de 1901, ce dernier étant seulement de 142 hectares.

Il est fort difficile d'établir un calcul du rendement en se basant sur les chiffres statistiques, lesquels représentent une moyenne singulière de rendements indiqués tantôt en grains secs, en grains verts et même en cosses vertes.

Les pois exportés sont le plus souvent en cosses vertes; le rendement d'un hectare varie beaucoup avec le degré d'humidité de la température; on l'évalue en moyenne de 45 à 50 kilogrammes par are, soit 4,500 à 5,000 kilogrammes à l'hectare en plusieurs récoltes successives, correspondant à 90 ou 100 hectolitres de gousses.

Le prix varie de 12 à 30 francs les 100 kilogrammes, le prix le plus fort étant payé au début de la récolte. Le revenu brut à l'hectare est donc de 600 à 1,000 francs, très avantageux, car le pois peut être suivi d'une autre culture, généralement du maïs fourrager.

Les marchés les plus abondamment pourvus sont ceux de Montauban, Moissac et Valence. Les pois sont expédiés sur Bordeaux, le centre de la France et Paris; ils forment des trains entiers.

Cette production a une tendance à augmenter; les pois sont cultivés dans des communes très éloignées des centres d'expédition.

Haricots. — Cette culture est faite pour les besoins de la population; quelques timides essais de culture de haricots verts à expédier en rames ont donné de bons résultats; il est probable que cette production prendra de l'importance quand elle sera mieux connue.

Les haricots pour grains occupent 1,500 à 1,600 hectares, beaucoup sont cultivés comme culture intercalaire avec le maïs. Les variétés les plus répandues sont : noir hâtif de Belgique, soissons nain, lyonnais, flageolet hâtif d'Étampes.

Le rendement est excessivement variable, il dépend de la température de l'été; il est en moyenne de 10 à 15 hectolitres à l'hectare, vendus de 20 à 25 francs l'hectolitre.

Asperge. — Elle est très répandue autour de Montauban et sur les coteaux qui bordent l'Aveyron, de Lafrançaise à Lamothe-Capdeville. Des cultures importantes sont aussi faites près de Moissac, Malause et Valence. Il n'est pas excessif d'attribuer à cette culture 150 à 200 hectares.

Les variétés cultivées sont l'asperge violette d'Argenteuil hâtive et l'asperge violette d'Argenteuil tardive.

Le rendement varie de 4,000 à 5,000 et même 6,000 kilogrammes à l'hectare suivant l'âge de la plantation et la fumure, ce qui correspond à 2,000, 2,500 ou 3,000 bottes de 2 kilogrammes, vendues de 1 fr. 50 à 2 francs la pièce suivant qualité. Au début de la cueillette, le prix de la botte atteint 5 à 6 francs; il diminue ensuite jusqu'à 0 fr. 75 et même 0 fr. 60.

Le produit brut d'une aspergerie s'élève à 4,000 francs en moyenne, le produit net n'est pas inférieur à 2,500 francs.

C'est ce qui explique l'extension prise par cette culture, qui est de plus en plus en faveur.

Les grands marchés pour les asperges sont Montauban et Moissac; ces légumes sont expédiés sur le centre de la France et vers Paris.

Artichaut. — Il voisine avec l'asperge sur les coteaux bien exposés de Piquecos, de L'Honor-de-Cos et de Lafrançaise. Les variétés gros vert de Laon et vert de Provence sont les plus répandues.

La superficie qui lui est consacrée n'est pas déterminée.

Le rendement peut atteindre en moyenne 5,000 à 6,000 douzaines de têtes à l'hectare qui, au prix de 0 fr. 30 à 0 fr. 40 la douzaine, donnent un produit brut d'au moins 2,000 francs.

Cette culture rémunératrice est faite par de petits propriétaires qui ne marchandent ni leur temps, ni leur peine.

Les principaux marchés sont Montauban, Caussade, Moissac et Valence. L'exportation a lieu vers Paris et Bordeaux.

Tomate. — Cette plante est cultivée autour de Montauban, Castelsarrasin, Moissac, Valence et dans quelques communes de l'arrondissement de Castelsarrasin : Montech, Escatalens.

Les variétés préférées sont la rouge grosse hâtive, la trophy rouge grosse lisse, la T. perfection. L'étendue occupée n'est pas connue.

Le rendement atteint facilement 750 à 800 quintaux à l'hectare qui, au prix moyen de 6 francs les 100 kilogrammes, donnent un produit brut de 4,000 à 4,800 francs.

Le danger de cette culture, c'est la surproduction entraînant la mévente ; c'est ce qui explique pourquoi les agriculteurs de Tarn-et-Garonne hésitent à imiter leurs voisins de Lot-et-Garonne qui font cette culture sur une grande échelle.

Malgré tout cette culture se développe tous les ans davantage.

En résumé et comme conclusion, le Tarn-et-Garonne est merveilleusement placé pour la production fruitière et maraîchère, les terrains propices aux diverses cultures passées en revue sont encore très étendus, ils seront certainement occupés un jour, lorsque des débouchés nouveaux seront ouverts et lorsque les agriculteurs auront appris que les cultures de cette nature laissent de plus gros bénéfices que les céréales qu'ils s'obstinent à cultiver à grand'peine dans les sols accidentés.

VAR.

Grâce à la douceur de son climat et à la diversité de ses terrains, le département du Var présente la plus grande variété dans ses cultures et dans ses productions.

Du côté du littoral, on rencontre, à côté de la vigne, les cultures de légumes-primeurs, de fleurs, de plantes d'ornement, d'oignons à fleurs, etc.

Dans les parties moyenne et nord du département, les vignobles nouveaux s'étendent sur de très grandes surfaces et disputent aux céréales les terres les plus fertiles.

Les cultures fourragères sont localisées dans les terres fraîches des vallées.

Les cultures arbustives : oliviers, amandiers, utilisent les coteaux arides et secs.

Au contraire, les cerisiers, les pêchers, les figuiers, les pommiers, les mûriers, etc., fleurissent, de préférence, dans les sols riches des plaines de la basse Provence.

Les châtaigniers sont relégués dans le massif des Maures, au milieu des forêts immenses de chênes-liège, de pins d'Alep et maritime.

Les bois de chênes blancs et verts se trouvent dans les montagnes calcaires du nord du département. Dans ces derniers, on rencontre de nombreuses truffières naturelles et artificielles.

CÉRÉALES.

En vingt ans, la culture du blé a diminué de 50 p. 100. Réduite en 1902 à 30,800 hectares, elle correspond à 240,000 quintaux de grains et à 360,000 quintaux de paille, quantités insuffisantes pour les besoins de la consommation locale.

Les surfaces emblavées en avoine sont depuis quelques années en progression ; elles atteignent 7,500 hectares environ. Les 50,000 quintaux de grains et 60,000 quintaux de paille produits ne sortent point des centres de production.

FOURRAGES.

Les surfaces consacrées aux cultures fourragères : prairies artificielles et naturelles, couvrent 13,000 hectares environ et fournissent, suivant les années, entre 400,000 et 500,000 quintaux de fourrages employés à l'alimentation du bétail.

Les pacages et herbages naturels s'étendent sur 47,000 hectares et servent, pendant l'hiver et le printemps, à la dépaissance des troupeaux.

Les pommes de terre, les légumes secs (haricots, fèves, lentilles, pois, etc.), sont cultivés presque uniquement pour les besoins du ménage.

VIGNES.

Les anciens vignobles, entièrement détruits par le phylloxéra, ont été remplacés par de nouvelles plantations qui s'étendent actuellement sur près de 55,000 hectares, répartis dans 130 communes. Chaque année, elles progressent sensiblement comme étendue et comme augmentation de rendement à l'hectare.

En année normale, la production totale des vins, dans le Var, peut s'élever entre 1,100,000 et 1,400,000 hectolitres ; elle a atteint 1,750,000 hectolitres en 1900, pour retomber aux environs de 500,000 en 1903.

Le Var produit d'excellents vins rouges de consommation courante, possédant des qualités de couleur, d'alcool, de goût et de bouquet que les vins des autres départements méridionaux ne sauraient réaliser.

Dans certains centres viticoles de l'arrondissement de Brignoles (Carcès, Montfort, Correns, etc.), le jacquez, cultivé sur une très grande échelle comme producteur direct, donne plusieurs milliers d'hectolitres de vin de coupage, remarquable par sa couleur et sa richesse alcoolique, et assez recherché par le commerce.

C'est dans les départements limitrophes que s'écoulent principalement les vins du Var.

En 1902, sur une récolte de 1,130,000 hectolitres, les départements ci-dessous en ont absorbé :

	hectolitres.	
Bouches-du-Rhône (Marseille).......................	294,000	
Alpes-Maritimes..................................	246,000	
Basses-Alpes....................................	29,000	599,500 hectol.
Hautes-Alpes....................................	6,500	
Le département de la Seine a reçu la même année........	24,000	
Les autres départements un total de		67,600
EXPÉDITIONS TOTALES.............		667,100

Il faut enregistrer encore des ventes importantes de raisins en nature : 4 à 5 millions de kilogrammes, expédiés dans les Alpes-Maritimes et transformés en vin pour les besoins de la consommation familiale.

OLIVIERS.

Ces trente dernières années, les cultures oléicoles ont perdu, dans le Var, les deux tiers de leur importance comme surface et comme production.

Elles occupent encore une très large place dans les régions moyenne et nord du département et les récoltes en huile atteignent jusqu'à 6 millions de kilogrammes dans les années exceptionnelles, pour tomber à 3 millions dans les années moyennes.

Malheureusement elles tendent encore à diminuer régulièrement depuis l'abandon des oliveraies.

De ce côté du littoral, on s'attache surtout à produire de bonnes huiles de consommation courante. La production des huiles fines ne dépasse pas un dixième de la récolte totale.

La plupart des propriétaires vendent leurs olives au prix de 2 à 3 francs le double décalitre, suivant la qualité, aux industriels du département ou à ceux de Grasse (Alpes-Maritimes).

Cette dernière localité reçoit, à l'époque de la récolte, de 1,300 à 1,500 tonnes d'olives fraîches du Var.

Quelques rares oléiculteurs font traiter leurs olives pour leur compte personnel dans les moulins locaux, et vendent directement leurs huiles au consommateur et au commerce.

Les deux tiers des huiles s'écoulent sur les places de Marseille, d'Aix et de Salon, et l'autre tiers sur les marchés de Toulon et de Nice.

Suivant l'abondance et la qualité des récoltes, les cours des huiles fines varient entre 130 et 150 francs les 100 kilogrammes, celui des huiles courantes, de 80 à 120 francs; celui des huiles inférieures, de 65 à 70 francs; celui des huiles de ressence, de 52 à 57 francs.

CULTURES FRUITIÈRES.

Depuis le développement rapide des voies de communication, permettant l'écoulement facile et avantageux des fruits de la région du Midi sur tous les grands marchés français et étrangers, les cultures de cerisiers, de pêchers, de figuiers, etc., ont pris un essor considérable dans toute la basse Provence.

A lui seul, le département du Var a exporté, en 1902, sur les places de Paris et de Londres et dans de très nombreux autres centres de consommation, plus de :

Cerises	1,500,000 kilogr.
Pêches	430,000
Figues	170,000
Abricots	30,000

Les principaux centres de production sont les suivants :

	CERISES. kilogr.	PÊCHES. kilogr.	FIGUES. kilogr.
Solliès-Pont	525,600	216,000	78,000
Solliès-Toucas	156,000	12,000	7,600
Belgentier	28,900	3,300	»
Hyères	35,500	35,000	»
La Crau	157,100	116,300	»
La Farlède	85,000	12,800	6,740
La Pauline	23,300	16,400	21,700
Carqueiranne	5,000	28,000	4,000
Le Luc et le Cannet	88,000	1,500	900
Ollioules	9,000	200	1,000
Goufaron	9,500	500	»
Vidauban	6,500	6,200	»
Bandol	2,100	2,150	»
Saint-Cyr	600	12,000	»
Puget-Ville	58,000	14,200	1,000

Les plantations de cerisiers, de pêchers et de figuiers les plus importantes et les plus renommées sont situées dans les communes des cantons de Solliès-Pont et d'Hyères.

Les premières expéditions de cerises commencent en mai, avec la guigne précoce du Luc ou hâtive de Bâle, et s'échelonnent jusqu'au milieu de juin, avec les bigarreaux et la cerise reine-Hortense, etc.

Après les cerises, les pêches donnent lieu à des transactions commerciales des plus lucratives. Leur apparition commence les premiers jours de juin avec les pêches précoces américaines, amsden, alexander, auxquelles succèdent, pendant l'été, d'autres variétés moins hâtives. Toujours dans la même région, pendant l'automne, commencent les expéditions de figues fraîches (la Bargensotte).

Tous ces fruits, de premier choix, cueillis à point, triés avec soin, bien emballés et présentés, sont expédiés en grande vitesse sur Paris, Londres, Berlin, etc., où ils arrivent généralement en parfait état, pour être mis en vente quelques heures après leur cueillette. En 1903, la seule gare de Solliès-Pont, placée au centre même des plus remarquables cultures fruitières de l'arrondissement de Toulon, a fait partir, à destination de Paris et de Londres, 1,261,000 kilogrammes de fruits, y compris l'emballage, évalué à 253,000 kilogrammes, ce qui représente plus de 1,000 tonnes de fruits se répartissant comme suit :

CERISES.		QUANTITÉS. kilogr.	VALEUR APPROXIMATIVE.
A destination de Paris..	Solliès-Pont.............	560,000	224,000 francs.
	Solliès-Toucas.............	150,000	60,000
	Belgentier..............	20,000	8,000
A destination de Londres........................		60,000	25,000
TOTAUX.............		794,000	317,000

PÊCHES.	QUANTITÉS. kilogr.	VALEUR APPROXIMATIVE.
Solliès-Pont....................................	200,000	60,000 francs.
Solliès-Toucas................................	12,000	3,600
Belgentier...................................	2,000	600
TOTAUX.............	214,000	64,200

Les frais de transport sont calculés à raison de 160 francs la tonne. Ceux de cueillette, main-d'œuvre, emballage, etc., sont estimés 29 francs les 100 kilogrammes.

Le prix de revient du kilogramme de fruit à Paris s'élève donc à 0 fr. 35, ce qui porte les prix minima de vente à 0 fr. 85 le kilogramme pour les cerises et à 0 fr. 75 le kilogramme pour les pêches. Les fruits-primeurs atteignent facilement le double et le triple des cours ci-dessus.

Dans la catégorie des productions fruitières exportées, il faut signaler encore :

Les *abricots*, cultivés à Ollioules (19,000 kilogrammes), à Cuers (6,000 kilogrammes), à Bandol (2,800 kilogrammes), à Saint-Cyr (1,200 kilogrammes) et dans plusieurs localités des environs de Brignoles.

Les *amandes fraîches*, dont la récolte a atteint 18,000 kilogrammes en 1902, dans les centres de Bandol, d'Ollioules, de Carqueiranne, de la Crau et d'Hyères.

Ces fruits, comme les abricots, alimentent les principaux marchés de la région : Toulon, Marseille, Hyères, etc.

Dans le canton de Rians, il existe d'importants vergers d'amandiers. Rians, La Verdière, Ginasservis, Vivien, Artigues, Saint-Julien, écoulent annuellement à Aix (Bouches-du-Rhône), 150,000 kilogrammes environ d'amandes sèches, utilisées par la confiserie pour la fabrication de sirops, de dragées, de nougats et de gâteaux divers.

Les *châtaignes* constituent un revenu appréciable dans tout le massif des Maures et de l'Estérel. Sous le nom de *marrons de Lyon*, de *marrons du Luc*, elles jouissent d'une réputation hors ligne pour la préparation des marrons glacés.

Les principaux centres de production sont :

	quintaux.		quintaux.
Collobrières...............	10,000	Pignans..................	200
La Garde-Freinet..........	6,000	Bormes, Bagnols, etc........	400
Les Mayons-du-Luc.........	200	TOTAL......	27,000
Gonfaron................	200		

Les fruits de choix se vendent couramment 60 francs les 100 kilogrammes aux confiseurs de Paris, de Lyon, de Marseille, de Toulon, de Nancy et d'Allemagne.

Les châtaignes ordinaires approvisionnent les marchés de la région où leur prix ne dépasse pas 25 francs les 100 kilogrammes.

CULTURES MARAÎCHÈRES.

Dans toute la zone du littoral, de Saint-Raphaël jusqu'à Saint-Cyr, les cultures des légumes de primeurs et de saison ont pris une extension très grande, grâce aux facilités des moyens de transport.

Dans les jardins d'Hyères et des environs, la plupart de ces plantes, petits pois, haricots, salades, artichauts, choux-fleurs, fraises, etc., sont l'objet d'une véritable culture intensive. Elles se succèdent, presque sans interruption, dans des terres arrosables, où elles sont l'objet des soins les plus minutieux au point de vue cultural; de là, des dépenses considérables comme fumure, main-d'œuvre, etc., largement rémunérées, en année normale, par les récoltes obtenues, dont le tableau ci-dessous montre l'importance.

Exportation des légumes du Var en 1902.

GARES.	LÉGUMES.						FRUITS.
	ARTICHAUTS.	PETITS POIS.	SALADES.	HARICOTS.	POMMES DE TERRE.	CHOUX-FLEURS.	FRAISES.
	kilogr.	kilogr.	kilogr.	kilogr.	kilogr.	kilogr.	kilogr.
Saint-Cyr........	//	650,000	//	1,100	1,300	//	//
Bandol...........	4,409	82,214	//	//	//	//	//
Ollioules........	89,366	36,669	45,640	528	99,100	6,180	//
Toulon...........	34,000	198,000	//	100,150	6,660	//	1,700
Carqueiranne.....	35,200	160,130	124,200	//	340,540	//	//
La Farlède.......	20,800	48,200	200,100	//	//	//	//
Solliès-Pont.....	5,520	7,260	80,300	//	//	//	//
La Crau..........	7,470	21,800	95,500	6,478	//	//	26,100
Hyères...........	115,700	477,800	1,134,600	637,200	163,000	28,700	298,700
La Londe.........	41,400	6,500	4,100	10,300	3,200	//	600
Autres centres réunis..........	12,000	22,000	346,000	11,000	5,100	3,000	3,500
TOTAUX....	365,865	1,710,573	2,030,440	766,756	618,900	37,880	330,600

Tous ces légumes sont expédiés sur les grands marchés de Paris, Lyon, Marseille, etc., et une partie des primeurs et des fraises sur les places de Londres, Berlin, etc. Les prix de vente sont très variables, suivant qu'il s'agit de produits précoces ou de saison, et aussi suivant la beauté, la qualité, l'abondance ou la rareté des différentes denrées sur le carreau des halles.

Les communes de Pourrières et de Pourcieux (arrondissement de Brignoles) cultivent environ 300 hectares de melons blancs, très estimés dans la région.

Le marché de Marseille absorbe, à lui seul, 2,500,000 de ces excellents fruits.

CULTURES FLORALES.

Fleurs. — Les cultures florales : violettes, roses, œillets, jacinthes, narcisses, renoncules, etc., sont très répandues sur le littoral. Dans tous les coins abrités, elles progressent chaque année. Les trois quarts des fleurs coupées sont exportées sur les places de Paris, de Londres, de Berlin, et le restant sur les nombreux marchés européens.

Les principaux centres de production et d'exportation sont :

	kilogr.		kilogr.
Hyères	1,188,313	Cavalière	45,440
Ollioules et Sanary	1,097,339	Callian	45,000
Carqueiranne	308,724	Sainte-Maxime	15,695
Bandol	327,525	Cavalaire	19,415
Solliès-Pont	156,330	Toulon	15,085
La Crau	91,000	Saint-Tropez, Gassin, Cogolin	4,500
Le Lavandou	84,930	TOTAL des exportations	3,475,600 [1]
La Farlède	76,372		

Oignons à fleurs. — La production des oignons à fleurs : jacinthe, narcisse, freesia, lys, anémone, tulipe, glaïeul, etc., est l'objet d'un véritable monopole dans les cantons d'Ollioules, d'Hyères, de Solliès-Pont et de Toulon.

Les quantités d'oignons à fleurs de recette, c'est-à-dire de grosseur convenable pour la vente, varient suivant les années entre :

QUANTITÉS D'OIGNONS.

Pour les jacinthes romaines	10,000,000 à	12,000,000
Pour les jacinthes de couleurs variées	400,000	500,000
Pour les narcisses grandiflora	8,000,000	10,000,000
Pour les narcisses de diverses qualités	800,000	1,000,000
Pour les *Freesia refracta alba*	2,000,000	3,000,000
Pour les *Lilium candidum*	150,000	200,000

Les prix de vente sont subordonnés à l'importance de la récolte, à la grosseur et à la qualité des bulbes.

En 1902, ils ont oscillé entre 90 et 110 francs le mille pour les jacinthes romaines de 0 m. 12 et au-dessus; entre 18 et 20 francs pour les narcisses grandiflora.

[1] Représentant 800,000 à 900,000 colis postaux de 3 et de 5 kilogrammes, d'une valeur totale de 4 à 5 millions de francs, emballage et frais de transport compris.

La moitié environ de ces récoltes est exportée aux États-Unis, où les prix de revente varient extrêmement en raison des fluctuations constantes du marché, de l'importance de la récolte en France et de l'assortissement des oignons. Les grands centres de réception et de centralisation sont New-York, Philadelphie et Chicago, d'où les réexpéditions se font dans toute l'Amérique du Nord et au Canada ; Boston et Montréal sont également deux centres importants de détail. Les Hollandais achètent beaucoup d'oignons à fleurs en Provence, qu'ils réexpédient en Amérique comme venant directement de Hollande.

En dehors du marché américain, nos bulbes alimentent encore les marchés des Pays-Bas, de l'Allemagne, de la Suisse, etc.

Plantes d'ornement. — Au point de vue horticole, c'est-à-dire de la culture des palmiers et autres plantes d'ornement exotiques et indigènes, il convient de mentionner les remarquables cultures d'Hyères et des environs qui fournissent actuellement aux nombreux horticulteurs de France et de l'étranger plusieurs centaines de mille de plantes décoratives de la plus belle venue.

TRUFFES.

Dans les bois de chênes blancs et de chênes verts des montagnes calcaires du nord du département, la production des truffes, longtemps abandonnée au hasard, tend à donner un revenu de plus en plus important et régulier depuis la création des truffières artificielles.

Les principaux centres de production et marchés sont localisés dans les communes suivantes des arrondissements de Draguignan et de Brignoles.

	PRODUCTION.	
Aups..	1,500 à	1,600 kilogr.
Bauduen..	»	800
Baudinard		300
Ampus...	200	300
Flaoyse, Tourtour, Châteaudouble	1,200	1,800
TOTAL................	4,500	5,000

Ces truffes, d'excellente qualité, sont écoulées sur Paris, Carpentras, Pertuis et Périgueux, au prix de 8 à 12 francs le kilogramme.

PRODUITS FORESTIERS.

Liège, bois ouvrés, bois à brûler, billots, etc. — Les terrains forestiers occupent dans le Var plus de 220,000 hectares, soit les 40 p. 100 du territoire total, et leurs produits représentent une richesse considérable.

Le département du Var exporte, annuellement, en France et à l'étranger environ :

Liège..	45,000 à	50,000 quintaux.
Bois ouvrés	40,000 à	50,000
Bois à brûler...	70,000 à	80,000
Billots pour mines....................................	100,000 à	120,000

Les principaux centres de production du liège sont :

RÉCOLTE EN LIÈGE.		RÉCOLTE EN LIÈGE.	
	quintaux.		quintaux.
Collobrières.................	6,000	Les Mayons du Luc............	1,400
Bormes....................	5,000	Ramatuelle..................	1,200
La Londe..................	3,800	Les Arcs...................	1,100
Gassin....................	3,000	Grimaud...................	1,000
La Garde-Freinet...........	2,800	Gonfaron..................	920
Pierrefeu..................	2,740	Le Luc...................	850
La Môle...................	2,530	Plan de la Tour.............	840
Pignans..................	1,620	Le Cannet du Luc............	800
Fréjus....................	1,600		

VAUCLUSE.

Le département de Vaucluse, un de ceux de la région du Sud-Est qui englobent le plus de cultures variées, est des plus intéressants à étudier.

En effet, c'est grâce à la diversité de son sol, à son climat, à l'abondance et la fertilité de ses eaux qu'on peut y pratiquer aussi bien les cultures qui exigent des fonds riches, une température élevée, des arrosages fréquents, que celles auxquelles suffisent des sols plus ingrats et plus secs, des climats variables et plus rudes.

Aussi les céréales y prospèrent; les cultures maraîchères, par la précocité des produits, y sont une source d'importants revenus; les prairies naturelles et artificielles, soumises aux arrosages, donnent des rendements inconnus ailleurs; de même, la culture des pommes de terre et du sorgho à balais; la betterave à sucre tend à s'y répandre; la vigne, les arbres fruitiers sont florissants; les essences forestières, intelligemment choisies, produisant facilement la truffe, rendent productifs les sols les plus ingrats; enfin, le ver à soie y a aussi sa place et concourt à la richesse du département.

Les principaux produits récoltés sont obtenus dans les terrains des plaines du Rhône et de la Durance, où les cultures maraîchères, fruitières et fourragères dominent.

Les centres de culture sont :

1° Pour les produits maraîchers : Cavaillon, Avignon, Lauris et Carpentras;

2° Pour les produits fruitiers, pêches, abricots, cerises, raisins de table, les centres principaux de production sont Cavaillon, Le Thor, Avignon, Carpentras et Caromb;

3° Pour les produits fourragers, le foin et la luzerne, Monfavet est le principal centre de production avec ses terrains du diluvium alpin, irrigués et très perméables, qui l'environnent, puis viennent Pertuis, Le Pontet, Monteux, Entraigues et Carpentras.

CULTURES MARAÎCHÈRES.

Les expéditions de Cavaillon sont faites de deux manières : en petite vitesse sur les marchés de Paris, Lyon, Marseille, Lille, Tourcoing, Nancy, Reims, Bordeaux, Béziers et Montpellier; en grande vitesse pour Besançon, Clermont-Ferrand, Nancy, Boulogne-sur-Mer, Roanne, Vichy, Voiron, Troyes, Charleville, Lille et Amiens.

Celles d'Avignon sont faites sur les marchés de Saint-Étienne, débouché le plus important; puis sur Lyon, Troyes, Paris, Genève, Lausanne, Grenoble; en Allemagne, pour Strasbourg, Metz, Frierbourg, Aix-la-Chapelle et Francfort.

Dans les légumes expédiés de Lauris, ce sont les asperges qui dominent; elles sont surtout expédiées à Paris, puis à Saint-Étienne, à Lyon, à Montpellier et à Cette.

De Carpentras, les expéditions sont toutes faites en grande vitesse sur les marchés de Paris, Lyon, Saint-Étienne, Roanne, Nancy, Belfort, Genève et la Suisse intérieure.

CULTURES FRUITIÈRES.

De Cavaillon on fait des expéditions sur les marchés de Paris, Grenoble, Saint-Étienne, Lyon, Dijon, Marseille, Genève, Autun, Auxerre, Nice, Belfort.

Du Thor et d'Avignon, les expéditions sont faites sur les marchés de Paris, Grenoble, Lyon, Saint-Étienne, Genève et l'Allemagne. Le Thor expédie principalement des raisins de table, surtout à Paris.

De Carpentras on expédie surtout des fraises sur les marchés de Paris, Genève, Londres, Lyon, Montpellier, Carcassonne et même en Allemagne.

De Caromb, ce sont les abricots et les cerises que l'on expédie sur les principaux marchés de France.

CULTURES FOURRAGÈRES.

Les expéditions de Montfavet, du Pontet, Monteux et Entraigues sont faites sur les villes suivantes : Lunel, Montpellier, Béziers, Narbonne, Carcassonne, Perpignan. Celles faites à Pertuis sont dirigées sur le littoral : Marseille, Cannes, Nice et Toulon; peu sur Béziers et Montpellier.

EXPORTATION DES DENRÉES.

Les expéditions de céréales ne donnent guère lieu à un trafic important hors du département, bien que cette culture y occupe le plus grand nombre d'hectares. Les différentes qualités de blé que l'on récolte sont utilisées par les industriels du département; aussi, sur une production de 68,578 tonnes qu'on a obtenue en 1902, n'est-il sorti du département que quelques milliers de tonnes (8,777), en y comprenant l'avoine dont la production a été de 16,622 tonnes.

Les raisins de cuve font l'objet chaque année d'un commerce important; les centres principaux de production sont Cavaillon, Le Thor, Carpentras, L'Isle, Cadenet, Pertuis, Maubec, Bonnieux, Robions, Lauris, Goult et Mérindol.

Les expéditions sont dirigées sur les départements suivants : Doubs, Loire, Savoie, Haute-Savoie, Côte-d'Or, Isère, Hautes-Alpes, Basses-Alpes, Rhône, Seine-et-Marne, Saône-et-Loire, Jura, Allier, Loiret, en Suisse et en Allemagne.

Les vins obtenus dans le département sont expédiés surtout à Paris, Marseille, Mâcon, Aix, Roanne, Grenoble, Lyon et Viarmes (Nord).

D'autres produits agricoles donnent encore lieu à des transactions : telle la betterave à sucre qui est apportée de tous les points du département et des départements voisins pour alimenter la sucrerie d'Orange ; 35,210 tonnes environ y sont traitées.

Le sorgho, dont la culture est localisée dans les environs d'Orange, où se trouvent de nombreux fabricants de balais, approvisionne non seulement l'industrie locale, mais aussi les fabricants établis dans le nord et l'ouest de la France.

La culture de l'olivier, qui était autrefois une source de précieux revenus, surtout pour les localités de Morières, Saint-Saturnin, Gadagne, Vaison, Vacqueyras, Gigondas, Le Barroux, Carpentras, Pernes, Sorgues et Châteauneuf, est maintenant compromise par les maladies.

En 1902, on a obtenu comme production 2,589 tonnes d'huile.

Les expéditions ont lieu surtout pour les départements des Bouches-du-Rhône, de l'Isère et du Rhône.

On a pu tirer parti des terrains montagneux pour la plantation des chênes au point de vue de la production truffière; les centres de production sont : Bédoin, Flassans, Villes, Carpentras, Saumane, Croagne, Caseneuve et Apt. On a récolté en moyenne 250 quintaux de truffes qui sont expédiées surtout dans le Périgord, puis à Paris et Lyon. Mises en conserves, elles sont envoyées en Angleterre, en Allemagne et en Russie.

Pour marquer l'importance des principaux produits expédiés, le tableau suivant donne le chiffre des expéditions faites des gares du département de Vaucluse en 1902, cette année pouvant être considérée comme une année moyenne.

DÉSIGNATION des GARES.	CÉRÉALES. (Grains.) P. V.	FOURRAGES ET PAILLE. P. V.	RAISINS DE VENDANGE. P. V.	VINS. P. V.	FRUITS. G. V.	LÉGUMES. G. V.	LÉGUMES. (Pommes de terre nouvelles et anciennes, choux, etc.). P. V.	TIGES DE SORGHO à balais. P. V.
	tonnes.	tonnes.	tonnes.	tonnes.	tonnes.	tonnes.	tonnes.	tonnes.
Avignon............	72	158	110	880	2,045	5,232	1,627	"
Le Pontet............	"	3,393	13	218	5	2	"	"
Sorgues............	21	462	232	1,266	155	2	"	"
Bédarrides..........	154	1,071	252	282	"	"	"	"
Orange............	3,343	1,584	303	2,627	63	35	270	938
Piolenc............	423	947	106	567	10	"	"	70
Mornas............	"	"	"	"	2	"	"	"
Mondragon..........	492	1,849	86	210	"	7	20	83
Bollène............	317	313	90	600	"	"	"	"
La Palud............	"	"	"	"	3	4	"	"
Montfavet..........	8	8,689	106	"	"	"	623	"
Morières............	15	996	253	292	7	13	"	"
Saint-Saturnin........	380	556	75	4	"	2	225	"
Gadagne............	41	319	102	32	84	19	99	"
Le Thor............	145	1,848	4,319	1,068	2,217	18	43	11
Entraigues..........	152	3,099	14	420	"	7	2,908	7
Monteux............	401	3,675	63	5	740	210	1,629	250
Carpentras..........	833	690	4,833	210	1,229	611	"	"
Pernes............	131	1,565	199	16	446	149	840	"
Velleron............	78	1,425	"	64	57	34	586	"
L'Isle............	296	572	4,359	3,804	133	208	1,112	"
Cavaillon............	20	8	7,032	516	5,040	8,250	6,960	"
Cheval-Blanc........	6	"	137	13	1	3	53	"
Merindol............	143	1,272	1,338	392	10	132	1,803	"
Lauris............	15	169	1,490	41	100	665	4	"
Cadenet............	9	50	2,484	500	45	63	193	"
Villelaure..........	192	2,429	905	440	"	99	3,792	"
Pertuis............	999	6,627	2,123	769	138	17	5,459	"
Robios............	"	"	1,920	63	2	34	1,514	"
Maubec............	22	165	2,662	111	10	"	"	"
Goult............	5	445	1,606	19	"	2	168	"
Bonnieux..........	65	538	2,084	108	7	"	"	"
Apt............	96	53	276	"	"	"	"	"
TOTAUX........	8,864	45,167	39,372	15,537	12,549	15,818	29,928	1,359

PRODUITS AGRICOLES. — I.   24

Par la lecture de ce tableau, on peut se rendre compte de l'importance des expéditions qui s'effectuent chaque année dans le département et l'on pourrait encore
certainement les augmenter. Les marchés français étant déjà surabondamment approvisionnés, ce n'est que dans l'exportation que l'on peut trouver les débouchés nécessaires à l'écoulement d'une production déjà très élevée, et qui le serait encore bien
plus si cet écoulement pouvait être assuré dans de bonnes conditions.

VENDÉE.

Dans le département de la Vendée, les productions agricoles qui ont une grande
importance et qui donnent lieu à un courant commercial notable sont au nombre de
deux seulement : le froment et les animaux adultes de l'espèce bovine.

A côté, il y a un certain nombre de denrées dont la production, quoique plus
limitée, est encore suffisante pour permettre une exportation dans le reste de la
France; ce sont, quelques grains autres que le froment, la filasse, le vin, quelques
fruits et légumes, le foin, les animaux des espèces diverses.

Enfin certains produits agricoles sont absorbés entièrement ou à peu près par la
consommation locale : seigle, sarrasin, pommes de terre, pailles, cidre, etc.; il n'en
sera pas question dans la présente monographie.

CÉRÉALES.

Froment. — Le froment est, avec la production fourragère, la base de la culture
vendéenne, aussi bien dans le Marais et le Bocage que dans la Plaine; il occupe environ
150,000 hectares sur un total de 420,000 hectares de terres labourables que compte
le département; sa production moyenne annuelle en grains est de 2,050,000 quintaux.
Quoique la Vendée soit un des départements de France où la population rurale atteigne
la proportion la plus élevée par rapport à la population totale, quoique d'autre part
cette population rurale soit une de celles qui consomment le plus de pain, la production du blé laisse un excédent disponible pour l'exportation qui atteint en moyenne
600,000 quintaux. Cet excédent est exporté tant à l'état de grain qu'à l'état de farine.

Les principaux marchés de grains du département sont : Fontenay-le-Comte, Luçon
et surtout La Roche-sur-Yon.

Les plus importantes minoteries du département qui préparent et exportent de la
farine sont situées à La Roche-sur-Yon, à Mortagne-sur-Sèvre, à Luçon, à Chantonnay,
à Saint-Gilles-sur-Vie et à Dolbeau.

Le chemin de fer (réseau de l'Etat) exporte à lui seul toute la farine et un peu plus
de la moitié du blé exporté; les ports (Les Sables-d'Olonne, Aiguillon-sur-Mer, etc.)
emportent le reste.

L'exportation par chemin de fer se fait vers des directions très variées selon les années, tantôt à peu de distance, vers la Dordogne, le Lot-et-Garonne, le Tarn, tantôt
jusqu'à Marseille, Grenoble, Lyon, Paris et Lille.

Les exportations des blés de Vendée par mer sont surtout destinées aux quelques
départements du littoral les plus voisins de la Vendée : Loire-Inférieure, Morbihan
(Lorient), Finistère (Brest), Charente-Inférieure, Gironde (Bordeaux) et Basses-Pyrénées (Bayonne). Des quantités importantes sont en outre dirigées sur Cherbourg.

Avoine. — La Vendée fait relativement peu d'avoine, mais les animaux de travail appartenant tous à l'espèce bovine, la culture consomme une part très faible de sa production. L'avoine occupe en moyenne 28,000 hectares et produit 355,000 quintaux; les régions du département qui produisent le plus d'avoine sont la plaine de Luçon et de Fontenay-le-Comte et les cantons limitrophes du département des Deux-Sèvres. Les principaux marchés pour l'avoine sont les mêmes que pour le froment, la quantité exportée peut être évaluée à 100,000 quintaux; cette exportation se fait entièrement par les chemins de fer de l'État, dans la direction de Bordeaux, des Landes et des Pyrénées.

Orge. — La culture de l'orge est localisée dans la plaine et le marais qui occupent le sud du département; on lui consacre en moyenne 9,000 hectares et on récolte 138,000 quintaux. Le commerce de cette denrée est centralisé à Luçon et à Fontenay-le-Comte; la quantité exportée atteint 90,000 quintaux; cette exportation se fait par les ports vendéens ou par ceux de Marans et de La Pallice-Rochelle pour se diriger vers le nord de la France, la Belgique et en petite partie vers l'Angleterre.

Millet. — La Vendée cultive environ 2,000 hectares de millet et produit annuellement 17,000 quintaux de grains en moyenne; cette culture est surtout répandue dans le canton de La Roche-sur-Yon (600 hectares) et dans les cantons limitrophes. Le principal marché est celui de La Roche-sur-Yon; la plus grande partie de cette production est exportée soit par chemin de fer vers Nantes, Angers, Tours, Orléans, Paris, Nancy, soit par mer sur la Belgique et l'Angleterre.

CULTURES DIVERSES.

Féveroles. — Le marais de Luçon et celui de Challans ont la spécialité de la culture de la féverole; ils la pratiquent sur une superficie de 5,000 hectares en moyenne et récoltent 90,000 quintaux. Luçon et Challans sont les principaux centres du commerce de cette denrée; l'exportation se fait par mer sur le nord de la France et sur Saint-Nazaire, et par voie ferrée sur Le Mans et sur Paris.

Haricots. — Le haricot se cultive à peu près dans tout le département, sauf dans les deux marais qui font de la féverole; le canton de Talmont est celui où cette culture prend le plus d'importance; la superficie occupée est de 5,000 hectares et la production moyenne du département de 42,000 quintaux.

Les principaux marchés pour le haricot sont les mêmes que pour le froment. Tout ce qui est exporté sort du département par les chemins de fer de l'État et se dirige surtout vers Bordeaux, Nantes, Paris; les haricots vendéens conviennent particulièrement pour le service des subsistances militaires, et le commerce vendée uprend part aux adjudications spéciales à ce service et à cette denrée dans un rayon très étendu.

Colza. — On cultive dans le département, surtout dans le canton de Talmont, environ 900 hectares de colza qui produisent en moyenne 10,000 quintaux de grains. Les principaux marchés pour le colza sont les mêmes que pour le froment. Les chemins de fer de l'État exportent cette graine vers les huileries de la Charente, de l'Indre et de l'Allier.

Lin. — La Vendée consacre au lin environ 1,200 hectares et produit en moyenne par an 5,600 quintaux de filasse et 7,000 quintaux de graine. Malgré les primes données à cette culture, la surface qui lui est consacrée dans les quelques communes de la région

24.

de Vix, où on s'y adonnait en vue de l'exportation, va en diminuant; dans la seule commune de Vix, qui est le centre de cette production, la surface, qui était encore de 108 hectares en 1895, est tombée à 33 hectares en 1903. En revanche les surfaces éparpillées dans le reste de la Vendée ont pris de plus en plus d'importance et aujourd'hui c'est la région située entre La Roche-sur-Yon, Palluau, Montaigu et les Herbiers qui en possède la plus grande étendue.

Les principaux marchés pour la graine de lin sont ceux de Fontenay-le-Comte et de La Roche-sur-Yon, qui expédient sur Nantes, Angers, Tours et Paris.

Pour la filasse, le marché le plus important est celui de Fontenay-le-Comte, qui exporte vers la région des Charentes.

Chanvre. — La culture du chanvre occupe en Vendée environ 200 hectares et produit en moyenne par an 850 quintaux de filasse et 750 quintaux de graines; le centre de production de Vix a également diminué d'importance, mais dans des proportions moindres que pour le lin. La commune de Vix, qui en cultivait 117 hectares en 1895, en possède encore aujourd'hui 66 hectares. En dehors de la région de Vix, le chanvre n'est cultivé qu'en vue de la consommation locale et sur des parcelles éparses et de peu d'étendue.

Le principal marché pour la graine de chenevis est celui de Fontenay-le-Comte, dont les expéditions se font vers la Normandie et le Centre de la France.

Pour la filasse de chanvre, le principal marché est également celui de Fontenay-le-Comte; une partie est expédiée vers La Rochelle, le reste est utilisé par les cordiers de la contrée.

VIN.

La vigne, qui couvrait autrefois en Vendée près de 19,000 hectares, traverse depuis 1882 la crise phylloxérique et la phase de la reconstitution; la surface en production est actuellement de 13,000 hectares environ et la production annuelle de 400,000 hectolitres en moyenne.

Cette production est surtout importante dans les cantons de Chantonnay, Mareuil, Rocheservière et Fontenay-le-Comte, où les vignes greffées donnent un vin de qualité moyenne, et dans ceux du littoral, où les vignes en sol sablonneux produisent un vin abondant, mais de qualité médiocre.

Les vins de Vendée sont consommés dans le pays, sauf une portion qui varie de 5 à 30 p. 100 selon l'abondance de la récolte et la qualité du produit; cette portion est dirigée tantôt sur le Nantais, qui emploie les vins de folle blanche de bonne qualité à faire des coupages avec le muscadet, tantôt sur le Saumurois, tantôt encore vers les Charentes; enfin parfois vers Bercy, où ces vins généralement un peu acides donnent de la fraîcheur et de la limpidité aux vins des régions plus méridionales qui sont assez riches en alcool, en tanin et en couleur pour n'avoir qu'à gagner à ce coupage.

FRUITS.

Les fruits de Vendée qui donnent lieu à quelque exportation sont les châtaignes et les cerises. La région qui environne le bourg de La Caillère est le centre de production le plus important pour ces deux denrées qui sont expédiées dans les villes de la région de l'Ouest, Nantes, Angers, Tours et surtout à Paris. On peut évaluer cette exportation à 3,000 quintaux de châtaignes et 3,000 quintaux de cerises.

CULTURES MARAÎCHÈRES.

Indépendamment des jardins maraîchers qui, autour des petites villes vendéennes, assurent la production des légumes nécessaires à l'alimentation locale, il existe trois principaux centres de production maraîchère destinant leurs produits à l'exportation.

Pomme de terre primeur. — A Noirmoutier, la culture de la pomme de terre primeur est pratiquée depuis longtemps; mais dans les dix dernières années cette production a pris une extension considérable par suite de la création d'un courant commercial important assurant l'écoulement de ces produits à des prix avantageux; les 400 hectares consacrés à cette culture produisent 60,000 quintaux. C'est par le port de Noirmoutier ou par le goulet de Fromentine et les voies ferrées du continent que cette production s'écoule vers Nantes, Saint-Nazaire et les autres ports de l'océan Atlantique et de la Manche, ainsi qu'en Angleterre.

Oignon, ail, échalote. — Dans la commune de La Tranche, la culture maraîchère spécialisée dans la production de l'ail, de l'oignon et de l'échalote a pris également un développement considérable. Elle occupe plus de 100 hectares dont la production totale est de 10,000 quintaux de bulbes, qui s'écoulent principalement vers les Sables-d'Olonne et vers La Rochelle d'où ils gagnent les centres de consommation les plus variés.

Depuis trois ans seulement la culture de l'ail s'est implantée à Vix, en remplacement de celle du lin. Cette culture s'étend actuellement sur 20 hectares dont le produit est d'environ 1,600 quintaux de bulbes; les chemins de fer écoulent principalement cette production sur Bordeaux et sur Paris.

CULTURES FOURRAGÈRES.

Le marais du sud, malgré un élevage très important, produit des fourrages en surabondance. Il s'exporte par les chemins de fer (principalement par la gare de Luçon) des quantités importantes de foin sur Angers, Saumur, Tours et Poitiers. C'est surtout sur l'Angleterre que le courant d'exportation est important; il se fait par le port de La Pallice-Rochelle et atteint plusieurs millions de quintaux de foin pressé.

VIENNE.

Le département de la Vienne est essentiellement agricole.

Administrativement il comprend 5 arrondissements, 31 cantons, 300 communes ainsi qu'il suit :

ARRONDISSEMENTS.	NOMBRE de CANTONS.	HABITANTS.	SURFACE.	POPULATION par KILOMÈTRE carré.
			kilom. carré.	
Poitiers	10	123,218	1,910 71	64.4
Châtellerault	6	65,476	1,160 09	56.4
Montmorillon	6	64,879	1,845 58	35.0
Civray	5	49,685	1,155 32	43.0
Loudun	4	34,856	898 67	38.7
TOTAUX ET MOYENNES	31	338,114	6,970 37	48.5

Il appartient au climat girondin du S. O.

En 1903, le territoire du département comprenait les divisions suivantes :

NATURE DES CULTURES.	SURFACES CULTIVÉES DANS LES ARRONDISSEMENTS					TOTAUX et MOYENNES.
	de POITIERS.	de CHÂTELLE-RAULT.	de CIVRAY.	de LOUDUN.	de MONT-MORILLON.	
	hectares.	hectares.	hectares.	hectares.	hectares.	hectares.
Terres labourables (en culture ou en prairies artificielles)..	111,757	63,886	70,203	57,701	88,089	391,636
Terres labourables en jachère nue...................	10,219	5,228	6,799	3,374	13,738	39,413
Prés naturels.............	6,998	4,765	8,072	3,190	13,737	36,762
Herbages................	1,926	507	41	89	3,103	5,666
Pâturages et pacages........	4,790	1,365	3,436	2,412	12,522	25,525
Vignes.................	9,965	3,879	772	6,512	1,812	22,940
Landes et terres incultes......	3,379	4,122	5,663	2,459	13,951	29,574
Cultures diverses (non dénommées ci-dessus).........	7,520	5,343	3,825	284	7,571	24,543
Bois et forêts.............	26,200	19,380	10,210	11,420	19,462	86,672
Territoire non compris dans les catégories ci-dessus.....	9,383	6,628	6,787	2,439	9,350	34,587
SUPERFICIE TOTALE.......	192,197	115,103	115,808	89,880	184,335	697,323

Voies de fer et de terre. — Le département est sillonné en tous les sens par de nombreuses voies de communications dont voici l'état au 1er janvier 1904 :

Chemins de fer.....	Chemins de fer de l'État....................	204 kilom.
	Chemins de fer de l'Orléans................	362
	Tramways de Poitiers. Saint-Martin-Lars........	48
Routes et chemins..	Routes nationales.......................	384
	Chemins de grande communication...........	3,977
	Chemins vicinaux ordinaires...............	4,006

Une multitude de chemins ruraux, aboutissant aux voies précédentes, font le service des exploitations.

CÉRÉALES.

La production moyenne des céréales est la suivante :

FROMENT.	MÉTEIL.	SEIGLE.	ORGE.	AVOINE.
hectolitres.	hectolitres.	hectolitres.	hectolitres.	hectolitres.
2,065,498	46,900	131,520	37,4637	1,749,434

En 1903, il est sorti du département 361,000 quintaux de blé qui ont été ainsi dirigés :

Haute-Garonne..	4/16	1/4
Charente..	2/16	1/8
Charente-Inférieure....................................	2/16	1/8

Cher.	2/16	1/8
Lot-et-Garonne.	3/16	3/16
Gironde	2/11	1/8

Le reste, c'est-à-dire 1/16 environ, a été expédié par petites quantités dans les départements suivants : Aveyron, Dordogne, Isère, Drôme, Seine-et-Oise, Bouches-du-Rhône (Marseille exportation), Rhône et Var.

Il a été exporté 70,000 quintaux d'orge qui ont été dirigés pour moitié environ sur l'Angleterre, par des représentants de brasseurs anglais qui viennent les acheter du 15 août au 16 septembre.

Les brasseries de Tours, Saumur et Châteauroux se partagent l'autre moitié.

Les 308,000 quintaux d'avoine ont été expédiés dans la Haute-Garonne et l'Aude, 2/6; l'Hérault, 1/6; la Corrèze, le Tarn et Tarn-et-Garonne, 1/6; la Dordogne et le Lot-et-Garonne, 1/6.

Le reste, c'est-à-dire 1/6, a été partagé entre les départements du Gard, de la Gironde, des Pyrénées-Orientales, etc.

Le méteil et le seigle n'ont fait l'objet d'aucun commerce, tout a été consommé sur place par le producteur.

Les transports du froment, de l'orge et de l'avoine s'effectuent par voie de terre pour la consommation locale à une petite distance.

Pour la consommation à distance et pour la consommation hors du département, les transports s'effectuent par voie de fer. Tous les arrivages sans exception proviennent du département. La différence entre les totaux des arrivages et ceux des expéditions représente donc les quantités totales exportées hors du département.

CULTURES FOURRAGÈRES.

Pailles. — Depuis l'application devenue générale des engrais chimiques, on produit beaucoup plus de paille qu'autrefois; aussi les cours de cette marchandise ont-ils considérablement baissé et elle n'est pas épargnée pour servir de litière aux animaux.

A cela deux résultats excellents, les tas de fumier se grossissent et les animaux sont beaucoup mieux couchés.

Dans beaucoup de fermes on ne vend jamais de paille, parce qu'aucun courant commercial n'étant établi, on ne trouve pas d'acheteurs; d'ailleurs cela est interdit pour les fermiers et les métayers dans un grand nombre de baux.

En 1903, les 60,000 quintaux de paille exportés du département ont été expédiés pour moitié à Saumur et à Bordeaux; le reste a été livré aux papeteries de l'Indre-et-Loire, de la Charente et de la Haute-Vienne.

Foins. — Les foins de prairies naturelles et artificielles sont consommés d'ordinaire dans les exploitations, sauf aux environs des villes, où les meilleurs foins servent à approvisionner l'armée, les hôtels et les chevaux de certaines industries.

Pour les fourrages, en année normale, la culture se suffit à elle-même sans rien exporter ni importer.

GRAINES FOURRAGÈRES.

Dans les parties sud et centre du département, on produit d'excellentes graines de luzerne, trèfle et sainfoin qui, en certaines années, constituent un produit important.

C'est ainsi qu'en 1903, un grand nombre de fermiers ont payé le prix de fermage de leurs exploitations avec la vente de graines fourragères.

Ces graines sont achetées par des courtiers locaux après battage, jusqu'au 15 octobre; ces courtiers se rendent ensuite dans les foires où se trouvent des négociants en gros qui leur achètent ce qu'ils possèdent.

La foire de Poitiers du 18 octobre est le grand marché de la région. Il s'y rend des acheteurs de Paris, du Nord, de l'Est et même de l'Allemagne qui passent de fortes commandes.

La production des graines varie considérablement selon l'abondance ou la rareté des premières coupes. Dans le cas de bonnes premières coupes, la plus grande partie des secondes est utilisée pour la graine; au contraire, lorsque ces premières coupes n'ont pas été satifaisantes on coupe également les secondes en fourrages.

En 1903, ces cultures ont donné lieu au commerce suivant :

GRAINES DE LUZERNE.		GRAINES DE TRÈFLE.		GRAINES DE SAINFOIN.	
PRODUCTION.	EXPORTATION.	PRODUCTION.	EXPORTATION.	PRODUCTION.	EXPORTATION.
hectolitres.	hectolitres.	hectolitres.	hectolitres.	hectolitres.	hectolitres.
10,550	8,350	16,200	11,200	68,600	53,900

On a produit surtout du sainfoin à deux coupes.

Les graines de luzerne sont à destination de 1/5 pour la Belgique, 1/5 pour l'Allemagne, 2/5 pour Paris. Les intermédiaires des Ardennes, de la Sarthe et de l'Aisne ont acheté le reste.

4/5 des graines de trèfle vont en Angleterre, 1/5 à Paris et dans l'Est.

Les graines de sainfoin se partagent à peu près 1/3 en Allemagne, 1/3 à Paris, 1/3 dans l'Est et le Nord de la France.

En dehors des graines fourragères, le département ne produit pas d'autres graines pour l'extérieur.

A signaler cependant quelques essais de culture de graines potagères dans les communes du Bouchet, de Mont-sur-Guesnes et avoisinantes. Ces essais n'ont pas d'ailleurs pris une bien grande extension jusqu'ici.

CULTURE MARAÎCHÈRE.

Les pommes de terre font l'objet d'un commerce assez important dans les parties nord et centre du département. Les terres sont légères argilo-siliceuses; on y cultive surtout l'early rose, la jaune et la saucisse, trois variétés excellentes pour la cuisine.

Les légumes secs comprennent d'abord les haricots, puis l'ail, l'échalote et l'oignon.

Les légumes frais se composent de choux, asperges, artichauts, etc.

Les pommes de terre ont été expédiées pour les 4/6 à Paris, 1/6 dans la Gironde, le Var et les Basses-Pyrénées et 1/6 dans les départements du Nord; l'exportation totale est de 79,000 quintaux.

Les légumes secs sont surtout expédiés à Bordeaux, Toulouse et dans quelques autres départements du Midi, jusque dans l'Aude; l'exportation atteint 9,000 quintaux.

Quant aux légumes frais, ils sont tous ou à peu près à destination des Halles centrales, à Paris; l'exportation atteint 2,000 quintaux.

CULTURES DIVERSES.

En dehors des plantes déjà indiquées et qui donnent lieu à un mouvement commercial assez important, la Vienne produit encore un certain nombre de plantes fourragères sarclées et de plantes potagères dont la consommation se fait sur place.

Il est rare qu'on exporte des fruits, et cependant autrefois on expédiait beaucoup à Paris des cerises et des abricots de Montgamé, qui avaient une certaine réputation; mais le développement des voies de communications et le perfectionnement des emballages ayant mis les producteurs en concurrence avec ceux de l'Algérie, de l'Espagne et du midi de la France, cette spéculation est à peu près abandonnée.

La culture du chanvre livre à l'exportation environ 40 quintaux de filasse et 10 quintaux de graines.

Dans l'arrondissement de Loudun, on exporte par an environ 2,000 kilogrammes de truffes d'une valeur de 10 francs le kilogramme. Les meilleures de ces truffes vont dans le Périgord pour être confondues avec celles de ce pays; les moins parfumées sont achetées par un industriel de Richelieu (Indre-et-Loire), qui en fait des pâtés.

VINS.

Avant l'apparition du phylloxéra, le vignoble du département comportait 43,000 hectares, environ 1/16 de sa superficie totale.

La statistique de 1903 donne :

Vignes
{
en production.................................... 19,147 hectol.
non encore en production.......................... 3,793
}

TOTAL............. 22,940

Ces vignes ont produit, en 1903, 439,290 hectolitres de vins blancs et rouges qui représentent la moyenne de production des dix années précédentes.

Les vins blancs se divisent en deux groupes : les vins ordinaires faits avec la Folle; les vins supérieurs faits avec le Chenin.

Les vins rouges sont tous des vins de table bien fruités, un peu acides, d'un faible degré alcoolique, suffisant à la consommation locale, qui les préfère même aux vins importés plus riches en alcool.

Les vins blancs au contraire sont très recherchés à l'extérieur. Les vins de Chenin, pour faire des vins de bouteille ou pour fournir à la fabrication des vins champagnisés; les vins de Folle, pour servir de vin de chaudière ou de coupage.

Voici, d'après les documents recueillis, quel a été le mouvement général des vins en 1903, comme production et comme exportation :

VINS ROUGES.		VINS BLANCS (CHENIN).		VINS BLANCS (FOLLE).	
PRODUCTION.	EXPORTATION.	PRODUCTION.	EXPORTATION.	PRODUCTION.	EXPORTATION.
hectolitres.	hectolitres.	hectolitres.	hectolitres.	hectolitres	hectolitres.
112,500	18,520	81,250	53,800	240,540	128,500

Les principaux centres de production de vin rouge sont Vaux, Saint-Romain, Chauvigny, Dissais, Montamisé, Saint-Georges et Champigny-le-Sec.

Les centres de production des vins de Chenin sont Ternay, Saint-Léger-de-Mont-brillais, Pouançay, Curçay, Ranton, Berrie, Arçay, Saint-Cassien, Le Bouchet, Veniers, Andillé.

Les vins de Folle sont produits un peu partout ailleurs, où il y a de la vigne. Les principaux centres comme qualité et quantité produites sont Monts-sur-Guesnes, Pouant, Verrue, Frontenay-sur-Dive, Beaumont, Marigny-Brizay, Le Neuvillois, Le Mirebalais, Lencloître, Saint-Léger-la-Pallu.

Les vins rouges vont surtout dans les Deux-Sèvres et la Haute-Vienne.

Les vins de Chenin sont souvent champagnisés; 1/5 environ est vendu à la clientèle bourgeoise de Paris.

Quant aux vins de Folle, ils prennent des directions variables selon les années, le plus souvent ils sont expédiés à Bercy et dans le Midi de la France pour faire des vins de coupage. Les meilleurs sont sucrés et chargés d'acide carbonique par les négociants de Saumur, qui en font des petits mousseux bon marché.

HAUTE-VIENNE.

Sur une étendue cultivée totale de 438,000 hectares, le département de la Haute-Vienne compte :

En prairies, pâturages et pacages : 156,000 hectares;

En cultures fourragères diverses : 92,000 hectares, y compris la très importante production de topinambours;

En céréales de toute nature : 163,000 hectares, avec cette observation qu'une grande partie de la récolte de céréales (blé noir, orge, avoine, seigle, maïs grain) est utilisée pour l'alimentation des animaux. De plus, à ces ressources alimentaires produites sur l'exploitation, augmentée des importantes cultures dérobées de raves obtenues sur déchaumage de froment, de seigle et d'avoine, viennent s'ajouter une certaine quantité de pailles de froment et d'avoine, consommées par les animaux, une forte proportion de la récolte de châtaignes, de pommes de terre et de blé noir, distribuée surtout aux animaux d'espèce porcine, et de gros achats de son et de tourteaux faits chaque année en vue de l'élevage et surtout de l'engraissement du bétail.

Aussi les animaux entrent-ils pour près des trois quarts dans la production brute agricole du département, et le reste provient de la vente des produits végétaux, déduction faite des quantités prélevées pour les besoins des cultivateurs.

CÉRÉALES.

Froment. — Après prélèvement des semences et de la quantité largement nécessaire à la nourriture du personnel de l'exploitation, le surplus de la récolte est livré au commerce; et, pour les deux tiers au moins, les ventes se font d'août à janvier. Il n'y a guère que les grands propriétaires, disposant de greniers suffisants, qui gardent plus longtemps leurs récoltes, mais bien rarement pendant plus d'un an. Les battages, exécutés par de nombreux entrepreneurs de battage, allant d'exploitation en exploitation, sont à peu près terminés fin septembre. Les ventes se font sur échantillon ou après acceptation du grain dans le grenier, à des minotiers, négociants ou courtiers du pays. La transformation en farine se fait, pour une très grande partie, dans les minoteries du département. Souvent en vendant son blé, le producteur passe un marché pour la quantité de son nécessaire pendant l'année à son exploitation. A certains moments, les courtiers achètent pour envoyer les grains hors du département, le plus souvent dans la région du Midi et du Sud-Ouest; mais le déficit résultant de ces sorties de grains est compensé par des importations correspondantes, soit en grains achetés dans les départements voisins (Vienne, Charente, Indre), soit en farines provenant le plus souvent des minoteries de ces départements.

Seigle. — En général, la production est supérieure aux besoins de la consommation locale. Pour le surplus, et en dehors des ventes au sac faites par les agriculteurs aux journaliers ruraux ou aux petits cultivateurs voisins à court de grain pour leur consommation de l'année, la vente des quantités disponibles se fait comme pour le froment et, le plus souvent, aux mêmes négociants, minotiers et courtiers, avec fixation du prix d'achat pour les sons à prendre dans l'année.

Avoines. — La production, quoique en voie d'accroissement rapide, est encore inférieure aux besoins de la consommation locale. Une bonne partie de la récolte est utilisée sur l'exploitation même. Seule la région du Nord-Ouest, confinant au Poitou (canton du Dorat en particulier), vend au commerce, et dans les mêmes conditions que pour le froment, ses excédents de récolte. Autour des villes, les ventes se font souvent directement par les producteurs aux industriels, commerçants, entrepreneurs de transports ou à toutes autres personnes entretenant des chevaux de service ou de luxe.

Sarrasin. — Les cantons qui en produisent et en vendent le plus sont ceux de Saint-Léonard, Châteauneuf, Saint-Germain, Eymoutiers, Chateauponsac et Bessines. Sauf dans les années de grande abondance, le blé noir, dont la culture a plutôt tendance à diminuer qu'à augmenter, ne donne lieu qu'à des ventes d'assez faible importance. La plus grosse partie de la récolte, déduction faite de la quantité, de plus en plus faible, consommée par les paysans sous forme de galettes, est utilisée sur place par les producteurs pour l'alimentation des volailles et surtout l'engraissement des porcs. En cas de vente des excédents, il est procédé comme pour les autres grains et le plus souvent aux mêmes négociants ou courtiers.

Orge. — La quantité tout à fait insignifiante d'orge produite par le département ne donne lieu à aucune vente; elle est en totalité réservée à l'alimentation des animaux et plus spécialement à l'engraissement des porcs et des bovins, souvent en mélange avec le blé noir après mouture grossière.

CULTURES FOURRAGÈRES.

Pailles. — A part quelques voitures de pailles conduites sur les marchés et vendues directement par les cultivateurs de la banlieue des villes pour les chevaux de luxe, de troupe ou de service, les pailles de froment et d'avoine ne font l'objet d'aucune transaction commerciale importante; elles sont, en totalité, utilisées sur les exploitations rurales soit pour faire la litière, soit pour nourrir les chevaux et aussi les animaux d'espèce bovine pendant les années où il y a pénurie de foin.

Seules, les pailles de seigle sont vendues en grandes quantités, soit directement, soit par l'intermédiaire de courtiers fixés dans le pays, aux importantes fabriques de papier de paille du département. Mais les pailles de seigle fournies par la Haute-Vienne sont loin de suffire à l'approvisionnement de ces usines qui en font venir chaque année d'importantes quantités des départements voisins. Elles ont des acheteurs sur presque toute l'étendue du Plateau central.

Foins. — Il n'y a, dans le département, que quelques rares exploitations qui se livrent à la vente du foin, le plus souvent pressé sur place et expédié par wagons complets à Paris, soit à des marchands de fourrage, soit à des compagnies de transport. Autour de Limoges, les cultivateurs de la banlieue vendent le foin nécessaire à la consommation des chevaux de troupe, de service ou de luxe entretenus dans la ville. Les foins mal récoltés y sont vendus pour servir à l'emballage de la porcelaine. Mais, à part ces ventes de très faible importance, eu égard à la grosse production du pays, le foin récolté dans le département est utilisé dans les exploitations mêmes pour la nourriture du bétail entretenu et, en année de récolte moyenne, c'est à peine s'il est suffisant pour faire face à ces besoins agricoles, les cultivateurs ayant l'habitude d'augmenter leur cheptel au fur et à mesure que s'accroissent leurs ressources fourragères.

LÉGUMES SECS.

Presque tous les légumes produits dans le département (haricots et pois) sont consommés sur place et en vert. Un très gros marché, approvisionné par les cultivateurs voisins, se tient tous les jours à Limoges et alimente la ville ainsi qu'une assez importante fabrication de conserves alimentaires de pois et de haricots verts. Parmi les légumes secs récoltés, les haricots font seuls l'objet de ventes de quelque importance dans les cantons de Saint-Laurent, Rochechouart, Oradour-sur-Vayres et Saint-Mathieu. Partout ailleurs, la production suffit à peine aux besoins de la consommation locale.

Dans les localités précitées et en bonne année, chaque exploitation vend, après battages (généralement à partir d'octobre et jusqu'en février ou mars) quelques hectolitres de haricots directement aux épiciers ou à des courtiers ou négociants du pays qui paraissent surtout les revendre soit à Limoges soit en Charente. Les haricots produits dans la Haute-Vienne et notamment dans l'arrondissement de Rochechouart (terrains siliceux dépourvus de calcaire) sont très estimés. Les quantités disponibles pour la vente varient beaucoup suivant les années. Cette culture paraît être en voie d'accroissement.

POMMES DE TERRE.

De tous les produits végétaux, c'est celui qui donne lieu actuellement, avec les grains de céréales, aux transactions commerciales de beaucoup les plus importantes, et la production de la pomme de terre en vue de la vente, c'est-à-dire en plus de l'énorme quantité absorbée par la consommation locale, augmente considérablement depuis quelques années sur tous les points du département. Le sol et le climat sont très favorables à cette culture tant au point de vue de la quantité que de la qualité. Elle est faite d'une façon très habile et économiquement par presque tous les cultivateurs limousins.

Il reste en année moyenne un stock disponible pour la vente hors du département qui atteint aisément de 3,000 à 4,000 wagons chargés à 8 ou 10 tonnes, soit une exportation de 250,000 à 350,000[1] quintaux pour une production totale de près

---

[1] Relevé des exportations faites par les gares du département en 1904, année de bonne récolte.

de 4 millions de quintaux. Les cantons de Laurière (surtout la commune de Bersac), Bessines et Châteauponsac, à sols granitiques légers, favorables à la production de pommes de terre pour l'alimentation humaine, de très bonne qualité, fournissent à eux seuls, pour la vente, de 1,200 à 1,300 wagons de tubercules appartenant en grande partie à la variété dite saucisse rouge, qui conserve bien toutes ses qualités culinaires sur ces terrains légers. Les achats se font directement aux producteurs par quelques gros commissionnaires qui les revendent eux-mêmes à Paris et en Belgique. D'autres achats sont faits dans cette région par d'importantes maisons de commission de Limoges, qui revendent hors du département en groupant les livraisons des cultivateurs pour en faire des wagons complets expédiés directement à leurs acheteurs.

Dans le reste du département, la production des pommes de terre est également très importante; elle porte en général sur des variétés moins estimées pour la cuisine, mais à plus grands rendements (institut de Beauvais, czarine, géante sans pareille, schawe ou saint-jean, merveille d'Amérique, suisse, chardon, early rose, etc., etc.). Les achats se font le plus souvent par d'importantes maisons de commission de Limoges ou des localités voisines ayant des agents pour grouper et surveiller les livraisons. Les expéditions paraissent se faire surtout sur la région du Sud-Ouest et notamment sur le port de Bordeaux. A certains moments, il paraît se faire des exportations pour l'Angleterre et l'Amérique. Les ventes se font habituellement par correspondance ou de vive voix entre producteurs et commerçants sur simple indication des variétés offertes, seules ou mélangées; les triages se font avec soin sur l'exploitation, par suite de la facilité qu'ont les cultivateurs de faire utiliser les pommes de terre non marchandes par leurs animaux. Le plus souvent la marchandise est vérifiée et acceptée en gare d'embarquement. Jusqu'à présent, les cantons qui se livrent le plus activement à ce commerce sont ceux de Limoges, Aixe, Nexon, Nieul, Nantiat, Saint-Léonard, Ambazac et Châlus; mais ces ventes ont tendance à se généraliser dans toutes les autres parties du département. Au-dessous de 2 fr. 50 l'hectolitre pour les variétés communes et de 3 fr. 50 pour les variétés de choix, les cultivateurs préfèrent, en général, faire consommer les pommes de terre par les animaux de la ferme.

CULTURE FRUITIÈRE.

Les seuls fruits faisant l'objet d'un commerce important, dans les années favorables, sont la *châtaigne* et la *pomme à cidre*.

Châtaignes. — Par suite de l'arrachage très général des vieilles châtaigneraies épuisées et de la mise en culture des terres qu'elles occupaient, il n'y a actuellement que les arrondissements de Rochechouart et de Saint-Yrieix, qui, après prélèvement des grosses quantités utilisées dans le pays, beaucoup moins par l'alimentation de l'homme que pour la nourriture des porcs, vendent, en année de bonne récolte, les châtaignes les plus grosses appartenant aux variétés estimées et se conservant bien. Ces achats sont habituellement faits par les mêmes commerçants ou courtiers que ceux pour les pommes de terre et, le plus souvent, ces affaires se traitent en même temps. Il n'y a pas à proprement parler de marché, sauf pour les ventes par petites quantités pour les besoins des particuliers. Les commerçants ou courtiers du pays visitent les cultivateurs ou le plus souvent entrent en relations d'affaires avec eux à l'occasion des foires et marchés. Les régions suivantes sont celles qui ont conservé le plus d'importance au point de vue de la vente des châtaignes : Saint-Mathieu, Rochechouart, Oradour-sur-Vayres, Châlus, Saint-Yrieix, Coussac-Bonneval, Saint-Germain et Nexon. On s'y procurerait dans de bonnes conditions des châtaignes pour semis de bois.

Pommes à cidre. — Ne donnent lieu à des ventes importantes qu'en années de grande abondance; en années ordinaires, la consommation absorbe dans le pays la production. L'exportation hors du département peut atteindre jusqu'à 5,000 tonnes dans les années de très grosse production; elle paraît s'être faite jusqu'à présent, sur la région du Nord-Ouest (Sarthe et Normandie) probablement pour être réexpédiée quand il y a lieu à exportation. Les achats sont faits par les mêmes négociants courtiers que ceux pour la pomme de terre et la châtaigne. Pour les autres fruits, vendus par petites quantités et ne suffisant généralement pas aux besoins du pays, la plupart des cultivateurs les présentent eux-mêmes sur les marchés locaux et les vendent directement aux consommateurs.

VOSGES.

Le département des Vosges, pays essentiellement montagneux, se divise, au point de vue agricole, en trois régions bien distinctes : la Plaine, la Montagne et la Vôge.

La Plaine comprend : 1° l'arrondissement de Neufchâteau, 2° l'arrondissement de Mirecourt moins le canton de Monthureux et la majeure partie de celui de Darney, 3° le canton de Châtel, et une partie des cantons de Bruyères et de Rambervillers.

La Montagne comprend les arrondissements de Saint-Dié, de Remiremont (sauf le canton de Plombières), une partie des cantons d'Épinal, Rambervillers et Bruyères.

La Vôge est formée par les cantons de Bains, Xertigny, Plombières, Monthureux et une partie des cantons d'Épinal et de Darney.

La superficie du département est de 586,386 hectares. Ci-dessous par ordre d'importance les principales cultures avec les superficies qu'elles occupent :

	hectares.		hectares.
Bois et forêts	211,782	Vignes	4,722
Prairies, herbages, pacages	117,608	Légumes secs	759
Grains divers	116,272	Betteraves fourragères	3,009
Pommes de terre	29,110	Horticulture et culture maraîchère	2,961

BOIS ET FORÊTS.

D'après l'administration forestière, ils se répartissent ainsi :

Forêts soumises au régime forestier.	{ Domaniales	56,475 hect.
	{ Communales ou d'établissement public	119,307
Forêts particulières (environ)		36,000
	TOTAL	211,782

Les essences forestières principales sont, par ordre d'importance dans la Plaine : le chêne, le hêtre, le charme et le pin sylvestre; dans la Montagne : le sapin, le hêtre, le pin sylvestre, l'épicéa et le chêne. Comme essences secondaires, on rencontre les bois blancs (tremble, orme, saule), le bouleau, le tilleul, l'érable champêtre, l'orme champêtre, l'érable sycomore, le pin Weymouth et le pin noir d'Autriche.

Les centres de production les plus importants sont, dans la Plaine : les régions de Bulgnéville, Neufchâteau, Darney, Charmes, pour le hêtre et le chêne; dans la Montagne, celles de Raon-l'Étape, Saint-Dié, Gérardmer, Remiremont pour le pin sylvestre, le sapin et l'épicéa, et enfin celle de Rambervillers, à la fois, pour les sapins et les feuillus. Les seuls marchés méritant ce nom sont ceux de Raon-l'Étape et de Saint-Dié, qui donnent lieu à des transactions très importantes. Quant aux produits des autres régions, ils sont vendus directement à leur clientèle par les marchands de bois disséminés dans tout le département. Le produit moyen des forêts soumises au régime forestier a été de 840,000 mètres cubes d'une valeur sur pied de 8,700,000 francs, auquel il convient d'ajouter la production des forêts particulières, qu'on peut évaluer à 144,000 mètres cubes, d'une valeur de 1,500,000 francs.

Une partie seulement de ces produits est utilisée dans le département; elle se compose de la majeure partie des feuillus, propres seulement au chauffage, y compris le charme qui n'est exporté qu'en faible quantité, des bois d'œuvre nécessaires à l'entretien et à la construction des immeubles et des bois d'industrie, qui sont consommés surtout dans les fabriques de pâte à papier.

Les principaux centres de consommation du surplus des produits sont Paris et Nancy, pour les planches de sapins, les bois de charpente de grande longueur et les pièces de même essence façonnées suivant le débit des bois du Nord. Ce commerce est de beaucoup le plus important. Quant au chêne, débité en merrain, il est dirigé en partie sur Nancy, tandis que les traverses de chemin de fer, confectionnées avec cette essence ou en hêtre, sont vendues à diverses compagnies françaises. Enfin, les bois de mines sont utilisés dans les houillères de la Haute-Saône, du Nord ou dans les mines de fer de la région lorraine.

CULTURES FOURRAGÈRES.

Les prairies naturelles et les herbages, complétés par 17,177 hectares de prairies artificielles, plus 1,504 de mélanges de graminées et 1,165 de fourrages annuels, sont disséminés dans tout le département, mais surtout dans la Montagne et la Vôge. La majeure partie de l'herbe produite est consommée sur place, soit en vert, soit à l'état de foin, par les animaux de la ferme. Le surplus est vendu dans les places d'Épinal, Saint-Dié, Remiremont, Corcieux, Bruyères, Neufchâteau, etc.

Dans le canton de Dompaire, on cultive des betteraves fourragères qui sont expédiées aux nourrisseurs de la montagne.

CÉRÉALES.

Les 116,272 hectares consacrés à la culture des grains se répartissent ainsi :

	PRODUCTION MOYENNE.	
	HECTARES.	QUINTAUX.
Blé	41,673	500,000
Seigle	13,162	150,000
Méteil	6,337	80,000
Avoine	52,645	500,000
Orge	1,324	15,000
Sarrasin	1,132	12,000

L'étendue consacrée à la culture des céréales (l'avoine exceptée) va sans cesse en diminuant, en présence du prix élevé de revient de ces denrées dans les terres fortes et du revenu plus certain et plus facile qu'on obtient avec la prairie.

Les pays producteurs de blé sont les arrondissements de Mirecourt, de Neufchâteau et les cantons de Châtel et de Rambervillers. La plus grande partie est consommée dans le département; une fraction est bien exportée, mais l'importation l'emporte néanmoins d'environ 4,300 tonnes.

Le seigle est cultivé surtout dans les terres légères de la Montagne et de la Vôge. Il est consommé entièrement sur place et ne fait l'objet d'aucun trafic. Il en est de même du méteil, qui forme la base de l'alimentation des populations rurales de la Montagne et de la Vôge.

La Vôge est le pays producteur par excellence de l'avoine; mais cette céréale est cultivée, néanmoins, dans tout le département. Ce qui n'est pas utilisé sur place est livré sur les marchés de Nancy, Épinal, Remiremont, Saint-Dié, Toul, Bruyères, Neufchâteau, etc., où il y a de fortes cavaleries à entretenir.

La culture du sarrasin est localisée exclusivement dans les quelques cantons de la Vôge. Le grain est employé à la nourriture des volailles; l'excédent est vendu dans les villes du département.

L'orge est cultivée en vue de l'alimentation du bétail et ne fait l'objet d'aucun trafic. On ne cultive pas d'orge de brasserie dans les Vosges.

La paille de blé et d'avoine donne lieu à un commerce assez important; elle est très demandée par les villes de garnison déjà citées.

CULTURES MARAÎCHÈRES.

Pommes de terre. — On cultive 30,000 hectares rendant en moyenne 3,500,000 quintaux de tubercules. Quoique cette plante soit cultivée partout pour l'alimentation de l'homme et des animaux, c'est dans la Montagne et la Vôge qu'elle prend une réelle importance en raison du caractère industriel qu'elle présente. On compte actuellement 75 féculeries travaillant annuellement 750,000 quintaux de pommes de terre et produisant 110,000 quintaux de fécule. Le nombre des féculeries a considérablement diminué ces dernières années, surtout à cause du bas prix de la fécule.

En 1878, il y avait dans les Vosges 300 féculeries fabriquant 250,000 quintaux de fécule. Cette fécule est vendue aux industriels des Vosges et des régions limitrophes.

La superficie consacrée à la pomme de terre a peu diminué, car on exporte de plus en plus des tubercules dans les départements voisins et l'étranger (Alsace, Belgique, Hollande): 37,290 quintaux ont été expédiés en 1902. Les principaux centres exportateurs sont Bruyères, Saint-Dié, Charmes, Remiremont, Épinal et Bains.

Choux à choucroute. — La culture des choux tend à diminuer en présence des arrivages de choucroute d'Alsace.

Légumes secs. — Sont cultivés uniquement dans la plaine. Une bonne partie est consommée sur place. Le reste est vendu dans les villes ou à l'administration militaire.

2,961 hectares, donnant un revenu de 1,700,000 francs, sont consacrés aux autres cultures maraîchères et à l'horticulture. Tout est consommé dans le département, qui est encore obligé d'importer. Ces cultures sont localisées aux environs des villes.

VIGNE.

La vigne est cultivée sur 4,722 hectares produisant en moyenne 100,000 hecto-litres de vin qui sert principalement à fournir la boisson dont les exploitations agricoles ont besoin. Néanmoins, une fraction de la récolte, la meilleure, est vendue. En 1902, 13,113 hectolitres provenant des cantons de Lamarche, Dompaire, Charmes, Neuf-château et Mirecourt ont été expédiés dans les centres industriels du département et les régions limitrophes.

CULTURES FRUITIÈRES.

Les fruits font l'objet d'un trafic important : les cerises produites dans la Vôge, les mirabelles et les quetsches dans la Plaine, sont expédiées sur tous les marchés lor-rains et à Paris; les fruits dépréciés sont distillés. En 1902, 150 hectolitres de kirsch, provenant des cantons de Bains, Xertigny et Plombières, ont été expédiés dans toute la France, notamment à Paris; 116 hectolitres d'alcool de mirabelles et de quetsches, sortant des régions de Dompaire, Charmes, Châtenois et Mirecourt ont été envoyés dans tout le département et les régions limitrophes.

YONNE.

Dans ce département, les productions agricoles ayant une grande importance et don-nant lieu à un mouvement commercial considérable sont principalement : le vin, les céréales, les bois, les fruits, les légumes, les produits de laiterie et de basse-cour, les chevaux, les bœufs, les veaux gras et les moutons. En dehors du vin, qui con-stitue le principal produit exporté hors du département, il se fait une assez grande exportation d'*eau-de-vie de marc* de Bourgogne; cette production est en voie de diminu-tion depuis peu.

Les *céréales* sont cultivées un peu partout dans le département. Elles sont achetées le plus souvent sur place par des minotiers ou des négociants, plus rarement par des commissionnaires qui les expédient sur Paris ou dans l'Est; en 1902, une certaine quantité de grains a été expédiée dans le Midi.

Les blés cultivés sont surtout les blés de Bordeaux, de Noé, Japhet, et, depuis peu, le blé d'Alsace.

Les *pailles* sont exportées en petites quantités; l'arrondissement d'Avallon en expédie d'Avallon et de Guillon dans la Saône-et-Loire et le Midi. L'arrondissement de Tonnerre en expédie de Nitry, par la gare de Vermenton, vers la Suisse. Cette exportation vers la Suisse n'a été en 1902 que de 5 ou 6 wagons.

Les *pommes de terre* sont exportées en petites quantités. La région qui en produit le plus est située dans l'infra-crétacé, dans la formation dite «des sables et argiles de la Puisaye» (Toucy, Beauvoir, Fleury, Appoigny, Saint-Florentin).

La *betterave à sucre* est cultivée dans l'arrondissement de Sens et dans les parties des arrondissements de Joigny, de Tonnerre et d'Auxerre qui sont à proximité de Brie-non (cantons de Brienon, de Flogny, de Seignelay). Ces betteraves sont destinées à l'approvisionnement des sucreries de Montereau, Bray-sur-Seine et Brienon.

Les exportations de *fourrages* sont assez faibles. Les deux régions les plus fourragères (Avallonais et Puisaye) font consommer beaucoup sur place ou au pâturage. La région viticole n'a pas trop de ses prairies artificielles pour nourrir ses chevaux de travail. On expédie un peu de fourrage d'Avallon et de Guillon sur Paris et la Suisse.

Les sables de la Puisaye, appartenant à l'étage des grès verts et qui apparaissent sur toute la bande d'infra-crétacé qui traverse le département du sud-ouest au nord-est, donnent lieu à une *culture maraîchère* très importante. On expédie d'Appoigny, Héry, Seignelay, Vergigny, Saint-Florentin, etc., des cornichons, des asperges, des petits pois, des haricots verts, en Angleterre, à Paris et à Troyes. La gare dont les envois sont les plus importants est celle de Chemilly-Appoigny.

Les *cerises* donnent lieu à des exportations considérables de Saint-Bris, Champs, Augy, Vincelles, Noyers. C'est surtout la gare de Champs-Saint-Bris qui expédie ces fruits sur Paris. Les variétés cultivées sont le plus souvent des sous-variétés de la cerise anglaise de précocité variable.

Dans les années d'abondance, les cerises de Saint-Bris et Champs ont peine à s'écouler; on les utilise dans ces années-là pour faire de l'eau-de-vie, genre kirsch, d'une grande finesse.

Charbuy et Lindry produisent, mais en moins grande proportion, les *pommes*, *poires* et *prunes*.

Enfin le département exporte beaucoup de *bois* du sud de l'arrondissement d'Avallon, du pays d'Othe et de la Puisaye.

Dans le Morvan, ces bois sont achetés par des marchands en gros syndiqués pour l'exploitation du flottage sur la Cure. A Vermenton, les bois sont sortis, triés, puis expédiés sur Paris par bateaux ou wagons. La Puisaye expédie par wagons, de Toucy et de Saint-Fargeau. Dans ces deux localités, des scieries débitent les bois en planches.

Dans ces diverses régions on exporte aussi beaucoup de *charbon de bois*.

MINISTÈRE
DE
L'AGRICULTURE

OFFICE DE RENSEIGNEMENTS AGRICOLES

SERVICE DES ÉTUDES TECHNIQUES

ENQUÊTE
SUR LES
CULTURES FRUITIÈRES ET MARAÎCHÈRES

Signes Conventionnels

NOMENCLATURE

DES PRINCIPAUX CENTRES DES DIFFÉRENTES CULTURES

ET NOTAMMENT

DES CULTURES FRUITIÈRES ET MARAÎCHÈRES.

———————

AIN.

Asperge. — L'asperge est cultivée notamment à : Reyssouze, Boz, Ozan (canton de Pont-de-Vaux), Asnières, Vésines (canton de Bagé-le-Châtel), dans l'arrondissement de Bourg, communes situées à proximité de Mâcon.

Culture maraîchère de grande culture. — Cette culture existe surtout à : Rillieux et Sathonay (arrondissement de Trévoux), communes situées à peu de distance de Lyon.

Arbres fruitiers. — Les arbres fruitiers sont répandus un peu partout, mais surtout dans le pays de Gex.

Vignes. — La vigne est cultivée sur une étendue d'environ 17,152 hectares, dont 7,776 hectares dans l'arrondissement de Belley, 3,274 hectares dans celui de Bourg, 3,022 dans celui de Trévoux, 2,059 dans celui de Nantua et 732 dans celui de Gex, soit 16,863 hectares de vignes replantées. Le vignoble s'étend sur les bords du Rhône, de la Saône et de l'Ain. Les principaux centres de production sont : Arbigny, Pont-de-Vaux, Gorrevod, Replonges, Pont-de-Veyle, Cormoranche, Garnerans, Saint-Didier-sur-Chalaronne, Thoissey, Saint-Étienne-sur-Chalaronne, Mogneneins, Peysieux, Genouilleux, Guérins, Montceaux, Montmerle, Amareins, Lurcy, Messimy, Fareins, Beauregard, Saint-Bernard, Parcieux, Genay, sur les bords de la Saône; Cogny, Salavre, Verjon, Courmangoux, Pressiat, Germagnat, Cuisiat, Treffort, Chavannes-sur-Suran, Corveissiat, Meillonnas, Jasseron, Grand-Corent, Romanèche, Ramasse, Ceyzériat, Revonnas, Journans, Rignat, Hautecourt, Serrières-sur-Ain, Meyriat, Gravelles, Saint-Martin-du-Mont, Poncin, Cerdon, Mérignat, Pont-d'Ain, Varambon, Saint-Jean-le-Vieux, Priay, Villette, Châtillon-la-Palud, Mollon, Loyes, Villieu, Meximieux, Ambérieux-en-Bugey, Saint-Rambert, sur les bords de l'Ain; Chaley, Pougny, Collonges, Lancrans, Billiat, Surjoux, Chanay, Corbonod, Seyssel, Anglefort, Culoz, Béon, Talissieu, Chavornay, Vieu, Artemare, Virieu-le-Grand, Izieu, Saint-Benoît, Groslée, Lhuis, Briord, Montagnieu, Serrières-de-Briord, Villebois, Sault-Brenaz, Saint-Sorlin, Lagnieu, Vaux, Bressolles, Montluel, Beynost, Miribel, Neyron, sur les bords du Rhône. Parmi ces centres, ceux de Corbonod, Seyssel, Virieu-le-Grand, Montagnieu, Gravelles, Illiat sont renommés pour leurs vins blancs; ceux de Culoz, Béon, Artemare, Virieu-le-Grand produisent les meilleurs vins rouges; ceux de Vaux, Ambérieu, Lagnieu, Cerdon, Seyssel, Jujurieux, Culoz, Virieu-le-Grand possèdent les principaux vignobles à grande production.

Chanvre. — Cette culture est particulièrement importante dans le canton de Pont-de-Vaux (arrondissement de Bourg).

Cultures florales. — L'iris de Florence était cultivé pour la parfumerie principalement à Corbonod et à Anglefort (canton de Seyssel, arrondissement de Belley). Le soleil (*Hélianthus*) est cultivé sur 16 hectares à Loyettes.

25.

AISNE.

Haricots secs. — Les haricots sont cultivés dans le nord-ouest du canton de Craonne, dans le sud-est du canton d'Anizy-le-Château, à Chevregny, Urcel (arrondissement de Laon); dans le canton de Vailly à Chavignon, Vailly, Soupir, dans le canton de Braisne à Chassemy, Ciry-Salsogne, Braisne (arrondissement de Soissons).

On cultive le haricot dit *de Soissons*.

On produit aussi un haricot dit *Salandre* (haricot blanc suisse) qui se vend souvent comme haricot en cosses encore vertes.

Artichaut. — L'artichaut est produit au sud-est de Laon, notamment près de Bruyères-et-Montbérault.

Oignons. — Les oignons sont cultivés notamment près de Laon, à Athies, près de La Fère, à Achery (arrondissement de Laon), à Ribemont, Pleine-Selve, Villers-le-Sec (arrondissement de Saint-Quentin) et dans le canton de Braisne (arrondissement de Soissons), près de Mont-Notre-Dame.

Pommes de terre. — Les pommes de terre sont surtout produites dans l'arrondissement de Château-Thierry.

Culture maraîchère (légumes divers). — Les différents légumes sont principalement produits à Laon, Athies, Chauny, Coucy-le-Château, Anizy-le-Château, Roucy (arrondissement de Laon).

Cerises et prunes. — Ces fruits sont produits dans le sud du département aux environs de Château-Thierry. Les principaux centres de production sont : Barzy-sur-Marne, Jaulgonne, Crézancy (canton de Condé-en-Brie), Mont-Saint-Père, Brasles, Château-Thierry, Essommes, Nogentel (canton de Château-Thierry).

Pommes et poires à couteau. — Les pommes et poires à couteau sont produites notamment dans les cantons du Nouvion, de La Capelle, de Vervins (arrondissement de Vervins), de Chauny et d'Anizy-le-Château (arrondissement de Laon).

A Boué (canton de Nouvion), existe une fabrique de pâte de pommes dont les produits se vendent dans les villes du nord de la France.

Pommes à cidre. — Le pommier à cidre est cultivé principalement dans la Thiérache, comprenant l'arrondissement de Vervins, le canton de Rozoy-sur-Serre et une partie du canton de Marle (arrondissement de Laon), le canton de Ribemont et l'est du canton de Moy (arrondissement de Saint-Quentin). Dans l'arrondissement de Laon, le pommier est aussi cultivé dans les cantons de La Fère, Chauny, Coucy-le-Château et Anizy-le-Château.

Vigne. — La vigne est cultivée surtout aux environs de Coucy-le-Château, de Craonne (arrondissement de Laon), de Vailly, Chassemy et Soupir (arrondissement de Soissons) et au sud, dans la vallée de la Marne, à Villiers-sur-Marne, Crouttes, Saulchery, Charly, Pavant, Nogent-l'Artaud, Chézy-sur-Marne, Nogentel, Essommes, Château-Thierry, Brasles, Mont-Saint-Père, Crézancy, Montlevon, Baulne, Condé-en-Brie, La Chapelle-Monthodon, Tréloup, Barzy, Jaulgonne (arrondissement de Château-Thierry).

Forceries. — Il existe des forceries au nord-ouest de La Fère, près de Liez.

Asperges. — Les asperges sont cultivées dans les environs immédiats de Laon, principalement à Athies.

Chicorée à café. — Depuis cinq ou six ans, à cause de la baisse du prix du sucre, on cultive environ 200 hectares de chicorée à café répartis sur différents points du département.

Plantes médicinales. — Les plantes médicinales sont cultivées ou récoltées dans les champs, les prairies et les bois, notamment à Coucy-le-Château, Leuilly-sur-Coucy, Auffrique-et-Nogent (arrondissement de Laon), à Clamecy (canton de Vailly), à Chassemy et à Cys-Saint-Mard (canton de Braisne), à Fontenoy (canton de Vic-sur-Aisne), dans l'arrondissement de Soissons.

Osier. — La culture est surtout localisée dans les vallées de l'Oise et du Thon; les centres principaux sont : Aubenton, Besmont, Martigny, Landouzy-la-Ville, Origny-en-Thiérache, La Bouteille, Étréaupont, Luzoir, Autreppes, Englancourt, Chigny, Proizy, Malzy, Guise, Noyal, Macquigny, Bernot, Hérie-la-Viéville, Bertaig (arrondissement de Vervins); Neuvillette, Mont-d'Origny, Origny-Sainte-Benoite, Ribemont, Sissy, Mézières, Alaincourt, Moy, Chevresis-Mont-ceau, La Ferté-Chevresis (arrondissement de Saint-Quentin).

On trouve aussi l'osier dans le canton de Rozoy-sur-Serre à Brunehamel, Parfondeval, Dagny-Lambercy; aux environs de Chauny à Caumont, Marest-Dampcourt; à Servais, Saint-Gobain, Barisis, Prémontré, dans l'arrondissement de Laon; à Haramont (canton de Villers-Cotterets); dans l'arrondissement de Soissons; à Armentières (canton de Fère-en-Tardenois) dans l'arrondissement de Château-Thierry.

Houblon. — Le houblon est cultivé près de Wassigny (arrondissement de Vervins) et de Bohain (arrondissement de Saint-Quentin).

ALLIER.

Pomme de terre de semence. — Dans les environs de Gannat, on cultive sur une certaine éten-due la pomme de terre de semence, dont la récolte est expédiée surtout dans le Midi.

Petits pois et asperges. — Les petits pois et les asperges sont produits dans un très petit rayon autour de Moulins et de Vichy, pour l'approvisionnement des deux usines de conserves qui existent dans ces deux villes.

Fruits. — Dans les environs de Vichy, les fruits donnent lieu à un commerce local de quelque importance pour l'approvisionnement des hôtels.

Vigne. — La vigne est cultivée principalement à : Letelon, Urçay, Meaulne, Saint-Caprais, Vallon, Chazemais, Saint-Désiré, Courçais, Audes, Vaux, La Chapelaude, Estivareilles, Saint-Victor, Deneuilles-les-Mines, Huriel, Domérat, Montluçon, Commentry, Néris, Colombier, dans la vallée du Cher; Château-sur-Allier, La Verdre, Saint-Léopardin-d'Augy, Montilly, Mou-lins, Yzeure, Coulandon, Bressoles, Souvigny, Chemilly, Châtel-de-Neuvre, Meillard, Monétay-sur-Allier, Contigny, Espinasse-Vozelle, Cognat, Vichy, Le Vernet, Brugheas, Busset, Mariol, Bellenaves, Taxat-Senat, Valignat, Charroux, Jenzat, Bègues, Ebreuil, Chouvigny, Gannat, dans la vallée de l'Allier et de la Sioule; Dompierre-sur-Besbre, Saint-Léon, Monétay-sur-Loire, Molinet, Le Pin, Saint-Léger-sur-Vouzance, Luneau, Avrilly, Le Donjon, dans la vallée de la Loire, qui produisent des vins rouges; Saint-Germain-des-Fossés, Seuillet, Creuzier-le-Neuf, Creuzier-le-Vieux, dans la vallée de l'Allier, qui produisent des vins blancs; Besson, Bresnay, Billy, dans la vallée de l'Allier; Bransat, Saint-Pourçain, Fleuriel, Deneuille, Fourilles, Chantelle, Étroussat, dans la vallée de la Sioule, qui produisent des vins rouges et des vins blancs.

BASSES-ALPES.

Graines fourragères. — La graine de sainfoin est produite à Riez, Forcalquier, Sisteron et Digne. La graine de trèfle est produite à Forcalquier, Banon, Lardiers, Revest-du-Bion, Tho-rame, Annot; celle de la luzerne aux environs de Peyruis.

Cultures maraichères. — On pratique ces cultures depuis quelques années à Manosque, Volx, Villeneuve, Sainte-Tulle, Corbières, Les Mées, Oraison, Sisteron, Thèze.

Pêches. — Les centres de production des pêches sont : Les Mées, Malijai, Oraison, Villeneuve, Volx, Manosque, Peyruis, Brunet, Estoublon, Bras-d'Asse, Le Val-d'Asse, Saint-Julien-d'Asse, Le Bard.

Abricots. — Les abricots sont récoltés principalement dans la basse vallée de le Durance, à Peyruis, Villeneuve, Volx, Les Mées, Oraison, Valensolle, Forcalquier.

Cerises. — On produit surtout des cerises dans la région des Mées, d'Oraison, de Volx, de Manosque, de Sainte-Tulle, de Sisteron et de Volonne.

Prunes. — Les principaux centres de production des prunes sont situés à Malijai, La Javie, Aiglun, Mallemoisson, Digne, Saint-Julien-d'Asse, Saint-Jeannet, Mezel, Saint-Jurson, Norante, Barrême, Senez et Castellanne.

Olive. — L'olivier est cultivé surtout à Reillanne, Forcalquier, Manosque, Peyruis, Villeneuve, Volx, Riez, Malijai, Les Mées, Moustiers, Sisteron.

Amandes. — Les principaux centres de production des amandes sont : Les Mées, Oraison, Riez et Valensolle.

Pommes et poires à couteau. — On cultive principalement les pommes et poires à couteau à La Javie, Thoard, Nibles, Châteaufort, Clamensane, Saint-Geniez, Vaumeilh, Aiglun, Valernes, Sisteron, Volonne, Mezel.

Châtaigne. — On cultive le châtaignier à Revest-des-Brousses, Revest-du-Bion, Vachères, Banon, Annot, Le Fugeret et Braux.

Vignes. - - Les principaux vignobles sont situés dans les vallées de la Durance et de l'Asse, à Saint-Julien-d'Asse, Manosque, Les Mées, Roumoules, Reillanne, Peipin, Malijai, Oraison.

Truffes. — On trouve principalement les truffes à Montagnac, Allemagne, Quinson, Riez, Roumoules, Puimoisson, Valensolle, Forcalquier, Saint-Étienne, Ongles.

Lavande. — Les principaux centres de récolte et de distillation de la lavande sont Lure, Cruis, Mallefougasse, Saint-Étienne, Forcalquier, Jabron, Châteauneuf, Valbelle, Sisteron, Barrême, Clumanc, Lambruisse, Castonne, Castellanne et Senez.

Mûrier. — Le mûrier est cultivé dans tout le sud du département, mais principalement aux environs de Malijai, des Mées, d'Oraison, de Volx et de Manosque.

HAUTES-ALPES.

Culture maraîchère. — La production des légumes est généralement insuffisante; cependant, les communes de La Saulce, Lettret et Romette vendent des légumes et des plants potagers (choux, betteraves, etc).

Cerisier. — Le cerisier est très disséminé jusqu'à 1,400 mètres d'altitude. Les communes de : Tallard, Vitrolles, La Saulce, Laragne, Le Monêtier-Allemont (arrondissement de Gap); Remollon (arrondissement d'Embrun) sont les centres de production et de vente les plus importants.

Pêcher. — Le pêcher est surtout cultivé à Remollon (arrondissement d'Embrun), La Saulce, Le Monêtier-Allemont, Tallard, Vitrolles (arrondissement de Gap).

Prunier. — Le prunier est cultivé aux environs de Briançon, L'Argentière (arrondissement de Briançon); Guillestre, Saint-Clément, Embrun, Saint-Sauveur, Savines, Chorges, Rochebrune (arrondissement d'Embrun) et dans tout l'arrondissement de Gap, sauf dans le nord-ouest; dans ce dernier arrondissement, les communes de La Saulce, Le Monêtier-Allemont, Ventavon, Le Poët, Ribiers, Laragne, Barret-le-Bas, Sainte-Colombe, Orpierre, Saléon, Trescléoux, Méreuil, Ribeyret, Saint-André-de-Rosans, Rosans, Moydans, Bruis, récoltent annuellement chacune plus de 100 quintaux de prunes.

Pommes et poires à couteau. — Les pommes et les poires à couteau sont produites aux environs de Briançon, Puy-Saint-Vincent, L'Argentière, La Roche-de-Briançon (arrondissement de Briançon); Saint-Crépin, Eygliers, Guillestre, Risoul, Réotier, Saint-Clément, Châteauroux, Saint-André-d'Embrun, Les Crottes, Savines, Puy-Saint-Eusèbe, Prunières, Chorges, Rousset, Espinasses, Rochebrune, Bréziers, Remollon (arrondissement d'Embrun), et dans tout l'arrondissement de Gap, sauf dans le nord-ouest. Dans ce dernier arrondissement, les communes de Gap, Tallard, Lardier-et-Valença, La Saulce, Vitrolles, Barcillonnette, Monêtier-Allemont, Ventavon, Lazer, Upaix, Montéglin, Châteauneuf-de-Chabre, Laragne, Autonaves, Ribiers, Orpierre, Saléon, Chanousse, Trescléoux, Méreuil, Ribeyret, Moydans, Serres, Aspremont, Aspres-sur-Büech, Veynes, produisent annuellement chacune plus de 100 quintaux métriques de pommes et de poires.

Cognassier. — Le cognassier n'est un peu cultivé que dans les cantons de Barcillonnette, Laragne, Gap, Orpierre, Ribiers, Serres, Tallard.

Amandier. — L'amandier est cultivé à : Savines, Rousset, Espinasses, Rochebrune, Remollon, Théus (arrondissement d'Embrun), mais surtout dans la moitié sud de l'arrondissement de Gap; dans cette région, les communes de Lardier-et-Valença, Vitrolles, Monêtier-Allemont, Ventavon, Le Poët, Ribiers, Saint-Pierre-Avez, Antonaves, Pomet, Laragne, Barret-le-Bas, Barret-le-Haut, Saléon, Trescléoux, Ribeyret, Serres, Saint-Pierre-d'Argençon, Aspres-sur-Büech, récoltent annuellement chacune plus de 100 quintaux d'amandes.

Noyer. — Le noyer est très répandu dans le département jusqu'à 1,200 mètres d'altitude. Ce sont les cantons de Gap, Laragne, Orpierre, Ribiers, Rosans, Serres, Tallard, Chorges, Embrun, Guillestre, L'Argentière, qui récoltent le plus de noix.

ALPES-MARITIMES.

Petits pois. — Les petits pois sont produits principalement à Nice, Cagnes, Antibes, Saint-Laurent-du-Var, Cannes, Peille, Vence, La Trinité-Victor, Peillon, Contes, La Colle, Saint-Paul, Escarène, Drap.

Haricots verts. — Les haricots verts sont produits surtout à Nice, Cagnes, Antibes, Saint-Laurent-du-Var, Cannes, Vence, La Trinité-Victor, Peille, Peillon, Contes, Drap, Escarène.

Haricots secs. — Les haricots secs sont produits plus spécialement à Sospel, Contes, Drap.

Lentilles. — Les lentilles sont produites notamment à Beuil, Valdeblore, Roure.

Fèves. — Les fèves sont produites principalement à Nice, Escarène, Cagnes.

Artichauts. — Les artichauts sont cultivés surtout à Saint-Laurent-du-Var, Cagnes, Nice, La Colle, Antibes, Saint-Paul.

Tomates. — Les tomates sont produites notamment à Antibes, Nice, Saint-Laurent-du-Var, Cagnes, Vallauris, Cannes, La Trinité, Drap, Peillon, Contes, Escarène.

Pêcher. — Le pêcher est cultivé sur le littoral et dans les vallées moyennes des cours d'eau. Les principaux centres de production sont Nice, Cagnes, Saint-Laurent-du-Var, Antibes, Cannes, Peillon, Tourrette, Levens, Drap, Grasse, La Trinité, Sospel, Peille, Contes, Escarène.

Châtaignier. — Le châtaignier est cultivé sur une superficie d'environ 900 hectares. Les principaux centres de culture sont Isola, Fontan, Saint-Martin-de-Vésubie, Berre-des-Alpes, Coaraze, Sospel, Luceram, Lantosque, Valdeblore, Belvédère, Utelle.

Raisin de table. — Le raisin de table est produit notamment à Nice, Saint-Laurent-du-Var, Saint-Jeannet, Cagnes, Saint-Paul, Antibes, Mougins, Valbonne, Cannes.

Figuier. — Le figuier est disséminé sur le littoral et dans la région moyenne.

Oranger. — L'oranger est cultivé sur tout le littoral. Les principaux centres de production sont Nice, Cagnes, Cannes, Antibes, Vallauris.

Citronnier. — Le citronnier est cultivé surtout à Menton et à Cabbé-Roquebrune, près de Menton.

Mandarinier. — Le mandarinier est cultivé principalement à Nice, Villefranche, Beaulieu, Eza, Cabbé-Roquebrune, Saint-Laurent-du-Var, Cannes, Antibes, Cagnes, Menton.

Olivier. — L'olivier est cultivé sur tout le littoral et dans les vallées jusqu'à une altitude de 400 à 600 mètres. Dans l'intérieur du département, les cantons de Sospel, Breil, Escarène, Levens, Utelle, Roquesteron, Villars-du-Var, Puget-Théniers, Grasse, Le Bar, Vence, cultivent l'olivier.

Vigne. — La vigne est cultivée sur le littoral et dans les vallées du Var, de l'Esteron, de la Tinée, de la Bevera et de la Roya. Les principaux centres de production du vin sont : *Crus de*

1ʳᵉ qualité : Bellet (commune de Nice et de Colomars), Menton, La Gaude. *Crus de 2ᵉ qualité* : Villers-du-Var, Touët-de-Beuil, Massoins. *Crus de 3ᵉ qualité* : Cagnes, Valbonne, Mougins, Sospel, Saint-Laurent-du-Var, Saint-Jeannet, Contes, Escarène, Gattières. *Crus ordinaires* : Nice, Antibes, Vence, Saint-Paul, Guillaumes, Breil.

Fleurs d'orangers. — La fleur d'oranger est produite principalement à Vallauris, Le Cannet, Le Bar, Nice, Saint-Laurent, Antibes, Biot, Saint-Jeannet, Mougins, Gattières, Cagnes, Cannes, La Gaude, Vence, Saint-Paul, La Colle.

Rosiers. — On cultive les rosiers pour la parfumerie surtout à Grasse, Mouans-Sartoux, Valbonne, La Colle, Peymeinade, Vence, Mougins, Tourette-Levens, Auribeau, Le Cannet, Saint-Paul, La Roquette, Pégomas, Opio, Roquefort, La Villeneuve-Loubet, Le Rouret.

Jasmins. — On produit les fleurs de jasmin à Grasse.

Violettes. — Les violettes sont cultivées à l'ombre des oliviers dans les principaux centres suivants : Vence, Grasse, Tourette, Le Bar.

Cassies. — Les cassies sont cultivées notamment à Le Cannet, Cannes, Mougins, Grasse, Mouans-Sartoux.

Menthe. — La menthe est cultivée principalement à La Villeneuve-Loubet, Cagnes, Grasse, Pégomas, Auribeau.

Tubéreuses. — Les tubéreuses sont cultivées surtout à Pégomas, Auribeau, Grasse, Mouans-Sartoux, Peymeinade, Mougins.

Jonquille, Réséda et Verveine. — Ces plantes ne sont cultivées que sur des surfaces très restreintes.

Œillet. — L'œillet est cultivé notamment à Nice, Antibes, Cannes, Vallauris, Villefranche, Cagnes, Saint-Laurent-du-Var, Beaulieu, Vence, Eze, La Turbie.

Roses. — Les roses sont produites plus particulièrement à Nice, Vence, Antibes, Cannes, Vallauris, Cagnes, Saint-Paul, Villefranche, Le Cannet, Saint-Laurent, La Colle, Beaulieu, La Gaude, Eze, Saint-Jeannet.

Giroflées. — On cultive les giroflées à Vence, Nice, Antibes, Cannes, Cagnes, Saint-Laurent, Saint-Paul, Le Cannet, La Colle, Tourette, La Gaude, Saint-Jeannet, Villefranche, Beaulieu, Eze, Cabbé-Roquebrune, La Turbie.

Anémones et Renoncules. — On cultive les anémones et les renoncules à Antibes, Nice, Cannes, Vence, Cagnes, Villefranche, Le Cannet, Saint-Laurent, Beaulieu, Eze.

Anthémis. — Les anthémis sont cultivés surtout à Nice, Villefranche, Antibes, Beaulieu, Cannes, Cagnes, Vence, Saint-Laurent, Eze, Le Cannet, Saint-Paul, La Turbie, Cabbé-Roquebrune.

Violettes. — Les violettes sont cultivées notamment à Vence, Nice, Antibes, Tourette, Cannes, Cagnes, Le Cannet, Villefranche, Saint-Jeannet, Beaulieu, Saint-Paul, Le Bar.

Palmiers d'ornement. — Les palmiers (*Phœnix canariensis*) pour l'ornement sont cultivés principalement à Vallauris, Nice, Cannes, Antibes, Villefranche, Beaulieu.

ARDÈCHE.

Asperges. — Les asperges sont principalement produites à Beauchastel, Rochemaure, Aubenas, Ucel (arrondissement de Privas).

Petits pois. — Les petits pois sont produits notamment à Limony, Charnas, Champagne, Thorrenc, Châteaubourg, Cornas, Glun (arrondissement de Tournon); Beauchastel, Saint-Laurent-du-Pape (arrondissement de Privas).

Haricots verts — Une étendue d'environ 60 hectares est consacrée à la production des haricots verts qui se fait principalement à Limony, Charnas, Thorrenc, Champagne, Desaignes, Saint-Appolinaire-du-Rias (arrondissement de Tournon); Charmes, Beauchastel, Saint-Fortunat, Saint-Laurent-du-Pape, Saint-Martin-d'Ardèche (arrondissement de Privas).

Fraises. — Les communes de Limony, Charnas, Thorrenc (arrondissement de Tournon) cultivent le fraisier.

Melon. — Le melon est cultivé à Champagne (arrondissement de Tournon).

Haricots secs. — Les communes de Chazeaux et de Ribes (arrondissement de Largentière) se livrent à la production des haricots secs.

Lentilles. — Les lentilles sont plus spécialement produites à Chazeaux (arrondissement de Largentière).

Pommes de terre. — Les pommes de terre sont produites dans tout le département. Les cantons d'Annonay, Saint-Félicien, Tournon, Saint-Agrève, Lamastre, Saint-Péray (arrondissement de Tournon); La Voulte, Antraigues, Chomérac, Aubenas, Bourg-Saint-Andéol (arrondissement de Largentière) sont ceux qui cultivent le plus de pommes de terre.

Culture maraîchère. — Les différents légumes sont surtout produits aux environs des centres de Tournon, Annonay, Lamastre, Privas, Aubenas, Largentière, et principalement dans les communes de Lamastre, Roiffieux, Silhac, Saint-Barthélemy-le-Meil (arrondissement de Tournon), Aubenas, Ucel, Saint-Julien-du-Serre, Le Teil, Saint-Just (arrondissement de Privas); Chazeaux; Chambonas (arrondissement de Largentière).

Cerises. — Les principales communes dont la production des cerises est supérieure à 10 quintaux sont : Savas, Peaugres, Champagne, Andance, Ozon, Arras, Sécheras, Lemps, Saint-Victor, Saint-Félicien, Saint-Jean-de-Muzols, Tournon, Mauves, Glun, Nozières, Desaignes, Saint-Sylvestre, Saint-Romain, Cornas, Champis, Guilhérand, Soyons, Silhac (arrondissement de Tournon); Charmes, Beauchastel, Saint-Laurent, Saint-Sauveur-de-Montagut, Saint-Vincent, Saint-Cierge, Saint-Julien-en-Saint-Alban, Alissas, Baix, Saint-Vincent-de-Barrès, Cruas, Meysse, Genestelle, Vals-les-Bains, Ucel, Saint-Privat, Aubenas, Mirabel, Viviers, Gras, Saint-Montant (arrondissement de Privas); Thueyts, Fabras, Jaujac, Beaumont, Sainte-Marguerite, Gravières, Chambonas, Les Vans, Auriolles, Saint-Alban, Laurac, Uzer (arrondissement de Largentière).

Abricots. — La production des abricots atteint au moins 10 quintaux à Limony, Andance, Saint-Jean-de-Muzols, Saint-Félicien, Mauves, Guilhérand (arrondissement de Tournon); Meysse (arrondissement de Privas); Naves (arrondissement de Largentière).

Raisins de table. — Les raisins de table sont surtout produits à Limony, Champagne, Arras, Guilhérand, Toulaud (arrondissement de Tournon); Salavas (arrondissement de Largentière).

Pêches. — On récolte au moins 10 quintaux de pêches dans les communes de : Limony, Charnas, Félines, Peaugres, Champagne, Boulieu, Saint-Cyr, Saint-Désirat, Andance, Talencieux, Quintenas, Ozon, Arras, Vion, Lemps, Saint-Victor, Saint-Félicien, Saint-Jean-de-Mizols, Mauves, Glun, Silhac, Toulaud, Soyons (arrondissement de Tournon); Charmes, Beauchastel, Saint-Laurent, Lavoulte, Saint-Fortunat, Saint-Vincent, Saint-Sauveur-de-Montagut, Flaviac, Alissas, Baix, Cruas, Saint-Vincent-de-Barrès, Saint-Martin-le-Supérieur, Meysse, Saint-Privat, Aubenas, Ucel, Lanas, Le Teil, Viviers, Gras (arrondissement de Privas); Sainte-Marguerite, Chambonas, Naves, Laurac (arrondissement de Largentière).

Prunes. — Les principales communes dont la récolte des prunes est supérieure à 10 quintaux sont : Andance, Saint-Félicien, Glun, Saint-Romain, Saint-Sylvestre, Desaignes, Saint-Julien-Boutières, Saint-Clément, Accons, Le Cheylard, Guilhérand, Toulaud, Soyons (arrondissement de Tournon); Mézilhac, Juvinas, Antraigues, Genestelle, Saint-Étienne-de-Boulogne, Saint-Michel-de-Boulogne, Asperjoc, Vals-les-Bains, Labégude, Ucel, Mercuer, Saint-Privat, Lanas, Le Teil (arrondissement de Privas); Saint-Pierre-de-Colombier, Chirols, Thueyts, Fabras, Jaujac, Prunet, Chazeaux, Rocher, Vinézac, Uzer, Montréal, Laurac, Ribes, Saint-André, Sainte-Marguerite, Naves (arrondissement de Largentière).

Pommes à couteau. — La récolte des pommes est supérieure à 10 quintaux dans les communes de : Villevocance, Vanosc, Vocance, Saint-Symphorien, Saint-André-des-Effangeas, Vaudevant, Saint-Félicien, Saint-Victor, Colombier-le-Vieux, Saint-Jeure-d'Andaure, Labatie-d'Andaure, Nozières, Desaignes, Lamastre, Saint-Sylvestre, Saint-Romain, Saint-Péray, Toulaud, Soyons, Silhac, Saint-Prix, Nonières, Le Cheylard, Mariac, Accons, Dornas, Saint-Martial (arrondissement de Tournon); Gluiras, Saint-Pierreville, Marcols, Saint-Michel-de-Chabrillanoux, Saint-Fortunat, Laviolle, Saint-Joseph-des-Bancs, Labastide, Juvinas, Antraigues, Genestelle, Saint-Étienne-de-Boulogne, Saint-Michel-de-Boulogne, Saint-Andéol-de-Boulogne, Asperjoc, Vals-les-Bains, Saint-Julien-du-Serre, Vesseaux, Darbres, Saint-Laurent, Mirabel, Lentillères, Lanas, Meysse, Rochemaure, Teil, Saint-Thomé, Gras (arrondissement de Privas); Burzet, Saint-Pierre-de-Colombier, Chirols, Thueyts, Fabras, Prades, Jaujac, Saint-Cirgues-de-Prades, La Souche, Prunet, Chazeaux, Rocher, Uzer, Laurac, Uzer, Les Vans, Chambonas, Gravières, Sainte-Marguerite, Ribes, Saint-André, Beaumont, Dompnac, Laval-d'Aurelle (arrondissement de Largentière).

Poires à couteau. — Les principales localités produisant plus de 10 quintaux de poires sont : Limony, Saint-Jacques, Peaugres, Andance, Villevocance, Vocance, Saint-Julien-Vocance, Saint-Félicien, Boucieu-le-Roi, Lamastre, Saint-Barthélemy-le-Pin, Saint-Sylvestre, Champis, Soyons, Saint-Julien-Boutières, Le Cheylard, Accons, Dornas (arrondissement de Tournon); Marcols, Genestelle, Asperjoc, Darbres, Saint-Laurent, Baix, Cruas, Saint-Vincent-de-Barrès, Saint-Martin-le-Supérieur, Saint-Martin-l'Inférieur, Meysse, Rochemaure, Viviers (arrondissement de Privas); Sagnes, Thueyts, Nieigles, Jaujac, Prunet, Beaumont, Uzer, Planzolles, Chandolas, Saint-André-de-Cruzières (arrondissement de Largentière).

Amandes. — La production des amandes est supérieure à 10 quintaux dans les communes de : Saint-Martin-le-Supérieur, Saint-Martin-l'Inférieur, Meysse, Rochemaure, Aubignas, Mirabel, Lavilledieu, Vogué, Lanas, Saint-Germain, Rochecolombe, Saint-Maurice-d'Ibie, Valvignères, Villeneuve-de-Berg, Aps, Teil, Gras, Saint-Remèze, Bidon (arrondissement de Privas); Ruoms, Salavas, Orgnac (arrondissement de Largentière).

Figues. — Les principales localités qui récoltent annuellement plus de 10 quintaux de figues sont Lemps (arrondissement de Tournon); Saint-Julien-du-Serre, Mercuer, Ailhon, Lanas, Rochemaure, Saint-Montant (arrondissement de Privas); Beaumont, Uzer, Laurac, Les Vans, Saint-Alban (arrondissement de Largentière).

Airelles. — Les airelles sont récoltées notamment à Villevocance, Vocance, Saint-André-des-Effangeas, Saint-Félicien, Saint-Jeure-d'Andaure, Accons (arrondissement de Tournon).

Framboises. — Les framboises sauvages sont principalement récoltées à Accons (arrondissement de Tournon); Aubenas (arrondissement de Privas); Largentière, Joyeuse (arrondissement de Largentière).

Châtaignes. — Les communes de : Vanosc, Vocance, Vaudevant, Saint-Félicien, Desaignes, Saint-Julien-Boutières, Chanéac, Dornas, Mariac, Accons, Saint-Genest-Lachamp, Saint-Jean-Roure, Saint-Barthélemy-le-Meil, Saint-Julien-Labrousse, Saint-Prix, Saint-Basile, Lamastre, Gilhoc, Saint-Barthélemy-le-Pin, Champis, Toulaud, Saint-Julien-le-Roux, Saint-Maurice-en-Chalençon, Chalençon, Silhac (arrondissement de Tournon); Gluiras, Saint-Pierreville, Marcols, Saint-Étienne-de-Serres, Saint-Sauveur-de-Montagut, Saint-Michel-de-Chabrillanoux, Saint-Fortunat, Saint-Cierge-la-Serre, Flaviac, Alissas, Veyras, Lyas, Ajoux, Issamoulenc, Saint-Julien-du-Gua, Saint-Joseph-des-Bancs, Laviolle, Labastide, Juvinas, Antraigues, Genestelle, Gourdon, Saint-Étienne-de-Boulogne, Saint-Michel-de-Boulogne, Saint-Andéol, Asperjoc, Saint-Julien-du-Serre, Labégude, Ucel, Vesseaux, Darbres, Saint-Martin-le-Supérieur, Saint-Jean-le-Centenier, Aubenas, Lentillères (arrondissement de Privas); Burzet, Cellier-du-Luc, Fabras, La Souche, Saint-Cirgues-de-Prades, Prades, Prunet, Chazeaux, Rocher, Vinézac, Rocles, Laboule, Valgorge, Dompnac, Beaumont, Vernon. Saint-Jean-de-Pourcharesse, Sainte-Marguerite, Gravières, Chambonas, Banne, Saint-Alban, Labeaume (arrondissement de Largentière), produisent annuellement plus de 300 quintaux de châtaignes.

Les communes de Satillieu, Preaux, Saint-Victor, Colombier-le-Vieux, Colombier-le-Jeune, Empurany, Saint-Jeure-d'Andaure, Labatie-d'Andaure, Saint-Agrève (arrondissement de

Tournon); Saint-Pierre, La Roche, Saint-Martin-l'Inférieur, Aubignas (arrondissement de Privas); Saint-Étienne-de-Lugdarès, Laurac, Grospierres (arrondissement de Largentière), récoltent de 100 à 300 quintaux de châtaignes.

Olivier. — L'olivier est principalement cultivé à Aubenas, Saint-Montant (arrondissement de Privas); Beaumont, Saint-Jean-de-Pourcharesse, Gravières, Naves, Les Vans, Ruoms, Sampzon, Vallon, Salavas, Orgnac (arrondissement de Largentière).

Noyer. — Les principales communes dont la récolte en noix est supérieure à 10 quintaux sont : Villevocance, Vocance, Saint-Symphorien, Vaudevant, Saint-Victor, Saint-Félicien, Étables, Saint-Barthélemy-le-Plein, Colombier-le-Jeune, Saint-Sylvestre, Champis, Toulaud, Empurany, Lamastre, Saint-Basile, Gilhoc, Saint-Appollinaire-de-Rias, Silhac, Chalençon, Saint-Maurice-en-Chalençou, Saint-Barthélemy-le-Meil, Nonières, Saint-Prix, Desaignes, Labatie-d'Andaure, Saint-Jeure-d'Andaure, Saint-Agrève, Saint-Julien-Boutières, Le Cheylard, Mariac, Accons, Saint-Christol, Saint-Genest-Lachamp (arrondissement de Tournon); Gluiras, Saint-Pierreville, Marcols, Issamoulenc, Saint-Julien-du-Gua, Laviolle, Labastide, Antraigues, Saint-Andéol, Gourdon, Saint-Étienne-de-Boulogne, Saint-Michel-de-Boulogne, Alissas, Cruas, Meysse, Saint-Martin-l'Inférieur, Rochemaure, Aubignas, Saint-Martin-le-Supérieur, Mirabel, Lussas, Ucel, Vogué, Saint-Maurice-d'Ibie, Valvignères, Gras (arrondissement de Privas); Thueyts, Fabras, Jaujac, Laval-d'Aurelle, Saint-Alban, Grospierres, Berrias (arrondissement de Largentière).

Vigne. — La vigne est cultivée sur une étendue supérieure à 50 hectares principalement à : Limony, Charnas, Félines, Serrières, Peyraud, Peaugres, Boulieu, Annonay, Saint-Cyr, Villevocance, Champagne, Saint-Désirat, Andance, Thalencieux, Quintenas, Ardoix, Ozon, Saint-Romain, Eclassan, Arras, Sécheras, Cheminas, Vion, Lemps, Étables, Saint-Jean-de-Muzols, Saint-Victor, Colombier-le-Vieux, Colombier-le-Jeune, Bozas, Arlebosc, Tournon, Saint-Barthélemy-le-Plein, Glun, Plats, Le Crestet, Empurany, Desaignes, Saint-Félix-de-Châteauneuf, Cornas, Saint-Péray, Guilhérand, Toulaud, Soyons (arrondissement de Tournon); Saint-Michel-de-Chabrillanoux, Saint-Sauveur-de-Montagut, Saint-Vincent-de-Durfort, Saint-Fortunat, Beauchastel, Saint-Laurent, Lavoulte, Rompon, Le Pouzin, Saint-Julien-en-Saint-Alban, Privas, Alissas, Chomérac, Baix, Saint-Lager-Bressac, Saint-Vincent-de-Barrès, Cruas, Saint-Andéol, Saint-Julien-du-Serre, Vesseaux, Saint-Privat, Aubenas, Lussas, Mirabel, Saint-Jean-le-Centenier, Lavilledieu, Saint-Germain, Vogué, Lanas, Villeneuve-de-Berg, Aps, Aubignas, Meysse, Rochemaure, Le Teil, Valvignères, Viviers, Saint-Montant, Saint-Remèze (arrondissement de Privas); Thueyts, Chirols, Nieigles, Prades, Jaujac, Chassiers, Vinézac, Uzer, Vernon, Ribes, Rosières, Joyeuse, Lablachère, Saint-Genest-de-Beauzon, Paysac, Gravières, Chambonas, Les Vans, Casteljau, Ruoms, Lagorce, Vallon, Grospierres, Vagnas, Beaulieu, Saint-André-de-Cruzières, Saint-Sauveur-de-Cruzières, Saint-Paul-le-Jeune, Banne, Berrias (arrondissement de Largentière).

Les communes de : Saint-Clair, Davézieux, Saint-Alban-d'Ay, Préaux, Saint-Jeure-d'Ay (arrondissement de Tournon); Charmes, Lyas, Veyras, Saint-Étienne-de-Boulogne, Saint-Michel-de-Boulogne, Labégude, Saint-Étienne-de-Fontbellon, Ailhon, Fons, Saint-Thomé, Gras, Saint-Martin-d'Ardèche (arrondissement de Privas); Fabras, Sanilhac, Salelles, Bessas (arrondissement de Largentière), possèdent de 20 à 50 hectares de vigne.

Colza. — Le colza est cultivé principalement dans l'arrondissement de Tournon.

Champignons. — Les champignons (morilles et bolets) sont récoltés principalement à Saint-Félicien, Saint-Agrève, Saint-Barthélemy-le-Pin, Saint-Barthélemy-le-Meil (arrondissement de Tournon).

Truffes. — L'exploitation des truffières existe surtout à Privas, Saint-Symphorien-sous-Chomérac, Chomérac, Aubignas, Mirabel, Lavilledieu, Villeneuve-de-Berg, Saint-Maurice-d'Ibie, Viviers, Gras, Saint-Remèze, Bidon, Bourg-Saint-Andéol, Saint-Martin-d'Ardèche (arrondissement de Privas); Lagorce, Sampzon, La Bastide-de-Virac, Orgnac (arrondissement de Largentière).

Graine de luzerne. — La graine de luzerne est produite notamment dans les cantons de Chomérac, Rochemaure, Villeneuve-de-Berg, Viviers (arrondissement de Privas).

Graine de trèfle. — Le canton de Villeneuve-de-Berg (arrondissement de Privas) produit la graine de trèfle violet.

Lavande. — La lavande spontanée est récoltée notamment à Saint-Julien-du-Serre, Lanas, Aps, Valvignères, Saint-Thomé, Gras, Saint-Remèze, Bidon, Saint-Martin-d'Ardèche (arrondissement de Privas); Joyeuse, Ruoms, Sampzon, Orgnac (arrondissement de Largentière).

Fenouil. — Le fenouil est principalement cultivé dans le canton de Bourg-Saint-Andéol (arrondissement de Privas).

ARDENNES.

Culture maraîchère. — Les légumes divers sont produits notamment à Chooz, pour l'approvisionnement de la ville de Givet; Warcq, Le Theux, Saint-Julien, Villers-Semeuse, près de Charleville et Mézières; Le Fond-de-Givonne, près de Sedan.

Oignons et carottes. — Les oignons et les carottes sont cultivés en grand principalement à Alland'huy, Attigny, Écordal, Saint-Lambert, Charbogne, Suzanne (arrondissement de Vouziers).

Prunes et cerises. — Les fruits à noyau sont produits principalement dans les communes de Wignicourt, Le Chesnois, Auboncourt, Puiseux (arrondissement de Rethel); Jonval, Guincourt, La Sabotterie, Tourteron, Lametz, Cornay, Marcq, Châtel (arrondissement de Vouziers).

Vigne. — La vigne est cultivée sur une surface de 400 à 500 hectares; elle se trouve disséminée notamment dans les cantons de Mouzon (arrondissement de Sedan); Château-Porcien, Asfeld (arrondissement de Rethel); Vouziers, Grandpré (arrondissement de Vouziers).

Fruits à cidre. — Le pommier et quelque peu le poirier sont cultivés dans tout le centre du département; les cantons de Signy-l'Abbaye, Omont (arrondissement de Mézières); Chaumont-Porcien, Noiron-Porcien (arrondissement de Rethel); Tourteron, Le Chesne (arrondissement de Vouziers) sont ceux qui produisent le plus de fruits à cidre.

Osier. — Les centres les plus importants de cette culture sont Autruche, 70 hectares; Brieulles-sur-Bar, 150 hectares; Le Chesne, 70 hectares; Germont, Harricourt, Bar, Buzancy (arrondissement de Vouziers).

ARIÈGE.

Pommes de terre. — La pomme de terre est cultivée surtout dans les vallées des arrondissements de Foix et de Saint-Girons.
Les principaux marchés pour la vente des pommes de terre sont ceux de Pamiers, Varilhes; Foix; Saint-Girons.

Haricots secs. — Le haricot est cultivé dans l'arrondissement de Pamiers. Les produits sont vendus en septembre et octobre sur les marchés de Mazères (canton de Saverdun), Saverdun, Pamiers et Foix.

Culture maraîchère. — La culture maraîchère se rencontre notamment à Pamiers, Mirepoix (arrondissement de Pamiers); Foix; Saint-Girons.

Pêches. — Les pêches pour l'exportation sont produites surtout à Sainte-Croix, Saint-Girons (arrondissement de Saint-Girons); Le Mas-d'Azil, Pamiers, Varilhes (arrondissement de Pamiers).

Pommes et poires à couteau. — Les pommes et poires pour l'exportation sont produites principalement à Saint-Girons, Castillon, Soulan (canton de Massat), dans l'arrondissement de Saint-Girons; Foix, Tarascon-sur-Ariège, Lordat (canton des Cabannes), dans l'arrondissement de Foix.

Châtaignes. — Les châtaignes pour l'exportation sont produites notamment à Montfa (canton du Mas-d'Azil); Artix, Varilhes (canton de Varilhes), dans l'arrondissement de Pamiers.

Vigne. — Les principaux cantons viticoles sont ceux de Saverdun, Le Fossat, Pamiers, Mirepoix, Varilhes, Le Mas-d'Azil (arrondissement de Pamiers); Sainte-Croix, Saint-Girons (arrondissement de Saint-Girons); Foix, Les Cabannes (arrondissement de Foix).

AUBE.

Culture maraîchère. — Elle se fait dans la vallée de la Seine, principalement aux environs de Troyes et de Bar-sur-Seine (un peu aux environs de Nogent-sur-Seine et Romilly), dans la vallée de l'Aube (environs d'Arcis-sur-Aube, de Brienne-le-Château et de Bar-sur-Aube); aux environs de Vendeuvre, Lusigny (vallée de la Boderonne); Chesley, Turgy, Ervy (vallée de l'Amance); à Saint-Lupien, Marcilly-le-Hayer, Bercenay-le-Hayer, Bourdenay, Trancault (vallée de l'Orvin); aux environs de Villenauxe (vallée de Villenauxe).

Vigne. — La vigne est cultivée surtout dans les arrondissements de Bar-sur-Seine et de Bar-sur-Aube. Les centres les plus importants sont : Les Riceys, Landreville, Essoyes, Mussy-sur-Seine, Bar-sur-Seine (arrondissement de Bar-sur-Seine); Bar-sur-Aube, Arrentières, Colombé-le-Sec, Rouvre, Baroville, Urville, Brienne-le-Château, Saint-Léger-sous-Brienne (arrondissement de Bar-sur-Aube).

Dans l'arrondissement d'Arcis-sur-Aube, la vigne est cultivée aux environs de Ramerupt et de Chavanges.

La culture est assez importante aux environs de Troyes, dans les cantons de Piney, Ervy et Bouilly, et de chaque côté de la Seine en aval de Troyes; on la rencontre aussi aux environs de Nogent-sur-Seine et dans le canton de Villenauxe.

Fruits à cidre. — La production des fruits à cidre existe principalement au sud-ouest du département, dans le pays d'Othe, cantons d'Estissac, Aix-en-Othe, Bouilly. Les centres principaux sont Aix-en-Othe, Saint-Mards-en-Othe, Maraye-en-Othe. Elle se retrouve au sud dans les cantons d'Ervy et de Chaource (communes de Metz-Robert et des Granges); dans le canton de Bar-sur-Seine (Chauffour-les-Bailly, Villy-en-Trodes); aux environs de Vendeuvre et dans le canton de Soulaines (arrondissement de Bar-sur-Aube).

AUDE.

Haricots secs. — Cette culture se rencontre surtout dans les cantons de Belpech et de Salles-sur-l'Hers (arrondissement de Castelnaudary).

Lentilles. — Les lentilles sont cultivées dans les environs de Limoux.

Pois. — Les pois sont produits surtout aux environs de Limoux.

Fèves. — Les fèves sont cultivées notamment aux environs de Castelnaudary.

Culture maraîchère. — Cette culture se fait surtout aux environs des villes de Carcassonne, Narbonne, Limoux, Castelnaudary.

Horticulture. — Elle se pratique notamment aux environs des centres de Carcassonne, Narbonne, Limoux, Castelnaudary.

Pêches. — Les pêches sont produites notamment dans les environs de Carcassonne et de Limoux.

Prunes. — La région de Limoux produit plus particulièrement les prunes.

Pommes et poires à couteau. — La production des pommes et poires à couteau se fait principalement dans les environs de Carcassonne.

Amandes. — Les principales régions de production des amandes sont celles de Carcassonne et de Narbonne.

Châtaignes. — Les châtaignes sont récoltées surtout dans les environs de Carcassonne.

Noix. — Les noix sont produites principalement dans les régions de Carcassonne et de Limoux.

Olives. — Les principales régions de production sont les environs de Carcassonne et de Limoux.

Vignes. — Les vins rouges produits se divisent en : vins de Narbonne-Plaine, provenant des vignobles à grande production ; vins de Montagne-Narbonne, produits surtout à Leucate, Fitou, Treilles, Lapalme, Sigean, Ouveillan, Lézignan, Ginestas ; vins des Corbières, récoltés notamment à Lagrasse, Ferrals, Fabrezan, Durban, Tuchan, Tournissan ; vins du Minervois : Caunes, Peyriac, Rieux, Azille, Pépieux ; vins du Carcassonnais : Carcassonne, Capendu, Laure, Conques ; vins de Limoux : Limoux, Saint-Hilaire, Verzeilles, Pomas.

Les vins blancs sont produits un peu partout ; les principaux centres de production sont Limoux, Magrie, Saint-Polycarpe.

AVEYRON.

Pomme de terre. — Les communes de Carcenac-Peyralès, Vors, Moyrazès, Luc, Calmont, Sainte-Juliette, Boussac, Castanet, Gramond, Camboulazet, Quins, Colombiès, Pradinas cultivent la pomme de terre alimentaire pour l'exportation.

Cerises. — Les cerises sont produites notamment à Paulhe, La Cresse, Rivière, dans l'arrondissement de Millau ; Villecomtal, dans l'arrondissement d'Espalion ; Saint-Parthem, dans l'arrondissement de Villefranche-de-Rouergue ; Grand-Vabre, dans l'arrondissement de Rodez.

Prunes. — Les prunes sont produites surtout à : Saint-Hippolyte, Enguialès, Entraygues Estaing, Villecomtal, Castelnau, Prades-d'Aubrac, Pierrefiche, dans l'arrondissement d'Espalion ; Saint-Cyprien, Nauviale, Mouret, Valady, Clairvaux, Anglars, Castanet, Cabanès, Réquista, dans l'arrondissement de Rodez ; Saint-Santin, Saint-Parthem, Almon, Valzergues, Vaureilles, Saint-Julien-d'Empare, Salvagnac-Saint-Loup, Balaguier, Foissac, Salles-Courbatiès, Villeneuve, Saint-Igest, Saint-Rémy, Toulonjac, Martiel, Villefranche-de-Rouergue, Vailhourles, La Rouquette, Villevayre, La Fouillade, Bor-et-Bar, dans l'arrondissement de Villefranche-de-Rouergue ; Montjaux, dans l'arrondissement de Millau ; Le Truel, Saint-Victor-et-Melvieu, Saint-Rome-de-Tarn, Les Costes, Gozon, Plaisance, Combret, La Serre, Saint-Affrique, Murasson, Sylvanès, dans l'arrondissement de Saint-Affrique.

Ces prunes servent à la fabrication de pruneaux vendus en grande partie sur le marché de Figeac.

Pêches. — Les pêches sont produites principalement à Entraygues, Villecomtal, dans l'arrondissement d'Espalion ; Nauviale, Marcillac, Salles-la-Source, dans l'arrondissement de Rodez ; Almon, dans l'arrondissement de Villefranche-de-Rouergue ; La Bastide-Solages, dans l'arrondissement de Saint-Affrique ; La Cresse, dans l'arrondissement de Millau.

Raisin de table. — Dans quelques communes de la vallée du Tarn, notamment à Compeyre et Aguessac, on produit et expédie des raisins œillade.

Pommes et poires à couteau. — Les communes suivantes produisent au moins 10 quintaux de pommes et poires à couteau : Taussac, Lacroix, Saint-Hippolyte, Enguilès, Entraygues, Espeyrac, Montézic, Florentin, Montpeyroux, Le Nayrac, Villecomtal, Estaing, Coubison, Le Cayrol, Castelnau, Saint-Geniez, Pomayrols, Pierrefiche, dans l'arrondissement d'Espalion ; Grand-Vabre, Senergues, Saint-Cyprien, Nauviale, Pruines, Mouret, Valady, Auzits, Saint-Christophe, Anglars, Moyrazès, Vors, Castanet, Gramond, Cabanès, Sauveterre, Crespin, Quins, Naucelle, Saint-Just, Saint-Cirq, Réquista, Salmiech, Sainte-Juliette, Trémouilles, Pont-de-Salars, dans l'arrondissement de Rodez ; Rivière, Compeyre, Paulhe, Montjaux, Nant, Saint-Jean-du-Bruel, dans l'arrondissement de Millau ; Ayssènes, Saint-Victor-et-Melvieu, Saint-Rome-de-Tarn, Broquiès, Roquefort, Saint-Affrique, La Bastide-Solages, Coupiac, Plaisance, Saint-Sever, Camarès, dans l'arrondissement de Saint-Affrique ; Saint-Santin, Saint-Parthem, Almon, Firmi, Aubin, Les Albres, Salles-Courbatiès, Peyrasse, Vaureilles, Montbazens, Prévinquières, Rieupeyroux, Saint-Salvadou, La Fouillade, Villevayre, La Rouquette, Villefranche, Toulonjac, Martiel, dans l'arrondissement de Villefranche-de-Rouergue.

Amandes. — Les communes de Mostuéjouls, Rivière, La Cresse, Peyreleau, Compeyre,

Aguessac, Paulhe, Millau, Peyre, Saint-Georges, Montjaux, dans l'arrondissement de Millau ; Saint-Rome-de-Tarn, dans l'arrondissement de Saint-Affrique, produisent des amandes sèches qui sont expédiées un peu partout.

Châtaignes. — Les communes suivantes récoltent au moins 100 quintaux de châtaignes : Brommat, Lacroix, Sainte-Geneviève, Saint-Symphorien, Montézic, Campouriez, Saint-Amans, Florentin, Saint-Hippolyte, Enguialès, Entraygues, Espeyrac, Golinhac, Campuac, Villecomtal, Estaing, Coubisou, Le Nayrac, Bessuéjouls, Espalion, Castelnau, Lassouts, Condom, Saint-Chély-d'Aubrac, Prades-d'Aubrac, Aurelle, Sainte-Eulalie, Pierrefiche, Saint-Geniez, Pomayrols, dans l'arrondissement d'Espalion ; Grand-Vabre, Conques, Senergues, Saint-Cyprien, Nauviale, Pruines, Mouret, Clairvaux, Auzits, Saint-Christophe, Rignac, Rodelle, Bozouls Rodez, Olemps, Druelle, Moyrazès, Castanet, Boussac, Gramond, Pradinas, Cabanès, Sauveterre, Lescure, La Salvetat, Tayrac, Crespin, Quins, Naucelle, Centrès, Saint-Just, Cassagnes-Bégonhès, Saint-Cirq, Ledergues, La Selve, Saint-Jean-d'Elnous, Réquista, dans l'arrondissement de Rodez ; Saint-Santin, Saint-Parthem, Flagnac, Almon, Decazeville, Firmy, Viviez, Aubin, Cransac, Bouillac, Capdenac, Sonnac, Asprières, Les Albres, Salvagnac-Saint-Loup, Naussac, Salles-Courbatiès, Villeneuve, Saint-Igest, Saint-Rémy, Montbazens, Vaureilles, Roussennac, Privezac, Maleville, Villefranche, Morlhon, Prévinquières, La Bastide-l'Évêque, La Capelle-Bleys, Rieupeyroux, Saint-Salvadou, Vabre, Sanvensa, Monteils, Villavayre, Najac, La Fouillade, Bor-et-Bar, Saint-André, dans l'arrondissement de Villefranche-de-Rouergue ; La Capelle-Bonnance, Saint-Laurent-d'Olt, Bertholène, Laissac, Vimenet, Recoules-Prévinquières, Castelnau-Pégayroles, Montjaux, Viala-du-Tarn, dans l'arrondissement de Millau ; Ayssènes, Le Truel, Saint-Rome-de-Tarn, Broquiès, Brousse, Brasc, Coupiac, La Bastide-Solages, Plaisance, Martrin, Saint-Sernin, Pousthomy, La Serre, Saint-Izaire, Murasson, Gissac, Sylvanès, Montagnol, Camarès, Tauriac, Arnac, dans l'arrondissement de Saint-Affrique.

Fraises. — Les fraises sont surtout produites à Saint-Geniez (arrondissement d'Espalion).

Noix. — Les communes suivantes récoltent au moins 10 quintaux de noix : Taussac, Sainte-Geneviève, Montézic, Campouriez, Saint-Amans, Florentin, Saint-Hippolyte, Enguialès, Entraygues, Espeyrac, Golinhac, Campuac, Villecomtal, Estaing, Coubisou, Castelnau, Saint-Chély-d'Aubrac, Prades-d'Aubrac, Saint-Geniez, Pomayrols, dans l'arrondissement d'Espalion : Grand-Vabre, Senergues, Saint-Cyprien, Pruines, Valady, Clairvaux, Balsac, Salles-la-Source. Auzits, Saint-Christophe, Rignac, Castanet, Sauveterre-d'Aveyron, La Salvetat, Quins, Naucelle, dans l'arrondissement de Rodez ; Saint-Santin, Saint-Parthem, Flagnac, Almon, Bouillac, Capdenac, Sonnac, Asprières, Les Albres, Salvagnac-Saint-Loup, Balaguier, Foissac, Saujac, Montsalès, Ols-et-Rinhodes, Villeneuve, Saint-Igest, Sainte-Croix, Saint-Rémy, Montbazens, Vaureilles, Drulhe, Martiel, Toulonjac, Vailhourles, La Rouquette, Villefranche, La Bastide-l'Évêque, Saint-Salvadou, Monteils, Villavayre, Bor-et-Bar, dans l'arrondissement de Villefranche-de-Rouergue ; Rivière, Peyreleau, Comprégnac, Millau, Montjaux, Nant, dans l'arrondissement de Millau ; Ayssènes, Saint-Victor-et-Melvieu, Broquiès. Coupiac, Plaisance, Pousthomy, Sylvanès, dans l'arrondissement de Saint-Affrique.

Vigne. — Les communes suivantes possèdent au moins 10 hectares de vigne : Saint-Hippolyte, Montézic, Saint-Amans, Campouriez, Enguialès, Entraygues, Florentin, Espeyrac, Golinhac, Le Nayrac, Campuac, Villecomtal, Estaing, Coubisou, Bossuéjouls, Espalion, Saint-Côme, Lassouts, Castelnau, Prades-d'Aubrac, Sainte-Eulalie, Pierrefiche, Saint-Geniez (arrondissement d'Espalion) ; Grand-Vabre, Conques, Senerques, Saint-Cyprien, Nouilhac, Nauviale, Pruines, Mouret, Muret, Rodelle, Marcillac-d'Aveyron, Saint-Christophe, Auzits, Escandolières, Bournazel, Cassagnes-Comtaux, Clairvaux, Valady, La Salvetat, Sauveterre-d'Aveyron, Crespin, Tauriac, Saint-Just, Requista (arrondissement de Rodez) ; Flagnac, Almon, Decazeville, Firmy, Aubin, Viviez, Asprières, Capdenac, Loupiac, Salvagnac-Saint-Loup, Salvagnac-Cajarc, Salles-Courbatiès, Drulhe, Saint-Igest, Villeneuve, Martiel, Villefranche, Vailhourles, La Rouquette. Monteils, Najac, Saint-André, Bor-et-Bar, La Fouillade (arrondissement de Villefranche-de-Rouergue); Saint-Laurent-d'Olt, Gaillac-d'Aveyron, Verrières, Mostuéjouls, Rivière, La Cresse, Peyreleau, Compeyre, Aguessac, Paulhe, Saint-Beauzély, Castelnau-Pégayrolles, Montjaux, Viala-du-Tarn, Comprégnac, Saint-Georges, Millau, Creissels, Nant, Saint-Jean-du-Bruel (arrondissement de Millau); Ayssènes, Le Truel, Saint-Victor-et-Melvieu, Saint-Rome-de-Tarn, Les

Costes-Gozon, Saint-Rome-de-Cernou, Roquefort, Saint-Affrique, Vabres, Calmels-et-Le Viala, Saint-Izaire, Broquiès, Brousse, La Bastide-Solages, Coupiac, Plaisance, Martrin, Saint-Sernin, Pousthomy, Combret, La Serre, Belmont-d'Aveyron, Rebourguil, Gissac, Camarès, Montpaon (arrondissement de Saint-Affrique).

Graines fourragères. — Dans les arrondissements de Saint-Affrique, Millau, Rodez, Villefranche, on produit des graines de trèfle et de luzerne.

BOUCHES-DU-RHÔNE.

Culture maraîchère. — Elle est très développée dans le canton de Châteaurenard et dans le nord des cantons de Tarascon, Saint-Remy, Orgon; aux environs d'Arles, Salon, Pélissanne, Istres, Chateauneuf-les-Martigues, Marignane, Saint-Victoret, Bouc, Aix, Gardanne, Trets, Roquevaire, Aubagne; dans le centre et l'ouest du canton de Marseille.

Pêchers, abricotiers, cerisiers, pommiers et poiriers. — Ils sont cultivés notamment à Tarascon, Boulbon, Barbentane, Châteaurenard, Noves, Cabanes, Verquières, Saint-Andiol, Orgon, Sénas, Mallemort, La Roque-d'Anthéron, Saint-Estève-Janson, Peyrolles (sur les bords de la Durance); Arles, Raphèle, Eyguières, Aurons, Pelissanne, Lançon, Grans, Salon, Tholonet, Aix, Roquevaire, Aubagne, Saint-Barthélemy, Saint-Just, La Blancarde, La Pomme, Les Ollives, Saint-Marcel, Marignane, Istres (sur les bords de l'étang de Berre).

Amandiers. — On les cultive surtout à Fontvieille, Paradou, Maussane, Mouriès, Eyguières, Saint-Remy, Arles; dans les environs de Salon; sur les bords de l'étang de Berre, à Saint-Chamas, Berre, Rognac, Vitrolles, Saint-Victoret, Martigues, Saint-Mitre; aux environs d'Aix; à Allauch, Roquevaire, Aubagne, Ceyreste.

Olivier. — L'olivier est surtout cultivé dans les cantons de Salon, Aix, Roquevaire, Aubagne, Marseille, Eyguières, Saint-Remy, Tarascon et sur les bords de l'étang de Berre.

Vignes. — La vigne est cultivée dans tout le département, sauf dans la plaine de la Crau et dans le sud et le sud-ouest de La Camargue. La culture est surtout importante dans les cantons d'Arles, de Salon, de Lambesc, d'Aix, de Trets et sur les bords de l'étang de Berre. Les principaux centres viticoles sont : Arles, Tarascon, Fontvieille, Saint-Rémy, Mallemort, Charleval, Aix, Lambesc, Rognes, Saint-Cannat, Ventabren, Veloux, Cassis, Roquevaire, Martigues.

Truffes. — On en récolte notamment à Mouriès, Aurons, Salon, Rognes, Lambesc, Saint-Cannat, Meyrargues, Peyrolles, Jouques, Saint-Paul-les-Durance, Aix, Roquevaire.

Pépinières. — Il existe des pépinières principalement près de Tarascon; dans l'est du canton de Châteaurenard à Cabanes, Saint-Andiol, Saint-Remy; dans le nord et le centre du canton d'Orgon; près de Salon, Aix, Roquevaire, Aubagne; dans le centre et l'ouest des cantons de Marseille.

Porte-graines (betterave maraîchère, carotte, céleri, chou, concombre, épinard, fève, haricot, laitue, oignon, fleurs diverses, etc.). — Les graines sont produites notamment dans le nord du canton de Saint-Remy, à Saint-Remy, Maillane; à Paradou, Maussane, dans le sud du canton de Saint-Remy; à Saint-Étienne-du-Grès (commune de Tarascon); à Eygalières.

Graine de luzerne. — Elle est obtenue dans la région d'Arles et dans la vallée de la Durance.

Câpres. — Leur production est spéciale aux communes de Roquevaire et de Cuges (arrondissement de Marseille).

Chardon (cardère). — Le chardon est cultivé dans le nord et le sud du canton de Saint-Remy, surtout à Maillane, Saint-Remy, Maussane, Mouriès; à Mollèges et Orgon et un peu dans les cantons de Tarascon et Châteaurenard.

CALVADOS.

Culture maraîchère. — La production des différents légumes : oignons, carottes, choux, navets, pommes de terre, salsifis, poireaux, haricots, se fait surtout sur le littoral de la Manche, notamment à Saint-Aubin-sur-Mer, Langrune-sur-Mer, Luc-sur-Mer, Lion-sur-Mer, Douvres (arrondissement de Caen).

Pruniers, cerisiers, poiriers. — Ces arbres fruitiers sont cultivés aux environs de Honfleur (arrondissement de Pont-l'Évêque), notamment à Criquebœuf, Pennedepie, Vasouy, Equemauville, Gonneville, Ablon, Honfleur, La Rivière-Saint-Sauveur.

Groseilliers. — Les groseilliers sont principalement cultivés à Honfleur et à La Rivière-Saint-Sauveur (arrondissement de Pont-l'Évêque).

Fruits à cidre. — Les fruits à cidre sont produits dans tout le département, principalement dans la région de Caen.

Culture des fleurs et des arbustes d'ornement. — Les fleurs et les arbustes d'ornement sont cultivés notamment à : Trouville, Honfleur, Pont-l'Évêque, Beuzeval, Villers, Dozulé (arrondissement de Pont-l'Évêque); Lisieux, Orbec (arrondissement de Lisieux); Caen; Falaise; Bayeux; Vire.

Pépinières. — Il existe des pépinières d'arbres fruitiers principalement dans l'arrondissement de Caen, notamment à Billy, Airan, Chicheboville, Caen et à Fierville-la-Campagne (arrondissement de Falaise).

Les communes de Fontaine-le-Pin, Ussy, Tournebu, Villers-Canivet (arrondissement de Falaise) possèdent des pépinières d'arbres forestiers, feuillus et résineux.

CANTAL.

Légumes secs. — Dans l'arrondissement de Saint-Flour, on produit des légumes secs, principalement des lentilles d'Auvergne.

Pommes et poires à couteau. — Ces fruits sont produits dans l'arrondissement d'Aurillac, notamment à Maurs, Boisset, Vieillevie, Sansac-de-Marmiesse et dans l'arrondissement de Saint-Flour, à Calvinet, Cassaniouze, Massiac, Molompize.

Châtaignes. — Les châtaignes sont produites dans les cantons de : Laroquebrou, Montsalvy, Saint-Mamet-la-Salvetat, Maurs (arrondissement d'Aurillac).

Vigne. — La vigne est cultivée principalement à Maurs et à Vieillevie, dans le sud de l'arrondissement d'Aurillac et à Molompize et Massiac, dans le nord-est de l'arrondissement de Saint-Flour.

Fruits à cidre. — Les fruits à cidre sont produits dans l'arrondissement d'Aurillac, notamment à : Maurs, Boisset, Vieillevie, Santac-de-Marmiesse.

CHARENTE.

Culture des légumes. — La culture des légumes se fait principalement aux environs de Cognac, Jarnac et Angoulême, notamment à Balzac et Fléac.

Haricots secs. — Le haricot blanc nain est cultivé un peu partout, mais sa culture est particulièrement importante dans les cantons de Confolens et de Chabanais (arrondissement de Confolens).

Châtaignes. — Les châtaignes sont produites principalement à : Loudigny, Les Adjots, Moutardon, Bioussac, Messeaux, Saint-Gervais, Nanteuil-en-Vallée, La Tache (arrondissement de Ruffec); Pleuville, Épenède, Alloue, Hiesse, Confolens, Saint-Germain, Brillac, Saint-Christophe, Montrollet, Brigueuil, Saulgond, Saint-Maurice, Chabras, Etagnac, Chabanais, Chassenon, Pressignac, Saint-Quentin, Suris, Roumazières, Genouillac, Lésignac, Verneuil, Massignac, Sauvagnac, Montembœuf, Mazerolles, Taponat, etc. (arrondissement de Confolens); Rouzède, Ecuras, Marillac, etc. (arrondissement d'Angoulême).

Noix. — Les principales communes qui récoltent au moins 100 quintaux de noix sont :

Saint-Gourson, Saint-Georges, Chenommet, Mouton, Mansle (arrondissement de Ruffec); Saint-Coutant, Turgon, Le Grand-Madieu, Beaulieu, Saint-Laurent-de-Céris, Saint-Mary, Chasse-neuil, Les Pins, Taponnat (arrondissement de Confolens); Coulgens, La Rochette, Agris, Rivières, Saint-Projet, La Rochefoucauld, Blanzac, Rancogne, Vilhonneur, Saint-Sornin, Vouthon, Montbron, Chazelles, Marthon, Souffrignac, Mainzac, Grassac, Charras, Anais, Saint-Amand, Vindelle, Champniers, L'Houmeau, Asnières, Saint-Yrieix, Soyaux, Puymoyen, Vœuil, Dignac, Villebois-la-Valette, Mornac, Charmant, Ronsenac, Juillaguet, Gurat, Vaux-la-Valette (arrondissement d'Angoulême); Genté, Saint-Amant, Châteauneuf, Nonaville (arron-dissement de Cognac); La Chaise, La Garde-sur-le-Né, Saint-Médard-de-Barbezieux, Vignolles, Barret, Barbezieux, Saint-Bonnet, Salles-de-Barbezieux, Brossac, Montboyer, Curac, Chalais, Médillac, Bazac, Saint-Quentin-de-Chalais, Les Essards, Aubeterre-sur-Dronne, Saint-Séverin, Montmoreau, Saint-Amant-de-Montmoreau (arrondissement de Barbezieux).

Vigne. — Les centres viticoles les plus importants sont les cantons d'Aigre, Mansle (arron-dissement de Ruffec); de Rouillac, Blanzac, Saint-Amant-de-Boixe, Hiersac (arrondissement d'Angoulême); Cognac, Jarnac, Châteauneuf, Segonzac (arrondissement de Cognac); Barbe-zieux, Baignes-Sainte-Radegonde, Chalais (arrondissement de Barbezieux).

Fruits à cidre. — On cultive un peu le pommier et le poirier dans les arrondissements de Confolens, Ruffec, Angoulême, Cognac; le cidre fabriqué est consommé sur place.

Truffes. — Il existe quelques truffières naturelles, surtout dans l'arrondissement d'Angou-lême.

CHARENTE-INFÉRIEURE.

Pomme de terre de primeur. — Les pommes de terre de primeur sont produites notamment à : Taugon, La Ronde, Courçon, Andilly dans l'arrondissement de La Rochelle; Moragne, Saint-Coutant-le-Grand, Lussant, Saint-Clément, près de Rochefort; La Vallée, Romégoux, Geay, Le Mung, Beurlay, Sainte-Radégonde, Pont-l'Abbé, Crazannes, Port-d'Envaux, Médis, Sé-mussac, La Traverserie, Saint-Romain-de-Benêt, Meschers, Talmont, Barzan, Saint-Seurin, Mortagne, Saint-Romain-de-Beaumont (arrondissement de Saintes); Saint-Sorlin-de-Cosnac (ar-rondissement de Jonzac).

Petits pois. — Les petits pois sont produits notamment à Chaniers (canton de Saintes) et à Chérac (canton de Burie), à l'est de l'arrondissement de Saintes. La vente se fait aux 100 kilo-grammes sur le marché de Chaniers.

Fèves et pois. — Les fèves et les pois sont produits principalement à : Taugon, La Ronde, Marans, Charron, Andilly, La Rochelle, Aytré, dans l'arrondissement de La Rochelle; Thairé, Saint-Mard, Genouillé, Saint-Crépin, Saint-Laurent-de-la-Prée, dans l'arrondissement de Ro-chefort; Hiers-Brouage, Marennes, La Grève, Arvert, Saint-Jean-d'Angle, Saint-Denis, Saint-Georges, Saint-Pierre, Dolus, dans l'arrondissement de Marennes; Fontaine-Chalendray, Saint-Martin-de-Juillers, Bazauges, Beauvois-sous-Matha, Thors, Courcerac, dans l'arrondissement de Saint-Jean-d'Angély; Préguillac, Berneuil, Jazennes, Tanzac, Bougneau, dans l'arrondis-sement de Saintes; Saint-Martial-de-Coculet, Germignac, Jarnac-Champagne, Sainte-Lheurine, Saint-Eugène, Allas-Champagne, Champagnac, Ozillac, Vanzac, Pommiers, Sousmoulins, Rouf-fignac, Mérignac, La Garde, Chevanceaux, dans l'arrondissement de Jonzac.

Haricots secs. — Les haricots secs sont produits surtout à : Taugon, La Ronde, Saint-Jean-de-Liversay, Saint-Cyr-du-Doret, Courçon, Saint-Martin-de-Villeneuve, Marans, Andilly, dans l'arrondissement de La Rochelle; Genouillé, Saint-Nazaire, dans l'arrondissement de Rochefort; Chaniers, Mazerolles, Belluire, Fléac, dans l'arrondissement de Saintes; Germignac, Arthenac, Saint-Maigrin, Clion, Saint-Font, Sainte-Ramée, Saint-Ciers-du-Taillon, Saint-Thomas-de-Conac, Saint-Bonnet, Mirambeau, Saint-Martin-de-Mirambeau, Saint-Disant-du-Bois, Boisredon, Saint-Simon-des-Bordes, Tugéras, Montendre, Chevanceaux, Chepniers, La Garde, Orignolles, Bussac, Bédenac, Boresse-et-Martron, La Genétouze, Le Gibaud, La Clotte, Cercoux, Clerac, dans l'arrondissement de Jonzac.

Artichaut. — L'artichaut est cultivé surtout à Saintes, Pont-l'Abbé et Saint-Sulpice-d'Ar-noult (arrondissement de Saintes) et à Saint-Aignan (arrondissement de Marennes).

Ail et échalotes. — L'ail et l'échalote sont cultivés principalement à Taugon, La Ronde, Courçon, Andilly, dans l'arrondissement de La Rochelle; Moragne, Saint-Coutant-le-Grand, Lussant, Saint-Clément, près de Rochefort; Beurlay, Sainte-Radégonde, Pont-l'Abbé, Médis, Sémussac, La Traverserie, Mortagne, Saint-Romain-de-Braumont (arrondissement de Saintes); Saint-Sorlin-de-Cosnac (arrondissement de Jonzac).

Vigne — La vigne est cultivée dans tout le département. La culture a son maximum d'importance dans les cantons de Cozes et de Gémozac (arrondissement de Saintes) et dans celui de Saint-Pierre-d'Oléron (arrondissement de Marennes). Elle est aussi très importante dans les cantons de : Saint-Porchaire, Saujon, Saintes, Burie, Pons (arrondissement de Saintes); Mirambeau, Jonzac (arrondissement de Jonzac); Matha (arrondissement de Saint-Jean-d'Angély); Surgères, Aigrefeuille (arrondissement de Rochefort); La Rochelle, Saint-Martin-de-Ré (arrondissement de La Rochelle). L'importance de la culture est moindre dans les cantons de : Montlieu, Montguyon (arrondissement de Jonzac); La Tremblade, Marennes (arrondissement de Marennes); Saint-Jean-d'Angély; et elle est assez faible dans le reste du département.

Graines de trèfle et de luzerne. — Les graines de trèfle et de luzerne sont produites dans les cantons de : La Rochelle, La Jarrie, Courçou (arrondissement de La Rochelle); Aulnay, Loulay, Saint-Savinien (arrondissement de Saint-Jean-d'Angély).

CHER.

Asperges. — Les asperges sont cultivées surtout à Bourges, Mehun, Foécy (arrondissement de Bourges; Léré, Bannay, Saint-Satur, Saint-Bouize, Herry, La Chapelle-Montlinard (arrondissement de Sancerre) et aux environs de Saint-Amand.

Artichauts. — Bourges, Dun-sur-Auron et Saint-Amand sont les principaux centres de production.

Melons, petits pois, haricots. — Les melons, les petits pois et les haricots sont cultivés dans la vallée de la Loire, notamment à : Léré, Bannay, Saint-Satur, Saint-Bouze, Herry, La Chapelle-Montlinard (arrondissement de Sancerre).

Fraises. — Les fraises sont produites principalement à Vierzon et Bourges.

Légumes divers. — Les divers légumes sont produits surtout à Aubigny (arrondissement de Sancerre); Vierzon, Bourges (arrondissement de Bourges); Dun-sur-Auron, Saint-Amand (arrondissement de Saint-Amand-Mont-Rond).

Pommes à couteau. — Le pommier est cultivé dans la région appelée La Forêt, comprenant les communes de Parassy, Menetou-Salon, Quantilly, Saint-Martin-d'Auxigny, Vignoux-sous-les-Aix, Pigny, Vasselay, Saint-Georges-sur-Moulon, Fussy, dans l'arrondissement de Bourges.

Noix. — On trouve beaucoup de noyers dans l'arrondissement de Bourges et dans les communes des environs de Sancerre.

Raisin de table. — Le chasselas est produit dans le canton de Sancerre et dans une partie des cantons de Sancergues et Léré.

Vigne. — Les centres de production les plus importants sont pour les vins rouges et blancs : Sancerre, Saint-Satur, Bué, Crésaucy, Montigny, Verdigny, Vinon, Veaugues, Herry, Sury-en-Vaux, Savigny-en-Sancerre (arrondissement de Sancerre); Vesdun, Châteaumeillant (arrondissement de Saint-Amand-Mont-Rond); pour les vins blancs : Quincy, Menetou-Salon, Morogues, Parassy (arrondissement de Bourges); Venesmes (arrondissement de Saint-Amand).

CORRÈZE.

Asperges. — Les asperges sont cultivées avec d'autres primeurs dans l'arrondissement de Brive, surtout dans les cantons de Brive, Ayen, Donzenac, Larche et Juillac.

26.

Petits pois. — Les petits pois sont produits dans l'arrondissement de Brive, principalement dans les communes de : Lascaux, Juillac, Chabrignac, Vignols, Saint-Solve, Saint-Bonnet-la-Rivière, Voutezac, Saint-Cyr-la-Roche, Objat, Allassac, Donzenac, Saint-Viance, Varetz, Ussac, Malemort, Brive, Saint-Pantaléon-de-Larche, Mansac, Brignac, Yssandon, Perpezac-le-Blanc, Saint-Aulaire, Vars, Ayen, Louignac, Beaulieu, Astaillac.

Melons. — Les melons sont cultivés aux environs de Brive.

Artichauts. — Les artichauts sont plus spécialement cultivés dans quelques communes de l'arrondissement de Brive, notamment à Saint-Bonnet-la-Rivière, Saint-Cyprien, Allassac, Donzenac, Saint-Viance, Saint-Aulaire, Yssandon, Ussac, Brive, Larche.

Tomates. — La culture des tomates a une certaine importance aux environs de Brive, notamment à Objat, Saint-Cyprien, Saint-Aulaire, Ussac, Brive.

Pêches. — Les pêches sont principalement produites à : Juillac, Saint-Bonnet-la-Rivière, Saint-Solve, Voutezac, Saint-Cyprien, Allassac, Perpezac-le-Blanc, Yssandon, Saint-Viance, Varetz, Mansac, Brive, Malemort, Venarsal, Lissac, Noailles, Collonges, Meyssac, Saint-Bazile-de-Meyssac, Saint-Julien-Maumont, La Croze, Nonards, Beaulieu, Queyssac, Astaillac (arrondissement de Brive), Saint-Hilaire-Peyroux, Altillac (arrondissement de Tulle).

Prunes. — Les principaux centres de production de prunes sont : Saint-Bonnet-la-Rivière, Saint-Cyr-la-Roche, Voutezac, Objat, Allassac, Saint-Cyprien, Saint-Aulaire, Saint-Viance, Donzenac, Ussac, Varetz, Brive, Malemort, Larche, Lissac, Saint-Cernin-de-Larche, Chartrier-Ferrière, Ligneyrac, Collonges, Saillac, Queyssac, Billac, Liourdres, Astaillac, Sioniac, Beaulieu (arrondissement de Brive); Monceaux, Argentat, Saint-Chamant, Saint-Bazile-de-la-Roche, Champagnac-la-Prune (arrondissement de Tulle).

Cerises. — Les cerises sont produites notamment à : Juillac, Rosiers-de-Juillac, Saint-Bonnet-la-Rivière, Saint-Cyprien, Saint-Cyr-la-Roche, Objat, Varetz, Cublac, Larche, Meyssac, Saint-Bazile-de-Meyssac, Saint-Julien-Maumont, Beaulieu, Sioniac, Astaillac (arrondissement de Brive); Argentat (arrondissement de Tulle).

Pommes et poires à couteau. — Les pommes et poires à couteau sont récoltées dans l'ensemble du département, mais surtout dans les cantons de Lubersac, Vigeois, Donzenac (arrondissement de Brive); Uzerche, Seilhac, Tulle, Argentat (arrondissement de Tulle); Neuvic (arrondissement d'Ussel).

Châtaignes. — Les châtaignes sont produites dans tout le département (sauf dans le nord de l'arrondissement d'Ussel), principalement à : Lubersac, Saint-Pardoux-Corbier, Saint-Julien-le-Vendomois, Beyssenac, Arnac-Pompadour, Troche, Vigeois, Perpezac-le-Noir, Le Glandier, Lascaux, Concèze, Juillac, Rosiers-de-Juillac, Chabrignac, Vignols, Saint-Solve, Orgnac, Estivaux, Saint-Bonnet-l'Enfantier, Sadroc, Allassac, Donzenac, Ayen, Louignac, Perpezac-le-Blanc, Mansac, Saint-Pantaléon-de-Larche, Saint-Féréole, Venarsal, La Chapelle-aux-Brocs, Albignac, Lanteuil, Beynat, Sérilhac, Lagleygeolles, Noaillac, Jugeals, Nonards, Astaillac (arrondissement de Brive); Chamberet, Lamongerie, Le Lonzac, Chamboulive, Pierrefitte, Uzerche, Seilhac, Lagraulière, Saint-Clément, Saint-Germain-les-Vergnes, Favars, Chameyrat, Cornil, Lagarde, Saint-Fortunade, Saint-Martial-de-Gimel, Gimel, Saint-Priest-de-Gimel, Naves, Bar, Orliac-de-Bar, Saint-Augustin, Vitrac, Saint-Yriex-le-Déjalat, Lapleau, Saint-Pantaléon-de-Lapleau, Latronche, Soursac, Laval, Bassignac-le-Haut, Saint-Pardoux-la-Croisille, Gros-Chastang, La Roche-Canillac, Saint-Martin-la-Méanne, Champagnac-la-Prune, Saint-Bazile-de-la-Roche, Darazac, Saint-Privat, Servières, Saint-Julien-aux-Bois, Saint-Martial-Entraygues, Hautefage, Argentat, Monceaux, Saint-Hilaire-Taurieux, La Chapelle-Saint-Géraud, Brivezac, Bassignac-le-Bas (arrondissement de Tulle); Meymac, Ambrugeat, Saint-Germain-Lavolps, Maussac, Liginiac, Neuvic, Sérandon (arrondissement d'Ussel).

Noix. — Les principales communes productrices de noix sont : Juillac, Chabrignac, Saint-Bonnet-la-Rivière, Yssandon, Sainte-Féréole, Sainte-Cernin-de-Larche, Lissac, Noailles, Lanteuil, Beynat, Sérilhac, Meyssac, Collonges, Lignerac, Turenne, Saint-Bazile-de-Meyssac, Lostanges, Tudeils, Marcillac-la-Croze, Saint-Julien-Maumont, Saillac, Chauffour, Branceilles, La Chapelle-aux-Saints, Végennes, Queyssac, Billac, Liourdres, Astaillac, Beaulieu (arrondissement de

Brive); Altillac, Bassignac-le-Bas, Brivezac, Pandrignes, Ladignac, Saint-Germain-les-Vergnes (arrondissement de Tulle).

Nèfles. — Les nèfles sont principalement produites aux environs de Brive.

Vignes. — Les principales communes qui se livrent à la culture de la vigne sont : Juillac, Chabrignac, Vignols, Saint-Solve, Voutezac, Saint-Bonnet-la-Rivière, Saint-Cyr-la-Roche, Vars, Objat, Ayen, Saint-Cyprien, Saint-Aulaire, Perpezac-le-Blanc, Yssandon, Donzenac, Saint-Viance, Varetz, Ussac, Brive, Malemort, Mansac, Cublac, Saint-Pantaléon-de-Larche, Saint-Cernin-de-Larche, Lissac, Chasteaux, Noailles, Jugeals, Turenne, Noaillac, Ligneyrac, Collonges, Meyssac, Saint-Bazile-de-Meyssac, Marcillac-la-Croze, Saint-Julien-Maumont, Saillac, Chauffour, Branceilles, La Chapelle-aux-Saints, Végennes, Queyssac, Billac, Liourdres, Astaillac, Sioniac, Beaulieu (arrondissement de Brive); Saint-Sylvain, Saint-Bazile-de-la-Roche, Saint-Bonnet-Elvert, Saint-Chamant, Argentat, Monceaux, Bassignac-le-Bas, Altillac (arrondissement de Tulle).

Truffes. — Il existe des truffières dans le sud-est de l'arrondissement de Brive, notamment à : Saint-Cernin-de-Larche, Chartrier-Ferrière, Estivals, Nespouls, Chasteaux, Turenne, Collonges, Saillac, Saint-Julien-Maumont, Chauffour, Branceilles, Queyssac.

Osier. — Les oseraies sont importantes dans la région de Brive, notamment à Saint-Viance, Varetz, Ussac.

CORSE.

Artichauts. — Les artichauts sont cultivés dans l'arrondissement de Bastia, notamment à Bastia, Furiani, Biguglia, Borgo, Lucciana, Vescovato, Cervione.

Petits pois. — On cultive les petits pois à Bastia, Furiani, Biguglia, Borgo, Lucciana, Vescovato, Cervione.

Prunier. — Le prunier est principalement cultivé dans le canton de Petreto-et-Biechisano.

Amandier. — L'amandier est cultivé surtout à Calvi, Montemaggiore, Cassano, Zilia, Calenzana, Aregno, Belgodère, L'Ile-Rousse (arrondissement de Calvi), aux environs de Bastia et à Ajaccio.

Châtaignier. — Les principaux centres de production qui ont exporté en 1903 sont : Corte, Ucciani, Tavera, Bocognano, Pero-Casevecchie, Moïta (tout le canton), Pietra-di-Verde, Poggio-di-Venaco, Venaco, Vivario.

Cédratier. — Les principaux centres de production sont : Ersa, Centuri, Morsiglia, Pino, Barrettali, Canari, Ogliastro, Nouza, Oletta, Borgo, Vescovato, Castellare-di-Casinca, San-Nicolao, Saint-Andréa-di-Cotone (arrondissement de Bastia); L'Ile-Rousse, Sancta-Reparata, Belgodère, Oregno, Cateri (arrondissement de Calvi); Serriera, Ota, Piana, Vico, Cargèse, Cogia. Ambiegna (arrondissement d'Ajaccio); Pancheraccia, Guincaggio, Aleria (arrondissement de Corte).

Orangers et citronniers. — Ils sont cultivés dans les parties les plus chaudes de la zone maritime. Dans l'arrondissement de Calvi, le citronnier est cultivé à : Calvi, L'Ile-Rousse, Algajola, Aregno et Lumio.

Olivier. — Les principaux centres de culture de l'olivier sont, dans l'arrondissement de Bastia : Santo-Pietro-di-Tenda, Oletta, Lama, San-Gavino-di-Tenda, Urtaca, Pieve, Casalta, Monte, Bastia, Saint-Florent, Brando, Prunelli-di-Casaconi, Luri, Santa-Maria-di-Lota, Ville-di-Pietrabugno, Poggio-d'Oletta, Rapale, Campile, Cagnano, Sisco, Olmeta-di-Tuda, Vallecalle, Vescovato, Penta-di-Casinca, Taglio-Isolaccio, Porta, Centuri, Rogliano, Pietracorbara, Castellare-di-Casinca, Poggio-Mezzana, Talasani, Sainte-Lucie-di-Moriani, Crocicchia, Sorio, Venzolasca, Sorbo, Loreto-di-Casinca, Porri, San-Nicolao; dans l'arrondissement de Calvi, Speloncato, Ville-di-Paraso, Santa-Reparata-di-Balagna, Aregno, Monticello, Montemaggiore, Feliceto, Lumio, Occhiatana, Belgodère, Corbara, Sant-Antonino, Palasca, Zilia, Calenzana, Catteri; dans l'arrondissement de Sartène, Bonifacio, Olmeto, Porto-Vecchio, Sartène, Sollacaro, Olmiccia,

Fozzano, Levie, Figari, Loreto-de-Tallano, Arbellara, Poggio-de-Tallano, Altagène, Zoza, Saint-André-de-Tallano, Sainte-Lucie-de-Tallano; dans l'arrondissement d'Ajaccio, Pila-Canale, Ajaccio, Cargèse, Ota, Vico, Sari-d'Orcino, Zigliara, Guardale; dans l'arrondissement de Corte, Piedicorte-di-Gaggio, Corte, Tox, Tallone, Pietrascrena, Altiani, Pancheraccia.

Raisin de table. — Le raisin de table est produit notamment à L'Ile-Rousse, Lumio, Calenzana (arrondissement de Calvi), Casaglione (arrondissement d'Ajaccio).

Vigne. — Les principaux centres de culture de la vigne sont Sartène, Vescovato, Cervione (arrondissement de Bastia); Pietra-di-Verde, Tallone, Aleria, Ghisonaccia, Castello-di-Rostino, Corte (arrondissement de Corte); Lumio, Calenzana (arrondissement de Calvi).

CÔTE-D'OR.

Primeurs : petits pois, haricots verts, asperges, pommes de terre. — Les cultures de primeurs existent surtout à Auxonne, Tillenay (arrondissement de Dijon); Saint-Seine-en-Bâche (arrondissement de Beaune).
Une fabrique de conserves de légumes verts existe à Genlis (arrondissement de Dijon).

Culture maraîchère. — La culture des divers légumes est particulièrement développée à Beaune; Dijon, Ruffey, Auxonne (arrondissement de Dijon).

Cerises. — Les cerises sont principalement produites à : Montbard, Fresnes, Fain-les-Montbard (arrondissement de Semur); Ahuy, Plombières, Lamarche, Selongey, Talant, Gevrey-Chambertin, Dijon (arrondissement de Dijon).

Prunes. — Les prunes sont surtout produites à Dijon, Selongey, Malain, Plombières, Fleurey (arrondissement de Dijon).

Pommes et poires à couteau. — Les pommes et poires à couteau sont récoltées notamment à Etrochey (arrondissement de Châtillon-sur-Seine); Venarey, Charencey (arrondissement de Semur); Allerey, Mavilly, Beaune, Corgengoux, Glanon, Jallanges (arrondissement de Beaune); Selongey, Dijon, Voiron-sur-Bèze, Lamarche-sur-Saône, Pontailler-sur-Saône (arrondissement de Dijon).

Framboises. — Les framboises sont principalement produites à Fontaine-les-Dijon, Hauteville, Messigny, Norges, Plombières, Talant, communes des environs de Dijon.

Cassis. — Les principales communes qui produisent le cassis sont : Beaulme-la-Roche, Ancey, Savigny, Malain, Fleurey, Pralon, Norges, Brétigny, Bellefond, Ruffey, Ahuy, Hauteville, Fontaine-les-Dijon, Talant, Plombières, Dijon, Chenove, Senneccy, Marsannay, Perrigny, Chambœuf, Gevrey-Chambertin, Gergueil, Quemigny, Saint-Victor-sur-Ouche, Semezanges, Ternant, Bévy, Collonges, Chambolle, Villers-les-Pots, Athée, Lamarche-sur-Saône (arrondissement de Dijon); Gilly, Nuits, Boncourt, Agencourt, Chaux, Villers, Magny-les-Villers, Corgoloin, Beaune (arrondissement de Beaune).

Noix. — Les principales communes productrices de noix sont Agey, Barges, Malain, Marey, Gemeaux, Lantenay, Marsannay, Talant (arrondissement de Dijon); Frolois, Brain, Dampierre (arrondissement de Semur); Concœur, Savigny-les-Beaune (arrondissement de Beaune).

Pommes à cidre. — Les arbres sont disséminés un peu partout dans les champs et les vignes, notamment dans l'Auxois (Liernais, Saulieu) et dans la Plaine (Pontailler).

Vigne. — Les meilleurs vins de la Côte-d'Or sont produits à partir de Dijon jusqu'au delà de Beaune. Les crus les plus renommés des vins fins de Bourgogne sont :
1° Les vins dits *Tête de cuvée n° 1* : Romanée-Conti, à Vosne; clos de Vougeot; Chambertin et clos de Bèze, à Gevrey; clos de Tart, à Morey; Corton, à Aloxe; Musigny, à Chambolle; Richebourg et Tâche, à Vosne; Romanée-Saint-Vivant, à Vosne; Saint-Georges, à Nuits.
2° Les vins dits *Tête de cuvée n° 2* : Saint-Jacques, à Gevrey; les Bonnes Mares, à Chambolle et à Morey; les Grands Echézeaux, à Flagey; les Malconsorts et Suchots, à Vosne; les Cailles, les Poirets, les Vaumorins, les Phuliers, les Boudots, à Nuits; les Didiers Saint-Georges, à Pre-

meaux; les Charlemagne, sur Aloxe et Pernand; les Vergelesses, sur Pernand et Savigny-les-Beaune; les Marconnets, les Bressandes, les Grèves, à Beaune; les Épenots, les Rugiens, à Pommard; les Champans et les Caillerets, à Volnay; les Santenots, à Meursault; le clos Saint-Jean et Morgeot, à Chassagne; les Gravières et la Comme, à Santenay.

Les communes d'Aloxe-Beaune, Chambolle, Flagey, Gevrey, Morey, Nuits, Pommard, Premeaux, Volnay, Vosne produisent des vins de première cuvée qui ne possèdent pas de noms spéciaux admis dans le commerce.

Les vins de deuxième cuvée sont produits un peu partout le long de la côte, entre Gevrey et la limite sud du département.

Parmi les vins blancs, les meilleurs crus sont : Montrachet, à Puligny et à Chassagne; Bâtard-Montrachet et Chevalier-Montrachet, à Puligny; Perrières, à Meursault; Corton blanc, à Aloxe; Charmes, Combettes, Genevrières, Goutte-d'Or, à Meursault; Charlemagne, à Pernand.

Colza. — Le colza est cultivé dans quelques cantons de la vallée de la Saône.

Houblon. — Cette culture existe notamment dans les cantons de Recey-sur-Ource (arrondissement de Châtillon-sur-Seine); Grancey-le-Château, Selongey, Is-sur-Tille, Fontaine-Française, Mirebeau, Dijon-Est, Pontailler-sur-Saône (arrondissement de Dijon); Seurre (arrondissement de Beaune).

Osier. — La culture de l'osier est importante, surtout dans les cantons de Fontaine-Française, Mirebeau, Genlis, Auxonne (arrondissement de Dijon).

CÔTES-DU-NORD.

Pommes de terre de primeur. — La culture des pommes de terre de primeur se fait surtout le long de la côte, dans les cantons de Tréguier, Lézardrieux (arrondissement de Lannion); Paimpol (arrondissement de Saint-Brieuc); Matignon et Ploubalay (arrondissement de Dinan).

Pommes de terre de grande culture. — La production est particulièrement importante dans tout l'arrondissement de Lannion et dans les cantons de : Paimpol, Etables, Châtelaudren, Saint-Brieuc, Lamballe, Pléneuf (arrondissement de Saint-Brieuc); Matignon, Ploubalay, Plancoët (arrondissement de Dinan).

Asperges, petits pois, haricots verts. — Ces primeurs sont produits aux environs des villes et principalement à Saint-Brieuc, Langueux, Yffiniac, Hillion, Paimpol (arrondissement de Saint-Brieuc); Penvénan (arrondissement de Lannion); Matignon, Ploubalay, Dinan (arrondissement de Dinan).

Légumes divers. — Les différents légumes sont produits dans les environs de toutes les petites villes et dans quelques centres plus importants, dont les principaux sont : Saint-Brieuc, Langueux, Yffiniac, Hillion, Paimpol (arrondissement de Saint-Brieuc); Penvénan (arrondissement de Lannion); Matignon, Ploubalay, Dinan (arrondissement de Dinan).

On produit notamment : le chou pommé, le chou de Bruxelles, le chou-fleur, la carotte, l'artichaut, l'oignon, l'échalote, l'ail, le poireau, la salade, le radis et le navet.

Les choux pommés et les oignons sont produits plus spécialement à Saint-Brieuc, Langueux et aux environs de Paimpol; on produit aussi le plant de choux dans les cantons de Guingamp et de Saint-Brieuc.

Haricots secs. — Les haricots secs, récoltés aussi un peu partout avec d'autres légumes, sont plus particulièrement produits en grand à Hillion (canton de Saint-Brieuc).

Fruits. — Langueux et Iffiniac sont renommés pour leurs prunes; Châtelaudren, pour ses pommes reinettes, qui portent le nom de la localité; enfin Troquéry, Trédaniz, La Roche-Derrien, pour leurs cerises noires.

Fraises. — Les fraises sont produites notamment à Saint-Brieuc et Plérin, Le Légué, près de Saint-Brieuc.

Pommes à cidre. — Les pommes à cidre sont récoltées dans tout le département, mais la production est particulièrement importante dans les cantons de : Plouaret, La Roche-Derrien (arrondissement de Lannion); Pontrieux, Bégard, Guingamp, Plouagat, Belle-Isle-en-Terre, Bourbriac (arrondissement de Guingamp); Châtelaudren, Saint-Brieuc, Lamballe, Moncontour, Quintin (arrondissement de Saint-Brieuc); Evran (arrondissement de Dinan).

Graine de trèfle. — La graine de trèfle est surtout récoltée dans les cantons de Perros-Guirec, Tréguier (arrondissement de Lannion); Pontrieux (arrondissement de Guingamp); Paimpol, Plouha, Etables, Châtelaudren, Plouagat, Saint-Brieuc, Pléneuf (arrondissement de Saint-Brieuc); Plancoët, Matignon, Ploubalay (arrondissement de Dinan).

Graine de vesce. — Dans les cantons de Pléneuf, Lamballe, Saint-Brieuc, Châtelaudren (arrondissement de Saint-Brieuc), on produit plus particulièrement la graine de vesce.

Graine d'ajonc. — L'ajonc est surtout cultivé en vue de la production de la graine dans les cantons de Bégard, Pontrieux (arrondissement de Guingamp); Paimpol, Plouha, Lamballe (arrondissement de Saint-Brieuc); Plancoët, Matignon (arrondissement de Dinan).

Lin. — Cette culture se rencontre notamment dans les cantons de Matignon, Broons, Plancoët, Plelan (arrondissement de Dinan) et à Tréguier, Lannion, La Roche-Derrien (arrondissement de Lannion); Pontrieux, Bégard (arrondissement de Guingamp); Lanvollon (arrondissement de Saint-Brieuc).

Chanvre. — Les cantons qui produisent le plus de chanvre sont ceux de Maël-Carhaix, Rostrenen (arrondissement de Guingamp); Gouarec, Uzel, Mur, La Chèze (arrondissement de Loudéac); Jugon, Broons (arrondissement de Dinan); Moncontour (arrondissement de Saint-Brieuc); Pleubian, Lammodez et Kerbors (arrondissement de Lannion).

Pépinières. — Il existe d'importantes pépinières dans les Côtes-du-Nord, notamment à Saint-Brieuc, Dinan et Guingamp. On produit des plants d'arbres fruitiers (pommiers, poiriers, cerisiers, pruniers) et des plants de la plupart des essences forestières.

CREUSE.

Pommes de terre. — Les principaux centres de production et d'exportation sont Aubusson, Cressat, Fourneaux, Busseau, Sainte-Feyre, La Brionne, Marsac, Le Moutier-Rozeille, Parsac, Guéret, Montaigut, Saint-Dizier, Dun, Mérinchal, Les Mars, Reterre, Evaux, Budelière, Boussac, Saint-Marien, Chanon, Saint-Sulpice-Anzême, Bussière-Dunoise, Saint-Sulpice-le-Dunois, Forgesvieilles, La Souterraine, Vieilleville, Bosmoreau, Bourganeuf, Lavaveix-les-Mines, Felletin, Saint-Merd-la-Breuille, Létrade, Lavaufranche, Lafat, Saint-Sébastien.

Fruits à couteau. — Les fruits à couteau sont produits surtout à Sainte-Feyre et aussi dans quelques communes voisines, notamment à Saint-Laurent et à La Saunière.

DORDOGNE.

Prunes. — Les prunes sont surtout produites dans les cantons de Vélines, Laforce, Sigoulès, Eymet, Issigeac, Bergerac, Beaumont, Monpazier (arrondissement de Bergerac); Montignac, Le Bugue, Saint-Cyprien, Sarlat, Belvès, Domme, Villefranche-du-Périgord (arrondissement de Sarlat).

Pêches. — Les pêches sont produites en vue de l'exportation, principalement dans les cantons de Villefranche-de-Longchapt, Vélines, Laforce, Villamblard, Bergerac, Sigoulès, Eymet, Issigeac, Lalinde, Saint-Alvère, Cadouin, Beaumont, Montpazier (arrondissement de Bergerac); Terrasson, Montignac, Le Bugue, Saint-Cyprien, Sarlat, Salignac, Carlux, Domme, Belvès, Villefranche-du-Périgord (arrondissement de Sarlat).

Châtaignes. — La production des châtaignes a son maximum d'importance dans les arrondissements de Nontron, Périgueux et Sarlat. Les principaux centres de production et de vente sont Nontron, Piégut-Pluviers, La Coquille, Thiviers (arrondissement de Nontron); Périgueux, Brantôme, Excideuil, Vergt (arrondissement de Périgueux); Sarlat, Montignac, Belvès,

Terrasson (arrondissement de Sarlat); Ribérac; Beaumont, Montpazier, Villefranche-du-Périgord, Saint-Alvère (arrondissement de Bergerac).

Noix. — Les cantons qui récoltent le plus de noix sont ceux de : Terrasson, Montignac, Salignac, Le Bugue, Saint-Cyprien, Sarlat, Carlux, Belvès, Domme, Villefranche-du-Périgord (arrondissement de Sarlat); Brantôme, Savignac-les-Églises, Excideuil, Hautefort, Thenon, Saint-Pierre-de-Chignac, Périgueux, Saint-Astier, Vergt (arrondissement de Périgueux); Bussières-Badil, Thiviers, Champagnac-de-Belair, Mareuil (arrondissement de Nontron); Verteillac, Montagrier, Neuvic, Mussidan (arrondissement de Ribérac); Villamblard, Saint-Alvère, Beaumont, Monpazier (arrondissement de Bergerac).

Vigne. — Dans l'arrondissement de Bergerac, les communes de Saint-Laurent-des-Vignes, Pomport, Rouffignac, Montbazillac produisent les vins blancs dits *de Montbazillac;* ces mêmes communes et celles de Saint-Germain-et-Mons, Mouleydier, Creysse, Saint-Nexans, Gajeac, Saussignac, Razac, Bergerac, Lembras, Ginestet, Eymet, produisent des vins blancs d'excellente qualité.

Les meilleurs vins rouges sont ceux de : Les Coustet (commune de Creysse); Les Farcies, Malauger, Rosette, Tenue-du-Roi, Laure, Boisse, Bordes, Mont-de-Neyrat, Roufarde, La Cotte (commune de Bergerac); Feyte (commune de Ginestet); La Renaudie (commune de Lembras); Galubes, Fongravière, Pilzel, Latour, Cavalerie (commune de Prigourieux); Sireygeol (commune de Saint-Germain-et-Mons); Saint-Nexans; La Verdaugie, Thenon, Lavaud, Planques (commune de Colombier); Montbazillac; Rouffignac; Pomport; Saint-Laurent; Cunèges, Rajac; Puyguilhem, Monestier, Mombas, Flaugeac, Mescoules, Sigoulès.

Dans les autres arrondissements, les meilleurs vins sont produits à : Brantôme, Saint-Julien-de-Bourdeille, Eyvirat, Sorges, Saint-Pantaly (arrondissement de Périgueux); Gouts-Rossignol (arrondissement de Ribérac); Mareuil, Corgnac (arrondissement de Nontron); La Bachellerie, Domme, Fleurac, Rouffignac (arrondissement de Sarlat).

Truffes. — La récolte des truffes a son maximum d'importance dans les cantons de : Terrasson, Montignac, Salignac, Saint-Cyprien, Sarlat, Carlux, Domme, Belvès, Villefranche-du-Périgord (arrondissement de Sarlat); Brantôme, Savignac-les-Églises, Excideuil, Thenon, Vergt (arrondissement de Périgueux); Mareuil, Champagnac-de-Belair, Thiviers (arrondissement de Nontron); Verteillac, Montagrier (arrondissement de Ribérac); Villamblard, Saint-Alvère (arrondissement de Bergerac).

DOUBS.

Primeurs. — On les fait surtout à Besançon, dans la région des Chaprais, qui produit des melons réputés.

Légumes secs. — Les régions viticoles produisent des *haricots.* Le *pois* est cultivé un peu partout, spécialement dans la région de Frasne, à Courvières, Frasne, Dompierre, La Rivière, Sainte-Colombe, Bannans, Bulle, Chaffois (arrondissement de Pontarlier). Les *lentilles* sont aussi cultivées dans cette région.

Culture maraîchère. — Elle existe surtout à Besançon et dans les environs : Pircy, Beure, Avanne et Rancenay.

Cerises et pêches. — Elles sont produites surtout aux environs de Besançon, dans les communes de Besançon, Avanne, Beure et Rancenay.

Mirabelles pour les conserves et la distillation. — Elles sont produites principalement dans le groupe des trois communes d'Amagney, Deluz et Laissey, entre Besançon et Baume-les-Dames et dans le groupe de Marvelise, Gemonval et Onans (arrondissement de Baume-les-Dames).

Cerises à kirsch. — Les cerises à kirsch sont produites dans la région de la Haute-Loue, notamment à : Ornans, Vuillafans, Lods et Mouthier, et aux environs de Montbéliard, à Bavans, Étupes et Hérimoncourt.

Les *poires,* les *pommes,* les *prunes communes* sont produites à peu près dans tout le département, sauf dans les régions d'une altitude supérieure à 600 mètres.

Vignes. — Les vignobles sont situés dans les trois vallées presque parallèles du Doubs, de la Loue et de l'Ognon. Les centres principaux sont : Besançon, Beure, Rancenay, Boussières, Abbans, Byans, dans la vallée du Doubs; Mouthier, Lods, Vuillafans, Montgesoye, Ornans, Buffard, Liesle, dans la vallée de la Loue; Cuse, Rougemont, Gouhelans, Mondon, Puessans, Venise, Vieilley, Mérey et Jallerange, dans la vallée de l'Ognon.

DRÔME.

Pommes de terre. — Les pommes de terre mises dans le commerce sont surtout récoltées dans les régions de Valence et Romans, Crest, Luc-en-Diois et Châtillon-en-Diois.

Asperges. — On cultive les asperges dans les cantons de Romans et Saint-Donat (arrondissement de Valence).

Cornichons. — Les cornichons sont produits surtout dans les cantons de : Saint-Donat, Romans, Saint-Jean-en-Royans (arrondissement de Valence). Des fabriques de conserves existent à Anneyron et à Romans.

Oignons. — Les oignons sont récoltés principalement dans les cantons de Saint-Vallier et de Tain (arrondissement de Valence).

Tomates. — Les tomates sont cultivées principalement aux environs de Montélimar.

Cerises. — Les principales communes où la production des cerises a une certaine importance sont Saint-Rambert d'Albon, Andancette, Serves, Érôme, Tain, La Roche-de-Glun (arrondissement de Valence); Montélimar, Douzère, Pierrelatte (arrondissement de Montélimar).

Prunes. — Les prunes sont produites surtout à Remuzat, Verclause, Les Pilles (arrondissement de Nyons); La Motte-Chalançon (arrondissement de Die).

Pommes et poires à couteau. — Les pommes et poires à couteau, exportées un peu dans toutes les directions, proviennent principalement des environs de Nyons, Sainte-Jalle, Condorcet, Remuzat, Mollans, Buis-les-Baronnies, Montbrun-les-Bains, Séderon (arrondissement de Nyons); Die, Chatillon-en-Diois, Luc-en-Diois (arrondissement de Die).

Pêches. — Les principaux centres de production des pêches sont Saint-Rambert-d'Albon, Andancette, Saint-Vallier, Serves, Érôme, Tain, Saint-Donat (arrondissement de Valence); Saillans (arrondissement de Die).

Amandes. — Les amandes sont principalement produites à Nyons, Sainte-Jalle, Montbrun, Rémuzat (arrondissement de Nyons) et dans les cantons de Grignan, Saint-Paul-Trois-Châteaux, Marsanne (arrondissement de Montélimar).

Noyer. — Le noyer est cultivé à peu près partout. Il est surtout abondant dans les cantons de : Crest, Saillans, Die, Luc-en-Diois, La Motte-Chalançon (arrondissement de Die); Grand-Serre, Bourg-de-Péage, Romans, Chabeuil, Saint-Jean-en-Royans (arrondissement de Valence).

Olives. — Les principaux centre de cultures de l'olivier sont (Nyons, Buis-les-Baronnies (arrondissement de Nyons); Grignan, Saint-Paul-Trois-Châteaux (arrondissement de Montélimar).

Vigne. — Le vignoble de la Drôme comprend en premier lieu la région des côtes du Rhône dont les meilleurs vins rouges sont produits à Tain (vin de l'Hermitage); Crozes, Serves, Érôme, Larnage, Chanos-Curson, Beaumont-Monteux, Mercurol, La Roche-de-Glun, Pont-de-l'Isère (arrondissement de Valence). — Les communes de Tain (Hermitage), Crozes, Mercurol, Érôme-Gervans, Larnage, Chanos-Curson produisent les vins blancs les plus renommés.

Le vin blanc doux provient surtout de Saillans, Espenel, Barsac, Vercheny, Aurel, Pontaix, Die (arrondissement de Die). De bons vins rouges sont aussi récoltés à Saillans et dans ses environs.

Dans l'arrondissement de Montélimar, on produit d'excellent vin rouge de consommation courante, notamment à Allan, Taulignan, Saint-Pantaléon, Tulette, Suze-la-Rousse.

Les vins rouges ordinaires sont produits à peu près dans tout le département, ceux de Saint-Vallier et de Saint-Rambert-d'Albon notamment sont exportés vers la Loire et la Haute-Loire.

Truffes. — Les principaux cantons qui récoltent des truffes sont ceux de Grignan, Saint-Paul-Trois-Châteaux, Dieulefit, Montélimar, Nyons et Rémuzat, Buis-les-Baronnies, La Motte-Chalançon, Saillans, Les cantons de Crest, Bourdeaux, Chatillon-en-Diois, Luc-en-Diois, Die (arrondissement de Die); Saint-Vallier, Saint-Donat, Romans, Chabeuil, Saint-Jean-en-Royans, Loriol (arrondissement de Valence) en produisent aussi de petites quantités.

Graine de luzerne. — La graine de luzerne est récoltée principalement dans les cantons de Romans, Valence, Chabeuil (arrondissement de Valence); Bourdeaux (arrondissement de Die); Montélimar, Dieulefit, Pierrelatte (arrondissement de Montélimar).

Graines potagères. — Les graines potagères sont produites notamment dans les cantons de : Valence, Chabeuil (arrondissement de Valence); Crest-Nord (arrondissement de Die); Montélimar.

Lavande. — La lavande est principalement cultivée dans les cantons de Saillans, Bourdeaux, Luc-en-Diois, La Motte-Chalançon (arrondissement de Die); Rémuzat, Nyons, Buis-les-Baronnies, Séderon (arrondissement de Nyons); Montélimar, Pierrelatte, Grignan, Saint-Paul-Trois-Châteaux (arrondissement de Montélimar).

Fleurs de tilleul. — On récolte environ 4,000 kilogrammes de fleurs sèches de tilleul dans le canton de Buis-les-Baronnies, notamment à Sainte-Jalle, Vercoiran et Saint-Auban.

EURE.

Asperges, pois, carottes, choux, etc. — Ces légumes et primeurs sont surtout produits à : Rosay (arrondissement des Andelys); Martot, Criquebœuf-sur-Seine, Léry, Saint-Pierre-du-Vauvray, Louviers, Le Neubourg, Aubevoye (arrondissement de Louviers); Évreux, Aulnay, Saint-Pierre-d'Autils, Saint-Just, Saint-Marcel, Saint-Georges-Motel (arrondissement d'Évreux); Brionne (arrondissement de Bernay).

Tomates. — Les tomates sont plus spécialement cultivées à Gaillon, chef-lieu de canton de l'arrondissement de Louviers.

Prunes, cerises, pommes et poires à couteau. — Les fruits de table sont principalement produits dans la vallée de la Seine, notamment à : Vernon, Saint-Marcel, Saint-Just, Saint-Pierre-d'Autils (arrondissement d'Évreux); Notre-Dame-de-l'Isle, Les Andelys, Écouis (arrondissement des Andelys); Saint-Pierre-la-Garenne, Gaillon, Saint-Aubin-sur-Gaillon, Sainte-Barbe-sur-Gaillon, Aubevoye, Ailly, Acquigny, Andé, Saint-Pierre-du-Vauvray, Saint-Étienne-du-Vauvray, Notre-Dame-du-Vaudreuil, Saint-Cyr-du-Vaudreuil, Louviers (arrondissement de Louviers); Pont-Audemer, Le Marais-Vernier, Fiquefleur-Équainville (arrondissement de Pont-Audemer).

Vigne. — Les communes qui cultivent la vigne sont : Saint-Germain-sur-Avre, Mesnil-sur-l'Estrée, Musy, Saint-Georges-Motel, Marcilly-sur-Eure, Ézy, Ivry-la-Bataille, Bueil, Breuilpont, Hécourt, Pacy-sur-Eure, Menilles, Rouvray (arrondissement d'Évreux), dans la vallée de l'Eure; — Vernon, Saint-Marcel, Saint-Just, Saint-Pierre-d'Autils (arrondissement d'Évreux); Saint-Étienne-sous-Bailleul, Saint-Pierre-de-Bailleul, Saint-Pierre-la-Garenne, Gaillon (arrondissement de Louviers); Port-Mort, Notre-Dame-de-l'Isle, Pressagny-l'Orgueilleux, Giverny, Sainte-Geneviève-les-Gasny, Gasny (arrondissement des Andelys), dans la vallée de la Seine.

Pommes à cidre. — Le pommier à cidre est cultivé dans tout le département. Les cantons où la culture du pommier a le plus d'importance sont ceux de Beuzeville, Pont-Audemer, Routot, Bourgtheroulde, Saint-Georges-du-Vièvre, Cormeilles (arrondissement de Pont-Audemer); Thiberville, Brionne, Beaumesnil, Broglie (arrondissement de Bernay); Amfreville (arrondissement de Louviers).

EURE-ET-LOIR.

Culture maraîchère. — La culture maraîchère existe notamment à Chartres et dans ses environs; Le Coudray, Mainvilliers, Lèves; à Courville, Bonneval, Châteaudun et ses environs;

Conie, Donnemain-Saint-Mamès, Marboué, Saint-Denis-des-Ponts; à Nogent-le-Rotrou, à Nogent-le-Roi (centre le plus important) et à Dreux.

Pommes et poires à couteau. — Les pommes et les poires à couteau sont produites dans la vallée de l'Eure de Chartres à Anet et dans la vallée de son affluent, la Voise, d'Auneau à Maintenon. Les centres principaux de production sont : Morancez, Luisant, Le Coudray, Chartres, Lèves, Gasville, Saint-Prest, Jouy, Saint-Piat, Maintenon, Nogent-le-Roi, Chaudon, Villemeux, Dreux, Crécy, Aunay-sous-Crécy, Tréon, Fermaincourt, Sorel, Anet, Oulins, dans la vallée de l'Eure; Auneau, Gallardon, dans la vallée de la Voise.

FINISTÈRE.

Pommes de terre de primeur. — Elles sont produites notamment à Roscoff, Saint-Pol-de-Léon, Port-Neuf, Santec, Carantec.

Pommes de terre de grosse consommation. — Elles sont produites un peu partout dans le département. La production est particulièrement importante dans le canton de Pont-l'Abbé, communes de Combrit, Saint-Jean-Trolimont, Plomeur, Loctudy, Treffiagat.

Fraises. — Les fraises sont produites spécialement par la commune de Plougastel-Daoulas (au sud-est de Brest), sur une étendue de 250 hectares.

Artichauts. — Les artichauts sont surtout cultivés à : Roscoff, Saint-Pol-de-Léon, Santec, Port-Neuf et Plougoulm.

Haricots. — Les haricots sont produits notamment à Riec-sur-Belon, Pont-Aven, Bannalec, Rosporden, Scaër, Fouesnant, Pont-l'Abbé, Loctudy, Audierne, Douarnenez, Lambezellec, Lesneven.

Petits pois. — Les petits pois sont produits surtout à Plougastel-Daoulas, Camaret, Telgruc, Audierne, Plouhinec, Plozevet, Lababan, Plovan, Treogat, Plonéour, Tréguennec, Saint-Jean-Trolimont, Plomeur, Plobannalec, Treffiagat, Combrit, Quimperlé.

Choux-fleurs et choux pommés. — Ils sont produits surtout dans les cantons de Saint-Pol-de-Léon, Plouescat, Taulé (plus spécialement les choux-fleurs), Brest, Douarnenez, Plogastel-Saint-Germain et Pont-l'Abbé.

Pommier à cidre. — Le pommier à cidre est cultivé dans le sud du département, principalement dans les cantons de Fouesnant, Quimper, Briec, Concarneau (arrondissement de Quimper); — Pont-Aven, Quimperlé, Arzano, Bannalec (arrondissement de Quimperlé); — Chateaulin, Carhaix (arrondissement de Chateaulin).

GARD.

Culture maraîchère. — Les principales communes qui se livrent à la culture maraîchère sont : Bagnols, Orsan, Codolet, Chusclan, Saint-Nazaire, Tresques, Goudargues, Vénéjan, Carsan, Pont-Saint-Esprit, Castillon-du-Gard, Lirac, Remoulins, Montfaucon, Laudun, La Calmette, Roquemaure, Moussac, Sauveterre, Pujaut, Tavel, Saint-Quentin-la-Poterie. Uzès, Les Angles, Saze, Rochefort, Villeneuve-les-Avignon (arrondissement d'Uzès); Sernhac, Montfrin, Aramon, Vallabrègues (arrondissement de Nîmes).

Abricotier, cerisier, pêcher, prunier. — Les arbres fruitiers sont principalement cultivés dans la vallée du Rhône. Les centres de production les plus importants sont : Bagnols, Orsan, Sabran, Cornillon, Castillon-du-Gard, Collias, Fournès, Remoulins, Lirac, Montfaucon, Roquemaure, Saint-Laurent-des-Arbres, Sauveterre, Tavel. Uzès, Les Angles, Pujaut, Saze, Rochefort, Villeneuve-les-Avignon (arrondissement d'Uzès); Comps, Sernhac, Aramon, Domazan, Vallabrègues (arrondissement de Nîmes); Sauve (arrondissement du Vigan). Les communes de : Connaux, Chusclan, Gaujac, Saint-Étienne-des-Sorts, Saint-Michel-d'Euzet, Vénéjan, Carsan, Goudargues, Saint-Julien-de-Peyrolas, Saint-Paulet-de-Caisson, Pont-Saint-Esprit, Argilliers, Pouzillac, Saint-Hilaire-d'Ozilhan. Vers, Laudun, Saint-Geniès-de-Comolas, Saint-Victor-la-Coste, La Calmette,

Moussac, La Capelle-et-Masmolène, Montaren-et-Saint-Médiers, Saint-Quentin-la-Poterie, Saint-Victor-des-Oules (arrondissement d'Uzès); Meynes, Montfrin, Estezargues, Théziers (arrondissement de Nîmes) sont aussi des centres de production des fruits, mais d'importance moindre.

Vigne. — La culture de la vigne permet d'obtenir des vins remarquables dans la région de la côte du Rhône, notamment à Lédenou (arrondissement de Nîmes), Remoulins, Villeneuve-les-Avignon, Pujaut, Tavel, Roquemaure, Saint-Victor, Saint-Geniez, Chusclan (arrondissement d'Uzès); dans celle de Langlade (arrondissement de Nîmes); et dans celle de Saint-Gilles, Vauvert, Beauvoisin, Générac (arrondissement de Nîmes).

Micocoulier. — Le micocoulier est spécialement cultivé à Sauve (arrondissement du Vigan) pour la fabrication des fourches.

Fenouil. — Le fenouil occupe, dans le Gard, une surface de 250 à 300 hectares. Les principales communes qui cultivent cette plante sont : Sabran, Bagnols, Orsan, Cornillon, Issirac, Saint-Nazaire, Saint-Pons-la-Calm, Laudun, Verfeuil, Roquemaure, Goudargues, Sauveterre, Montclus, Saint-André-de-Roquepertuis, Salazac, Saint-Alexandre, Saint-Laurent-de-Carnols, Vers, Tavel, Montfaucon, Rochefort, Pujaut (arrondissement d'Uzès); Sernhac, Meynes, Montfrin (arrondissement de Nîmes).

Sorgho à balai. — Les principaux centres de culture sont : Bagnols, Cavillargues, Chusclan, Codolet, Gaujac, Le Pin, Laroque, Saint-Étienne-des-Sorts, Saint-Pons-la-Calm, Saint-Michel-d'Euzet, La Bastide-d'Engras, Aiguèze, Saint-Marcel-de-Careiret, Cornillon, Goudargues, Montfaucon, Pont-Saint-Esprit, Saint-André-de-Roquepertuis, Saint-Paulet-de-Caisson, Roquemaure, Sauveterre, Saint-Laurent-des-Arbres, Sainte-Anastasie, Saint-Victor-la-Coste, Saint-Siffret, Uzès, Villeneuve-lès-Avignon, Montfrin, Laudun. Les communes suivantes : Orsan, Sabran, Saint-Gervais, Saint-Nazaire, Fontarèche, Saint-André-d'Olérargues, Saint-Laurent-la-Vernède, Carsan, Montclus, Saint-Laurent-de-Carnols, Salazac, Saint-Alexandre, Argilliers, Fournis, Vers, Souzilhac, Lirac, Tavel, Baron, Saint-Geniès-de-Comolas, La Calmette, La Capelle et Masmolines, Flaux, Sanilhac et Sayriés, Saint-Hippolyte-de-Montégut, Saint-Maximin, Vallabrix, Les Angles, Pujaut, Comps, sont des centres de culture moins importants.

HAUTE-GARONNE.

Asperges. — Les asperges sont produites plus spécialement à Grenade, Merville, Seilh, Gagnac, Aussonne, Fenouillet, Beauzelle, Aucamville, Cornebarrieu, Blagnac, Colomiers, communes situées dans la vallée de la Garonne, à proximité de Toulouse.

Petits pois et haricots verts. — Les petits pois et les haricots verts sont surtout produits à La Magdeleine-sur-Tarn, Bessières, Buzet, Montastruc, Castelnau-d'Estrefonds, Saint-Jory, Montberon, Gagnac, Cornebarrieu, Launaguet, L'Union, Mondouzil, Mons (arrondissement de Toulouse).

Fèves. — Les fèves sont produites surtout dans les cantons de Toulouse, Cadours, Montastruc, Verfeil (arrondissement de Toulouse); dans l'arrondissement de Villefranche-de-Lauraguais; dans les cantons de Rieumes, Fousseret, Rieux, Montesquieu (arrondissement de Muret).

Haricots. — Les haricots sont produits principalement dans les cantons de Grenade, Villemur, Cadours, Montastruc, Verfeil (arrondissement de Toulouse); Lanta, Caraman, Revel, Villefranche, Nailloux (arrondissement de Villefranche-de-Lauraguais); Rieumes, Rieux, Montesquieu, Fousseret (arrondissement de Muret).

Cornichons, aulx, tomates. — Les cornichons, aulx et tomates sont produits sur les bords de la Garonne, notamment à : Grenade, Merville, Seilh, Gagnac, Aussonne, Fenouillet, Beauzelle, Aucamville, Cornebarrieu, Blagnac, Colomiers.

Pêches. — Les pêches sont produites notamment à : Vacquiers, Montjoire (canton de Fronton); Montastruc-la-Conseillère, Verfeil, Saint-Loup (canton de Toulouse), dans l'arrondissement de Toulouse; Fousseret, Rieux, Montesquieu-Volvestre, Cazères, Plan (canton de Cazères); Labastidette (canton de Muret), dans l'arrondissement de Muret; Mazères (canton de Salies-du-Salat), dans l'arrondissement de Saint-Gaudens.

Pommes à couteau. — Les pommes à couteau sont produites dans la haute vallée de la Garonne, surtout à Cassagne, Lestelle, Mane, Figarol, Rouède, Miramont, Ardiège, Régades, Sauveterre, Barbazan, Payssous, Aspet, Fronsac, Saint-Béat, Gaud, Burgalays, Cazaux-Layrisse, Baren, Cier-de-Luchon, Antignac, Saccourvielle, Saint-Aventin, Bagnères-de-Luchon (arrondissement de Saint-Gaudens).

Raisin de table. — Le raisin de table est produit dans toutes les communes des environs de Toulouse et principalement à Villemur, La Magdeleine-sur-Tarn, Buzet, Saint-Geniès, Aucamville, Balma, Tournefeuille, Plaisance, Cuguaux (arrondissement de Toulouse); Fonsorbes (arrondissement de Muret). Ce raisin est presque exclusivement consommé à Toulouse.

Châtaignes. — Les châtaignes sont produites dans les cantons de Saint-Gaudens, Montréjeau, Aurignac (arrondissement de Saint-Gaudens), notamment à Aurignac, Saint-Elix-Séglan, Cassagnabère-Tournas (canton d'Aurignac); Saint-Marcet, Lodes, Saint-Ignan (canton de Saint-Gaudens); Saint-Plancard, Le Cuing (canton de Montréjeau).

Vigne. — La vigne est cultivée dans tout le département, sauf dans le canton de Bagnères-de-Luchon. La culture est surtout importante dans les arrondissements de Toulouse et de Muret. Les principaux centres de production sont : Villemur, Fronton, Villematier, La Magdeleine-sur-Tarn, Buzet, Paulhac, Castelnau-d'Estréfonds, Grenade, Launac, Villaudric, Saint-Paul, Montaigut, Mondonville, Colomiers, Cépet, La Salvetat, Plaisance, Toulouse, Cuguaux, Léguevin (arrondissement de Toulouse); Vallesvilles, Lanta, Espanès, Vieillevigne, Villefranche-de-Lauraguais, Roumens, Saint-Julia, Nogaret, Cabanial (arrondissement de Villefranche-de-Lauraguais); Fonsorbes, Saint-Lys, Seysses, Frouzins, Le Fouga, Lavernose, Lacasse, Bérat, Muret, Saint-Hilaire, Labarthe, Eaunes, Mauzac, Auterive, Aignes, Gaillac-Toulza, Carbonne, Longages, Labastide-Clermont, Fousseret, Gensac (arrondissement de Muret); Ausseing, Saint-Martory, Prouviary, Salies-du-Salat, Savarthès, Figarol, Cabanac, Aspet, Montastruc, Rouède, Castagnède (arrondissement de Saint-Gaudens).

Violettes. — Les violettes sont cultivées dans l'arrondissement de Toulouse, principalement à Saint-Jory, Saint-Alban, Castelginest, Aucomville, Lalande. Les expéditions se font dans toutes les directions.

GERS.

Vignes. — Les principales communes viticoles sont, dans le bas Armagnac : Le Houga, Montlezun, Castex, Monclar, Cazaubon, Caupenne, Manciet, Nogaro; dans le haut Armagnac : Condom, Valence, Vic-Fezensac, Jegun; dans la Ténarèze : Labarrère, Castelnau, Éauze, Bretagne, Lannepax, Cazeneuve, Montréal, Aignan.

GIRONDE.

Oignon. — L'oignon dit *de Castillon* et celui de Lescure sont cultivés aux environs de Castillon, notamment à Saint-Magne, Sainte-Terre, Civrac, Mouliets, Sainte-Florence, Saint-Pey, dans l'arrondissement de Libourne.

Pommiers. — Les pommiers sont cultivés dans les cantons de Cadillac, Carbon-Blanc, Podensac, Créon, Targon, Sauveterre, La Réole.

Poiriers. — Les poiriers sont cultivés dans les cantons de Cadillac, Carbon-Blanc, Podensac, Créon, Targon, Sauveterre, La Réole.

Pêchers. — Les pêchers sont cultivés principalement dans les cantons de Cadillac, Carbon-Blanc, Podensac, Créon et plus particulièrement Targon et Montségur.

Pruniers. — Les pruniers sont cultivés dans les cantons de Cadillac, Carbon-Blanc, Podensac et Créon pour la reine-Claude, Montségur et Pellegrue pour la prune d'Ente.

Cerisiers. — Les cerisiers sont cultivés dans les cantons de Cadillac, Carbon-Blanc, Podensac, Créon et Targon.

Vigne. — La vigne est cultivée dans tout le département. Les principaux crus et leurs centres de production sont :

Dans le Médoc : Pauillac, qui produit deux premiers crus : Château-Lafite et Château-Latour; trois seconds crus : Mouton-Rothschild, Pichou-Longueville et Pichon-Lalande; un quatrième cru : Duhart-Milon; dix cinquièmes crus : Pontet-Canet, Batailley, Grand-Puy-Lacoste, Ducosse-Grand-Puy, Lynch-Bages, Lynch-Moussas, Haut-Bages, Pédesclaux, Clerc-Millon, Calvé-Croizet-Bages; Margaux, qui possède un premier cru : Château-Margaux; quatre seconds : Rauzan-Segla, Rauzan-Gassies, Durfort-Vivens, Lascombes; quatre troisièmes : Malescot-Saint-Exupéry, Desmirail, Ferrières, d'Alesme-Becker; Saint-Julien, six seconds crus : Léoville-Las-cazes, Léoville-Poyferré, Léoville-Barton, Grnaud-Larose-Sargel, Gruaud-Larose, Ducru-Bau-caillou; deux troisièmes : Lagrange, Langoa; cinq quatrièmes : Saint-Pierre-Bontemps, Bra-naire-Ducru, Talbot, Beychevelle, Saint-Pierre-Luetkens; Cautenac, un deuxième cru : Brane-Cautenac; quatre troisièmes : Kirwan, Issan, Cantenac-Brown, Palmer; deux quatrièmes : Pouget, Le Prieuré; Saint-Estèphe, deux seconds crus : Cos-d'Estournel, Montrose; un troi-sième : Calon-Ségur; un quatrième : Château-Rochet; un cinquième : Cos-Labory; Labarde, un troisième cru : Giscours et un cinquième : Dauzac; Ludon, un troisième cru : La Lagune; Saint-Laurent, un quatrième cru : La Tour-Carnet; Arsac, Macau, deux cinquièmes crus : Le Tertre et Cantemerle.

Dans la région des Graves, les meilleurs centres de production sont Pessac (cru de Haut-Brion), Talence, Mérignac, Léognan, Haut-Bailly, Gradignan, Villenave-d'Ornon, Martillac, Bruges, Arbanats, Virelade, Podensac, Cérons, Illats, Landiras, Pujols, Budos, Léogats, Roaïl-lon.

Dans le Saint-Émilonnais, les communes les plus importantes sont Saint-Émilion, Pomerol, Saint-Christophe-des-Bardes, Saint-Laurent-des-Combes, Saint-Hippolyte, Saint-Étienne-de-Lisse.

Dans le pays de Sauternes, la commune de Sauternes compte un premier grand cru : Châ-teau-Yquem; deux premiers crus : Château-Bayle, Guiraud; trois seconds crus : Châteaux-d'Arche, Filhot, Lamothe. Bommes possède quatre premiers crus : Château-La-Tour-Blanche, Peyra-guey, Vigneau, Rabaut; un deuxième, Château-Peixotto. Barsac possède deux premiers crus : Châteaux-Comtat, Climens; cinq seconds crus : Châteaux-Mirat, Voily, Brouslet, Suau, Caillou; Preignac possède un premier cru : Château-Suduirant; deux seconds crus : Châteaux-Malle et Romer; Fargues possède un premier cru : Château-Rieussec.

Dans la région des Côtes, les meilleures communes viticoles sont Fronsac, Lormont, Carbon-Blanc, Carignan, Lados, Aillas, Auros, Coimères, Saint-Côme, Sigalens, Blaye, Plas-sac, Mazion, Bourg, Bayon, Samonac, Villeneuve, Teuillac, Tauriac.

Les crus les plus distingués de la zone des Palus et de l'Entre-deux-Mers sont ceux de Saint-André, Levès, Saint-Quentin, Saint-Philippe, Génissac, Grézillac, Monlon, Sainte-Croix-du-Mont, Loupiac, Haux, Langoiran, Tabanac, Baurech, Quinsac, Camblanes, Cenon, Bassens, Sainte-Eulalie.

Champignons. — Les carrières à champignons existent principalement à Saint-Gervais, Saint-Laurent-d'Arc, Daignac, Espiet, Saint-Germain-du-Puch, Grézillac, Guillac, Nérigean, Saint-Quentin-de-Baron, Bayon, Bourg, Gauriac, Marcamps, Saint-Seurin, Tauriac, Langoiran, Lestiac, Paillet, Lormont, Beaurech, Blésignac, Camarsac, Cambes, Camblanes, Saint-Caprais, Cénac, Croignon, Houx, Tabanac, Le Tourne, La Tresme, Saint-Germain, Lugon, Saint-Michel, La Rivière, Villegonge, Bommes, Saint-Émilion.

Osier. — Les principales communes qui se livrent à la culture de l'osier sont : Saint-Pierre, Saint-Martin, Caudrot, Casseuil, Gironde, La Réole, Montgausy, Lamothe-Landeron, Bour-delles, Fontet, Floudès, Blaignac, Loupiac, Hure, Noaillac (arrondissement de La Réole); Baries, Castets (arrondissement de Bazas); Cérons, Loupiac, La Tresne (arrondissement de Bordeaux).

HÉRAULT.

Raisin de table. — Le chasselas est produit notamment dans les communes de : Pignan, Ville-neuve-les-Maguelonne (arrondissement de Montpellier); Villeneuvette, Pouzols, Le Pouget, Tressan, Vendémian, Plaissan (arrondissement de Lodève).

Châtaignier. — Le châtaignier est cultivé pour son fruit, surtout à Le Poujol (arrondissement de Béziers); Colombières, Mons, Olargues, Prémian, Saint-Étienne-d'Albagnan, Riols, Saint-Pons et Cornion (arrondissement de Saint-Pons).

Fraises. — Les fraises sont produites principalement à Villemagne, Hérépian, Le Poujol (canton de Saint-Gervais), dans l'arrondissement de Béziers.

Olivier. — L'olivier est cultivé pour les olives à confire et pour l'huile, notamment à Saint-Guilhem-le-Désert, Puéchabon, Aniane (canton d'Aniane), dans l'arrondissement de Montpellier; Saint-Jean-de-Fos, Montpeyroux, Gignac (canton de Gignac), dans l'arrondissement de Lodève.

Vigne. — Le vignoble a une surface de près de 200,000 hectares. La culture est peu importante dans le nord du département; elle se trouve surtout dans le sud, notamment dans les cantons de : Castries, Lunel, Mauguio, Montpellier, Frontignan, Mèze (arrondissement de Montpellier); Gignac, Clermont-l'Hérault (arrondissement de Lodève); Montagnac, Pézenas, Florensac, Béziers, Capestang, Murviel, Servian, Boujan (arrondissement de Béziers); Saint-Chinian, Olonzac (arrondissement de Saint-Pons). En bonne année, la récolte peut atteindre 12 à 15 millions d'hectolitres, le quart de la production de la France.

Les meilleurs vins rouges proviennent des communes de Saint-Georges-d'Orgues, Murviel-lès-Montpellier, Saint-Drézéry, Saint-Christol, Villeveyrac, Cébazan, Causses-de-Veyran. Les meilleurs muscats sont produits à Lunel, Frontignan, Cazouls-lès-Béziers, Bassan, Puisserguier, Creissan, Caussiniojouls, Montbazin. Les communes de Pinet et de Pomerols produisent des vins secs de Piquepoule. Adissan, Paulhan, Aspiran et Fontès donnent des vins blancs de clairette très recherchés pour la fabrication du vermout.

ILLE-ET-VILAINE.

Pommes de terre de primeur. — Elles sont surtout cultivées dans le nord de l'arrondissement de Saint-Malo, dans les communes de Saint-Malo, Paramé, Saint-Coulomb, Cancale, Saint-Méloir-des-Ondes, Saint-Servan, Dinard, Saint-Lunaire, Saint-Briac, Pleurtuit, Saint-Jouan-des-Guérets, La Gouesnière, Hirel, Le Vivier, La Fresnais, Mont-Dol, Cherrueix, Epiniac, Bagner-Morvan, Miniac-Morvan, Plerguer, Roz-Landrieux, Saint-Guinoux, Châteauneuf-en-Bretagne.

Châtaignes. — Les châtaignes sont produites principalement dans les cantons de Redon, Pipriac, Maure et Fougeray, au sud de l'arrondissement de Redon.

Fruits à cidre. — Le pommier à cidre est cultivé dans tout le département. Les gares qui expédient le plus de pommes à cidre sont celles de : Dol, La Fresnais, La Gouesnière, Plerguer, Pleine-Fougères (arrondissement de Saint-Malo); Antrain, Fougères (arrondissement de Fougères); Montreuil-sur-Ille (arrondissement de Rennes); Vitré, Châteaubourg, La Guerche (arrondissement de Vitré); Messac, Fougeray, Bain (arrondissement de Redon); Montfort.

INDRE.

Vigne. — La vigne est cultivée principalement à : Lye, Valençay, Vicq-sur-Nahon, Clion, Buzançais, Villedieu, Châteauroux, Saint-Maur, Saint-Marcel, Argenton-sur-Creuse, Le Menoux, Ardentes (arrondissement de Châteauroux); Poulaines, Reuilly, Sainte-Lizaigne, Saint-Georges-sur-Arnon, Issoudun, Saint-Aoustrille (arrondissement d'Issoudun); Nohant, La Châtre, Champillet, Le Pin (arrondissement de La Châtre); Pouligny-Saint-Pierre, Mérigny, Le Blanc (arrondissement de Le Blanc).

INDRE-ET-LOIRE.

Haricots verts. — Les haricots verts sont produits sur les bords de la Loire, notamment à Saint-Patrice, Ingrandes (canton de Langeais); Restigné, La Chapelle-sur-Loire, Benais, Bourgueil, Saint-Nicolas-de-Bourgueil, Chouzé-sur-Loire (canton de Bourgueil) dans l'arrondissement de Chinon.

Oignons et échalotes. — On cultive les oignons et les échalotes principalement à Saint-Patrice, Les Essards, Ingrandes (canton de Langeais); Restigné, La Chapelle-sur-Loire, Benais, Bourgueil, Chouzé-sur-Loire (canton de Bourgueil), dans l'arrondissement de Chinon.

Pêches et abricots. — Les pêches et abricots sont produits surtout aux environs de Tours et à Sainte-Maure de Touraine, Sainte-Catherine-de-Fierbois, Noyant (arrondissement de Chinon), Sepmes (arrondissement de Loches).

Cerises. — Les cerises sont produites principalement à Auché, Sazilly, Rivière, Tavant, dans le canton de l'Ile-Bouchard (arrondissement de Chinon); Saint-Cyr-sur-Loire, Saint-Symphorien, Fondettes, dans le canton de Tours. Les expéditions sont dirigées sur Paris.

Prunes. — Les principaux centres de production des prunes sont : Huismes, Saint-Benoist, Avoine, Savigny, Beaumont-en-Verron, Candes, Saint-Germain-sur-Vienne, Thizay, Cinais, La Roche-Clermault, Chinon, Cravant, Panzoult, Avon, Crissay, Saint-Epain, Sainte-Catherine, Noyant, Sainte-Maure (arrondissement de Chinon); Sepmes (arrondissement de Loches); Sainte-Radegonde, Rochecorbon, La Ville-aux-Dames, Vouvray (arrondissement de Tours). Huismes et Saint-Benoist produisent les pruneaux de Tours.

Poires à couteau. — Les principaux centres de production des poires sont : Avrillé, Continvoir, Les Essarts, Cinq-Mars-la-Pile, Langeais, La Chapelle-aux-Naux, Vallères, Lignières, Bréhémont, Saint-Michel, Saint-Patrice, Ingrandes, Restigné, Benais, Saint-Nicolas-de-Bourgueil, Bourgueil, Chouzé-sur-Loire, Huismes, La Chapelle-sur-Loire, Rigny, Saint-Benoist, Azay-le-Rideau, Villaines, Chinon (arrondissement de Chinon); Villandry (arrondissement de Chinon).

Pommes à couteau. — Les principaux centres de production des pommes à couteau sont : Avrillé, Continvoir, Cinq-Mars-la-Pile, Langeais, La Chapelle-aux-Naux, Lignières, Benais, Chouzé-sur-Loire, La Chapelle-sur-Loire, Rigny, Rivarennes, Cheillé, Azay-le-Rideau, Savigny, Avoine, Beaumont-en-Verron; Chinon, Sazilly, Ligre, Tavant, L'Ile-Bouchard, Leméré, Champigny-sur-Veude, Richelieu, Braye, Bueil, Louestault, Neuvy-le-Roi, Saint-Christophe, Saint-Paterne, Château-la-Vallière, Souvigné, Courcelles, Chanay, Savigné, Hommes, Ambillou, Sonzay, Neuillé-Pont-Pierre, Beaumont-la-Ronce, Rouziers, Semblançay, Charentilly, Mettray, Chanceaux, Parçay, Villedômer, Neuillé-le-Lierre, Reugny, Chançay, Vernou, Noizay, Nazelles, Amboise, Lussault, Montlouis, Berthenay, Villandry, Saint-Avertin, Véretz, Azay-sur-Cher, Montbazon, Esvres, Saint-Branchs, Courçay, Athée, Saint-Martin-le-Beau, Bléré, Francueil, Epeigne, Luzillé.

Noyer. — Le noyer est cultivé au sud de la Loire notamment à : Rivarennes, Cheillé, Azay-le-Rideau, Thilouze, Villaines, Nueil-sous-Crissay, Avon, Cravant, Chinon, Brizay, Parçay-sur-Vienne, Noyant, Sainte-Catherine, Sainte-Maure, Pouzay, Chézelles, Nouâtre, Maillé, Noyers, Verneuil (arrondissement de Chinon); Druye, Artannes, Montbazon, Villeperduc, Bléré (arrondissement de Tours); Reignac, Azay-sur-Indre, Chambourg, Louans, Manthélan, Loches, Genillé, Chemillé-sur-Indrois, Beaulieu, Sennevières, Perrusson, Saint-Germain, Saint-Jean-sur-Indre, Verneuil, Varennes, Mouzay, Vou, Ciran, Liguiel, Cussay, Sepmes, Draché, Balesmes, Neuilly-le-Brignon, La Haye-Descartes, le Grand-Pressigny, Chaumussay (arrondissement de Loches).

Raisin de table. — A Saint-Michel-sur-Loire, on cultive la vigne en vue de la production du raisin de table.

Vigne. — Les principaux centres de production sont : pour les vins blancs, Vouvray, Montlouis, Rochecorbon, Vernou, Noizay, Bueil, Nazelles, Chançay, Reugny, Neuillé-le-Lierre, Saint-Martin-le-Beau (arrondissement de Tours); Preuilly (arrondissement de Loches); Richelieu, Champigny (arrondissement de Chinon); — pour les vins rouges : Bourgueil, Saint-Nicolas, Ingrandes, Restigné, Langeais, Chinon (arrondissement de Chinon); Joué, Saint-Avertin, Ballan, Athée, Bléré, Francueil, Luzillé, Chisseaux, Chenonceaux, Lacroix, Dierre, Chanceaux-sur-Choisille (arrondissement de Tours).

Pommes à cidre. — Les principaux centres de production des pommes à cidre sont Louestault, Neuvy-le-Roi, Château-la-Vallière, Courcelles, Sonzay, Neuillé-Pont-Pierre, Beaumont-la-Ronce, Semblançay, Saint-Antoine-du-Rocher (arrondissement de Tours). Les expéditions se font vers la Normandie et l'Allemagne.

Chanvre. — Le chanvre est cultivé sur une surface de 640 hectares produisant 7,000 quintaux de filasse. Les principaux centres de production sont Bréhémont, Rivarennes, Rigny-Ussé, La Chapelle-aux-Naux (canton d'Azay-le-Rideau); Les Essards, Saint-Patrice (canton de Langeais), dans l'arrondissement de Chinon.

Réglisse. — Les principaux centres de production sont Ingrandes (canton de Langeais); Bourgueil, La Chapelle-sur-Loire et principalement Benais et Restigné (canton de Bourgueil), dans l'arrondissement de Chinon, près de la Loire.

Culture de graines. — On produit des graines de betteraves, carottes, poireaux et oignons, sur les bords de la Loire surtout à Bréhémont (canton d'Azay-le-Rideau); Saint-Michel, Saint-Patrice, Ingrandes (canton de Langeais); Restigné, La Chapelle-sur-Loire, Benais (canton de Bourgueil), dans l'arrondissement de Chinon; Ligueil; Ferrière-Larçon (canton de Pressiguy-le-Grand), dans l'arrondissement de Loches. Ces graines sont à destination d'Angers et Paris.

Osier. — Cette culture a une certaine importance dans les cantons de Langeais, Bourgueil, Azay-le-Rideau et l'Ile-Bouchard (arrondissement de Chinon).

ISÈRE.

Pêches. — Les pêches sont produites principalement à : Meyzieux, Saint-Priest, Feyzin, Saint-Symphorien, Solaise, Ternay, Simandres, Communay, Chasse, Chuzelles, Seyssuel, Pont-Évêque, Vienne, Les Côtes-d'Arey, Reventin-Vaugris, Chonas, Les Roches-de-Condrieu, Saint-Prim, Saint-Clair, Saint-Alban, Clonas, Roussillon, Saint-Maurice-l'Exil, Le Péage-de-Roussillon, Ville-sur-Anjou, Sonnay, Anjou, Salaise, Agnin, Sablons, Chanas, Bougé, Jarcieu, Beaurepaire (arrondissement de Vienne); Crémieu, Bourgoin (arrondissement de La Tour-du-Pin); Viriville, Rives (arrondissement de Saint-Marcellin); Voiron, Grenoble, La Tronche, Domène, Vif (arrondissement de Grenoble).

Noix. — Les principales communes productrices de noix sont : Saint-Symphorien, Heyrieux, La Verpillière, Saint-Jean-de-Bournay, La Côte-Saint-André, Beaurepaire (arrondissement de Vienne); Crémieu, Bourgoin, La Tour-du-Pin, Virieu, Grand-Lemps, Colombe (arrondissement de La Tour-du-Pin); La Frette, Sillans, Saint-Étienne; Brezins, Saint-Siméon, Viriville, Izeaux, Renage, Rives, Saint-Blaise, Moirans, Saint-Jean-de-Moirans, Vourey, Tullins, Saint-Quentin, Poliénas, La Rivière, Notre-Dame-de-l'Osier, L'Albenc, Vinay, Saint-Gervais, Cognin, Têche, Saint-Marcellin, Chatte, Izeron, Saint-Sauveur, Saint-Romans, Saint-André, Pont-en-Royans, Auberives, La Sone, Saint-Hilaire, Saint-Lattier, Saint-Just (arrondissement de Saint-Marcellin); Chirens, Voiron, Saint-Étienne-de-Crossey, La Buisse, Voreppe, Veurey, Mont-Saint-Martin, Le Fontanil, Sassenage, La Tronche, Montbonnot, Saint-Ismier, Barraux, Pontcharra, Saint-Maximin, Le Cheylas, Goncelin, Tencin, Theys, Villard-Bonnot, Domène, Vizille (arrondissement de Grenoble).

Vignes. — Les principales communes qui cultivent la vigne sont : Saint-Pierre-de-Chandieu, Grenay, Feyzin, Saint-Symphorien, Communay, Chasse, Saint-Jean-de-Bournay, Lieudieu, Châtonnay, La Côte-Saint-André, Reventin, Les Côtes-d'Arey, Les Roches-de-Condrieu, Clonas, Le Péage, Roussillon, Salaise, Chanas, Bougé, Jarcieu, Anjou, Sonnay, Monsteroux, Gour-et-Buis (arrondissement de Vienne); Vertrieu, Hières, Vernas, Leyrieu, Crémieu, Moras, Trept, Vénérieu, Arandon, Saint-Victor, Morestel, Vézeronce, Les Avenières, Thuellin, Corbelin, Dolomieu, Saint-Clair-de-la-Tour, La Tour-du-Pin, Saint-André, La Batie, Aoste, Pressins, Montferrat, Saint-Geoire, Virieu, Colombe, Grand-Lemps, Bevenais, Saint-Jean, Cessieu, Ruy, Bourgoin, Jallieu, Saint-Savin, Saint-Chef (arrondissement de La Tour-du-Pin); Viriville, Chatenay, Saint-Étienne, La Frette, Réaumont, Charnècles, Rives, Saint-Jean-de-Moirans, Moirans, Vourey, Izeaux, Renage, Tullins, Saint-Quentin-sur-Isère, Poliénas, La Rivière, Notre-Dame-de-l'Osier, L'Albenc, Vinay, Murinais, Beaulieu, Têche, Cognin, Izeron, Saint-Marcellin, Chatte, La Sone, Saint-Lattier, Pont-en-Royans, Auberives-en-Royans (arrondissement de Saint-Marcellin); Voiron, Saint-Étienne-de-Crossey, Saint-Julien, Coublevie, La Buisse, Pommiers, Voreppe, Veurey, Le Fontanil, Noyarey, Saint-Égrève, Sassenage, Fontaine, Grenoble, Saint-Martin-le-Vinoux, La Tronche, Corenc, Montbonnot, Meylan, Biviers, Saint-

Ismier, Bernin, Crolles, Lumbin, La Terrasse, Le Touvet, Saint-Vincent, Sainte-Marie-d'Alloix, La Flachère, La Buissière, Barraux, Chapareillan, Pontcharra, Allevard, Saint-Maximin, Saint-Pierre-d'Allevard, Le Cheylas, Goncelin, Tencin, La Pierre, Hurtières, Le Champ, Froges, Laval, Villard-Bonnot, Le Versoud, Domène, Revel, Murianette, Glères, Venon, Herbeys, Bresson, Jarrie, Brie-et-Angonne, Vizille, Pont-de-Claix, Claix, Varces, Vif, Le Gua, La Mure, Saint-Maurice-en-Trièves (arrondissement de Grenoble).

JURA.

Produits horticoles et maraîchers. — Aux environs de Dôle, Lons-le-Saunier, Arbois et Poligny, quelques horticulteurs cultivent des légumes pour l'approvisionnement de ces villes.

Vignes. — Les principaux centres de production pour les vins rouges sont Salins, Les Arsures, Port-Lesney, Poligny, Frontenay, Menétru, Lavigny, Conliège, Vernantois, Beaufort, dans la Côte, et Jouhe, Authume, Rainans, Menotey, Gredisans, dans l'arrondissement de Dôle.

Pour les vins blancs, les principaux centres sont Château-Chalon, Pupillin, Arbois, Menétru, Nevy-sur-Seille dans la Côte (vins jaunes); L'Étoile, Quintigny, Arbois, Salins, Nevy-sur-Seille, Lavigny, Conliège, Montaigu, Lons-le-Saunier, Rotalier, Cesancey, Vincelles, Saint-Laurent-la-Roche, Beaufort, dans la Côte et dans l'arrondissement de Dôle : Frasne, Moissey, Montmirey, Offlanges, Taxenne, Wassange (vins blancs secs et vins mousseux).

LANDES.

Asperge. — Les principaux centres de culture de l'asperge sont à Capbreton, Dax, Lahosse, Sort, Gousse, Pontoux-sur-l'Adour.

Petits pois. — Ils sont cultivés près de Dax, dans un rayon de 6 à 8 kilomètres sur la rive gauche de l'Adour.

Haricots secs. — Les haricots se cultivent associés au maïs principalement dans les cantons suivants : Amou, Montfort-en-Chalosse, Pouillon, Hagetmau, Saint-Sever, Dax, Geaune, Mugron, Peyrehorade, Saint-Vincent-de-Tyrosse. Aire-sur-l'Adour.

Plants de choux. — Aux environs de Dax, on produit du plant d'une variété de chou dite *chou de Dax.*

Carotte potagère. — Dans la région de Dax, cette culture prend de l'extension dans les métairies, principalement dans l'ancienne commune de Saint-Vincent-de-Xaintes (actuellement, commune de Dax).

Culture maraîchère. — Les divers légumes sont cultivés notamment aux environs de Dax, Mont-de-Marsan, Villeneuve-de-Marsan, Gabarret, Castets, Tartas, Morcenx, Saint-Geours-de-Maremme, Saint-Vincent-de-Tyrosse, Pouillon, Montfort-en-Chalosse, Mugron, Hagetmau.

Pêches. — Leur production est spéciale aux cantons de Dax, Mugron, Montfort-en-Chalosse. On en expédie 20,000 à 25,000 kilogrammes à Bordeaux et Bayonne.

Cerises. — Les cerises sont produites surtout dans les cantons de Dax, Mugron, Montfort-en-Chalosse et en petite quantité près de Mont-de-Marsan.

Prunes. — Elles sont produites notamment dans les cantons de Dax, Montfort-en-Chalosse, Mugron et en faible quantité près de Hagetmau et de Mont-de-Marsan.

Châtaignes. — Le châtaignier est cultivé principalement dans les cantons de Hagetmau, Amou, Geaune, Mont-de-Marsan, Roquefort, Gabarret.

Vignes. — La vigne est cultivée au sud du département dans tout l'arrondissement de Saint-Sever, le sud-ouest de celui de Mont-de-Marsan et le sud de l'arrondissement de Dax. La culture est particulièrement importante dans les cantons de Dax, Peyrehorade, Pouillon, Montfort-en-Chalosse (arrondissement de Dax); Mugron, Hagetmau, Saint-Sever, Aire-sur-l'Adour, Amou

27.

(arrondissement de Saint-Sever); Grenade-sur-l'Adour, Villeneuve-de-Marsan, Gabarret, Roquefort (arrondissement de Mont-de-Marsan).

LOIR-ET-CHER.

Pommes de terre potagères. — Les pommes de terre de consommation sont cultivées principalement à Vineuil, Saint-Laurent-des-Eaux, Contres. Huisseau-sur-Cosson, Mer, Montlivault, Saint-Claude-de-Diray, Nouan-sur-Loire, Blois, Saint-Dié-sur-Loire, Maslives, Sassay, Villerbon, Cour-Cheverny, Marolles, Mont, Cheverny, Muides.

Asperges. — Les principaux centres de production des asperges sont : Contres, Fresnes, Montlivault, Vineuil, Sassay, Saint-Claude, Maslives, Romorantin, Chouzy, Chernery, Suèvres, Châtres-sur-Cher, Mont, Feings.

Haricots. — La culture des haricots, qui couvre une surface de 710 hectares, est pratiquée, pour la vente des haricots verts, à Romorantin, Vineuil, Blois, Muides, Chailles; et pour la vente des haricots secs, à Romorantin, Gièvres, Villefranche-sur-Cher, Vineuil, Langon, Blois, Saint-Laurent-des-Eaux, Selles-sur-Cher, Lanthenay, Châtres-sur-Cher, Soings, Contres, Billy, Pruniers, Saint-Romain, Muides, Chailles, Marcilly-en-Gault.

Petits pois. — Les principaux centres de production des petits pois sont Blois, Vineuil, Chouzy-sur-Cisse, Monteaux, Onzain, Mesland, Coulanges, Landes, Chailles, Muides.

Cultures maraîchères. — Les légumes de consommation courante sont produits surtout à Blois, Vendôme, Montoire, Cellettes, Onzain, Vineuil, Romorantin, Montrichard, Selles-sur-Cher, Bracieux, Contres, Savigny-en-Braye, Pontlevoy, Saint-Aignan.

Prunes. — Les principaux centres de production sont Noyers, Cormeray, Fougères, Vendôme, Courbouzon, Cheverny, Muides, Huisseau-sur-Cosson, Meusnes.

Pêches. — Les pêches sont récoltées principalement à Noyers, Saint-Romain, Muides, Thézée.

Vigne. — Les principaux centres de production des vins sont : 1° Pour les vins des côtes du Cher : Saint-Georges, Châtillon-sur-Cher, Noyers, Monthou-sur-Cher, Angé, Montrichard, Saint-Aignan, Saint-Romain, Chissay, Mareuil, Selles-sur-Cher, Saint-Julien-de-Chédon, Faverolles, Pouillé, Châteauvieux, Seigy, Couffy; 2° pour les vins de Sologne : Mont, Cour-Cheverny, Huisseau-sur-Cosson, Chitenay, Romorantin, Langon, Tour-en-Sologne, Sambin, Sassay, Fougères, Chemery, Cormeray, Cellettes, Lanthenay, Cheverny, Contres, Ouchamps; 3° pour les vins des côtes de la Loire : Blois. Vallières-les-Grandes, Suèvres, Mesland, Chouzy, Onzain, Vineuil, Monteaux, Molineuf; 4° pour les vins des côtes du Loir : Naveil, Villers, Lunay, Thoré, Montoire, Trôo, Lavardin.

Pommes et poires à cidre. — Les fruits à cidre sont récoltés principalement à : La Fontenelle, Savigny-sur-Braye, Fontaine-Raoul, Le Gault, Sargé-sur-Braye, Souday, Chone, Epuisay, Romilly, Huisseau-sur-Cosson, Bouffry, Le Plessis-Dorin, Saint-Hilaire-la-Gravelle, La Chapelle-Vicomtesse, Arville, Saint-Marc-du-Cor, Oigny, Villedieu-en-Beauce, Danzé, Saint-Jean, Froidementel, Fréteval, La Ville-aux-Clercs, Prunay, Cellettes, Maslives, Saint-Romain, Villebout.

Champignon de couche. — L'agaric comestible est produit à Bourré, Naveil, Noyers, Mareuil, Vendôme, Saint-Quentin et Saint-Firmin-des-Prés. Il est surtout utilisé par les fabriques de conserve de Saint-Aignan, Bourré et Romorantin.

Pépinières. — Les pépinières d'arbres fruitiers et d'ornement sont situées à Blois, Romorantin, Vendôme, Montrichard. La Ferté-Imbault est un centre de pépinières forestières. Enfin, on trouve des pépinières viticoles à Mont, Montrichard, Saint-Julien-de-Chédon, Monteaux, Billy, Faverolles, Vineuil, Fougères, Onzain, Châteauvieux, Saint-Romain, Monthou-sur-Cher, Suèvres, Chissay, Villiers, Huisseau-sur-Cosson, Ouchamps, Rilly-sur-Loire, Chemery.

Plantes d'ornement. — La production des plantes d'ornement est pratiquée principalement à Blois, Vendôme, Romorantin, Montrichard, Saint-Aignan, Selles-sur-Cher.

LOIRE.

Pomme de terre. — La pomme de terre est cultivée dans tout le département pour l'alimentation et pour la production de la fécule.

Asperge. — L'asperge est cultivée principalement aux environs de Roanne, Boën-sur-Lignon, Montbrison, Saint-Rambert, Andrézieux, Saint-Chamond, Rive-de-Gier, et, dans le canton de Pélussin, à Malleval, Saint-Pierre-de-Bœuf, Chavanay, Vérin, La Chapelle.

Pois et haricots. — Les pois et les haricots sont produits notamment à : La Pacaudière, Charlieu, Roanne, Parigny, Néronde, Balbigny, Civens, Salvizinet, Saint-Cyr-les-Vignes, Marcoux, Marcilly-le-Pavé, Pralong, Champdieu, Savigneux, Montbrison, Moingt, Saint-Thomas-la-Garde, Saint-Georges-Haute-Ville, Saint-Romain-le-Puy, Bonthéon, Saint-Cyprien, Andrézieux, Bonson, Saint-Just-sur-Loire, Saint-Rambert-sur-Loire, Vérin, Saint-Michel, Chavanay, Saint-Pierre-de-Bœuf, Malleval, Lupé.

Carotte. — La carotte est cultivée surtout aux environs de Roanne, Boën-sur-Lignon, Montbrison, Saint-Rambert, Saint-Chamond, Rive-de-Gier et, dans le canton de Pélussin, à Malleval, Saint-Pierre-de-Bœuf, Chavanay, Saint-Michel, Vérin.

Pêches, abricots, cerises. — Ces fruits sont produits dans la vallée de la Loire et dans celle du Rhône. La production de la vallée de la Loire alimente surtout la consommation locale; les principaux centres de production sont : Saint-Rambert, Bonson, Veauche, Moingt, Savigneux, Pralong, Saint-Cyr-les-Vignes, Boën-sur-Lignon, Arthun, Civens, Pouilly-les-Fleurs, Néronde, Saint-Germain-Laval, Saint-Paul-de-Vez, Saint-Jodard, Saint-Symphorien-de-Lay, Bully, Cordelle, Villemontais, Saint-André-d'Apchon, Roanne, Saint-Haon-le-Châtel, Saint-Haon-le-Vieux, Ambierle, Saint-Bonnet-les-Quarts, La Pacaudière, Saint-Romain-la-Motte, Mably, Saint-Germain-l'Espinasse, Saint-Hilaire, Charlieu, Chandon, Pouilly-sous-Charlieu, Saint-Nizier, Saint-Pierre-la-Noaille.

Dans la vallée du Rhône, on expédie des fruits, surtout des pêches, vers Paris, Lyon et l'étranger. Ces fruits sont produits à Saint-Appolinard, Maclas, Lupé, Malleval, Véranne, Roizey, Bessey, Saint-Pierre-de-Bœuf, Pélussin, Chavanay, Saint-Michel, Vérin, Chuyer, La Chapelle.

Prunes. — On exporte une certaine quantité de prunes provenant surtout de la région de Chavanay.

Pommes et poires à couteau. — Les pommes et les poires sont produites un peu partout pour la consommation locale, principalement à Chavanay.

Raisin de table. — Le raisin de table est produit dans le vignoble de Pélussin (arrondissement de Saint-Étienne), à Malleval, Saint-Pierre-de-Bœuf, Chavanay, Saint-Michel, Vérin.

Vigne. — La vigne est cultivée sur une étendue de 17,000 hectares répartis en cinq régions viticoles. Les principaux centres de production sont : Saint-Appolinard, Maclas, Malleval, Saint-Pierre-de-Bœuf, Chavanay, Saint-Michel, dans le vignoble de Pélussin; Rive-de-Gier, Saint-Genis-Terrenoire, La Cula, dans la vallée du Gier; Saint-Rambert, Saint-Romain-le-Puy, Lézigneux, Montbrison, Savigneux, Boën-sur-Lignon, Saint-Germain-Laval, dans la région des coteaux du Forez ; Cordelle, Saint-Maurice-sur-Loire, Villemontais, Villerest, Lentigny, Saint-Alban, Ouches, Pouilly-les-Nonains, Saint-André-d'Apchon, Renaison, Saint-Haon-le-Châtel, Saint-Haon-le-Vieux, Ambierle, Forgeux-l'Espinasse, Changy, La Pacaudière, dans la côte de Roanne; — Notre-Dame-de-Boisset, Le Coteau, Perreux, Vougy, Saint-Nizier, Saint-Pierre-la-Noaille dans le vignoble de Perreux et Saint-Nizier.

HAUTE-LOIRE.

Pommes de terre. — Les pommes de terre sont produites dans la plus grande partie des arrondissements du Puy et d'Yssingeaux. Les principaux centres d'expédition sont Le Puy, Retournac, Bas-Monistrol. Craponne: Chapeauroux et Langogne (Lozère).

Lentilles. — Les lentilles sont cultivées principalement dans l'arrondissement du Puy (cantons du Puy, Saint-Paulien, Vorey, Saint-Julien-Chapteuil, Le Monastier, Solignac-sur-Loire, Pradelles, Cayres, Saugues). On en cultive aussi dans quelques communes de l'arrondissement de Brioude : Agnat, Saint-Just-près-Brioude, Saint-Préjet-Armandon, Saint-Étienne-près-Allègre, Tailhac; du nord de l'arrondissement du Puy et de l'arrondissement d'Yssingeaux.

Vigne. — La vigne est cultivée dans la vallée de l'Allier et dans celle de la Loire, notamment à : Sainte-Florine, Frugères-les-Mines, Auzon, Saint-Geron, Blesle, Espalem, Beaumont, Brioude, Fontannes, Javaugues, Saint-Just-près-Brioude, La Chomette, Vieneuve-d'Allier, Blassac, Chilhac, Saint-Austremoine, Langeac, Chanteuges, Saint-Arçons-d'Allier, Sainte-Marie-des-Chazes, Saint-Julien-des-Chazes, Prades (arrondissement de Brioude); Cubelles, Saint-Privat-d'Allier, Saint-Préjet-d'Allier (arrondissement du Puy), dans la vallée de l'Allier; Aurec, Malvalette, Fouilloux, Bas-le-Basset, Bauzac (arrondissement d'Yssingeaux); Chamalières, Vorey, Cheyrac, Chadrac, Le Puy (arrondissement du Puy), dans la vallée de la Loire.

LOIRE-INFÉRIEURE.

Pois et haricots verts. — Ils sont cultivés dans la région de Nantes, notamment dans les communes de Chantenay, Nantes, Saint-Herblain, Saint-Sébastien, Basse-Goulaine, Haute-Goulaine, Les Sorinières, Vertou, Bouguenais, Rezé, La Chapelle-Basse-Mer, Saint-Julien-de-Concelles, La Chapelle-sur-Erdre, Orvault, Carquefou, Doulon, Thouaré, Sainte-Luce.

Vigne. — La vigne est cultivée seule au sud de la Loire, et concurremment avec le pommier à cidre sur la rive droite du fleuve. On la rencontre surtout dans les cantons de Le Loroux, Vertou, Aigrefeuille, Bouaye, Saint-Philbert-de-Grand-Lieu, Machecoul, Bourgneuf, Pornic.

Pommier à cidre. — Sur la rive droite de la Loire, le pommier est cultivé en même temps que la vigne; il est cultivé seul dans tout le nord du département, principalement dans les cantons de Saint-Mars-la-Jaille, Saint-Julien-de-Vouvantes, Châteaubriant, Rougé, Derval, Nozay, Saint-Gildas-des-Bois, Pontchâteau, Guéméné, Blain.

Osier. — L'osier est surtout cultivé dans les communes de Saint-Jean-de-Boiseau, Bouguenais, Rezé, Saint-Sébastien, Haute-Goulaine, Basse-Goulaine, Saint-Julien-de-Concelles, La Chapelle-Basse-Mer, Sainte-Luce, Thouaré, Mauve, Le Cellier, Oudon, Ancenis, Anetz, Varades.

LOIRET.

Pommes de terre. — Ce n'est guère que dans les environs de Puiseaux (arrondissement de Pithiviers) que l'on produit plus spécialement la pomme de terre en vue de l'exportation vers Paris ou vers le midi de la France et l'Algérie.

Pois et haricots. — La culture de ces légumineuses existe surtout près des principaux centres de consommation : Pithiviers, Montargis, Orléans, Châteauneuf-sur-Loire, Gien.

Culture maraîchère. — La culture maraîchère prend une certaine importance dans les environs de Pithiviers, Montargis, Orléans et Gien, qui sont les principaux centres de consommation de ses produits.

Vigne. — Les principales communes qui se livrent à la culture de la vigne sont : Puiseaux, Échilleuse, Boesse, Auxy, Egry, Boynes, Givraines, Yèvre-la-Ville, Dadouville, Mareau, Aschères, Chilleurs-aux-Bois, Nancray, Beaune-la-Rolande, Saint-Loup-les-Vignes, Montbarrois, Montliard (arrondissement de Pithiviers); Villemoutiers, Varennes, Nogent-sur-Vernisson, Châtillon-Coligny, Sainte-Geneviève-des-Bois, Dammarie-sur-Loing, Châteaurenard, Amilly, Villemandeur, Vimory, Girolles, Ferrières, Sceaux (arrondissement de Montargis); Le Bardon, Cravant, Meung-sur-Loire, Baule, Messas, Villorceau, Beaugency, Tavers, Lailly, Dry, Cléry-sur-Loire, Mézières-les-Cléry, Jouy-le-Pothier, Vienne-en-Val, Sigloy, Ouvrouer-les-Champs, Saint-Martin, Châteauneuf-sur-Loire, Saint-Denis-de-l'Hôtel, Jargeau, Férolles, Darvoy, Donnery, Fay-aux-Loges, Trainou, Loury, Vennecy, Chécy, Mardié, Bou, Sandillon, Saint-Cyr-en-Val,

Saint-Denis-en-Val, Saint-Jean-le-Blanc, Saint-Jean-de-Braye, Semoy, Fleury-aux-Choux, Saint-Jean-de-la-Ruelle, Saran, Gidy, Ormes, Ingré, La Chapelle-Saint-Mesmin, Saint-Hilaire-Saint-Mesmin, Olivet, Mareau-aux-Prés, Saint-Ay, Chaingy, Huisseau-sur-Mauve, Orléans, Olivet, Crinay, Combleux, Germigny-des-Prés, Songy (arrondissement d'Orléans); Saint-Benoît, Bonny, Ouzouer-sur-Loire, Gien, Poilly, Saint-Martin-sur-Ocre, Saint-Brisson, Briare, Ouzouer-sur-Trezée, Saint-Firmin, Châtillon-sur-Loire, Ousson-sur-Loire, Beaulieu, Coullons (arrondissement de Gien).

Fruits à cidre. — Les pommes et poires à cidre sont surtout récoltées près de Montargis, Gien, Orléans, et à Dordives, Chevannes, Le Bignou, Bazoches-sur-le-Betz, Rozoy-le-Vieil, Pers, Ferrières, Grizelles, La Celle-sur-le-Bied, Mérinville, Ervauville, Foucherolles, Courtenay, Saint-Hilaire-les-Andressis, Chantecoq, Saint-Loup-de-Gonois, Courtemaux, Louzouer, Paucourt, Montargis, Amilly, Conflans, Gy-les-Nonains, Saint-Germain-des-Prés, Saint-Firmin, Chuelles, Montcorbon, Douchy, Châteaurenard, Montcresson, Melleroy, La Chapelle-sur-Aveyron, Saint-Maurice-sur-Aveyron, Montbouy, Châtillon-Coligny, Dammarie-sur-Loing, Aillant-sur-Milleron, La Charme (arrondissement de Montargis).
En 1902, la production a atteint la valeur de 120,000 francs.

Colza. — Jargeau, Ouvrouer-les-Champs (arrondissement d'Orléans); Saint-Benoît-sur-Loire (arrondissement de Gien) sont les principaux centres de cette culture.

Safran. — On a cultivé, en 1902, 247 hectares de safran répartis surtout dans l'arrondissement de Pithiviers, notamment à Sébouville, Bouzonville, Estouy, Dadonville, Ascoux, Escrennes, Givraines, Gaubertin, Auxy, et un peu dans les arrondissements de Montargis et d'Orléans.

Pépinières. — Aux environs d'Orléans, principalement à Olinet, existent de nombreuses pépinières et d'importants établissements horticoles.

Houblon. — Le houblon est cultivé près d'Orléans, à Saint-Privé-Saint-Mesmin.

LOT.

Melons. — Les melons sont cultivés dans la vallée de la Dordogne, principalement à Souillac, Pinsac, Saint-Sozy, Creysse, Montvalent, Floirac, Carennac (arrondissement de Gourdon); dans la vallée du Lot, surtout à Puy-l'Évêque, Prayssac, Luzech, Cahors (arrondissement de Cahors) et aux environs de Figeac.

Choux cabus, oignons, petits pois, asperges. — Ces légumes et primeurs sont cultivés dans les vallées de la Dordogne et du Lot; les principaux centres de cette culture sont Souillac, Saint-Sozy, Creysse, Carennac (arrondissement de Gourdon); Duravel, Prayssac, Luzech, Cahors, Arcambal, Saint-Géry, Gabrerets, Sauliac (arrondissement de Cahors); Corn, Boussac (arrondissement de Figeac).

Prunes. — Les principales communes se livrant à la production des prunes sur une étendue d'au moins 25 hectares sont : Cazillac, Condat, Souillac (arrondissement de Gourdon); Lacapelle-Marival, Le Bouyssou, Figeac, Faycelles, Cajarc, Fons (arrondissement de Figeac); Cazals, Pomarède, Puy-l'Évêque, Prayssac, Castelfranc, Luzech, Saint-Vincent, Arcambal, Aujols, Labugarde, Laibenque, Montdoumerc, Le Montat, Floressas, Sérignac, Saint-Matre, Fargues, Bagat, Saint-Daunès, Saint-Pantaléon, Montcuq, Le Breil, Montlauzun, Saint-Laurent, Saint-Cyprien, Cézac, Castelnau-de-Montratier (arrondissement de Cahors) qui récoltent surtout la prune d'Agen; — Cavagnac, Puybrun, Alvignac, Le Bastit, Soulomès, Saint-Germain, Gourdon, Saint-Projet (arrondissement de Gourdon); Belmont, Saint-Céré, Saint-Vincent, Loubressac, Thémines, Rudelle, Sonac, Flaujac, Reilhac, Espédaillac, Figeac, Felzins (arrondissement de Figeac); Sauzet, Vaylats. Varaire, Beauregard (arrondissement de Cahors), qui produisent surtout la prune ordinaire (reine-Claude et prune commune).

Pommes à couteau. — Les pommes à couteau sont principalement produites à : Cazillac, Cavagnac, Condat, Vayrac, Creysse, Saint-Sozy, Souillac, Pinsac, Lamothe, Nozac, Payrignac, Salviac, Degagnac (arrondissement de Gourdon); Moncléra, Pomarède, Boissières, Espère, Nadillac, Francoules (arrondissement de Cahors); Glanes, Bretenoux, Belmont, Loubressac, Saint-Céré, Teyssieu, Calviac, Sousceyrac, Aynac, Molières, Gorses, La Tronquière, Saint-Hilaire, Saint-Médard, Terrou, Sabadel, Lacapelle-Marival, Le Bouyssou, Prendeignes, Cardaillac, Camburat, Bagnac, Figeac, Felzins (arrondissement de Figeac).

Raisin de table. — Le raisin de table est produit dans le sud de l'arrondissement de Cahors, notamment dans les communes de Sainte-Alauzie, Saint-Cyprien, Saint-Laurent, Montlauzun.

Châtaignes — Les châtaignes sont principalement produites dans l'arrondissement de Figeac, notamment à Glanes, Teyssieu, Belmont, Calviac, Sousceyrac, Saint-Céré, Gorses, La Tronquière, Terrou, Molières, Anglars, Sabadel, La Capelle-Marival, Le Bouyssou, Cardaillac, Camburat, Viazac. Dans les arrondissements de Gourdon et de Cahors, la production est beaucoup moins importante; les châtaigneraies existent à Payrac, Nozac, Rouffilhac, Payrignac, Léobard (arrondissement de Gourdon); Frayssinet-le-Gelat, Pomarède, Duravel (arrondissement de Cahors).

Fraises. — Une cinquantaine d'hectares sont consacrés à la production des fraises qui se fait notamment à Cajarc (arrondissement de Figeac); Calvignac, Saint-Martin-Labouval, Caillac (arrondissement de Cahors).

Noix. — Le noyer est principalement cultivé aux environs de Cressensac, Gignac, Cuzance, Cazillac, Condat, Vayrac, Carennac, Floirac, Creysse, Souillac, Lamothe, Payrac, Nozac, Rouffilhac, Gourdon, Salviac, Degagnac, Concores, Frayssinet, Saint-Germain, Labastide-Murat, Caniac (arrondissement de Gourdon); Loubressac, Autoire, Camburat, Viazac, Livernon, Béduer, Faycelles, Gréalou, Cajarc (arrondissement de Figeac); Cazals, Moncléra, Pomarède, Montgesty, Catus, Calamane, Nadillac, Lauzès, Saint-Géry, Berganty, Concots, Labugarde, Le Montat (arrondissement de Cahors).

Vigne. — Les communes où la culture de la vigne est la plus importante sont Vayrac, Floirac, Souillac, Payrac, Nozac, Caniac, Frayssinet, Peyrilles, Degagnac (arrondissement de Gourdon); Glanes, Belmont, Saint-Céré, Loubressac, Autoire, Figeac, Grealou, Cajarc (arrondissement de Figeac); Cazals, Moncléra, Duravel, Puy-l'Évêque, Grezel, Prayssac, Luzech, Albas, Fargues, Sérignac, Castelnau, Fontanes, Lalbenque, Varaire, Limogne, Concots, Saint-Géry, Cahors, Le Montat, Parnac, Gaillac, Labastide-Marnhac, Lamadelaine Vire, Douellé (arrondissement de Cahors).

Les meilleurs vins, dits vins des Côtes du Lot, proviennent des cantons de Cahors, Luzech et Puy-l'Évêque.

Les principaux crus sont ceux de Foulquet (commune de Castelfranc); de Grand-Constant, Fort, Cénac (commune d'Albas); de Caïx, Roissor, Fages, non loin de Luzech; des côtes de Grézels; de Grès (commune de Touzac); de Château-de-Mauroux (commune de Mauroux); de Coustet (commune de Cambayrac); de Bar (commune de Puy-l'Évêque).

Truffes. — Les truffières les plus importantes se trouvent surtout aux environs de Cressensac, Gignac, Cuzance, Martel, Baladou, Lamothe, Payrac, Rocamadour, Nozac, Gourdon, Ginouillac, Degagnac (arrondissement de Gourdon); Issendolus, Théminettes, Livernon (arrondissement de Figeac); Montgesty, Catus, Moncléra, Grezels, Luzech, Arcambal, Esclauzels, Aujols, Concots, Limogne, Varaire, Lalbenque, Le Montat, Trespoux (arrondissement de Cahors).

LOT-ET-GARONNE.

Petits pois. — Ils sont cultivés aux environs d'Agen et dans toute la vallée du Lot, principalement dans les cantons de Sainte-Livrade, Monclar, Villeneuve-sur-Lot, Penne et Fumel.

Haricots verts. — Les haricots verts sont surtout produits dans les environs de Villeneuve-sur-Lot.

Melon. — Il est cultivé aux environs d'Agen dans les communes de Boé, Bon-Encontre, Lafox, Le Passage d'Agen.

Asperge. — L'asperge est produite dans les vallées de la Garonne et du Lot, notamment dans les communes d'Agen, Le Passage, Bon-Encontre, Colayrac, Brax, Sérignac, Port-Sainte-Marie, Saint-Laurent, Nicole, Aiguillon, Lagarrigue, Villeneuve-sur-Lot, Lédat.

Tomate. — La tomate est produite dans les environs d'Agen, surtout à Boé, Le Passage; dans les environs de Port-Sainte-Marie, Aiguillon, Nicole et dans les cantons de Bouglon, Marmande et Casteljaloux.

Chou-fleur. — La commune du Passage (canton d'Agen) cultive le chou-fleur.

Oignon. — Il est cultivé dans l'arrondissement d'Agen, principalement à Bon-Encontre, Le Passage, Castelculier, Lafox, Sauveterre, Layrac, Boé, Saint-Pierre-de-Clairac, Brax, Roquefort, Colayrac, Port-Sainte-Marie.

Salsifis. — Il est surtout récolté dans les environs d'Agen et de Villeneuve. On en produit de la graine dans les cantons de Villeréal, Lauzun, Castillonnès.

Céleri. — Il est cultivé par les jardiniers d'Agen et surtout par ceux de Villeneuve-sur-Lot.

Artichaut. — Cultivé sur une grande étendue.

Abricotier. — Il est cultivé aux environs d'Agen et d'Aiguillon, principalement à Nicole (canton de Port-Sainte-Marie).

Cerisier. — Il est cultivé notamment aux environs d'Agen, Villeneuve-sur-Lot, Vianne, Montgaillard, Feugarolles, Nérac, Laplume.

Pêcher. — La pêche est produite surtout aux environs d'Agen et de Villeneuve-sur-Lot; à Nicole, Port-Sainte-Marie, Saint-Laurent, Thouars, Buzet, Saint-Pierre-de-Buzet, Damazan, Saint-Léger.

Prunier. — Le prunier est cultivé dans toute la partie du département située au nord de la Garonne et un peu dans le sud-est. C'est la prune d'ente qui est produite dans toute cette région. A côté du prunier d'ente, on cultive le prunier saint-antonin dans les cantons d'Agen, Beauville, Laroque-Timbaut (arrondissement d'Agen); Penne, Tournon-d'Agenais (arrondissement de Villeneuve-sur-Lot). La prune reine-Claude est produite aux environs d'Agen et de Marmande et un peu dans toute la région de culture du prunier.

Raisin de table. — Le chasselas est produit notamment sur le coteau de Nicole bordant la vallée de la Garonne sur la rive droite (Nicole, Port-Sainte-Marie, Lapouleille, Colayrac, Saint-Hilaire) et dans les cantons de Lavardac, Prayssas, Astaffort, Puymirol.

Amandier. — L'amandier est principalement cultivé aux environs d'Agen, Aiguillon, Buzet, Marmande, Sainte-Bazeille.

Vigne. — La vigne est cultivée dans tout le département de Lot-et-Garonne. Les meilleurs vins rouges sont ceux de Cocumont; des côtes de Duras : Loubès-Bernac, Soumensac, Pardaillan, Lévignac-de-Seyches; des côtes de Marmande : Madeleine, Beaupuy, Castelnaud; des côtes de Montignac-de-Lauzun, de Ségalas, dans l'arrondissement de Marmande; — des côtes du Lot, des cantons de Tournon, Monflanquin et Fumel, dans l'arrondissement de Villeneuve-sur-Lot; — de Buzet, de Xaintrailles et de Montgaillard, dans l'arrondissement de Nérac; — des cantons de : Astaffort, Beauville, Laplume (communes de Moirax et Sainte-Colombe), Agen (Pont-du-Casse), Port-Sainte-Marie, Prayssas (Montpezat-d'Agenais), Laroque-Timbaut, dans l'arrondissement d'Agen.

Les meilleurs vins blancs sont ceux de Soumensac, Pardaillan, Saint-Sernin, Guérin, Bouglon (arrondissement de Marmande), Pont-du-Casse (arrondissement d'Agen), Saumont et Moncassin (arrondissement de Nérac). Dans le même arrondissement, le canton de Mézin produit beaucoup de vin blanc ordinaire.

Chanvre. — Le chanvre est cultivé plus particulièrement dans les environs d'Aiguillon.

LOZÈRE.

Lentilles. — Elles sont produites dans tout le canton de Bleymard et dans le sud du canton de Langogne.

Pommes de terre. — Les pommes de terre sont principalement cultivées dans les cantons de Langogne, Grandrieu, Saint-Chély-d'Apcher, Aumont.

Choux. — Ils sont produits surtout dans les cantons de Grandrieu, Langogne, Châteauneuf-Randon, Bleymard, Villefort.

Culture maraîchère (légumes divers et replants). — Elle est pratiquée aux environs de Malzieu-Ville, Marvejols, Mende, Villefort, Florac, Barre, Saint-Germain-de-Calberte.

Champignons. — Les champignons sont produits dans tout le département.

Pommes et poires. — Ces fruits sont produits dans les vallées des cantons de : La Canourgue, Saint-Germain-du-Teil, Marvejols, Chanac, Mende (vallée du Lot); Massegros, Sainte-Énimie, Florac (vallée du Tarn); Barre-des-Cévennes, Saint-Germain-de-Calberte (vallée du Gardon).

Châtaignes. — Elles sont produites dans l'arrondissement de Florac, sauf dans les Causses, surtout dans la vallée du Tarn (cantons de Massegros, de Sainte-Énimie, de Florac et de Pont-de-Montvert), et dans toute l'étendue des cantons de Barre et de Saint-Germain-de-Calberte.

Faînes. — Elles sont produites dans les cantons de Saint-Chély-d'Apcher et Aumont.

Extrait tannique. — Produit aux usines de Banassac (canton de La Canourgue) et de Génolhac (chef-lieu de canton du Gard).

Gentiane. — Produite dans les cantons de Malzieu-Ville, Saint-Chély-d'Apcher, Aumont (arrondissement de Marvejols); Saint-Amans et Langogne (arrondissement de Mende).

Bourgeons de pin. — Produits dans les cantons de Saint-Chély-d'Apcher (arrondissement de Marvejols), Grandrieu, Langogne, Châteauneuf-Randon (arrondissement de Mende).

Cônes de pin. — Produits dans les cantons de Grandrieu, Langogne, Châteauneuf-Randon (arrondissement de Mende).

MAINE-ET-LOIRE.

Culture maraîchère. — La culture maraîchère est développée dans les cantons d'Angers, de Saumur et de Montreuil-Bellay (arrondissement de Saumur).

Melons. — Ceux de Mazé, à 24 kilomètres d'Angers, sont particulièrement renommés.

Haricots verts. — D'importantes cultures de haricots verts sont faits aux environs de Saumur.

Fraises. — Elles sont produites surtout par les communes de : Beaucouzé, Avrillé, Angers, Saint-Barthélemy (canton d'Angers), La Daguenière (canton des Ponts-de-Cé), dans l'arrondissement d'Angers; Saint-Lambert-des-Levées, Villebernier, Varennes-sur-Loire (canton de Saumur).

Choux-fleurs. — Les communes d'Angers, Sainte-Gemmes-sur-Loire et Les Ponts-de-Cé cultivent 230 hectares de choux-fleurs.

Oignon. — L'oignon est cultivé notamment dans les communes de Saint-Lambert-des-Levées et Villebernier, près de Saumur, pour l'obtention de jeunes plants à repiquer.

Artichauts. — Les artichauts sont cultivés notamment aux environs d'Angers et dans la région de Vaudelnay-Rillé et du Puy-Notre-Dame (canton de Montreuil-Bellay).

Pommes et poires à couteau. — Ces fruits sont produits, dans le canton d'Angers, à Angers, Écouflant, Saint-Sylvain, Pellouailles, Villevêque, Andard; et dans le canton de Saumur, à Saint-Lambert-des-Levées, Villebernier, Dampierre, Souzay, Varennes-sur-Loire.

Vigne. — Les crus les plus renommés de Maine-et-Loire sont ceux de Savennières (Coulée-de-Serrant, La Roche-aux-Moines, Le Papillon et L'Espiré); Montjean, Chalonnes, Chaudefonds, Rochefort, Murs; les vins des Coteaux-du-Layon produits à Saint-Aubin-de-Juigné, Saint-Lambert-du-Lattay, Beaulieu, Faye, Rablay, Thouarcé, Bonnezeaux, Martigné; les vins du Saumurois produits à Dampierre, Verrains, Chacé, Brézé, Saint-Cyr-en-Bourg, Parnay (Château-Parnay, La Ripaille); ceux de la vallée du Loir à Huillé; ceux de la vallée de la Sarthe à Briollais et à Chiffes.

Fruits à cidre. — Les pommes à cidre sont produites principalement dans l'arrondissement de Segré.

Culture des porte-graines. — Les graines produites sont celles de : choux, carottes, laitues, betteraves, chicorées, concombres, céléri, navets, oseille, panais, persil, potirons, poireau, radis, salsifis, etc.; on produit aussi quelques graines de fleurs : résédas, balsamines, giroflées, immortelles, pensées, œillets, silènes, amarantes, etc. Cette culture existe dans la vallée de la Loire, depuis Saumur jusqu'à Chalonnes-sur-Loire, principalement dans les communes de Saint-Lambert-des-Levées, Vivy, Saint-Martin-de-la-Place, Saint-Clément-des-Levées, Grézillé, Saint-Georges-des-Sept-Voies, La Bohalle, La Daguenière, Saint-Gemmes-sur-Loire, Savennières, La Possonnière, Saint-Georges-sur-Loire, Longué, Saint-Mathurin, Les Ponts-de-Cé, Les Rosiers, Beaufort, Saint-Georges-Chatelaison, Louresse-Rochemenier, Soulanger.

Pépinières. — On produit des plants d'arbres fruitiers, d'arbres forestiers, de rosiers et de quelques autres arbustes d'ornement, surtout des camélias et des magnolias dans les communes de Bouchemaine, Andard, Brain-sur-l'Authion, Saint-Mathurin, La Bohalle, Saint-Barthélemy, Trélazé, Saint-Gemmes-sur-Loire, Les Ponts-de-Cé, La Daguenière, Angers, Louresse-Rochemenier, Denezé-sous-Doué, Meigné, Forges, Doué, Soulanger, Douces, Montfort, Les Verchers, Le Vaudelnay-Rillé.

MANCHE.

Pommes de terre de primeur. — La pomme de terre précoce est cultivée sur le littoral et principalement dans l'arrondissement de Cherbourg; les arrondissements de Saint-Lô et de Mortain ont une production beaucoup moins importante. Les principaux centres de production sont : Bricqueville-sur-Mer, Lingreville, Annoville, Hautteville, Créances (arrondissement de Coutances); Le Vast, Gonneville, Brillevast, Theville, Tourlaville, Tocqueville, Gatteville, Gouberville, Néville, Rétoville, Digosville, Bretteville, Fermanville, Cosqueville (arrondissement de Cherbourg); Anneville-en-Saire, Reville, Saint-Waast-la-Hougue, La Pernelle, Le Vicel, Barfleur, Montfarville, Quettehou, Teurthéville-Bocage, Morsalines, Crasville (arrondissement de Valognes).

Asperges. — Les asperges sont cultivées notamment à Annoville, Lingreville (dans l'arrondissement de Coutances), dans la baie du Mont-Saint-Michel et un peu à Tourlaville (arrondissement de Cherbourg).

Melons. — Dans l'arrondissement de Coutances, Hautteville-sur-Mer, Lingreville, Créances et Tourlaville cultivent le melon,

Pois (pois à écosser et pois mange-tout). — Les principaux centres de culture des pois sont Hauteville-sur-Mer, Annoville, Lingreville, Bricqueville-sur-Mer et Tourlaville.

Haricots verts. — Hautteville-sur-Mer, Annoville, Lingreville, Créances, Tourlaville et Surtainville produisent les haricots verts.

Choux. — On cultive les choux à Tourlaville, Annoville, Bricqueville-sur-Mer, Hautteville-sur-Mer, Lingreville et à Créances.

Carottes. — Les principaux centres de culture des carottes sont Créances, Hautteville-sur-Mer, Annoville, Lingreville et Tourlaville.

Oignons. — Créances, Hautteville-sur-Mer, Annoville, Lingreville, Bricqueville, Tourlaville et Montfarville se livrent à la culture des oignons.

Artichauts. — L'artichaut est produit à Tourlaville et à Annoville et Lingreville.

Navets. — Le navet est cultivé à Créances, Tourlaville, Annoville, Hautteville-sur-Mer, Bricqueville et Lingreville.

Salades. — Hautteville-sur-Mer, Annoville, Bricqueville, Lingreville et Tourlaville cultivent les salades.

Panais. — Dans la région d'Annoville et Hauteville, on le cultive avec l'oignon; cette culture est importante à Créances.

Poireaux. — Ils sont cultivés à Créances, Tourlaville et dans la région d'Annoville, Lingre-ville, Hautteville.

Radis. — Ils sont produits à Annoville, Lingreville et Tourlaville.

Salsifis. — Cultivés à Annoville, Lingreville, Hautteville, Bricqueville et Tourlaville.

Céleri. — Il est produit à Tourlaville.

Persil. — Le persil est cultivé à Tourlaville.

Rutabagas. — Tourlaville et Créances les cultivent pour la production des jeunes plants.

Betteraves. — Elles sont cultivées à Créances et Tourlaville, surtout en vue de la production des jeunes plants.

Pêches et raisins forcés. — Des maraîchers de Tourlaville (arrondissement de Cherbourg) produisent en serre, depuis 1899, des pêches et des raisins.

Porte-graines. — Les maraîchers de Tourlaville produisent des graines de choux pommés et de choux-fleurs; cette culture est aussi pratiquée dans la baie du Mont-Saint-Michel.

Prunes. — On les produit à Saint-Jean-le-Thomas.

Pommes et poires à couteau. — Ces fruits sont produits un peu partout dans le département.

MARNE.

Pommes de terre de primeur. — Les pommes de terre sont principalement cultivées à Pévy, Jonchery, Trigny, Prouilly, Cormicy, Villers-Franqueux, Cauroy-les-Hermonville, Saint-Thierry, Hermonville, Montigny-sur-Vesle, Unchair, Vendeuil, Ventelay, Sermiers, Janvry (arrondissement de Reims); Fleury-la-Rivière (arrondissement d'Épernay).

Asperges. — Les asperges sont plus spécialement cultivées à Cormicy, Cauroy-les-Hermon-ville, Hermonville, Villers-Franqueux, Cormoyeux, Pévy, Trigny, Pouillon, Chenay, Jonchery-sur-Vesle, Faverolles-et-Coémy, Brimont (arrondissement de Reims); Sainte-Menehould.

Melons. — Les melons sont produits notamment à Châlons-sur-Marne et à Saint-Memmie, près de Châlons.

Petits pois et haricots verts. — Les petits pois et les haricots verts sont surtout produits à Serzy-et-Prin, Faverolles-et-Coémy, Thil, Trigny, Saint-Brice, Jonchery-sur-Vesle, Courmas, Tramery (arrondissement de Reims).

Choux. — Les choux sont cultivés plus particulièrement aux environs de Reims et à Écury-sur-Coole, Nuisement-sur-Coole (arrondissement de Châlons-sur-Marne).

Oignons. — Les oignons sont cultivés principalement aux environs de Reims, notamment à Courcelles, et à Angluzelles, Marigny (arrondissement d'Épernay).

Navets. — Les navets sont cultivés surtout à Courtisols (arrondissement de Châlons) et à Saint-Quentin-les-Marais (arrondissement de Vitry-le-François).

Légumes divers (choux, salades, poireaux, radis, carottes, haricots verts, épinards, oignons blancs, tomates, artichauts). — Ces légumes sont cultivés à Reims, et dans les environs, à Saint-Brice, Cormontreuil, Taissy, Muizon.

Cerisiers. — Les cerises sont produites surtout à : Cormicy, Cauroy-lès-Hermonville, Her-monville, Villers-Franqueux, Pouillon, Trigny, Prouilly, Jonchery-sur-Vesle, Rosnay, Serzy-et-Prin, Courmas (arrondissement de Reims); Troissy, Mareuil-le-Port, OEuilly, Boursault, Festigny, Leuvrigny, Nesle-le-Repons, Dormans, Soilly, Courthiézy, Le Breuil (arrondissement d'Épernay); Binarville, Florent, La Grange-aux-Bois, Passavant (arrondissement de Sainte-Menehould); Vitry-en-Perthois (arrondissement de Vitry-le-François).
A Dormans existe une usine qui fabrique des conserves de cerises.

Cerises à kirsch. — Le kirsch est surtout fabriqué à Passavant (canton de Sainte-Menehould); en année d'abondante récolte, les cerises sont soumises à la distillation dans la plupart des centres producteurs.

Pruniers. — Les prunes (reine-Claude) sont produites notamment à : Cauroy-lès-Hermon-ville, Hermonville, Villers-Franqueux, Pouillon, Trigny, Prouilly, Jonchery-sur-Vesle, Rosnay, Sainte-Euphraise, Courmas (arrondissement de Reims); Troissy, Mareuil-le-Port, OEuilly, Boursault, Dormans, Soilly, Courthiézy (arrondissement d'Epernay); Passavant (arrondisse-ment de Sainte-Menehould); Vitry-en-Perthois (arrondissement de Vitry-le-François).

Pommes et poires à cidre. — Les fruits à cidre sont principalement produits à : Cauroy-les-Hermonville, Hermonville, Villers-Franqueux, Pouillon, Trigny, Prouilly, Jonchery-sur-Vesle, Sainte-Euphraise, Courmas, Beaumont-sur-Vesle (arrondissement de Reims; Montmirail, Ester-nay (arrondissement d'Epernay); Florent, La Grange-aux-Bois (arrondissement de Sainte-Menehould); Vitry-en-Perthois (arrondissement de Vitry-le-François).

Vigne. — Le vignoble de la Marne comprend plusieurs régions :

1° La Montagne de Reims et le Plateau de Bouzy et Ambonnay; les grands crus de cette région sont ceux de Verzy, Verzenay, Mailly et Sillery, Bouzy, Ambonnay, Louvois: les pre-miers crus comprennent : Ludes, Chigny, Rilly-la-Montagne, Villers-Allerand, Villers-Mar-mery, Trépail; les deuxièmes crus proviennent des communes de : Hermonville, Cauroy-lès-Hermonville, Cormicy, Chenay, Merfy, Pouillon, Saint-Thierry, Baslieux-sous-Châtillon, Cuchery-la-Neuville, Olizy, Belval, Cuisles, Courmas, Marfaux, Pourcy, Bligny, Aubilly, Chambrecy, Ville-en-Tardenois, Sarcy, Tramery, Crugny, Serzy-et-Prin, Savigny, Faverolles, Treslon, Théry, Lagery, Brouilles, Arcis-le-Ponsart, Courville, Saint-Gilles, Janvry, Germigny, Vrigny, Poilly, Rosnay, Fismes, Unchair, Hourges, Vandeuil, Thil, Villers-Franqueux, Trigny, Romain, Prouilly, Sévy, Nogent-l'Abbesse, Berru. Cette région est tout entière située dans l'ar-rondissement de Reims.

2° La région de la rivière de Marne comprenant, comme grands crus : Ay, Mareuil-sur-Ay et Bisseuil (arrondissement de Reims); comme premiers crus : Chouilly, Oiry, Thours-sur-Marne, Mutigny, Avenay, Mutry, Dizy, Champillon, Hautvillers, Cumières, Damery, Romi-gny; comme seconds crus : Mardeuil, Fleury-la-Rivière, Venteuil. Vauciennes, Reuil, Villers-sous-Châtillon, Châtillon-sur-Marne, Vandières, Verneuil, Champvoisy, Passy-Grigny, Sainte-Femme, Festigny, Leuvrigny, Comblizy, Port-à-Binson, OEuilly, Troissy, Dormans, Soilly, Courthiézy.

3° La côte d'Epernay, dont les premiers crus sont ceux d'Épernay, Pierry, Moussy, Vinay, Ablois, Brugny, Chavost, Monthelon, Mancy, Grauves, Cuis.

4° La côte d'Avize et de Vertus qui produit les vins les plus estimés de la Champagne. Les grands crus de cette région se trouvent à Cramant, Avize, Oger, Le Mesnil-sur-Oger; les pre-miers crus à Vertus, Bergères-les-Vertus; les seconds crus à Loisy-en-Brie, Givry-les-Loisy.

Dans le sud de l'arrondissement d'Épernay, les troisièmes crus proviennent des communes de Sézanne, Vindey, Chichey, Barbonne, Fontaine-Denis, Broyes, Oyes, Allemant, Saudoy, Talus-Saint-Prix, La Celle-sous-Chantemerle, Chantemerle, Etages, Férebrianges, Baunay, Congy, Baye, Villevenard, Coligny, Toulon-la-Montagne.

Dans l'arrondissement de Vitry-le-François, on ne produit que des troisièmes crus dont les meilleurs proviennent des communes de : Huiron, Glannes, Courdemanges, Couvrot, Outre-pont, Merlaut, Changy, Bassuet, Bassu, Vavray-le-Grand, Saint-Quentin, Vavray-le-Petit, Doncey, Rosay, Vanault-le-Châtel, Charment, Vroil, Vanault-les-Dames, Saint-Lumier, Loisy-sur-Marne, Vitry-le-François, Ecollemont, Larzicourt, Ambrières, Les Grandes-Côtes, Haute-ville, Nuisement, Landricourt, Sapignicourt, Arzillières, Blaise-sous-Arzillières, Cheminon.

Noyer. — Le noyer est cultivé dans l'arrondissement de Reims, notamment à Cauroy-les-Hermonville, Villers-Franqueux, Pouillon, Trigny, Rosnay, Sainte-Euphraise, Courmas.

HAUTE-MARNE.

Pommes de terre de semence. — On cultive les pommes de terre à Maizières (arrondissement de Langres), en vue de la production de tubercules de semences.

Asperges. — On produit des asperges surtout dans les environs de Varennes-sur-Amauce (arrondissement de Langres).

Choux à choucroute. — Longeville (arrondissement de Vassy) cultive les choux à choucroute et fait un commerce important de choucroute.

Prunes. — Les prunes sont principalement produites dans les cantons de Varennes-sur-Amances, La Ferté-sur-Aube et Bourbonne-les-Bains (arrondissement de Langres).

Vigne. — La vigne est cultivée notamment à : Curel, Autigny-le-Grand, Thonnance-lès-Joinville, Suzannecourt, Joinville, Rupt, Poissons, Saint-Urbain, Vaux-sur-Urbain, Rouécourt, Provenchères, Ambonville, Bouzancourt, dans l'arrondissement de Vassy; Daillancourt, Guindrecourt-sur-Blaise, Champcourt Soncourt, Oudincourt, Ormoy-lès-Sexfontaines, Sexfontaines, Gillancourt, La Villeneuve-au-Roi, Vaudrémont, Autreville, Cirfontaines-en-Azois, Braux, Pont-la-Ville, Orges, La Ferté-sur-Aube, Silvarouvres, Châteauvillain, Créancey, Latrecey, dans l'arrondissement de Chaumont; Larivière, Arnoncourt, Serqueux, Beaucharmoy, Bourbonne-les-Bains, Damrémont, Coiffy-le-Haut, Melay, Laneuvelle, Coiffy-le-Bas, Champigny-sous-Varennes, Arbigny-sous-Varennes, Voisey, Neuville-les-Voisey, Soyers, Vaux-la-Douce, La Ferté-sur-Amance, Anrosey, Chalindrey, Le Pailly, Percey-le-Pautel, Verseilles-le-Bas, Saint-Broingt-les-Fosses, Prauthoy, Aubigny, Rivières-les-Fosses, Vaux-sous-Aubigny, dans l'arrondissement de Langres.

Lin. — Cette culture est pratiquée plus spécialement dans les communes de Longeville et d'Éclaron, dans l'arrondissement de Vassy.

Osier. — L'osier est cultivé notamment à Louvemont, Attancourt, Vassy, Mertrud, Les Chères, dans l'arrondissement de Vassy; Hortes, Rosoy, Rougeux, Charmoy, Fays-Billot, Poinson-les-Fays, Pressigny, Genevrières, Bussières-les-Bellemont, dans l'arrondissement de Langres.

Houblon. — Le houblon est cultivé surtout dans le canton de Prauthoy (arrondissement de Langres), à Saint-Broingt-les-Fosses, Courcelles-Val-d'Esnoms, Esnoms, Chatoillenot, Prauthoy, Montsaugeon, Aubigny, Vaux-sous-Aubigny, Rivières-les-Fosses, Isômes, Couzon, Occey, Dommarien.

MAYENNE.

Vigne. — La vigne est cultivée près de Meslay (arrondissement de Laval) et de Saint-Denis d'Anjou (arrondissement de Château-Gonthier).

Fruits à cidre. — Les fruits à cidre sont produits dans tout le département. Le pommier est particulièrement abondant dans les cantons de Cossé-le-Vivien, Craon, Château-Gonthier (arrondissement de Château-Gonthier); Montsurs, Loiron (arrondissement de Laval); Ernée (arrondissement de Mayenne). Le poirier est mélangé au pommier un peu partout, dans une faible proportion au sud du département, un peu plus abondant dans l'arrondissement de Laval et en quantité sensiblement égale à celle du pommier dans l'arrondissement de Mayenne.

Culture maraîchère. — Il n'y a qu'une très petite surface consacrée à la culture maraîchère dans les environs immédiats de Mayenne, Laval et Château-Gonthier,

MEURTHE-ET-MOSELLE.

Asperges. — Les asperges sont notamment cultivées à Belleville, Malzéville, Dombasle (arrondissement de Nancy).

Choux à choucroute. — On cultive les choux destinés à la fabrication de la choucroute principalement à Tomblaine, Rosières-aux-Salines (arrondissement de Nancy); Chanteheux, Emberménil (arrondissement de Lunéville). Il existe des fabriques de choucroute à Nancy et à Rosières-aux-Salines.

Culture maraîchère. — La culture maraîchère existe surtout à : Briey, Pont-à-Mousson, Mousson, Montauville, Maidières, Blénod-les-Pont-à-Mousson, Maxéville, Nancy, Saint-Max, Laxou, Villers-les-Nancy, Vandœuvres, Jarville, Bosserville, Art-sur-Meurthe (arrondissement de Nancy); Anthelupt, Moncel-les-Lunéville, Saint-Clément (arrondissement de Lunéville); Gondreville, Dommartin-les-Toul, Toul (arrondissement de Toul).

La production des légumes en vue de l'exportation se fait plus spécialement à Lunéville où existent des fabriques de conserves ainsi qu'à Nancy.

Prunes. — Les principaux centres de production et de vente pour les mirabelles et les quetsches sont : Onville, Saint-Julien-les-Gorze, Vandelainville (arrondissement de Briey); Pagny-sur-Moselle, Prény, Vandières, Villers, Norroy, Montauville, Maidières, Atton, Jezainville, Dieulouard, Autreville, Belleville, Malleloy, Faulx, Montenoy, Bouxières-aux-Chênes, Moivron, Villers-les-Moivron, Maxéville, Malzéville, Nancy, Laxon, Villers-les-Nancy, Vandœuvre, Saint-Nicolas-du-Port, Ville-en-Vermois, Rozières-aux-Salines, Saffais, Crévechamps, Neuviller, Saint-Remimont, Orme-et-Ville, Gripport, Bralleville, Bouzanville (arrondissement de Nancy); Mont-le-Vignoble, Blénod-les-Toul, Bulligny, Favières, Battigny, Vandeleville, Fécaucourt (arrondissement de Toul); Flainval, Anthelup, Deuxville, Hudiviller, Vitrimont, Lunéville, Saint-Mard, Lorey, Brémoncourt, Bayon, Haigneville, Loro-Montzey, Saint-Germain (arrondissement de Lunéville).

Des usines pour la fabrication des conserves existent à Onville, Nancy, Lunéville, Neuvillers-sur-Moselle.

Vigne. — Les principaux vignobles du département sont : dans l'arrondissement de Briey, Onville, Waville, Villecey-sur-Madon; dans l'arrondissement de Nancy, Pagny-sur-Moselle, Pont-à-Mousson, Willery; toutes les communes riveraines de la Moselle, de Pagny à Nancy, Leyr, Saint-Nicolas, Rosières-aux-Salines, Dombasle dans la vallée de la Meurthe, Chaligny, Chavigny, et de Pont-Saint-Vincent à Vézelise, dans la vallée du Madou; dans l'arrondissement de Toul, Thiaucourt et la vallée du Rupt-de-Madon produisent des vins fins, Toul et les côtes de Lagney à Bulligny; dans l'arrondissement de Lunéville, Bayon et la vallée de la Moselle, Moyon, Guberviller et la vallée de la Mortagne.

Houblon. — Les principales communes qui cultivent le houblon sont : Pagny-sur-Moselle, Prény, Vandières, Champey, Norroy, Morville-sur-Seille, Pont-à-Mousson, Maidières, Montauville, Blénod-les-Pont-à-Mousson, Jezainville, Nomeny, Manoncourt-sur-Seille, Loisy, Dieulouard, Belleville, Millery, Belleau, Jeandelicourt, Custines, Marbache, Eulmont, Malzéville, Tomblaine, Jarville, Lenoncourt, Vandœuvre, Saint-Nicolas-du-Port, Rosières-aux-Salines, Saffais, Autrey, Vezelise, Ormes-et-Ville, Haroué, Affracourt, Praye (arrondissement de Nancy); Hoéville, Bathelemont-les-Bauzemont, Coincourt, Einville, Raville, Bonviller, Deuxville, Anthelupt, Vitrimont, Jolivet, Blainville, Haussonville, Brémoncourt, Loro-Montzey, Saint-Germain, Claycures, Rozelieures, Moriviller, Seranville, Vallois, Gerbeviller, Laronxe, Blamont (arrondissement de Lunéville); Rémenauville, Limey, Flirey, Martincourt, Griscourt, Rogéville, Domèvre-en-Haye, Rozières-en-Haye, Avrainville, Jaillon, Bouvron, Lagney, Lucey, Bruley, Pagney, Ecrouves, Toul, Dommartin-les-Toul, Bicqueley, Colombey-les-Belles (arrondissement de Toul).

Osier. — L'osier est cultivé dans l'est de l'arrondissement de Lunéville, notamment à : Laneuville-aux-Bois, Marainviller, Thiébauménil, Bénaménil, Gondrexon, Chazelles, Gogney, Frémonville, Harboué, Domèvre, Saint-Martin, Frémenil, Ogéviller, Aucerviller, Migneville, Pettonville, Montigny, Hablainville, Vaxainville, Reheray, Sainte-Pole, Vacqueville, Merviller, Vency, Azerailles, Chénevières, Glonville, Fontenoy-la-Joute, Magnières.

Le principal centre de vente de l'osier est Ogéviller.

MEUSE.

Pomme de terre. — La pomme de terre est cultivée dans tout le département; les communes de Sauvigny, Commercy, Ville-Issey, Sorey, Troussey, Void, Pagny-sur-Meuse, Vignot, Maizey, Lacroix (arrondissement de Commercy); Dieue, Verdun (arrondissement de Verdun), sont les principaux centres de production qui se livrent au commerce de la pomme de terre.

Asperges. — Les asperges sont cultivées principalement à Void (arrondissement de Commercy).

Culture maraîchère. — Les principales communes où la production des légumes a une certaine importance sont Bréhéville, Écurey (arrondissement de Montmédy); Verdun-sur-Meuse, Bar-le-Duc, Saint-Mihiel, Jouy-sous-les-Côtes, Commercy (arrondissement de Commercy).

Cerises. — Les cerises sont plus spécialement produites dans les communes de Waly, Brillon, Ancerville (arrondissement de Bar-le-Duc); Thillot (arrondissement de Verdun).

Prunes. — Les principales communes qui récoltent des prunes sont Châtillon-sous-les-Côtes, Watronville, Ronvaux, Haudiomont (arrondissement de Verdun); Viéville, Vigneulles, Heudicourt, Buxières, Woinville (arrondissement de Commercy).

Pommes et poires à couteau. — Les communes de Bréhéville, Montfaucon-d'Argonne (arrondissement de Montmédy); Brabant-en-Argonne, Verdun-sur-Meuse, Dugny, Clermont-en-Argonne, Haudiomont, Fresnes-en-Woëvre, Hannonville-sous-les-Côtes (arrondissement de Verdun); Creüe, Jouy-sous-les-Côtes (arrondissement de Commercy); Foucaucourt, Triaucourt, Brillon, Ancerville, Cousancelles (arrondissement de Bar-le-Duc), sont les centres principaux de production des fruits à pépins.

Groseilles. — Aux environs de Bar-le-Duc, on produit des groseilles qui sont utilisées surtout à la préparation des confitures à Bar-le-Duc et à Ligny-en-Barrois.

Vigne. — La vigne est cultivée principalement à Montigny-devant-Sassey, Lissey (arrondissement de Montmédy); Belleville, Watronville, Herbeuville, Hannonville, Thillot (arrondissement de Verdun); Saint-Maurice-sous-les-Côtes, Billy, Viéville, Hattonville, Hattonchâtel, Vigneulles, Creüe, Heudicourt, Buxières, Woinville, Loupmont, Jouy-sous-les-Côtes (arrondissement de Commercy); Naives-devant-Bar, Bar-le-Duc, Resson, Loisey, Salmagne, Tronville, Velaines, Ligny, Menaucourt, Ancerville, Longeville (arrondissement de Bar-le-Duc).

Cerises à kirsch. — Une partie des cerises récoltées dans les environs d'Ancerville, Brillon (arrondissement de Bar-le-Duc); Récicourt, Esnes (arrondissement de Verdun); Montfaucon-d'Argonne (arrondissement de Montmédy), sont utilisées pour la fabrication du kirsch.

Graine de minette. — Dans le canton de Triaucourt (arrondissement de Bar-le-Duc), notamment à Ippécourt, Autrecourt, Fleury, Nubécourt, Bulainville, Beauzée, on récolte de la graine de minette.

Graine de betterave fourragère. — A Lisle-en-Barrois, (arrondissement de Bar-le-Duc), notamment, quelques propriétaires se sont spécialisés dans la production des graines de betterave fourragère.

MORBIHAN.

Pommes à couteau. — Les pommes à couteau sont surtout produites à Lorient, Hennebont, Vannes, Kergrist (arrondissement de Pontivy).

Poires à couteau. — Un peu partout dans le département, les jardins sont plantés en poiriers de diverses espèces.

Châtaignes. — Le châtaignier est cultivé sur une étendue d'un millier d'hectares. Les principales communes qui se livrent à cette culture sont : Guiceriff, Le Faouet, Seglien, Cléguérec, Pontivy, Le Sourn, Guern, Noyal, Kerfourn, Naizin, Moréac, Saint-Barthélemy, Guenin, Baud (arrondissement de Pontivy); Plouay, Lanvaudan, Languidic (arrondissement de Lorient); Rohan, Crédin, La Trinité-Porhoet, Guilliers, Josselin, Ploërmel, Guillac, Porcaro, Guer, Saint-Abraham, Missiriac, Ruffiac, Saint-Nicolas, Malestroit, Saint-Marcel, Plumelec, Billio, Guéhenno, Bignan, Saint-Allouestre (arrondissement de Ploërmel); Elven, Larré, Molac, Rochefort-en-Terre, Pluherlin, Saint-Gravé, Malansac, Peillac, Questembert, Limerzel, Caden, Béganne, Théhillac, Saint-Dolay, Nivillac, La Roche-Bernard, Marzan, Péaule, Le Guerno, Noyal-Muzillac (arrondissement de Vannes).

Fruits à cidre. — Les pommes et les poires à cidre sont produites dans tout le département.

Cerises à kirsch. — Il existe dans le département quelques plantations de cerisiers dont les fruits servent à la fabrication du kirsch. Pontivy, Hennebont et Vannes sont les principaux centres de cette fabrication.

Petits pois. — Les petits pois sont produits notamment près de Lorient, à Plœmeur, Riantec, Merlevenez (arrondissement de Lorient); près de Baud (arrondissement de Pontivy); à Roc-Saint-André (arrondissement de Ploërmel); dans l'île de Belle-Ile (Le Palais, Bangor).

Les produits sont surtout destinés à la fabrication des conserves qui se préparent dans les fricasseries de Belle-Ile, Lorient, Roc-Saint-André et Baud.

Haricots. — Les haricots succèdent aux pois sur le même terrain et sont aussi destinés à la préparation des conserves.

Choux-pommés. — Les choux-pommés sont cultivés près de Lorient et aux environs de Vannes, notamment à Arradon, Séné, Theix.

Oignons. — Les oignons sont cultivés principalement à Etel, Auray, Carnac (arrondissement de Lorient) et près de Vannes.

Champignons. — La récolte des cèpes dans les bois de châtaigniers et de pins prend, certaines années, une grande importance dans le département. Ces champignons alimentent les fabriques de conserves de Malansac, Elven (arrondissement de Vannes); Baud, Pontivy (arrondissement de Pontivy); Hennebont, Auray (arrondissement de Lorient); Roc-Saint-André (arrondissement de Ploërmel).

NIÈVRE.

Pêches. — Les principales communes qui se livrent plus particulièrement à la production des pêches sont : Saint-Parize-en-Viry, Marzy, Sauvigny-les-Bois, Sermoise (canton de Nevers); Garchizy, Germigny, Guérigny, Nolay, Ourouër, Parigny-les-Vaux, Urzy, Saint-Benin-d'Azy, Chantenay-Saint-Imbert, Livry, Luthenay-Uxeloup, Saint-Parize-le-Châtel, dans l'arrondissement de Nevers; Biches, Moulins-Engilbert, dans l'arrondissement de Château-Chinon; Clamecy, Dornecy, Metz-le-Comte, Neuffontaines, dans l'arrondissement de Clamecy; La Charité, La Marche, Châteauneuf, Donzy, Mesves-sur-Loire, Pouilly, Tracy, dans l'arrondissement de Cosne.

Quoique moins importante, la culture du pêcher est aussi pratiquée dans les communes suivantes : Avril-sur-Loire, Champvert, Devay, Saint-Germain-Chassenay, Saint-Léger-des-Vignes, Saint-Ouen, Sougy, Verneuil, Dornes, Lamenay, Lucenay-les-Aix, Toury-Lurcy, Toury-sur-Jour, Tresnay, Charrin, Montambert-Tannay, La Nocle-Maulaix, Saint-Gratien-Savigny, Saint-Hilaire-Fontaine, Ternant, Coulanges-lès-Nevers, Imphy, Magny-Cours, Saincaize-Meauce, Saint-Eloi, Pougues-les-Eaux, Billy-Chevannes, Cizely, La Fermeté, Fertrève, Frasnay-Reugny, Limon, Montigny-aux-Amognes, Saint-Firmin, Saint-Sulpice, Trois-Vèvres, Ville-Langy, Azy-le-Vif, Langeron, Crux-la-Ville, Saint-Benin-des-Bois, Saint-Saulge, Saxi-Bourdon, Poussignol-Blismes, Sainte-Péreuse, Alluy, Châtillon-en-Bazois, Dun-sur-Grandry, Mont-et-Marré, Fléty, Lanty, Larochemillay, Luzy, Semelay, Chaumard, Moux, Montaron, Préporché, Saint-Honoré, Vandenesse, Beaulieu, Bussy-la-Pesle, Challement, Champallement, Chazeuil, Chevannes-Changy, Corvol-d'Embernard, Germenay, Guipy, Moraches, Neuilly, Armes, Billy-sur-Oisy, Ouagne, Trucy-l'Orgueilleux, Anthien, Chaumot, La Collancelle, Corbigny, Mouron, Pazy, Pouques-Lormes, Dirol, Moissy-Moulinot, Nuars, Ruages, Saint-Aubin-des-Chaumes, Saint-Germain-des-Bois, Saizy, Teigny, Vignol, La Chapelle-Saint-André, Corvol-l'Orgueilleux, Courcelles, Oudan, Parigny-la-Rose, Saint-Pierre-du-Mont, La Celle-sur-Nièvre, Murlin, Nannay, Narcy, Raveau, Annay, La Celle-sur-Loire, Cosne, Myennes, Saint-Père, Cessy-les-Bois, Colméry, Sainte-Colombe, Garchy, Saint-Andelain, Saint-Laurent, Vielmanay, Arzembouy, Champlin, Prémery, Saint-Vérain.

Pommes et poires à couteau. — Les fruits à couteau sont principalement produits à : Druy-Parigny, Neuville-les-Decize, Saint-Parize-en-Viry, Toury-Lurcy, Montambert-Tannay, Ternant, Imphy, Marzy, Nolay, Parigny-les-Vaux, Urzy, La Fermeté, Limon, Montigny-aux-Amognes, Saint-Benin-d'Azy, Saint-Firmin, Saint-Jean-aux-Amognes, Trois-Vèvres, Azy-le-Vif, Luthenay-Uxeloup, Saint-Parize-le-Châtel, Bona, Crux-la-Ville, Montapas, Rouy, Saint-Benin-des-Bois, Saxi-Bourdon, dans l'arrondissement de Nevers; Château-Chinon, Montigny-en-Morvand, Saint-Léger-de-Fougeret, Alluy, Bazolles, Biches, Lanty, Larochemilly, Ouroux, Moulins-Engilbert, Saint-Honoré, Sermages, Villapourçon, dans l'arrondissement de Château-Chinon;

Chevannes-Changy, Corvol-d'Embernard, Dompierre-sur-Héry, Grenois, Guipy, Neuilly, Billy-sur-Oisy, Clamecy, Dornecy, Gâcogne, Pazy, Lormes, Pouques-Lormes, Saint-André-en-Morvand, Saint-Martin-du-Puy, Monceaux-le-Comte, Neuffontaines, Saizy, Cuncy-lès-Varzy, Entrains-sur-Nohain, Menou, Varzy, dans l'arrondissement de Clamecy; La Charité, Chasnay, Chaulgnes, Nannay, Narcy, Cosne, Saint-Père, Châteauneuf, Donzy, Perroy, Saint-Malo, Pouilly, Suilly-la-Tour, Arzembouy, Champlemy, Champlin, Lurcy-le-Bourg, Montenoison, dans l'arrondissement de Cosne.

Quoique moins importante la production des pommes et poires à couteau est aussi pratiquée dans les communes suivantes :

Avril-sur-Loire, Champvert, Saint-Germain-Chassenay, Saint-Léger-des-Vignes, Saint-Ouen, Sougy, Verneuil, Dornes, Lamenay, Lucenay-lès-Aix, Toury-sur-Jour, Tresnay, Charrin, La Nocle-Maulaix, Saint-Gratien-Savigny, Challuy, Coulanges-les-Nevers, Magny-Cours, Saincaize-Meauce, Sauvigny-les-Bois, Sermoise, Garchizy, Germigny, Guérigny, Ourouër, Poiseux, Pougues-les-Eaux, Saint-Martin-d'Heuille, Billy-Chevannes, Cizely, Fertrève, Frasnay-Reugny, Ville-Langy, Chantenay-Saint-Imbert, Jailly, Sainte-Marie, Saint-Saulge, Arleuf, Châtin, Dommartin, Glux, Lavault-de-Frétoy, Poussignol-Blismes, Saint-Hilaire-en-Morvand, Sainte-Péreuse, Aunay, Châtillon-en-Bazois, Dun-sur-Grandry, Limanton, Mont-et-Marré, Ougny, Tamnay-en-Bazois, Tintury Avray, Chiddes, Fléty, Luzy, Poil, Rémilly, Savigny-Poil-Fol, Semelay, Alligny-en-Morvan, Chaumard, Gien-sur-Cure, Moux, Saint-Brisson, Montaron, Préporché, Vandenesse, Asnan, Authiou, Beaulieu, Beuvron, Bussy-la-Pesle, Challement, Champallement, Chazeuil, Germenay, Héry, Michaugues, Moraches, Saint-Révérien, Ouagne, Pousseaux, Trucy-l'Orgueilleux, Villiers-sur-Yonne, Authien, Chaumot, Chitry-les-Mines, La Collancelle, Corbigny, Epiry, Magny-Lormes, Mouron, Vauclaix, Bazoches, Chalaux, Dirol, Lys, Metz-le-Comte, Moissy-Moulinot, Nuars, Ruages, Saint-Aubin-des-Chaumes, Saint-Germain-des-Bois, Talon, Taigny, Vignol, La Chapelle-Saint-André, Corvol-l'Orgueilleux, Courcelles, Marcy, Oudan, Parigny-la-Rose, Saint-Pierre-du-Mont, La Celle-sur-Nièvre, La Marche, Murlin, Raveau, Saint-Aubin-les-Forges, Alligny-Cosne, Annay, La Celle-sur-Loire, Cours, Myennes, Neuvy-sur-Loire, Cessy-les-Bois, Colméry, Coulontre, Sainte-Colombe, Garchy, Mesves-sur-Loire, Saint-Andelain, Saint-Laurent, Tracy, Vielmanay, Arthel, Giry, Oulon, Prémery, Saint-Bonnot, Sichamps, Bitry, Bouhy, Dampierre-sur-Bouhy, Saint-Amand-en-Puisaye, Saint-Verain.

Châtaignes. — Les châtaignes sont surtout récoltées à : Larochemillay, Luzy, Poil, Moulins-Engilbert, Saint-Honoré, Villapourçon, dans l'arrondissement de Château-Chinon; Dampierre-sur-Bouhy, dans l'arrondissement de Cosne.

La récolte des châtaignes est moins importante dans les communes suivantes :

Toury-Lurcy, Toury-sur-Jour, Tresnay, Montambert-Tannay, Ternant, Imphy, Magny-Cours, Saincaize-Meauce, Nolay, Urzy, La Fermeté, Frasnay-Reugny, Rouy, Saxi-Bourdon, Château-Chinon, Châtin, Dommartin, Glux, Montigny-en-Morvand, Saint-Hilaire-en-Morvand, Saint-Léger de Fougeret, Sainte-Péreuse, Chiddes, Fléty, Lanty, Semelay, Ouroux, Préporché, Sermages, Billy-sur-Oisy, Gacôgne, Lormes, Saint-Martin-du-Puy, La Charité, La Marche, Saint-Aubin-les-Forges, Annay, La Celle-sur-Loire, Myennes, Saint-Père, Cessy-les-Bois, Donzy, Bitry, Saint-Verain.

Noix. — Les noix sont produites notamment à : Druy-Parigny, Imphy, Magny-Cours, Marzy, Garchizy, Nolay, Ourouër, Parigny-les-Vaux, Urzy, Limon, Montigny-aux-Amognes, Saint-Benin-d'Azy, Saint-Firmin, Saint-Jean-aux-Amognes, Saint-Sulpice, Livry, Saint-Parize-le-Châtel, Bona, Crux-la-Ville, Jailly, Montapas, Rouy, Saxi-Bourdon, dans l'arrondissement de Nevers : Saint-Léger-de-Fougeret, Bazolles, Lanty, Larochemillay, Ouroux, Moulins-Engilbert, Villapourçon, dans l'arrondissement de Château-Chinon : Authiou, Challement, Chazeuil, Chevannes-Changy, Corvol-d'Embernard, Dompierre-sur-Héry, Grenois, Moraches, Billy-sur-Oisy, Breugnon, Clamecy, Dornecy, Pouques-Lormes, Saint-André-en-Morvand, Amazy, La Maison-Dieu, Metz-le-Comte, Moissy-Moulinot, Neuffontaines, Nuars, Saint-Germain-des-Bois, Saizy, Taigny, Vignol, Courcelles, Cuncy-lès-Varzy, Entrains-sur-Nohain, Marcy, Menou, Saint-Pierre-du-Mont, Varzy, dans l'arrondissement de Clamecy : La Celle-sur-Nièvre, La Charité, Chasnay, Chaulgnes, La Marche, Nannay, Narcy, Trousanges, Alligny-Cosne, Annay, La Celle-sur-Loire, Cosne, Cours, Neuvy-sur-Loire, Saint-Loup, Saint-Père, Cessy-les-Bois, Châteauneuf, Ciez, Colméry, Donzy, Menestreau, Perroy, Sainte-Colombe, Saint-Malo, Garchy, Mesves-sur-Loire,

F.

Pouilly, Saint-Andelain, Saint-Laurent, Saint-Martin-du-Tronsec, Suilly-la-Tour, Arzembouy, Champlemy, Lurcy-le-Bourg, Prémery, Saint-Bonnot, Sichamps, Bouhy, Dampierre-sur-Bouhy, dans l'arrondissement de Cosne.

Les communes suivantes récoltent des quantités de noix un peu moins importantes :

Avril-sur-Loire, Béard, Saint-Ouen, Sougy, Verneuil, Dornes, Lamenay, Lucenay-lès-Aix, Saint-Parize-en-Viry, Toury-Lurcy, Toury-sur-Jour, Tresnay, Charrin, Montambert-Tannay, La Nocle-Maulaix, Saint-Gratien-Savigny, Ternant, Challuy, Coulanges-lès-Nevers, Saincaize-Meauce, Sauvigny-les-Bois, Sermoise, Germigny, Guérigny, Poiseux, Pougues-les-Eaux, Saint-Martin-d'Heuille, Billy-Chevannes, Cizely, La Fermeté, Fertrève, Frasnay-Reugny, Trois-Vèvres, Ville-Langy, Chantenay-Saint-Imbert, Luthenay-Uxeloup, Saint-Benin-des-Bois, Sainte-Marie, Saint-Saulge, Château-Chinou, Châtin, Dommartin, Glux, Lavault-de-Fréloy, Montigny-en-Morvan, Poussignol-Blismes, Saint-Hilaire-en-Morvand, Sainte-Péreuse, Achun, Alluy, Aunay, Biches, Brinay, Châtillon-en-Bazois, Dun-sur-Grandry, Mont-et-Marré, Avrée, Chiddes, Fléty, Luzy, Poil, Savigny-Poil-Fol, Semelay, Alligny-en-Morvand, Chaumard, Gien-sur-Cure, Moux, Préporché, Saint-Honoré, Sermages, Vandenesse, Asnan, Beaulieu, Beuvron, Brinon-sur-Beuvron, Bussy-la-Pesle, Champallement, Germenay, Guipy, Héry, Michaugues, Neuilly, Saint-Révérien, Armes, Ouagne, Pousseaux, Rix, Trucy-l'Orgueilleux, Villiers-sur-Yonne, Anthien, Chaumot, La Collancelle, Corbigny, Épiry, Gâcogne, Magny-Lormes, Mouron, Pazy, Vauclaix, Bazoches, Chalaux, Lormes, Saint-Martin-du-Puy Lys, Monceaux-le-Comte, Ruages, Saint-Aubin-des-Chaumes, Talon, Tannay, La Chapelle-Saint-André, Corvol-l'Orgueilleux, Oudan, Parigny-la-Rose, Champvoux, Murlin, Raveau, Saint-Aubin-les-Forges, Myennes, Couloutre, Buley, Saint-Quentin, Tracy, Vielmanay, Arthel, Champlin, Giry, Montenoison, Oulon, Arquian, Bitry, Saint-Amand-en-Puisaye, Saint-Verain.

Vigne. — Le meilleur territoire viticole de la Nièvre est celui de Pouilly-sur-Loire (arrondissement de Cosne) comprenant notamment les communes de Tracy, Saint-Andelain, Saint-Martin, Saint-Laurent, Mèves et Buley.

Fruits à cidre. — Les principales communes qui récoltent des fruits à cidre sont : Alluy, dans l'arrondissement de Château-Chinon ; Armes, Billy-sur-Oisy, Clamecy, Entrains-sur-Nohain, Menou, dans l'arrondissement de Clamecy ; Alligny-Cosne, Annay, La Celle-sur-Loire, Cours, Neuvy-sur-Loire, Saint-Loup, Cessy-les-Bois, Ciez, Colméry, Couloutre, Donzy, Menestreau, Perroy, Suilly-la-Tour, Champlemy, Champlin, Bouhy, Dampierre-sur-Bouhy, dans l'arrondissement de Cosne.

Quoique moins importante, la culture des arbres à cidre est aussi pratiquée dans les communes suivantes :

Nolay, Billy-Chevannes, Frasnay-Reugny, Sainte-Marie, Montigny-en-Morvan, Tannay-en-Bazois, Tintury, Luzy, Moux, Préporché, Saint-Honoré, Sermages, Chevannes-Changy, Moraches, Dornecy, Chaumot, Corbigny, Gâcogne, Lormes, Pouques-Lormes, Saint-Martin-du-Puy, La Chapelle-Saint-André, Corvol-l'Orgueilleux, Cuncy-lès-Varzy, Parigny-la-Rose, Saint-Pierre-du-Mont, Nannay, Saint-Aubin-les-Forges, Myennes, Vielmanay, Bitry, Saint-Amand-en-Puisaye, Saint-Verain.

Osier. — L'osier est cultivé surtout à : Sermoise, Livry, dans l'arrondissement de Nevers ; Billy-sur-Oisy, Pousseaux, Corbigny, dans l'arrondissement de Clamecy ; Cosne, Saint-Père, Mesves-sur-Loire, Pouilly, Tracy, dans l'arrondissement de Cosne.

La culture de l'osier, quoique moins importante, est cependant pratiquée dans les communes suivantes :

Sougy, Verneuil, Dornes, Ternant, Imphy, Saincaize-Meauce, Sauvigny-les-Bois, Garchizy, Germigny, Nolay, Frasnay-Reugny, Simon, Montigny-aux-Amognes, Trois-Vèvres, Luthenay-Uxeloup, Sainte-Péreuse, Châtillon-en-Bazois, Dun-sur-Grandry, Chiddes, Larochemillay, Semelay, Chaumard, Gien-sur-Cure, Moux, Moulins-Engilbert, Préporché, Authiou, Challement, Guipy, Moraches, Armes, Anthien, Pazy, Pouques-Lormes, Metz-le-Comte, Moissy-Moulinot, Neuffontaines, Saint-Aubin-des-Chaumes, Vignol, La Chapelle-Saint-André, Corvol-l'Orgueilleux, La Charité, Nannay, Saint-Aubin-les-Forges, Annay, Myennes, Saint-Loup, Saint-Andelain, Saint-Laurent, Saint-Verain.

28.

NORD.

Pomme de terre. — La pomme de terre est cultivée dans tout le département.
Dans les cantons de Bailleul, Hazebrouck et Merville, on produit surtout des tubercules pour la semence.

Culture maraîchère. — Dans l'arrondissement de Lille, les différents légumes nécessaires à l'approvisionnement local sont produits surtout autour des centres de Lille, Roubaix, Tourcoing, Armentières, Haubourdin, Loos, La Madeleine, Croix. Seuls, l'asperge, l'artichaut et le chou-fleur sont peu cultivés.

Fraise. — La fraise est produite principalement à Verlinghem, Lompret, Marcq-en-Barœul, Pérenchies, Prémesques, communes des environs de Lille qui font la culture à l'air libre. Les communes suivantes font la culture sous verre : Bailleul (arrondissement d'Hazebrouck) sur une étendue de 2,000 mètres carrés; Loos, 2,000 mètres carrés; Croix, 1,000 mètres carrés; Watrelos, 3,000 mètres carrés; Lille (Esquermes), 2,000 mètres carrés (arrondissement de Lille); Somain (arrondissement de Douai), 3,000 mètres carrés.

Tomates. — Les tomates sont produites sous verre, en même temps que les fraises, notamment à Watrelos, Loos, Esquermes, Croix (arrondissement de Lille); Bailleul (arrondissement d'Hazebrouck); Somain (arrondissement de Douai), qui possèdent environ 13,000 mètres carrés de surface vitrée.

Pêches et raisins. — Les communes de Lézennes, Watrelos, Croix (arrondissement de Lille); Somain (arrondissement de Douai); Bailleul (arrondissement d'Hazebrouck) consacrent à la production des pêches et des raisins une superficie vitrée de 50,000 mètres carrés.

Palmiers, ficus, Araucarias. — Ces plantes sont cultivées sous verre notamment à Roubaix, Tourcoing, Watrelos, Croix (arrondissement de Lille); Bailleul (arrondissement d'Hazebrouck), sur une surface de 70,000 mètres carrés environ.

Plantes de serres. — Différentes plantes de serres sont cultivées surtout à Lille, Loos, Roubaix (arrondissement de Lille); Steenwerck, Bailleul (arrondissement d'Hazebrouck). Les serres occupent une surface d'environ 43,500 mètres carrés.

Cerises et prunes. — Les cerises et les prunes sont produites dans l'arrondissement d'Avesnes, notamment à Bavay, Maubeuge, Jenlain, Le Quesnoy, Villereau, Potelle, Jolimetz, Louvignies, Raucourt, Englefontaine, Hecq, Fontaine-au-Bois, Landrecies, Prisches.

Pommes à couteau. — Dans l'arrondissement d'Avesnes, 5,000 hectares de pâturages sont plantés de pommiers. Les plantations les plus importantes se trouvent à Audignies, Obies, Mecquignies, Amfroipret, Gommegnies, Frasnoy, Villereau, Le Quesnoy, Potelle, Jolimetz, Louvignies, Raucourt, Englefontaine, Hecq, Berlaimont, Aulnoye, Avesnes, Dompierre, Fontaine-au-Bois, Landrecies, Prisches, Floyon, Étrœungt, Fourmies.

Poires à couteau. — Les poires sont produites un peu partout dans l'arrondissement d'Avesnes.

Fruits à cidre. — Dans les années d'abondance, une partie des pommes produites dans l'arrondissement d'Avesnes sert à la fabrication du cidre.
Dans le sud de l'arrondissement d'Avesnes, sur les confins du département de l'Aisne et notamment à Prisches, Floyon, Fourmies, Anor, la poire dite *de Carizy*, est utilisée pour la fabrication du poiré.

Lin. — Ce sont surtout les arrondissements de Lille, Dunkerque et Hazebrouck qui s'adonnent à cette culture.

Colza. — Le colza est cultivé dans l'arrondissement de Lille, dans l'arrondissement d'Hazebrouck et dans l'arrondissement de Cambrai.

Graine de betterave. — La production de la graine de betterave se fait dans l'arrondissement de Lille et dans l'arrondissement de Douai.

Chicorée à café. — Les principales communes qui cultivent la chicorée à café sont : Loon, sur une superficie de 3oo hectares; Rosendael, sur 25o hectares; Petite-Synthe, sur 2oo hectares; Gravelines, Mardyck, Graywick, Bourbourg, Bourbourg-Campagne, Brouckerque, Pitgam, Looberghe, Coudekerque, Bray-Dunes, Ghyvelde (arrondissement de Dunkerque); Eecke, Borre, Meteren (arrondissement d'Hazebrouck); Annœullin, Marquillies, Bousbecque, Quesnoy, Loos, Wavrin, Houplin, Gondecourt, Carnin, Camphin, Mouchin (arrondissement de Lille); Wandignies (arrondissement de Douai); Mortagne, Château-l'Abbaye, Thun, Nivelle, Saint-Aybert, Thivencelles, Quiévrechain, Quarouble, Rombies, Estreux, Saultain, Curgies (arrondissement de Valenciennes).

Plantes médicinales. — Les plantes médicinales sont cultivées dans l'arrondissement de Valenciennes, notamment à Condé, Crespin, Odomez, Saint-Aybert, Thivencelles, Vicq (canton de Condé); Marly, Onnaing, Quarouble (canton de Valenciennes-Est); Aulnoy, Famars, Artres (canton de Valenciennes-Sud).

Houblon. — Les houblonnières les plus importantes se trouvent à Houtkerque, Winnezeele, Steenvorde, Bœschèpe, Eecke, Godewaersvelde, Berthen, Saint-Jean-Cappel, Bailleul, Flêtre, Meteren, Merris (arrondissement d'Hazebrouck); Hecq, Vendegies-au-Bois, Robersart, Bousies, Fontaine-au-Bois, Forest (arrondissement d'Avesnes); Pommereuil, Ors, Busigny, Basuel et Catillon (arrondissement de Cambrai).

Les houblons du Nord sont en grande partie utilisés dans la région. Ils sont désignés sous les noms de houblons de Bœschèpe, houblons de Bailleul et houblons de Busigny.

OISE.

Petits pois et haricots verts. — On se livre à la produciton de ces primeurs principalement aux environs de Guiscard, Lassigny, Ribécourt, Noyon, Elincourt, Ressons-sur-Matz (arrondissement de Compiègne); Sacy-le-Grand, Labruyère, Cinqueux, Liancourt, Breuil-le-Sec, Clermont (arrondissement de Clermont).

Haricots secs. — La production des haricots secs se fait plus spécialement aux environs de Guiscard, Lassigny, Ribécourt, Noyon, Elincourt, Ressons-sur-Matz (arrondissement de Compiègne).

Artichauts. — Les artichauts sont surtout cultivés aux environs de : Guiscard, Lassigny, Ribécourt, Noyon, Elincourt, Ressons-sur-Matz (arrondissement de Compiègne).

Cerises. — Les cerises sont produites dans le nord-est du département, notamment aux environs de : Guiscard, Lassigny, Noyon, Ribécourt, Elincourt, Ressons-sur-Matz (arrondissement de Compiègne) et entre Compiègne et Clermont, surtout près de : Clermont, Breuil-le-Sec, Liancourt, Labruyère, Sacy-le-Grand (arrondissement de Clermont); Le Meux (arrondissement de Compiègne).

Pommiers à cidre. — La culture du pommier a une grande importance, principalement dans les cantons de Formerie, Grandvilliers, Marseille-le-Petit, Songeons, Beauvais, Le Coudray-Saint-Germer, Auneuil, Chaumont-en-Vexin (arrondissement de Beauvais); Breteuil, Crévecœur, Froissy (arrondissement de Clermont).

Cassis. — Le cassis est surtout produit aux environs de : Guiscard, Lassigny, Noyon, Ribécourt, Elincourt, Ressons-sur-Matz, Le Meux (arrondissement de Compiègne); Sacy-le-Grand, Labruyère, Cinqueux, Liancourt, Breuil-le-Sec, Clermont (arrondissement de Clermont).

ORNE.

Plants maraîchers. — Les plants maraîchers sont produits dans les communes de Laigle, Mortagne (arrondissement de Mortagne); Almenèches (arrondissement d'Argentan).

Fruits à cidre. — Les fruits à cidre sont produits dans tout le département.

Pépinières de pommiers. — Des pépinières de pommiers d'au moins 1 hectare de superficie existent dans les communes de Tinchebray, Messei, Mantilli, Passais, La Ferté-Macé (arrondissement de Domfront); Vimoutiers, Almenèches, Le Merlerault (arrondissement d'Argentan); Courtomer, Alençon (arrondissement d'Alençon); Saint-Maurice-les-Charancei, Mortagne, Rémalard (arrondissement de Mortagne).

Pépinières d'arbustes et plants divers. — On produit des plants d'arbustes et divers autres plants, notamment à Vimoutiers, Le Merlerault (arrondissement d'Argentan); Laigle (arrondissement de Mortagne); Alençon.

PAS-DE-CALAIS.

Haricots verts. — Les haricots verts sont produits dans la région de Calais et aux environs de Béthune.

Culture maraîchère. — Près d'Arras, Achicourt et Saint-Laurent=Blangy produisent les différents légumes qui alimentent en partie la ville. Autour de Béthune, la culture maraîchère existe dans les marais des vallées de la Clarence, de la Brette et de la Blanche. On produit dans les marais de Saint-Omer des choux-fleurs, des pommes de terre, des carottes, des fraises, etc. L'ail est plus spécialement cultivé à Écourt-Saint-Quentin (arrondissement d'Arras).

Pommier à cidre. — Le pommier est très cultivé dans la vallée de la Canche, dans les cantons de Desvres (arrondissement de Boulogne); Hucqueliers, Montreuil, Campagne-les-Hesdin, Hesdin (arrondissement de Montreuil); Auxy-le-Château (arrondissement de Saint-Pol).

Culture des porte-graines. — Les haricots et surtout les pois sont cultivés pour leurs graines dans le Calaisis (nord du département) et aux environs de Béthune. Achicourt et Wailly produisent d'importantes quantités de graines de carottes. Oisy-le-Verger et Nœux-les-Mines produisent des graines de betteraves à sucre.

PUY-DE-DÔME.

Pommes de terre. — La pomme de terre est cultivée pour l'exportation, principalement aux environs de Riom, Aigueperse, Ennezat (arrondissement de Riom); Gerzat, Pont-du-Château, Vertaizon, Billom, Le Cendre, Vic-le-Comte (arrondissement de Clermont-Ferrand).

Culture maraîchère. — La culture maraîchère est faite aux environs des villes, en vue de leur approvisionnement; elle n'a une certaine importance qu'aux environs de Clermont-Ferrand et de Riom.

Ail. — L'ail est cultivé aux environs de Vertaizon (arrondissement de Clermont-Ferrand).

Chou à choucroute. — Le chou est cultivé principalement à Seychalles (arrondissement de Thiers); la majeure partie de la production est utilisée pour la fabrication de la choucroute.

Plants de choux. — Les plants de choux sont produits par les jardiniers de Clermont-Ferrand et de Billom (arrondissement de Clermont).

Abricotier. — L'abricotier est cultivé principalement dans les jardins et vignes des environs de Clermont-Ferrand et de Riom.

Pêcher. — Le pêcher se rencontre avec l'abricotier dans les jardins et vignes des environs de Clermont-Ferrand et de Riom et partout dans le vignoble, notamment dans les cantons de : Aigueperse, Randan, Maringues, Ennezat (arrondissement de Riom); Lezoux, Courpière, Thiers (arrondissement de Thiers); Vertaizon, Billom, Vic-le-Comte, Veyre-Mouton (arrondissement de Clermont-Ferrand); Champeix, Issoire, Saint-Germain-Lembron (arrondissement d'Issoire).

Prunes. — Les prunes sont principalement produites dans les environs de Clermont-Ferrand, à Aubières, Beaumont, et de Riom, à Enval, Marsat.

Cerises. — Les cerises proviennent surtout de Pont-du-Château (arrondissement de Clermont-Ferrand) et des environs.

Poires à couteau. — Les principaux centres de production des poires à couteau sont : Aubière, près de Clermont-Ferrand ; Riom ; Enval, près de Riom.

Pommes à couteau. — Le pommier est cultivé sur une surface de 5,000 hectares environ, répartie dans tout le département. Cette culture se fait dans des prés-vergers dont les plus importants se rencontrent dans les basses vallées des affluents de gauche de l'Allier, notamment aux environs de Saint-Myon, Combronde, Beauregard-Vendon, Gimeaux, Davoyat, Cellule, Enval, Mozac, Riom, Saint-Genest-l'Enfant, Marsat (arrondissement de Riom) ; Cebazat, Sayat, Blanzat, Gerzat, Clermont-Ferrand, Chamalières, Royat, Beaumont, Aubière, Pérignat, Le Cendre, Orcet, Les Martres, Le Crest, Chanonat, Veyre-Monton, Tallende, Saint-Amans-Tallende, Saint-Saturnin, Mirefleurs (arrondissement de Clermont-Ferrand) ; Neschers, Champeix, Saint-Cirgues, Saint-Florêt, Saint-Vincent, Meilhaud, Chidrac, Perrier, Issoire (arrondissement d'Issoire).

Châtaignes. — Les châtaignes ne sont produites en quantité suffisante pour donner lieu à quelques transactions que dans le canton de Courpière (arrondissement de Thiers).

Noyer. — Le noyer est cultivé dans presque tout le département ; il est surtout abondant dans les cantons de Menat, Aigueperse, Randan, Combronde, Riom, Ennezat, Maringues (arrondissement de Riom) ; Chateldon, Lezoux, Thiers, Courpière (arrondissement de Thiers) ; Pont-du-Château, Vertaizon, Clermont-Ferrand, Veyre-Monton, Saint-Amans-Tallende, Billom, Vic-le-Comte (arrondissement de Clermont-Ferrand) ; Champeix, Issoire, Sauxillanges, Saint-Germain-Lembron, Jumeaux (arrondissement d'Issoire).
Dans les environs de Clermont-Ferrand, les communes de : Chamalières, Nohanent, Blanzat, Cebazat, cultivent plus spécialement la noix gourlande.

Groseilles. — Les groseilles à grappes sont produites dans tout le département ; on les utilise à la fabrication des gelées.

Cassis. — Le cassis est produit dans le vignoble, notamment dans les environs de Clermont-Ferrand et de Riom.

Fraises. — Le principal centre de production des fraises est Chamalières, près de Clermont-Ferrand.

Vigne. — La vigne est cultivée sur une étendue de 25,000 hectares environ, principalement dans les cantons de Menat, Aigueperse, Randan, Combronde, Riom, Ennezat, Maringues (arrondissement de Riom) ; Chateldon, Thiers, Courpière (arrondissement de Thiers) ; Pont-du-Château, Vertaizon, Clermont-Ferrand, Veyre-Monton, Saint-Amans-Tallende, Billom, Vic-le-Comte (arrondissement de Clermont-Ferrand) ; Champeix, Issoire, Sauxillanges, Saint-Germain-Lembron, Jumeaux (arrondissement d'Issoire).
Les meilleurs vins du Puy-de-Dôme sont ceux de : Chanturgue, commune de Clermont-Ferrand, Dallet, Saint-Maurice, Corrent, Sauvagnat (arrondissement de Clermont-Ferrand), Saint-Gervazy (arrondissement d'Issoire) ; Courcourt, commune de Seychalles (arrondissement de Thiers).

Angélique. — L'angélique est cultivée aux environs de Clermont-Ferrand, où elle est utilisée par les confiseurs de cette ville.

Graines de betteraves et de carottes. — Quelques hectares de porte-graines de betteraves et de carottes et de radis se rencontrent aux environs de Vertaizon (arrondissement de Clermont).

Osier. — L'osier est cultivé en bordure des vignes pour l'attachage de la vigne dans tout le vignoble ; il n'existe pas de culture en plein sur des surfaces importantes. Dans ces conditions, l'osier se trouve surtout dans les cantons de : Menat, Aigueperse, Randan, Combronde, Riom, Ennezat, Maringues (arrondissement de Riom) ; Chateldon, Lezoux, Courpière (arrondissement de Thiers) ; Pont-du-Château, Vertaizon, Clermont-Ferrand, Veyre-Monton, Saint-Amans-Tallende, Billom, Vic-le-Comte (arrondissement de Clermont-Ferrand) ; Champeix, Issoire, Sauxillanges, Saint-Germain-Lembron, Jumeaux (arrondissement d'Issoire).

BASSES-PYRÉNÉES.

Culture maraîchère. — Les principaux centres de culture maraîchère sont : Bayonne, Anglet, Biarritz, Arcangue, Arbanne, Bidart, Guetary, Saint-Jean-de-Luz, Ciboure, Urrugne, Hendaye, Biriatou, Saint-Pé-sur-Nivelle, Ainhou, Espelette, Hasparren, Labastide (arrondissement de Bayonne) ; Saint-Palais, Saint-Jean-Pied-de-Port, Tardets, Idaux, Mauléon, Chéraute, Viodos, Espès (arrondissement de Mauléon) ; Carreste, Salies-de-Béarn, Oraas, Abitain, Athos, Sauveterre, Araujuzon, Audaux, Navarrenx, Jasses, Sarpourenx, Sainte-Suzanne, Orthez, Sault-de-Navailles, Haget-Aubin, Bouillon, Malaussanne, Arzacq (arrondissement d'Orthez) ; Monein, Oloron, Escou, Herrère, Bescat, Sévignac (arrondissement d'Oloron) ; Morlaas, Lescar, Lons, Bilhère, Pau, Jurançon, Gélos, Bizanos, Idron, Aressy, Meillon, Assat, Nay, Mirepeix, Igon, Pontacq, Ger (arrondissement de Pau).

Prunes. — Les prunes sont produites notamment à : Lahonce, Mouguerre, La Bastide, Hasparren, Macaye (arrondissement de Bayonne); Amorots, Lichans, Montory (arrondissement de Mauléon) ; Lagor, Vielleségur (arrondissement d'Orthez) ; Monein, Aubertin (arrondissement d'Oloron) ; Labatut, Maure, Montaner, Audoins, Ger, Eslourenties, Pontacq, Laroin, Saint-Faust, Jurançon, Gan, Bosdarros (arrondissement de Pau).

Pêches. — Les principales communes productrices de pêches sont : Lahonce, Mouguerre, Villefranque, La Bastide, Espelette (arrondissement de Bayonne); Iholdy, Lantabat, Esterençuby (arrondissement de Mauléon) ; Lacq, Lagor (arrondissement d'Orthez) ; Monein, Cuqueron, Aubertin, Lasseube, Lasseubetat, Sévignacq (arrondissement d'Oloron) ; Artiguelouve, Laroin, Jurançon, Gan, Bosdarros, Meillon, Assat, Arrien (arrondissement de Pau).

Pommes et poires à couteau. — Les fruits à couteau sont surtout récoltés à : Lahonce, Mouguerre, Villefranque, Bardos, Bidache, Labastide, Hasparren, Espelette, Macaye, Saint-Esteben (arrondissement de Bayonne); Iholy, Irissary, Gotein, Roquiague, Tardets, Etchebar, Haux, Montory (arrondissement de Mauléon) ; l'Hôpital-d'Orion, Ozenx, Lagor (arrondissement d'Orthez) ; Monein, Cuqueron, Lacommande, Lasseube, Estialescq, Lasseubetat, Escout, Herrère, Eysus, Aramits, Sevignacq, Louvie (arrondissement d'Oloron) ; Saint-Armou, Anos, Riupeyrous, Montaner, Ouillon, Artigueloutan, Pontacq, Labatmale, Bosdarros, Narcastet, Routignon, Mazères, Gélos, Jurançon, Pau (arrondissement de Pau).

Châtaignes. — Les châtaignes sont produites notamment à : Bidache, Bardos, Hasparren, Ayherre, Bonloc, Istarits, Saint-Martin, Méharin, Saint-Esteben, Mendioude, Macaye (arrondissement de Bayonne); Arraute, Orègues, Masparraute, Ilharre, Labets, Gabat, Arbouet, Camou, Garris, Arberats, Domezain, Beyrie, Orsanco, Uhart-Mixe, Lohitzun, Armendarits, Helette, Bidarray, Ossès, Irissary, Suhescun, Lantabat, Larceveau, Ostabat, Arhansus, Ainharp, Viodos, Moncayolle, Berrogains, Chéraute, Roquiague, Barcus, Montory, Haux, Laguinge, Lacarry, Alçay, Tardets, Ossas, Sauguis, Aussurucq, Menditte, Idaux, Gotein, Garindein, Musculdy, Ordiarp, Bunus, Ibarolle, Saint-Just, Hosta, Beharleguy, Mendive, Lecumberry, Ahaxe, Bassunarits, Saint-Jean-le-Vieux, Ispoure, Saint-Jean-Pied-de-Port, Irouléguy, Saint-Étienne-de-Baigorry, Anhaux, Lasse, Aldudes, Arnéguy, Esterençuby (arrondissement de Mauléon) ; Orriule, Narp, Montestrucq, Ozenx, Castetner, Maslacq, Lagor, Salles-Pisse, Mesplède, Arthez, Malaussanne (arrondissement d'Orthez) ; Monein, Cuqueron, Lucq-de-Béarn, Cardesse, Aéronce, Esquiule, Moumour, Ledeix, Estos, Goés, Escout, Eysus, Sévignac, Sainte-Colome, Louvie-Juzon, Mifaget, Issor, Arette, Aramits (arrondissement d'Oloron) ; Moncaup, Simacourbe, Lussagnet, Maspie, Gerderest, Anoye, Momy, Labatut, Barinque, Saint-Armou, Maucor, Pau, Gélos, Mazères, Uzos, Saint-Faust, Gan, Bosdarros, Routignon, Narcastet, Assat, Aressy, Artigueloutan, Nousty, Limendoux, Soumoulou, Espouey, Angais, Lucgarier, Hours, Barzun, Pontacq, Labatmale, Bénéjacq, Bordères, Lagos, Beuste, Saint-Abit, Nay, Asson, Arthez (arrondissement de Pau).

Noix. — Les principales communes qui récoltent des noix sont : Bardos, Hasparren, Istarits, Mendionde, Macaye (arrondissement de Bayonne) ; Labets, Gabat, Arbouet, Amendieux, Garrits, Amorots. Beguios, Etcharry, Montcayolle, Ainharp, Lohitzun, Arhansus, Ostabat, Lantabat, Larceveau, Suhescun, Ossès, Ispoure, Lasse, Caro, Esterençuby, Bustince, Lecumberry, Mendive, Behorleguy, Ibarrolle, Bunus, Saint-Just, Hosta, Garindein, Ordiarp, Menditte, Ossas, Alçay, Lacarry, Laguingue, Montory (arrondissement de Mauléon); Salles-Pisse, Ozenx, Maslacq, Lacq, Bugnein, Méritein (arrondissement d'Orthez); Monein, Cuqueron, Verdets, Escout, Agnos, Gurmençon, Eysus, Asasp, Lurbe, Buzy, Bescat, Sévignac, Louvie-Juzon (arrondissement d'Oloron); Lembeye, Andoins, Arrien, Saubole, Ger, Eslourenties, Mazères, Bosdarros, Lucgarier, Hours, Pontacq (arrondissement de Pau).

Vignes. — Les principales régions viticoles des Basses-Pyrénées sont : la région des vins du Vic-Bilh comprenant notamment les communes de Portet, Garlin, Crouzeilles, Conches, Lasserre, Vialar, Monségur, Castillon, Montpezat, Gayon, Lembeye, Montaner; la région de Jurançon : Arbus, Artiguelouve, Saint-Faust, Jurançon, Uzos, Gan, La Chapelle-de-Rousse, Lasseube; la région de Monein : Lagor, Monein, Cuqueron, Lucq; la région d'Orthez : Lahontan, Bellocq, Castagnède, Salies, Orthez, Loubieng; la région de Casteide : Morlanne, Thézé.

Raisins forcés. — Il existe des forceries de raisins à Guéthary (canton de Saint-Jean-de-Luz, arrondissement de Bayonne).

Cultures florales. — La culture florale existe notamment aux environs de Bayonne, Anglet, Biarritz, Saint-Jean-de-Luz (arrondissement de Bayonne); Salies-de-Béarn (arrondissement d'Orthez); Lescar, Pau, Jurançon, Gélos, Nay, Igon (arrondissement de Pau).
A Nay et à Igon, on cultive plus spécialement l'anémone fulgens.

Arbres verts. — Les arbres verts sont cultivés surtout à Bayonne, Anglet, Biarritz, Saint-Jean-de-Luz (arrondissement de Bayonne); Salies-de-Béarn (arrondissement d'Orthez); Monein (arrondissement d'Oloron); Lescar, Pau, Nay (arrondissement de Pau).

Bambous. — Les bambous sont plus particulièrement cultivés à Gan (canton de Pau).

Consoude rugueuse. — La culture de la consoude rugueuse se fait principalement à Aroue (canton de Saint-Palais, arrondissement de Mauléon).

HAUTES-PYRÉNÉES.

Culture maraîchère. — La culture maraîchère qui existe aux environs des stations balnéaires et des villes importantes est insuffisante pour la consommation locale. On importe des légumes et primeurs de l'Espagne, de l'Algérie et du Midi.
Seul, le village d'Asté (arrondissement de Bagnères-de-Bigorre) réserve une place importante à la culture de la carotte.

Fruits divers. — Autour de chaque ferme existent un grand nombre d'arbres fruitiers; cependant le département n'exporte pas de fruits sauf un peu de *noix* et de *pommes*.

Châtaignes. — La production a beaucoup diminué par suite de la maladie du châtaignier et suffit à peu près à la consommation locale. Les principaux marchés sont ceux de Tournay (arrondissement de Tarbes) et de Lannemezan (arrondissement de Bagnères-de-Bigorre).

Vigne. — Le principal territoire viticole est celui du Madiranais (arrondissement de Tarbes) comprenant les communes de : Madiran, Saint-Lanne, Castelneau, Soublecause-Héchac, Hagedet, Lascazères.

PYRÉNÉES-ORIENTALES.

Culture maraîchère. — La culture des différents légumes se fait principalement à Saint-Hippolyte, Saint-Laurent, Villelongue, Rivesaltes, Bompas, Perpignan, Pézilla, Elne, Ortaffa (arrondissement de Perpignan); Palau-del-Vidre, Argelès-sur-Mer (arrondissement de Céret).

Asperges. — Les principaux centres de production des asperges sont Saint-Hippolyte, Saint-Laurent, Villelongue, Bompas, Perpignan, Pezilla (arrondissement de Perpignan); Palau-del-Vidre, Saint-Genis, Argelès-sur-Mer (arrondissement de Céret).

Artichauts. — Les artichauts sont surtout cultivés à Rivesaltes, Pezilla, Villelongue, Perpignan, Elne (arrondissement de Perpignan); Palau-del-Vidre, Argelès-sur-Mer (arrondissement de Céret). Elne est le centre le plus important.

Truffes. — Les truffes sont récoltées notamment à : Saint-Paul-de-Fenouillet (arrondissement de Perpignan); Arles-sur-Tech, Montferrer, Le Tech, Coustouges (arrondissement de Céret).

Abricots, cerises, prunes. — Les principales communes qui produisent ces fruits sont : Salces, Saint-Hippolyte, Saint-Laurent, Claira, Rivesaltes, Espira-de-l'Agly, La Tour, Saint-Paul-de-Fenouillet, Villelongue, Perpignan, Saint-Estève, Canohès, Saint-Féliu, Millas, Thuir, Ortaffa (arrondissement de Perpignan); Argelès-sur-Mer, Saint-Jean, Maureillas, Céret, Reynes, Palalda; Amélie-les-Bains, Arles-sur-Tech, Prats-de-Mollo (arrondissement de Céret); Ille-sur-la-Têt, Saint-Michel, Boule-Ternère, Vinça, Rigarda, Espira, Los Masos, Prades, Codalet, Ria, Villefranche, Corneilla, Vernet-les-Bains, Sournia, Saillagouse, Osséja (arrondissement de Prades).

Pêches. — Les pêches sont produites à Espira-de-l'Agly, Rivesaltes, Villelongue, Perpignan, Le Soler, Saint-Féliu-d'Amont, Saint-Féliu-d'Aval, Corbère-les-Cabanes, Millas, Ortaffa (arrondissement de Perpignan); Argelès-sur-Mer, Saint-Genis, Saint-Jean, Céret (arrondissement de Céret); Sournia (arrondissement de Prades).

Pommes et poires à couteau. — Les communes de Saint-Paul-de-Fenouillet, Rivesaltes, Perpignan, Millas, Thuir (arrondissement de Perpignan); Céret, Palalda, Amélie-les-Bains, Arles-sur-Tech, Saint-Laurent, Le Tech, Prats-de-Mollo (arrondissement de Céret); Boule-Ternère, Vinça, Finestret, Glorianes, Prades, Catllar, Ria, Villefranche, Corneilla, Vernet-les-Bains, Sahorre, Serdinya, Olette, Saillagouse, Osséja, Bourg-Madame, Ur (arrondissement de Prades), produisent plus spécialement les pommes et les poires à couteau.

Raisin de table. — Le raisin de table provient surtout des communes de : Périllos, Opouls, Salces, Saint-Hippolyte, Claira, Rivesaltes, Espira-de-l'Agly, Cases-de-Pène, Tautavel, Maury, Saint-Paul-de-Fenouillet, La Tour, Calce, Peyrestortes, Pia, Saint-Estève, Perpignan, Cabestany, Le Soler, Saint-Féliu-d'Aval, Saint-Féliu-d'Amont, Corbère-les-Cabanes, Millas, Camelas, Castelnau, Thuir, Sainte-Colombe, Terrats, Trouillas, Ponteilla, Pollestres, Canohès, Montescot, Corneilla, Ortaffa (arrondissement de Perpignan); Argelès-sur-Mer, Saint-Genis, Montesquieu, Saint-Jean, Maureillas, Céret, Reynes, Palalda (arrondissement de Céret); Boule-Ternère, Vinça, Arboussols, Eus-et-Comes, Prades, Catllar (arrondissement de Prades).

Châtaignes. — Les châtaignes sont principalement produites à Saint-Jean, Maureillas, L'Écluse, Le Perthus, Riunoguès, Las Mas, Céret, Reynes, Amélie-les-Bains, Palalda, Montbolo, Arles-sur-Tech, Montalba, Serralongue, Saint-Laurent, Coustouges, La Manère, Le Tech, Montferrer, Corsavy, Prats-de-Mollo (arrondissement de Céret); Prades, Codalet, Ria, Villefranche, Corneilla, Vernet-les-Bains, Sahorre (arrondissement de Prades).

Vigne. — La vigne est cultivée principalement à : Prugnanes, Caudiès-de-Fenouillet, Fenouillet, Fosse, Vira, Saint-Martin, Saint-Paul-de-Fenouillet, Maury, Lesquerde, Saint-Arnac, Lansac, La Tour, Montner, Estagel, Tautavel, Vingrau, Perillos, Opoul, Salces, Saint-Hippolyte, Saint-Laurent, Claira, Rivesaltes, Peyrestortes, Pia, Bompas, Torreilles, Sainte-Marie, Villelongue, Perpignan, Cabestany, Saint-Nazaire, Théza, Alénya, Corneilla, Saint-Cyprien, Elne, Montescot, Ortaffa, Canohès, Pollestres, Ponteilla, Trouillas, Terrats, Sainte-Colombe, Thuir, Castelneau, Camelas, Millas, Saint-Féliu-d'Amont, Saint-Féliu-d'Aval, Corbère-les-Cabanes, Le Soler (arrondissement de Perpignan); Argelès-sur-Mer, Collioure, Port-Vendres, Banyuls-sur-Mer, Saint-Genis, Villelongue, Montesquieu, Le Boulou, Saint-Jean, Maureillas, Céret, Reynes, Amélie-les-Bains, Palalda, Arles-sur-Tech (arrondissement de Céret); Sournia, Pezilla, Trilla, Saint-Michel, Boule-Ternère, Vinça, Rigarda, Casefabre, Finestret, Espira, Prades, Codalet, Ria, Villefranche, Corneilla, Olette, Nyer (arrondissement de Prades).

Les vins les plus renommés sont les vins liquoreux produits surtout dans la région de Rivesaltes, Espira (au nord du département) et dans celle de Banyuls et Collioure (au sud du département).

Micocoulier. — Le micocoulier est surtout cultivé à Espira-de-l'Agly, Perpignan, Millas, Thuir, Ortaffa (arrondissement de Perpignan); Palau-del-Vidre, Argelès-sur-Mer, Saint-Genis,

Villelongue, Saint-Jean, Maureillas, Céret, Palalda, Amélie-les-Bains, Arles-sur-Tech (arrondissement de Céret); Ille-sur-la-Têt, Saint-Michel, Boule-Ternère, Rigarda, Eus-et-Comes, Los Masos, Catllar, Prades, Ria, Villefranche, Corneilla, Vernet-les-Bains (arrondissement de Prades).

TERRITOIRE DE BELFORT.

Culture maraîchère. — Les communes où cette culture est plus particulièrement pratiquée sont Giromagny, Rougemont-le-Château, Valdore, Offemont, Essert, Belfort, Pérouse, Chèvremont, Bolans, Méroux, Fontaine, Denney, Phaffans, Bessoncourt, Morvillars, Grandvillars, Joncherey, Delle.

Choux à choucroute. — On les cultive surtout à Offemont, Roppel, Essert, Belfort, Pérouse, Chèvremont, Urcérey, Argiesans, Bolans, Audelnans, Méroux, Vézelois, Dorans, Bermont, Trétudans, Chatenois, Vourvenans, Moval, Charmois (canton de Belfort); Reppe, Phaffans, Denney, Bessoncourt, Montreux-Château (canton de Fontaine); Bourogne (canton de Delle).

Arbres fruitiers. — Les arbres fruitiers sont cultivés dans tout le territoire, surtout à Andelnans, Trétudans, Vourvenans, Chatenois, Dorans, Argiesans, Essert, Cravanche, Offemont, Auxelles-Bas, La Chapelle-sous-Chaux, Gros-Magny, Lepuix, Angeot, Fontaine, Saint-Dizier, Croix, Delle, Thiancourt, Joncherey.

RHÔNE.

Légumes divers. — Les légumes sont surtout produits à Belleville, Arnas, Villefranche, Limas, Amplepuis, Tarare (arrondissement de Villefranche), Neuville-sur-Saône, Limonest, Collonges, Caluire-et-Cuire, Saint-Didier-au-Mont-d'Or, Dardilly, Écully, Tassin-la-Demi-Lune, Francheville, Sainte-Foy-les-Lyon, Lyon, Villeurbane, Oullins, Chaponost, Brignais, Saint-Genis-Laval, Irigny, Vernaison, Givors, Loire, Saint-Romain-en-Gal, Sainte-Colombe, Saint-Cyr-sur-le-Rhône, Ampuis, Tupin-et-Semons, Condrieu, L'Arbresle (arrondissement de Lyon).

Fraises. — Les fraises sont produites principalement à Caluire-et-Cuire, Écully, Charbonnières, Tassin-la-Demi-Lune, Lyon, Oullins, Pierre-Bénite, Saint-Fons, Irigny, Saint-Genis-Laval, Chaponost, Orliénas, Brignais, Vourles, Vernaison, Givors, Loire, Saint-Romain-en-Gal, Ampuis, Tupin-et-Semons, Condrieu, Montrottier.

Cerises. — Les cerises sont produites notamment à : Les Chères, Chasselay, Saint-Germain-au-Mont-d'Or, Neuville-sur-Saône, Fleurieu-sur-Saône, Albigny, Cailloux-sur-Fontaines, Fontaines-Saint-Martin, Lissieu, Civrieux-d'Azergues, Fleurieux-sur-l'Arbresle, Lentilly, La Tour-de-Salvagny, Dardilly, Limonest, Saint-Didier-au-Mont-d'Or, Saint-Romain-au-Mont-d'Or, Rochetaillée, Fontaines-sur-Saône, Collonges, Saint-Cyr-au-Mont-d'Or, Saint-Rambert-l'Ile-Barbe, Écully, Marcy-l'Étoile, Pollionnay, Grézieu-la-Varenne, Craponne, Tassin-la-Demi-Lune, Francheville, Sainte-Foy-lès-Lyon, Vaugneray, Brindas, Chaponost, Saint-Genis-Laval, Pierre-Bénite, Irigny, Brignais, Messimy, Thurins, Chaussan, Saint-Laurent-d'Agny, Montagny, Millery, Chassagny, Mornant, Saint-Didier-sous-Riverie, Saint-Maurice-sur-Dargoire, Saint-Jean-de-Touslas, Saint-Andéol-le-Château, Saint-Martin-de-Cornas, Givors, Saint-Romain-en-Gier, Trèves, Échalas, Loire, Saint-Romain-en-Gal, Sainte-Colombe, Saint-Cyr-sur-le-Rhône, Ampuis, Les Haies, Longes, Condrieu, Tupin-et-Semons.

Abricots. — Les abricots sont surtout produits dans les communes de Quincieux, Les Chères, Chasselay, Saint-Germain-au-Mont-d'Or, Albigny, Couzon, Poleymieux, Lissieu, Limonest, Saint-Didier-au-Mont-d'Or, Saint-Romain-au-Mont-d'Or, Saint-Cyr-au-Mont-d'Or, Fontaines-sur-Saône, Collonges, Saint-Rambert-l'Ile-Barbe, Dardilly, Écully, Lyon, Sainte-Foy-lès-Lyon, Oullins, Pierre-Bénite, Saint-Genis-Laval, Irigny, Vourles, Charly, Vernaison, Millery, Givors, Loire, Saint-Romain-en-Gal, Sainte-Colombe, Saint-Cyr-sur-le-Rhône, Ampuis, Tupins-et-Semons, Condrieu, situées dans l'arrondissement de Lyon et dans la vallée de la Saône et du Rhône.

Pêches. — Elles sont produites principalement à Chazay-d'Azergues (arrondissement de Villefranche), Quincieux, Les Chères, Saint-Germain-au-Mont-d'Or, Neuville-sur-Saône, Fleurieu-sur-Saône, Cailloux-sur-Fontaines, Fontaines-Saint-Martin, Rochetaillée, Fontaines-sur-Saône, Caluire-et-Cuire, Saint-Didier-au-Mont-d'Or, Limonest, Dardilly, La Tour-de-Salvagny, Civrieux-d'Azergues, Dommartin, Saint-Germain-sur-l'Arbresle, Bully, Savigny, L'Arbresle, Sain-Bel, Saint-Julien-sur-Bibost, Brullioles, Brussieu, Montromant, Courzieu, Saint-Pierre-la-Palud, Sourcieux-sur-l'Arbresle, Lentilly, Charbonnières, Écully, Sainte-Consorce, Saint-Genis-les-Ollières, Tassin-la-Demi-Lune, Francheville, Craponne, Grézieu-la-Varenne, Brindas, Chaponost, Sainte-Foy-lès-Lyon, Oullins, La Mulatière, Pierre-Bénite, Irigny, Saint-Genis-Laval, Brignais, Soucieu-en-Jarrest, Messimy, Thurins, Rontalon, Saint-Laurent-d'Agny, Orliénas, Taluyers, Montagny, Vourles, Charly, Vernaison, Millery, Saint-Maurice-sur-Dargoire, Saint-Jean-de-Touslas, Saint-Andéol-le-Château, Saint-Martin-de-Cornas, Saint-Romain-en-Gier, Trèves, Échalas, Givors, Loire, Saint-Romain-en-Gal, Saint-Cyr-sur-le-Rhône, Ampuis, Tupin-et-Semons, Condrieu (arrondissement de Lyon).

Pommes. — Les pommes sont récoltées plus spécialement dans les communes de : Saint-Loup, Pontcharra, Saint-Romain-de-Popey (arrondissement de Villefranche); Quincieux, Les Chères, Saint-Germain-au-Mont-d'Or, Curis, Neuville-sur-Saône, Poleymieux, Saint-Romain-au-Mont-d'Or, Saint-Didier-au-Mont-d'Or, Limonest, Dardilly, Lentilly, Savigny, Montrottier, Saint-Julien-sur-Bibost, Bessenay, Brullioles, Brussieu, Chevinay, Saint-Pierre-la-Palud, Pollionnay, Grézieu-la-Varenne, Sainte-Foy-lès-Lyon, Saint-Genis-Laval, Irigny, Charly, Millery, Courzieu, Saint-Genis-l'Argentière, Montromant, Yzeron, Thurins, Messimy, Soucieu-en-Jarrest, Rontalon, Saint-Martin-en-Haut, Saint-André-la-Côte, Sainte-Catherine, Saint-Didier-sous-Riverie, Saint-Maurice-sur-Dargoire, Saint-Andéol-le-Château, Saint-Martin-de-Cornas, Échalas, Loire, Saint-Romain-en-Gal, Sainte-Colombe, Saint-Cyr-sur-le-Rhône, Ampuis, Tupin-et-Semons, Condrieu, Longes (arrondissement de Lyon).

Poires. — Les poires sont récoltées notamment à : Chazay-d'Azergues, Belmont (arrondissement de Villefranche), Quincieux, Les Chères, Marcilly-d'Azergues, Lissieu, Civrieux-d'Azergues, Dommartin, Lentilly, Sourcieux-sur-l'Arbresle, Savigny, Bibost, Saint-Julien-sur-Bibost, Montrottier, Chevinay, Pollionnay, Sainte-Consorce, Saint-Genis-les-Ollières, Tassin-la-Demi-Lune, Écully, Dardilly, La Tour-de-Salvagny, Limonest, Poleymieux, Curis, Albigny, Cailloux-sur-Fontaine, Saint-Didier-au-Mont-d'Or, Saint-Cyr-au-Mont-d'Or, Lyon, Villeurbane, Pierre-Bénite, Saint-Genis-Laval, Chaponost, Francheville, Craponne, Brindas, Vaugneray, Courzieu, Brussieu, Saint-Martin-en-Haut, Thurins, Rontalon, Saint-André-la-Côte, Sainte-Catherine, Riverie, Saint-Didier-sous-Riverie, Saint-Sorlin, Chaussan, Saint-Laurent-d'Agny, Mornant, Soucieu-en-Jarrest, Messimy, Brignais, Orliénas, Taluyers, Millery, Givors, Loire, Saint-Romain-en-Gal, Sainte-Colombe, Saint-Cyr-sur-le-Rhône, Ampuis, Tupin-et-Semons, Condrieu, Longes, Trèves, Échalas, Saint-Romain-en-Gier, Saint-Andéol-le-Château, Saint-Jean-de-Touslas, Saint-Maurice-sur-Dargoire (arrondissement de Lyon).

Vignes. — La vigne est cultivée dans tout le département sauf dans quelques communes du Nord-Ouest.

Dans l'arrondissement de Villefranche, les principaux centres de production sont : Fleurie, Villié-Morgon, Theizé, Quincié, Blacé, Denicé, Charentay, Saint-Étienne-des-Oullières, Perréon, Saint-Lager, Anse, Régnié, Gleizé, Saint-Laurent-d'Oingt, Pommiers, Odenas, Beaujeu, Juliénas, Vaux-sous-Montmélas, Saint-Vérand, Lantignié, Lancié, Saint-Julien-sous-Montmélas, Jarnioux, Liergues, Belleville, Chénas, Saint-Jean-d'Ardières, Létra, Jullié, Corcelles, Cogny, Bagnols, Charnay, Lucenay, Saint-Georges-de-Reneins, Le Bois-d'Oingt, Morancé.

Dans l'arrondissement de Lyon, les principaux centres de culture de la vigne sont Saint-Genis-Laval, Ampuis, Mornant, Millery, Thurins, Orliénas, Chaponost, Charly.

HAUTE-SAÔNE.

Cerises à kirsch. — Les cerises sont produites en vue de la fabrication du kirsch dans le nord-est et l'est du département, notamment à : Bouligney, Saint-Loup-sur-Semouse, La Pisseure, Plainemont, Ainvelle, Aillevillers, La Vaivre, Flenrey, Corbenay, Fougerolles, Saint-Valbert, Raddon, Luxeuil, Froideconche, La Proiselière, Corbière, Belmont, Magnivray, Magny-d'Anigon, Clairegoutte, Andornay, Frédéric-Fontaine, Magny-Jobert, Lyoffans (arrondissement de Lure).

Quelques pruniers sont mélangés aux cerisiers et leurs fruits sont soumis à la distillation en même temps que les cerises.

Vigne. — Les principales communes viticoles sont : Leffond, Champlitte-et-le-Prélot, Margilley, Roche-et-Raucourt, Beaujeux, Autrey, Nantilly, Pesmes, Montagney, Bay, Marnay, Cult, Avrigney, Charcenne, Autoreille, Gy, Bucey-les-Gy, Velleclaire, Vellefrey, Vantoux (arrondissement de Gray); Saint-Julien, Morey, Vitrey, Betoncourt-les-Ménétriers, Vernois, Barges, Jussey, Blondefontaine, Villars-le-Pautel, Anchenoncourt, Breurey, Les Faverney, Le Val-Saint-Éloy, Colombier, Vesoul, Vaivre, Chariez, Noidans, Échenoz-la-Méline, Navenne, Quincey, Frotey, Chantes (arrondissement de Vesoul); Vauvillers, Montdoré, Dampierre-les-Conflans, Genévreuille, Courchaton.

Choux à choucroute. — Les principales communes qui cultivent les choux destinés à la fabrication de la choucroute sont Cuve, Abelcourt, Velorcey, La Villedieu, Meurcourt, Neurey-en-Vaux, dans l'arrondissement de Lure; Équevilley, dans l'arrondissement de Vesoul.

Petits oignons. — On produit les petits oignons à Bouhans-les-Montbozon, Thiénans, Montbozon, Besnans, Maussans (canton de Montbozon), dans l'arrondissement de Vesoul.

SAÔNE-ET-LOIRE.

Vignes. — Le vignoble de Saône-et-Loire comprend : 1° les côtes beaujolaises comprenant les grands crus de Thorins et Moulin-à-Vent et les vins de grand ordinaire de La Chapelle-de-Guinchay et Romanèche; les côtes mâconnaises produisant les vins rouges de Saint-Amour, Leynes, Davayé, Chânes, Prissé, Saint-Sorlin, Bussières, Igé, etc., et les vins blancs de Pouilly-Fuissé, Solutré, Vergisson, Chaintré, Vinzelles, Loché, Viré, Clessé, Senozan; les côtes chalonnaises dont les principaux centres sont Mercurey, Givry, Rully, Dezize, Touches, Buxy, Chenoves, Mellecey, Saint-Desert, Jambles, Paris-l'Hôpital, Cheilly, pour les vins rouges; et Rully, Montagny, Bouzeron pour les vins blancs.

Culture maraîchère et culture de primeurs. — Les légumes et primeurs sont cultivés notamment à Chalon-sur-Saône et dans les environs : Saint-Jean-des-Vignes, Crissey, Sassenay, Saint-Marcel, Épervans, Louhans et Branges.

On produit principalement : les asperges, les melons, les choux, les choux-fleurs, les carottes, les salades, les poireaux, les radis et des plants de choux, choux-fleurs, poireaux, oignons.

SARTHE.

Cerises. — Les cerises sont produites un peu partout dans les jardins des villes et des villages et en plein champ à Aigné et à Changé, aux environs du Mans et dans le sud du département.

Pommes et poires à couteau. — Les pommes et les poires à couteau sont produites dans tout le département, mais c'est plus spécialement dans les arrondissements de Mamers, Le Mans (cantons de Montfort et de Ballon), de Saint-Calais (cantons de Vibraye et du Grand-Lucé), que les transactions ont une certaine importance.

Raisin de table. — Le raisin de table est produit notamment à La Flèche, Vaas (arrondissement de La Flèche), La Chartre (arrondissement de Saint-Calais).

Châtaignes. — Les châtaignes sont produites dans les environs du Mans, à Changé, dans le canton d'Écommoy, notamment à Brette (arrondissement du Mans); dans les cantons de Mayet, Le Lude (arrondissement de La Flèche), Le Grand-Lucé (arrondissement de Saint-Calais).

Groseilles. — Les groseilles sont produites principalement à Saint-Pavace (canton du Mans) et à Surfonds (canton de Montfort), dans l'arrondissement du Mans.

Vigne. — Les principaux centres de production du vin sont, dans l'arrondissement de Saint-

Calais : Lhomme, Ruillé-sur-Loir, Chahaignes, Marçon, Flée, Château-du-Loir, Montabon, Nogent-sur-Loir, Vouvray-sur-Loir, Dissay-sous-Courcillon, Saint-Pierre-de-Chevillé, Luceau; dans l'arrondissement de La Flèche : Chenu, Saint-Germain-d'Arcé, Vaas, Mayet, Aubigné, Bazouges, Mareil-sur-Loir. Noyen; dans l'arrondissement du Mans : Chemiré-le-Gaudin; dans l'arrondissement de Mamers : Ségrie, Vernie, Assé-le-Riboul.

Fruits à cidre. — La production des pommes et des poires à cidre est très importante dans tout le département et surtout dans les arrondissements de Mamers et du Mans.

Le cidre de première qualité est fabriqué dans les cantons de Saint-Paterne, Ballon, Beaumont-sur-Sarthe, Bonnétable, La Ferté-Bernard, Fresnay-sur-Sarthe, Mamers, Marolles-les-Braults, Montmirail, Tuffé, La Fresnaye. Dans les cantons de Conlie, Montfort, Sillé-le-Guillaume, Pontvallain, Bouloire, Vibraye, le cidre obtenu est de moyenne qualité. Il est de qualité ordinaire dans les cantons de La Chartre-sur-le-Loir, Le Grand-Lucé, Ecommoy, Saint-Calais, Loué, Le Mans, Sablé, La Suze, Brûlon, La Flèche, Le Lude, Malicorne, Mayet, Château-du-Loir.

Cassis. — Le cassis est produit un peu partout, mais surtout dans les environs du Mans, à Saint-Pavace, Ecommoy et Surfonds (arrondissement du Mans). Il est utilisé par les liquoristes et confiseurs du Mans.

Asperges. — Les asperges sont cultivées à Changé près du Mans, à Thorigné (arrondissement de Saint-Calais) et à Foulletourte (arrondissement de La Flèche).

Fraises. — Les fraises sont produites en vue de l'exportation dans les environs du Mans.

Petits pois et haricots pour conserves. — Les petits pois et les haricots sont produits pour l'alimentation des usines de conserves du Mans, notamment à Joué-l'Abbé, Saint-Pavace, Sargé, Coulaines, Savigné-l'Évêque, Champagné, Changé, Chauffour, Pruillé-le-Chétif, Saint-Georges, Louplande, Chemiré-le-Gaudin, Allonnes (arrondissement du Mans) et dans le canton de Bonnétable (arrondissement de Mamers).

Melons. — On expédie des environs du Mans, des melons pour l'Angleterre.

Tomates. — Les tomates sont produites aux environs du Mans et dans les cantons de Bonnétable (arrondissement de Mamers) et de La Flèche; ces tomates alimentent les usines de conserves du Mans.

Oignons. — On produit des oignons principalement aux environs du Mans et à Sillé-le-Philippe, dans l'arrondissement du Mans.

Pommes de terre. — Les pommes de terre sont produites surtout à Sillé-le-Philippe, Saint-Georges, Brette (arrondissement du Mans); dans les cantons de : Vibraye, Bouloire, Le Grand-Lucé (arrondissement de Saint-Calais), La Flèche, Le Lude, Pontvallain (arrondissement de La Flèche).

Champignons. — Les champignons sont plus spécialement produits à Saint-Pavace, Montfort, Champagné, La Suze, Ecommoy, Marigné (arrondissement du Mans); La Chartre-sur-le-Loir (arrondissement de Saint-Calais); Luché-Pringé (arrondissement de La Flèche).

Les cèpes de forêt font l'objet d'un certain commerce au Mans et à Ecommoy. Ils sont employés par les usines de conserves du Mans ou envoyés aux Halles.

Noyer. — Le noyer est surtout cultivé dans les cantons de La Suze (arrondissement du Mans), Malicorne et Mayet (arrondissement de La Flèche) et les coteaux du Loir.

Pépinières. — Il y a des pépinières d'arbres fruitiers notamment à Saint-Marceau, Le Tronchet (arrondissement du Mans), Sablé (arrondissement de La Flèche).

A Pontvallain (arrondissement de La Flèche); à La Chapelle-Gaugain, Vancé (arrondissement de Saint-Calais) existent des pépinières de peupliers.

SAVOIE.

Pommes et poires à couteau. — Les pommes et les poires sont surtout produites à Albertville, Frontenex (arrondissement d'Albertville); près de Chamoux (arrondissement de Chambéry); près de Moutiers et de Bourg-Saint-Maurice (arrondissement de Moutiers).

Vigne. — La vigne est cultivée sur les bords du Rhône, de l'Isère et de l'Arc, dans les cantons de Ruflieux, Yenne, Aix-les-Bains, Saint-Genix, Chambéry, Montmélian, La Rochette, Saint-Pierre-d'Albigny (arrondissement de Chambéry); Grésy-sur-Isère, Albertville (arrondissement d'Albertville); Moutiers, Aime (arrondissement de Moutiers); Saint-Jean-de-Maurienne, Saint-Michel (arrondissement de Saint-Jean-de-Maurienne).

Culture maraîchère. — La culture maraîchère existe principalement aux environs immédiats de Chambéry.

HAUTE-SAVOIE.

Culture maraîchère. — Les petits cultivateurs produisent partout les légumes destinés à l'approvisionnement des marchés locaux. La production maraîchère a une certaine importance dans les cantons d'Évian, Thonon, Douvaine (arrondissement de Thonon); Annemasse, Saint-Julien (arrondissement de Saint-Julien); Annecy, Rumilly, Alby (arrondissement d'Annecy).

Cerises. — Les cerises sont produites un peu partout pour la consommation locale; près d'Annecy, notamment à Sévrier, on récolte une variété de cerises très appréciée pour la table.

Pêches. — Les pêches sont surtout récoltées dans les cantons d'Évian, Thonon (arrondissement de Thonon); Annemasse, Seyssel (arrondissement de Saint-Julien); Annecy.

Prunes. — Les prunes sont produites en quantités importantes dans les cantons d'Évian, Thonon, Le Biot (arrondissement de Thonon); Saint-Gervais, Sallanches, Bonneville (arrondissement de Bonneville); Thorens, Annecy (arrondissement d'Annecy); Seyssel (arrondissement de Saint-Julien).

Dans le canton de Saint-Gervais, notamment à Passy, on produit une variété de quetsche spéciale destinée à la fabrication des pruneaux.

Pommes et poires à couteau. — Les pommes et poires à couteau sont récoltées un peu partout dans le département.

Châtaignes. — Les châtaignes sont produites notamment dans les cantons d'Évian, Thonon (arrondissement de Thonon); Seyssel (arrondissement de Saint-Julien); Annecy, Rumilly, Alby, Faverges (arrondissement d'Annecy). Dans le canton de Frangy (arrondissement de Saint-Julien) on exploite le châtaignier en taillis, notamment à Chilly.

Noix. — Les noix sont principalement produites dans les cantons d'Évian, Thonon (arrondissement de Thonon); Annemasse, Reignier, Frangy, Seyssel (arrondissement de Saint-Julien); Rumilly, Annecy (arrondissement d'Annecy); Cluses, Saint-Gervais (arrondissement de Bonneville).

Vigne. — Les cantons les plus viticoles sont ceux de Thonon, Douvaine (arrondissement de Thonon); Annemasse, Saint-Julien, Frangy, Seyssel (arrondissement de Saint-Julien); Rumilly, Annecy (arrondissement d'Annecy); Bonneville.

Les meilleurs vins blancs de Fendant (nom du cépage producteur) proviennent des cantons de Douvaine et Saint-Julien; ceux de Roussette, des cantons de Frangy et Seyssel; ceux de Gringet, des environs de Bonneville.

Fruits à cidre. — Les pommes et poires à cidre sont récoltées dans tout le département jusqu'à l'altitude d'environ 900 mètres. Il n'y a guère que les cantons très montagneux, comme ceux de Chamonix et de Sallanches qui n'en récoltent qu'une faible quantité.

Culture florale. — Les jardiniers d'Évian, Thonon, Douvaine (arrondissement de Thonon); Annemasse, Saint-Julien (arrondissement de Saint-Julien), Annecy, se livrent surtout à la culture des fleurs.

SEINE.

Pommes de terre. — Les pommes de terre sont cultivées notamment à Montreuil-sous-Bois, Fontenay-sous-Bois, Vincennes, Alfortville, Bry-sur-Marne, Champigny, Nogent-sur-Marne,

Bonneuil, Créteil, Choisy-le-Roi, Ivry-sur-Seine, Orly, Vitry-sur-Seine, Thiais, Arcueil-Cachan, Chevilly, Fresnes, Gentilly, L'Hay, Rungis, Villejuif, Antony, Bagneux, Bourg-la-Reine, Châtenay, Clamart, Fontenay-aux-Roses, Montrouge, Sceaux, Plessis-Piquet, Châtillon, Issy, Vanves, (arrondissement de Sceaux); Boulogne, Nanterre, Suresnes, Puteaux, Colombes, Courbevoie, Asnières, Gennevilliers, L'Ile Saint-Denis, Saint-Ouen, Saint-Denis, Aubervilliers, Dugny, La Courneuve, Pierrefitte, Stains, Villetaneuse, Bagnolet, Pantin, Bobigny, Bondy, Le Bourget, Drancy, Noisy-le-Sec, Romainville, Rosny-sous-Bois, Villemomble (arrondissement de Saint-Denis).

Pois et haricots. — Les pois et les haricots sont principalement cultivés à Montreuil-sous-Bois, Fontenay-sous-Bois, Alfortville, Bry-sur-Marne, Champigny, Nogent-sur-Marne, Bonneuil, Ivry-sur-Seine, Orly, Vitry-sur-Seine, Thiais, Gentilly, Villejuif, Antony, Bagneux, Bourg-la-Reine, Châtenay, Fontenay-aux-Roses, Sceaux, Plessis-Piquet, Châtillon, Issy (arrondissement de Sceaux); Boulogne, Nanterre, Puteaux, Suresnes, Colombes, Courbevoie, Gennevilliers, Épinay-sur-Seine, Saint-Denis, Dugny, Pierrefitte, Stains, Villetaneuse, Bagnolet, Bondy, Romainville, Rosny-sous-Bois (arrondissement de Saint-Denis).

Choux. — Les choux sont cultivés surtout à Montreuil-sous-Bois, Fontenay-sous-Bois, Vincennes, Alfortville, Bry-sur-Marne, Nogent-sur-Marne, Bourg-la-Reine, Châtenay (arrondissement de Sceaux); Boulogne, Colombes, Asnières, Gennevilliers, Épinay-sur-Seine, Saint-Denis, Aubervilliers, La Courneuve, Pierrefitte, Stains, Villetaneuse, Bagnolet, Pantin, Bobigny, Bondy, Le Bourget, Drancy, Noisy-le-Sec, Romainville, Rosny-sous-Bois, Villemomble (arrondissement de Saint-Denis).

Asperges. — On cultive les asperges surtout à Montreuil-sous-Bois, Fontenay-sous-Bois, Alfortville, Bry-sur-Marne, Champigny, Nogent-sur-Marne, Bonneuil, Vitry-sur-Seine, Villejuif, Antony, Bourg-la-Reine, Clamart, Fontenay-aux-Roses, Sceaux, Châtillon, Issy (arrondissement de Sceaux); Boulogne, Clichy, Nanterre, Puteaux, Colombes, Courbevoie, Gennevilliers, Épinay-sur-Seine, Saint-Ouen, Saint-Denis, Aubervilliers, La Courneuve, Pierrefitte, Stains, Villetaneuse, Bagnolet, Pantin, Bobigny, Bondy, Drancy, Noisy-le-Sec, Romainville, Rosny-sous-Bois, Villemomble (arrondissement de Saint-Denis).

Culture maraîchère. — Les principales communes qui se livrent à la culture maraîchère sont Montreuil-sous-Bois, Fontenay-sous-Bois, Saint-Mandé, Vincennes, Alfortville, Maisons-Alfort, Saint-Maurice, Bry-sur-Marne, Champigny, Nogent-sur-Marne, Le Perreux, Bonneuil, Créteil, Saint-Maur, Choisy-le-Roi, Ivry-sur-Seine, Vitry-sur-Seine, Thiais, Arcueil-Cachan, Chevilly, Gentilly, L'Hay, Villejuif, Antony, Bourg-la-Reine, Châtenay, Clamart, Fontenay-aux-Roses, Montrouge, Sceaux, Châtillon, Issy, Malakoff, Vanves (arrondissement de Sceaux); Boulogne, Neuilly, Levallois-Perret, Clichy, Nanterre, Suresnes, Puteaux, Colombes, Courbevoie, Asnières, Gennevilliers, L'Ile Saint-Denis, Saint-Ouen, Saint-Denis, Aubervilliers, Dugny, La Courneuve, Pierrefitte, Stains, Villetaneuse, Bagnolet, Le Pré-Saint-Gervais, Pantin, Bobigny, Bondy, Le Bourget, Drancy, Noisy-le-Sec, Rosny-sous-Bois (arrondissement de Saint-Denis).

Fraises. — Les principales communes qui produisent des fraises sont Fontenay-sous-Bois, Alfortville, Champigny, Bry-sur-Marne, Gentilly, Antony, Bagneux, Bourg-la-Reine, Châtenay, Clamart, Fontenay-aux-Roses, Montrouge, Sceaux, Plessis-Piquet, Châtillon, Issy, Vanves (arrondissement de Sceaux); Épinay-sur-Seine, Rosny-sous-Bois, Villemomble (arrondissement de Saint-Denis).

Pêches et abricots. — Les principales communes qui produisent des pêches et des abricots sont Montreuil-sous-Bois, Nogent-sur-Marne, Bourg-la-Reine, Sceaux (arrondissement de Sceaux), Boulogne, Suresnes, Puteaux, Villetaneuse, Bagnolet, Romainville, Rosny-sous-Bois (arrondissement de Saint-Denis).

Prunes et cerises. — Les prunes et les cerises sont produites notamment à Montreuil-sous-Bois, Fontenay-sous-Bois, Saint-Mandé, Bry-sur-Marne, Nogent-sur-Marne, Antony, Bourg-la-Reine, Clamart, Fontenay-aux-Roses, Sceaux, Châtillon (arrondissement de Sceaux); Boulogne, Suresnes, Puteaux, Colombes, Courbevoie, Gennevilliers, Épinay-sur-Seine, Pierrefitte, Stains, Villetaneuse, Bagnolet, Noisy-le-Sec, Romainville, Rosny-sous-Bois (arrondissement de Saint-Denis).

Pommes et poires. — Les pommes et les poires sont surtout récoltées à Montreuil-sous-Bois, Fontenay-sous-Bois, Bry-sur-Marne, Nogent-sur-Marne, Antony, Bourg-la-Reine, Châtenay, Clamart, Fontenay-aux-Roses, Sceaux, Plessis-Piquet, Châtillon (arrondissement de Sceaux); Boulogne, Suresnes, Colombes, Épinay-sur-Seine, Pierrefitte, Stains, Villetaneuse, Bagnolet, Noisy-le-Sec, Romainville, Rosny-sous-Bois (arrondissement de Saint-Denis).

Framboises et groseilles. — Les framboises et les groseilles proviennent notamment des communes de Boulogne, Fontenay-sous-Bois, Bry-sur-Marne, Champigny, Antony, Clamart. Châtillon (arrondissement de Sceaux); Pierrefitte, Villetaneuse, Noisy-le-Sec, Romainville, Rosny-sous-Bois, Villemomble (arrondissement de Saint-Denis).

Cassis. — Le cassis est cultivé avec les groseilliers et les framboisiers principalement à Boulogne, Fontenay-sous-Bois, Bry-sur-Marne, Champigny, Antony, Clamart, Châtillon (arrondissement de Sceaux); Pierrefitte, Villetaneuse, Romainville, Noisy-le-Sec, Rosny-sous-Bois, Villemomble (arrondissement de Saint-Denis).

Vigne. — Les principales communes viticoles du département de la Seine sont : Montreuil-sous-Bois, Fontenay-sous-Bois, Vincennes, Bry-sur-Marne, Champigny, Nogent-sur-Marne, Le Perreux, Bonneuil, Créteil, Ivry-sur-Seine, Orly, Vitry-sur-Seine, Arcueil-Cachan, Fresnes, L'Hay, Villejuif, Antony, Bourg-la-Reine, Châtenay, Clamart, Fontenay-aux-Roses, Plessis-Piquet, Châtillon, Issy (arrondissement de Sceaux); Nanterre, Suresnes, Puteaux, Colombes, Gennevilliers, Épinay-sur-Seine, Saint-Ouen, Saint-Denis, Pierrefitte, Stains, Villetaneuse, Bagnolet, Noisy-le-Sec, Romainville, Rosny-sous-Bois, Villemomble (arrondissement de Saint-Denis).

Champignons de couche. — La culture des champignons se fait dans les carrières, principalement à Joinville, Maisons-Alfort, Ivry, Gentilly, Villejuif, Montrouge, Bagneux, Châtillon, Vanves, Malakoff (arrondissement de Sceaux); Nanterre, Pantin, Noisy-le-Sec (arrondissement de Saint-Denis).

Il existait, en 1893, 5 champignonnières dans l'enceinte de Paris; 17 dans l'arrondissement de Saint-Denis; 274 dans l'arrondissement de Sceaux.

Cultures florales et ornementales. — Ces cultures existent principalement à Montreuil-sous-Bois, Fontenay-sous-Bois, Charenton, Saint-Maurice, Nogent-sur-Marne, Saint-Maur, Ivry-sur-Seine, Vitry-sur-Seine, Thiais, Arcueil-Cachan, Chevilly, Gentilly, Bagneux, Bourg-la-Reine, Châtenay, Clamart, Montrouge, Sceaux, Plessis-Piquet, Châtillon, Issy, Malakoff, Vanves (arrondissement de Sceaux); Boulogne, Neuilly, Levallois-Perret, Clichy, Puteaux, Colombes, Courbevoie, Asnières, Saint-Denis, Aubervilliers, Pierrefitte, Stains, Bagnolet, Le Pré-Saint-Gervais, Pantin, Bondy, Le Bourget, Drancy, Noisy-le-Sec (arrondissement de Saint-Denis).

Lilas forcés. — On se livre à la culture des lilas forcés notamment à Vitry-sur-Seine, Gentilly, L'Hay, Villejuif, Clamart, Plessis-Piquet (arrondissement de Sceaux).

Pépinières. — Les principales communes qui possèdent des pépinières sont Fontenay-sous-Bois, Vincennes, Champigny, Le Perreux, Vitry-sur-Seine, Thiais, Chevilly, Gentilly, L'Hay, Villejuif, Antony, Bourg-la-Reine, Châtenay, Clamart, Fontenay-aux-Roses, Montrouge, Sceaux Plessis-Piquet (arrondissement de Sceaux); Asnières, Gennevilliers, Bagnolet (arrondissement de Saint-Denis).

SEINE-INFÉRIEURE.

Pomme de terre. — La pomme de terre est produite dans la vallée de la Seine et sur le littoral de la Manche, depuis Le Havre jusqu'à Fécamp, principalement dans les communes de Saint-Pierre-les-Elbeuf, Cléon, Grand-Couronne, Jumièges, Guerbaville, Saint-Nicolas-de-Bliquetuit, Vatteville (dans la vallée de la Seine), Octeville, Saint-Jouin (sur le littoral), Oissel, Saint-Étienne-du-Rouvray, Anneville-sur-Seine.

Haricot vert. — Le haricot vert est produit dans la vallée de la Seine, principalement à Duclair, Jumièges, Le Mesnil-sous-Jumièges, Sotteville-sous-le-Val et Tourville-la-Rivière.

Fraises. — Ces fruits sont cultivés à Boisguillaume, près de Rouen.

Cerises, prunes, pommes et poires à couteau. — Ces fruits sont produits dans la vallée de la

Seine, principalement à Duclair, Jumièges, Le Mesnil-sous-Jumièges (arrondissement de Rouen). Les pommes à couteau sont aussi produites dans l'arrondissement de Neufchâtel.

Fruits à cidre. — Les pommes à cidre sont produites dans tout le département.

Lin. — Le lin est cultivé dans les arrondissements du Havre, Yvetot et Dieppe. Les communes suivantes en cultivent une étendue supérieure à 50 hectares : Bréauté, Goderville, Ecrainville, Bretteville, Daubeuf-Serville, Le Bec-de-Mortagne, Fongueusemare, Criquetot-l'Esneval, Les Loges, Tourville-les-Ifs, dans l'arrondissement du Havre; Ypreville-Biville, Angerville-la-Martel, dans l'arrondissement d'Yvetot; Le Bourg-Dun, dans l'arrondissement de Dieppe.

Osier. — L'osier est cultivé dans la vallée de la Seine, principalement à Duclair, Jumièges, Le Mesnil-sous-Jumièges.

SEINE-ET-MARNE.

Pommes de terre. — Les pommes de terre sont surtout cultivées à Cély, Chailly, Perthes, Fleury, Arbonne, dans tout le canton de La Chapelle-la-Reine, notamment à Villiers-sous-Grez, Recloses, Ury et dans une partie de celui de Château-Landon (arrondissement de Fontainebleau).

Oseille de conserve. — A Vareddes (canton de Meaux), la culture de l'oseille est pratiquée en vue de la vente en nature ou en conserve.

Cresson de fontaine. — Le cresson est produit notamment à Provins, aux sources des rivières la Voulzie et la Durteint.

Asperges. — Les asperges sont plus particulièrement produites à Chailly, Perthes, Cély, Recloses, Ury, Larchaut, Achères, Villiers-sous-Grez, Bourron et Grez, dans l'arrondissement de Fontainebleau.

Cerises. — Les cerises sont produites notamment à Cély, Fleury, Perthes, Saint-Germain (arrondissement de Melun).

Prunes. — Les prunes sont produites surtout à Dammarie, Saint-Sauveur et Saint-Fargeau (arrondissement de Melun).

Fruits divers : cassis, prunes, pommes, poires, groseilles. — Ces divers fruits sont produits principalement dans les communes de Pommeuse, Mouroux, Guérard, Tigeaux (arrondissement de Coulommiers), Voulangis, Bouleurs, Quincy-Ségy, Boutigny, Condé, Couilly, Montry, Saint-Germain, Villiers-sur-Morin (arrondissement de Meaux).

Raisin de table. — Les principaux centres de production du raisin de table sont : Thomery, Champagne, Veneux-Nadon (arrondissement de Fontainebleau).

Vigne. — La vigne est cultivée dans tout le département. Les meilleurs vins sont ceux de : Citry, Sancy, Nanteuil, Méry.

Fruits à cidre. — La culture des arbres à cidre a pris une très grande extension depuis l'invasion phylloxérique. L'arrondissement de Coulommiers est le plus fort producteur; viennent ensuite ceux de Melun et de Meaux.

Rosiers et roses. — Les rosiers sont plus spécialement cultivés à Brie-Comte-Robert, Grisy-Suisnes, Coubert, Évry-les-Châteaux, Grégy, Servon, Soignolles (arrondissement de Melun).

SEINE-ET-OISE.

Pommes de terre. — Elles sont cultivées un peu partout et notamment dans les environs de Montlhéry.

Tomates. — Les tomates sont cultivées plus spécialement à Leuville, Linds, Marcoussis, Longpont, Villiers-sur-Orge, La Ville-du-Bois, Orsay, Palaiseau, Sannois, Franconville, Saint-Leu.

Petits pois. — Les petits pois sont surtout produits dans les cantons de Montmorency, Pontoise, Ecouen, Argenteuil, Poissy, Meulan, Limay, Mantes, Bonnières.

Navets. — Les navets sont plus particulièrement cultivés à Croissy-sur-Seine, Montesson, Bouafle, Flins, Aubergenville.

Poireaux. — Les poireaux sont cultivés surtout à Épône, Mézières, Croissy, Montesson, Achères, Flins.

Cresson. — Les principaux centres de production du cresson sont Étampes, La Ferté-Alais, Itteville, Chamarande, Montmorency, Saint-Gratien, Enghien, Ermont, Lardy, Pontoise.

Chou-fleur. — Le chou-fleur est produit notamment à Chambourcy, Bouafle, Sarcelles, Saint-Brice.

Choux de Bruxelles. — Les choux de Bruxelles sont surtout cultivés à Linds, Marcoussis, Noisy-le-Grand, Neuilly-sur-Marne, Gagny, Montfermeil, Bonneuil, Gonesse, Goussainville, Montmagny, Soisy-sous-Montmorency, Saint-Gratien, Ermont, Le Plessis-Bouchard, Montesson, Chambourcy, Pontoise, Osny, Bouafle, La Falaise, Épône.

Carottes. — Les carottes sont cultivées surtout à Carrières-Saint-Denis, Chatou, Montesson, Bouafle, Flins, Aubergenville.

Oignons. — Les oignons sont cultivés notamment à Gonesse, Carrières-Saint-Denis, Bouafle, Flins, Aubergenville.

Cultures florales. — Dans le canton de Boissy-Saint-Léger (arrondissement de Corbeil), à Périgny et à Mandres, on cultive des rosiers en vue de la production de la fleur coupée envoyée à la halle de Paris.

Asperges. — Les asperges sont produites principalement à : Montmagny, Groslay, Enghien, Saint-Gratien, Argenteuil, Sannois, Cormeilles-en-Parisis, Franconville, Montigny-les-Cormeilles, Herblay, Soisy-sous-Montmorency, Andilly, Montlignon, Saint-Prix, Saint-Leu, Taverny, Bessancourt, Frépillon, Villiers-Adam, Méry-sur-Oise, Pierrelaye, Saint-Ouen-l'Aumône, Eraguy, Cergy, Boisemont, Maurecourt, Andrésy, Chanteloup, Triel, Achères, Carrières-sous-Poissy, Moisson, Palaiseau, Orsay, Epinay-sur-Orge, Longpont, Monthléry, Linas, Leuville, Arpajon, Ollainville, Bruyères-le-Châtel, Boissy-sous-Saint-Yon, Breux, le Val-Saint-Germain, Saint-Cyr-sous-Dourdan, Dourdan, Roinville.

Potiron. — Le potiron est surtout cultivé à Palaiseau, Saulx-les-Chartreux, La Ville-du-Bois, Monthléry, Linas, Villebon.

Artichauts. — Les artichauts sont cultivés principalement à Écouen, Villiers-le-Bel, Sarcelles, Saint-Brice, Montmorency, Groslay, Deuil, Montmagny, Saint-Gratien, Sannois, Ermont, Eaubonne, Presles, Frépillon, Auvers-sur-Oise, Saint-Ouen-l'Aumône, Osny, Aubergenville, Nézel, Saint-Michel-sur-Orge, Brétigny.

Haricots secs. — Les haricots sont cultivés surtout à : Coignières, Le Mesnil-Saint-Denis, Saint-Lambert, Magny-les-Hameaux, Milon-la-Chapelle, Saint-Remy-les-Chevreuse, Chevreuse, Saint-Forget, Dampierre, Senlisse, Cernay-la-Ville (canton de Chevreuse); Boulay-les-Troux, Les Molières, Gometz-le-Châtel, Gometz-la-Ville, Janvry, Fontenay-les-Bois, Vaugrineuse, Briis-sous-Forges, Forges-les-Bains, Limours, Pecqueuse (canton de Limours); La Celle-les-Bordes, Bullion, Bonnelles, Saint-Cyr-sous-Dourdan, Le Val-Saint-Germain, Saint-Maurice, Breuillet, Saint-Chéron, Saint-Yon, Breux, Sermaise, Dourdan, Clairefontaine, Sonchamp, Orphin, Prunay-sous-Ablis, Saint-Martin-de-Bréthencourt, La Forêt-le-Roi, Richarville, Authon-la-Plaine, Sainte-Escobille, Mérobert (canton de Dourdan), dans l'arrondissement de Rambouillet; Verrières-le-Buisson (arrondissement de Versailles); Épinay-sur-Orge (canton de Longjumeau); Saint-Michel-sur-Orge, Brétigny, Linas, Leuville, Ollainville, Saint-Germain-les-Arpajon, Arpajon, Egly, Norville, Leudeville, Marolles-les-Arpajon, Saint-Vrain, Cheptainville (canton d'Arpajon), dans l'arrondissement de Corbeil.

Choux pommés. — Les choux pommés sont produits notamment à Noisy-le-Grand, Gagny, Groslay, Montmagny, Deuil, Saint-Gratien, Eaubonne, Franconville, Auvers-sur-Oise, Pontoise, Osny, Boissy-l'Aillerie, Montgeroult, Ableiges, Puiseux-Pontoise, Cergy, Jouy-le-Moutier, Massy, Palaiseau, Champlan, Villebon, Saulx-les-Chartreux, La Ville-du-Bois, Épinay-sur-Orge, Villemoisson, Montlhéry.

Abricotier. — L'abricotier est cultivé sur les collines de la rive droite de la Seine, depuis Triel jusqu'à Bennecourt, notamment dans les communes suivantes : Triel, Vaux, Evecquemont, Meulan, Gaillon, Hardricourt, Mézy, Juziers, Linay, Follanville, Bennecourt.

Cerisier. — Le cerisier est cultivé principalement à Orsay, Palaiseau, Montmorency, Saint-Gratien, Argenteuil, Sartrouville, Cormeilles-en-Parisis, Montigny-les-Cormeilles, Herblay, Le Plessis-Bouchard, Eaubonne, Saint-Prix, Taverny, Bessancourt, Frépillan, Mériel, Cergy, Fragny, Neuville, Jouy-le-Moutier, Andrésy, Chanteloup, Carrières-lès-Poissy, Chambourcy, Fourqueux, L'Étang-la-Ville, Marly-le-Roi, Saint-Martin-la-Garenne, Villers-en-Arthies, Moisson.

Poirier. — Le poirier est cultivé surtout à Montmagny, Saint-Gratien, Deuil, Soisy-sous-Montmorency, Andilly, Montlignon, Saint-Prix, Saint-Brice, Domont, Sarcelles, Villiers-le-Bel, Nerville, Taverny, Saint-Leu, Le Plessis-Bouchard, Franconville, Sannois, Argenteuil, Maurecourt, Chambourcy, Fourqueux, Mareil-Marly, L'Étang-la-Ville, Louveciennes.

Prunier. — Le prunier est cultivé notamment à Soisy-sous-Montmorency, Ermont, Le Plessis-Bouchard, Saint-Leu, Saint-Prix, Taverny, Bessancourt, Frépillon, Montigny-les-Cormeilles, La Frette, Cergy, Jouy-le-Moutier, Chapet, Mareil-Marly, Marly-le-Roi, Louveciennes.

Raisin de table. — Les principaux centres de production des raisins de table sont Montlhéry, Brétigny, Conflans-Sainte-Honorine, Mannecourt, Jouy-le-Moutier.

Groseillier. — Le groseillier est surtout cultivé à Noisy-le-Grand, Montfermeil, Sarcelles, Montmorency, Soisy-sous-Montmorency, Andilly, Domont, Béthemont, Villers-Adam, Frépillon, Bessancourt, Taverny, Saint-Leu, Saint-Prix, Le Plessis-Bouchard, Ermont, Franconville, Sannois, Argenteuil, Bougival, La Celle-Saint-Cloud, Louveciennes, Marly-le-Roi, Mareil-Marly, Fourqueux, Saint-Germain-en-Laye, Le Pecq, Chambourcy.

Framboisier. — Le framboisier est cultivé notamment à Villiers-sur-Marne, Noisy-le-Grand, Saint-Gratien, Argenteuil, Sannois, Franconville, Ermont, Bougival, Louveciennes, Marly-le-Roi, Mareil-Marly, Fourqueux, Saint-Germain-en-Laye.

Figuier. — Le figuier est cultivé à Argenteuil.

Fraisier. — Le fraisier est cultivé principalement à Linas, Montlhéry, Marcoussis, La Ville-du-Bois, Villejust, Longjumeau, Villebon, Palaiseau, Orsay, Gif, Saint-Remy-les-Chevreuse, Châteaufort, Saday, Vauhallan, Igny, Verrières-le-Buisson, Gagny, Montmagny, Groslay, Deuil, Enghien, Saint-Gratien, Ermont, Franconville, Argenteuil, Rosny-sur-Seine, Rolleboise.

Vigne. — La vigne est cultivée notamment à : Boigneville, Champmotteux, Arrancourt, Mespuits, Bois-Herpin, Gironville, Maisse, Oncy, Courances, Dannemois, Videlles, Mondeville, Boutigny, D'Huison, Orveau, Cerny, Itteville, Villeneuve-sur-Auvers, Étampes, Châlo-Saint-Mars, Étréchy, Chauffour-les-Étréchy, Villeconin (arrondissement d'Étampes); Auvernaux, Ballancourt, Morsang, Mennecy, Ormoy, Villabé, Essonnes, Corbeil, Saintry, Saint-Pierre-du-Perray, Saint-Germain-les-Corbeil, Tigery, Etiolles, Soisy-sous-Etiolles, Vert-le-Grand, Leudeville, Saint-Yrain, Marolles-les-Arpajon, Cheptainville, Egly, Arpajon, Saint-Germain-les-Arpajon, Brétigny, Montlhéry, Villiers-sur-Orge, Epinay-sur-Orge, Villemoisson, Morsang-sur-Orge, Longjumeau, Champlan, Massy, Chilly-Mazarin, Athis-Mons, Vigneux, Draveil, Montgeron, Crosne, Epinay-sous-Sénart, Périgny, Marolles-en-Brie, Valenton, Boissy-Saint-Léger, Sucy, La Queue-en-Brie, Chennevières-sur-Marne (arrondissement de Corbeil); Sermaise, Le Val-Saint-Germain, Saint-Sulpice-de-Fovières, Saint-Yon, Breuillet, Saint-Maurice, Neauphle-le-Château, Saint-Germain-de-la-Grange, Beynes, Galluis, Garancières, Boissy-sans-Avoir, Autouillet, Villiers-le-Mahieu (arrondissement de Rambouillet); Noisy-le-Grand, Neuilly-sur-Marne, Montfermeil, Coubron, Livry, Montmagny, Deuil, Groslay, Sarcelles, Saint-Brice, Villiers-le-Bel, Soisy-sous-Montmorency, Andilly, Montlignon, Saint-Gratien, Ermont, Le Plessis-Bouchart, Saint-Prix, Saint-Léger, Bessancourt, Taverny, Frépillon, Villiers-Adam, Pierrelaye, Auvers-sur-Oise, Ennery, Pontoise, Cergy, Saint-Ouen-l'Aumône, Eragny, Jouy-le-Moutier, Vauréal, Cormeilles-en-Vexin, Epiais-Rhus (arrondissement de Pontoise); La Ville-du-Bois, Villejust, Verrières-le-Buisson, Meudon, Garches, La Celle-Saint-Cloud, Marly-le-Roi, L'Étang-la-Ville, Mareil-Marly, Port-Marly, Fourqueux, Saint-Germain-en-Laye, Chambourcy, Chatou, Montesson, Carrières-Saint-Denis, Houilles, Sartrouville, Bezons, Argenteuil, Mesnil-le-Roi, La Frette, Sannois, Montigny-les-Cormeilles, Herblay, Conflans-Sainte-Honorine, Maurecourt, Andrésy, Chanteloup, Carrières-sous-Poissy, Orgeval, Villepreux, Les Clayes, Médan, Vernouillet, Triel, Vaux, Evecquemont, Hardricourt, Meulan, Mézy, Les Mureaux, Chapet, Bouafle, Flins, Aubergenville, Ecquevilly, Mareil-sur-Mauldre (arrondissement de Versailles); Juziers, Gargenville, Issou, Porcheville, Epône, Mézières, Guitrancourt, Fontenay-Saint-Père, Follanville, Saint-Martin-la-Garenne, Vétheuil, La Roche-Guyon, Gommecourt, Limetz, Bennecourt, Jeufosse, Bonnières, Mousseaux, Méricourt, Rolleboise, Guernes, Rosny-sur-Seine, Gassicourt, Limay, Mantes, Buchelay, Perdreauville, Mantes-la-Ville, Auffreville, Vert, Villette, Arnouville-les-Mantes, Septeuil, Saint-Martin-des-Champs, Osmoy, Prunay-le-Temple, Orvilliers, Malcent, Montchauvet, Dammartin, Longnes (arrondissement de Mantes).

Culture des porte-graines. — La culture des porte-graines se fait plus particulièrement à Verrières-le-Buisson, Saday, Saint-Aubin, Gif (arrondissement de Versailles); Orgerus, Jouars-Pontchartrain, Saint-Lambert, Milon-la-Chapelle, Chevreuse, Saint-Remy-les-Chevreuse, Dampierre, Senlisse, Choisel, Boulay-les-Troux, Briis-sous-Forges, Vaugrigneuse, Saint-Maurice, Breuillet, Breux, Saint-Sulpice-de-Fovières, Saint-Chéron, Le Val-Saint-Germain, Saint-Cyr-sous-Dourdan, Roinville (arrondissement de Rambouillet); Mauchamps (arrondissement d'Étampes); Leuville, Saint-Germain-les-Arpajon, Arpajon, Norville, Leudeville, Avrainville, Cheptainville (arrondissement de Corbeil).

DEUX-SÈVRES.

Artichauts. — L'artichaut dit *de Niort* est cultivé dans le canton de Niort.

Oignons. — On cultive les oignons à Niort et dans les communes voisines.

Vigne. — La vigne occupe, au nord du département, les cantons de Thouars, Saint-Varent, Argenton-Château (arrondissement de Bressuire) et une partie des cantons d'Airvault, Saint-Loup, Thénezay (arrondissement de Parthenay). Au sud, dans l'ancienne Saintonge, la vigne est cultivée dans les cantons de Niort, Prahecq, Frontenay-Rohan-Rohan, Mauzé, Beauvoir (arrondissement de Niort), Brioux, Chef-Boutonne (arrondissement de Melle).

Angélique. — L'angélique est cultivée notamment à Niort, Saint-Liguaire et Saint-Maixent.

SOMME.

Primeurs. — La *pomme de terre hâtive* est cultivée aux environs de Saint-Valery-sur-Somme.

Produits maraîchers de grande culture. — Les différents légumes (choux, salades, artichauts, radis, pommes de terre, carottes) sont cultivés aux environs immédiats d'Amiens (hortillonnages), de Péronne (harduies), de Ham et de Montdidier, principalement dans les communes de Doingt, Flamicourt, Halle-Sainte-Radegonde, Voyenne; dans le canton de Nesle (arrondissement de Péronne) et dans les environs d'Abbeville et de Saint-Valery-sur-Somme.

Cerisier. — Le cerisier est cultivé dans tout le département, sauf dans l'arrondissement de Péronne et dans le nord de l'arrondissement de Montdidier. On le cultive principalement dans les cantons de Crécy (arrondissement d'Abbeville), Poix, Hornoy, Oisemont, Molliens-Vidame (arrondissement d'Amiens). Il est disséminé dans l'arrondissement de Doullens et dans les cantons d'Ailly-sur-Noye, Montdidier et Roye (arrondissement de Montdidier).

Pommes à couteau. — Elles sont produites principalement dans les cantons de Rue, Saint-Valery, Crécy, Moyenneville (arrondissement d'Abbeville), Hornoy, Poix, Oisemont (arrondissement d'Amiens), Doullens, Acheux (arrondissement de Doullens), Montdidier, Ailly-sur-Noye, Roye (arrondissement de Montdidier).

Prunier. — Le prunier est cultivé dans tout le département, sauf dans l'arrondissement de

Péronne; on le trouve surtout dans les arrondissements d'Abbeville (environs de Crécy) et d'Amiens (environs de Villers-Bocage et de Molliens-Vidame); il se rencontre disséminé dans l'arrondissement de Doullens et dans les cantons de Montdidier, Roye et Ailly-sur-Noye (arrondissement de Montdidier).

Noix. — Les noyers sont cultivés principalement aux environs de Molliens-Vidame, Villers-Bocage et Hornoy (arrondissement d'Amiens); dans le canton de Crécy (arrondissement d'Abbeville).

Cassis. — Le cassis est cultivé surtout aux environs d'Amiens (Longueau, Comon, Rivery, Montières) et dans le canton de Moreuil (arrondissement de Montdidier), à Hanyest-en-Santerre et Cagny.

Fruits à cidre. — Les fruits à cidre sont produits dans tout l'arrondissement d'Abbeville, principalement dans les cantons d'Ault, Gamaches, Moyenneville, Saint-Valery, Rue et Crécy; dans l'arrondissement d'Amiens : cantons d'Oisement, Hornoy, Poix, Villers-Bocage; dans l'arrondissement de Doullens : cantons de Doullens, Acheux, Bernaville; dans l'arrondissement de Montdidier : cantons de Montdidier et Roye. Le pommier et le poirier n'existent pas dans l'arrondissement de Péronne.

Chicorée à café. — La chicorée à café est cultivée dans la région de Rue (arrondissement d'Abbeville) et aux environs de Péronne, Chaulnes et Ham (arrondissement de Péronne).

TARN.

Petits pois. — Les petits pois sont produits principalement à Mézens et à Saint-Sulpice dans le canton de Rabastens (arrondissement de Gaillac).

Haricots verts. — Ils sont produits surtout à Mézens et à Saint-Sulpice, dans le canton de Rabastens (arrondissement de Gaillac).

Fraises. — Les fraises sont produites principalement à Gaillac et à Brens, près de Gaillac; à Burlats et La Fontasse (canton de Roquecourbe), dans l'arrondissement de Castres.

Melon. — Le melon est cultivé surtout à Lautrec, Puycalvet, Montpinier, Laboulbène, Jonquières, Cuq-les-Vielmur, Carbes, au nord-ouest de Castres.

Oignon. — Les oignons sont cultivés notamment à Lescure, commune située au nord-est d'Albi.

Ail. — L'ail est produit au nord-est de Castres, à Lautrec, Puycalvel, Laboulbène, Jonquières, Cuq-les-Vielmur, Carbes.

Cerises. — Les cerises sont produites dans tout le département.

Pêches. — Les pêches sont produites surtout aux environs de Gaillac, dans les cantons de Rabastens, Lisle, Gaillac, Castelnau-de-Montmiral.

Prunes. — Les prunes sont produites dans l'arrondissement de Gaillac, notamment à Mézens, Senouillac, Cahuzac-sur-Vère, Vieux, Le Verdier, Sainte-Cécile-du-Cayrou, Saint-Beauzile, Campagnac, Itzac, Penne-du-Tarn, Milhars.

Châtaignier. — Le châtaignier est cultivé dans deux régions principales : au sud du département, dans la montagne Noire, aux environs de Mazamet et Saint-Amans-Soult (arrondissement de Castres); au nord et au nord-est du département, dans les cantons de Réalmont, Alban, Villefranche, Valence, Valdériès, Pampelonne, Monestiès (arrondissement d'Albi), Cordes (arrondissement de Gaillac).

Vignes. — La vigne est cultivée dans tout le département. C'est dans l'arrondissement de Gaillac que la culture est la plus importante et que sont produits les meilleurs vins.
Les meilleurs vins blancs sont produits dans les cantons de Caladen, Gaillac, Castelnau-de-Montmiral, Cordes, Lisle.
Les meilleurs vins rouges sont produits dans les cantons de Rabastens, à Saint-Sulpice, Rabastens, Couffouleux, Loupiac; de Lisle, à Parisot, Peyrole; de Gaillac, à Gaillac, Montans; de

Caladen, à Técou, Caladen, Aussac, Florentin; de Castelnau-de-Montmiral, à Castelnau-de-Montmiral, Vieux, Andillac; de Vaour, à Milhars; de Cordes, à Cordes (arrondissement de Gaillac); — dans les cantons d'Albi, à Carlus, Rouffiac; de Villefranche, à Cambon, Cunac (arrondissement d'Albi).

TARN-ET-GARONNE.

Asperge. — L'asperge est cultivée dans les communes de Malause, Boudou, Moissac (arrondissement de Moissac); La Française, Montastruc, Piquecos, L'Honor-de-Cos, Lamothe-Capdeville, Montauban, Corbarieu, Reyniès (arrondissement de Montauban).

Artichaut. — L'artichaut est produit en même temps que l'asperge, notamment à La Française, Piquecos, L'Honor-de-Cos (arrondissement de Montauban).

Tomate. — La tomate est cultivée surtout aux environs de Valence-d'Agen, Boudou, Moissac (arrondissement de Moissac); Montauban; Castelsarrasin, Saint-Porquier, Escatalens, Montech (arrondissement de Castelsarrasin).

Melon. — La culture du melon existe notamment à Moissac; La Française, Montastruc, Villemade, Montauban, Corbarieu, Reyniès (arrondissement de Montauban); Barry-d'Islemade, Albefeuille (arrondissement de Castelsarrasin).

Fraise. — La fraise est produite principalement à Moissac; La Française, Montauban (arrondissement de Montauban).

Petits pois. — Les principales communes qui se livrent à la production des petits pois sont Valeilles, Saint-Beauzeil, Saint-Amans, Valence-d'Agen, Moissac (arrondissement de Moissac); La Française, Montauban, Lamothe-Capdeville, Villemade, Corbarieu (arrondissement de Montauban).

Haricots secs. — Les haricots sont cultivés surtout aux environs de Moissac et de Montauban.

Raves. — La commune de Cazals (arrondissement de Montauban) est le principal centre de culture des raves, mais on en produit dans tout le département.

Ail. — La culture de l'ail se fait spécialement dans le canton de Beaumont-de-Lomagne (arrondissement de Castelsarrasin), notamment à Larazet, Belbèze, Vigneron, Beaumont, Auterive, Gimat, Cumont, Marignac, Faudoas, Goas, Le Cauze.

Oignon. — L'oignon est cultivé surtout aux environs de Montauban et de Castelsarrasin.

Cornichon. — Le cornichon est cultivé dans la vallée de la Garonne, notamment à Saint-Porquier, Escatalens, Montech, Finhan, Montbartier, Monbéqui, Bessens, Dieupentale, Canals Grisolles, Pompignan (arrondissement de Castelsarrasin).

Pêches. — Les pêches sont produites notamment à Cazes-Mondenard, Montesquieu, Dunes, Valence-d'Agen, Goudourville, Malause, Boudou, Moissac (arrondissement de Moissac); La Française, Montastruc, Piquecos, L'Honor-de-Cos, Molières, Labarthe, Caussade, Villemade, Montauban, Saint-Étienne-de-Tulmont, Léojac-et-Bellegarde, Corbarieu (arrondissement de Montauban); Bressols (arrondissement de Castelsarrasin).

Abricots. — Les abricots sont produits dans la région de production des pêches, c'est-à-dire principalement dans les communes de Cazes-Mondenard, Montesquieu, Dunes, Valence-d'Agen, Goudourville, Malause, Boudou, Moissac (arrondissement de Moissac); La Française, Montastruc, Piquecos, L'Honor-de-Cos, Molières, Labarthe, Caussade, Villemade, Montauban, Saint-Étienne-de-Tulmont, Léojac-et-Bellegarde, Corbarieu (arrondissement de Montauban); Bressols (arrondissement de Castelsarrasin).

Cerises. — Les principales communes qui se livrent à la production des cerises sont Lauzerte, Tréjouls, Cazes-Mondenard, Durfort, Moissac (arrondissement de Moissac); Molières, Mirabel, La Française, Piquecos, La Mothe-Capdeville, Montauban, Saint-Étienne-de-Tulmont, Léojac-et-Bellegarde, Saint-Nauphary, Corbarieu (arrondissement de Montauban); Lacourt-Saint-Pierre, Montech (arrondissement de Castelsarrasin).

Prunes. — Les prunes sont produites dans tout le département.

Les communes de Valeilles, Saint-Bauzeil, Saint-Amans, Roquecor, Montaigu-de-Quercy, Belvèze, Sainte-Juliette, Lauzerte, Bourg-de-Visa, Montagudet, Goudourville, Dunes, Sistels (arrondissement de Moissac); Vazerac, Montpezat-de-Quercy, Mirabel, Verfeil, Varen, Montauban (arrondissement de Montauban); Castelsarrasin, produisent plus spécialement la prune d'Agen qui, transformée en pruneaux, est surtout exportée vers Agen et Villeneuve-sur-Lot (Lot-et-Garonne).

Les principaux centres de production des prunes, indépendamment des communes précédentes, sont Touffailles, Brassac, Saint-Amans-de-Pellagal, Montbarla, Durfort (arrondissement de Moissac); Labarthe, Molières, Montfermier, Montalzat, Saint-Vincent, Puycornet, Montastruc, Piquecos, Villemade, L'Honor-de-Cos, La Française, Cayrac, Albias, Saint-Étienne-de-Tulmont, Léojac-et-Bellegarde, Corbarieu, Verlhac, Puygaillard, Saint-Antonin, Ginals, Espinas, Caylus, Loze, Saint-Projet (arrondissement de Montauban); Lacourt-Saint-Pierre, Bressols, Labastide-Saint-Pierre (arrondissement de Castelsarrasin).

Pommes et poires à couteau. — Les fruits à couteau sont récoltés en plus ou moins grande quantité sur tous les points du département, principalement à Belvèze, Montagudet, Saint-Amans-de-Pellagal, Montesquieu, Moissac (arrondissement de Moissac); Labarthe, Molières, Castanet, Ginals, Laguépie, Léojac-et-Bellegarde, Montauban, Saint-Nauphary, Monclar-de-Quercy, Belmontet, Verlhac-Tescou (arrondissement de Montauban).

Raisin de table. — Les principales communes qui se livrent à la production du raisin de table sont Bouloc, Sainte-Juliette, Tréjouls, Sauveterre, Cazes-Mondenard, Lauzerte, Montagudet, Saint-Amans-de-Pellagal, Durfort, Montesquieu, Saint-Nazaire-de-Valentane, Castelsagrat, Saint-Clair, Boudou, Moissac (arrondissement de Moissac); Vazerac, Molières, Mirabel, Saint-Vincent, Caussade, Cayrac, Lamothe-Capdeville, Villemade, Montauban, Saint-Étienne-de-Tulmont, Léojac-et-Bellegarde, Génébrières, Saint-Nauphary, Corbarieu (arrondissement de Montauban); Lacourt-Saint-Pierre, Fajolles (arrondissement de Castelsarrasin).

Châtaignes. — Les châtaignes sont produites notamment à Labarthe, Vazerac, Puycornet, L'Honor-de-Cos, Castanet, Laguépie, Génébrières, Vaissac, Puygaillard (arrondissement de Montauban).

Noix. — Les noix sont produites principalement à Saint-Projet, Loze, La Capelle-Livron, Caylus, Lavaurette, Saint-Antonin, Verfeil (arrondissement de Montauban).

Vigne. — Les principales communes viticoles sont Montaigu-de-Quercy, Bourg-de-Visa, Fauroux, Montbarla, Montjoy, Perville, Castelsagrat, Gasques, Saint-Paul-d'Espis, Goudourville, Valence-d'Agen, Saint-Loup, Dunes, Sistels, Auvillar, Saint-Cirice (arrondissement de Moissac); Labarthe, Montfermier, Montpezat, Puylaroque, Lapenche, Caylus, Espinas, Verfeil, Varen, Saint-Antonin, Cazals, Saint-Cirq, Caussade, Bioule, Réalville, Cayrac, Albias, L'Honor-de-Cos, La Française, Piquecos, Montastruc, Villemade, Montauban, Saint-Étienne-de-Tulmont, Négrepelisse, Bruniquel, Puygaillard, Vaissac, Monclar-de-Quercy, Villebrumier (arrondissement de Montauban); Les Barthes, La Bastide-du-Temple, Meauzac, Barry-d'Islemade, Albefeuille-Lagarde, Castelsarrasin, La Villedieu, Saint-Porquier, Montbeton, Lacourt-Saint-Pierre, La Bastide-Saint-Pierre, Montbartier, Grisolles, Aucamville, Verdun-sur-Garonne, Mas-Grenier, Beaumont-de-Lomagne, Lavit-de-Lomagne (arrondissement de Castelsarrasin).

Les vignobles les plus réputés de Tarn-et-Garonne sont ceux de La Villedieu, sur les communes de La Villedieu, Labastide-du-Temple, Lacourt-Saint-Pierre, Montbeton, Saint-Porquier; Campsas, communes de Campsas, Montbartier, Labastide-Saint-Pierre, Orgueil, Nohic, Fabas; Dunes, Sistels, Donzac; Beau-Soleil, Le Fau, communes de Montauban, Léojac; Aussac, commune de L'Honor-de-Cos; Montpezat, Montfermier et Montalzat.

Truffes. — Les truffes sont récoltées principalement à Montpezat-de-Quercy, La Bastide-de-Penne, Puy-Laroque, Lapenche, Mouillac, Saint-Projet, Loze, La Capelle-Livron, Caylus, Parisot, Varen, Fénayrols, Saint-Antonin, Cazals, Saint-Cirq, Caussade (arrondissement de Montauban).

Pépinières. — De: pépinières importantes ont été créées notamment à Moissac: Castelsarrasin; Montauban, Caussade, Négrepelisse, Saint-Antonin (arrondissement de Montauban).

Osier. — Les oseraies existent principalement à Auvillar (arrondissement de Moissac); Saint-Nicolas-de-la-Grave, Castelmayran, Saint-Aignan, Castelferrus, Cordes-Tolosannes, Mas-Grenier, Verdun-sur-Garonne (arrondissement de Castelsarrasin).

VAR.

Petits pois. — Les petits pois sont produits surtout à Saint-Cyr, Hyères, Toulon, Carqueiranne, Bandol, La Farlède, Ollioules, La Crau, Solliès-Pont, La Londe.

Fraises. — Les fraises sont produites principalement à Hyères, La Crau, Toulon, La Londe.

Haricots. — Les haricots sont produits à Hyères, Toulon, La Londe, La Crau, Saint-Cyr, Ollioules.

Artichauts. — Les artichauts sont produits à Hyères, Ollioules, La Londe, Carqueiranne, Toulon, La Farlède, La Crau, Solliès-Pont, Bandol.

Choux-fleurs. — Les choux-fleurs sont produits à Hyères, Ollioules.

Pommes de terre. — Les pommes de terre sont produites à Carqueiranne, Hyères, Ollioules, Toulon, La Londe, Saint-Cyr.

Salades. — Les salades sont produites à Hyères, La Farlède, Carqueiranne, La Crau, Solliès-Pont, Ollioules, La Londe.

Abricots. — Les abricots sont produits notamment à Ollioules, Cuers, Bandol, Saint-Cyr-de-Provence, et aux environs de Brignoles.

Cerises. — Les principaux centres de production des cerises sont Solliès-Pont, La Crau, Solliès-Toucas, Le Luc et Le Cannet, La Farlède, Puget-Ville, Hyères, Belgentier, La Pauline, Gonfaron, Ollioules, Vidauban, Carqueiranne, Bandol, Saint-Cyr-de-Provence.

Pêches. — Les principaux centres de production des pêches sont Solliès-Pont, La Crau, Hyères, Carqueiranne, La Pauline, Puget-Ville, La Farlède, Solliès-Toucas, Saint-Cyr, Vidauban, Belgentier, Bandol, Le Luc et Le Cannet, Gonfaron, Ollioules.

Amandes. — On récolte surtout les *amandes fraîches* dans les centres de Bandol, Ollioules, Carqueiranne, La Crau et Hyères, et les *amandes sèches* dans le canton de Rians, à La Verdière, Ginasservis, Vinon, Artigues, Saint-Julien-le-Montagnier.

Châtaignes. — Les principaux centres de production des châtaignes sont Collobrières, La Garde-Freinet, Les Mayons-du-Luc, Gonfaron, Pignans, Bormes, Bagnols et les environs.

Figues. — Les principaux centres de production des figues sont Solliès-Pont, La Pauline, Solliès-Toucas, La Farlède, Carqueiranne, Ollioules, Puget-Ville, Le Luc et Le Cannet.

Vigne. — Les principales communes viticoles sont celles de Carcès, Besse, La Crau, Hyères, La Londe, Montfort, Tourves, Flassans, Vidauban, Les Arcs, Le Puget, Fréjus, Gonfaron, Pignans, Saint-Cyr, La Cadière, Le Castellet, Le Beausset, Le Pradet, La Garde, Bormes, Grimaud, Cogolin, Gassin, Ampus, Lorgues, La Motte, Le Muy, Roquebrune, Le Cannet-du-Luc, Cabasse, Le Val, Bras, Pourrières, Pourcieux, Saint-Maximin, Brignoles, Néoules, Puget-Ville, Ramatuelle, Pierrefeu, Solliès-Pont, La Seyne, Ginasservis, Rians, Esparron, Barjols, Pontevès, Salernes, Flayosc, Draguignan, Trans, Callas, Seillans, Fayence, Tourettes, Calbian, Bagnols, Saint-Raphaël, Taradeau, Le Thoronet, Le Luc, Vins, Entrecasteaux, Cotignac, Châteauvert, Seillons, Rougiers, Nans, Mazaugues, La Roquebrussane, Signes, Méounes, Garéoult, Forcalqueiret, Sainte-Anastasie, Rocbaron, Carnoules, Les Mayons-du-Luc, La Garde-Freinet, Plan-de-la-Tour, Sainte-Maxime, Saint-Tropez, La Môle, Collobrières, Solliès-Farlède, Toulon, Ollioules, Evenos, Saint-Nazaire, Bandol, Saint-Julien, La Verdière, Varages, Tavernes, Aups, Artignosc, Bauduen, Bargemon, Claviers, Tanneron, Saint-Paul, Ollières, Saint-Zacharie, Solliès-Ville.

Truffes. — Les truffes sont récoltées dans les arrondissements de Draguignan et Brignoles, principalement à Aups, Bauduen, Baudinard, Ampus, Flayosc, Tourtour, Chateaudouble,

Cultures florales : violettes, roses, œillets, jacinthes, narcisses, renoncules, etc. — Les principaux centres de production sont Hyères, Ollioules et Sanary, Bandol, Carqueiranne, Solliès-Pont, La Crau, Le Lavandou, La Farlède, Cavalière, Callian, Cavalaire, Sainte-Maxime, Toulon, Saint-Tropez, Gassin, Cogolin.

Oignons à fleurs. — La production des oignons à fleurs et notamment des oignons de jacinthes, de narcisses, de freesia, de lis, etc., se fait dans les cantons d'Ollioules, d'Hyères, de Solliès-Pont et de Toulon.

Plantes d'ornement. — Les palmiers et autres plantes d'ornement sont cultivés à Hyères et dans les environs de cette ville.

Olivier. — L'olivier est cultivé dans tout le département, principalement à Rians, Artigues, Esparron, Saint-Martin, La Verdière, Tavernes, Barjols, Pontevès, Fox-Amphoux, Montmeyan, Régusse, Artignosc, Vérignon, Sillans, Salernes, Tourtour, Ampus, Chateaudouble, Montferrat, Callas, Claviers, Seillans, Fayence, Tourettes, Callian, Montauroux, Saint-Paul, Bagnols, Figanières, Draguignan, Flayosc, Lorgues, Entrecasteaux, Cotignac, Chateauvert, Seillons, Ollières, Pourcieux, Pourrières, Saint-Maximin, Saint-Zacharie, Nans, Rougiers, Tourves, Bras, Le Val, Brignoles, Camps, Vins, Montfort, Carcès, Cabasse, Le Thoronet, Taradeau, Vidauban, Les Arcs, Trans, La Motte, Le Muy, Roquebrune, Le Puget, Fréjus, Saint-Raphaël, Sainte-Maxime, Plan-de-la-Tour, La Garde-Freinet, Grimaud, Cogolin, Saint-Tropez, Gassin, Le Cannet-du-Luc, Le Luc, Gonfaron, Les Mayons-du-Luc, Collobrières, Pignans, Carnoules, Puget-Ville, Besse, Sainte-Anastasie, Forcalqueiret, Garéoult, Néoules, La Roquebrussane, Mazaugues, Signes, Le Castellet, La Cadière, Saint-Cyr, Bandol, Le Beausset, Ollioules, La Seyne, Le Revest, Solliès-Farlède, Solliès-Ville, Solliès-Pont, Cuers, La Crau, Hyères, Bormes.

VAUCLUSE.

Haricots. — On récolte surtout les haricots à Lapalud, Bollène, Mondragon, Vaison, Seguret, Sablet, Orange, Beaumes, Aubignan, Loriol, Carpentras, Sault, Monieux, Monteux, Entraigues, Pernes, Velleron, Avignon, Cavaillon, Mérindol, Lauris, Cadenet, Pertuis, Tour-d'Aigues, Apt, Saignon.

Petits pois. — Les petits pois sont produits principalement à Bollène, Orange, Beaumes, Aubignan, Loriol, Sault, Carpentras, Avignon, Cavaillon, Lauris.

Asperges. — On cultive les asperges à Mondragon, Piolenc, Aubignan, Carpentras, Avignon, Pernes, Velleron, Cavaillon, Robions, Maubec, Cheval-Blanc, Puget, Lauris, Puyvert, Cadenet.

Fraises. — On les produit surtout à Sarrians, Aubignan, Loriol, Carpentras, Monteux, Sorgues, Pernes, Velleron, Avignon.

Culture maraîchère (choux, salades, artichauts, melons). — Les communes de Valréas, Lapalud, Mondragon, Jonquières, Sarrians, Aubignan, Carpentras, Monteux, Entraigues, Pernes, Velleron, Avignon, Cavaillon, Taillades, Cheval-Blanc, Apt se livrent plus spécialement à ces cultures.

Abricots. — On récolte ces fruits dans les communes de Bollène, Sablet, Vacqueyras, Barraux, Beaumes, Saint-Hippolyte, Aubignan, Caromb, Carpentras, Saint-Pierre-de-Vassols, Modène, Pernes, Avignon, Apt.

Cerises. — Les cerises sont cultivées à Valréas, Bollène, Vaison Piolenc, Orange, Beaumes, Saint-Hippolyte, Bédarrides, Aubignan, Caromb, Carpentras, Saint-Pierre-de-Vassols, Monteux, Mazan, Pernes, Avignon, Morières, Cavaillon, Apt, Pertuis.

Pêches. — Les communes qui en produisent le plus sont celles de Bollène, Cairanne, Orange, Sablet, Vacqueyras, Suzette, Caromb, Monteux, Carpentras, Avignon, Morières, Apt, Cavaillon, Taillades, Cheval-Blanc, Villelaure.

Raisin de table. — On le produit principalement à Valréas, Vaison, Orange, Sarrians, Beaumes, Saint-Hippolyte, Aubignan, Loriol, Mazan, Carpentras, Pernes, Avignon, Châteauneuf-de-Gadagne, Caumont, Le Thor, L'Isle, Cavaillon, Robions, Maubec, Cheval-Blanc, Puget, Lauris, Cadenet, Pertuis.

Vigne. — Les principales communes viticoles sont celles de Grillon, Valréas, Visan, Lapalud, Bollène, Sainte-Cécile, Cairanne, Vaison, Saint-Romain, Puyméras, Mondragon, Ucheux, Mornas, Sérignan, Travaillan, Seguret, Entrechaux, Sablet, Gigondas, Camaret, Orange, Jonquières, Vacqueyras, Sarrians, Beaume, Saint-Hippolyte, Caromb, Bédoin, Flassau, Courthezon, Bédarrides, Carpentras, Mazan, Mormoiron, Villes, Sorgues, Entraigues, Vedène, Pernes, Venarque, Avignon, Morières, Châteauneuf-de-Gadagne, Caumont, Le Thor, L'Isle, Cavaillon, Robions, Maubec, Ménerbes, Oppède, Bonnieux, Cheval-Blanc, Puget, Lauris, Puyvert, Cucuron, Cadenet, Motte-d'Aigues, Tour-d'Aigues, Pertuis.

Culture des porte-graines (betteraves, salades, choux, carottes). — Bollène, Mondragon, Violès, Caderousse, Jonquières, Bédarrides, Velleron produisent des graines de légumes.

VENDÉE.

Pommes de terre de primeur. — Noirmoutier se livre à la culture de la pomme de terre.

Haricots secs. — Les principaux centres de production sont : Le Poiré-sur-Vie, Venansault, Les Clouzeaux, Aubigny, Nesmy, Bourg-sous-la-Roche, La Chaize-le-Vicomte, Péault, Corps, Saint-Martin-des-Noyers, Saint-Vincent-Sterlanges, Saint-Mars-des-Prés, dans l'arrondissement de La Roche-sur-Yon; La Meilleraie-Tillay, Mouilleron-en-Pareds, Saint-Sulpice-en-Pareds, Saint-Martin-Lars-en-Sainte-Hermine, Saint-Juire-Champgillon, Saint-Valérien, Marsais-Sainte-Radegonde, Petosse, Saint-Michel-le-Cloucq, Saint-Martin-de-Fraigneau, Auzay, Chaix, dans l'arrondissement de Fontenay-le-Comte; Nieul-le-Dolent, La Boissière-des-Landes, Saint-Vincent-sur-Graon, Saint-Sornin, La Jonchère, Le Poiroux, Saint-Hilaire-de-Talmont, Avrillé, Saint-Hilaire-la-Forêt, Jard, dans l'arrondissement des Sables-d'Olonne.

Oignon, ail, échalote. — On cultive plus particulièrement ces légumes à La Tranche et à Vix.

Cerises. — Les cerises sont surtout produites aux environs de La Caillère (canton de Sainte-Hermine), dans l'arrondissement de Fontenay-le-Comte.

Châtaignes. — Le châtaignier est cultivé principalement à La Caillère (canton de Sainte-Hermine), dans l'arrondissement de Fontenay-le-Comte.

Vigne. — La production est surtout importante dans les cantons de Chantonnay, Mareuil-sur-Lay, Rocheservière (arrondissement de La Roche-sur-Yon), et dans le canton de Fontenay-le-Comte.

Colza. — C'est dans le canton de Talmont (arrondissement des Sables-d'Olonne) que cette culture est surtout importante.

Lin. — Cette culture se rencontre dans la région de Vix (Vix en possède 33 hectares), commune du canton de Maillezais, et dans la région située entre La Roche-sur-Yon, Palluau, Montaigu et Les Herbiers.

Chanvre. — C'est dans la commune de Vix que la culture du chanvre a le plus d'importance.

VIENNE.

Pommes de terre. — Elles sont produites dans tout le département, surtout dans l'arrondissement de Châtellerault et le nord de l'arrondissement de Poitiers. Les principaux centres de production sont Scorbé-Clairvaux, Lencloître, Vouneuil, Bonneuil-Matours, Pleumartin (arrondissement de Châtellerault); Moncontour (arrondissement de Loudun); Mirebeau, Noiron, Ayron, Jaulnay, Chasseneuil (arrondissement de Poitiers); Couhé, Civray (arrondissement de Civray).

Légumes frais (choux, asperges, artichauts, etc.). — Ils sont cultivés dans tout le département, plus intensivement aux environs de Châtellerault. Les principaux centres de production sont Châtellerault, Scorbé-Clairvaux, Saint-Genest, Lencloître, Savigny, Dangé, Bonneuil-Matours (arrondissement de Châtellerault); Moncontour, Arçay (arrondissement de Loudun); Ville-mal-nommée, Poitiers, Lusignan, Vivonne (arrondissement de Poitiers); Chaunay, Civray (arron-dissement de Civray); La Trimouille, Chauvigny (arrondissement de Montmorillon).

Légumes secs (haricot, ail, échalote, oignon). — Ils sont cultivés dans tout le département, principalement dans les vallées de la Vienne, du Clain et de ses affluents (la Pallu, l'Auxance, la Boivre). Les centres principaux de production sont Dangé, Châtellerault, Sorbé-Clairvaux, Saint-Genest, Lencloître, Pleumartin (arrondissement de Châtellerault); Moncontour, Monts-sur-Guesnes (arrondissement de Loudun); Mirebeau, Ayron, Vouillé, Jaulnay, Poitiers, Lusignan, Vivonne, Rouillé (arrondissement de Poitiers); Couhé, Civray (arrondissement de Civray); Chauvigny, Montmorillon, La Trimouille (arrondissement de Montmorillon).

Vigne. — La culture de la vigne est surtout pratiquée dans l'arrondissement de Loudun et dans le nord de celui de Poitiers; elle est nulle dans le sud des arrondissements de Civray et Montmorillon, faible dans le nord de ces deux arrondissements. Les principaux centres de production sont, pour les vins rouges : Vaux, Saint-Romain, Chauvigny, Dissay, Montamisé, Saint-Georges, Champigny-le-Sec; pour les vins blancs : Ternay, Saint-Léger-de-Montbrillais, Pouançay, Curçay, Ranton, Berrie, Arçay, Saint-Cassien, Le Bouchet, Veniers, Andillé, Monts-sur-Guesnes, Pouant, Verrue, Frontenay, Beaumont, Marigny-Brizay, Le Neuvillois, Le Mire-balais, Lencloître.

Graines de luzerne, trèfle et sainfoin. — La production est très intense dans l'arrondissement de Civray, surtout à Gençay, Champagné-Saint-Hilaire, Couhé, Chaunay, Château-Garnier, Joussé, Saint-Martin-l'Ars, Charroux, Civray. Dans le reste du département, les principaux centres de production sont Saint-Léger-de-Montbrillais, Sammarçolles, Loudun, Monts-sur-Guesnes (arrondissement de Loudun); Châtellerault; Mirebeau, Ayron, Vouillé, Neuville-du-Poitou (arrondissement de Poitiers); Saint-Savin (arrondissement de Montmorillon).

Truffes. — On les récolte plus particulièrement dans l'arrondissement de Loudun.

HAUTE-VIENNE.

Pommes de terre. — La culture est surtout importante dans les cantons de Châteauponsac, Bessines, Nantiat (arrondissement de Bellac); Laurière, Ambazac, Nieul, Aixe-sur-Vienne, Li-moges, Saint-Léonard, Châteauneuf-la-Forêt (arrondissement de Limoges); Nexon (arrondisse-ment de Saint-Yrieix); Saint-Junien (arrondissement de Rochechouart).

Haricots secs. — Les haricots sont produits dans l'arrondissement de Rochechouart, principa-lement à : Rochechouart, Saint-Auvent, Saint-Laurent-sur-Gorre, Les Salles-Lavauguyon, Vayres, Saint-Bazile, Oradour-sur-Vayres, Saint-Mathieu et à Sereilhac (canton d'Aix) dans l'arrondis-sement de Limoges.

Châtaignes. — Les principaux centres de production sont : Rochechouart, Saint-Auvent, Saint-Laurent-sur-Gorre, Les Salles-Lavauguyon, Vayres, Oradour-sur-Vayres, Cussac, Champagnac, Saint-Mathieu, Champsac, La Chapelle-Montbrandeix, Marval, Dournazac (arrondissement de Rochechouart); Chalus, Bussière-Galant, Saint-Hilaire-Lastours, Ladignac, Champsiaux, La Meyze, Saint-Yrieix, Coussac-Bonneval, Meuzac, Magnac-Bourg, Saint-Germain-les-Belles, La Porcherie (arrondissement de Saint-Yrieix); Linards, Couzeix, Laurière, Châteauneuf-la-Forêt (arrondissement de Limoges).

Pommes à cidre. — Le pommier est cultivé dans les cantons de Saint-Sulpice-les-Feuilles, Bellac, Mézières-sur-Issoire, Nantiat (arrondissement de Bellac); dans tout l'arrondissement de Limoges; dans les cantons de Nexon, Saint-Yrieix, Saint-Germain-les-Belles (arrondissement de Saint-Yrieix).

VOSGES.

Choux à choucroute. — Les choux sont cultivés en vue de la préparation de la choucroute, notamment dans le canton de Dompaire (arrondissement de Mirecourt).

Légumes secs. — Les légumes secs sont cultivés dans la région appelée la Plaine, comprenant l'arrondissement de Neufchâteau et une partie de ceux de Mirecourt et d'Épinal. Les centres de production les plus importants de cette région sont Neufchâteau, Chatenois, Bulgnéville, Lamarche (arrondissement de Neufchâteau); Charmes, Mirecourt, Dompaire, Vittel (arrondissement de Mirecourt); Rambervillers, Châtel-sur-Moselle, Épinal (arrondissement d'Épinal).

Culture maraîchère. — La culture maraîchère existe aux environs des localités d'une certaine importance, notamment à Senones, Raon-l'Étape, Saint-Dié, Gérardmer (arrondissement de Saint-Dié); Rambervillers, Bru, Châtel-sur-Moselle, Golbey, Épinal, Bruyères, Xertigny, Bains (arrondissement d'Épinal); Ruaux, Le Val-d'Ajol, Remiremont, Saulxures (arrondissement de Remiremont); Charmes, Mirecourt, Dompaire, Vittel, Contréxeville, Darney, Monthureux (arrondissement de Mirecourt); Neufchâteau, Chatenois, Bulgnéville, Lamarche (arrondissement de Neufchâteau).

Prunier (mirabellier). — Le mirabellier est cultivé dans une partie de la région appelée la Plaine, notamment à Neufchâteau, Vicherey, Removille, Gironcourt, Chatenois, Houécourt, Bulgnéville (arrondissement de Neufchâteau); Charmes, Bonzanville, Freuelle, Rouvres-en-Xaintois, Mirecourt, Remoncourt, Vittel, Contrexéville, Racécourt, Dompaire, Hennecourt, Ville-sur-Illon (arrondissement de Mirecourt); Igney, Thaon-les-Vosges, Darnieulles, Girancourt (arrondissement d'Épinal).

On produit aussi dans cette région des quetsches en même temps que des mirabelles.

Prunes pour la distillation. — Dans la région de culture du prunier, on utilise les fruits dépréciés pour la fabrication de l'alcool. Cet alcool est produit notamment à Dompaire, Charmes, Mirecourt (arrondissement de Mirecourt); Chatenois (arrondissement de Neufchâteau).

Cerisier à kirsch. — Le cerisier à kirsch est cultivé dans la région appelée la Vôge, principalement à Lerrain, Hennezel (arrondissement de Mirecourt); Charmois-l'Orgueilleux, Donnoux, Uzemain, Xertigny, La Chapelle-aux-Bois, Bains, La Forge, Fontenoy-le-Château, Trénonzey, Le Clerjus (arrondissement d'Épinal); Remiremont, Bellefontaine, Plombières, Ruaux, Rupt, Le Val-d'Ajol (arrondissement de Remiremont).

Vigne. — Les principales communes qui cultivent la vigne sont Greux, Domrémy, Coussey, Érebécourt, Liffol-le-Grand, Neufchâteau, Rouceux, Certilleux, Landaville, Aulnois, Châtenois, Removille, Gironcourt, Houécourt, Bulgnéville, Rozières, Martigny-les-Bains, Lamarche, Isches (arrondissement de Neufchâteau); Charmes, Portieux, Bouzanville, Frenelle, Rouvres-en-Xaintois, Mirecourt, Remoncourt, Vittel, Contrexéville, Dombrot-le-Sec, Monthureux, Martinvelle, Hennecourt, Dompaire, Racécourt (arrondissement de Mirecourt); Châtel-sur-Moselle, Nomexy (arrondissement d'Épinal).

YONNE.

Asperges. — Les asperges sont cultivées notamment à Appoiguy, Charbuy, Lindry, Héry, Seignelay, Vergigny, Saint-Florentin, Jaulges (arrondissement d'Auxerre).

Petits pois et haricots verts. — Les petits pois et les haricots verts sont produits principalement à Appoigny, Héry, Seignelay, Vergigny, Saint-Florentin (arrondissement d'Auxerre).

Cornichons. — Les cornichons sont cultivés à Appoigny, Héry, Seignelay (arrondissement d'Auxerre).

Navets. — Appoigny et les communes voisines produisent des navets.

Culture maraîchère. — La production des divers légumes se fait principalement aux environs de Sens; Appoigny, Monéteau, Auxerre (arrondissement d'Auxerre); Montillot, Avallon (arrondissement d'Avallon).

Cerises. — Les principaux centres de production des cerises sont Augy, Champs, Saint-Bris, Vincelles (arrondissement d'Auxerre); Noyers (arrondissement de Tonnerre).

Prunes. — Les prunes sont produites surtout à Poilly, Saint-Maurice-le-Vieil, Merry-la-Vallée (arrondissement de Joigny); Parly (arrondissement d'Auxerre).

Pommes et poires à couteau. — Les fruits à couteau sont récoltés notamment à Poilly, Saint-Maurice-le-Vieil, Merry-la-Vallée (arrondissement de Joigny); Parly (arrondissement d'Auxerre).

Vigne. — Les principales communes viticoles sont : Courlon, Serbonnes, Sergines, Villema-noche, Pont-sur-Yonne, Chéroy, Saint-Martin-du-Tertre, Saint-Clément, Sens, Subligny, Loilly (arrondissement de Sens); Villeneuve-sur-Yonne, Les Bordes, Saint-Julien-du-Sault, Verlin, La Celle-Saint-Cyr, Joigny, Charny, Bléneau, Chassy, Villiers-sur-Tholon, Aillant, Bligny, Mercy (arrondissement de Joigny); Saint-Florentin, Seignelay, Héry, Ligny-le-Châtel, Mon-tigny, Maligny, Toucy, Parly, Thury, Courson, Fourconnes, Perrigny, Saint-Georges, Auxerre, Venoy, Augy, Quenne, Pouchy, Chably, Courgis, Préhy, Saint-Bris, Irancy, Coulanges-la-Vi-neuse, Vermenton, Bessy, Mailly-la-Ville, Mailly-le-Château, Merry-sur-Yonne (arrondissement d'Auxerre); Butteaux, Percy, Flogny, Carisey, Vezannes, Junay, Tonnerre, Viviers, Cruzy-le-Châtel, Poilly, Annay-sur-Serein, Noyers, Ancy-le-Franc (arrondissement de Tonnerre); Joux-la-Ville, Marsangis, Civry, Dissangis, Sceaux, Trévilly, Cisery, Vignes, Guillon, Avallon, Blannay, Asquins, Vézelay, Quarré-les-Tombes (arrondissement d'Avallon).

Les meilleurs vins blancs sont ceux de Chablis; des environs de Milly, Ligny, Tonnerre (grands ordinaires); de Poilly, Noyers, Vézelay (ordinaires). Les meilleurs vins rouges sont ceux des environs de : Joigny, Auxerre, Tonnerre, L'Isle-sur-Serein, Avallon (vins fins); Irancy, Coulanges-la-Vineuse (grands ordinaires); Pont-sur-Yonne, Sens, Saint-Julien-du-Sault, Aillant, Seignelay, Flogny, Vézelay (vins ordinaires).

TABLE DES MATIÈRES.

www.ingramcontent.com/pod-product-compliance
Lightning Source LLC
Chambersburg PA
CBHW061958220326
41599CB00021BA/3267